国家出版基金项目
NATIONAL PUBLICATION FOUNDATION

中国猪业科学与技术创新系列丛书

中国地方猪种质资源特性研究

刘 娣 何鑫淼 主编

Research on Characteristics of Chinese Indigenous Pig Germplasm Resources

中国农业大学出版社
China Agricultural University Press
·北京·

内容简介

本书对数十年来涉及地方猪研究与利用的内容进行了整理、总结和撰写。《国家畜禽遗传资源品种名录(2021年版)》中收录地方猪种83个,本书筛选了东北、华北、华东、华中、华南、西南、西北、港澳台等地区49个地方猪种,从猪种的生产性能、已经开展的基础研究以及杂交利用情况进行了详细的收集和整理。本书可为从事地方猪研究的科研人员、教学人员的研究与学习以及更好地开展地方猪种的利用方面提供参考,同时也对地方猪遗传资源保护起到积极促进作用。

图书在版编目(CIP)数据

中国地方猪种质资源特性研究/刘娣,何鑫淼主编. --北京:中国农业大学出版社,2022.5

(中国猪业科学与技术创新系列丛书)

ISBN 978-7-5655-2769-2

Ⅰ.①中… Ⅱ.①刘…②何… Ⅲ.①猪-种质资源-研究-中国 Ⅳ.①S828.8

中国版本图书馆CIP数据核字(2022)第071339号

书　　名　中国地方猪种质资源特性研究

Zhongguo Difangzhu Zhongzhi Ziyuan Texing Yanjiu

作　　者　刘　娣　何鑫淼　主编

总 策 划	席　清　丛晓红	**责任编辑**	赵　艳
策划编辑	赵　艳　张秀环	**封面设计**	李尘工作室
出版发行	中国农业大学出版社		
社　　址	北京市海淀区圆明园西路2号	**邮政编码**	100193
电　　话	发行部 010-62733489,1190	读者服务部	010-62732336
	编辑部 010-62732617,2618	出 版 部	010-62733440
网　　址	http://www.caupress.cn	**E-mail**	cbsszs@cau.edu.cn
经　　销	新华书店		
印　　刷	涿州市星河印刷有限公司		
版　　次	2023年1月第1版　2023年1月第1次印刷		
规　　格	185 mm×260 mm　16开本　22.5印张　560千字		
定　　价	152.00元		

图书如有质量问题本社发行部负责调换

本书编委会

主　　编　刘　娣　何鑫森

副 主 编　亓美玉　王文涛　张海峰　何海娟

编写人员　（按姓氏拼音排序）

陈赫书　黑龙江省农业科学院畜牧研究所

冯艳忠　黑龙江省农业科学院畜牧研究所

高圣玥　黑龙江省农业科学院畜牧兽医分院

何海娟　黑龙江省农业科学院畜牧研究所

何鑫森　黑龙江省农业科学院畜牧研究所

刘　娣　黑龙江省农业科学院

刘顺猛　海伦市农业农村局

刘自广　黑龙江省农业科学院畜牧研究所

孟详人　黑龙江省农业科学院畜牧研究所

亓美玉　黑龙江省农业科学院畜牧研究所

田　明　黑龙江省农业科学院畜牧研究所

王文涛　黑龙江省农业科学院畜牧研究所

吴赛辉　黑龙江省农业科学院畜牧研究所

张海峰　黑龙江省农业科学院畜牧研究所

— 序一 —

养猪产业作为畜牧业占比最大的产业，改革开放40年以来，特别是“863”和“973”计划实施以来，取得了巨大的进步，保持着持续快速的发展。但是，我们也应该清楚地看到，与先进国家相比，与现实需求和国家整体战略发展目标相比，还存在着相当大的差距。

目前中国养猪业面临的环保、效率、疫病等问题与挑战仍十分严峻。近几年的蓝耳病和非洲猪瘟，更是给生猪产业造成严重的损失。不论是消费需求还是生产供给，两个方面都出现了新的特点。这种局面昭示中国猪业大生态发生重大变化，进入了转型攻坚新阶段。我国养猪业如何进一步转型升级，提高竞争力，克服资源和环境的约束难题，走出一条健康、稳定、可持续发展之路，是行业内专家和管理者需要认真思考和回答的问题。

到本世纪中叶，我国将建成为富强民主文明和谐美丽的社会主义现代化强国。在未来30年，中国猪业将进入一个高质量发展的快车道。作为产业发展的重要驱动力，科技在养猪产业未来发展中将起到越来越关键支撑作用。基于此，由行内多位优秀专家编写的、聚焦当前我国生猪产业链重要技术领域热点、难点，以及未来走向等问题的这套《中国猪业科学与技术创新系列丛书》，对于解决当前问题，引导行业未来的健康发展，有着特别重要的意义。

从已经提交的书稿来看，本系列专著是基于产业发展的需要，全面阐述养猪业具有前沿性的创新性科研成果。《猪基因组选择》论述了应用现代生物信息学技术、大数据理论和人工智能技术结合的全基因育种技术，将性状选择从单一性状跨越到多性状选择的新阶段，会极大改变中国猪育种现状，大大提高育种效率。该书对于猪的良种选育工作很有价值。猪病已经是制约生猪产业发展的瓶颈，必须从理论上突破，《基因编辑与猪抗病育种》介绍了基因编辑技术在猪抗病育种方面的最新研究成果，并提出了利用基因编辑技术进行抗病育种的新策略，对于抗病育种工作有重要的参考价值。《猪主要传染病与防控新技术》《猪病毒病研究与防控》和《疫苗免疫与养猪生产》专著，基于生猪产业疫病防控理论与方法的创新，把现代猪病防治理论突破与实践结合在一起。猪的肠道健康是决定猪健康水平和养猪生产效益的关键因素之一，《猪肠道健康与营养调控》作为国内第一本系统论述猪的肠道健康研究的专著，对于猪精细化、高效化健康养殖提供了重要的理论和技术支撑。《福利化养猪与工程防疫》专著，论述养猪生态补偿的创新性机制，并从系统工程理论提出工程防疫的概念和技术。《人工智能与智能养猪》将信息技术与智能养猪新技术导入猪业生产系统，全面提高饲养效率。基于人类健康与生物安全，《无抗饲料营养调控》与《饲用抗生素替代品》代表了最新的对于无抗饲养要求下饲料的营养调控理论与技术，以及抗生素替代品的研发及应用。《中国地方猪种质资源特性研究》对我国现有地方猪种保种理论与方法的研究进行系统分析，对于我国地方品种猪的品种保护、品种选育、遗传资源保护都具有重要意义。总之，各分册专著，都体现了养猪主要领域的国内外最新研究、技术发展的成果。

系列专著各分册主编年龄都是在45～60岁之间，是我国猪科学研究领域里的中坚力量。他们一直紧跟猪业科技国际研究水平，结合中国猪业生产实际开展和承担国家相关科学研究项目，很多成果已获得国家级科技进步奖。这些学者多年研究的成果，是中国猪业科学研究领域不可多得的宝贵财富。

本套专著作为一批优秀专家学者前瞻性科技创新成果的集成，具有战略引领意义，将为中国养猪业未来高质量的发展发挥重要导向和推动作用。相信这套系列专著的出版，将促进中国养猪生产整体水平的极大提升。

吴常信院士 吴常信

2022年10月

— 序二 —

经过改革开放40年的发展，中国养猪业取得了举世瞩目的成绩，猪肉产销量占全世界一半以上，生产方式从最初的分散小规模饲养走向规模化机械化，正在向智能化发展。随着规模化养殖集约化程度的日益增强，一些矛盾逐步显现，猪业发展与资源环境、疾病暴发、养猪福利等矛盾越来越突出，生产力提高与品质风味下降、品种单一、退化等矛盾不断加大，养猪成本高，市场供给大起大落，未来养猪产业仍面临多种挑战。尤其近几年非洲猪瘟的暴发，更是集中暴露了养猪行业业已存在亟待解决的问题。全社会对于高质量健康食物的要求，生态环境对于产业发展的要求，促使养猪业必须反思过去，重新选择新的发展道路，选择基于健康、绿色、环保理念的新的道路和策略。面对这样的发展瓶颈，迫切需要行业内有识之士、行业内科学家共同研究和提出系统化的应对策略，用前瞻性的理论和理念、创新性技术指导产业转型升级。

非常欣喜地看到，集合行业内众多领军科学家的集体智慧，共同编著的这套《中国猪业科学与技术创新系列丛书》，具有鲜明的针对性、创新性和引领性，全角度反映了养猪业目前迫切关注和需要解决的核心问题的最新研究进展，特别对于猪基因组选择、肠道营养、基因编辑与抗病育种等新的抗病防病机制的研究，对于工程防疫、智能化养殖、无抗饲料的理论研究与技术研制，以及我国猪种质资源的研究等，这些科学家在自身扎实的研究基础上，结合国内外最新研究进展提出的新理论新技术新方法，对于解决我国目前猪业发展中面临的问题，推进我国养猪业健康发展，争取在本世纪中叶真正实现绿色、健康、环保和高效的目标，有着重要的战略引领意义和技术指导作用，是不可多得的全角度系统化集中反映养猪业前沿研究成果的高水平系列专著。

本套著作立意高远，作者队伍权威。各分册均由高等院校、科研院所获得过国家及省部级奖励的长江学者、国家杰青等正在岗位上工作的中年骨干学者专家担任主要编著者，以他们研究团队多年的科研成果为基础集体完成。本套专著是创新性科技成果集成的再创新，对于中国养猪业未来的发展具有重要的战略引领作用和科学技术支撑作用。

李德发院士 李德发

2022年10月

— 前言 —

我国地大物博、物华天宝，有着丰富的动植物资源，同时，我国也是养猪较早的国家之一。养猪文化贯穿人类历史，地方猪的品种品类繁多，具有繁殖力高、抗逆性强、肉质好的优点，是提升我国生猪种业发展水平，在提升产出率、优质率、多样性方面不可或缺的猪种遗传资源。因此，无论是地方猪的保护还是综合利用，都要提高到关系国家种业安全的战略高度。“国之瑰宝，以用促保，种业振兴，发展靠己”，如何更好地利用地方猪，打赢种业翻身仗，需要更多地了解地方猪。本书对数十年来涉及地方猪研究与利用的内容进行了整理、总结和撰写。《国家畜禽遗传资源品种名录(2021 年版)》中收录地方猪种 83 个，本书筛选了东北、华北、华东、华中、华南、西南、西北、港澳台等地区 49 个地方猪种，从猪种的生产性能、已经开展的基础研究以及杂交利用情况进行了详细的收集和整理。相信此书的出版一定会为从事地方猪研究的科研人员、教学人员的研究与学习以及更好地开展地方猪种的利用方面提供参考，同时也对地方猪遗传资源保护起到积极促进作用。

《猪经大全》有云：“溯书之论豚彘，以供养老之用”“今之爱物一书，此人生握豢养之术，使物之阜而无灾，快何如矣”。本书的编者不仅如此，更多的是一份崇敬。我国养猪行业涌现了一大批地方猪研究与产业化开发利用的专家学者，业内专家许振英、陈效华、张龙志、盛志廉、陈润生、彭中镇、赵刚、王林云、张伟力等一批德高望重的老先生，在地方猪育种工作中做出了巨大贡献。本书的编写，同样也是为了向他们表达崇敬之心，所谓“著此集研合学，敬业内巨匠”，以书敬这些老先生们对我国地方猪保种、研究、利用方面做出的榜样式贡献。

在本书的编写过程中，我们对大量的国内相关研究内容和文献资料进行了总结归纳，在此特向原作者表示深深的敬意和衷心的感谢。由于时间所限，相关参考资料的出处可能有遗漏，或没有完全列出，同样向这些作者表达由衷的歉意。限于本书编者水平，在撰写和统稿过程中难免存在疏漏和不妥之处，恳请同行专家学者和广大读者批评指正。

编者

2021 年 6 月

目录

第 1 章 全国地方猪种资源状况概述

在人类历史长河中，猪与人有着密切的联系，通过人类不断对其进行驯化和改良，形成了如今各具特色的家猪品种。而中国的特定历史条件和地域特点，造就了具有中国地方特色的地方猪种。据统计，全世界有几百个地方猪种，仅我国就有 100 多个，而且这些地方猪种很多都分布在偏远山区或交通不发达的地域。

中国地方猪种具有抗逆性强、耐粗饲、抗病力强、繁殖力强、肉质优良等优点，同时也存在生长周期长、生产效率低等缺点。而正是由于存在这些缺点，在中国经济快速增长时期，尤其是中国改革开放 40 多年来，人们为了追求高效生产，满足人们对动物蛋白的需求，大量引进了国外品种，导致很多具有中国地方特色的猪品种在经济生活中被逐步淘汰。

如今我国已步入经济快速发展的新阶段，物质产品丰富，动物蛋白的供给充足，动物蛋白已不再是人们对物质生活丰富的第一追求，部分人开始追求更好、更精致及更高水平的物质需要，即需要风味更佳、营养更高的肉类产品。此时，我国地方猪品种的优良特色及其优良基因在猪育种方面展示了其优秀的发展潜力。

所以，我们对全国地方猪资源场开展了调研，并对调研数据进行了统计分析。其中所调研的 91 家资源场(地方猪企业)养殖母猪头数均在 100 头以上。

1.1 母猪养殖规模情况

对母猪养殖量在 100 头以上的地方猪养殖企业进行规模统计(图 1-1)，由图中可以看出，

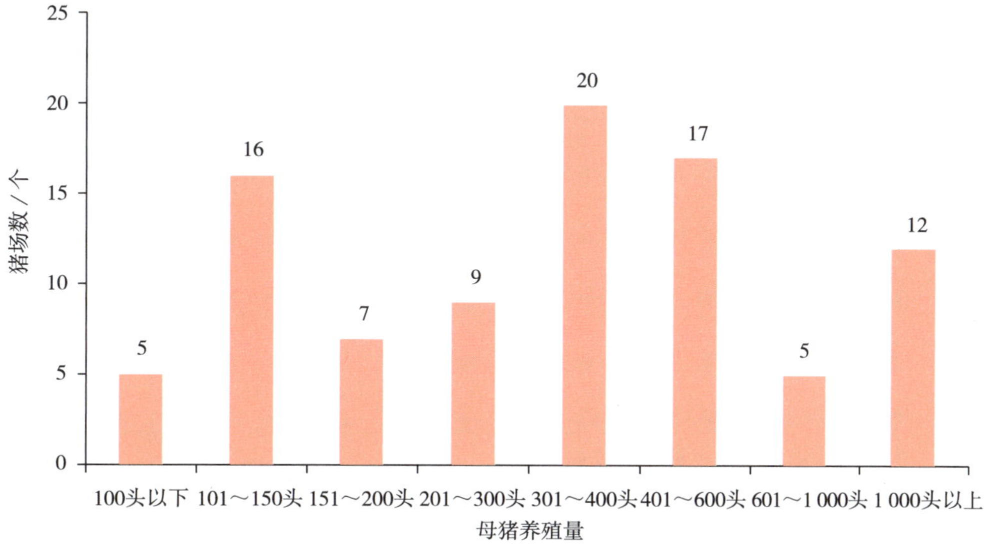

图 1-1 不同规模地方猪养殖场数量统计

母猪头数在301～400头的地方猪资源场最多，101～150头和401～600头的居中。

结合地方猪养殖企业母猪养殖规模的占比统计(图1-2)发现，养殖规模在301～400头母猪的企业数量很多，而且在生产实践中，大规模养殖地方猪的企业已经出现。如养殖规模在1 000头母猪以上的企业占调研企业总数的12%，但这部分企业母猪养殖数量却超过养殖总量的60%。这表明，中国地方猪养殖产业正受到越来越多的关注。

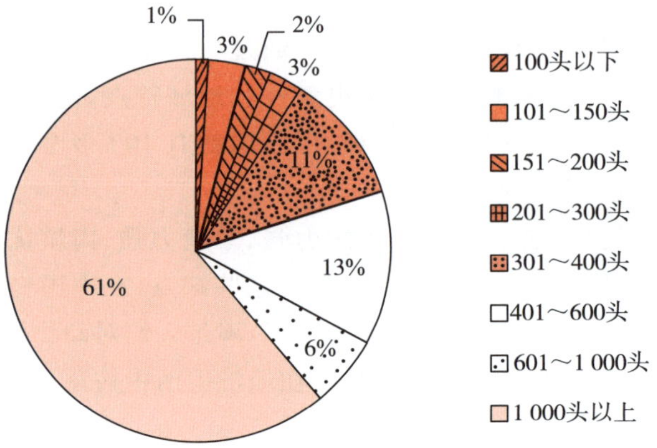

图1-2　地方猪养殖企业母猪头数占比统计

1.2　地方猪按品种统计

此次调研到的91家中国地方猪企业，涵盖品种超过80个，覆盖面较广。其中大部分品种均出现在《中国畜禽遗传资源志　猪志》或地方畜禽品种志中。但也有部分企业养殖的是地方猪培育品种及杂交猪。调查结果如表1-1所示。

表1-1　中国地方猪企业典型调查品种结构表

编号	省份	单位名称	联系人	品种	品种志记载
1	青海	青海省湟中县种猪场	冶占顺	八眉猪	《中国畜禽遗传资源志　猪志》p379
2	青海	青海省互助八眉猪原种育繁场	许发芳	八眉猪	《中国畜禽遗传资源志　猪志》p379
3	广西	巴马原种香猪农牧实业有限公司	闭英连	巴马香猪	《中国畜禽遗传资源志　猪志》p235
4	黑龙江	哈尔滨玉泉山养殖有限公司	彭功爽	巴民猪	杂交
5	云南	保山市保山猪研究所	龚绍荣	保山猪	《中国畜禽遗传资源志　猪志》p341
6	北京	北京黑六牧业科技有限公司	刘先策	北京黑猪	《中国畜禽遗传资源志　猪志》p395
7	青海	共和绿丰藏香猪养殖专业合作社	吴立斌	藏香猪	《中国畜禽遗传资源志　猪志》p361
8	云南	梁河县勐养镇腾龙藏香猪养殖中心	项桂松	藏香猪	《中国畜禽遗传资源志　猪志》p361

续表 1-1

编号	省份	单位名称	联系人	品种	品种志记载
9	四川	乡城县藏香情农业开发有限公司	龙云敏	藏香猪	《中国畜禽遗传资源志 猪志》p361
10	内蒙古	内蒙古通辽市奈曼旗种猪场	章洪礼	草原土猪	杂交
11	浙江	宁波瑞农牧业有限公司	方银兵	岔路黑猪	《中国畜禽遗传资源志 猪志》p85
12	四川	邛崃市嘉林生态农场	徐志勇	成华猪	《中国畜禽遗传资源志 猪志》p274
13	浙江	淳安县茅山淳安花猪种业有限公司	童训权	淳安花猪	《浙江省畜禽品种志》p136
14	贵州	贵州从江香猪食品开发有限公司	邓玉国	从江香猪	《中国畜禽遗传资源志 猪志》p337
15	广东	广东省新丰板岭原种猪场	胡毅军	大花白猪	《中国畜禽遗传资源志 猪志》p223
16	山东	济宁东三大蒲莲猪原种场	吕东三	大蒲莲猪	《中国畜禽遗传资源志 猪志》p161
17	湖南	湖南天府生态农业有限公司	陈金柱	大围子猪	《中国畜禽遗传资源志 猪志》p185
18	广西	德保县盛沃黑猪保种繁育有限公司	林新庆	德保黑猪	《中国畜禽遗传资源志 猪志》p239
19	黑龙江	伊春宝宇农业科技有限公司	龚林明	东北民猪	《中国畜禽遗传资源志 猪志》p25
20	黑龙江	黑龙江省农业科学院畜牧兽医分院	高圣玥	民猪	《中国畜禽遗传资源志 猪志》p25
21	辽宁	辽源市东辽黑猪保种繁育有限公司	张晓明	东辽黑猪	《辽宁省家畜家禽品种志》p27，辽宁黑猪
22	广西	桂林天军牧业养殖有限公司	王军荣	东山猪	《中国畜禽遗传资源志 猪志》p206
23	江苏	常州市舜溪畜牧科技有限公司	黄媛	二花脸猪	《中国畜禽遗传资源志 猪志》p41
24	江苏	常熟市牧工商有限公司	林斐	二花脸猪	《中国畜禽遗传资源志 猪志》p41
25	重庆	重庆海林生猪发展有限公司	雒青	涪陵黑猪	培育中
26	江西	萍乡市赣西两头乌养殖有限公司	林建国	赣西两头乌	《中国畜禽遗传资源志 猪志》p202
27	云南	怒江高黎一号农牧科技有限公司	何荣	高黎贡山猪	《中国畜禽遗传资源志 猪志》p345
28	陕西	陕西秦川关中黑猪原种繁育基地	黎登航	关中黑猪	20 世纪 80 年代培育
29	海南	海南桂牧源农牧科技有限公司	李志勇	海南五脚猪	即五指山猪《海南省畜禽遗传资源志》p36
30	陕西	勉县黑河猪种猪场	皇秋红	汉江黑猪	《中国畜禽遗传资源志 猪志》p375
31	江西	修水县幕村家庭农场	卢丹	杭猪	《中国畜禽遗传资源志 猪志》p149

续表 1-1

编号	省份	单位名称	联系人	品种	品种志记载
32	江苏	江苏东海老淮猪产业发展有限公司	胡昌银	淮北猪	《中国畜禽遗传资源志　猪志》p45
33	广西	环江毛南族自治县环江香猪原种保种场	梁世理	环江香猪	《中国畜禽遗传资源志　猪志》p338
34	安徽	安徽省浩宇牧业有限公司	焦俊	霍寿黑猪	《中国畜禽遗传资源志　猪志》p57
35	吉林	吉林花猪（东北花猪吉花系）—吉林市农业科学院	董万福 付延军	吉林花猪	有记载，未列入《中国畜禽遗传资源志　猪志》
36	贵州	江口县凉风湾天然畜牧养殖专业合作社	杨志成	江口萝卜猪	《中国畜禽遗传资源志　猪志》p325
37	江苏	江苏姜曲海种猪场	卞桂华	姜曲海猪	《中国畜禽遗传资源志　猪志》p64
38	浙江	金华家农两头乌种猪场	陶志伦	金华猪Ⅱ系	《中国畜禽遗传资源志　猪志》p88
39	甘肃	甘肃省甘南藏族自治州卓尼县恒源贵蕨麻猪开发有限责任公司	邱有贵	蕨麻猪/合作猪	《甘肃省畜禽品种志》p113
40	吉林	吉林大学农业实验基地	王大力	军牧1号白猪	《中国畜禽遗传资源志　猪志》p426
41	贵州	赫章县仁达农业综合开发有限责任公司	顾丽菊	柯乐猪	《中国畜禽遗传资源志　猪志》p299
42	贵州	贵州自然之园生态农业发展股份有限公司	陆筑民	柯乐猪	《中国畜禽遗传资源志　猪志》p299
43	山东	济南市莱芜猪种猪繁育有限公司	陈琳琳	莱芜猪	《中国畜禽遗传资源志　猪志》p164
44	广东	广东省新丰板岭原种猪场	胡毅军	蓝塘猪	《中国畜禽遗传资源志　猪志》p277
45	青海	海东市乐都区振旺养殖专业合作社	秦怀荣	乐都藏香猪	《中国畜禽遗传资源志　猪志》p361
46	山东	胶州市里岔黑猪研究开发中心	崔超	里岔黑猪	《山东省畜禽品种志》p28
47	云南	玉龙县畜牧产业发展工作站	段婕	丽江猪	《云南省畜禽资源志》p24
48	浙江	龙游县龙游乌农业开发有限公司	朱倩	龙游乌猪	《浙江省畜禽品种志》p110
49	广西	广西红谷农业投资集团有限公司	王菲菲	隆林猪	《中国畜禽遗传资源志　猪志》p256
50	山东	济南市莱芜猪种猪繁育有限公司	孙延晓	鲁莱黑猪	《中国畜禽遗传资源志　猪志》p433

续表 1-1

编号	省份	单位名称	联系人	品种	品种志记载
51	广西	广西神龙王农牧食品集团有限公司	黄俊荣	陆川猪	《中国畜禽遗传资源志　猪志》p245
52	湖北	黄梅县强立畜牧有限公司	刘军	梅花星猪	《中国畜禽遗传资源志　猪志》p180
53	上海	上海市嘉定区动物疫病预防控制中心	唐赛涌	梅山猪	《中国畜禽遗传资源志　猪志》p68
54	内蒙古	扎赉特旗藏野牧业有限公司	马书秋	蒙溜达猪	自主品牌
55	云南	双柏县鄂嘉镇哀牢山生态畜牧养殖发展有限公司	卓贤良	密架山猪	杂交品种
56	四川	内江市种猪场(国家级内江猪品种资源保种场)	胡晓	内江猪	《中国畜禽遗传资源志　猪志》p295
57	湖南	湖南省流沙河生态牧业股份有限公司白元养殖场	喻晓丹	宁乡猪	《中国畜禽遗传资源志　猪志》p209
58	湖南	湖南宁乡猪原种场	喻晓丹	宁乡猪	《中国畜禽遗传资源志　猪志》p209
59	重庆	重庆海林生猪发展有限公司	雒青	盆周山地猪	《中国畜禽遗传资源志　猪志》p282
60	上海	上海浦汇良种繁育科技有限公司	黄健	浦东白猪	《中国畜禽遗传资源志　猪志》p34
61	贵州	正安县黔安农牧发展有限公司	冯泽英	黔北黑猪	《中国畜禽遗传资源志　猪志》p329
62	四川	巴中市巴山牧业股份有限公司	廖坤	青峪猪	《中国畜禽遗传资源志　猪志》p282
63	湖北	当阳市清平种猪场	张华兵	清平猪	《中国畜禽遗传资源志　猪志》p176
64	重庆	重庆市种猪场	朱丹	荣昌猪	《中国畜禽遗传资源志　猪志》p270
65	云南	楚雄州种猪种鸡场	陈德江	撒坝猪	《中国畜禽遗传资源志　猪志》p357
66	湖南	湘潭市家畜育种站	谭红	沙子岭猪	《中国畜禽遗传资源志　猪志》p191
67	湖南	湘潭新湘农生态科技有限公司	邓志方	沙子岭猪	《中国畜禽遗传资源志　猪志》p191
68	河北	河北正农牧业有限公司	李德发	深县猪	《中国猪种介绍》(第一集)p7
69	浙江	绍兴市嵊花种猪有限公司	王友杉	嵊县花猪	《中国畜禽遗传资源志　猪志》p98
70	吉林	公主岭国家农业科技园区飞马斯牧业有限公司	张庆	松辽黑猪	《中国畜禽遗传资源志　猪志》p449
71	江苏	淮安市淮阴新淮种猪场	傅道斌	苏淮猪	2010 年通过国家验收
72	山东	临沂市好例生态养殖场	张涛	太湖猪、杜太猪	
73	江苏	灌南县太湖母猪合作社	唐新红	梅山猪	《中国畜禽遗传资源志　猪志》p68
74	河北	河北省邢台市南和县冀屯村种猪场	李飞世	梅山猪	《中国畜禽遗传资源志　猪志》p68

续表 1-1

编号	省份	单位名称	联系人	品种	品种志记载
75	湖北	湖北省通城县国营种畜场	徐三平	通城猪	《中国畜禽遗传资源志　猪志》p198
76	安徽	广德市三溪生态农业有限公司	施克荣	皖南黑猪	《中国畜禽遗传资源志　猪志》p109
77	安徽	黄山徽州悠悠猪发展有限公司	程小发	皖南花猪	《中国畜禽遗传资源志　猪志》p117
78	安徽	安徽省芜湖县三利养殖场	查伟	圩猪	《中国畜禽遗传资源志　猪志》p113
79	云南	盐津新希望牧业有限责任公司	冉鉴	乌金猪	《中国畜禽遗传资源志　猪志》p299
80	山东	五莲县莲山黑猪养殖场	王云霞	五莲黑猪	《山东省畜禽品种志》p34
81	山东	日照五寨峰五莲黑猪产业有限公司	周勇	五莲黑猪	《山东省畜禽品种志》p35
82	浙江	浙江省农业科学院畜牧兽医研究所	褚晓红	仙居花猪	《中国畜禽遗传资源志　猪志》p98
83	湖南	湖南湘西牧业有限公司	孙秋雨	湘西黑猪	《中国畜禽遗传资源志　猪志》p218
84	安徽	淮安市淮阴新淮种猪场	傅道斌	新淮猪	《中国畜禽遗传资源志　猪志》p387
85	四川	四川微牧现代农业有限公司	李培宁	雅南猪	《中国畜禽遗传资源志　猪志》p314
86	山东	莱州市烟台黑猪原种场	刘锁	烟台黑猪	《山东省畜禽品种志》p36
87	山东	山东华盛江泉农牧产业发展有限公司	董胜华	沂蒙黑猪	《山东省畜禽品种志》p32
88	江西	江西省玉山黑猪原种场	郑小明	玉山黑猪	《江西畜禽品种志》p57
89	河南	洛阳市豫西黑猪保种选育场	宇民欢	豫西黑猪	正在申报
90	山东	枣庄黑盖猪原种猪场	刘生才	枣庄黑盖猪	2018 年 11 月国家畜禽遗传资源委员会验收
91	贵州	紫云自治县板当镇语馨生态养殖场	田松军	紫云花猪	未认证

1.3　地方猪按省份统计

地方猪种一般都是区域性繁衍发展的。经对调研企业按省份统计发现(图 1-3)，山东省的地方猪企业数量最多，共计 10 个，而有 6 个以上养殖企业的省份包括广西、贵州、湖南、江苏、云南和浙江。以上数据也说明，随着我国经济的不断发展及人民生活水平的日益提高，对高档、优质、风味的猪肉需求量也在不断增加。

如果按照各省份地方猪母猪头数来划分，母猪养殖数量最多的是云南，说明云南省在开展地方猪种产业化方面一直走在全国前列。从所调研收集到的资料来看，云南地方猪种母猪达到 14 828 头，其次是广西 6 114 头(图 1-4)。

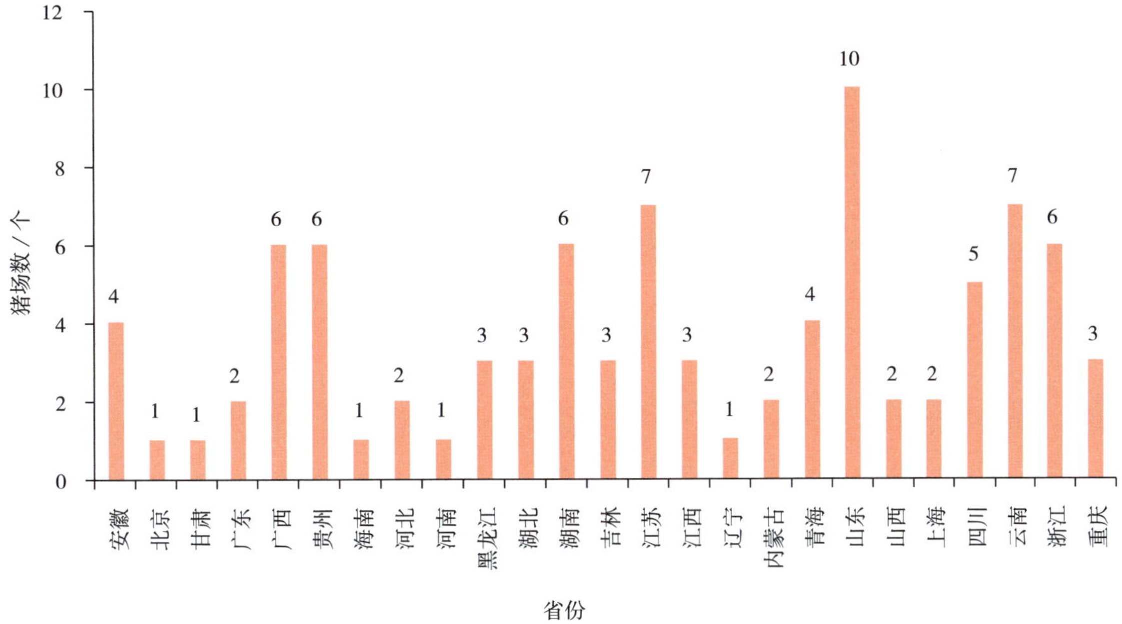

图 1-3 按省份统计地方猪企业数量

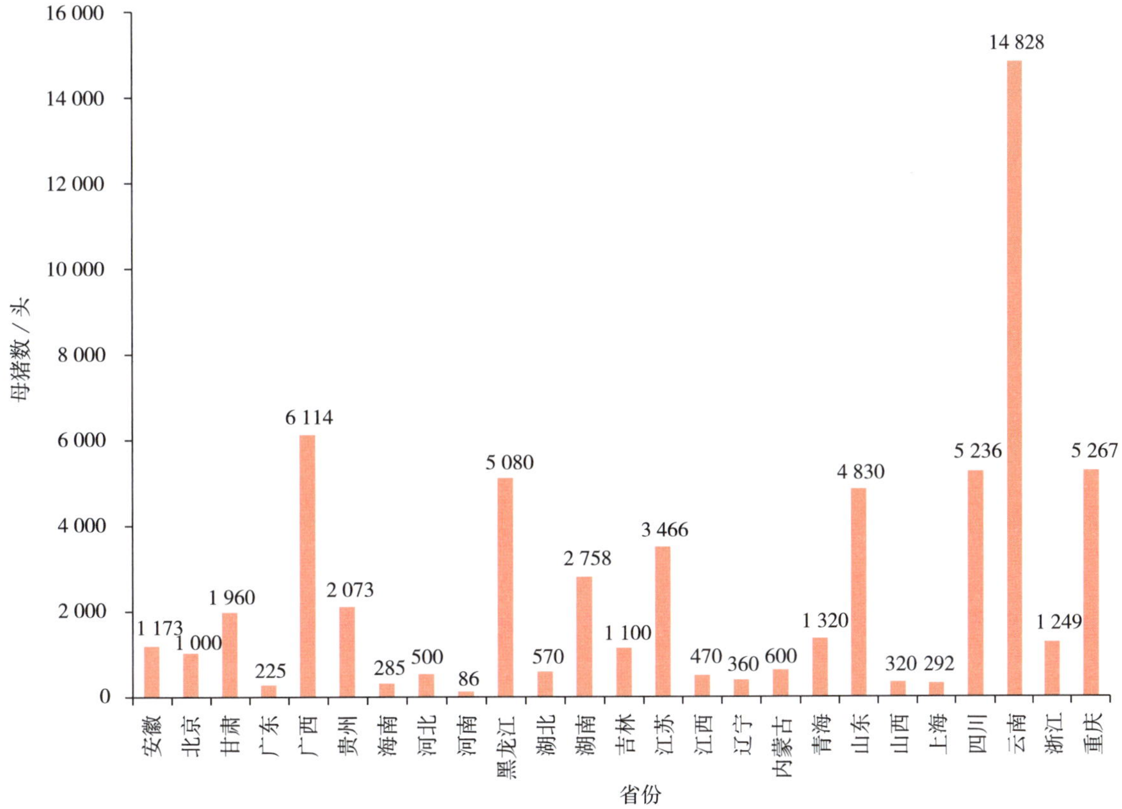

图 1-4 不同省份地方猪企业养殖母猪数量

1.4 地方猪养殖地区

在我国经济发展过程中，区域经济联合发展是地方经济发展的重要部分。按照我国行政区域划分，所调研的中国地方猪养殖企业在各行政区域的分布如图 1-5 所示。

91 家中国地方猪企业中，华东地区占比最高，为 31%。从几十年来出版和记载的各省份和全国地方猪品种志来看也呈现相似的规律。这也是中国地方猪种形成的一个重要特点。

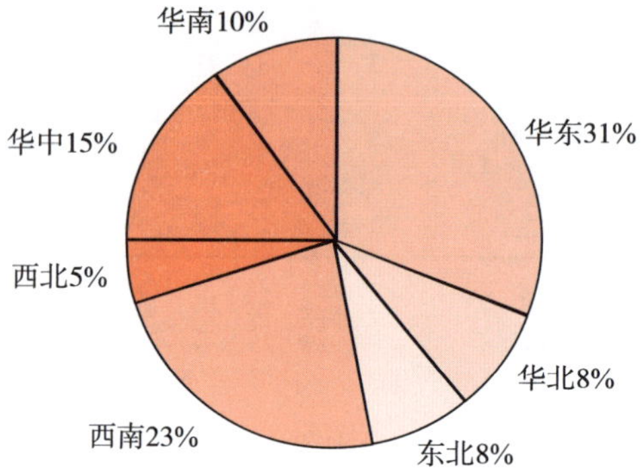

图 1-5　各地区地方猪企业数量占比统计

另外，从各地企业母猪饲养头数分析，西南地区占比最高，为 45%；华东地区占比 17%，位居第二；其他地区排序分别为：华南地区占比 11%、东北地区占比 11%、华中地区占比 7%、西北地区占比 5%、华北地区占比 4%。因此，西南地区仍然是中国地方猪种饲养数量最多的地区(图 1-6)。

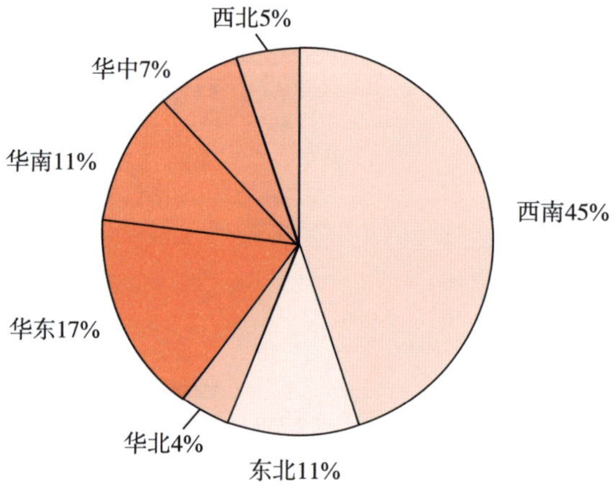

图 1-6　各地区地方猪企业母猪头数占比统计

1.5 养殖企业的所有制形式

我国的地方猪企业的所有制形式也是具有中国特色的，如图 1-7 所示，民营企业是饲养中国地方猪种的核心骨干，占比 52%；事业单位占比 20%，国有企业占比 11%，这两种所有制形式为地方猪的保种提供了有力保障。有限责任公司和国有企业占比相似，而股份制企业占比最低，表明我国的地方猪需要在国家资金支持下持续保种的同时，也需要鼓励私营企业对地方猪进行边保种边利用，增加养殖利润，加大地方猪开发力度。

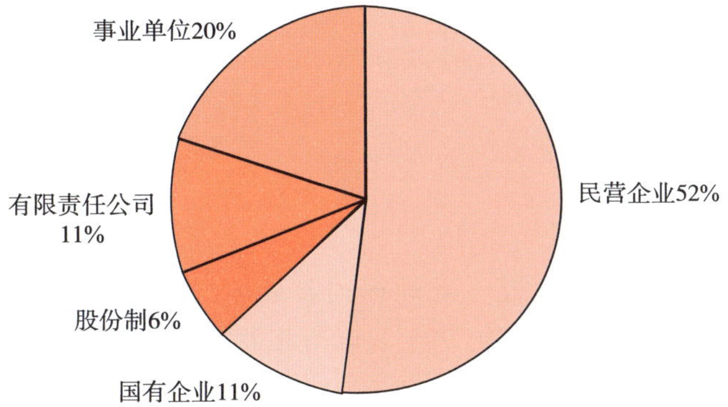

图 1-7　地方猪企业所有制形式占比统计

从母猪存栏量上也可以看出（图 1-8），民营企业已经成为饲养地方猪种的核心力量，这是中国地方猪发展的方向。

伴随着经济发展和人们生活水平日益增长的需要，在保留事业单位必备的、用于科学研究的试验基地（场）外，将饲养地方猪的任务交给市场是壮大地方猪发展的必然方向。市场有需求，地方猪产业才能更好地发展。我国有很好的地方猪种资源基础，如何利用这些有利的特色资源，引导地方猪产业发展，实现人民餐桌上肉食品质的提升，是我们广大科研工作者及各级地方政府值得思考的问题。

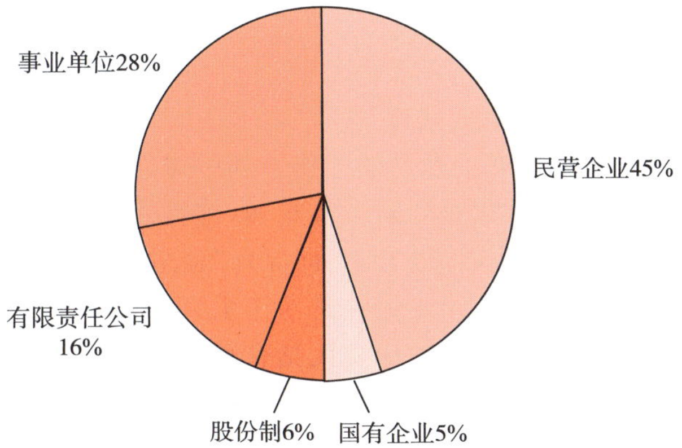

图 1-8　不同所有制企业母猪存栏占比统计

（撰稿人：刘娣　田明　吴赛辉　冯艳忠　刘顺猛）

第2章 东北地区地方猪种质资源特性研究

2.1 民猪

民猪(Min pig)原名东北民猪，是东北地区饲养最早、分布最广、数量最多的一个当家猪种，也是东北地区一个古老的地方品种，属于我国华北型猪种。1982年8月，该猪种在山东兖州召开的中国北方猪种资源讨论会上确定统称为民猪，按照体型大小可分为大(大民猪)、中(二民猪)、小(荷包猪)3种类型，目前饲养的民猪以中型民猪为主。1986年，民猪被列入《中国猪品种志》;2003年农业部发布公告第130号，将民猪列入国家级保种名录;2004年，民猪被列入农业部编写的《中国畜禽遗传资源名录》;2006年，民猪被列入农业部公告第662号《国家级畜禽遗传资源保护名录》。目前仅存二民猪(以下简称民猪)和荷包猪，大民猪已消失殆尽。目前，二民猪主要分布在黑龙江省和吉林省，荷包猪主要分布在辽宁省及河北省。二民猪有1个国家级保种场，即黑龙江省兰西县种猪场，现有基础母猪120/220头，后备母猪23/50头，种公猪18/50头，后备公猪6/20头(高健等，2010)。荷包猪有1个国家级保种场，即辽宁省家畜家禽遗传资源保存利用中心荷包猪保种场。

2.1.1 生产性能

经过半个多世纪，我国在民猪生产实践研究、基础研究以及杂交性能等多个方面，从其繁殖性能、生长性能、胴体性能、肉质性能、抗逆性等多个层面都进行了深入浅出的试验研究，在民猪的育种、生产以及科研方面开展了大量的工作。其中黑龙江省农业科学院民猪育种团队针对民猪群体小、血统少、单一方式保种风险大等难题，施行了民猪保种与种质资源恢复技术方案，提出了“核心建群，多处保种，横向联合，共同保育”思路，建立了2个种质资源核心群(均超过6个血统)、3个资源保种场和多元化保种技术体系。以下将对50余年来科技工作者们针对民猪的科学研究以及黑龙江省农业科学院民猪育种团队的研究内容进行综述，以期对民猪生产、科研等方面有所帮助。

2.1.1.1 繁殖性能

1. 民猪繁殖性能研究

如表2-1所示，民猪性早熟，初情期在127.37 d，早于哈白猪;但其初情期体重也小于哈白

表2-1 民猪及哈白猪繁殖性能比较

	初情期/d	初情期体重/kg	发情周期/d	发情持续期/h	妊娠期/d
民猪	127.37±2.04	32.94±0.396	22.46±0.07	81.75±0.163	113.2±0.36
哈白猪	137.68±3.5	39.43±0.63	22.76±0.05	63.29±0.321	114±0.92

资料来源:胡殿金和王井顺(1985)

猪。民猪发情周期和休情期均短于哈白猪，而发情持续时间长于哈白猪，种间差异非常显著。民猪发情特征明显，如外阴部显著大于哈白猪，性行为反应强烈等（胡殿金和王井顺，1985）。

金鑫等（2017）对春产和秋产种公猪和基础群母猪的繁殖性能进行了调查统计，结果表明，民猪性成熟期较早，公猪 3 个月开始有性欲，每头公猪年可交配 140 头母猪。母猪 3～4 月龄配种后即可受胎产仔，胎均产仔 14.9 头。仔猪出生均重 0.87 kg，断乳均重 10.21 kg，平均哺乳率 82.2%，平均泌乳量 318.9 kg。母猪产仔稳定，可持续到第 11 胎，母性强，护仔性能好。吉林省农业科学院课题组（金鑫等，2016）测定的民猪生殖生理指数如表 2-2 所示，民猪的发情周期平均为 20.3 d，平均发情持续时间为 97.68 h，断奶后发情时间为 4.7 d，而母猪平均妊娠期则为 113.5 d。

表 2-2 民猪生殖生理指数

性成熟	发情周期		发情持续时间		断奶后发情时间		妊娠期		
	头数/头	天数/d	头数/头	时间/d	幅度/d	平均/d	头数/头	幅度/d	平均/d
3～4 月龄	30	20.3	30	97.68	2～10	4.7	54	111～117	113.5±1.38

资料来源：金鑫等（2016）

2. 不同时期民猪繁殖性能的统计分析

据王希彪等（2001）对黑龙江省兰西县种猪场 1977—1980 年及 1977—2000 年民猪群体的平均繁殖性能进行统计分析发现（表 2-3），1977—2000 年与 1977—1980 年相比，民猪产仔数和活产仔数都有明显下降，20 日龄成活仔猪数则无明显差异。

表 2-3 民猪群体平均繁殖性能

年度	产仔数/头	活产仔数/头	20 日龄仔猪数/头
1977—1980 年	13.61[a]（223）	12.32[a]（228）	10.47（153）
1977—2000 年	12.41[b]（124）	11.34[b]（126）	10.12（135）
SE	0.248 0	0.238 4	0.148 0

注：括号中数据为统计窝数；纵向数据肩标字母不相同表示差异显著（$P<0.05$）。

资料来源：王希彪等（2001）

王希彪等（2002）在对民猪及其杂交猪繁殖性能分析中发现（表 2-4），1981—1985 年和 1996—2000 年民猪 3～8 产经产母猪的产仔数、活产仔数和 20 日龄成活仔猪数无论纯繁还是杂交，民猪的繁殖性能都有明显下降，这与王希彪等（2001）的报道结果类似，说明保种群体的近交程度已成为影响繁殖性能的重要原因。而同一时间阶段中的纯繁与杂交进行比较，在产仔数、活产仔数及 20 日龄成活仔猪数上均无明显差别，这又说明民猪群体的繁殖性能与配公猪的精液品质以及受精卵或胚胎是否为杂合子影响不大。

表 2-4 民猪及其杂交猪繁殖性能

年度	繁殖方式	产仔数/头	活产仔数/头	20 日龄仔猪数/头
1981—1985 年	纯繁	14.35[a]（222）	12.83[a]（223）	10.64[a]（182）
	杂交	14.70[a]（135）	12.94[a]（139）	10.78[a]（101）
1996—2000 年	纯繁	12.63[b]（151）	11.39[b]（152）	10.12[b]（135）
	杂交	13.07[b]（194）	11.96[b]（198）	10.17[b]（179）
SE		0.123 4	0.113 0	0.079 5

注：括号中数据为统计窝数；纵向数据肩标字母不相同表示差异显著（$P<0.05$）。

资料来源：王希彪等（2002）

3. 荷包猪繁殖性能对比

丹麦长白猪繁殖性能优秀，但母性一般。陈钊(2018)对荷包猪及丹麦长白猪的繁殖性能进行了对比，发现荷包猪的繁殖性能较丹麦长白猪的繁殖性能偏低，但是荷包猪猪种的母性好，护仔特点明显，故荷包猪的断奶成活率比丹麦长白猪要高(表 2-5)。因此建议，在荷包猪纯种选育中，不要过分追求繁殖性能极突出的个体进行选留。

表 2-5　荷包猪及丹麦长白猪繁殖性能

品种	产次	产仔数/头	断奶活仔数/头	断奶成活率/%
荷包猪	初产母猪	7.6±2.2	6.9±2.1	90.79
	经产母猪	8.9±3.4	8.3±3.9	93.26
丹麦长白猪	初产母猪	9.8±1.9	8.3±2.4	84.69
	经产母猪	13.7±3.1	11.7±4.1	85.4

资料来源：陈钊(2018)

2.1.1.2　生长育肥性能

1. 民猪的生长发育及育肥研究

王希彪等(2007)对兰西县种猪场等 7 个单位的民猪公猪、母猪的生长性能进行了测定，其结果如表 2-6 所示。

表 2-6　成年民猪生长性能测定

性别	头数/头	体重/kg	体长/cm	胸围/cm	体高/cm
公猪	56	181.75±10.7	139.6±4.52	134.3±3.25	79.1±3.87
母猪	284	145.6±6.55	133.0±2.77	129.9±2.28	76.3±1.91

资料来源：王希彪等(2007)

据金鑫等(2017)对吉林省 7 个民猪示范场测定结果，成年民猪公猪平均体重 181.7 kg，体长 139.6 cm；成年民猪母猪体重 145.6 kg，体长 133.0 cm(表 2-7)。

表 2-7　吉林省民猪成年猪群体体重体尺

猪场名称	测定年度	性别	统计数	体重/kg	体长/cm	胸围/cm	体高/cm
吉林省农业科学院种猪场	2013	公	10	195	148	139	86
		母	100	141	141	132	82
吉林红嘴种猪繁育有限公司	2013	公	3	172	121	121	66
		母	20	125	123	120	67.2
长春祥和养猪生产专业合作社	2013	公	5	147	142	134	80
		母	30	142.5	139.2	129.6	74.7
公主岭国家农业科技园区飞马斯牧业有限公司种猪场	2014	公	3	176	144.6	134	75
		母	30	157	137	142	80.4
吉林省天惠牧业有限公司种猪场	2013	公	2	—	—	—	—
		母	8	120	124	121	76
吉林省福源牧业有限公司种猪场	2014	公	3	175	132	132.6	89.3
		母	10	149	130	130.1	74

续表 2-7

猪场名称	测定年度	性别	统计数	体重/kg	体长/cm	胸围/cm	体高/cm
吉林精气神有机农业股份有限公司	2014	公	6	225	150	145	78
		母	25	175	137	132.5	80
	平均	公	32	181.7±10.7	139.6±4.52	134.3±3.25	79.1±3.87
		母	223	145.6±1	133.0±2.77	129.6±2.28	76.3±1.91

资料来源：金鑫等(2017)

据吉林省农业科学院种猪场对 370 头民猪后备猪的测定结果，民猪后备公猪 8 月龄体重 79.5 kg，体长 105 cm；民猪后备母猪 8 月龄体重 90.3 kg，体长 112 cm(表 2-8)。

表 2-8　吉林省民猪后备猪群体体重体尺

月龄	性别	头数/头	体重/kg	体长/cm	体高/cm	胸围/cm
4	公	40	31	75	48.5	67.0
	母	100	30.4	78	50	68.0
6	公	35	53	95	54	80.0
	母	90	57	96	57	85.0
8	公	25	79.5	105	66	95.0
	母	80	90.3	112	66	100.2

资料来源：金鑫等(2017)

2. 不同添加剂对民猪生长及育肥的影响

饲料中的霉菌毒素对畜禽危害较大。王文涛(2015)以 40 日龄民猪仔猪为试验材料，在日粮中添加不同比例抗霉菌毒素饲料添加剂(0，2.0%，2.5%，3.0%)以研究其对仔猪生产性能的影响。由表 2-9 可见，在遗传关系相近、初始体重差异不显著($P>0.05$)的 4 个组别中，测得平均日采食量、平均日增重和料重比均差异不显著($P>0.05$)，但从变化趋势来看，抗霉菌毒素添加组均优于对照组，平均日采食量、平均日增重以 3.0%添加组最高，饲料转化率以 2.5%添加组最为理想。结合养殖中饲料成本要求，最终确定在民猪仔猪基础日粮中添加 2.5%抗霉菌毒素饲料添加剂的养殖效果最优。

表 2-9　抗霉菌毒素饲料添加剂对民猪仔猪(40 日龄)生产性能的影响

组别	始重/kg	末重/kg	平均日采食量/g	平均日增重/g	饲料转化率
对照组	11.06±1.05	18.98±1.25	541±21	264	2.05
2.0%添加组	11.45±1.24	19.56±1.23	550±33	270	2.04
2.5%添加组	11.23±1.11	19.38±1.26	547±20	272	2.01
3.0%添加组	11.3±1.15	19.61±1.15	551±27	273	2.02

资料来源：王文涛等(2015)

而在对 90 日龄生长育肥民猪的生产性能研究中(王文涛，2017)，根据生产实际需要，综合考虑日粮成本和饲料转化率，最终以添加 3%天然抗霉菌毒素饲料添加剂在民猪生长育肥猪的生产中效果最佳，研究结果见表 2-10。

表 2-10 抗霉菌毒素饲料添加剂对民猪仔猪(90 日龄)生产性能的影响

组别	始重/kg	末重/kg	平均日采食量/g	平均日增重/g	饲料转化率
对照组	20.14±1.05	33.15±1.25	1 431±31	434	3.30
2.0%添加组	21.20±1.11	35.17±1.23	1 490±33	466	3.20
3.0%添加组	20.33±1.05	34.78±1.26	1 498±40	482	3.11
4.0%添加组	20.13±1.21	34.61±1.15	1 506±37	483	3.12

资料来源:王文涛等(2017)

谷氨酰胺(Gln)作为仔猪的功能性氨基酸对仔猪营养至关重要(Wu 等,2007)。韩昱(2016)以民猪仔猪为研究对象,在哺乳仔猪饲粮中添加 0.8%谷氨酰胺,研究其对仔猪生长性能的影响。与对照组相比,民猪仔猪平均日增重显著增加($P<0.05$),平均日采食量差异不显著($P>0.05$)(表 2-11);腹泻率无显著差异($P>0.05$),但腹泻频率显著降低($P<0.05$)。因此,谷氨酰胺可能作为一种有效的营养素,促进民猪仔猪平均日增重的增加。

表 2-11 谷氨酰胺对民猪仔猪生长性能的影响

项目	初重/kg	末重/kg	平均日采食量/g	平均日增重/g
对照组	2.09±0.14	5.39±0.17[a]	73.56±6.65	117.86±10.58[a]
0.8%Gln	2.03±0.10	6.13±0.42[b]	76.27±7.66	146.43±13.21[b]

注:纵向数据肩标字母不相同表示差异显著($P<0.05$)。

资料来源:吴国超(2017)

3. 荷包猪育肥性能研究

宋恒元等(2014)在辽宁省荷包猪原种场对选育完成的 3 世代荷包猪进行了育肥性能的测定,结果见表 2-12。试验表明,荷包猪 20~80 kg 阶段全期平均日增重 483 g,比 0 世代的 425 g 提高 58 g,提高 13.65%;试验全期饲料转化率 3.66,比 0 世代的 4.15 降低 0.49,饲料报酬提高 11.81%;达到 80 kg 体重日龄 212.5 d,比 0 世代的 236.4 d 缩短 23.9 d(2006 年,建昌测定 20 头 0 世代猪)。

表 2-12 荷包猪育肥性能($n=40$)

达 60 kg 体重			达 80 kg 体重			全期	
日龄/d	日增重/g	饲料转化率	日龄/d	60~80 kg 日增重/g	60~80 kg 饲料转化率	日增重/g	饲料转化率
175.8±4.4	457±41.5	3.22±0.24	212.5±5.5	545±55.1	4.54±0.32	483±55.1	3.66±0.26

资料来源:宋恒元等(2014)

通过对放牧饲养及舍饲饲养的荷包猪的育肥性能比较发现,尽管放牧组在体重 50 kg 之前补饲了一些饲料,但由于白天仍以捡食杂草、落地果和树叶为主,生长速度慢,与舍饲饲养组日增重差异显著,但具有节省饲料的优势。放牧组后期固定肥育时日增重加快,高于舍饲组,但全期日增重差异不显著(宋恒元,2013)。

2.1.1.3 胴体性能

1. 民猪胴体性能研究

吕耀忠等(1996)对兰西县种猪场初生、1、2、3、4、5、6 和 8 月龄共计 8 个月龄阶段的民猪进行屠宰测定发现(表 2-13),民猪体重前期增长快,因此应在早期满足其营养需要,此时既省

表 2-13 民猪胴体性状生长发育测定结果

项目	初生	1 月龄	2 月龄	3 月龄	4 月龄	5 月龄	6 月龄	8 月龄
宰前重/kg	0.80±0.17	3.93±0.82	11.36±0.83	18.94±1.76	32.60±4.08	40.44±4.11	50.95±5.51	182.50±9.54
胴体重/kg	0.41±0.10	2.22±0.48	6.72±1.04	10.49±0.93	18.40±1.22	25.00±3.05	34.25±6.06	129.20±9.82
板油重/kg	0	0.01±0.01	0.05±0.02	0.07±0.02	0.09±0.04	0.21±0.09	0.66±0.29	1.41±1.13
胴体直长/cm	18.00±1.58	31.95±3.10	46.55±1.97	55.88±2.95	66.38±2.14	71.88±2.84	73.00±2.94	115.00±5.10
胴宽/cm	7.26±1.18	13.05±0.95	18.20±2.16	21.75±0.87	24.83±0.35	26.13±1.03	30.59±1.00	45.25±2.22
膘厚/cm	0.17±0.03	0.70±0.42	0.86±0.18	0.85±0.12	0.96±0.29	1.04±0.28	2.55±0.96	2.94±0.61
眼肌面积/cm²	0.85±0.26	2.55±0.49	5.29±0.69	6.72±0.96	13.68±2.06	10.78±2.29	19.88±1.29	35.67±11.26
脂肪重/kg	0.00	0.12±0.05	0.48±0.13	0.78±0.17	1.30±0.47	1.90±0.40	3.71±2.02	11.77±7.47
肉重/kg	0.10±0.03	0.56±0.13	1.62±0.15	2.67±0.30	5.33±0.47	6.40±0.93	8.80±1.17	29.78±2.45
骨重/kg	0.05±0.01	0.22±0.04	0.53±0.07	0.91±0.18	1.57±0.12	1.79±0.28	1.92±0.33	6.85±6.06
皮重/kg	0.04±0.01	0.12±0.02	0.35±0.08	0.63±0.06	1.26±0.03	1.65±0.23	1.80±0.23	14.48±6.06
瘦肉率/%	53.10±4.75	54.63±0.98	54.50±2.81	53.83±2.45	56.35±1.40	54.58±1.56	54.60±5.61	47.73±3.75
脂肪率/%	0.00	10.88±3.08	15.93±2.49	15.30±3.34	13.50±3.32	16.13±1.87	22.25±9.17	18.13±10.84
骨/%	26.88±1.39	22.30±3.25	17.75±0.37	18.23±2.01	16.68±1.43	15.25±0.5	11.95±1.99	6.85±0.67
皮/%	19.45±6.67	12.23±2.34	11.83±1.32	12.68±0.50	13.43±1.25	4.05±0.83	11.23±1.70	23.13±10.23

资料来源：吕耀忠等(1996)

料又增重速度快，从经济效益上是合适的；而对于脂肪性状、膘厚和板油重而言，前期增重较慢，后期增重较快，因此应在生长后期限制营养水平，从而有利于提高瘦肉率；在瘦肉性状和眼肌面积性状上，前期增重快，而后期与脂肪性状相比相对较慢。

2. 荷包猪胴体性能研究

在对 3 世代荷包猪的胴体品质测定中（宋恒元等，2014），由表 2-14 可知，3 世代胴体性状指标均比 0 世代有所提高，但差异不大。

表 2-14　荷包猪胴体品质（$n=20$）

世代	宰前体重/kg	胴体重/kg	屠宰率/%	瘦肉率/%	6～7 肋背膘厚/mm	眼肌面积/cm²
0	84.9±0.78	63.4±2.97	74.7±1.85	47.1±1.20	32.4±5.20	22.8±2.20
3	81.8±0.24	59.8±0.45	74.1±0.41	45.3±0.42	32.57±4.51	19.9±1.47

资料来源：宋恒元等(2014)

在对放牧饲养及舍饲饲养的荷包猪胴体性能的对比研究中发现，放牧猪总体比舍饲猪偏瘦，尤其是花板油(8.21±1.32)比(10.43±2.14)减少明显（$P<0.05$），瘦肉率(50.95±1.31)比(47.62±1.21)增高（$P<0.05$）。这说明荷包猪在放牧饲养的情况下可以降低内脏脂肪比例，增加可食用组织比例，提高经济价值，但其他指标差异都不显著（宋恒元，2013）。

2.1.1.4　肉质性能

1. 民猪肉质性能研究

在王楚端等(1996)的研究中，长白猪软脂酸含量显著高于民猪（$P<0.01$），硬脂酸含量、总饱和脂肪酸含量都显著高于民猪，北京黑猪的软脂酸含量、总饱和脂肪酸含量都显著高于民猪（$P<0.05$）；在不饱和脂肪酸中，民猪软脂烯酸含量、油酸量显著高于长白猪（$P<0.01$），同时软脂烯酸含量也显著高于北京黑猪（$P<0.01$），但亚油酸含量(5.09%)显著低于长白猪（$P<0.01$），和北京黑猪差异不显著（$P>0.05$），总不饱和脂肪酸含量显著高于长白猪（$P<0.05$）。

在氨基酸组成上，民猪的赖氨酸、精氨酸及羟脯氨酸含量显著低于长白猪（$P<0.05$），但蛋氨酸及游离氨含量低于长白猪；北京黑猪的半胱氨酸、缬氨酸及苯丙氨酸含量均显著高于民猪，但组氨酸及牛磺酸含量显著低于民猪；民猪甘氨酸含量显著高于长白猪及北京黑猪，丝氨酸含量显著高于长白猪，以上差异均为 $P<0.05$。

肌肉内水分以游离水、固定水和结合水的形式存在（Hughes 等，2014），肉品中水分的适当含量是重要的感官指标之一，影响消费者购买肉品的选择。于永生等(2015)研究测定了 60、120、150、180、210 日龄东北民猪与大白猪背最长肌游离水和肌内脂肪的含量，结果显示（表 2-15），120 日龄大白猪背最长肌游离水含量极显著高于东北民猪 1.25 个百分点（$P<0.01$），而 210 日龄东北民猪极显著高于大白猪 2.27 个百分点（$P<0.01$），其他阶段无显著差异；60 日龄东北民猪肌内脂肪含量极显著高于大白猪 1.08 个百分点（$P<0.01$），180 日龄东北民猪肌内脂肪含量显著高于大白猪 0.94 个百分点（$P<0.05$），其他日龄无显著差异。由此表明，东北民猪背最长肌游离水含量随着机体生长逐渐接近并超过大白猪，而大白猪肌内脂肪沉积开始较晚，随着机体生长肌内脂肪含量逐渐接近东北民猪。

表 2-15 不同日龄民猪和大白猪背最长肌游离水及肌内脂肪含量对比

项目	日龄/d	民猪	大白猪	P
游离水含量/%	60	76.63 ± 1.25^{A}	77.45 ± 0.80^{A}	0.10
	120	73.91 ± 0.34^{B}	75.16 ± 0.63^{B}	0.00
	150	74.38 ± 1.72^{B}	75.80 ± 0.33^{AB}	0.25
	180	72.99 ± 1.38^{Ba}	73.66 ± 0.93^{C}	0.22
	210	74.20 ± 0.69^{Bb}	71.93 ± 0.73^{D}	0.00
肌内脂肪含量/%	60	2.45 ± 1.11^{AD}	1.51 ± 0.19^{Bb}	0.00
	120	2.23 ± 0.79^{A}	1.86 ± 0.57^{B}	0.25
	150	2.07 ± 0.37^{A}	1.70 ± 0.60^{Bb}	0.11
	180	3.16 ± 0.64^{Db}	2.85 ± 0.37^{C}	0.02
	210	2.25 ± 0.93^{Aa}	1.17 ± 0.39^{Aa}	0.20

注：同列肩标大写字母不同表示差异极显著（$P<0.01$），小写字母不同表示差异显著（$P<0.05$）；表的最后一列 P 代表的是同日龄东北民猪与大白猪之间的显著性比较，$P<0.01$ 表示差异极显著，$P<0.05$ 表示差异显著，$P>0.05$ 表示差异不显著。

资料来源：于永生等（2015）

2. 荷包猪肉质性能研究

宋恒元等（2014）在对选育Ⅲ世代荷包猪进行肉质性状检测时发现，荷包猪肉色鲜红，大理石纹明显，肌肉饱满充盈，亮度适中，肌纤维细密，氨基酸和肌内脂肪含量适宜，尤其是主要决定鲜味的谷氨酸含量是长白猪的 4.5 倍，单不饱和脂肪酸（油酸）的含量达到 49.92%，亚油酸与亚麻油酸总量为 8.41%，脂肪组织雪白坚挺。其量化指标（表 2-16）充分说明荷包猪肉质细嫩多汁、入口爽绵、风味独特的特性，已达到高品质猪肉的标准（张伟力，2008）。

表 2-16 荷包猪肉质性状

测定指标	测定结果	测定指标	测定结果
2 h 滴水损失/%	1.38±0.19	肉色/分	3.36±0.2
24 h 滴水损失/%	2.18±0.22	pH_1	6.3±0.2
大理石纹/分	3.56±0.2	pH_{24}	5.8±0.2
肌内脂肪/%	5.12±0.36	饱和度（S）	8.74±0.93
肌纤维直径/μm	50.19±7.77	亮度（L）	48.22±3.17
肌纤维密度/（根/cm^2）	35 394±479.5	红度（a）	8.6±1.01
水分/%	74.51±2.09	黄度（b）	1.50±0.69
蛋白质/%	22.47±2.31	嫩度/kg	2.76±0.19

资料来源：宋恒元等（2014）

王立辛等（2014）对 0～6 月龄的荷包猪和大白猪的肉质性状进行了检测对比，结果发现，荷包猪的肉色在 5～6 月龄时极显著优于大白猪（$P<0.01$）；失水率在 4～6 月龄极显著高于大白猪（$P<0.01$）；肌内脂肪含量在 0～6 月龄均极显著高于同阶段大白猪（$P<0.01$）；肌肉剪切力在 1～3 月龄时极显著低于大白猪（$P<0.01$），6 月龄时显著低于大白猪（$P<0.05$）；肌纤

维直径显著($P<0.05$)或极显著($P<0.01$)低于同阶段大白猪(除 1 月龄外);两品种 pH 无显著差异($P>0.05$)。由此可见,荷包猪的肉质性状优于大白猪。

2.1.1.5 抗逆性研究

1. 抗寒性研究

由于长期生活在东北三省及内蒙古等北方寒冷地区,民猪的皮厚,被毛浓而长,冬季密生绒毛,基础代谢率低,经过多年的长期选择,使之具备了极好的抗寒能力,其抗寒性能要远优于我国的其他地方猪种。90 kg 体重的民猪,每平方厘米的粗毛和绒毛的总数平均为 100.08 根,而哈白猪平均只有 21.125 根。在冬季,民猪 120 kg 体重时每平方厘米的绒毛数量达 280.4 根,长度 12.376 mm,粗度 58.18 μm(段英超,1981)。

(1)寒冷环境下民猪的表型及行为学研究　刘自广等(2019)对民猪和大白猪寒冷条件下的耐寒表现进行了研究。试验中发现,在冷舍中,5 月龄及 80～90 kg 体重的大白猪一直挤卧在一起(图 2-1A),全部呈现弓腰(图 2-1C,箭头处)、全身剧烈战栗,有打喷嚏、流鼻涕现象;而 5 月龄及 80～90 kg 体重的民猪挤卧时间短于大白猪(图 2-1B),有 40%($n=10$)的民猪仍能长时间站立,仅 40%($n=10$)的民猪呈现弓腰(图 2-1D,箭头处)和轻微战栗现象,没有打喷嚏、流鼻涕现象。

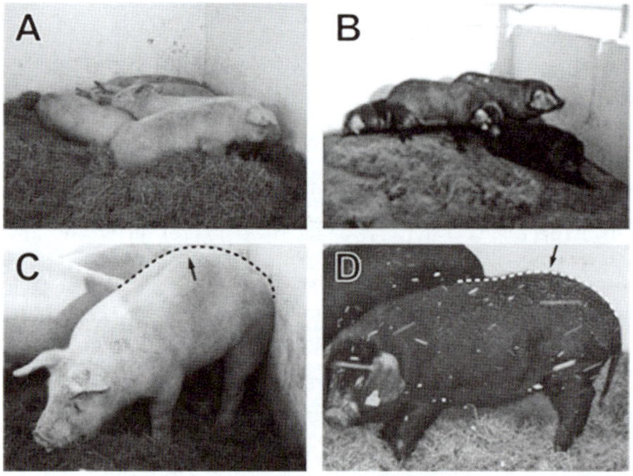

A. 大白猪全部挤卧在一起;B. 民猪有的站立,有的挤卧;
C. 大白猪弓腰(箭头处);D. 民猪弓腰(箭头处)

图 2-1　猪挤卧与弓腰现象

在冷舍中,5 月龄民猪的持续战栗时间为 4 s,明显低于 5 月龄大白猪 12 s 的持续战栗时间(图 2-2A,$P<0.005$);80～90 kg 体重民猪的战栗间隔时间为 2.5 s,明显长于 80～90 kg 体重大白猪 1.05 s 的战栗间隔时间(图 2-2B,$P<0.001$);80～90 kg 体重民猪的战栗频率为 85 次/min,明显低于 80～90 kg 体重大白猪 212 次/min 的战栗频率(图 2-2C,$P<0.001$)。这说明在长期寒冷条件下,对于 5 月龄及 80～90 kg 体重猪的耐寒能力,民猪强于大白猪。

(2)寒冷环境下民猪的适应性变化研究　一般认为转氨酶是反映肝脏功能的一项指标,当组织器官活动或病变时,就会把其中的转氨酶释放到血液中,使血清中转氨酶含量增加。血清丙氨酸氨基转移酶、天冬氨酸氨基转移酶和谷丙转氨酶/谷草转氨酶增加是肝炎、心肌炎和肺炎病变程度的重要指标,表示肝脏、心脏、肺等组织器官可能受到了损害。

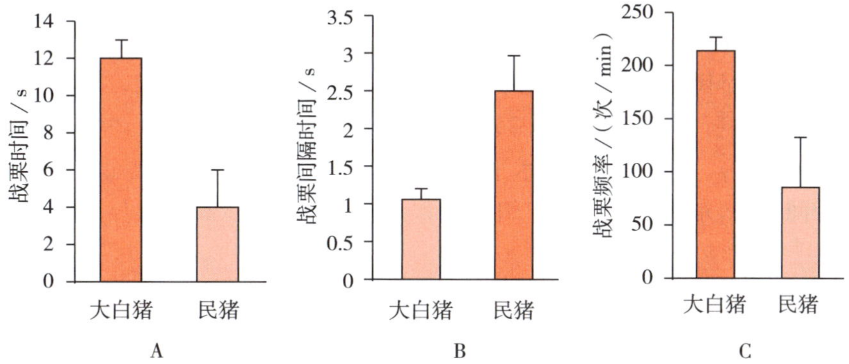

A. 5 月龄民猪的持续战栗时间(s)明显低于 5 月龄大白猪的持续战栗时间(s)($P<0.005$)；
B. 80～90 kg 体重民猪的战栗间隔时间(s)明显长于 80 kg 体重大白猪的战栗间隔时间(s)($P<0.001$)；
C. 80～90 kg 体重民猪的战栗频率(次/min)明显低于 80 kg 体重大白猪的战栗频率(次/min)($P<0.001$)

图 2-2 大白猪与民猪的战栗情况比较

王文涛等(2015)研究发现，在民猪和大白猪由 18 ℃环境转移到平均温度－26 ℃环境时，血清丙氨酸氨基转移酶、天冬氨酸氨基转移酶和谷丙转氨酶/谷草转氨酶含量皆有增加(表 2-17)，1 h 时，民猪三个指标分别增加了－3.1%、23.96%、26.45%，大白猪分别增加了5.28%、102.99%、91.22%；3 d(72 h)时，民猪三个指标分别增加了 3.06%、13.26%、9.92%，大白猪分别增加了 18.77%、47.58%、22.80%。民猪与大白猪比较来看，民猪三个指标增加速度较缓慢、增加程度较小，从该角度可认为民猪受到寒冷应激(1 h)和持续寒冷(3 d)的影响较小。

表 2-17 民猪和大白猪血清中酶类检测结果

猪种	时间/h	丙氨酸氨基转移酶/(U/L)	天冬氨酸氨基转移酶/(U/L)	谷草转氨酶/谷丙转氨酶/(U/L)
民猪	0	78.04±4.24	94.12±4.54	1.21±0.15
	1	75.62±2.88	116.67±8.88	1.53±0.32
	72	80.43±5.94	106.60±7.94	1.33±0.50
大白猪	0	81.21±1.41	92.54±4.50	1.14±0.08
	1	85.50±4.56	187.85±8.56	2.18±0.10
	72	96.45±5.66	136.57±9.66	1.40±0.78

资料来源：王文涛(2015)

肌酸激酶通常存在于动物的心脏、肌肉以及脑等组织的细胞浆和线粒体中，是脊椎动物唯一的磷酸原激酶，也是一个与细胞内能量运转、肌肉收缩、ATP 再生有直接关系的重要激酶。它可逆地催化肌酸与 ATP 之间的转磷酰基反应，是判断动物应激、心脏和骨骼肌疾病的重要指标。试验结果显示，在民猪和大白猪由 18 ℃环境转移到平均温度－26 ℃环境时，血清肌酸激酶含量皆有所增加，1 h 时，民猪增加了 202%，大白猪增加了 1 108%；3 d(72 h)时，民猪增加了 32%，大白猪增加了 837%。民猪与大白猪比较来看，民猪这一指标增加速度较缓慢、增加程度较小，因此从该角度可认为民猪受到寒冷应激(1 h)和持续寒冷(72 h)的影响较小(王文涛等，2015)。

2. 耐粗饲研究

韩维中等(1983)通过不同营养水平的饲养试验及不同粗纤维含量的消化试验，对比不同营养水平及粗纤维含量对民猪增重及消化率的影响，探讨民猪的抗逆性能。经过5个月的试验，各组日增重如表2-18所示。统计结果显示，日粮间存在着极显著差异($P<0.01$)，品种间存在着显著差异($P<0.05$)。其中，低营养水平日粮组(C组)日增重极显著地低于高、中营养日粮组(A、B组)；品种间比较，东北民猪日粮C组日增重又极显著地高于长白猪与克米猪的日粮C组。

表 2-18　试验期(60 d)日增重　g

日粮	民猪	长白猪	克米猪
A	338.3±64.9	347.4±60.7	339.0±73.6
B	321.0±26.7	286.0±49.3	292.5±76.4
C	165.0±70.1	93.5±46.0	111.3±42.0

资料来源：韩维中等(1983)

分析结果表明(表2-19)，高纤维素含量日粮(C)组，各品种猪营养物质消化率均低于A、B两日粮组，且差异极显著($P<0.01$)；而A、B两日粮组的各营养物质消化率虽略有不同，但未见统计差异。

表 2-19　各组对营养物质的消化率比较　%

日粮	营养物质	民猪	长白猪	克米猪
A	DM	80.20	80.50	81.40
	CP	75.50	75.80	78.50
	CF	55.10	45.20	40.10
B	DM	82.20	81.30	79.80
	CP	75.60	74.70	70.00
	CF	46.60	44.60	46.60
C	DM	70.60	67.70	68.80
	CP	63.20	62.00	60.80
	CF	31.60	28.90	28.70

注：DM，干物质；CP，粗蛋白质；CF，粗纤维。

资料来源：韩维中等(1983)

张秀萍(2014)通过对不同饲养标准条件下的荷包猪和长白猪繁殖性能的对比观察试验发现，低营养水平饲粮对荷包猪乳房发育影响不大，而对长白猪影响明显，乳房发育极不充盈；对荷包猪总产仔数影响不显著，但长白猪下降趋势大。不同营养水平下，荷包猪出生重差异不显著，长白猪差异显著($P<0.05$)。20 d泌乳力、断奶头数、断奶重、成活率、断奶后发情时间和断奶后配种率，荷包猪3个梯度间差异均不显著($P>0.05$)；长白猪3个梯度间差异均显著($P<0.05$)，高与低水平间差异极显著($P<0.01$)。由此可以看出，不同营养水平下，荷包猪的繁殖性状间无明显差异，而长白猪差异显著。荷包猪能在极低的营养水平下正常生产，表明荷包猪具有较强的耐粗饲性。

3. 抗病性研究

王希彪等(2014)通过对民猪与长白猪哺乳仔猪按腹泻程度分组比较,研究民猪与长白仔猪哺乳期腹泻变化,探讨两品种仔猪腹泻程度差异及其对仔猪生产性能的影响,为从遗传角度探讨仔猪抗病力提供理论依据。由表 2-20 可知,民猪腹泻率显著小于长白猪($P<0.05$),两品种腹泻频率无显著差异,民猪仔猪腹泻指数极显著低于长白仔猪($P<0.01$)。

表 2-20 民猪与长白猪哺乳仔猪腹泻程度对比

品种	腹泻率/%	腹泻频率/%	腹泻指数
民猪	54.97^{a}	5.18	1.7^{A}
长白猪	63.61^{b}	5.25	2.57^{B}

注:同列肩标字母小写字母不同者表示差异显著($P<0.05$),大写字母不同者表示差异极显著($P<0.01$)。
资料来源:王希彪等(2014)

如表 2-21 所示,长白仔猪腹泻发生率高于民猪仔猪($P<0.01$),其中长白仔猪中度和重度腹泻发生率显著高于民猪仔猪($P<0.01$);随仔猪腹泻程度的增加,两品种仔猪日增重均逐渐降低,仔猪腹泻程度对仔猪日增重影响显著。健康长白仔猪平均日增重极显著高于中度、重度腹泻组($P<0.01$),健康民猪仔猪平均日增重极显著高于重度腹泻组($P<0.01$)。两品种仔猪 35 日龄相对生长率在各个腹泻程度内无显著性差异($P>0.05$);在重度腹泻时,长白仔猪 35 日龄相对生长率低于民猪仔猪,差异接近显著水平($P=0.055\ 8$)。

表 2-21 民猪和长白猪不同腹泻程度仔猪的发生率及生长性能

腹泻程度	品种	发生率/%	35 日龄平均日增重/g	35 日龄相对生长率/%
健康	长白猪	29.90^{A}	210.16 ± 55.04^{Aa}	$5.222\pm0.744\ 8$
	民猪	42.81^{B}	136.09 ± 35.45^{Aa}	$5.286\pm0.688\ 6$
轻微腹泻	长白猪	37.54	196.73 ± 53.06^{ABa}	$4.844\pm0.963\ 0$
	民猪	41.05	116.33 ± 40.55^{ABa}	$4.792\pm0.872\ 9$
中度腹泻	长白猪	24.58^{A}	172.92 ± 49.14^{Bb}	$4.589\pm0.746\ 1$
	民猪	15.09^{B}	112.59 ± 36.15^{ABab}	$4.619\pm0.662\ 5$
重度腹泻	长白猪	7.97^{A}	142.76 ± 54.21^{Cc}	$4.193\pm0.617\ 1$
	民猪	1.05^{B}	83.97 ± 21.94^{Bb}	$4.421\pm0.320\ 5$

注:同列肩标字母小写字母不同者表示差异显著($P<0.05$),大写字母不同者表示差异极显著($P<0.01$)。
资料来源:王希彪等(2014)

2.1.2 基础研究

2.1.2.1 繁殖性能相关研究

1. 民猪精液冷冻研究

猪精子本身对冷应激特别敏感,在冷冻过程中极易损伤,从而造成母猪的受胎率低、窝产仔数少,因此严重制约着猪冷冻精液的应用。王文涛等(2014)以液氮和干冰作为民猪精液冷冻过程中的冷源,对其活率及顶体完整率等指标进行研究发现,在解冻后民猪精液活率、顶体完整率方面,采用干冰作为冷源效果优于液氮,但二者差异并不显著(表 2-22),可能是由于液氮的蒸发速度较快，使冷冻过程中温度变化幅度较大，造成精子的损伤程度高于干冰作为冷源的精子。

表 2-22　不同冷源冷冻精子活率及顶体完整率

冷源	精子活率/%	顶体完整率/%
液氮	41.8±6.6[a]	51.5±3.8[a]
干冰	43.5±5.7[a]	52.2±4.0[a]

注：同列相同小写字母表示差异不显著（$P>0.05$）。

资料来源：王文涛等（2014）

海藻糖作为一种非渗透性保护剂，可以在细胞膜外面产生一种玻璃状保护层，提高细胞对高渗透压的耐受性，防止细胞因过度脱水而死亡。马红等（2014）在 3 种不同的精液稀释液中加入不同浓度的海藻糖，研究海藻糖对冷冻的民猪精子活率、质膜完整率、顶体完整率和线粒体膜电位的影响。结果表明，在 Zorlesco 稀释液中添加 0.15 mol/L 海藻糖可明显提高民猪冷冻精子的质量，使精子活率、质膜完整率、顶体完整率和线粒体活性分别达到（44.0±2.4）%、（58.2±2.4）%、（53.2±2.1）% 和（51.3±2.3）%，为各组最佳（$P<0.05$）（表 2-23）。将 0.15 mol/L 海藻糖分别添加在 BTS、Modena 和 Zorlesco 3 种稀释液中发现（表 2-24），其中在 Zorlesco 稀释液添加海藻糖效果优于其他两组（$P<0.05$），但海藻糖对冷冻前精子的保护作用不明显（$P>0.05$）。在精子冷冻过程中，海藻糖与精子膜结合，降低了精子因脱水而造成的渗透压上升对顶体膜和质膜的伤害，具有稳定精子膜结构的作用，因此在民猪精子冷冻液中添加适量海藻糖能够提高精子冷冻后的活率和质量。此研究结果表明，在 Zorlesco 稀释液中添加0.15 mol/L 的海藻糖能够明显提高民猪精子冷冻后质量，是民猪冷冻保存的适宜保护液。

表 2-23　海藻糖浓度对 Zorlesco 稀释液中民猪精子冷冻保护的影响　%

海藻糖浓度/(mol/L)	冷冻前活率	冷冻后活率	顶体完整率	质膜完整率	线粒体活性
0	88.5±3.9[a]	36.5±3.5[c]	50.3±3.2[c]	42.5±3.5[d]	39.2±3.2[c]
0.1	90.0±4.4[a]	43.9±4.1[a]	54.2±3.1[b]	48.9±3.0[b]	45.9±2.1[b]
0.15	90.9±5.4[a]	44.0±2.4[a]	58.2±2.4[a]	53.2±2.1[a]	51.3±2.3[a]
0.2	91.3±2.7[a]	40.1±1.9[ab]	55.0±3.0[b]	51.3±2.9[a]	44.5±2.9[b]

注：同列肩标字母不同者为差异显著（$P<0.05$）。

资料来源：马红等（2014）

表 2-24　海藻糖对不同基础液中民猪精子冷冻保护的影响　%

基础液类型	冷冻前活率	冷冻后活率	顶体完整性	质膜完整性	线粒体活性
Modena	88.7±3.7[a]	42.1±2.9[a]	48.1±2.8[b]	57.3±2.7[a]	45.1±1.2[b]
Zorlesco	91.9±5.4[a]	44.0±2.4[a]	53.2±2.1[a]	58.2±2.4[a]	51.3±2.3[a]
BTS	93.0±3.6[a]	37.1±2.2[b]	43.1±3.5[c]	46.1±3.2[b]	44.1±3.2[b]

注：同列肩标字母不同者为差异显著（$P<0.05$）。

资料来源：马红等（2014）

3. 影响繁殖性能的基因研究

雌激素受体(ER)基因是 Rothschid 等发现并被确定的第一个影响猪产仔数的主效基因。为了研究新民猪和皮民猪 *ER* 基因的多态性，张冬杰等(2012)对 27 头新民猪和 50 头皮民猪 F_1 的 *ER* 基因进行检测，并与其他已报道的猪种进行比较。结果表明，新民猪 *ER* 基因的 *A* 等位基因频率为 0.593，*B* 等位基因频率为 0.407；皮民猪 *ER* 基因的 *A* 等位基因频率为 0.720，*B* 等位基因频率为 0.280。新民猪与皮民猪的等位基因频率与引进猪种相似，即 *A* 等位基因频率略高于 *B* 等位基因频率；然而我国大部分地方猪种的 *B* 等位基因频率高于 *A* 等位基因频率，其中 *B* 为优势等位基因。为了扩大现有的民猪种群，保留和利用民猪优质特性，从黑龙江省各地收集新民猪群体进行试验，目前正处于缓慢扩群、整理和筛选阶段。在今后的选种、选配过程中，既要根据体型外貌是否符合民猪特点进行筛选，同时也要有目的地选留 *BB* 型个体母猪作为繁殖用母猪，以提高新民猪群体的繁殖力。

赵要凤等(1997)对民猪的 *FSHβ* 基因位点进行了多态性研究，发现民猪所扩 PCR 产物长度均具有 0.5 kb、0.5 kb 与 0.2 kb 以及 0.2 kb 3 种产物类型。进一步对 *FSHβ* 位点的基因及基因频率进行分析发现，民猪 *A* 基因频率为 0.461 5，其等位基因 *B* 基因频率为 0.538 5，基因型频率分别为 *AA* 0.173 1，*AB* 0.576 9，*BB* 0.250 0。张冬杰等(2006)采用 PCR-SSCP 方法，对 108 头民猪的 *FSHβ*-亚基基因的 2 个基因座位进行了研究。结果表明，*FSHβ*-亚基基因的这 2 个基因座位在民猪内都存在 *AA*、*AB*、*BB* 3 种基因型，*A*、*B* 基因频率之间差异显著。该试验进一步证明了 *FSHβ*-亚基基因在民猪内存在着丰富的多态性。

李婧等(2005)检测了 2002 年民猪保种群中雌激素受体(ER)基因和促卵泡素 *β* 亚基(FSH*β*)基因的基因与基因型分布，并将其与 2000 年保种群的检测结果进行了比较。结果表明，与 2000 年保种群相比较，2 个基因的基因、基因型分布均发生了变化，意味着民猪的产仔性能也发生了变化，这同已有报道的生产性能统计结果相符。因为 2000—2002 年群体只有部分个体更新，所以尽管上述频率变化经检验部分差异不显著($P>0.05$)，但仍说明群体遗传结构发生了一定变化。

2.1.2.2 生长性能相关研究

1. 体长性状基因研究

动物体长性状作为经典的数量性状，受到遗传学家的广泛关注，其差异是由一系列复杂而精细的生物代谢过程产生的，而产生差异的调控机制一直是国际上的研究热点。体长性状是猪最重要的经济性状之一，直接影响着猪生产的经济效益。猪的全基因组测序分析发现，*NR6A1*、*PLAG1* 和 *LCORL* 这 3 个基因与猪的体长性状呈显著相关，并已公布了 17 个候选 SNPs 位点。范家萌(2015)利用直接测序法，以民猪的 2 个群体二民猪和荷包猪为对象，对 *NR6A1*、*PLAG1* 和 *LCORL* 3 个基因上的部分基因序列进行测序，通过判读测序峰图，明确 SNPs 的发生情况及其频率；通过哈迪-温伯格(Hardy-Weinbery)平衡分析、单倍型推测和连锁不平衡分析，确定 3 个基因影响体长性状的主要单倍型。最终得出结论：*NR6A1*、*PLAG1* 和 *LCORL* 基因是民猪群体内生长性状调节中的功能基因，但对于所分析的 SNPs 差异显著位点在调控二民猪和荷包猪体长性状的具体作用机制尚需进一步研究分析。

2. 骨骼肌生长基因研究

ZBED6 是锌指蛋白家族的一员，在胎盘哺乳动物中极其保守，可通过对 IGF2 的调控参与骨骼肌生长。为进一步探究 *ZBED6* 基因自身的表达调控机制，张冬杰(2019)以民猪基因组

DNA 为模板，通过常规 PCR 扩增 *ZBED*6 基因启动子区系列截短片段，构建克隆质粒，通过双酶切和连接反应定向连入 pGL3-basic 载体，利用 PK15 细胞和双荧光素酶检测系统测定重组质粒的相对荧光素酶活性；利用在线软件预测启动子区的转录因子结合位点，使用重叠 PCR 定点缺失转录因子结合位点，构建突变载体并在 PK15 细胞中检测突变载体的相对荧光素酶活性。结果表明：*ZBED*6 基因启动子区－2 053～－1 777 bp 存在多个转录因子结合位点，尤其是－1 808～－1 777 bp，该片段缺失造成启动子活性下降（$P<0.01$）；利用在线软件在该区间预测到 3 个转录因子 *HINFP*、*Adf*-1 和 *CREB*3，经试验验证后发现这 3 个转录因子均可调控 *ZBED*6 基因的转录，其中 *Adf*-1 效果最为明显。据此推测，民猪 *ZBED*6 基因的转录调控机制较为复杂，其启动子区存在 *HINFP*、*Adf*-1 和 *CREB*3 等多个调控元件的结合位点。

3. 与肌肉发育及日增重相关基因的研究

数量性状核苷酸（QTN）是指某个特定核苷酸的改变而导致个体的表型从一种转变成另外一种。目前，在猪中已经鉴定出 3 个与肌肉发育和日增重相关的 QTN 和 1 个可能影响肌肉生长的 QTN，分别是兰尼定 1 型受体（RYR1）基因、胰岛素样生长因子 2（IGF2）基因、黑素皮质素受体 4（MC4R）基因和肌肉生长抑制素（MSTN）基因（刘榜，2010）。为了调查 *RYR*1 基因和 *MC*4*R* 基因在新组建的民猪群体内的分布情况，试验采用 PCR-RFLP 的方法，对黑龙江省农业科学院畜牧研究所收集整理的 23 头民猪的 *RYR*1 基因和 *MC*4*R* 基因进行检测，并与其他已报道的猪种进行比较。结果表明：民猪 *RYR*1 基因的 *N* 等位基因频率为86.96%，*n* 等位基因频率为 13.04%；*MC*4*R* 的 *A* 等位基因频率为 76.19%，*G* 等位基因频率为 23.81%，与其他猪种相比，*n* 等位基因频率偏高（张冬杰，2012）。

2.1.2.3 肉质性状相关研究

μ-钙激活酶（μ-calpain）是机体内普遍表达的一种蛋白水解酶，在动物宰后能够分解肌原纤维蛋白，促进肉的嫩化，是肉嫩化的基本酶类（Rowe，2004）。大量研究证实，*CAPN*1 基因是肉质性状的候选基因，其突变会显著影响肉的嫩度。杨秀芹等（2007）首次以猪 *CAPN*1 为候选基因，以野猪、民猪、大白猪为研究对象，利用 PCR-SSCP 方法进行单核苷酸多态性检测，探讨了不同基因型在 3 个猪种间的分布规律，从而为进一步揭示猪 *CAPN*1 基因的遗传变异与肌肉嫩度的关系、寻找能运用到生产实践中去的分子标记提供基础。研究成果包括：获得了猪 *CAPN*1 基因的 15 个内含子序列；根据 GenBank 上提供的 *CAPN*1 CDS 及克隆的内含子序列设计了 5 对多态性引物进行 PCR-SSCP 分析；共找到 8 个 SNPs，其中 7 个位于外显子上，1 个位于内含子上，并且外显子上的突变有 3 个是错义突变，分别造成了蛋白质多肽链上第 54 位氨基酸的 S/T、第 192 位氨基酸的 G/E、第 363 位氨基酸的 V/I 替代；χ^2 独立性检验表明不同基因型在大白猪与野猪、民猪之间存在着极显著的差异（$P<0.01$），野猪和民猪之间除了 S1 引物 3 种基因型的分布存在显著差异外（$0.01<P<0.05$），其他引物上差异不显著（$P>0.05$）。这些多态位点具有成为分子标记的潜在可能。

肌球蛋白重链（myosin heavy chain，MyHC）是肌纤维内肌球蛋白的重要组成部分，由一组高度保守的基因编码，具有多种异构体。研究表明，民猪与大白猪在肉质方面存在差异。为揭示民猪与大白猪肌纤维类型组成差异，李忠秋等（2019）应用 RT-PCR 法检测了民猪和大白猪背最长肌中肌球蛋白重链（MyHC）Ⅰ、Ⅱa、Ⅱx、Ⅱb 4 种亚型的 mRNA 表达差异。结果表明，同日龄民猪和大白猪、同体重民猪和大白猪相比，民猪Ⅰ、Ⅱa、Ⅱx 型 MyHC mRNA 相对表达量显著高于大白猪($P<0.05$),而Ⅱb型MyHC mRNA相对表达量显著低于大白猪($P<0.05$)。这说明民猪肌肉中氧化型和中间型肌纤维含量高于大白猪,而酵解型肌纤维含量低于大白猪。

脂蛋白脂酶(lipoprotein lipase, LPL)是动物组织脂肪沉积的关键酶,一直被当作是肉质性状相关的重要候选基因(Lusis,1988)。高丽峰等(2012)从*LPL*基因过表达前后与之相关基因的RNA水平表达量变化的角度出发,采用克隆测序的方法获得了民猪*LPL*基因的完整CDS序列,将其克隆到pMD-18T载体上,将测序验证正确的基因序列插入pcDNA3.1(+)质粒载体中,构建了pcDNA-LPL真核表达载体。结果表明,所得序列与GenBank中登录的猪*LPL*基因同源性为99.30%,说明*LPL*基因的真核载体构建成功。该研究为在细胞水平上研究LPL的表达和功能奠定了试验基础,并为进一步分析*LPL*基因功能提供了理论依据。

2.1.2.4 抗逆性研究

1. 抗寒性研究

刘娣课题组从2010年开始了对民猪耐寒特性分子机理的研究。研究早期受条件限制,主要采用候选基因法对民猪耐寒特性进行分析,选择了2个与冷应激相关的基因,即Y-box结合蛋白基因和冷诱导RNA结合蛋白基因(张冬杰等,2011d,2012b);1个与生长性状相关的基因家族,即胰岛素样生长因子(IGFs)系统基因(张冬杰等,2012a);4个与代谢相关的酶类,即脂蛋白脂酶、磷酸葡萄糖变位酶、6-磷酸葡萄糖酸脱氢酶和乳酸脱氢酶A(张冬杰等,2011b,2011c,2011f)。分析后发现,冷应激的确会改变基因的表达水平。采用候选基因法进行研究,虽然目标明确,但具有明显的局限性,因为试验结果受所选基因的影响,很难从整体上对这一表型进行分析。

后续研究采用表达芯片的方法对冷应激后显著差异表达的基因进行了筛选和分析。结果共检测到差异基因34个,其中下调表达的基因27个,上调表达的基因7个。下调表达的基因中有7个(*OAS1*、*IRG6*、*ISG20*、*DDX58*、*IFITl*、*ISG15*、*CXCL9*)与干扰素诱导相关,1个(*FST*)与生长性状相关,2个(*Mx1*、*PG-2*)与抗病毒有关,2个(*S100A9*、*Numb*)与细胞生长和凋亡有关(Zhang等,2012)。

表达芯片也受到芯片上已有基因数量的限制,故属于“半开放”模式。随着二代测序技术的飞速发展,以及人们对褐色脂肪研究的深入,课题组最终选择利用RNA-seq测序技术对冷应激后民猪和大白猪背部脂肪差异表达基因进行筛选。深入分析后发现,试验组民猪与对照组民猪相比,其背部皮下脂肪内1 435个基因发生了显著上调,706个基因发生了显著下调;试验组大白猪与对照组大白猪相比,其背部皮下脂肪内1 045个基因发生了显著上调,656个基因发生了显著下调。对民猪和大白猪冷应激前后表达差异基因进行pathway通路富集分析发现,民猪2 141个基因仅富集在2个通路上,即次生代谢产物的生物合成通路及折叠、分类和降解通路;而大白猪1 701个基因除了富集在上述3个通路外,还富集在了另外11个通路上。上述研究结果表明,耐寒的民猪与不耐寒的大白猪相比,在遭受同样的冷应激后,民猪会通过调用更多的基因,更小的变化倍数,以及更少的代谢通路来缓解应激,维持体温恒定。据此,课题组提出了民猪的“多基因微调”作用模式,推测它是以此模式耐受寒冷环境。

2. 耐粗饲研究

(1)不同粗纤维饲喂水平下血液生化指标筛选　王文涛等(2015)在对不同粗纤维饲喂水平下民猪和大白猪的血液生化指标变化研究中发现,民猪和大白猪在饲喂粗纤维含量为9%、

12%和15%的3种日粮后，其谷丙转氨酶和谷草转氨酶含量皆有所增加，其中谷丙转氨酶民猪分别增加了6.7%和5.8%，大白猪分别增加了17.3%和25.5%；而谷草转氨酶民猪分别增加了2.3%和45.8%，大白猪分别增加了69.0%和148.1%。民猪与大白猪比较来看，民猪2个指标增加程度较小。在乳酸脱氢酶含量上，与饲喂9%的粗纤维日粮相比，饲喂12%和15%的粗纤维日粮民猪乳酸脱氢酶指标分别增加了25.6%和24.7%，大白猪分别增加了27.2%和38.4%。民猪与大白猪比较来看，民猪乳酸脱氢酶增加程度较小。在肌酸激酶含量方面，民猪和大白猪在饲喂粗纤维含量为9%、12%和15%的3种日粮后，其肌酸激酶含量皆有增加，其中民猪分别增加了24.1%和173.3%，大白猪分别增加了139.3%和197.2%。民猪与大白猪比较来看，民猪肌酸激酶增加程度较小(表2-25)。从以上4个指标的对比结果来看，我们认为民猪更适应粗纤维含量高的日粮。

表2-25　不同粗纤维饲喂水平下民猪血液生化指标测定结果

猪种	粗纤维含量/%	谷丙转氨酶/(IU/L)	谷草转氨酶/(IU/L)	乳酸脱氢酶/(IU/L)	肌酸激酶/(IU/L)
民猪	9	43.2±2.1	31.0±1.1	607.3±8.3	291.3±3.5
	12	46.1±1.5	31.7±2.2	762.7±6.6	361.6±4.2
	15	45.7±2.2	45.2±3.2	757.4±7.1	796.3±2.5
大白猪	9	50.9±1.9	35.1±1.2	615.2±7.5	344.4±5.7
	12	59.7±2.4	59.3±2.1	782.7±6.4	824.2±4.2
	15	63.9±2.3	87.1±3.5	851.3±5.4	1 023.6±7.4

资料来源：王文涛等(2015)

(2)肠道菌群研究　人和动物的胃肠道中都存在着大量的微生物群落，这些微生物是与宿主长期共同进化的结果，并且同宿主的健康和疾病密切相关(许波，2013)。民猪耐粗饲的特点主要是由我国早期农业生产方式以散养为主，生活水平较低，饲料主要以各地区种植的农作物为主造成的，这与欧美等国家和地区培育的以饲喂精准日粮为主的大白猪、长白猪、杜洛克等商品化猪种是完全不同的。因此，张冬杰等(2018b)通过比较同一饲养水平下民猪和大白猪肠道菌群的分布差异，初步探讨民猪耐粗饲的作用机理。结果共获得421～460 bp序列298 768条，占总数的99.98%。2组间共有OTU 885个，大白猪特有OTU 69个，民猪特有OTU 221个。民猪和大白猪之间具有大致相同的门水平分布。在检测到的207个属中，普氏菌属(*Prevotella*)和密螺旋体属(*Treponema*)的相对丰度值在2个猪种内均较高。而大白猪的厌氧弧菌属(*Anaerovibrio*)和梭菌属(*Clostridium*)分别比民猪高出4.5倍和3.4倍，民猪的纤维杆菌属(*Fibrobacter*)、螺旋体属(*Spirochaeta*)和密螺旋体属(*Treponema*)比大白猪分别高出3.7倍、1.6倍和1.7倍。由此推测，民猪肠道内纤维杆菌属的高表达可能与其易消化粗纤维饲料有关。

3.抗病性研究

免疫球蛋白(Ig)是动物体受抗原刺激后所产生的具有抗体作用的一类球蛋白，血浆里的α-球蛋白、β-球蛋白、γ-球蛋白都含有抗体，特别是γ-球蛋白几乎全部是抗体。抗体能使机体具有免疫性，提高机体的抗病能力。翟全志等(1994)分别测定了民猪发情期和配种后的血液血清蛋白的含量。结果发现，民猪发情期与配种后γ-球蛋白和β-球蛋白的含量差异显著，说明民猪在配种后血浆蛋白质自身发生了变化，产生了较多抗体。由于母体免疫力增强，必然会对胎儿免感染程度以及出生后发病率和死亡率的减少产生影响。

管森等(2015)对民猪和长白猪血常规、中性粒细胞呼吸爆发功能和 T 淋巴细胞亚群等免疫指标进行了检测和比较，结果表明，民猪较长白猪有较好的天然免疫能力。Jiao 等(2017)检测了 14 日龄民猪和长白猪 β-防御素(pBD-1、pBD-2 和 pBD-3)基因表达的组织分布，结果在民猪的某些器官和组织中发现了较高的防御素基因表达，这可能与它们对疾病的较高抵抗力有关。

模式识别受体(PRRs)是天然免疫系统的重要组成部分，能识别在病原微生物上表达的且高度保守的病原相关分子模式(PAMPs)。Toll 样受体(TLRs)是一类重要的模式识别受体。为研究 Toll 样受体 5(TLR5)基因与疾病抗性/易感性的关系，杨秀芹(2012)以抗病性具有明显差异的民猪和长白猪为试验材料，比较分析了 *TLR*5 基因的变异情况。结果表明：猪 *TLR*5 c. 834 T>G 点突变在 2 个品种间的分布具有极显著差异($P<0.01$)，民猪以 *G* 为优势等位基因，长白猪以 *T* 为优势等位基因，在该群体中没有发现 *GG* 纯合体。*TLR*5 c. 834 T>G 点突变很可能与民猪抗病性强有关。

2.1.2.5 其他方面研究

民猪是我国优良地方猪品种，具有高繁殖力、耐粗饲、抗逆和肉质优良等特性，但遗传背景模糊。为深入分析民猪遗传背景，探讨民猪优良种质特性遗传基础，有效保护和利用民猪资源，张冬杰等(2018a)测定了 10 头民猪和 4 头东北野猪全基因组序列，统计分析 SNPs 和 InDel 标记信息，利用 NCBI 数据库中已知的 50 个不同个体的 SNPs 信息进行主成分分析并构建分子进化树，使用 $\theta\pi$ 和 Fst 两个参数筛选民猪和东北野猪基因组内受选择基因。结果表明，民猪基因组内检测 8 255 874 个 SNPs，大量的 SNPs 发生在基因间区及内含子区；与猪 dbSNP 数据库相比，新发现 7 739 173 个 SNPs；检测到 739 647 个 InDel 位点，其中纯合位点多于杂合位点。民猪在遗传距离上介于亚洲猪种和欧洲猪种之间，说明民猪在品种形成过程中，曾引入欧洲猪血统；东北野猪则与亚洲家猪和亚洲野猪聚为一类，符合其地理分布。民猪基因组内共 181 个基因受到选择，涉及能量代谢、脂质转运、脊椎及视神经发育等；东北野猪基因组内共 411 个基因受到选择，涉及神经系统、免疫应答、繁殖、线粒体能量代谢等。

Tβ4 是目前已知的一个调控毛发生长的重要基因。猪在提供大量肉产品的同时，也是一种新型的模式动物(Niu 等，2017)，研究其被毛的生长发育机理，对于培育新型抗逆品种及构建医疗模型等均具有重要意义(Schiavo 等，2018)。张冬杰等(2019b)以民猪基因组 DNA 为模板，成功构建了 6 个 *T*β4 基因系列截短的启动子片段，其中 5 个片段具有明显的活性。经过两轮的双荧光素酶活性检测发现，−155～−105 bp 区域为民猪 *T*β4 基因的启动子核心区域；经生物信息学分析发现，该区域存在 E2F-1、MYBAS1 和 ELK-1 转录因子的结合位点。利用定点缺失构建了 3 个转录因子缺失的突变载体，经双荧光素酶活性检测发现，仅有 ELK-1 结合位点的缺失会造成启动子活性的显著下降($P<0.05$)。据此推测 ELK-1 是民猪 *T*β4 基因转录的正调控元件。

2.1.3 杂交利用

2.1.3.1 繁殖性能研究

郑兆利等(2006)以长民、大民、大长的经产母猪为母本，分别以长白、杜洛克为父本，测定了在各杂交组合方式下杂种猪的繁殖性能，结果见表 2-26。长民二元母猪的总产仔数为 14.45 头，产活仔数 13.09 头，育成头数 11.92 头，分别比大长二元母猪高 2.63 头、2.91 头和 2.83 头。大民二元母猪的产仔数 13.91 头，产活仔数 12.51 头，育成头数 11.55 头，分别比大长二元母猪高 2.09 头、2.33 头和 2.46 头。二元杂交平均育成头数比三元杂交高 2.65 头。经 t 检验，长民和大民二元母猪繁殖性能与大长二元母猪的繁殖性能差异极显著($P<0.01$)。从繁殖性能看，二元杂交各指标明显高于三元杂交，同时民猪二元杂交母猪发情明显，繁殖疾病少，母猪繁殖利用年限长。

表 2-26　不同杂交模式母猪繁殖性能测定结果

品种	产仔数/头	产活仔数/头	初生个体重/kg	初生存活率/%	断乳头数/头	育成率/%
杜长民	14.45±0.18	13.09±0.16	1.24±0.23	90.72±1.51	11.92±0.16	90.89±0.88
长大民	13.91±0.27	12.51±0.15	1.32±0.21	89.90±2.45	11.92±0.16	92.31±0.10
杜大长	11.82±0.18	10.18±0.12	1.53±0.27	85.58±0.96	9.09±0.09	98.34±0.75

资料来源：郑兆利等(2006)

陈钊(2019)对以大白猪、长白猪公猪为父本，荷包猪为母本的二元杂交猪，以及以杜洛克公猪为父本，以大荷 F_1 及长荷 F_1 为母本的三元杂交猪的繁殖数据进行了统计，结果发现，二元杂交猪的平均产仔数、断奶成活数以及断奶窝重均高于荷包猪；三元杂交后，平均产仔数略有下降，但断奶成活数及断奶窝重则高于荷包猪(表 2-27)。这表明，利用大白猪、长白猪、杜洛克为父本与荷包猪杂交后的繁殖性能较好，优于荷包猪的繁殖性能。

表 2-27　荷包猪二元、三元杂交猪繁育数据表

	输配数/头	平均产仔数/头	断奶成活数/头	断奶窝重/kg
对照组	10	10.35	9.70	73.54
大×荷	10	10.47	10.00	85.78
长×荷	10	10.55	10.20	86.45
杜×大荷 F_1	10	10.13	10.00	89.47
杜×长荷 F_1	10	10.32	10.00	90.29

资料来源：陈钊(2019)

2.1.3.2　生长性能研究

1. 长白猪、大白猪及杜洛克与民猪杂交猪

张微等(2012)用不同比例民猪血统(民猪血统比例为 1，1/2，1/4，1/8，0)的商品猪，研究民猪血统对生长肥育猪生产性能和胴体特性的影响，结果见表 2-28 和表 2-29。由表 2-28 可知，民猪与引入猪种杂交后，含不同比例民猪血统的杂种猪各阶段生产性能均显著高于民猪($P<0.05$)。综合考虑平均日增重和料肉比，生产性能表现的优劣顺序为：杜×大长猪、1/8 民猪、1/4 民猪、1/2 民猪和民猪。由表 2-29 可知，试验猪在 100 kg 左右屠宰，1/2 民猪、1/4 民猪、1/8 民猪的瘦肉率分别比民猪提高 3.70%，7.23%和 11.85%，眼肌面积分别比民猪提高 32.35%，58.56%和 57.79%，背部 4 点平均膘厚分别降低 6.55%，17.38%和 21.66%。随着民猪血统比例的增加，杂种猪的屠宰率、瘦肉率和眼肌面积逐渐降低，背部 4 点平均膘厚、板油

率和皮下脂肪率则逐渐增加。

表 2-28　不同比例民猪血统的生长猪育肥生产性能(25～100 kg)

项目	杂交组合				
	杜×大长	1/8 民猪	1/4 民猪	1/2 民猪	民猪
测定头数/头	12	11	12	12	11
始重/kg	24.42±3.11	24.75±2.97	23.46±2.14	24.33±4.24	25.15±1.36
末重/kg	100.57±4.05	105.44±10.97	97.98±2.28	101.78±5.81	98.68±2.88
平均日增重/g	754.08±42.53[a]	697.70±96.81[b]	641.35±24.31[bc]	624.35±66.85[c]	512.79±30.57[d]
饲料转化率	2.88±0.11[c]	3.22±0.46[c]	3.61±0.08[b]	3.74±0.39[ab]	4.05±0.25[a]
平均日采食量/kg	2.17±0.06[b]	2.21±0.06[b]	2.32±0.05[a]	2.31±0.04[a]	2.07±0.05[c]

注:同行肩标字母不同表示差异显著($P<0.05$)。

资料来源:张微等(2012)

表 2-29　不同比例民猪血统的生长育肥猪胴体性状

项目	杂交组合				
	杜×大长	1/8 民猪	1/4 民猪	1/2 民猪	民猪
测定头数	6	5	6	6	5
宰前体重/kg	100.57±4.05	105.44±10.97	97.98±2.28	101.78±5.81	98.68±2.88
空体重/kg	96.37±7.08	101.67±10.76	94.14±2.44	97.91±5.89	94.38±3.65
胴体重/kg	73.52±5.77	74.68±9.00	70.28±3.32	71.62±1.97	66.04±3.39
屠宰率/%	76.24±1.75[a]	74.36±1.45[ab]	74.63±2.09[ab]	73.28±3.02[b]	70.04±2.05[c]
眼肌面积/cm^2	39.64±5.37[a]	32.63±1.01[b]	32.79±3.98[b]	27.37±4.53[c]	20.68±2.71[d]
瘦肉率/%	68.56±1.77[a]	57.67±2.52[b]	55.29±4.10[bc]	53.47±2.45[cd]	51.56±2.78[d]
背部 4 点平均膘厚/cm	2.57±0.13[c]	3.11±0.10[b]	3.28±0.32[b]	3.71±0.22[a]	3.97±0.26[a]
板油率/%	1.18±0.38[b]	3.37±1.87[a]	4.04±0.85[a]	4.19±0.30[a]	4.51±0.20[a]
皮下脂肪率/%	13.13±1.00[c]	22.70±4.72[b]	25.45±4.41[ab]	29.17±4.12[a]	30.03±3.21[a]
皮/%	9.19±0.70[ab]	7.06±4.00[b]	8.10±0.58[ab]	7.60±0.33[b]	10.35±0.68[a]
骨/%	7.33±0.37[b]	7.36±0.91[b]	6.17±0.36[c]	6.48±1.35[bc]	10.46±1.00[a]
皮厚/cm	0.36±0.20[b]	0.32±0.06[b]	0.37±0.15[b]	0.33±0.13[b]	0.51±0.11[a]

注:同行肩标字母不同表示差异显著($P<0.05$)。

资料来源:张微等(2012)

杜×大长猪的生产性能和胴体特性与民猪及含民猪血统的杂种猪差异显著($P<0.05$),含 1/8 民猪血统的杂交猪,与二元杂交或三元杂交相比,生长肥育性能和胴体品质等方面有所提高,其生产性能各指标与国外瘦肉型猪相比无显著差异,但胴体性状各指标与 1/4 民猪相近。该试验数据表明,父本选择对杂种后代的生产性能和胴体品质有较大影响,选择生产性能、胴体品质好和配合力强的外来品种猪作为父本,能极大提高杂种后代的生产性能和胴体品质。在二元杂交组合中,杜洛克公猪与我国地方母猪具有最强的配合力,其次是长白猪。在三

元杂交组合中，长白猪最适合作为第一父本，杜洛克适合作为第二父本。

2. 长白猪、大白猪及杜洛克与荷包猪杂交猪

在陈钊(2019)对荷包猪二元(大×荷、长×荷)、三元(杜×大荷 F_1、杜×长荷 F_1)杂交猪的育肥增重试验中，全期三元杂交组平均日增重显著高于对照组，并略高于二元组，分别比对照组和二元组提高 12.33%和 1.57%，三元杂交组与对照组相比较差异极显著($P<0.05$)。试验期以三元杂交组饲料转化率最低，二元杂交组次之，荷包猪组最高，三元组比二元组和对照组分别下降 2.28%和 12.27%(表 2-30)。

表 2-30　荷包猪杂交猪增重效果统计表

项目	育肥期增重			日增重/kg	饲料转化率
	10～30 kg 阶段	30～60 kg 阶段	60～80 kg 阶段		
对照组	0.39	0.55	0.62	0.519	3.91
二元组	0.45	0.67	0.70	0.574	3.51
三元组	0.45	0.67	0.71	0.583	3.43

资料来源：陈钊(2019)

经屠宰试验测定，三元杂交组眼肌面积 36.59 cm^2，胴体瘦肉率达 58.46%，比对照组提高 11.23 个百分点(表 2-31)，数据均明显优于对照组，说明三元及二元荷包杂交猪屠宰性能较好。

表 2-31　荷包猪杂交猪胴体指标数据表

项目	三元杂交组	二元杂交组	对照组
宰前活重/kg	81.55±3.51	80.46±3.22	79.32±2.95
胴体重/kg	61.15±1.41	60.19±2.02	59.33±2.12
眼肌面积/cm^2	36.59±2.23	34.12±2.31	30.22±3.12
瘦肉率/%	58.46±1.43	56.58±3.12	47.23±1.12

资料来源：陈钊(2019)

2.1.3.3　肉质性能研究

1. 不同比例民猪血统杂交模式

陈信彰(2015)以含不同比例民猪血统的育肥猪(民猪 100%、杜民猪 50%、杜大民猪 25%、大杜民猪 25%、杜长大猪 0%)为研究对象，对 5 个群体的肌肉胶原蛋白含量及性质、肌肉组织学结构和肉质性状进行比较分析，结果表明，民猪及其杂交猪肉质性状要强于外来杂交猪，并且随着民猪血统比例的升高，肉质性状呈良好的上升趋势(表 2-32)。

表 2-32　不同比例民猪血统育肥猪肉质指标

项目	民猪	杜民猪	杜大民猪	大杜民猪	杜长大猪
L^*	$40.63±6.31^{C}$	$47.86±8.18^{B}$	$49.39±2.51^{AB}$	$48.19±2.17^{AB}$	$51.16±3.03^{A}$
a^*	$8.77±1.19^{A}$	$8.89±2.65^{A}$	$6.44±1.41^{B}$	$6.25±1.22^{B}$	$5.54±1.18^{B}$
b^*	$2.79±1.44^{bB}$	$3.99±0.98^{aA}$	$2.86±0.68^{bAB}$	$2.72±1.25^{bB}$	$1.76±0.56^{cC}$
pH_1	$6.45±0.31^{A}$	$5.7±0.2^{5B}$	$6.28±0.27^{A}$	$6.27±0.21^{A}$	$6.14±0.16^{A}$
pH_{24}	$5.8±0.16^{aA}$	$5.61±0.13^{B}$	$5.67±0.07^{B}$	$5.69±0.14^{bAB}$	$5.60±0.14^{B}$

续表 2-32

项目	民猪	杜民猪	杜大民猪	大杜民猪	杜长大猪
滴水损失/%	3.26±1.16^{BC}	5.41±2.8^{A}	2.65±1.18^{C}	3.18±1.51^{C}	4.38±2.35^{AB}
蒸煮损失/%	30.55±5.88^{cB}	35.18±1.5^{aA}	33.36±2.59^{abAB}	31.74±3.18^{bcAB}	33.76±3.62^{abAB}
压榨损失/%	13.67±6.27^{bB}	14.4±10.11^{bB}	12.51±8.11^{bB}	16.56±8.5^{bAB}	24.22±10.9^{aA}
剪切力/N	65.94±11.43^{abAB}	53.67±15.41^{bB}	67.6±14.44^{aAB}	71.86±22.62^{aA}	71.7±18.62^{aA}
肌内脂肪/%	3.33±1.26^{aA}	3.42±0.46^{aA}	2.14±1.18^{bB}	3.01±1.02^{aAB}	2.77±0.83^{abA}

注：同行肩标小写字母不同表示差异显著($P<0.05$)，大写字母不同表示差异极显著($P<0.01$)。

资料来源：陈信彰(2015)

2. 巴克夏猪与民猪杂交模式

巴克夏猪是世界著名的猪品种之一，原产地为英国巴克夏。吉林省农业科学院(张树敏等，2010)应用现代版巴克夏猪与民猪培育新吉林黑猪，其测定的巴克夏猪、民猪及巴民杂交猪的肉质性状见表 2-33。24 h 后的 pH 民猪最高，极显著高于巴克夏猪和巴民杂交猪($P<0.01$)，以巴民杂交猪最低，但是未出现 PSE 肉。肉色评分以民猪最高，显著高于巴克夏猪及巴民杂交猪($P<0.05$)。大理石纹评分巴克夏猪最高，与民猪相比差异不显著($P>0.05$)，但是巴克夏猪与民猪均显著高于巴民杂交猪($P<0.05$)。失水率以民猪最低，极显著低于巴克夏猪($P<0.01$)，巴民杂交猪位居中间，巴克夏猪失水率最高($P<0.05$)。滴水损失民猪最低，显著低于巴克夏猪和巴民杂交猪($P<0.05$)，巴克夏猪与巴民杂交猪之间差异不显著($P>0.05$)。剪切力各组之间差异不显著($P>0.05$)。眼肌面积巴克夏猪和巴民杂交猪极显著高于民猪($P<0.01$)。肌内脂肪民猪极显著高于另外 2 组($P<0.01$)，巴民杂交猪极显著高于巴克夏猪($P<0.01$)。肉质测定结果表明，民猪肉质特性明显优于巴克夏猪与巴民杂交猪，具有地方品种猪的优良特色，可以说民猪集优良肉质性状之大成，是极其宝贵的猪种遗传资源。

表 2-33 巴克夏猪、民猪及其杂交猪肉质性状比较

项目	巴克夏猪	民猪	巴克夏猪×民猪
pH_{24}	5.54±0.12^{Bb}	5.77±0.09^{Aa}	5.36±0.02^{Bc}
肉色	2.60±0.22^{b}	2.90±0.55^{a}	2.33±0.58^{b}
大理石纹	3.70±0.45^{a}	3.60±0.55^{a}	2.50±0.87^{b}
失水率/%	39.07±1.31^{Aa}	28.50±5.99^{Bb}	35.47±0.28^{AaB}
熟肉率/%	57.21±2.71	59.08±4.15	61.03±0.13
滴水损失/%	3.32±0.39^{a}	2.35±0.32^{b}	2.78±0.32^{a}
剪切力/kg	3.08±0.29	2.92±0.30	3.08±0.89
眼肌面积/cm^2	37.58±4.67^{Aa}	21.24±2.31^{Bb}	36.02±1.22^{Aa}
肌内脂肪含量/%	1.58±0.58^{Cc}	5.39±0.75^{Aa}	3.73±0.74^{Bb}

注：同行肩标大写字母不同表示差异极显著($P<0.01$)，小写字母不同表示差异显著($P<0.05$)。

资料来源：张树敏等(2010)

用巴克夏猪为父本，本地民猪为母本，生产巴民猪的二元经济杂交方式能够很好地保存巴克夏猪生长性能的高成绩和本地民猪的优良肉质，杂交培育出的新品种具有两者优势的这一特性。巴民杂交猪氨基酸的营养价值水平要高于巴克夏猪及大白猪，这不仅是因为巴民猪里有民猪的主导肉质风味的血统，还在于巴民猪是巴克夏猪与本地民猪杂交的优化培育体系，自然继承着双方父母体系的优势特点。也就是说巴民猪的营养水平，包括其中的氨基酸、脂肪酸等，都具有强烈的杂交优势。

3. 皮特兰与民猪杂交模式

何鑫淼等(2013)对 90 kg 体重的皮特兰与民猪杂交猪和民猪进行屠宰测定，结果发现，皮民杂交猪瘦肉率、眼肌面积、剪切力较民猪有显著提高，含水量、肉色与民猪相比没有明显差异，系水力、背膘厚、肌内脂肪含量较民猪低(表 2-34)。研究以民猪母猪与皮特兰公猪进行杂交，从提高优质肉质性能上看，以配套系或者单纯的二元、三元杂交方式开发地方猪种时，要适当考虑增重速度等经济效益。因此，从这个意义上说民猪、皮特兰猪杂交模式中应再增加一元或二元猪种，以改善肉质上和生长速度上的缺点，从而更好地进行地方猪种的保护和开发利用工作。

表 2-34　民猪及其与皮特兰杂交猪肉质性状比较

品种	皮特兰×民猪 F_1	民猪
体重/kg	108.58±4.29	110±3.33
屠宰率/kg	71.44±3.28	72.43±2.50
瘦肉率/%	56.70±4.04[a]	46.14±3.62[b]
背膘厚/mm	35.20±7.25[a]	50.33±5.84[b]
眼肌面积/mm^2	40.66±3.73[a]	33.17±1.84[b]
pH_1	5.65±0.20[a]	6.03±0.01[b]
pH_{24}	5.91±0.04[a]	5.85±0.72[a]
L^*	55.60±2.01[a]	55.00±2.73[a]
a^*	13.15±2.21[a]	13.42±0.82[a]
b^*	7.78±1.09[a]	4.47±0.13[b]
剪切力/N	39.12±1.25[a]	32.28±5.06[b]
滴水损失/%	10.04±2.58[a]	4.33±2.00[b]
系水力/%	32.38±5.03[a]	44.27±1.38[b]
烹饪损伤/%	39.53±2.02[a]	32.34±1.11[b]
含水量/%	75.57±0.57	75.73±1.49
肌内脂肪含量/%	1.10±0.05	4.40±0.56

注：同行肩标字母不同表示差异显著(P<0.05)。

资料来源：何鑫淼等(2013)

(撰稿人：亓美玉)

2.2　河套大耳猪

河套大耳猪因原产于内蒙古自治区巴彦淖尔盟阴山山脉以南的河套平原而得名。历史上，河套大耳猪曾是当地的主要地方猪种。早在 1974 年就有调研报告指出，该猪在河套地区已近于绝迹，只分布于伊克昭盟(今鄂尔多斯市)边远的偏僻地区和河套北部靠山地区，且数量也不多。据《中国猪品种志》记载，1984 年有河套大耳猪种猪 1 000 余头。2000 年以后河套大耳猪数量开始下降，2006 年以来受市场影响急剧下降。

2.2.1 生产性能

2.2.1.1 繁殖性能研究

1. 河套大耳猪繁殖性状的通径分析

么素梅等(1985)利用通径分析方法，对河套大耳猪断奶仔猪数与其他繁殖性状的关系进行了相关剖析，找出了影响断奶仔猪数的主要性状是断奶窝重和断奶个体重，其次是活产仔数；而其他各性状对断奶仔猪数的作用都很小，对提高断奶仔猪数没有什么实际意义，选择价值不大。因此，提高河套大耳猪的断奶仔猪数，通过断奶窝重和活产仔数这两个性状最为适宜。

2. 河套大耳猪生殖器官生长曲线拟合

生长曲线可以描述动植物在特定生长环境下的生长过程及其特点，并用于不同个体间和品种间的比较。同时，利用生长曲线的参数，还可以预测生长速度饲料需要及选择反应等。通过配合生长曲线的分析，可以比较不同选种方法对生长速度的选择效果，从而提高选种的效果和效率。宋铁花(2014)对中国地方猪种生殖器官生长曲线进行拟合，对公猪睾丸重、附睾重、精囊腺重、尿道球腺重的生长曲线进行拟合分析，发现除大围子猪附睾重的决定系数值偏小外，其余猪种均具有较好的拟合效果。其中，河套大耳猪的附睾重拟合效果最好，决定系数(R^2)均达到了 0.999 以上，且在适宜模型下，河套大耳猪拐点日龄最大，附睾发育缓慢，成熟较晚。

2.2.1.2 生长性能研究

杨公社等(1991)对中国地方猪种体重生长的模型进行研究发现：在体成熟速度方面，江海型的太湖猪和姜曲海猪＞华中型的金华猪和大围子猪＞西南型的内江猪＞华北型的河套大耳猪和八眉猪＞华南型的香猪。

2.2.1.3 抗逆特性研究

河套大耳猪是我国西部地区的一个地方良种，具有稳定的遗传性能，适应性和抗逆性都比较强，因此皮蔚霞和布音(1982)尝试从血液生化指标进行分析(表 2-35)。

表 2-35 河套大耳猪血液生化指标

	公猪		母猪			
	2 岁	＞4 岁	2 岁	3 岁	4 岁	5 岁以上
蛋白质/%	47.39	46.81	46.68	47.62	43.71	44.16
球蛋白/%						
α_1	1.58	0.82	1.46	1.18	1.6	1.47
α_2	17.15	12.59	16.05	15.25	15.87	15.58
β	15.4	21.89	17.4	16.82	17.33	17.21
γ	17.81	18.56	18.42	19.15	21.51	21.59
碱性磷酸酶/%	12.82	7.17	12.61	7.43	7.21	5.72

资料来源：皮蔚霞和布音(1982)

低温下，不同猪种生理指标见表 2-36。猪在低温环境中，以寒战增加产热来调节体温平衡。长白猪在－21 ℃下，7 min 出现寒战，寒战频率为 13.6 次/min；而河套大耳猪在－21 ℃下，半小时内表现坦然，未发生任何行为上的反应。这说明河套大耳猪对寒冷的适应性强，皮温调节机能强于长白猪，其原因是河套大耳猪被毛黑色，皮较厚，冬季被毛的真毛长，绒毛密，基础代谢率低，而长白猪被毛白色，皮薄而毛稀短，冬季无绒毛着生。

表 2-36　低温下(－14 ℃)不同猪种生理指标

猪种	体表温度/℃		肛温/℃		心跳次数/(次/min)		呼吸次数/(次/min)
	n	平均值	*n*	平均值	*n*	平均值	平均值
河套大耳猪	6	26.99	6	38.62	6	86.67	20.33
长白猪	6	23.94	6	38.68	6	96	17

资料来源：么素梅等(1993)

2.2.2　基础研究

2.2.2.1　体型性状相关研究

李完波等(2016)对猪小体型相关受选择基因位点进行了研究。通过不同体型猪(小体型的五指山猪和巴马香猪，大体型的金华猪、二花脸、河套大耳猪)进行对比发现，利用筛选全基因组重测序数据，得到 32 475 218 个高质量的 SNPs；利用 40 kb 的滑动窗口进行 *Fst* 和杂合度的计算，确定了 13 个受选择候选区域，其中共包含 28 个基因。通过 PANTHER 进行基因注释，发现了 17 个与体型性状相关的候选基因，包括 *IGF1R*、*GUCY1A3* 等功能候选基因。本研究基于高通量测序数据，结合群体遗传学分析手段，确定了与体型大小相关的受选择区域，综合分析推测五指山和巴马香小体型猪的形成可能是由处于非基因编码区域的一个或者多个突变造成的。

2.2.2.2　遗传多样性研究

刘晨龙(2013)对猪 5 号染色体影响耳面积 QTL 的因果基因和主效突变位点进行初步鉴别发现，*MSRB3* 基因内，河套大耳猪等大耳品种都有 CNV 拷贝数增加，小耳品种都为单拷贝。这表明 *MSRB3* 基因内的这两个 CNV 可能为因果突变。最终证明 *MSRB3* 基因是猪 5 号染色体影响耳面积的最强候选因果基因，该基因内的两个 CNV 则是最强候选因果突变位点。

(撰稿人：田明)

参考文献

[1] 陈信彰，2015. 民猪及其杂交猪肌肉组织学特性与肉质性状关系的研究[D]. 哈尔滨：东北农业大学.

[2] 陈钊，2019. 一种利用荷包猪进行杂交育种培育本地二元母猪的方法[J]. 新农业，(15)：7-8.

[3] 陈钊，2018. 荷包猪繁殖性能的研究[J]. 新农业，(23)：49-50.

[4] 段英超，范中孚，于联惠，1981. 东北民猪和哈尔滨白猪毛的数量长度、粗度和真皮厚度的测定[J]. 东北农学院学报，(3)：81-85.

[5] 范家萌，2015. *NR6A1*、*PLAG1*、*LCORL* 基因在民猪群体内的单倍型及连锁不平衡分析[D]. 哈尔滨：

东北农业大学.
[6] 高健,王亚波,郑照利,等,2010.东北民猪种质资源保护与开发利用研究[J].养殖技术顾问,(4):44-45.
[7] 高丽峰,孙亚蒙,陈月婵,等,2012.民猪 *LPL* 基因真核表达载体的构建[J].东北农业大学学报,43(3):29-32.
[8] 管森,王希彪,崔世泉,等,2015.民猪和长白猪天然免疫性状的比较[J].黑龙江畜牧兽医,(24):64-66.
[9] 韩维中,肖振铎,崔宝瑚,等,1983.东北民猪抗逆性能的观察研究[J].中国畜牧杂志,(5):17-19.
[10] 韩昱,2016.妊娠期饲粮中添加精氨酸对民猪产仔性能及初生仔猪肠道发育的影响[D].长春:吉林大学.
[11] 何鑫森,吴赛辉,王文涛,等,2013.皮特兰猪与民猪杂交猪肉质性能分析[J].中国猪业,8(S1):53-54.
[12] 河套大耳猪育种协作组,1985.河套大耳猪种质特性研究报告[J].内蒙古农牧学院学报,(1):49-69.
[13] 胡殿金,王井顺,1985.东北民猪后备公猪生长发育的测定[J].黑龙江畜牧兽医,(1):3-6.
[14] 黄锐,秦宁,张英英,等,2014.长白山野猪和东北民猪 *RXRB* 基因 mRNA 组织表达特性分析[J].黑龙江畜牧兽医,(21):5-8.
[15] 金鑫,刘庆雨,李兆华,等,2017.吉林民猪保种选育报告[J].猪业科学,34(8):132-134.
[16] 金鑫,张树敏,刘庆雨,等,2016.民猪新品系选育和性能测定[J].吉林畜牧兽医,37(5):10-13.
[17] 李婧,孟和,杨润清,等,2005.民猪保种群产仔数基因、基因型分布变化分析[J].中国畜牧杂志,(7):25-27.
[18] 李完波,朱亚玲,艾华水,等,2016.猪小体型相关受选择基因位点的研究[J].畜牧兽医学报,47(10):1977-1985.
[19] 李忠秋,刘春龙,马红,等,2017.寒冷环境下民猪 PGC-1α 的表达变化[J].黑龙江畜牧兽医,(22):47-49.
[20] 李忠秋,刘春龙,马红,等,2017.寒冷环境下民猪冷诱导 RNA 结合蛋白基因的表达变化[J].黑龙江畜牧兽医,(15):95-97.
[21] 李忠秋,刘春龙,马红,等,2019.民猪和大白猪不同肌球蛋白重链表达差异[J].黑龙江畜牧兽医,(13):49-51,57.
[22] 刘榜.2010.猪分子育种研究进展[J].猪业科学,(1):90-91.
[23] 刘晨龙,2013.猪 5 号染色体影响耳面积 QTL 的因果基因和主效突变位点的初步鉴别[D].南昌:江西农业大学.
[24] 刘自广,刘娣,王文涛,等,2019.寒冷条件下民猪耐寒表现的比较研究[J].黑龙江畜牧兽医,(16):60-62,179.
[25] 吕耀忠,闻殿英,刘伟,等,1996.东北民猪生长发育各阶段胴体性状的测定[J].黑龙江畜牧兽医,(9):12-13.
[26] 马红,刘宇,汪亮,等,2019.季节对民猪 CSDE1 表达的影响及其分子调节网络[J].中国兽医学报,39(10):2061-2066.
[27] 马红,王文涛,刘娣,2014.海藻糖对民猪精液冷冻保存的影响[J].畜牧与兽医,46(11):39-42.
[28] 么素梅,靳延平,芒来,1993.河套大耳猪特异性状的保存与利用[J].内蒙古畜牧科学,(3):26-29.
[29] 么素梅,云文智,1985.河套大耳猪繁殖性状的通径分析[J].内蒙古农牧学院学报,6(2):143-151.
[30] 皮蔚霞,布音,1982.内蒙黑猪及河套大耳猪血清蛋白质和碱性磷酸酶测定及比较[J].内蒙古农牧学院学报,(1):205-211.
[31] 宋恒元,张胜,王春艳,等,2014.荷包猪肥育性能、胴体品质和肉质测定[J].中国猪业,9(1):54-56.

[32] 宋恒元，朱弘焱，2013. 不同饲养方式对荷包猪肥育性能及胴体品质的影响[J]. 中国猪业，8(S1)：44-45.
[33] 宋铁花，2014. 对中国地方猪种生殖器官生长曲线进行拟合[D]. 太谷：山西农业大学.
[34] 王楚端，陈清明，1996. 长白猪、北京黑猪及东北民猪脂肪酸及氨基酸组成[J]. 中国畜牧杂志，(6)：19-21.
[35] 王立辛，苏玉虹，2014. 荷包猪与大白猪不同发育阶段肉质特性的比较[J]. 饲料工业，35(10)：30-32.
[36] 国家畜禽遗传资源委员会，2011. 中国畜禽遗传资源志　猪志[M]. 北京：中国农业出版社.
[37] 王文涛，何鑫淼，冯艳忠，等，2015. 抗霉菌毒素饲料添加剂对民猪仔猪生产性能的影响[J]. 黑龙江畜牧兽医，(22)：71-72.
[38] 王文涛，何鑫淼，冯艳忠，等，2017. 天然抗霉菌毒素添加剂对民猪生产性能的影响[J]. 黑龙江畜牧兽医，(14)：192-193.
[39] 王文涛，马红，何鑫淼，等，2014. 不同冷源对民猪精液冷冻保存效果的影响[J]. 安徽农业科学，42(11)：3280-3281.
[40] 王文涛，2015. 低温环境下民猪血液生化指标的研究[J]. 黑龙江畜牧兽医，(7)：14-16，23.
[41] 王文涛，2015. 不同粗纤维饲喂水平对民猪、大白猪部分血液生化指标影响研究[J]. 黑龙江畜牧兽医，(12)：42-43.
[42] 王希彪，黄宣凯，崔世泉，等，2014. 民猪与长白猪哺乳仔猪腹泻程度的差异及其对生产性能的影响[J]. 东北农业大学学报，45(7)：79-82，90.
[43] 王希彪，王亚波，高健，等，2001. 民猪保种期间繁殖性能的比较分析[J]. 养猪，(4)：28-29.
[44] 王希彪，王亚波，高健，等，2002. 民猪纯繁与杂交的繁殖性能比较分析[J]. 黑龙江畜牧兽医，(1)：15-16.
[45] 王希彪，郑兆利，王亚波，等，2007. 民猪品种资源的保护与利用[J]. 猪业科学，(1)：90-91.
[46] 吴国超，2017. 饲粮中添加谷氨酰胺对民猪仔猪生长性能和空肠发育的影响[D]. 长春：吉林大学.
[47] 武华玉，李良华，彭先文，等，2010. 猪 *Mx*1 基因第 8 内含子多态性及与生产性状的关联分析[J]. 华中农业大学学报，29(4)：475-478.
[48] 许波，杨云娟，李俊俊，等，2013. 宏基因组学在人和动物胃肠道微生物研究中的应用进展[J]. 生物工程学报，29(12)：1-3.
[49] 杨公社，王金良，1991. 中国地方猪种体重生长的模型研究[J]. 养猪，(4)：26-28.
[50] 杨国伟，吴赛辉，马红，等，2008. 不同日龄大白猪视黄素 X 受体 B 基因的表达研究[J]. 华北农学报，223(S1)：256-258.
[51] 杨秀芹，刘惠，郭丽娟，等，2007. 野猪、民猪、大白猪 μ-钙激活酶基因的变异位点分析[J]. 遗传，(5)：581-586.
[52] 杨秀芹，牛艳春，李海涛，等，2012. 民猪、长白猪 *TLR*5 基因变异的比较分析[J]. 黑龙江畜牧兽医，(9)：60-61.
[53] 尹雪，李朋，张冬杰，等，2012. 新民猪和皮民猪 *ESR* 基因的多态性检测分析[J]. 黑龙江畜牧兽医，(9)：48-50.
[54] 于永生，张志彬，李娜，等，2015. 不同日龄东北民猪与大白猪背最长肌游离水和肌内脂肪含量的测定[J]. 养猪，(1)：47-48.
[55] 翟全志，杨玉焕，谢郁雯，1994. 东北民猪、哈尔滨白猪在发情期和配种后血液生化常值变化的研究[J]. 黑龙江畜牧兽医，(6)：14-15.
[56] 张冬杰，何鑫淼，王文涛，等，2018a. 民猪全基因组序列测定与分析[J]. 东北农业大学学报，49(11)：9-17.
[57] 张冬杰，刘娣，别墅，等，2011a. 利用 Affymetrix 芯片分析民猪冷应激后肌肉组织的基因表达谱[J].

畜牧兽医学报,42(12):1661-1665.
[58] 张冬杰,刘娣,汪亮,等,2011b.冷应激后民猪肝素结合性表皮生长因子基因表达研究[J].中国畜牧兽医,38(4):98-100.
[59] 张冬杰,刘娣,汪亮,等,2011c.民猪 *PGD* 和 *LDHA* 基因的表达与冷诱导研究[J].东北农业大学学报,42(9):17-21.
[60] 张冬杰,刘娣,汪亮,等,2011d.民猪 Y-box 结合蛋白基因的克隆、表达以及冷刺激对其表达方式的影响[J].畜牧兽医学报,42(9):1207-1212.
[61] 张冬杰,刘娣,汪亮,等,2011e.民猪唾液酸合成酶基因的克隆、表达及进化分析[J].中国畜牧杂志,47(17):42-46.
[62] 张冬杰,刘娣,汪亮,等,2011f.民猪脂蛋白酯酶基因在冷诱导后表达变化的研究[J].中国畜牧兽医,38(2):96-99.
[63] 张冬杰,刘娣,汪亮,等,2012a.冷诱导下胰岛素样生长因子(IGFs)系统基因的表达变化[J].中国畜牧兽医,39(2):70-73.
[64] 张冬杰,刘娣,汪亮,等,2012b.民猪 *CIRP* 基因的克隆与冷诱导研究[J].东北农业大学学报,43(12):1-5.
[65] 张冬杰,刘娣,杨国伟,等,2010.猪 *GPX*5,*FUT*1 和 *PRLR* 基因的遗传多态性及遗传效应分析[J].畜牧与兽医,42(5):19-22.
[66] 张冬杰,刘娣,2012c.冷应激下民猪黑素皮质素受体基因的表达变化[J].畜牧兽医杂志,31(1):20-21,23.
[67] 张冬杰,刘洋,汪亮,等,2019a.调控民猪 *ZBED*6 基因转录元件的筛选与分析[J].中国畜牧杂志,55(7):76-81.
[68] 张冬杰,汪亮,刘洋,等,2019b.调控民猪 *Tβ*4 基因转录因子的筛选与分析[J].中国畜牧兽医,46(9):2535-2542.
[69] 张冬杰,杨国伟,刘娣,2006.民猪 *FSHβ* 亚基基因的多态性分析[J].中国畜牧杂志,(1):50-51.
[70] 张冬杰,尹雪,刘娣,2012d.新民猪 *RYR*1 和 *MC*4*R* 基因的多态性检测分析[J].黑龙江畜牧兽医,(7):41-43.
[71] 张冬杰,张跃灵,王文涛,等,2018b.民猪与大白猪肠道菌群的比较研究[J].畜牧与兽医,50(1):67-72.
[72] 张树敏,李娜,李兆华,等,2010.巴克夏、巴克夏×东北民猪及东北民猪肉质品质的对比研究[J].猪业科学,27(12):104-105.
[73] 张微,张索坤,魏国生,等,2012.不同比例民猪血统的生长肥育猪生产性能和胴体特性研究[J].东北农业大学学报,43(12):10-15.
[74] 张伟力,殷宗俊,2008.中国品牌猪肉的历史机遇与技术路线[J].养猪,(1):29-32.
[75] 张文通,徐宁迎,2018.丹系长白猪生长性能分析[J].江畜牧兽医,(4):1-3.
[76] 张秀萍,2014.辽宁荷包猪耐粗饲性能观察试验[J].中国畜禽种业,10(1):53-54.
[77] 张引红,周忠孝,曹果清,2007.*FUT*1 基因多态性及其与产仔性状的关联性研究[J].遗传,29(1):52-56.
[78] 赵要风,张顺,李宁,等,1997.香猪、民猪 *FSHβ* 亚基基因位点的多态性分析[J].遗传,(S1):27-28.
[79] 郑兆利,王亚波,高健,等,2006.民猪的杂交利用及产品开发的研究[J].中国猪业,(5):23-25.
[80] 朱弘淼,赵颂,巴彩凤,等,2011.东北民猪荷包猪抗性基因多态性及其与免疫指标的相关性研究[J].畜牧与兽医,43(8):11-16.
[81] "提高东北民猪生产力"课题组,赵刚,1992.东北民猪的体型外貌、生长发育和繁殖性状的情况报告[J].黑龙江畜牧兽医,(1):16-18.

[82] Gul F, Orhan I Y, Ceylan F S, et al, 2016. Understanding thermal sensitivity at the molecular level and developing temperature-based systems using RNA thermometers [J]. Clin Invest Med, 39 (6):27492.
[83] Hughes J M, Oiseth S K, Purslow P P, et al, 2014. A structural approach to understanding the interactions between colour, water-holding capacityand tenderness [J]. Meat Sci, 98(3):520-532.
[84] Jiao W, Ma Q, Lv X, et al, 2017. Gene expression and tissue distribution of β-defensins in Chinese Min pigs and Landrace pigs [J]. Czech Journal of Animal Science, 62(4):178-183.
[85] Kita H, Carmichael J, Swartz J, et al, 2002. Modulation of polyglutamine induced cell death by genes identified by expression profiling [J]. Hum Mol Genet, 11(19):2279-2287.
[86] Ko J H, Jin H K, Asano A, et al, 2002. Polymorphisms and the differentialantiviral activity of the chicken Mx gene [J]. Genome Rse, 12(4):595-601.
[87] Liu Y, Yang X, Jing X, et al. 2017. Transcriptomics analysis on excellent meat quality traits of skeletal muscles of the Chinese Indigenous Min Pig compared with the Large White Breed [J]. International journal of molecular sciences, 19(1):21.
[88] Lusis A J. 1988. Genetic factors affecting blood lipoproteins:The candidate geneapproach [J]. J Lipid Res, 29:397-430.
[89] Niu D, Wei H J, Lin L, et al, 2017. Inactivation of porcine endogenous retrovirus in pigs using CRISPR-Cas9 [J]. Science,357(6357):1303-1307.
[90] Rowe L J, Maddlck K R, Longergan S M, et al, 2004. Oxidative environments decrease tenderization of beef steaks through inactivation of μ-calpain [J]. J Anim Sci, 82(11):3254-3266.
[91] Schiavo G, Bertolini F, Utzeri V J, et al, 2018. Taking advantage from phenotype variability in a local animal genetic resource:Identification of genomic regious associated with the hairless phenotype in Casertana pigs [J]. Animal Genetics, 49(4):321-325.
[92] Wang W T, Zhang D J, Liu Z G, et al, 2018. Identification of differentially expressed genes in adipose tissue of min pig and large white pig using RNA-seq [J]. Acta Agriculturae Scandinavica, Section A — Animal Science, 68(2):73-80.
[93] Wu G, Bazer F W, Davis T A, et al, 2007. Important roles for the arginine family of amino acids in swine nutrition and production [J]. Livestock Science, 112(1):8-22.
[94] Yang C, Carrier F, 2001. The UV-inducible RNA-binding protein A18 (A18 hnRNP) plays a protective role in the genotoxic stress response [J]. J Biol Chem, 276(50):47277-47284.
[95] Zhang D, Liu D, Wang L, et al, 2012. Microarray analysis of gene expression profiles of pig muscle in response to cold stress [J]. India Journal of Animal Science, 82 (9):1090-1093.

第 3 章　华北地区地方猪种质资源特性研究

3.1　莱芜猪

莱芜猪又称莱芜黑猪，属于华北型地方猪种，其中心产区在山东省莱芜市，分布于泰山山脉、汶河流域。莱芜猪具有繁殖力高、肉质好(尤其是肌内脂肪含量高)、抗逆性强等特点，是我国地方猪种的宝贵基因库，被专家赞誉为“华北第一猪”。1986 年，莱芜猪作为“黄淮海黑猪”的一大类群被收录进《中国猪品种志》，2004 年取得国家检验检疫总局“原产地标记注册”，2006 年被农业部列为国家级畜禽遗传资源保护品种，2009 年和 2012 年“莱芜黑猪”分别获得国家工商总局地理标志证明商标和农业部农产品地理标志登记证书，2010 年经国家畜禽遗传资源委员会猪专业委员会讨论，单列作为一个地方猪品种。莱芜猪现有国家级畜禽遗传资源保种场 1 处，即山东省济南市莱芜猪种猪繁育公司。

3.1.1　生产性能

本部分主要针对莱芜猪生产性能中的繁殖性能、生长及育肥性能、胴体性能、肉质品质以及抗逆性等方面的研究进展进行分析总结。

3.1.1.1　繁殖性能

莱芜猪作为典型的中国地方猪品种，具备地方猪种繁殖性能优良的特性。本部分主要针对莱芜猪的繁殖性能参数进行总结综述。

魏述东等(1997)从莱芜市种猪猪场选择 1992 年春产莱芜仔猪进行繁殖性状测定，测定结果如下。如表 3-1 所示，莱芜母猪的初情期平均为(112.83±2.40)日龄，平均体重为(30.71±1.10)kg；初配年龄(三情)平均为(153.51±2.11)d，情期受胎率为(83.41±2.10)%；初配体重(三情)平均为(49.32±1.98)kg，平均日龄为(186.62±5.96)d，产仔数(12.99±0.33)头。综合各项指标，莱芜后备母猪初配期应不低于 60 kg 阶段的 6 月龄为宜。

表 3-1　莱芜猪母猪繁殖性能记录表

项目		结果
初情期	日龄/d	112.83±2.40
	体重/kg	30.71±1.10
二情	日龄/d	133.20±3.07
	体重/kg	39.26±1.61
三情	日龄/d	153.31±2.11
	体重/kg	49.32±1.98

续表 3-1

项目		结果
配种准胎	日龄/d	186.62±5.96
	体重/kg	61.76±2.31
情期受胎率/%		83.41±2.10
发情持续期/h		107.44±1.90
发情周期/d		20.05±0.51
妊娠期/h		112.76±0.22
产仔	产仔数/头	12.99±0.33
	产活仔数/头	10.26±0.29
	初生窝重/kg	11.36±0.39
20 d 泌乳力/kg		42.01±1.09
断奶	头数/头	9.90±0.27
	窝重/kg	190.88±7.63
产后发情	时间/d	59.34±2.08
	持续期/h	108.83±3.40

资料来源:魏述东等(1997)

莱芜母猪的发情持续时间比较长,由表 3-1 可知,平均为(107.44±1.90)h,发情周期平均为(20.05±0.51)d。莱芜母猪的产后发情时间较早,平均为产后(59.34±2.08)d,即在仔猪断奶前后发情。发情持续时间平均为(108.83±3.40)h。因此,莱芜母猪的发情持续时间较长,平均为 107.44 h;发情明显,且宜配种受胎,情期受胎率在(83.41±2.10)%;适宜初配期母猪为 6 月龄,体重在 60 kg 左右,公猪 7～8 月龄,体重 60～70 kg。

通过对两个场区 70 头母猪的繁殖成绩统计(表 3-1),莱芜猪妊娠期平均为(112.76±0.2)d,莱芜初产母猪的产仔数平均为(12.99±0.33)头,产活仔数平均为(10.26±0.29)头。初生窝重平均为(11.36±0.39)kg,20 d 泌乳力平均为(42.01±1.09)kg,60 日龄断奶头数为(9.90±0.27)头,断奶窝重为(190.88±7.63)kg,育成率为 96.49%。

莱芜猪的母性特别好,是其他品种猪所不能及的,这可能与莱芜母猪的有效乳头多(8 对以上)、泌乳能力强、护仔好有关。莱芜母猪产后发情时间早,平均为 59.3 d,正好是仔猪断奶前后,既不耽误配种也不影响仔猪哺育。这也是莱芜母猪繁殖性能的优势之一。

如表 3-2 所示,莱芜公猪的初情期较早,平均为(106.25±3.68)d。公猪 6 月龄的采精量为(36.25±2.82)mL,精子活力为 0.56±0.02;8 月龄采精量为(106.50±6.06)mL,精子活力为 0.70±0.02;12 月龄采精量为(159.92±3.29)mL,精子活力为 0.74±0.01。综合各项指标,小公猪的初配期不应低于 7 月龄,体重以 60～70 kg 为宜。

表 3-2 莱芜猪公猪繁殖性能记录表

项目		结果
	第一次爬跨日龄	106.25±3.68
6 月龄采精	体重/kg	54.84±1.73
	采精量/mL	36.25±2.82
	活力	0.56±0.02

续表 3-2

项目		结果
8 月龄采精	体重/kg	70.68±1.13
	采精量/mL	106.50±6.06
	活力	0.70±0.02
12 月龄采精	体重/kg	78.38±2.46
	采精量/mL	159.92±3.80
	活力	0.74±0.01

资料来源：魏述东等(1997)

3.1.1.2 生长及育肥性能

1. 莱芜猪幼龄猪生长性能研究

据刘孟洲等(2017)对莱芜猪幼龄猪生长性能的研究显示，小母猪和去势公猪的长势(表 3-3)如下：15～45 日龄阶段为缓慢增重期，45～60 日龄为快速生长期，60～120 日龄为平稳增重期，120～150 日龄为生长速度减缓期，150～180 日龄长势明显加大，日增重可达 506～627 g；小公猪 60～180 日龄增重持续缓慢，日增重仅为 314～400 g；小公猪 6 月龄体重平均为 57.16 kg，小母猪为 61.58 kg，去势公猪为 73.37 kg。

表 3-3 莱芜幼龄猪生长速率

项目	初生	15 日龄	30 日龄	45 日龄	60 日龄	90 日龄	120 日龄	150 日龄	180 日龄
小公猪($n=8$)									
窝重/kg	5.02	24.32	43.55	64.54	105.58	191.78	267.17	363.28	457.25
个体重/kg	0.63±0.08	3.04±0.29	5.44±0.91	8.07±2.07	13.20±1.82	23.97±3.31	33.40±3.43	45.41±6.46	57.16±7.80
日增重/kg		0.161	0.16	0.175	0.342	0.359	0.314	0.4	0.392
小母猪($n=16$)									
窝重/kg	11.21	44.26	85.77	134.41	204.42	379.68	583.65	746.51	989.53
个体重/kg	0.70±0.07	2.77±0.74	5.36±1.58	8.40±2.13	12.78±3.69	23.73±5.88	36.48±8.47	46.66±12.62	61.58±15.16
日增重/kg		0.138	0.173	0.203	0.292	0.365	0.425	0.339	0.506
去势公猪($n=8$)									
窝重/kg	5.87	28.08	49.41	74.46	119.56	221.03	338.14	436.53	586.96
个体重/kg	0.73±0.07	3.51±0.32	6.18±1.18	9.31±1.60	14.95±2.18	27.63±2.80	42.27±4.66	54.57±4.98	73.37±6.56
日增重/kg		0.185	0.178	0.209	0.376	0.423	0.488	0.41	0.627
日增重均值/kg		0.161	0.17	0.195	0.337	0.382	0.409	0.383	0.508

资料来源：刘孟洲等(2017)

在莱芜幼龄猪日增重及料重比方面的结果显示(表 3-4)，各日龄阶段莱芜生长猪日采食量分别为 0.52、1.01、1.35、1.42 和 1.52 kg，全期平均 1.16 kg。莱芜小公猪和小母猪全期平均日增重 0.361～0.385 kg，较为接近；去势公猪日增重 0.462 kg，比小公猪、小母猪每天多增重

80～100 g。45～180 日龄阶段莱芜小公猪增重耗料最多，每千克增重耗料 3.21 kg。去势公猪每千克增重仅需耗料 2.49 kg，每千克增重比小公猪少耗料 0.72 kg。

表 3-4　莱芜猪幼龄猪日增重与料重比

日龄	类别	日增重/kg	日采食量/kg	料重比
45～60	小公猪	0.342	0.52	1.520
	小母猪	0.291		1.782
	去势公猪	0.375		1.383
61～90	小公猪	0.359	1.01	2.813
	小母猪	0.365		2.766
	去势公猪	0.422		2.388
91～120	小公猪	0.314	1.35	4.299
	小母猪	0.424		3.177
	去势公猪	0.488		2.766
121～150	小公猪	0.4	1.42	3.550
	小母猪	0.339		4.185
	去势公猪	0.41		3.463
151～180	小公猪	0.392	1.52	3.877
	小母猪	0.506		3.002
	去势公猪	0.626		2.425
45～180	小公猪	0.361	1.16	3.21
	小母猪	0.385		2.98
	去势公猪	0.462		2.49

资料来源：刘孟洲等(2017)

以上研究结果表明：45～60 日龄莱芜猪小公猪、小母猪和去势公猪均迅速生长；120～150 日龄的小母猪和去势公猪生长势明显下降；小公猪 60～180 日龄生长速度始终缓慢。

2. 饲粮粗蛋白质水平对莱芜猪仔猪生长性能的影响

钱鑫(2016)对 45 日龄断奶莱芜猪仔猪在保育期(17～30 kg)、生长期(30～60 kg)和育肥期(60～90 kg)3 个时期进行生产性能测定，结果见表 3-5。饲粮中粗蛋白质(CP)水平对整个饲养阶段以及各分阶段的平均日采食量无显著性影响($P>0.05$)；饲粮中粗蛋白质水平不影响莱芜猪保育期的平均日增重、平均日采食量、料重比和阶段末的体重($P>0.05$)；但是，随着饲粮中粗蛋白质水平的提高，平均日增重先升高后降低，平均日采食量和料重比先降低后升高。饲粮中的粗蛋白质水平对莱芜猪 17～90 kg 阶段的生产性能无显著性影响($P>0.05$)，但随着饲粮中粗蛋白质水平的提高，莱芜猪的平均日增重有先升高后降低、料重比有先降低后升高的趋势。

表 3-5 饲粮中粗蛋白质水平对莱芜猪生长性能的影响

体重/kg	项目	组 1	组 2	组 3	组 4	SEM	*P* 值
17～30	CP 水平%	15.19	15.51	15.90	16.32		
	始重/kg	17.60	17.66	17.63	19.90	0.878	0.994
	末重/kg	30.79	31.29	30.92	31.09	1.477	0.950
	日增重/g	376.29	389.43	379.71	376.86	18.357	0.812
	采食量/g	1 030.18	1 020.79	1 048.27	1 051.44	34.649	0.488
	料重比	2.74	2.62	2.76	2.79	0.117	0.395
30～60	CP 水平%	14.27	14.61	14.97	15.39		
	末重/kg	56.59[b]	61.47[a]	58.59[b]	57.98[b]	1.837	0.027
	日增重/g	461.01[b]	538.84[a]	491.07[b]	483.16[b]	33.978	0.041
	采食量/g	1 900.20	2 026.20	1 960.40	1 994.00	81.530	0.729
	料重比	4.12[a]	3.76[b]	3.99[a]	4.13[a]	0.160	0.035
60～90	CP 水平%	13.43	13.74	14.11	14.52		
	末重/kg	89.20[b]	92.05[a]	90.68[b]	89.88[b]	1.724	0.031
	日增重/g	408.11[c]	446.62[a]	428.11[b]	417.30[b]	19.028	0.016
	采食量/g	1 921.97	1 975.61	2 040.05	2 041.71	86.981	0.551
	料重比	4.71[a]	4.42[b]	4.77[a]	4.89[a]	0.128	0.037
17～90	日增重/g	433.94	450.85	442.73	436.24	23.960	0.233
	采食量/g	1 725.41	1 790.24	1 802.64	1 815.46	74.031	0.667
	料重比	3.98	3.97	4.07	4.16	0.137	0.132

注：同行或同列数据的肩标没有字母或有相同字母表示差异不显著（$P>0.05$），不同小写字母表示差异显著（$P<0.05$）。

资料来源：钱鑫(2016)

3. 氨基酸水平对莱芜猪仔猪生产性能的影响

钱鑫等(2016)研究了不同氨基酸水平对莱芜猪断奶仔猪生产性能的影响，结果见表 3-6。分析结果表明，本试验条件下，饲粮氨基酸的添加水平没有明显影响莱芜猪断奶仔猪的生产性能，但 0.9%赖氨酸(Lys)处理和其他各组比，仔猪的生长表现较好，更适合莱芜猪断奶仔猪的生长。

表 3-6 饲粮氨基酸水平对莱芜猪断奶仔猪生长性能的影响

项目	Lys 水平				标准误差	*P* 值	*P* 值	
	0.8%	0.9%	1.0%	1.1%			一次线性	二次曲线
始重/kg	17.62	17.66	17.63	17.9	0.878	0.994	0.773	0.956
末重/kg	30.77	31.29	30.92	31.09	1.477	0.95	0.461	0.392
日增重/kg	376.29	389.43	379.71	376.86	18.357	0.812	0.402	0.052
日采食量/kg	1 030.18	1 020.79	1 048.27	1 051.44	34.649	0.488	0.408	0.647
料重比	2.74	2.62	2.76	2.79	0.117	0.395	0.921	0.328

资料来源：钱鑫等(2016)

3.1.1.3 胴体性能

如表 3-7 所示莱芜猪在 40～90 kg 体重阶段，随着体重的增加，骨骼率、皮率和瘦肉率呈现逐渐下降的趋势，而从背膘厚及脂肪率、瘦肉率的变化趋势来看，脂肪组织随体重增加呈强度沉积态势(郭建凤等，2007)。

表 3-7　不同屠宰体重的莱芜猪胴体性状

项目	屠宰体重						
	35 kg	40 kg	50 kg	60 kg	70 kg	80 kg	90 kg
屠宰头数/头	2	4	4	4	4	3	4
屠宰率/%	60.13±3.61^{Dd}	63.12±4.05^{CDd}	67.20±2.79^{BCc}	68.67±2.16^{ABbc}	70.80±1.32^{ABab}	74.11±1.21^{Aa}	72.15±1.41^{ABab}
后腿比例/%	29.04±0.88^{a}	28.51±0.76^{a}	28.39±2.90^{a}	27.02±1.09^{ab}	27.26±0.89^{ab}	29.36±4.05^{a}	25.40±0.97^{b}
背膘厚/cm	1.93±0.18^{BCde}	1.71±0.3^{9BCcde}	2.19±0.38^{BCcde}	2.61±0.31^{ABCbcd}	2.88±0.68^{ABabc}	3.45±0.31^{Aa}	3.15±0.76^{ABab}
眼肌面积/cm^2	9.99±0.66^{BCbc}	9.66±2.66^{Cc}	13.65±2.51^{ABCabc}	14.23±1.76^{ABCab}	15.60±2.41^{ABa}	16.10±3.33^{ABa}	17.03±3.91^{Aa}
骨骼率/%	12.87±0.17^{Aab}	13.17±0.70^{Aa}	11.82±1.65^{ABab}	11.07±0.55^{ABCbc}	11.40±1.38^{ABb}	9.69±0.53^{BCcd}	8.96±1.06^{Cd}
皮率/%	14.41±0.42^{Aa}	13.06±0.84^{ABab}	12.42±1.59^{ABCbc}	10.84±0.96^{Cd}	11.60±0.63^{BCcd}	10.74±1.03^{Cd}	10.69±0.43^{Cd}
脂肪率/%	22.21±1.86^{BCd}	18.48±2.89^{Cd}	24.55±7.82^{BCcd}	30.59±4.26^{ABbc}	31.55±1.87^{ABab}	37.15±2.09^{Aab}	37.84±5.25^{Aa}
瘦肉率/%	50.51±2.11^{ABCabc}	55.29±2.41^{Aa}	51.21±5.02^{ABa}	47.50±4.25^{BCbcd}	45.46±2.21^{BCcd}	42.43±3.03^{Cd}	42.52±3.99^{Cd}

注：同行肩标字母相同为差异不显著($P>0.05$)，不同小写字母为差异显著($P<0.05$)，不同大写字母为差异极显著($P<0.01$)。

资料来源：郭建凤等(2007)

3.1.1.4 肉质品质

1. 体重对肉质特性的影响

研究表明(郭建凤等，2007)，莱芜猪的肉色除 35 kg 时较低外，其他体重时肉色都在 3.25～3.5，肉色指标优良；大理石纹评分除 90 kg 时较高外(4.38)，其他都在 2.50～3.88；不同体重的莱芜猪屠宰后肌肉酸度较稳定，pH 维持在 6.19～6.52，且未发生 PSE 肉；失水率随体重增加而逐渐降低，但各屠宰体重间差异不显著($P>0.05$)；莱芜猪体重在 35～50 kg 时，瘦肉率随体重增加而上升，60～80 kg 时变化不明显，90 kg 时有所降低。莱芜猪体重在 35～60 kg 时嫩度值变化不明显，70～90 kg 时嫩度值明显上升，其中 80 kg 达到最高，且与 40 kg 形成显著差异($P<0.05$)；肌肉水分 50 kg 前随体重增加而上升，50～60 kg 明显下降，60～80 kg 趋于稳定，90 kg 达到最低；粗蛋白质含量 70 kg 前趋于上升，70～90 kg 随体重增加而下降；肌内脂肪 35～40 kg 阶段测定的数据不规律，40～90 kg 随体重增加趋于上升，这与脂肪型猪 60～

100 kg 左右脂肪生长速度加快，而肌肉生长速度处于下降趋势的生长规律相一致（表 3-8）。

表 3-8　不同屠宰体重的莱芜猪肉质性状

性状	屠宰体重						
	35 kg	40 kg	50 kg	60 kg	70 kg	80 kg	90 kg
屠宰头数/头	2	4	4	4	4	3	4
肉色	2.75 ± 0.35^{Bb}	3.38 ± 0.25^{Aa}	3.25 ± 0.29^{ABa}	3.25 ± 0.29^{ABa}	3.5 ± 0^{Aa}	3.5 ± 0^{Aa}	3.25 ± 0.29^{ABa}
大理石纹	2.50 ± 0.71^{Bc}	2.75 ± 0.65^{Bc}	2.88 ± 0.63^{Bbc}	3.88 ± 0.48^{ABab}	3.38 ± 1.03^{ABabc}	3.17 ± 0.76^{ABbc}	$4.38\pm0.75a^{A}$
pH	6.33 ± 0.16^{a}	6.50 ± 0.24^{a}	6.47 ± 0.39^{a}	6.52 ± 0.45^{a}	6.19 ± 0.26^{a}	6.37 ± 0.34^{a}	6.41 ± 0.21^{a}
失水率/%	18.76 ± 11.21^{a}	11.96 ± 5.42^{a}	15.19 ± 10.07^{a}	14.12 ± 6.11^{a}	13.47 ± 4.09^{a}	12.87 ± 9.96^{a}	10.66 ± 3.81^{a}
瘦肉率/%	60.62 ± 3.28^{b}	65.24 ± 4.68^{ab}	71.86 ± 6.54^{a}	68.61 ± 3.70^{ab}	69.23 ± 7.61^{ab}	68.02 ± 1.77^{ab}	64.96 ± 4.42^{ab}
嫩度/N	26.00 ± 3.47^{ab}	21.83 ± 8.60^{b}	22.93 ± 4.30^{ab}	24.55 ± 4.01^{ab}	32.64 ± 7.15^{ab}	36.85 ± 17.67^{a}	31.56 ± 12.35^{ab}
水分/%	71.62 ± 1.49^{ABCabc}	75.31 ± 2.61^{Aa}	72.63 ± 4.9^{ABab}	65.50 ± 5.94^{BCcd}	68.19 ± 3.22^{ABCbcd}	65.49 ± 1.10^{BCcd}	62.88 ± 2.88^{Cd}
粗蛋白质/%	16.73 ± 0.25^{abc}	19.27 ± 0.42^{a}	17.39 ± 1.92^{abc}	16.12 ± 3.09^{bc}	18.49 ± 2.13^{ab}	17.09 ± 0.68^{abc}	15.69 ± 1.18^{c}
肌内脂肪/%	10.36 ± 1.06^{ABCabcd}	4.51 ± 2.55^{Cd}	8.42 ± 6.53^{BCcd}	16.84 ± 8.35^{ABab}	11.54 ± 5.73^{ABCbcd}	16.05 ± 1.04^{ABCabc}	19.92 ± 4.10^{Aa}

注：同行肩标字母相同为差异不显著（$P>0.05$），不同小写字母为差异显著（$P<0.05$），不同大写字母为差异极显著（$P<0.01$）。

资料来源：郭建凤等（2007）

2. 品种对肉质特性的影响

呼红梅等（2008）取屠宰体重为 100 kg 的莱芜猪、杜洛克和大约克背最长肌以测定其肉质指标。由表 3-9 可知，与杜洛克和大约克相比，莱芜猪肌肉肉色评分、pH 无显著差异（$P>0.05$），但肉色评分有增加的趋势；与杜洛克和大约克相比，莱芜猪大理石纹评分显著增加 45.08%～49.13%，肌内脂肪含量增加了 5.88～6.05 个百分点（$P<0.01$）；肌肉失水率、嫩度和肌纤维直径显著降低（$P<0.01$），说明莱芜猪肌肉系水率和嫩度显著高于杜洛克和大约克，这与其肌纤维直径较细相吻合；莱芜猪肌肉粗蛋白含量显著低于杜洛克和大约克，这可能与其肌内脂肪含量显著增加有关。

表 3-9　莱芜猪与杜洛克、大约克肉质比较

项目	莱芜猪	杜洛克	大约克
肉色	3.35 ± 0.1	3.14 ± 0.1	3.15 ± 0.2
大理石纹	4.28 ± 0.1^{Aa}	2.95 ± 0.2^{Bb}	2.87 ± 0.1^{Bb}

续表 3-9

项目	莱芜猪	杜洛克	大约克
pH	6.17±0.1	6.14±0.1	6.32±0.1
嫩度/N	21.58 ± 2.3^{Bc}	30.11 ± 2.6^{ABbc}	41.65 ± 2.4^{Aa}
失水率/%	8.05 ± 0.4^{Bb}	22.74 ± 4.6^{Aa}	20.11 ± 1.8^{Aa}
肌纤维直径/μm	54.33 ± 1.0^{Bb}	63.66 ± 2.9^{Aa}	67.47 ± 1.3^{Aa}
粗蛋白质/%	18.56 ± 0.6^{Bb}	21.64 ± 0.3^{Aa}	22.56 ± 0.5^{Aa}
肌内脂肪/%	7.70 ± 0.6^{Aa}	1.82 ± 0.1^{Bb}	1.65 ± 0.4^{Bb}

注：同行肩标字母相同为差异不显著（$P>0.05$），不同小写字母为差异显著（$P<0.05$），不同大写字母为差异极显著（$P<0.01$）。

资料来源：呼红梅等（2008）

3.1.1.5 抗逆性研究

1. 耐粗饲性能研究

以 4 月龄莱芜猪（LW，100%莱芜猪血）、大莱杂交猪（DL，50%莱芜猪血）、大大莱（DDL，25%莱芜猪血）和大约克（YK，0%莱芜猪血）去势猪为试验对象，分析莱芜猪及其不同杂交组合对回肠末端营养物质表观消化率的影响。研究结果如表 3-10 所示，试验结果表明，相对于引进的大约克瘦肉型猪，莱芜猪对于纤维素的消化率较高，从而证实了莱芜猪具有“耐粗饲”的特征。

表 3-10 莱芜猪不同杂交组合对回肠末端营养物质表观消化率的影响 %

品种	DM	CP	ADF	NDF	Ca	P
LW	64.04 ± 8.99^{abA}	83.38 ± 3.81^{a}	14.32 ± 5.74^{aA}	51.44 ± 7.32^{aA}	52.98 ± 10.06^{aA}	43.81 ± 10.70^{aA}
DL	60.40 ± 8.37^{cB}	81.10 ± 3.88^{ab}	11.15 ± 5.62^{abAB}	49.57 ± 2.78^{bA}	44.98 ± 5.60^{bB}	31.93 ± 9.53^{bB}
DDL	$62.11\pm7.37bc^{AB}$	80.03 ± 5.97^{b}	8.70 ± 6.42^{bcAB}	50.16 ± 4.48^{abA}	47.50 ± 5.58^{bB}	30.33 ± 8.85^{bB}
YK	65.16 ± 8.68^{aA}	83.41 ± 6.28^{a}	4.78 ± 3.69^{cB}	43.51 ± 2.86^{cB}	25.45 ± 8.79^{cC}	26.00 ± 7.03^{bB}

注：同行肩标字母相同为差异不显著（$P>0.05$），不同小写字母为差异显著（$P<0.05$），不同大写字母为差异极显著（$P<0.01$）。

资料来源：王诚等（2011）

2. 莱芜猪抗病性研究

（1）高致病性猪繁殖与呼吸综合征病毒（HP-PRRSV）的致病性研究　猪繁殖与呼吸综合征（porcine reproductive and respiratory syndrome，PRRS）是由猪繁殖与呼吸综合征病毒（PRRSV）引起的猪的一种繁殖障碍和呼吸道传染病，以妊娠母猪繁殖障碍、仔猪呼吸困难、高死亡率及育肥猪呼吸道症状为主要特征。由于部分发病猪临床表现为耳部皮肤发绀，所以 PRRS 俗称“蓝耳病”（蔡宝祥等，2010）。聂丽等（2012）将 HP-PRRSV 经滴鼻感染 4 月龄健康莱芜黑猪，之后动态观察攻毒后的临床表现，不同时期各器官组织的病理学变化，外周血抗体的消长规律及病毒在猪体内的分布，以研究莱芜黑猪感染 HP-PRRSV 后的发病特点。试验结果表明，HP-PRRSV 人工感染 4 月龄莱芜黑猪具有广泛的组织嗜性，并导致广泛的组织损伤，但临床症状表现轻微，未见死亡现象，4 月龄莱芜黑猪对 HP-PRRSV 感染具有较强的抵抗力。

（2）免疫应激对仔猪白介素-1β、皮质醇和生长激素的影响　宋春阳等（2010）通过对仔猪进行脂多糖(LPS)免疫应激,研究地方品种莱芜猪、培育品种鲁莱猪和引进品种大约克夏猪之间白介素-1β、皮质醇和生长激素(GH)含量的变化,探讨不同品种猪抗免疫应激能力的差异。研究结果显示,LPS 刺激后莱芜猪血浆中 IL-1β、皮质醇及 GH 的变化幅度均显著低于大约克夏猪,说明在应激条件下,莱芜猪相对于引进品种有较强的抵抗免疫应激能力。

3.1.2 基础研究

3.1.2.1 繁殖性能相关研究

1. 促卵泡素 β 亚基基因($FSH\beta$)的多态性分析

柳淑芳等(2002)以 PCR 扩增法分析莱芜猪、大约克夏以及它们的杂交后代大莱猪在促卵泡素(FSH)β 亚基基因结构区的多态性。通过测序发现,莱芜猪在该区存在插入突变,插入片段长度为 275 bp,位于已发表的猪 $FSH\beta$ 亚基基因全序列的+809 与+810 碱基之间,插入片段中存在一个 RNA 聚合酶Ⅲ启动子及 *Alu* Ⅰ 内切酶识别位点,末端有 17 个腺苷酸的 poly(A),所以该片段可能为 Alu 成分。对 $FSH\beta$ 亚基基因插入片段进行 *Bam*HⅠ多态性分析,发现本研究所检测样品中不存在 *Bam*HⅠ多态性。把 $FSH\beta$ 亚基基因作为控制猪产仔数主效基因的候选基因与产仔数进行连锁分析,证明 $FSH\beta$ 基因座位在莱芜猪种中与控制猪产仔数的主效基因紧密连锁,优势基因 *AA* 纯合子比 *BB* 纯合子母猪平均每胎多产仔 1.2 头。因莱芜猪与太湖猪插入序列的主要差异是末端的 poly(A)长短不同,故推测该插入片段末端的 poly(A)结构亦可能影响猪的产仔数。

王继英等(2008)也对 $FSH\beta$ 的多态性及其对产仔数的影响进行了研究。结果表明,对于 $FSH\beta$ 亚基基因,*AA* 基因型占绝对优势,且产仔数最高,但各基因型间的产仔数差异不显著。$FSH\beta$ 亚基基因和 *PRLR* 基因合并统计对产仔数的影响表明,*AAAA* 合并基因型为有利的合并基因型,产仔数最高,初产仔数和 *BBBB*、*ABAB* 合并基因型相比差异显著($P<0.05$)。在育种实践中,选择 *AAAA* 合并基因型可进一步提高莱芜黑猪的繁殖性能。

2. 雌激素受体基因 *Pvu* Ⅱ 多态性与产仔数性状的关系

雌激素受体(estrogen receptor,ER)能调控雌激素的合成,影响繁殖功能。柳淑芳等(2002)将 *ER* 基因作为控制猪产仔数的候选基因,分析其 *Pvu* Ⅱ 多态性与高产猪种莱芜猪和国外引进猪种长白猪产仔数的关系。序列分析发现,PCR 扩增区 56 bp 的 *Pvu* Ⅱ 酶切片段位于限制性片段长度多态性(RFLP)分析获得的 3.7 kb 正向序列的起始部分。因 *ER* 基因在高产仔数的莱芜猪中的 *Pvu* Ⅱ 多态性分布不能证实 *B* 基因为优势基因,故推测 3.7 kb 条带对该猪种产仔数可能不起决定作用。

王继英等(2007)的研究则发现,*ER* 基因,*AA* 基因型占绝对优势。在被检测的样本中未检测出 *BB* 基因型,因此难以计算基因型的产仔数差异。

3.1.2.2 生长育肥性能相关研究

1. *Dlx*5 基因多态性及其与猪体尺和胸椎数的关系

为探讨猪远端缺失基因 5(distal-less homeobox 5,*Dlx*5)的多态性、群体分布特性及其与体尺和胸椎数的关系,邢晋祎等(2012)采用 PCR-RFLP 方法检测了猪 *Dlx*5 基因 g.394C>T 位点在 6 个中外猪品种中的多态性分布,并分析了该位点与猪体尺和胸椎数的关系。检测结果表明,经 *Hha* Ⅰ 酶切后在 6 个猪品种群体均发现了 *CC*、*CT* 和 *TT* 3 种基因型,其中 *C* 等位基因在莱芜猪中为优势等位基因，而 *T* 等位基因在里岔黑猪、鲁莱黑猪、杜洛克猪、大约克猪和长白猪中占优势。在该多态性位点，莱芜黑猪、里岔黑猪、鲁莱黑猪、杜洛克猪和长白猪群体均处于哈迪-温伯格平衡（$P>0.05$），而大约克猪群体偏离平衡状态（$P<0.05$）；基因型在群体间的分布差异极显著（$P<0.01$）。群体遗传特性分析表明，有效等位基因数在 1.254～1.991；杜洛克猪的多态信息含量为 0.182，属于低度多态，其余品种均在 0.254～0.374，属于中度多态。关联分析结果表明，该多态性位点对莱芜黑猪体长、体高、屠宰前活重、腹围、胸围、腿臀围和胸椎数以及里岔黑猪胸椎数的影响均不显著（$P>0.05$）。*Dlx*5 基因 g.394C>T 位点在猪群中存在多态，基因型分布在莱芜黑猪与其他猪种间不同，与猪体尺和胸椎数无显著关联。

2. *IGF*1 基因的多态性及生长性状的关联性分析

薛慧良等（2007）采用 PCR-SSCP 方法对莱芜猪（127 头）和沂蒙黑猪（132 头）的胰岛素样生长因子 1（IGF1）基因 *exon*3 和 *exon*4 分别进行单核苷酸多态性分析。结果发现 *exon*3 上有多态性，且存在 3 种基因型（*AA*、*AB*、*BB*）。统计结果表明，3 种基因型在两品种中的分布不一致，差异极显著（$P<0.01$）。固定效应模型分析结果表明，初生重、断奶重和 6 月龄重基因型间差异不显著（$P>0.05$）。最小二乘分析结果表明，*BB* 基因型与其他 2 种基因型比较有较大的初生重，同 *AA* 和 *AB* 型比较差异极显著（$P<0.01$），3 种基因型在初生重的大小排列顺序为 *AA*<*AB*<*BB*。因此，推测 *IGF*1 基因对个体的初生重存在一定的影响，选择带有 *B* 等位基因的个体，有望提高个体的初生重。

3.1.2.3 肉质性状相关研究

1. 背膘组织二脂酰甘油酰基转移酶基因（*DGAT*1 和 *DGAT*2）的发育性表达分析

酰基辅酶 A：二脂酰甘油酰基转移酶（acyl-CoA：diacylglycerol acyltransferase，DGAT）是催化甘油三酯合成最后一步反应的关键酶，包括 DGAT1 和 DGAT2 2 种；阐明其在发育过程中的表达规律对于找到控制中外猪种脂肪沉积能力差异的基因十分必要。胡悦等（2010）以脂肪型品种莱芜猪和瘦肉型品种杜洛克为研究对象，相继用 RT-PCR 和实时荧光定量 RT-PCR 的方法分别对莱芜猪和杜洛克 3 日龄仔猪和成年猪背膘组织中 *DGAT*1 和 *DGAT*2 mRNA 表达量进行了分析。结果表明，莱芜猪和杜洛克成年猪 *DGAT*1 mRNA 的表达量均高于 3 日龄仔猪，分别为 5.0 倍和 2.7 倍；成年猪 *DGAT*2 mRNA 表达量高于 3 日龄仔猪，分别为 27.6 倍（$P<0.01$）和 4.8 倍（$P<0.05$）。两品种成年猪和 3 日龄仔猪 *DGAT*2 基因表达量的变化均高于 *DGAT*1。品种间同一发育时期比较，杜洛克 3 日龄仔猪背膘组织中 *DGAT*2 基因的表达量高于莱芜猪，但成年莱芜猪背膘组织中 *DGAT*2 基因的表达量高于杜洛克，差异均不显著（$P>0.05$）。推测莱芜猪体内 *DGATs* 的活性可能与杜洛克不同，*DGAT*2 基因在猪的脂肪沉积过程中的作用更重要，提示 *DGAT*2 基因可能与中外猪品种脂肪沉积能力的差异有关。

2. 肌内脂肪沉积相关研究

磷酸酪氨酸互作结构域 1（phosphotyrosine interactiondomain containing 1，PID1）是以抑制性消减杂交（suppression subtractive hybridization，SSH）技术筛选肥胖与正常人腹膜后脂肪组织中的差异表达基因。为了探索 *PID*1 基因的表达与脂肪沉积的关系，钱源等（2010）利用兼并引物进行 RT-PCR 从猪脂肪和肌肉组织中克隆 *PID*1 基因编码区（CDS）全序列，并采用荧光定量 PCR 方法对大白猪、鲁莱黑猪、莱芜猪 3 个猪品种的肝脏、脂肪和肌肉组织 *PID*1 基因 mRNA 表达进行了相对定量分析。结果表明，经克隆、测序，得到了猪 *PID*1 基因 654 bp 全编码区序列，通过 BLAST 比对，与人、大鼠、牛分别有 93.88%、66.94%、88.07%的同源性。

*PID*1 基因在同一个品种猪中 mRNA 表达水平总体表现为：肝脏＞脂肪＞肌肉。由于肝脏是机体脂质代谢的重要器官（Satoh 等，2001），推测其高表达可能与 *PID*1 主要参与到包括肌内脂肪在内的脂质代谢和分化的功能有关。在不同品种 3 种组织中 *PID*1 基因 mRNA 表达水平总体表现为：莱芜猪＞鲁莱黑猪＞大白猪，其中肝脏中差异显著（$P<0.05$），但是在脂肪和肌肉组织中莱芜猪与鲁莱黑猪差异不显著（$P>0.05$）。对于高肌内脂肪（LWH）、中等肌内脂肪（LWI）和低肌内脂肪（LWL）沉积的 3 组莱芜猪，*PID*1 基因在肝脏组织中的表达水平是 LWH 显著高于 LWL（$P<0.05$），在肌肉组织中则是 LWH 显著高于 LWI 和 LWL（$P<0.05$）。*PID*1 基因在莱芜猪品种内 3 个组织中 mRNA 表达量与肌内脂肪（IMF）含量相关均不显著，而在品种间 3 个组织中 mRNA 表达量与 IMF 含量呈显著正相关（$P<0.05$）。结果提示，*PID*1 的表达可能与脂肪沉积性状存在一定的关系。

3.1.2.4 其他研究

肠毒素大肠杆菌（ETEC）F18 是引起断奶仔猪腹泻和水肿病的最主要病原菌，它不仅可引起仔猪泻痢，而且能产生一种类肠毒素，通过血液传播引起血管壁损伤，使水分大量渗出而致水肿病。该病原菌能否结合到猪的小肠黏膜上皮细胞并进入体内增殖，决定于小肠黏膜有无受体。Meijerink 等（1997）研究认为，*FUTI* 基因开放阅读框 M307 核苷酸位点存在 G-A 突变，这个突变改变了蛋白质的构象和功能，造成了红细胞酶系统的改变，导致猪对 F18 黏附素的抗性和敏感性。王怀中等（2008）的研究结果表明，莱芜猪在 *FUTI* 基因 M307 位点存在多态性。莱芜猪群体内 *G* 等位基因占优势（基因频率为 0.830 1），*GG* 基因型频率最高（0.703 9），*AA* 基因型频率最低（0.043 7）。*AA*、*AG* 和 *GG* 3 种基因型对莱芜猪的初生重、35 日龄断奶重、70 日龄的保育重均无显著影响（$P>0.05$），说明 *FUTI* 基因 *AA* 抗性基因型对猪的生产性能无有利影响，*FUTI* 基因不能作为莱芜猪抗 ETEC F18 病原菌的候选基因。

3.1.3 杂交利用

莱芜猪具有抗逆性强、繁殖力高和肉质好等优良种质特性，在现代养猪生产中是十分宝贵的遗传基因库。但同时，莱芜猪的缺点是生长速度慢、饲料报酬低、背膘厚、胴体瘦肉率低。因此，一直以来，研究人员致力于利用我国地方猪种品种及进口优良猪种开展杂交改良以及配套系、新品系的选育，以期利用杂交优势取得更好的生产性能，生产杂优商品猪。

3.1.3.1 繁殖性能

总产仔数、活仔数、断奶头数、断奶窝重等繁殖性能属低遗传力性状。一般而言，遗传力低的性状杂交优势明显。

1. 莱芜猪合成系

莱芜猪合成系是由莱芜猪作为母本，与瘦肉型大约克猪作为父本培育而成的。其利用莱芜猪抗逆性强、产仔率高、肉质好和大约克夏生长速度快、饲料转化率高、适应性强、瘦肉率高且繁殖性能也较好的特点，通过杂交选择理想型后代个体进行横交固定培育而成。培育 1 年为 1 个世代，对其各世代的繁殖力进行测定后发现，大莱杂种一代基础群母猪经产总产仔数（15.21±0.33）头，产活仔（13.81±0.39）头，60 日龄断奶头数（12.7±0.35）头，断奶窝重（216±8.50）kg。杂交优势明显，比莱芜猪有较大幅度提高（$P<0.01$）。1 世代、2 世代初经产繁殖成绩不及基础群（表 3-11），但与莱芜猪基本相平（$P>0.05$）。随着世代选育的进展，繁殖性能将有所提高。

表 3-11 莱芜猪合成系各世代繁殖性能

世代	产次	统计窝数	产仔数/头	产活仔数/头	60 日龄断奶头数/头	60 日龄窝重/kg
基础群	初产	63	12.28±0.31	11.00±0.46	9.95±0.34	120.25±4.56
	经产	44	15.21±0.33	13.81±0.39	12.70±0.35	216.00±8.50
0 世代	初产	35	12.00±0.31	10.60±0.44	9.30±0.36	125.40±4.86
	经产	34	14.10±0.23	12.70±0.41	11.90±0.40	198.46±2.85
1 世代	初产	30	12.20±0.15	11.10±0.51	10.20±0.27	130.70±6.97
	经产	42	14.37±0.21	12.83±0.36	11.93±0.34	198.79±2.64
2 世代	初产	39	12.22±0.14	11.16±0.56	10.37±0.24	132.38±6.57

资料来源：曹洪防(2001)

2. 杜洛克×莱芜猪杂交猪

以杜洛克为父本，采用陆川猪、莱芜猪、湘西黑猪及圩猪为母本，进行黑猪杂交组合试验，对其杂交组合当胎繁殖性能及后代繁殖性能进行统计分析。结果表明，4 个杂交组合虽然都为初产，但是其初产繁殖性能却都优于其母本，均极显著高于其母本初产性能；高于其母本二胎母猪，但差异不显著。父本杜洛克和母本地方猪种繁殖性能均为初产。杜陆杂交组合杂种优势率最高，初产总产仔数杂种优势率达 31.36%，产活仔数杂种优势率达 26.95%。4 个杂交组合总产仔数杂种优势率在 20.64%～31.36%，产活仔数杂种优势率在 17.12%～26.95%，表现出很好的杂种优势(表 3-12)。这说明陆川猪、莱芜猪、湘西黑猪和圩猪与杜洛克杂交效果较好。

表 3-12 杜洛克与地方猪种杂交的杂种优势率

组合	父本			母本			杂种猪			杂种优势率/%	
	窝数/窝	总产仔数/头	产活仔数/头	窝数/窝	总产仔数/头	产活仔数/头	窝数/窝	总产仔数/头	产活仔数/头	总产仔数	产活仔数
杜陆	216	8.60±2.70	8.18±2.68	52	8.65±1.77	8.52±1.89	90	11.33±1.90	10.60±1.77	31.36	26.95
杜莱	216	8.60±2.71	8.18±2.69	64	8.45±2.15	8.23±2.08	97	10.34±2.27	9.61±2.66	21.29	17.12
杜圩	216	8.60±2.72	8.18±2.70	62	7.76±2.79	6.97±2.86	91	10.00±2.46	9.27±2.50	22.25	22.38
杜湘	216	8.60±2.73	8.18±2.71	144	7.68±2.17	7.13±2.52	168	9.82±1.97	9.32±2.03	20.64	21.75

资料来源：曾检华等(2015)

3.1.3.2 生长及育肥性能

本部分主要对历年来关于鲁农Ⅰ号猪配套系、莱芜猪合成系以及大约克×莱芜猪、巴克夏×莱芜猪等莱芜猪杂交配套系/品系以及杂交改良猪的生长和育肥性能研究进展进行总结综述。

1. 鲁农Ⅰ号猪配套系

鲁农Ⅰ号猪配套系是山东省利用繁殖性能高、肉质优良的地方品种莱芜猪作为母本，以大约克作为第一父本，以杜洛克作为终端父本而构成的第一个土洋结合的商品猪配套系。郭建凤(2007)等对鲁农Ⅰ号猪商品猪生产育肥性能进行了测定。结果发现，96 头鲁农Ⅰ号猪配套系商品猪的平均日增重为 738.28 g，料重比为 2.99，达 100 kg 体重日龄为 174.02 d，活体背膘厚 13.59 mm。说明该配套系商品猪生长较快。

呼红梅等(2008)选择体重为 30 kg 左右的鲁农Ⅰ号猪、杜洛克、大约克，试验猪体重达 100 kg 时对其生长育肥性能进行测定分析。结果表明，鲁农Ⅰ号猪、杜洛克和大约克间开始体重和结束体重均无显著差异。与杜洛克和大约克相比，鲁农Ⅰ号猪日增重显著减少 4.17%～5.74%($P<0.05$)，料重比显著增加 15.44%～15.89%($P<0.01$)，即鲁农Ⅰ号猪的饲料利用率低于杜洛克和大约克。与杜洛克和大约克相比，鲁农Ⅰ号猪达 100 kg 体重日龄增加 3.94%～9.37%，显著高于大约克，而与杜洛克间差异不显著(表 3-13)。

表 3-13 鲁农Ⅰ号猪与杜洛克、大约克生长性能比较

项目	杜洛克	大约克	鲁农Ⅰ号猪
试验猪头数/头	72	58	96
开始体重/kg	30.86±0.3	31.39±0.5	31.14±0.4
结束体重/kg	101.27±0.8	101.37±1.0	100.76±0.9
日增重/g	775.0±8.5^{a}	787.9±12.6^{a}	742.7±8.1^{b}
达 100 kg 体重日龄/d	167.4±7.42^{ab}	159.1±9.43^{b}	174.0±10.5^{a}
料重比	2.58±0.03^{Aa}	2.59±0.05^{Bb}	2.99±0.04^{Bb}

注：同行肩标字母相同为差异不显著($P>0.05$)，不同小写字母为差异显著($P<0.05$)，不同大写字母为差异极显著($P<0.01$)。

资料来源：呼红梅等(2008)

2. 莱芜猪合成系

曹洪防等(2001)在对莱芜猪合成系的生长育肥性能研究中，经过基础群、0 世代、1 世代和 2 世代的选育，莱芜猪合成系的体重和体尺发育较莱芜猪原种有了较大提高(表 3-14)。2 世代 6 月龄后备公母猪平均体重 62.31 kg 、体高 61.92 cm、体长 101.01 cm、胸围 86.78 cm，比莱芜猪原种分别提高了 17.26%、19.74%、5.48%、3.95%，效果比较明显。

表 3-14 莱芜猪合成系后备种猪生长发育

世代	性别	2 月龄		4 月龄		6 月龄				
		N/头	体重/kg	N/头	体重/kg	N/头	体重/kg	体高/cm	体长/cm	胸围/cm
基础群	公	30	16.38±0.30	30	34.47±0.34	30	61.56±0.70	54.25±0.52	101.40±0.80	90.47±0.66
	母	53	16.63±0.64	53	37.55±1.66	53	56.28±2.15	51.62±0.4	99.32±0.79	86.68±0.74

续表 3-14

世代	性别	2月龄		4月龄		6月龄				
		N/头	体重/kg	N/头	体重/kg	N/头	体重/kg	体高/cm	体长/cm	胸围/cm
0世代	公	11	14.50±0.48	11	31.71±0.72	11	61.85±0.80	57.41±0.64	98.46±0.76	90.41±0.96
	母	19	13.18±0.39	19	30.57±0.62	16	60.24±0.52	53.78±0.64	96.28±0.69	90.03±0.76
1世代	公	19	15.17±1.01	15	38.72±1.06	14	66.75±3.84	61.86±1.01	101.21±1.31	87.71±1.61
	母	40	14.80±1.12	34	31.10±1.88	30	57.66±2.83	61.44±0.96	100.11±1.18	85.44±2.04
2世代	公	24	15.37±1.06	21	38.94±1.14	18	66.89±3.12	62.06±1.24	101.53±1.25	87.86±1.37
	母	48	14.96±1.02	44	31.45±1.54	41	57.73±2.54	61.78±0.85	100.48±1.09	85.69±2.24

资料来源：曹洪防等(2001)

2世代同胞育肥全期平均日增重(586±13)g，料重比(3.29±0.06)(表3-15)，胴体瘦肉率(52.94±0.56)%，血统之间差异不明显($P>0.05$)。2世代与基础群相比，日增重提高21 g，每增重1 kg少耗料0.18 kg；与0世代相比，日增重提高32 g，每增重1 kg少耗料0.32 kg。

表3-15　莱芜猪合成系同胞育肥测定

世代	N/头	日增重/g	料重比
基础群	24	565±32	3.47±0.07
0世代	24	554±19	3.61±0.10
1世代	24	580±12	3.35±0.06
2世代	24	586±13	3.29±0.06

资料来源：曹洪防等(2001)

3.大约克×莱芜猪及巴克夏×莱芜猪杂交猪

郭建凤(2009)以鲁育大约克猪为父本、莱芜猪为母本杂交，测定其杂交后代的生长性能，结果表明，大莱二元猪的生长速度较快，饲料报酬较高，30～100 kg平均日增重663.89 g，料重比3.34。

包高良(2008)在以巴克夏为父本、莱芜猪为母本的杂交肥育测定试验中发现，巴克夏猪在整个肥育期各阶段体重都最大。莱芜猪在整个肥育阶段生长速度始终较慢，巴×莱F_1猪在120日龄后显示出杂种优势，210日龄体重与巴克夏猪无差异($P>0.05$)，显著大于莱芜猪($P<0.05$)(表3-16)。巴克夏猪肥育全期料重比最小，每千克增重耗料仅2.82 kg，与巴×莱F_1猪无差异，与莱芜猪差异显著($P<0.05$)，巴×莱F_1猪显示出较好的杂种优势。莱芜猪每千克增重耗料最多，料重比为4.52，与巴克夏猪的2.82差异显著($P<0.05$)(表3-17)。

表 3-16 巴莱杂交组育肥猪各阶段体重及杂种优势率

项目	初生重	30 d	60 d	90 d	120 d	150 d	180 d	210 d
巴莱猪/kg	1.11±0.21[b]	6.47±0.85[b]	21.42±3.37[a]	31.90±3.56[b]	51.99±4.84[b]	70.99±5.14[a]	87.77±6.12[a]	107.00±11.07[a]
莱芜猪/kg	0.91±0.21[b]	5.33±0.85[c]	15.81±3.37[b]	26.10±3.56[c]	39.88±4.84[c]	52.38±5.14[b]	61.72±6.12[b]	70.62±11.07[b]
巴克夏猪/kg	1.55±0.33[a]	8.83±0.99[a]	22.78±1.86	37.69±3.16[a]	59.79±4.86[a]	74.36±5.8[a]	94.94±7.11[a]	113.07±9.77[a]
优势率/%	−9.76	−8.62	11.01[a]	0.02	4.32	12.02	12.05	16.5

注：1. 优势率＝（杂种均值－双亲均值）/双亲均值×100%；2. 同列肩标字母相同表示差异不显著（$P>0.05$），字母相邻表示差异显著（$P<0.05$），字母相隔表示差异极显著（$P<0.01$）。

资料来源：包高良等（2018）

表 3-17 巴莱组育肥猪各阶段日增重及料重比

项目	巴莱猪		莱芜猪		巴克夏猪	
	日增重/kg	料重比	日增重/kg	料重比	日增重/kg	料重比
30 d	0.18±0.025[b]		0.15±0.036[c]		0.24±0.024[a]	
60 d	0.50±0.114[a]	0.84±0.112[B]	0.35±0.044[b]	1.15±0.167[A]	0.47±0.037[a]	0.81±0.064[B]
90 d	0.35±0.083[b]	1.59±0.188[B]	0.34±0.109[b]	1.94±0.329[A]	0.50±0.079[a]	1.35±0.110[B]
120 d	0.67±0.147[a]	1.91±0.179[B]	0.46±0.155[b]	2.49±0.415[A]	0.74±0.146[a]	1.67±0.139[B]
150 d	0.63±0.129[a]	2.18±0.152[B]	0.42±0.066[b]	2.96±0.349[A]	0.49±0.127[b]	2.09±0.166[B]
180 d	0.56±0.064[a]	2.55±0.173[B]	0.31±0.118[b]	3.64±0.351[A]	0.69±0.208[a]	2.37±0.181[B]
210 d	0.64±0.191[a]	2.97±0.309[B]	0.30±0.095[a]	4.52±0.732[A]	0.60±0.281[a]	2.82±0.245[B]
全期	0.50±0.052[a]		0.33±0.046[b]		0.53±0.046[a]	

注：同行大、小写字母项目分别比较，相同表示差异不显著（$P>0.05$），字母相邻表示差异显著（$P<0.05$），字母相隔表示差异极显著（$P<0.01$）。

资料来源：包高良等（2018）

3.1.3.3 屠宰及肉质性能

1. 大约克×莱芜猪及长白×莱芜猪杂交猪

郭建凤等（2009）在对鲁育大约克×莱芜猪杂交后代的胴体性能及肉质特征研究中，试验猪宰前活重 101.78 kg，胴体瘦肉率 50.94%，肉色 3.83，大理石纹 3.75，pH 5.97，肌内脂肪 3.68%（表 3-18）。每 100 g 背最长肌、腰大肌氨基酸含量差异不显著。硬脂酸、油酸、亚油酸、蛋白质和干物质含量差异显著。硬脂酸和亚油酸含量以腰大肌较高，分别比背最长肌提高 6.34%（$P<0.05$）和 133.08%（$P<0.05$）；油酸、蛋白质和干物质以背最长肌含量较高，分别比腰大肌提高 19.40%（$P<0.05$）、8.01%（$P<0.05$）和 10.49%（$P<0.05$）。

表 3-18　大约克×莱芜猪杂交猪胴体性能及常规肉质性状

测定指标	测定结果	测定指标	测定结果
宰前活重/kg	101.78±2.78	肉色	3.83±0.24
屠宰率/%	74.96±1.09	大理石纹	3.75±0.48
胴体直长/cm	93.13±0.77	pH	5.97±0.24
胴体斜长/cm	84.50±0.41	失水率/%	16.95±3.96
平均背膘厚/mm	32.82±2.09	滴水损失/%	2.29±0.78
眼肌面积/cm^2	28.50±0.76	L(亮度)	47.36±1.65
后腿比例/%	34.47±0.95	a(红度)	17.40±0.61
瘦肉率/%	50.94±1.41	b(黄度)	6.01±0.55
皮脂率/%	37.85±1.49	剪切力/N	32.88±3.21
骨骼率/%	11.21±0.55	肌纤维直径/μm	56.02±2.27
		肌内脂肪/%	3.68±1.18

资料来源：郭建凤等(2009)

郭建凤等(2016)以长白猪为父本、莱芜猪为母本杂交，测定其杂交后代的胴体性能、肉质性状及背最长肌氨基酸、脂肪酸含量，为地方猪种和引进猪种的合理利用提供依据。结果表明，试验猪屠宰体重 98.42 kg，胴体瘦肉率为 52.69%，肉色评分 3.83 分，大理石纹评分 3.50 分，pH_1 6.45，肌内脂肪 2.68%(表 3-19)。每 100 g 背最长肌氨基酸总量、鲜味氨基酸含量和必需氨基酸含量分别为 18.48 g、14.49 g 和 7.38 g，必需氨基酸占氨基酸总量比例、鲜味氨基酸占氨基酸总量比例分别为 39.93%、78.41%；含棕榈酸、硬脂酸、油酸、亚油酸分别为 27.22%、13.43%、49.55%、7.51%。

表 3-19　长白猪×莱芜猪杂交猪胴体性能及常规肉质性状

测定指标	测定结果	测定指标	测定结果
宰前体重/kg	98.42±1.51	肉色/分	3.83±0.11
屠宰率/%	71.18±0.84	大理石纹/分	3.50±0.13
胴体直长/cm	99.50±0.99	pH_1	6.45±0.11
胴体斜长/cm	87.92±0.69	失水率/%	9.95±1.05
平均背膘厚/mm	20.90±2.10	滴水损失/%	1.52±0.19
眼肌面积/cm^2	26.49±2.70	剪切力/N	38.94±3.65
后腿比例/%	25.72±0.34	肌纤维直径/μm	63.87±1.81
瘦肉率/%	52.69±1.00	粗蛋白质/%	21.43±0.34
脂肪率/%	21.32±1.43	干物质/%	26.13±0.29
骨骼率/%	14.51±0.35	肌内脂肪/%	2.68±0.44

资料来源：郭建凤等(2016)

以上 2 项研究中，大约克×莱芜猪(大莱)及长白×莱芜猪(长莱)杂交猪的屠宰体重相似，屠宰率分别为 74.96%及 71.18%，差别不大，但后腿比例大莱杂交猪高于长莱杂交猪；在肉质性能方面，与长莱猪相比，大莱猪肉的失水率较高（分别为 9.95%和 16.95%），剪切力较低（分别为 38.94 N 和 32.88 N），肌内脂肪含量也较高（分别为 2.68%和 3.68%）。这表明大莱杂交猪优势优于长莱杂交猪组合。

2. 鲁农Ⅰ号猪

为研究鲁农Ⅰ号猪的生长性能和肉品质，呼红梅等（2008）选择体重为 100 kg 左右的鲁农Ⅰ号猪、杜洛克、大约克进行屠宰测定，测定胴体性状和肉质性状。由表 3-20 可看出，与杜洛克和大约克相比，鲁农Ⅰ号猪的胴体瘦肉率较低，胴体背膘厚分别显著增加 48.67%（$P<0.01$）、28.00%（$P<0.05$）。鲁农Ⅰ号猪、杜洛克和大约克间肌肉颜色、pH、失水率、熟肉率、肌肉水分、干物质和粗蛋白质含量无明显差异，但是鲁农Ⅰ号猪失水率略有降低。与杜洛克和大约克相比，鲁农Ⅰ号猪的大理石纹评分和肌肉粗脂肪含量显著增加（$P<0.05$）；鲁农Ⅰ号猪肌肉嫩度剪切力和肌纤维直径显著低于大约克（$P<0.05$），但与杜洛克间无显著差异（$P>0.05$）。

表 3-20 鲁农Ⅰ号猪与大约克、杜洛克胴体性能及肉质品质比较

项目	杜洛克	大约克	鲁农Ⅰ号猪
屠宰头数/头	7	6	30
屠前体重/kg	102.54±1.1	100.01±1.9	99.73±1.0
屠宰率/%	73.55±0.4	73.01±0.7	70.64±0.4
胴体瘦肉率/%	$66.38±0.6^{Aa}$	$63.78±1.6^{Aab}$	$58.39±0.8^{c}$
后腿比例/%	33.19±0.6	32.59±0.8	31.83±0.3
眼肌面积/cm^2	41.43±2.1	40.11±1.2	38.67±1.63
胴体背膘厚/cm	$18.08±1.0^{Bb}$	$21.00±1.6^{ABb}$	$26.88±1.0^{Aa}$
肉色	3.14±0.1	3.15±0.2	3.38±0.1
大理石纹	$2.95±0.2^{b}$	$2.87±0.1^{b}$	$3.68±0.1^{a}$
pH	6.14±0.1	6.32±0.1	6.12±0.1
嫩度/kgf	$30.11±2.6^{b}$	$41.65±2.4^{a}$	$30.09±1.4^{b}$
失水率/%	22.74±4.6	20.11±1.8	17.40±1.4
肌纤维直径/μm	$63.66±2.9^{ab}$	$67.47±1.3^{a}$	$61.02±0.8^{b}$
水分/%	76.89±0.2	76.03±0.2	75.32±0.7
干物质/%	23.11±0.2	23.97±0.2	25.68±0.3
粗蛋白质/%	21.64±0.3	22.56±0.5	21.92±0.2
粗脂肪/%	$1.82±0.1^{b}$	$1.65±0.4^{b}$	$3.93±0.4^{a}$

注：同一行肩标小写字母不同者，差异显著（$P<0.05$）；同一行肩标大写字母不同者，差异极显著（$P<0.01$）。1 kgf=9.8 N。
资料来源：呼红梅等（2008）

3. 莱芜猪合成系

曹洪防等（2001）对莱芜猪合成系 2 世代同胞猪进行屠宰测定，结果见表 3-21。莱芜猪合成系的育肥屠宰率为 73.22%，胴体瘦肉率（52.94±0.56）%，血统之间差异不明显（$P>$

0.05)，与基础群相比瘦肉率提高0.64%；与0世代相比，瘦肉率提高0.52%；眼肌面积及后腿比例也有一定的增加。

表3-21　莱芜猪合成系同胞育肥屠宰测定

世代	N/头	屠宰率/%	眼肌面积/cm^2	后腿比例/%	瘦肉率/%
基础群	12	72.98±1.47	25.13±3.86	26.00±0.73	52.30±1.42
0世代	12	70.85±1.33	25.04±3.56	26.85±0.64	52.42±0.63
1世代	12	72.89±0.94	28.64±2.57	29.27±0.46	52.71±0.45
2世代	12	73.22±0.79	28.93±2.24	29.67±0.51	52.94±0.56

资料来源：曹洪防等(2001)

郭建凤等(2006)对40～100 kg不同体重的莱芜猪合成系进行屠宰试验，结果表明，骨骼、肌肉和皮组织随体重的增长呈逐渐下降的趋势，而脂肪组织则呈强度沉积态势。从试验结果综合分析各屠宰阶段体重的胴体、肉质指标可以看出，莱芜猪合成系体重达100 kg时屠宰，其屠宰率最高，眼肌面积最大，后腿比例、瘦肉率较高，背膘较薄，骨骼率最低，皮率、脂肪率较低，肉色、大理石纹、pH都在正常范围内，失水率较低(即系水力较高)，熟肉率、肌内脂肪较高，肌肉较嫩，肌肉蛋白质含量高。所以莱芜猪合成系以100 kg作为上市屠宰体重比较合理。

(撰稿人：亓美玉)

3.2　马身猪

马身猪，因其身形似马而得名，原产于山西省神池、五寨、灵丘等县，是我国著名的地方猪种(梁全，2014)。马身猪具有早熟和生长发育快的特点，有大马身、钵盂猪和二马身3种主要类型。大马身主要分布在山西省北部和西北高寒山区，钵盂猪原产于平川地区，二马身由大马身和钵盂猪杂交而成，丘陵山区的数量较多。1984年马身猪被录入国家品种志，2000年被列入《国家级畜禽品种资源保护名录》(任和平等，2015)。迄今为止，以保种场形式保护马身猪已有40年的时间，但承担马身猪保种的国营场已相继倒闭，只有山西省大同市种猪场还在坚持，使得这一珍贵品种资源得以延续。

3.2.1　生产性能

3.2.1.1　生长性能研究

马身猪现有的基础生产性能数据资料大多是在1979—1983年，在当时的饲料条件、饲养方式下采集完成的。

康俊卿和王钦德(1993)的研究结果表明，马身猪、山西黑猪和太原花猪SD-1系3个猪种中，马身猪屠宰率最低，只有65.77%，脂肪量最大，达到33.70%，而骨和皮重处于中等水平(表3-22)。王钦德等(1995)对不同生长发育阶段马身猪的日均氮沉积量与各组织器官日均增重间的关系进行灰关联分析，探索猪体在生长发育过程中各要素随体重而相对变化的情况，分析影响氮沉积的主导因素和制约因素。结果表明，马身猪日均氮沉积量随体重的增加呈低→高→低变化趋势。体重10～60 kg阶段氮沉积增加的速率大于60～90 kg阶段氮沉积减少的速率，体重 60 kg 左右日均氮沉积达到高峰。影响马身猪氮沉积的主要体内因素是肉、脂、骨，关联顺序为肉→脂→骨。马身肥育猪体重 10～60 kg 阶段应饲以较高能量和蛋白质的日粮，60 kg 阶段后应适当降低。从马身肥育猪的氮沉积、生长发育和胴体品质来看，适宜屠宰体重为 80 kg(表 3-23)。此研究为确定各阶段饲粮适宜的蛋白质和能量水平以及合理评价马身猪种质特性提供依据。

表 3-22　3 个品种猪的胴体组成

猪种	头数/头	屠宰率/%	背膘厚/cm	胴体组成/%			
				骨	肉	皮	脂
马身猪	10	65.77	3.80	8.90	47.12	10.28	33.70
山西黑猪	8	73.10	3.50	9.66	48.72	10.61	31.01
太原花猪 SD-1 系	24	75.72	3.09	8.49	56.19	7.62	27.70

资料来源：康俊卿和王钦德(1993)

表 3-23　不同体重阶段日均氮沉积与各组织器官平均日增重　　g

项目	体重阶段/kg							
	1～20	20～30	30～40	40～50	50～60	60～70	70～80	80～90
日均氮沉积	8.28	11.77	14.01	17.05	20.77	18.53	16.97	14.32
肉	111.33	115.01	136.68	207.30	248.27	217.33	169.70	102.89
脂	70.36	120.07	139.90	167.06	99.87	277.54	289.66	291.52
骨	29.76	12.71	33.24	24.36	24.46	16.24	51.26	21.21
皮	9.69	29.67	29.94	9.55	59.91	13.31	66.24	44.59
内脏	22.42	10.94	16.68	6.00	13.30	25.25	7.75	36.24
消化道	28.76	17.31	19.79	37.18	9.99	8.22	6.98	71.10

资料来源：王钦德等(1995)

3.2.1.2 肉质性状研究

康俊卿和王钦德(1993)对马身猪、山西黑猪和太原花猪 SD-1 系的 3 个猪种的肌肉特性进行了研究。研究结果显示，3 个猪种肌肉的几项物理性状基本近似，其中马身猪的失水率最低(31.90%)，而熟肉率(70.47%)最高，比山西黑猪和太原花猪 SD-1 系分别高了 6.37%和 8.65%(表 3-24)，3 个山西猪种都具有良好的肉质。

表 3-24　肌肉的物理性状

猪　种	头数/头	pH	失水率/%	贮存损失/%	熟肉率/%
马身猪	4	6.39	31.90	4.93	70.47
山西黑猪	4	6.30	32.07	5.60	66.25
太原花猪 SD-1 系	15	6.26	32.95	4.34	64.86

资料来源：康俊卿和王钦德(1993)

3.2.1.3 抗逆性研究

郭晓红等(2019)对马身猪和晋汾白猪 1 日龄、28 日龄和 70 日龄仔猪进行结肠微生物多样性研究。通过菌群分类学分析发现,2 个品种仔猪肠道微生物分布 15 个门、28 个纲、59 个目、100 个科、290 个属。厚壁菌门和拟杆菌门为优势菌门,平均所占比例分别为 49.03%和 31.94%。仔猪刚出生时品种间肠道微生物多样性差异不显著,随着仔猪生长发育,各品种微生物多样性出现极显著升高,在晋汾白猪仔猪保育阶段(28~70 d)基本趋于稳定。两品种仔猪不同阶段的特异菌群随着日龄增加出现显著差异。关联分析发现,肠道菌群与血清中内毒素(LPS)、肿瘤坏死因子-α、白细胞介素-6 浓度之间存在显著相关性($P<0.05$),而与二胺氧化酶(DAO)和 *D*-乳酸(D-LA)浓度相关性不显著($P>0.05$)。不同品种间,与内毒素(LPS)、肿瘤坏死因子-α、白细胞介素-6 显著相关的结肠微生物菌群存在差异(表 3-25)。综上表明,仔猪结肠微生物菌群结构与组成在不同品种、不同生长发育阶段均存在显著差异,对仔猪免疫性能具有重要作用。马身猪抗逆性强,在高寒低营养水平下仍能维持正常繁殖,晋汾白猪因含有马身猪 6.25%的血统,具有非常好的耐粗饲和抗病性能,特别是在仔猪阶段表现得更为突出。

表 3-25 2 个品种猪血清指标检测结果

血清指标	品种	1 日龄	28 日龄	70 日龄
D-乳酸/(μmol/mL)	马身猪	282.39 ± 42.23^{Bb}	227.24 ± 23.62^{Aa}	298.68 ± 5.00^{Bb}
	晋汾白猪	285.76 ± 15.46^{ABb}	347.36 ± 4.92^{Aa}	218.58 ± 3.15^{Bc}
	P 值		*	**
二胺氧化酶/(U/mL)	马身猪	13.53 ± 1.58^{Bb}	19.13 ± 0.41^{Aa}	10.77 ± 0.05^{Bb}
	晋汾白猪	14.94 ± 0.27^{Bb}	17.29 ± 0.17^{Aa}	15.46 ± 0.30^{Bb}
	P 值			**
内毒素/(ng/mL)	马身猪	608.22 ± 69.96^{Aa}	481.81 ± 36.21^{AaBb}	328.58 ± 6.48^{Bb}
	晋汾白猪	638.83 ± 51.39^{Aa}	520.41 ± 0.72^{Aa}	291.43 ± 2.80^{Bb}
	P 值			**
白细胞介素-6/(pg/mL)	马身猪	386.86 ± 29.76	448.64 ± 50.98	496.82 ± 12.11
	晋汾白猪	329.61 ± 17.01^{Bb}	476.42 ± 6.19^{Aa}	287.84 ± 6.99^{Bb}
	P 值			**
肿瘤坏死因子-α/(pg/mL)	马身猪	141.61 ± 4.94^{Bb}	148.82 ± 9.55^{ABb}	179.18 ± 2.70^{Aa}
	晋汾白猪	130.49 ± 9.25	131.64 ± 0.20	146.21 ± 0.81
	P 值			**

注:同一品种不同日龄的数据标有不同大写字母表示差异极显著($P<0.01$),不同小写字母代表差异显著($P<0.05$);** 和 * 分别表示同一日龄不同品种间差异极显著($P<0.01$)和差异显著($P<0.05$)。

资料来源:郭晓红等(2019)

3.2.1.4 其他研究

康俊卿和王钦德(1993)还对不同品种猪的血清生化常值和无机元素等进行了研究。结果显示,马身猪血液中锌、铜、锰这 3 种无机元素与山西黑猪比较接近(表 3-26);而在马身猪、山西黑猪和太原花猪 SD-1 系 3 个猪种中，马身猪血清中乳酸脱氢酶和谷草转氨酶含量较低（表 3-27），可能是杂交选育的结果。

表 3-26 无机元素值

mg/kg

猪种	头数/头	K	Na	Ca	Mg	Fe	Cu	Zn
马身猪	6	185.63	3 025.00	244.38	25.00	2.63	1.30	4.83
山西黑猪	6	219.29	2 928.57	190.71	25.57	1.96	1.63	4.63

资料来源：康俊卿和王钦德（1993）

表 3-27 血清生化常值

mg/kg

猪种	头数/头	总蛋白	磷酸肌酸激酶	乳酸脱氢酶	谷草转氨酶
马身猪	12	5.91	576.50	513.40	43.66
山西黑猪	12	6.83	722.63	630.78	48.73
太原花猪 SD-1 系	14	未测	517.50	703.07	48.79

资料来源：康俊卿和王钦德（1993）

3.2.2 基础研究

3.2.2.1 繁殖性能研究

石建中等（2012）采用 PCR-SSCP 技术检测了大白猪、长白猪、杜洛克猪、马身猪、山西黑猪和山西白猪等 6 个品种 364 头个体催乳素受体基因（*PRLR*）第 8 内含子的多态性，并分析了多态位点对猪头胎产仔性能的影响。结果表明，猪 *PRLR* 基因第 8 内含子存在多态性，共检测到 *A*、*B*、*C* 3 个等位基因和 *AA*、*AB*、*AC*、*BB*、*BC* 和 *CC* 共 6 种基因型。在杜洛克猪、长白猪、山西黑猪和山西白猪群体中，*A* 等位基因的频率最高，分别为 0.827 6、0.543 9、0.534 5 和 0.766 9；而在大白猪和马身猪群体中，*B* 等位基因的频率最高，分别为 0.689 4 和 0.700 0；仅在大白猪、山西黑猪和山西白猪中检测到 *C* 等位基因，且频率较低，在 0.037 9 和 0.138 5 之间。*PRLR* 基因对母猪头胎产仔数有显著影响（$P<0.05$），对产活仔数的影响未达显著水平。*AC* 基因型母猪的头胎产仔数和产活仔数显著高于 *BC* 基因型个体，而与 *AA*、*AB* 和 *BB* 基因型个体差异不显著。含有 *A* 等位基因的母猪的产仔性能优于不带有 *A* 等位基因的个体，表明 *A* 等位基因是有利于母猪产仔性能提高的等位基因，可应用于标记辅助选择来提高母猪的繁殖性能。

3.2.2.2 生长性能研究

近年来，对马身猪生长性能方面的基础研究越来越多，本部分主要对 *Myf5* 基因的发育性表达、生长激素及其受体的变化规律研究等进行了综述。

1. *Myf5* 基因的发育性表达

生肌因子 Myf5 是生肌调节因子家族（MRFs）成员之一，对骨骼肌的产生和发育以及维持是必需的，*Myf5* 也是生长和肉质相关性状的候选基因（黎威等，2014）。黎威等（2014）采用实时荧光定量 PCR 和 Western blotting 技术检测了马身猪和大白猪从初生至 180 日龄 7 个阶段（初生、30、60、90、120、150 和 180 日龄）背最长肌中 *Myf5* 基因 mRNA 和蛋白质发育性表达规律。结果表明，马身猪和大白猪背最长肌中 *Myf5* 基因 mRNA 相对表达量均表现出初生时最高，30 日龄次之，60 日龄时突然降低，此后基本维持稳定状态的规律。马身猪背最长肌中 Myf5 蛋白的相对表达量初生时最高，30 日龄时最低，60～80 日龄阶段表达量呈现波动变化的不稳定趋势；大白猪中 Myf5 蛋白 60 日龄前的相对表达量极显著高于 60 日龄后的表达量（$P<0.01$），60 日龄前各阶段间的表达量及 60 日龄后各阶段间的表达量差异不显著（$P>0.05$）。在同一日龄阶段，马身猪 Myf5 蛋白的表达量均显著或极显著地高于大白猪（60 日龄阶段除外）（表 3-28）。*Myf5* 基因在 mRNA 和蛋白质水平上的表达与猪的遗传背景和发育阶段有关（黎威等，2014）。

表 3-28 *Myf5* 基因 mRNA 和蛋白相对表达量的方差分析

变异来源	自由度	mRNA 相对表达量			蛋白相对表达量		
		平方和	*F* 值	*P* 值	平方和	*F* 值	*P* 值
品种	1	0.101 8	16.77	0.000 5	3.45	638.40	0.000 1
日龄	6	6.618 1	181.71	0.000 1	2.10	64.75	0.000 1
品种×日龄	6	0.463 5	12.73	0.000 1	2.34	72.05	0.000 1

资料来源：黎威等（2014）

2. 生长激素及其受体的变化规律研究

石建中等（2016）采用 ELISA 方法检测马身猪和大白猪 0～6 月龄血清中生长激素（GH）和生长激素受体（GHR）的浓度，探讨马身猪和大白猪血清中 GH 及其受体 GHR 在生长发育过程中的变化规律。结果表明，马身猪和大白猪在 0～6 月龄血清中 GH 浓度变化趋势基本相似，随着日龄的增长，血清中 GH 浓度呈逐渐上升的趋势，分别在 4 月龄和 5 月龄时达到最高值，随后又逐渐降低，但与峰值无显著差异（$P>0.05$）；在 3 月龄和 4 月龄时，马身猪血清中 GH 浓度略高于大白猪，而在其他月龄，大白猪血清中 GH 浓度均高于马身猪；0～6 月龄，马身猪血清中 GHR 浓度无显著差异（$P>0.05$），大白猪血清中 GHR 的浓度在 1 月龄时最低，与 4 月龄差异极显著（$P<0.01$），与 6 月龄差异显著（$P<0.05$），其他月龄间差异不显著（$P>0.05$）；0～2 月龄，马身猪血清中 GHR 浓度高于大白猪，但只有在 1 月龄时差异达极显著水平（$P<0.01$）；3～6 月龄，大白猪血清中 GHR 浓度高于马身猪，且在 4 月龄和 6 月龄时差异显著（$P<0.05$），5 月龄时差异极显著（$P<0.01$）（表 3-29）。血清中 GH 和 GHR 浓度与猪的发育阶段和遗传背景有关，其变化规律与猪生长速度的变化趋势相一致。本研究中断奶应激对 GH 和 GHR 浓度的影响较大，影响断奶后个体的生长发育，可以通过在日粮中添加半胱胺等活性物质的方法来调控，促进个体的生长发育。

表 3-29 不同月龄马身猪和大白猪血清中 GH 和 GHR 浓度

月龄	GH 浓度/(μg/L)			GHR 浓度/(ng/L)		
	马身猪	大白猪	品种间差异显著性	马身猪	大白猪	品种间差异显著性
0	2.91 ± 0.17^{Bc}	3.26 ± 0.12^{bc}		79.53 ± 1.29	78.63 ± 1.85^{ABabc}	
1	2.68 ± 0.06^{Bc}	3.19 ± 0.07^{c}	*	84.05 ± 0.26	73.58 ± 1.38^{Bc}	**
2	3.29 ± 0.24^{ABbc}	3.69 ± 0.16^{abc}		80.75 ± 0.50	76.94 ± 2.24^{ABbc}	
3	3.42 ± 0.10^{ABbc}	3.36 ± 0.07^{abc}		77.68 ± 1.11	80.68 ± 2.35^{ABabc}	*

续表 3-29

月龄	GH 浓度/(μg/L)			GHR 浓度/(ng/L)		
	马身猪	大白猪	品种间差异显著性	马身猪	大白猪	品种间差异显著性
4	4.25 ± 0.08^{Aa}	3.99 ± 0.08^{abc}		73.96 ± 1.17	87.22 ± 1.32^{Aa}	
5	3.72 ± 0.02^{ABab}	4.19 ± 0.16^{a}		78.54 ± 0.19	82.53 ± 1.70^{ABabc}	**
6	3.74 ± 0.06^{ABab}	4.10 ± 0.03^{ab}		81.33 ± 0.24	86.23 ± 1.39^{ABab}	*

注：同列数据带有不同的小写字母的表示差异显著($P<0.05$)，带有不同大写字母的表示差异极显著($P<0.01$)，相同字母或无字母的表示差异不显著($P>0.05$)。* 表示差异显著($P<0.05$)，** 表示差异极显著($P<0.01$)，空白表示差异不显著($P>0.05$)。

资料来源：石建中等(2016)

3.2.2.3 肉质研究

肉质方面的基础研究开展的比较多，主要集中在 *Fsp27*、*FAS*、*MSTN* 等相关基因的研究上。

1. *Fsp27* 基因 mRNA 表达差异研究

脂肪特异蛋白 27(Fsp27)在脂肪生成中具有诱导脂滴形成的作用。赵晓培(2013)选用马身猪和大白猪为研究对象，通过实时荧光定量 PCR、Western blotting 对 *Fsp27* 基因在肝脏、皮下脂肪和背最长肌 3 种组织不同发育阶段 mRNA 和蛋白水平的表达差异进行了研究，探讨 *Fsp27* 在不同品种猪不同组织中的表达规律。荧光定量结果显示，肝脏组织中，*Fsp27* 在马身猪 3 月龄时表达量最高，随后急剧下降；*Fsp27* 在大白猪各月龄的表达量均高于马身猪。在脂肪组织中，马身猪 6 月龄时的表达量最高，极显著高于其余月龄；仅在 4 月龄时，大白猪的表达量高于马身猪，在其余月龄均低于马身猪。在背最长肌中，马身猪在 4 月龄的表达量最高，极显著高于其他月龄($P<0.01$)；4 月龄时，大白猪的表达量极显著低于马身猪。Western blotting 结果表明，在肝脏组织中，马身猪在 4 月龄时的蛋白表达量最高，5～6 月龄的表达量呈下降趋势；大白猪不同月龄的表达量均高于马身猪。皮下脂肪组织中，马身猪发育初期蛋白表达量较高，到 4 月龄极显著降低，5 月龄又显著升高，在 6 月龄达最高；品种间比较发现，大白猪在 2、3、5、6 月龄的表达量低于马身猪。在背最长肌组织中，两品种猪几乎在各个月龄都有比较高的蛋白表达量；品种之间比较表明，除 4 月龄之外，其他月龄大白猪的表达量均高于马身猪。研究结果揭示了 *Fsp27* 在不同月龄不同组织的表达变化规律和品种差异，为深入研究脂肪代谢的调控机制提供了依据。*Fsp27* 在蛋白与 mRNA 水平表达趋势的不一致，可能与 mRNA 在真核生物蛋白质合成过程中的翻译后调控有关(赵晓培，2013)。

2. 脂肪酸合成酶基因 mRNA 的发育性表达研究

马丽等(2014)为探究脂肪酸合成酶基因(*FAS*)在猪不同组织中的发育性表达规律，采用实时荧光定量 PCR 技术检测马身猪和大白猪 7 个阶段(初生、30、60、90、120、150 和 180 日龄)肝脏、背最长肌和背部皮下脂肪 3 种组织中 *FAS* 基因 mRNA 的相对表达量。结果表明，品种间比较 *FAS* 基因 mRNA 在马身猪和大白猪肝脏、背最长肌和背部皮下脂肪组织各生长发育阶段中的表达差异均达到显著或极显著(除肝脏组织初生阶段和背部皮下脂肪组织 120 日龄阶段)。*FAS* 基因 mRNA 在大白猪组织间的表达差异与生长发育相关，150 日龄和 180 日龄阶段，背部皮下脂肪组织中表达量极显著高于肝脏和背最长肌组织($P<0.01$)，初生、30

日龄和 90 日龄阶段，背最长肌中的表达量极显著高于肝脏和背部皮下脂肪组织（初生阶段无脂肪组织样）（$P<0.01$）；而马身猪整个发育过程中，背最长肌组织表现为优势组织，极显著高于其他 2 种组织（除 120 日龄阶段外）（$P<0.01$），脂肪组织表达量次之，肝脏组织中表达量较少。品种、日龄、组织及品种与日龄、组织与日龄的互作效应对 *FAS* 基因 mRNA 的相对表达量均有极显著影响（$P<0.01$），表明 *FAS* 基因直接参与脂肪酸的合成，对猪肉质性状的遗传改良具有重要意义。

3. 肌肉生长抑制素基因启动区的 SNPs 多态性与生产性能的相关性研究

瘦肉率是猪育种中重要的目标性状之一，其高低与骨骼肌的含量密切相关。肌肉生长抑制素基因（*MSTN*）是与瘦肉率有关的基因。关学敏等（2015）运用 PCR-SSCP 技术对山西地方品种马身猪 *MSTN* 基因启动区上游 383 位点处的突变进行了 SNP 分析，并分析该基因 5′调控区的不同基因型与初生重、断奶重的关系。结果表明，马身猪 *MSTN* 基因启动区存在 2 个等位基因（*A*，*B*），3 个基因型 *AA*、*BB*、*AB*；不同 *MSTN* 基因对初生重影响差异显著（$P<0.05$），*BB* 型的初生重显著高于 *AA* 型和 *AB* 型的。*MSTN* 基因在该位置的突变所产生的 3 种基因型与猪的断奶重关系不大，最小二乘均值 $AA>BB>AB$（$P>0.05$）。本研究将为地方品种猪瘦肉率性状的选择提供一种标记辅助选择。

3.2.2.4 其他研究

黄静等（2009）采用 PCR-SSCP 和克隆测序技术相结合的方法，对 39 头马身猪样本的线粒体 DNA D-loop 进行了遗传多样性分析。结果发现，39 个个体间未见单链构象多态，后抽测的 2 个 D-loop 全序列除串联重复序列外，也未见序列多态。试验表明，山西马身猪群体 mtDNA 多态性较为贫乏。

曹果清等（2010）选用 FAO-ISAG 联合推荐的 21 个微卫星标记分析不同年份马身猪群体的遗传多样性。结果表明，在马身猪群体中，共检测到 105 个等位基因，平均等位基因数为 5 个，平均有效等位基因数为 2.244 0，平均观察杂合度和 PIC 分别为 0.317 6 和 0.391 9。1999—2007 年，平均等位基因数从 4.285 7 下降到 3.428 6，平均有效等位基因数从 2.509 5 下降到 1.977 0，平均观察杂合度从 0.311 6 下降到 0.298 1，平均多态信息含量从 0.441 下降到 0.341。马身猪群体基因纯度较高，遗传多样性有逐年降低趋势，在今后的保种和利用工作中，应对马身猪群体的遗传多样性进行实时监测，在世代更替中注意低频率等位基因的保护。

李秀丽（2015）选择马身猪及其他 8 个参照种群共计 327 头猪样本的线粒体 DNA D-loop 区域，采用 PCR-SSCP 和克隆测序技术相结合的方法，并先后使用 DNAStar 软件包、MEGA 软件和 DNASp 4.10.7 软件对所得数据进行比对和分析，以研究山西马身猪遗传变异和分化。结果显示，共检测到 14 种单倍型，50 个核苷酸多态位点，其中单一变异位点 24 个，简约信息位点 26 个。在所分析的序列中，T、C、A 和 G 4 种碱基的平均比例分别为 25.7%、26.0%、35.5%和 12.8%。结果表明，山西马身猪群体 mtDNA D-loop 序列多态性较为贫乏。通过邻接法构建其系统进化树，其系统发育和遗传距离分析显示，马身猪、辽宁野猪和长白猪归为亚洲型，皮特兰猪与 PIC 猪归为欧洲型；而辽宁杂种野猪、晋阳白猪、大白猪和杜洛克猪有欧亚 2 种血统。

锌指蛋白 280D 基因（*ZNF280D*）是 C2H2 型锌指蛋白家族的成员之一，不同物种中该基因的位置、结构和剪接体种类都有所不同。研究锌指蛋白及其剪接体的种类及功能在生物体的发育成熟、免疫抗病、适应环境甚至进化等方面十分重要。靳玉舒等（2017）在猪转录组测序

对 *ZNF280D* 基因剪切位置预测的基础上，采用 RT-PCR 和克隆测序技术对预测的剪切位点进行验证，检测该基因不同剪接体的结构并进行生物信息学分析，探究马身猪中 *ZNF280D* 基因的剪接体类型。结果显示，试验中共检测到 2 个剪接体，分别是 *ZNF280D1* 和 *ZNF280D2*，其中 *ZNF280D1* 为该基因的常规转录本，*ZNF280D2* 第 8 外显子 5′端大部分缺失。ZNF280D1 含有 3 个 C2H2 型锌指结构域，属 t C2H2 型锌指蛋白；ZNF280D2 含有 4 个 C2H2 型锌指结构域，属 ma C2H2 型锌指蛋白。试验结果表明，ZNF280D2 与 DNA 的亲和力大于 ZNF280D1。

3.2.3 杂交利用

张龙志等(1983)共用了 116 头不同组合的杂种和纯种猪来测定各项性能，30 头杂种和纯种进行胴体品质测定。山西黑猪、内江猪、巴克夏猪分别与山西本地马身猪正反交，同时纯种也设平行对照。日增重方面，除本地马身猪♂×巴克夏♀外，其他组合均表现较显著的杂种优势。其中山西黑猪♂×本地马身猪♀、本地马身猪♂×山西黑猪♀、巴克夏♂×本地马身猪♀的杂种优势极显著。纯种猪中，黑猪的日增重显著高于巴克夏和本地猪，但稍低于内江猪。父本的比较中，以黑猪的杂交效果为最好。肥育性能的正反交差异均不显著，但反交略优于正交。胴体品质方面，标志产肉能力的胴体长、眼肌面积、屠宰率呈中间遗传，标志腹内产脂能力的花油、板油呈显性或超显性遗传，皮厚、膘厚呈中间遗传，但不同的杂交组合表现出不同的遗传规律。改良产瘦肉能力的根本手段是选择而不是杂交。

杨文平等(2005)对大白猪×山西白猪(组合 1)、大白猪×马身猪(组合 2)、大白猪×大白猪(组合 3)、山西白猪×山西白猪(组合 4)和马身猪×马身猪(组合 5)共 5 个组合猪肥育性能进行研究。选择体重相近、健康的猪作为试验猪，平均体重 30 kg，每个组合 10 头，公母各半，单圈饲养，通过饲养试验和屠宰试验测定不同组合猪的日增重、饲料转化率和胴体指标。结果表明，大白猪×山西白猪组和大白猪×马身猪组平均日增重、90 kg 体重日龄、饲料转化率分别为 769.7 g/d 和 731.4 g/d、162.1 d 和 170.3 d、3.08∶1 和 3.40∶1(表 3-30)；大白猪组×山西白猪组和大白猪组×马身猪组平均屠宰率、瘦肉率、背膘厚、眼肌面积、后腿比例分别为 72.85%和 70.68%、64.65%和 57.90%、2.70 cm 和 3.64 cm、38.43 cm^2 和 35.60 cm^2、29.53%和 28.08%(表 3-31)。比较各个组合，可以看出马身组脂肪含量最高，瘦肉率最低，皮最厚；大白组瘦肉率高，脂肪含量低；其他各组介于二者之间(表 3-31、表 3-32)。

表 3-30 不同组合猪日增重和饲料转化率

组别	组合 1	组合 2	组合 3	组合 4	组合 5
平均日增重/(g/d)	769.7 ± 20.4^{CDd}	731.4 ± 8.8^{Cc}	803.4 ± 15.2^{Dd}	614.6 ± 5.0^{B}	502.3 ± 5.9^{A}
90 kg 体重日龄/d	162.1 ± 1.8^{Aa}	170.3 ± 2.8^{B}	158.9 ± 2.7^{Aa}	184.5 ± 1.8^{C}	218.0 ± 1.7^{D}
饲料转化率	3.08∶1	3.40∶1	2.87∶1	3.68∶1	4.15∶1

注：同行数据带有不同大写字母表示差异极显著($P<0.01$)，小写字母不同表示差异显著($P<0.05$)。

资料来源：杨文平等(2005)

表 3-31　不同组合猪的胴体指标

组别	屠宰率/%	瘦肉率/%	眼肌面积/cm^2	背膘厚/cm	后腿比例/%
组合 1	72.85 ± 2.08^{Cc}	64.65 ± 1.95^{C}	38.43 ± 3.13^{C}	2.70 ± 0.11^{Ab}	29.53 ± 0.97^{bc}
组合 2	70.68 ± 1.40^{b}	57.90 ± 3.89^{B}	35.60 ± 2.51^{C}	3.64 ± 0.21^{B}	28.08 ± 1.74^{b}
组合 3	69.65 ± 1.72^{ABab}	66.71 ± 0.34^{C}	38.01 ± 2.52^{C}	2.47 ± 0.13^{Aa}	30.60 ± 0.55^{c}
组合 4	71.32 ± 0.82^{BCbc}	59.25 ± 2.81^{B}	29.42 ± 1.74^{B}	3.46 ± 0.15^{B}	28.44 ± 1.72^{b}
组合 5	68.34 ± 1.39^{Aa}	47.57 ± 1.36^{A}	24.15 ± 0.73^{A}	4.49 ± 0.16^{C}	24.25 ± 0.47^{A}

注：同列数据带有不同大写字母表示差异极显著（$P<0.01$），小写字母不同表示差异显著（$P<0.05$）。

资料来源：杨文平等（2005）

表 3-32　不同组合猪胴体组成　　%

组别	肉	脂肪	骨	皮
组合 1	64.65	17.44	11.70	6.21
组合 2	57.90	24.30	11.12	6.68
组合 3	66.71	12.96	13.92	6.41
组合 4	59.25	23.71	10.36	6.68
组合 5	47.57	29.65	12.72	10.06

资料来源：杨文平等（2005）

（撰稿人：张海峰）

3.3　大蒲莲猪

大蒲莲猪，又名“五花头”“大褶皮”“莲花头”“沿河大猪”，主要分布于山东省济宁市西部、菏泽地区东部的南旺湖边沿地区（郭建凤等，2009），2006 年和 2014 年分别被农业部确定为国家级畜禽遗传资源保护品种（张鑫等，2015）。新中国成立初期，大蒲莲猪遍布济宁，几乎看不到其他猪种，但由于该猪肥育力低，20 世纪 50—60 年代曾先后引进新金猪、中约克猪、巴克夏猪杂交，1970 年以后又引进内江猪、金华猪等杂交；至 20 世纪 70 年代中期，大蒲莲猪濒临灭绝（郭建凤等，2009）。1979 年嘉祥县承担了大蒲莲猪的保种任务，但是查遍嘉祥及周边相邻各村庄，共查到种公猪 13 头，繁殖母猪 56 头，且数量有进一步减少的趋势（张鑫等，2015）。目前大蒲莲猪约有 300 头，8 个血统（郭建凤等，2009）。对于大蒲莲猪的起源历史，各种著作大都语焉不详。1999 年出版的《山东省畜禽品种志》首次对大蒲莲猪进行介绍，但在历史来源一节记述却为“形成历史无可考究”；山东省地方标准《大蒲莲猪》也没有记载其起源；2011 年《中国畜禽遗传资源志　猪志》仅描述为“形成历史悠久”（张鑫等，2015）。

3.3.1　生产性能

3.3.1.1　生长性能研究

郭建凤等（2010）以 36 头 25 kg 左右的大蒲莲仔猪为试验对象，测定大蒲莲猪的生长肥育性能、胴体品质和肉质特性。结果表明，试验猪 25～90 kg 阶段平均日增重 461.01 g，料重比

3.84(表 3-33),屠宰体重 95.67 kg,胴体瘦肉率 42.24%(表 3-34)。

表 3-33 育肥性能测定

初始重/kg	试验天数/d	末重/kg	期内增重/kg	平均日增重/g	料重比
26.42±0.37	143.03±1.90	91.96±1.15	65.54±1.00	461.01±9.28	3.84±0.03

资料来源:郭建凤等(2010)

表 3-34 胴体性能测定

项目	测定结果	项目	测定结果	项目	测定结果
屠宰体重/kg	95.67±1.75	屠宰率/%	72.93±0.43	皮脂率/%	45.97±1.12
胴体直长/cm	92.90±0.98	眼肌面积/cm^2	22.38±1.66	骨骼率/%	11.79±0.46
胴体斜长/cm	83.80±0.83	后腿比例/%	26.82±0.46	瘦肉率/%	42.24±1.05

资料来源:郭建凤等(2010)

3.3.1.2 肉质研究

肉质特性研究结果表明,大蒲莲猪肉质优良,肉色和大理石纹评分分别为 4.14 和 4.02;pH_1 为 6.57,滴水损失较低为 1.09%,肌内脂肪含量高为 7.60%(表 3-35);大蒲莲猪每 100 g 背最长肌胱氨酸含量较高,与腰大肌差异极显著($P<0.01$);必需氨基酸占氨基酸总量比例以腰大肌较高为 41.23%,与背最长肌差异极显著($P<0.01$);棕榈酸、油酸、肌内脂肪和干物质都以背最长肌含量较高,分别比腰大肌提高 4.80%($P<0.05$)、21.71%($P<0.01$)、256.81%($P<0.01$)和 15.29%($P<0.01$);硬脂酸和亚油酸以腰大肌含量较高,分别比背最长肌高 20.91%($P<0.01$)和 68.23%($P<0.01$)。这表明大蒲莲猪可以作为优良的地方母本猪种(郭建凤等,2010)。

表 3-35 胴体及肉质性状测定

项目	测定结果	项目	测定结果	项目	测定结果
肉色	4.14±0.07	大理石纹	4.02±0.18	肌内脂肪/%	7.60±1.15
L	49.04±1.44	pH_1	6.57±0.10	蛋白质/%	20.09±0.93
a	19.04±0.37	滴水损失/%	1.09±0.25	干物质/%	31.51±0.57
b	7.23±0.47	剪切力/N	29.68±2.83	平均背膘厚/mm	30.52±1.92

资料来源:郭建凤等(2010)

3.3.1.3 其他研究

郭建凤等(2019)分别对 46 头屠宰体重在 80~107 kg 阶段的大蒲莲猪的胴体性能、肉质性状和背最长肌氨基酸、脂肪酸、肌内脂肪、蛋白质含量及其相关程度以及随屠宰体重的变化规律进行了研究和分析,为确定大蒲莲猪适宜的上市屠宰体重提供了依据。胴体性能、肉质性状研究结果表明,80~107 kg 体重阶段,随屠宰体重增大,胴体重极显著升高,胴体重 100.5~107 kg 体重阶段分别比 80~90 kg、90.5~100 kg 体重阶段升高了 17.74%($P<0.01$)和 5.73%($P<0.01$),90.5~100 kg 体重阶段比 80~90 kg 阶段升高 11.35%($P<0.01$);胴体直长 100.5~107 kg 和 90.5~100 kg 体重阶段分别比 80~90 kg 体重阶段升高 6.52%($P<0.01$)和 3.77%($P<0.05$);眼肌面积 100.5~107 kg 体重阶段分别比 90.5~100 kg、80~

90 kg 体重阶段升高 24.35%($P<0.01$)和 25.36%($P<0.01$);瘦肉率 100.5～107 kg 体重阶段比 90.5～100 kg 体重阶段升高 10.71 %($P<0.05$);皮脂率 100.5～107 kg 体重阶段比 90.5～100 kg 体重阶段降低 10.47%($P<0.05$);表示肉黄度的 b 值 90.5～100 kg 体重阶段比 80～90 kg 体重阶段降低 27.20%($P<0.05$);其他指标变化不显著。胴体肉质性状间相关程度有强有弱,相关系数有正有负。相同性状间有较强的正相关,相反性状间有较强的负相关。例如,3 点平均背膘厚与皮脂率极显著正相关,与瘦肉率极显著负相关;瘦肉率与眼肌面积、后腿比例、肌纤维直径极显著正相关,与皮脂率、干物质、肌内脂肪极显著负相关等。在 80～107 kg 阶段,胴体重、胴体直长与体重之间呈极显著的回归关系,胴体斜长、眼肌面积、大理石纹与体重之间呈显著的回归关系,其他指标与体重间的线性相关不显著(表 3-36)。

表 3-36　不同屠宰体重的胴体性能和肉质性状

	项目	80～90 kg	90.5～100 kg	100.5～107 kg
胴体性能	屠宰数/头	10	23	13
	屠前体重/kg	87.18 ± 10.96^{C}	96.70 ± 0.49^{B}	102.96 ± 0.46^{A}
	胴体重/kg	63.42 ± 0.82^{C}	70.62 ± 0.59^{B}	74.67 ± 0.74^{A}
	胴体直长/cm	89.10 ± 1.15^{Bb}	92.46 ± 0.73^{AB}	94.91 ± 1.16^{Aa}
	屠宰率/%	72.78±0.70	73.05±0.57	72.53±0.69
	3 点平均背膘厚/mm	29.31±2.10	33.00±1.33	29.76±1.88
	眼肌面积/cm^2	22.12 ± 2.00^{B}	22.30 ± 0.94^{B}	27.73 ± 1.29^{A}
	后腿比例/%	27.10±0.71	27.00±0.41	28.59±0.72
	瘦肉率/%	45.22 ± 1.31^{ab}	43.32 ± 0.90^{b}	47.96 ± 1.69^{a}
	皮脂率/%	42.51 ± 1.27^{ab}	44.91 ± 0.96^{a}	40.21 ± 1.91^{b}
	骨骼率/%	12.28±0.62	11.76±0.42	11.83±0.51
肉质性状	肉色	3.88±0.15	3.96±0.07	3.85±0.07
	大理石纹	3.26±0.22(5)	3.84±0.10(20)	3.44±0.27(8)
	pH_{45}	6.45±0.10	6.40±0.08(20)	6.46±0.07(10)
	失水率/%	10.86±2.25	11.40±2.38(14)	6.56±0.70(9)
	滴水损失/%	1.79±0.23(5)	1.44±0.19(19)	1.14±0.13(7)
	肌纤维直径/μm	61.29±2.22(5)	58.57±1.50(20)	68.35±5.69(8)
	剪切力//N	34.34±6.56(2)	34.02±3.68(12)	32.74±4.78(7)
	L	43.78±2.16	46.35±1.05	44.80±1.75
	a	13.94±1.91	17.64±0.86	15.54±1.38
	b	9.89 ± 1.44^{a}	7.20 ± 0.47^{b}	8.94 ± 1.04^{ab}
	pH_{24}	5.91±0.10(8)	5.98±0.07(18)	6.13±0.12(9)
	肌内脂肪/%	4.17±0.38	5.54±0.60	4.64±0.84
	蛋白质/%	22.81±0.30	22.29±0.57	22.46±0.45
	干物质/%	28.48±0.59	28.90±0.46	28.09±0.63

注:同行小写字母相同或未标注表示差异不显著($P>0.05$),大写字母不同表示差异极显著($P<0.01$),小写字母不同表示差异显著($P<0.05$);括号内数值表示样本数。

资料来源:郭建凤等(2019)

背最长肌研究结果表明，80～107 kg 体重阶段，背最长肌丙氨酸、异亮氨酸、酪氨酸含量都以 100.5～107 kg 体重阶段最高，分别比 90.5～100 kg 体重阶段提高 13.76%（$P<0.05$）、17.35%（$P<0.05$）和 29.73%（$P<0.05$）；胱氨酸 100.5～107 kg 体重阶段比 80～90 kg 体重阶段提高 50%（$P<0.05$）；脯氨酸 80～90 kg 体重阶段比 90.5～100 kg 体重阶段极显著提高 61.54%（$P<0.01$）；棕榈酸、硬脂酸和油酸含量 90.5～100 kg 体重阶段分别比 80～90 kg 体重阶段提高 35.98%（$P<0.05$）、31.65%（$P<0.05$）和 46.84%（$P<0.01$）。氨基酸和脂肪酸含量间的相关程度有强有弱，相关系数有正有负。17 种氨基酸间相关性较强，4 种脂肪酸间相关性极强（硬脂酸与亚油酸之间除外），17 种氨基酸与棕榈酸、油酸、亚油酸 3 种脂肪酸间相关性也较强，但与硬脂酸相关性弱，除脯氨酸与硬脂酸有极显著的负相关外，其他 16 种氨基酸与硬脂酸没有显著的相关性。回归分析表明，大蒲莲猪在 80～107 kg 体重阶段，背最长肌 17 种氨基酸和 4 种脂肪酸含量与体重之间的线性回归关系不显著，复相关系数（Ra）在 0.000～0.101。综合分析，大蒲莲猪的适宜屠宰体重为 100.5～107 kg 阶段（郭建凤等，2019）。

3.3.2 基础研究

3.3.2.1 抗性研究

梁森、王鹏飞、胡家卿、赵雪艳和刘宗立等都对大蒲莲猪的抗性开展了相关研究，主要集中在抗病性和抗氧化应激 2 个方面。

1. 抗病性研究

梁森等（2009）研究发现，在感染 PRRSV（猪繁殖与呼吸综合征病毒）过程中，血清中细胞因子含量变化有明显的品种特点。普通商品猪在 7 d 血清中 IL-1β、IL-2 含量达到最高峰，而大蒲莲猪血清中这 2 种细胞因子含量变化差异并不显著。两种猪血清中 IL-10 和 TNF 含量在 7 d 达到最高，14 d 时商品猪血清中含量下降到最低，此时大蒲莲猪仍高于攻毒前水平。商品猪血清中 IFN 水平在 14 d 达到高峰，大蒲莲猪血清中 IFN 含量在攻毒后则开始下降。2 种猪血清中 IgG 含量变化趋势相对一致，血清中 IgG 浓度都在 14 d 达到最高峰。商品猪血清中 6 种细胞因子含量普遍高于大蒲莲猪。商品猪在接种病毒后有明显的临床表现，体温升高，并伴有典型的猪繁殖与呼吸综合征的表现，而大蒲莲猪则无明显症状。

王鹏飞等（2016）对猪 *TLR3*（Toll 样受体 3）的部分编码区进行了克隆、组织表达谱分析，并对大蒲莲猪和杜大长杂交猪肺组织中 *TLR3* mRNA 表达水平的差别进行了比较研究。结果表明，*TLR3* 基因在大蒲莲猪和杜大长杂交猪的肺组织表达上存在显著差异，未进行 PRRSV 攻毒时，大蒲莲猪表达量显著高于杜大长杂交猪（$P<0.05$）；攻毒后，大蒲莲猪表达量极显著高于杜大长杂交猪（$P<0.01$）。两品种猪进行 PRRSV 攻毒后 *TLR3* 的应答不同，大蒲莲猪在攻毒后 *TLR3* mRNA 表达量升高，而杜大长杂交猪在攻毒后的表达量却下降。由此可见，大蒲莲猪的 *TLR3* mRNA 表达与该品种抗 PRRSV 感染的流行病学调查结果相一致，*TLR3* 的高表达代表了猪具有对 PRRSV 的抗病性。

胡家卿（2018）对 CpG ODN 诱导大蒲莲猪和长白猪免疫特点差异进行了研究。结果表明，大蒲莲猪血液中的红细胞（$P<0.01$）、淋巴细胞（$P<0.05$）和谷草转氨酶（$P<0.05$）均明显高于长白猪；CpG ODN 诱导后大蒲莲猪中 IL-1β（$P<0.05$）的蛋白表达水平明显高于长白猪，82.8%免疫相关的差异表达基因（24/29）在大蒲莲猪中高表达，而只有 17.2%（5/29）免疫相关的差异表达基因在长白猪中高表达；细胞因子（IFN-α、IL-8、IL-12p40）和趋化因子（CX-

CL9 和 CXCL13)在刺激后的基因表达水平显著高于长白猪。

赵雪艳等(2018)采集 104 头大蒲莲猪和 171 头长白猪 35 日龄仔猪的外周血，提取总 RNA，逆转录为 cDNA 后，通过 qRT-PCR 的方法进行 *CD4*(白细胞分化抗原 4)、*LAG3*(淋巴细胞活化基因 3)、*CD27*(白细胞分化抗原 27)、*LTBR*(淋巴毒素 β 受体)、*TNFRSF1A*(瘤坏死因子受体超家族成员 1A)和 *CD9*(白细胞分化抗原 9)6 个免疫相关基因和内参基因 β_2-微球蛋白的表达水平检测，为进一步筛选影响大蒲莲仔猪高抗病力的候选基因提供借鉴。在对各免疫基因表达量通过内参基因校正后，对矫正后的表达量 $\triangle Ct$ 在大蒲莲猪和长白猪群体内的表达特征、品种和母猪效应进行分析。结果显示，*CD4*、*CD27*、*TNFRSF1A* 和 *CD9* 4 个基因在大蒲莲和长白仔猪群体间显著差异表达。其中大蒲莲仔猪 *CD4* 和 *CD27* 基因表达量极显著低于长白仔猪($P<0.01$)，且母猪效应差异也达到极显著水平($P<0.01$)；大蒲莲仔猪 *TNFRSF1A* 基因表达量显著低于长白仔猪($P<0.05$)；大蒲莲仔猪 CD9 基因表达量极显著高于长白仔猪($P<0.01$)，提示这 4 个免疫相关基因可以作为影响大蒲莲仔猪高抗病力的候选基因，为大蒲莲仔猪高抗病力性状的标记辅助选择研究提供基础。

2. 抗氧化应激研究

刘宗立(2018)选取 6 头 90 kg 左右的健康大蒲莲猪为试验动物，采用 cDNA 末端快速克隆技术(RACE)和染色体步移技术获得大蒲莲猪 *Nrf2* 基因(抗氧化应激基因)完整的 cDNA 序列和启动子区域，利用生物信息学软件分析 *Nrf2* 基因及其启动子区域的生物学特征，研究 *Nrf2* 的转录调控机制。结果显示，*Nrf2* 基因 cDNA 全长 2 358 bp，包括 87 bp 的 5′UTR，495 bp 的 3′ UTR 序列，CDS 区大小为 1 776 bp，编码 591 个氨基酸。对预测蛋白质序列进行生物信息学分析，该蛋白分子量为 66.402 7 ku，理论等电点(pI)为 4.66，大部分二级结构为 α-螺旋。在 mRNA 水平上，*Nrf2* 广泛存在于组织和细胞中，在肌肉、心脏、肝脏、脾脏、肺脏、肾脏中均可检测到，且在肾脏和心脏之间存在明显的表达差异($P<0.05$)。其在肾脏、肺脏和肌肉中表达较高，在心脏中表达最低，表明肌肉、肾脏和肺脏在大蒲莲猪抗氧化应激中发挥重要功能。采用染色体步移技术扩增得到 5′侧翼序列 209 1 bp 的片段。*Nrf2* 基因 5′侧翼区经预测含有典型的 TATA 盒，不含 CpG 岛。构建不同长度启动子片段的 pGL3-Basic 表达载体，转染 293T 细胞后经双荧光素酶活性检测，提示在−903～−710 bp 区域内可能存在正调控区或增强子，生物信息学预测其中含有多个转录因子结合位点，可能参与 *Nrf2* 基因转录调控。

3.3.2.2 其他研究

王彦平等(2018)以不同日龄大蒲莲猪 8 种组织(心脏、肝脏、脾脏、肺脏、肾脏、肠组织、肌肉、血液)为试验材料，使用 geNorm、NormFind 软件对 8 个常用候选内参基因(*ACTB*、*B2M*、*GAPDH*、*RPL4*、*SDHA*、*TBP*、*YWHAZ* 和 *PPIA*)的表达稳定性进行分析，筛选适宜内参基因及其组合。geNorm、NormFind 软件联合分析结果表明，不同日龄大蒲莲猪心脏中表达最稳定的内参基因为 *TBP*、*PPIA* 和 *YWHAZ*，肝脏、肾脏、肠组织和肌肉中最稳定的内参基因均为 *TBP* 和 *PPIA*，脾脏中表达最稳定的内参基因为 *TBP* 和 *RPL4*，肺脏中表达最稳定的内参基因为 *TBP*、*RPL4*、*PPIA* 和 *ACTB*，血液中表达最稳定的内参基因为 *ACTB*、*YWHAZ* 和 *GAPDH*。大蒲莲猪 8 种体组织中最适宜内参基因组合和数量不同，因此内参基因筛选是进行 RT-PCR 数据分析的必要条件。本研究结果可为研究大蒲莲猪目的基因表达时适宜内参基因的选择提供帮助。

3.3.3 杂交利用

3.3.3.1 生长性能研究

闫循忠等(2005)对以大蒲莲猪为母本的长蒲二元杂交组合和杜长蒲、大长蒲三元杂交组合进行了生产试验测定。研究结果表明,长蒲组合平均窝产活仔 14.8 头,二元杂交猪 60～210 日龄肥育期日增重 517 g;杜长蒲和大长蒲三元杂交组合平均窝产活仔分别为 11.7 头和 11.8 头,三元杂交猪平均肥育期日增重为 577 g 和 584 g,二者差异不显著。大长蒲三元杂交猪均为纯白毛色,杜长蒲杂交猪出现白、黑、花等不同的毛色分离。与同期饲养的杜长大"洋三元"杂交猪相比,杜长蒲、大长蒲杂交猪肥育性能略低,但母猪繁殖性能好,产仔多,仔猪生长快,成活率高,耐粗饲。

郭建凤等(2008)以 60 头长白×大蒲莲猪杂种商品猪为试验对象,进行生长性能测定。测定结果表明,试验猪 35～100 kg 阶段平均日增重 688.39 g,料重比 2.79,杂种猪宰前重95.25 kg,胴体瘦肉率 60.22%。郭建凤等(2009)对斯格猪与大蒲莲猪杂交后代的生长肥育性能进行研究。研究结果表明,斯蒲杂交猪的生长速度快,饲料报酬高,35～100 kg 体重阶段,平均日增重 788.34 g,料重比 2.84;斯蒲二元猪胴体性能较好,屠宰体重 113.23 kg,屠宰率较高为 74.92%,眼肌面积较大为 30.79 cm^2,胴体平均背膘厚 2.85 cm,胴体瘦肉率 52.73%,皮率、骨骼率和脂肪率分别为 12.62%、10.94%和 23.71%。郭建凤等(2009)对大约克夏×大蒲莲猪(母本)二元杂种仔猪进行生产性能测定。研究结果表明,大蒲二元杂种猪生长肥育性能较高,35～100 kg 体重阶段平均日增重为 608.94 g,料重比为 2.97,屠宰率 74.00%,眼肌面积 26.33 cm^2,背膘厚 31.97 mm,瘦肉率 48.83%,皮脂率和骨骼率分别为 40.65%和 10.52%,肥育性能低于斯格猪与大蒲莲猪杂交后代的平均日增重 788.34 g 和料重比 2.84(郭建凤等,2009)。

3.3.3.2 肉质研究

长白×大蒲莲猪杂交猪肉质特性研究表明,其肉质优良,肉色和大理石纹评分分别为 3.45 和 3.33,pH 为 6.38,滴水损失较低为 1.57%,剪切力较小为 46.80 N,肌内脂肪含量较高为 3.78%。每 100 g 背最长肌中氨基酸总量、鲜味氨基酸含量和必需氨基酸含量分别为 22.09 g、17.11 g 和 9.14 g,鲜味氨基酸占氨基酸总量的比例和必需氨基酸占氨基酸总量的比例分别为 77.45%和 41.35%,肌肉营养价值较高。背最长肌的棕榈酸、硬脂酸、油酸和亚油酸含量分别为 24.90%、12.53%、44.58%和 8.18%(郭建凤等,2008)。

郭建凤等(2009)研究了大约克夏×大蒲莲猪(母本)二元杂种仔猪的肉质特性。结果显示,大蒲二元杂种猪肉质优良,肉色评分为 4.00;L、a、b 值分别为 50.68、16.53、7.01,肌肉 pH 为 6.32,均在正常范围内;大理石纹评分较高为 4.13,滴水损失较低为 2.01%;肌纤维直径较细为 57.80 μm;肌内脂肪含量高为 6.50%,肌肉蛋白质和干物质含量较高,分别为 21.35%和 31.82%;鲜味氨基酸占氨基酸总量的比例背最长肌和腰大肌分别为 78.42%和 78.56%;必需氨基酸占氨基酸总量的比例分别为 40.03%和 40.20%。

郭建凤等(2009)研究发现,斯蒲二元猪肉色和大理石纹评分分别为 3.65 和 3.43,pH_1 值为 6.17,失水率、滴水损失低,分别为 10.84%和 1.51%,剪切力较小为 48.58 N,肌内脂肪含量高为 3.70%。每 100 g 背最长肌中氨基酸总量、鲜味氨基酸含量和必需氨基酸含量分别为 22.597 5 g、17.932 5 g 和 8.917 5 g,鲜味氨基酸占总氨基酸的比率和必需氨基酸占总氨基酸的比率分别为 79.363 0%和 39.459 4%,说明斯蒲猪肌肉具有感官品质好、风味优美、保水性好及鲜嫩等优良肉质特性。

郭建凤等(2015)研究测定了杜长蒲和大长蒲三元猪的胴体品质和肉质特性。结果表明，大长蒲的眼肌面积较大，瘦肉率较高，分别比杜长蒲猪高 21.80%($P>0.05$)和 8.13%($P>0.05$)，平均背膘厚大长蒲比杜长蒲低 10.89%($P>0.05$)；肉色、大理石纹评分、a 值和 a_{24} 值都以杜长蒲较高，分别比大长蒲猪高 10.34%($P>0.05$)、14.40%($P>0.05$)、12.08%($P>0.05$)和 7.39%($P>0.05$)；滴水损失以大长蒲较低，比杜长蒲低 15.87%($P>0.05$)；肌内脂肪含量杜长蒲比大长蒲高 10.08%($P>0.05$)。背最长肌甘氨酸含量以杜长蒲猪较高，比大长蒲猪高 8.11%($P<0.01$)。背最长肌脂肪酸含量品种间差异不显著。

（撰稿人：张海峰）

3.4 里岔黑猪

里岔黑猪属于华北型猪种，是我国优良的地方猪种之一，主要分布于山东省胶州、黄岛、诸城、高密等地交界的胶河流域，主产区为胶州市里岔镇。该猪种于 1976 年正式命名为里岔黑猪，1984 年被列入《山东省畜禽品种志》，1985 年被农业部列为重点推广的优良地方猪种，并被列为国家一类重点保护畜种。该猪种也是我国唯一、世界第二个具有多肋性状的猪种。2000 年 8 月 23 日，农业部发布第 130 号公告，确定 19 个优良地方猪种为国家级猪种保护品种，里岔黑猪是山东省被列入国家保护的唯一一个地方猪种。2006 年，里岔黑猪被列入农业部《国家级畜禽遗传资源保护名录》。里岔黑猪现有国家级遗传资源保种场 1 处，即青岛里岔黑猪繁育基地；山东省一级保种场 1 处，即胶州市茂华里岔黑猪良种场。

3.4.1 生产性能

3.4.1.1 繁殖性能

在以里岔黑猪为母本、里岔黑猪或杜洛克公猪为父本的试验中，对里岔黑猪的产仔数、产活仔数、初生窝重、双月龄断奶个体重、窝重等指标进行了对比(表 3-37)，结果发现，与杜洛克公猪交配的里岔黑猪母猪各项指标均高于以里岔黑猪为父本的里岔黑猪母猪的各项指标；而且，与里岔黑猪前 3 年的均值比较也都有所提高。这表明，与杜洛克杂交，里岔黑猪的繁殖性能会有所提高。

表 3-37　杜×里杂交与里岔黑猪纯繁繁殖性能比较

品种	年份	窝数	初生				60 日龄断奶		
			产仔数/头	产活仔数/头	个体重/kg	窝重/kg	头数/头	个体重/kg	窝重/kg
里岔黑猪×里岔黑猪	前 3 年平均值	497	10.22±0.29	9.89±0.34	1.14±0.02	10.90±0.12	8.63±0.30	16.98±0.32	145.35±6.10
	对照群	59	10.12±0.34	9.98±0.32	1.08±0.02	10.56±0.02	9.10±0.32	19.48±0.38	177.12±6.49
杜洛克猪×里岔黑猪	试验群	37	10.76±0.46	10.32±0.35	1.23±0.02	12.50±0.49	9.84±0.32	21.41±0.40	210.59±7.65

资料来源：闫恩成等(1994)

3.4.1.2 生长育肥性能

在对里岔黑猪和杜长大断奶仔猪生长性能及养分消化率的试验中发现(表 3-38),两种猪在平均日采食量上差异不显著;但杜长大三元杂交猪日增重比里岔黑猪高 14%;杜长大三元杂交猪饲料转化率比里岔黑猪低 28%。这与崔超等(2013)研究的里岔黑猪整个肥育阶段平均日增重(0.59 kg),料重比(3.3)有所差异。本试验只研究了里岔黑猪保育阶段的生长性能,而保育阶段仔猪采食量、日增重和料重比低于育肥阶段,因此这可能是造成差异的最主要原因。

另外,三元杂交猪 DM、OM、GE 和 BV 的消化率与里岔黑猪差异不显著,而三元杂交猪 CP、NPU 表观消化率显著高于里岔黑猪。这说明三元杂交猪对蛋白质的吸收利用高于里岔黑猪,这可能是造成三元杂交猪的生长性能高于里岔黑猪的重要原因之一(陈鹏,2017)。

表 3-38 里岔黑猪与杜长大杂交猪生长性能对比

项目		杜长大	里岔黑猪	SEM	*P* 值
平均日增重/kg		0.57^{a}	0.50^{b}	0.029	0.031
平均日采食量/kg		1.20	1.46	0.0141	0.087
饲料转化率		2.10^{b}	2.92^{a}	0.258	0.007
表观消化率/%	干物质	85.87	85.04	3.354	0.860
	有机物质	87.38	85.92	4.335	0.125
	粗蛋白质	83.12^{a}	81.21^{b}	3.827	0.021
	粗脂肪	83.78	82.59	4.431	0.357
生物学价值/%		78.45	78.25	2.348	0.586
净蛋白质利用率/%		72.34^{a}	70.74^{b}	1.114	0.040

注:SEM 为标准误。同行肩标字母不同表示差异显著($P<0.05$)。

资料来源:陈鹏等(2017)

氨基酸是猪的主要营养物质之一,饲粮中适宜的氨基酸水平可提高猪的生长性能;但饲粮中氨基酸水平过剩时,生长性能则会降低。王小明(2017)以 4 个不同氨基酸水平的饲粮饲喂保育期(11～30 kg)、生长期(30～60 kg)和育肥期(60～90 kg)3 个阶段的里岔黑猪,结果发现氨基酸水平对里岔黑猪的整个饲养阶段的平均采食量无显著影响;在整个饲养期,各阶段末体重随着氨基酸水平的增加先提高后降低,这与葛长荣等(2008)和高洋等(2012)的研究结果相似。其原因可能是饲粮中过高水平的氨基酸导致摄入粗蛋白质含量增加,引起呼吸作用增强,造成蛋白质合成与降解速率加快,从而减少体内净蛋白质的沉积,导致生产性能下降。

3.4.1.3 肉质性能

李培培(2017)对 14 头里岔黑猪进行了胴体性状及肉质品质的测定,结果表明(表 3-39),屠宰率、3 点平均背膘厚、眼肌面积、肋骨数、瘦肉率、失水率、a^*、嫩度、肌内脂肪含量分别为 72.99%、3.32 cm、28.68 cm^2、14.93 对、53.86%、20.14%、5.16、2.58 kgf(1 kgf=9.81 N)和 2.84%。3 点平均背膘厚与肋骨数、瘦肉率呈显著负相关($P<0.05$),与屠宰率呈显著正相关($P<0.05$);失水率与滴水损失呈极显著正相关($P<0.01$);嫩度与滴水损失和失水率均呈显著正相关($P<0.05$);肌内脂肪含量与嫩度呈显著正相关($P<0.05$)。

表 3-39　里岔黑猪胴体性能及肉质性能

项目	公猪(n=7)	母猪(n=7)	平均(n=14)
头重/kg	7.94±0.35	7.73±0.36	7.84±0.24
蹄重/kg	2.05±0.11	1.81±0.12	1.93±0.08
胴体重/kg	76.83±1.94	76.92±2.14	76.88±1.39
屠宰率/%	73.73±0.70	72.25±0.56	72.99±0.47
胴体直长/cm	103.00±2.41	100.58±2.54	101.79±1.71
胴体斜长/cm	84.64±1.47	84.71±1.36	84.68±0.96
3 点平均背膘厚/cm	3.32±0.26	3.33±0.21	3.32±0.16
皮厚/cm	0.38±0.12	0.37±0.18	0.38±0.11
腿臀重/kg	11.67±0.18	11.89±0.30	11.78±0.17
腿臀比例/%	30.95±0.52	31.32±0.51	31.13±0.35
肋骨数/对	14.85±0.14	15.00±0.22	14.93±0.13
眼肌面积/cm^2	28.33±0.41	29.04±0.77	28.68±0.43
皮率/%	9.21±0.81	8.09±0.77	8.65±0.56
骨率/%	9.98±0.73	9.19±0.53	9.59±0.45
瘦肉率/%	52.30±1.22	55.41±1.03	53.86±0.88
肥肉率/%	28.51±1.84	27.31±1.99	27.91±1.31
pH_1	6.41±0.09	6.46±0.06	6.44±0.05
pH_{24}	5.86±0.07	5.84±0.10	5.85±0.06
滴水损失/%	1.68±0.47	1.21±0.11	1.45±0.17
失水率/%	21.61±3.18	18.67±2.19	20.14±1.90
L^*	42.59±0.61	40.79±0.80	41.69±0.54
a^*	4.97±0.30	5.36±0.37	5.16±0.24
b^*	5.87±0.37	5.73±0.30	5.80±0.23
嫩度/kgf	2.37±0.61	2.81±0.53	2.58±0.39
熟肉率/%	65.10^a±0.85	62.41^b±0.77	63.76±0.66
肌内脂肪/%	3.04±0.30	2.64±0.14	2.84±0.17

注：同行肩标小写字母表示差异显著(P<0.05)，肩标无字母表示差异不显著(P>0.05)。

资料来源：李培培等(2017)

刘忠琛(2015)采用封闭式饲养及“发酵床＋运动场”2 种养殖模式对里岔黑猪断奶仔猪进行了 104 d 的饲养试验，之后屠宰测定 2 组的屠宰性能及肉质，发现 2 种养殖模式对里岔黑猪的各项指标均无显著影响。“发酵床＋运动场”养殖模式饲养的里岔黑猪肉色、大理石纹正常，肉质优良，说明“发酵床＋运动场”养殖模式饲养里岔黑猪是可行的。

庄桂玉(2012)对 60 日龄去势里岔黑猪小公猪饲喂生、熟两种自配饲料，并在 180 日龄和 240 日龄时分别屠宰测定其肉质品质。对于背膘厚、肌内脂肪含量、肉香味和多汁性，同一日龄，熟喂组比生喂组高；同一饲喂方式，240 日龄大于 180 日龄。背膘厚和肌内脂肪不同日龄间的差异大于不同饲喂方式间的差异，肉香味和多汁性则相反(表 3-40)。可见，里岔黑猪的肉质受到饲喂方式和饲喂时间长短的影响，背膘厚和肌内脂肪与饲养时间长短关系更大，肉香味、多汁性和肉嫩度则与饲喂方式关系更大。

表 3-40 饲喂方式对不同日龄里岔黑猪肉质的影响

评价项目	生喂组		熟喂组	
	180 日龄	240 日龄	180 日龄	240 日龄
背膘厚/cm	3.53	4.49	4.05	4.96
肌内脂肪/%	4.53	5.04	4.87	5.33
肉色/分	3.17	3.33	3.33	3.50
肉香味/分	3.00	3.67	3.67	5.00
柔嫩度/分	3.00	3.33	4.00	4.00
多汁性/分	2.00	4.00	3.00	5.00

资料来源：庄桂玉等(2012)

3.4.1.4 抗逆性研究

李西峰(1996)测定了不同日龄里岔黑猪在不同温度条件下的体温、呼吸和心率，以分析其适应性。结果发现，环境温度升高至 30～32 ℃时，处在恒温组(30 ℃)的里岔黑猪体温上升并不明显，而且随温度变化的差异也不显著；其心率受温度的影响差异并不显著，这说明里岔黑猪能很快地适应较高温度，而且较高温度与适宜温度相比，心率变化也不十分明显。另外，里岔黑猪在较高温度中呼吸上升很快，这是对高温应激的一种积极反应。因为随着呼吸率的升高，肺通气量增大，但潮气量减少，从而能在一定范围内维持较小的潮气量，这是动物的耐热性能之一。通过以上指标的测定和分析可以看出，里岔黑猪有较强的适应性，在较高温度中也能保持健康的体况。

陈鹏等(2017)在对里岔黑猪和杜长大断奶仔猪的血清总蛋白及免疫球蛋白检测中发现，里岔黑猪血清总蛋白含量高于三元猪，但差异不显著，说明里岔黑猪的体液免疫水平比三元猪高。里岔黑猪血清 IgG 含量显著高于三元猪，表明里岔黑猪的体液免疫水平比三元猪高，这与血清中 TP 含量的结果一致，提示里岔黑猪具有较强的免疫力和抗病能力(表 3-41)。

表 3-41 里岔黑猪与杜长大杂交猪血清总蛋白及免疫球蛋白比较

项目	杜长大	里岔黑猪	SEM	*P* 值
总蛋白/g/L	40.14	42.06	1.200	0.166
IgA	0.08	0.094	0.007	0.094
IgM	0.82	0.95	0.011	0.131
IgG	4.71^{b}	5.44^{a}	0.086	0.026

资料来源：陈鹏等(2017)

3.4.2 基础研究

3.4.2.1 繁殖性能相关研究

催乳素受体(PRLR)是一种细胞膜受体，主要位于脑、卵巢、胎盘和子宫等在内的各种器官和组织中。视黄醇结合蛋白(RBPs)是动物体内一类将维生素 A 从肝中转运至靶组织以及实现维生素 A 的细胞内转运代谢的特异运载蛋白，在协助维生素 A 发挥生理功能中起着不可替代的作用(郭晓红，2004)。*PRLR* 基因在里岔黑猪、长白猪、大约克夏猪的优势等位基因是 *B*(都在 0.5 以上)，基因型频率是 *AB*>*BB*>*AA*。*RBP*4 基因在长白猪、大约克夏及杜洛克猪的优势等位基因是 *A*(都在 0.6 以上)，*AA* 基因型频率显著高于 *BB* 型($P<0.05$)，在里岔黑猪的基因型频率都是 *AB*>*BB*>*AA*，优势等位基因是 *B*。对于 *PRLR* 基因及 *RBP*4 基因，里岔黑猪的观察杂合度均高于期望杂合度，表明杂合子的个体比较多；而多态信息含量都属于中度多态，表明里岔黑猪具有较丰富的遗传多态性(孙延晓，2008)。

3.4.2.2 生长性能相关研究

薛慧良等(2007)对莱芜猪、大蒲莲猪、沂蒙黑猪和里岔黑猪的肌细胞生成素(myogenin，MyoG)基因 5′端进行单核苷酸多态性检测，并分析 *MyoG* 基因对猪的初生重、60 日龄重、210 日龄重，60～210 日龄平均日增重和背膘厚的影响。独立性检验表明，基因型频率在莱芜猪和大蒲莲猪与沂蒙黑猪和里岔黑猪间存在显著差异($P<0.05$)。固定效应模型分析结果表明，初生重基因型间差异显著($P<0.05$)，而 60 日龄重、210 日龄重、60～210 日龄平均日增重和背膘厚基因型间差异不显著($P>0.05$)。最小二乘分析结果表明，*BB* 基因型与其他 2 种基因型比较有较小的初生重和日增重，同 *AA* 和 *AB* 基因型比较差异极显著($P<0.01$)，3 种基因型在初生重和 60～210 日龄日增重的大小排列顺序一致，为 *AA*>*AB*>*BB*。因此，推测基因型对个体的初生重和日增重存在一定的影响，选择带有 *A* 等位基因的个体有望提高个体的初生重和日增重。

为探讨猪远端缺失基因 5(distal-less homeobox 5，*Dlx*5)的多态性、群体分布特性及其与体尺和胸椎数的关系，邢晋祎(2012)采用 PCR-RFLP 方法检测了猪 *Dlx*5 基因 g.394C>T 位点在 6 个中外猪品种中的多态性分布，并分析了该位点与猪体尺和胸椎数的关系。检测结果表明，经 *Hha* Ⅰ酶切后在 6 个猪品种群体均发现了 *CC*、*CT* 和 *TT* 3 种基因型，其中 *C* 等位基因在莱芜黑猪中为优势等位基因，而 *T* 等位基因在里岔黑猪、鲁莱黑猪、杜洛克猪、大约克猪和长白猪中占优势。在该多态性位点，莱芜黑猪、里岔黑猪、鲁莱黑猪、杜洛克和长白猪群体均处于哈迪-温伯格平衡($P>0.05$)，而大约克猪群体偏离平衡状态($P<0.05$)；基因型在群体间的分布差异极显著($P<0.01$)。群体遗传特性分析表明，有效等位基因数在 1.254～1.991；杜洛克猪的多态信息含量为 0.182，属于低度多态，其余品种均在 0.254～0.374，属于中度多态。关联分析结果表明，该多态性位点对里岔黑猪胸椎数的影响不显著($P>0.05$)。*Dlx*5 基因 g.394C>T 位点在猪群中存在多态，基因型分布与猪体尺和胸椎数无显著关联。

3.4.2.3 肉质性状相关研究

心脏脂肪酸结合蛋白(heart fatty acid binding protein，H-FABP)是一种分子质量为 15 ku 的蛋白质，主要在心肌、骨骼肌和乳腺等表达，其主要作用是参与细胞内脂肪酸运输，可将脂肪酸从细胞膜上运到脂肪酸氧化和甘油三酯及磷脂的合成位置。王立刚(2011)以包括里岔黑猪在内的 9 个国内外品种猪为研究对象，检查了 *H-FABP* 基因第 2 内含子的所有 SNPs 突变，并分析了其遗传模式，以寻找里岔黑猪、大白猪、长白猪与肉质形状有关的标记位点。结果发现了 14 个位点的 SNPs，华北型猪 π、DT 和 DFu and Li 分别为 0.25%、0.76 和 0.72，培育和国外品种猪 π 值为 0.29%；对所有类型的猪进行分析，其 π、DT 和 DFu and Li 分别为0.25%、−0.60 和 −0.17，在不同的猪种中各个位点的 SNPs 变异很大，对其进行构建进化树等一系列分析，得到相似结论，并最终推断出可能会影响肌内脂肪(intramuscularfat，IMF)含量的突变位点，从而为研究 *H-FABP* 与 IMF 的关系提供了理论基础。

3.4.2.4 其他研究

生长分化因子 11(growth and differentiation factor-11，GDF11)是 BMP/TGF-β 超家族一员，编码一种在早期胚胎发育过程中起重要作用的骨形态发生蛋白，在确立骨骼模式中起重要作用。本研究旨在克隆里岔黑猪 *GDF*11 基因部分 cDNA，并检测其在不同组织中的表达差异。结果表明，所克隆的猪部分 *GDF*11 基因序列为 1 161 bp(GenBank：HQ657211)，编码 332 个氨基酸，与人、小鼠、大鼠、牛、马、兔、斑马鱼 GDF11 氨基酸序列同源性分别为 99.10%、99.10%、99.10%、99.40%、99.10%、98.80%、78.82%。荧光定量 PCR 分析结果显示，*GDF*11 基因 mRNA 在 14 种组织中均有表达，总体趋势为：脊椎>膘>膀胱>肺>脾>胆囊>肾>大肠>心>骨骼肌>肝>小肠>眼肌>胃。这为进一步研究里岔黑猪 *GDF*11 基因的结构和功能及其脊椎数发生的机理奠定了基础。

3.4.3 杂交利用

3.4.3.1 繁殖性能研究

以苏太猪和里岔黑猪瘦肉系为母本，组成长白猪×苏太猪与长白猪×里岔黑猪瘦肉系 2 种杂交组合。研究结果表明(表 3-42)，2 种杂交组合母猪在窝产仔数、窝产活仔数及初生窝重 3 个主要指标上都相差很小($P>0.05$)，表明里岔黑猪瘦肉系也具有较好的繁殖性能，且它们在第三胎的平均总产仔数都在 12 头以上(王松均等，2001)。

表 3-42 2 种杂交组合母猪的繁殖成绩

项目	长白猪×苏太猪			长白猪×里岔黑猪		
	一胎	二胎	三胎	一胎	二胎	三胎
统计窝数	39	36	32	38	32	26
窝产仔数/头	11.87	11.69	12.50	11.63	11.00	13.00
窝产活仔数/头	10.41	10.58	11.65	10.42	9.94	11.82
初生窝重/kg	—	11.51	14.09	—	12.77	14.59

资料来源：王松均等(2001)

李龙云(2018)在对巴克夏×陆川猪(巴陆)、巴克夏×里岔黑猪(巴里)、巴克夏×玉山黑猪(巴玉)、巴克夏×圩猪(巴圩)、里岔黑猪×陆川猪(里陆)、里岔黑猪×玉山黑猪(里玉)以及杜洛克×里岔黑猪(杜里)7 种杂交组合的繁殖性能研究中发现，巴里猪的总产仔数最低，显著低于除巴圩猪之外的其余 5 种组合($P<0.05$)。巴里猪的产活仔数最少，为 8.25 头，显著低于除巴圩猪之外的其余组合($P<0.05$)。初生窝重最重的是巴圩猪，达 12.61 kg；最轻的是里陆猪，只有 7.22 kg。巴里猪的 21 日龄窝重最大，达 38.04 kg；里玉猪最小，只有 25.54 kg。

以上研究表明，尽管里岔黑猪的繁殖性能较好，但在杂交利用过程中，只有合理的杂交组合才能取得理想的繁殖效果。

3.4.3.2 生长性能研究

在长白猪×苏太猪与长白猪×里岔黑猪瘦肉系 2 种杂交组合的育肥试验中，2 种杂交组合达 90 kg 的日龄、平均日增重及饲料转化率都十分接近，说明 2 种杂交组合的后代都具有较好的肥育性能（王松均等，2001）。

3.4.3.3 肉质性能研究

在长白猪×苏太猪与长白猪×里岔黑猪瘦肉系 2 种杂交组合的育肥试验中，2 种杂交组合的胴体性状如瘦肉率、平均膘厚、后腿比例都基本一致，肉质性状如肉色评分、pH_1、系水力、肌内脂肪含量等 4 个性状也较一致，2 种组合的肉质都达到良好的水平。这表明这 2 个母本品种都具有较高的遗传纯度，与长白猪 S_{IV} 系杂交应有较好的杂交效应（王松均等，2001）。

（撰稿人：亓美玉）

3.5 沂蒙黑猪

沂蒙黑猪始称沂南二茬，是 1935 年前后在山东省沂南及周边地区，由引进的巴克夏与当地猪种杂交，先经民间自发选育，后经业务部门多年选育而形成（赵克学，2002）。1976 年此猪种被正式命名为沂蒙黑猪。1982 年，沂蒙黑猪被收入由农业部组织编撰的《中国猪种志》中，正式成为我国具有代表性的地方品种。沂蒙黑猪的中心产区为临沂市的沂水县、沂南县和日照市的莒县三县交界地区。沂蒙黑猪是肉脂兼用型猪种。

3.5.1 生产性能

3.5.1.1 生长育肥性能

山东省畜牧局于 1995 年 10 月批准立项“瘦肉猪良种选育及产业化开发”课题，确定继续对沂蒙黑猪进行选育；经过整群和选优，建立了 1 个由 40 头基本母猪、4 头公猪血统组成的育种核心群；1996—2000 年，又进行了 3 个世代的选育。为了检验 7 世代公猪后裔的育肥性能，2000 年 6—10 月进行了沂蒙黑猪后裔（同胞）育肥性能测定（李树村等，2001）。

试验猪平均日增重为（587±27）g，平均每千克增重耗混合料 3.44 kg（表 3-43）。经方差分析表明，各公猪间日增重及料重比差异不显著（$P>0.05$）。

表 3-43 沂蒙黑猪育肥期增重与饲料消耗

种公猪号	试验天数/d	开始体重/kg	结束体重/kg	平均日增重/g	每千克增重消耗			
					混合料/kg	DE/MJ	CP/g	Lys/g
243	112	24.50±1.29	91.75±2.69	601±29	3.40	44.20	531	29
266	112.5	25.00±0.76	90.66±2.46	579±22	3.55	46.03	549	30
394	108.5	25.13±1.25	90.38±2.08	606±26	3.33	43.22	518	28
263	116	25.00±1.51	89.88±2.97	562±29	3.45	44.76	536	29
平均	112.3	24.94±1.13	90.34±2.55	587±27	3.44	44.58	533	29

资料来源：张树村等（2001）

沂蒙黑猪在原有 5 个世代选育基础上，又进行了 3 个世代的选育，8 世代育肥期日增重达 587 g，料重比 3.44，瘦肉率 52.38%，分别比 5 世代高 2.99%、3.10%、2.38%，比计划选育指标高 0.85%、1.71%、2.38%（表 3-44）。

表 3-44 沂蒙黑猪各世代后裔育肥测定结果

世代	平均日增重/g	料重比	屠宰率/%	膘厚/cm	眼肌面积/cm^2	后腿比例/%	瘦肉率/%
5	568	3.55	74.13	2.97	27.65	27.96	52.00
6	561	3.64	75.91	2.93	32.15	25.14	51.72
7	529	3.81	76.65	3.25	29.60	25.39	52.30
8	587	3.44	76.96	3.26	30.85	24.78	52.38

资料来源：张树村等(2001)

李家伦等(2017)研究显示，三元猪的日增重、料重比、屠宰率、眼肌面积、瘦肉率都显著优于沂蒙黑猪(表 3-45)。

表 3-45 不同品种猪部分生产性能指标测定结果

	日采食量/g	日增重/g	料重比
沂蒙黑猪	2 030±51	$472±23^{b}$	4.3^{a}
三元猪	2 057±36	$668±19^{a}$	3.1^{b}

注：同列肩标字母不同表示 $P<0.05$。

资料来源：李家伦等(2017)

3.5.1.2 胴体及肉质性能

在李家伦等(2017)的研究中(表 3-46、表 3-47)，三元猪的胴体重高于沂蒙黑猪，但差异不显著；三元猪的屠宰率、眼肌面积、瘦肉率都显著高于沂蒙黑猪($P<0.05$)，沂蒙黑猪的背膘厚显著高于三元猪($P<0.05$)。沂蒙黑猪的猪肉 45 min 后 pH 为 6.29，显著高于三元猪($P<0.05$)，其肉色也优于三元猪；24 h 失水率 1.12%，显著低于三元猪；沂蒙黑猪的肌内脂肪含量 4.51%，显著高于三元猪($P<0.05$)。

表 3-46 不同品种猪屠宰性能指标

	屠前体重/kg	胴体重/kg	屠宰率/%	背膘厚度/cm	眼肌面积/cm	瘦肉率/%
沂蒙黑猪	89.63±1.9	63.6±0.41	$70.9±0.79^{b}$	$3.29±0.11^{a}$	$26.78±1.35^{b}$	$49.4±0.56^{b}$
三元猪	90.23±2.1	65.2±0.52	$72.2±1.54^{a}$	$1.42±0.23^{b}$	$35.23±3.6^{a}$	$54.87±1.2^{a}$

注：同列肩标字母不同表示 $P<0.05$。

资料来源：李家伦等(2017)

表 3-47 不同品种猪肉质性能指标

	pH	肉色	失水率/%	嫩度/N	肌内脂肪/%
沂蒙黑猪	$6.29±0.12^{a}$	3.22±0.31	$1.12±0.23^{b}$	27.4±1.48	$4.51±0.78^{a}$
三元猪	$6.13±0.13^{b}$	3.17±0.28	$1.92±0.35^{a}$	26.3±1.65	$2.24±0.05^{b}$

注：同列肩标字母不同表示 $P<0.05$。

资料来源：李家伦等(2017)

2013 年 6 月，临沂江泉原种猪场对放牧散养与圈养育肥的沂蒙黑猪进行了屠宰测定(沈自泉等，2013)，以观察不同饲养方式对肉品品质的影响变化，同时设杜长大三元杂交猪为对照，测定结果见表3-48。散养沂蒙黑猪与圈养沂蒙黑猪除24 h pH差异显著外，其余指标均无显著性差异，但存在以下趋势：散养沂蒙黑猪在瘦肉率、臀腿比例、眼肌面积、大理石纹、肉色等指标上高于圈养猪，背膘厚度低于圈养猪。测定结果表明，散养猪的瘦肉率提高了7.4%（高出3.7个百分点），皮下脂肪变薄，肌间脂肪含量没有下降。这说明在瘦肉率提高的同时，肉的风味并未受到影响反而有所改善。在肉的品质上，沂蒙黑猪在滴水损失、烹饪损失、大理石纹、肌内脂肪含量等指标上优于三元杂交猪。沂蒙黑猪的保水性好，肌内脂肪含量比三元杂交猪提高了约3个百分点。

表3-48　沂蒙黑猪产肉及肉品质检测结果

测定指标		散养沂蒙黑猪	圈养沂蒙黑猪	杜长大
产肉性能	宰前活重/kg	100.0±2.48	99.5±2.50	101.5±3.01
	胴体重/kg	74.6±2.21	76.4±0.70	76.6±3.28
	屠宰率/%	74.53±0.67	76.86±1.61	75.41±1.19
	瘦肉率/%	$54.74^{B}±1.83$	$50.99^{B}±2.38$	$62.81^{A}±0.68$
	臀腿比例/%	32.47±1.15	30.95±1.53	34.71±0.36
	肥肉率/%	$21.24^{A}±2.38$	$24.94^{AB}±2.41$	$14.18^{B}±0.81$
	皮率/%	8.36±0.40	7.79±0.52	7.68±0.059
	骨率/%	13.50±1.07	13.33±1.18	13.50±0.34
	眼肌面积骨率/cm^2	36.46±2.14	31.15±16.75	39.27±7.39
	背膘厚度/mm	$27.68^{A}±1.49$	$30.04^{A}±3.97$	$16.98^{B}±1.12$
肉品质	滴水损失/%	7.81±0.90	7.77±1.43	10.73±2.25
	烹饪损失/%	30.26±1.92	30.12±1.07	32.65±1.71
	失水率/%	26.60±0.95	29.22±1.83	29.87±1.06
	大理石纹评分	$2.50^{A}±0.20$	$2.33^{AB}±0.33$	$1.50^{B}±0.29$
	肉色评分	2.95±0.17	2.83±0.17	2.87±0.07
	pH_{24}	$5.43^{B}±0.02$	$5.56^{A}±0.02$	$5.49^{B}±0.02$
	嫩度/N	28.94±4.33	29.37±1.92	26.66±1.71
常规营养成分	肌内脂肪/%	$4.64^{A}±0.22$	$4.73^{A}±0.68$	$1.57^{B}±0.02$
	粗蛋白质/%	22.47±0.57	23.06±0.31	22.14±0.17
	灰分（矿物质）/%	1.48±0.15	1.62±0.17	1.67±0.20
	水分/%	$72.96^{B}±0.59$	$71.38^{B}±0.63$	$75.20^{A}±0.25$

注：同列肩标字母不同表示差异显著（$P<0.05$）。测定数量：散养4头，圈养3头，三元杂交猪3头。

资料来源：沈自泉等（2013）

由表3-49可见，沂蒙黑猪体重100.3 kg时屠宰，屠宰率为72.79%，眼肌面积28.44 cm^2，平均背膘厚31.88 mm，胴体瘦肉率较高为48.35%；肉色和大理石纹评分较高，分别为3.42和3.18，宰后45 min pH_1为6.23，在正常范围内，失水率较低为12.84%，肌纤维直径较细为54.53 μm，剪切力较小为35.43 N（即肌肉较嫩），肌内脂肪含量为2.46%（郭建凤等，2016）。

表 3-49 沂蒙黑猪胴体性能及肉品质

胴体性状	测定结果	肉质性状	测定结果
屠前重/kg	100.30±3.89	肉色/分	3.42±0.38
胴体直长/cm	89.00±3.71	大理石纹/分	3.18±0.68
胴体斜长/cm	77.90±3.11	pH_1	6.23±0.14
屠宰率/%	72.79±2.47	失水率/%	12.84±3.28
眼肌面积/cm^2	28.44±3.42	24 h 滴水损失/%	1.49±0.40
后腿比例/%	30.71±1.52	pH_{24}	5.44±0.09
平均背膘厚/mm	31.88±7.81	L	45.43±1.91
皮脂率/%	38.24±4.54	a	12.40±0.73
骨骼率/%	13.42±2.44	b	7.52±0.61
瘦肉率/%	48.35±3.37	L_{24}	54.87±5.73
		a_{24}	14.11±1.07
		b_{24}	10.27±1.17
		粗蛋白质/%	22.98±0.45
		干物质/%	27.18±0.84
		肌纤维直径/μm	54.53±3.39
		剪切力/N	35.43±6.87
		肌内脂肪/%	2.46±0.57

资料来源:郭建凤等(2016)

研究表明,氨基酸是肉类鲜味的主要来源之一,也是评价蛋白质营养价值高低的重要指标。郭建凤等(2016)的研究表明,沂蒙黑猪每 100 g 背最长肌中 17 种氨基酸总量、鲜味氨基酸含量(天冬氨酸 Asp、丝氨酸 Ser、谷氨酸 Glu、甘氨酸 Gly、丙氨酸 Ala、缬氨酸 Val、异亮氨酸 Ile、亮氨酸 Leu、赖氨酸 Lys、精氨酸 Arg、脯氨酸 Pro)和必需氨基酸含量(苏氨酸 Thr、缬氨酸 Val、蛋氨酸 Met、异亮氨酸 Ile、亮氨酸 Leu、苯丙氨酸 Phe、赖氨酸 Lys)分别为 20.64 g、16.29 g 和 8.12 g;鲜味氨基酸占总氨基酸的比例为 78.92%;必需氨基酸占总氨基酸的比例为 39.34%。沂蒙黑猪背最长肌棕榈酸、硬脂酸、油酸和亚油酸 4 种脂肪酸含量分别为 28.23%、14.41%、42.35%和 15.01%,饱和脂肪酸含量为 42.64%,不饱和脂肪酸含量为 57.36%。

3.5.2 基础研究

3.5.2.1 繁殖性能相关研究

猪产仔数的遗传力低,用常规育种方法进行选择收效甚微,所以寻找其主效基因和遗传标记对提高猪产仔数具有重要意义。宋一萍(2010)以莱芜猪、鲁莱黑猪、里岔黑猪、鲁烟白猪、新沂蒙黑猪、大约克夏、长白猪、杜洛克共 8 个猪种 481 头繁殖母猪为试验对象,分析群体在多态性基因座上的遗传结构,同时研究这 2 个基因与 8 个猪种产仔性能的关系。结果表明,对于 *BMP*15 基因,新沂蒙黑猪和里岔黑猪的优势等位基因是 *C*(基因频率在 0.5 以上);经 χ^2 检验,除鲁烟白猪、大约克夏和杜洛克猪外,其他各群体基因型分布达到了哈迪-温伯格平衡;*CC*

基因型母猪中，引进猪种比山东地方/培育猪种母猪的总产仔数和活产仔数平均多产 1.20 头和 0.82 头（$P<0.05$）。对于 *BMPR-IB* 基因，新沂蒙黑猪的优势等位基因为 *A*（基因频率为 0.730 8），莱芜猪和新沂蒙黑猪的 *AA* 基因型频率最高，鲁莱黑猪的 *BB* 基因型频率最高；经 χ^2 检验，只有里岔黑猪、鲁烟白猪和长白猪达到了哈迪-温伯格平衡状态（$P>0.05$）。山东地方/培育猪种内 *AA* 基因型母猪的总产仔数和活产仔数比 *BB* 基因型母猪平均多产 0.49 头和 0.51 头（$P>0.05$）；引进猪种中 *BB* 基因型母猪比 *AA* 基因型母猪总产仔数和活产仔数平均多产分别为 1.05 头和 0.90 头（$P<0.05$）。

3.5.2.2 生长性能相关研究

薛慧良（2007）采用 PCR-SSCP 方法对莱芜猪（127 头）和沂蒙黑猪（132 头）的胰岛素样生长因子 1 基因（*IGF*1）exon3 和 exon4 上分别进行单核苷酸多态性分析。发现 exon3 上有多态性，且存在 3 种基因型（*AA*、*AB*、*BB*）。统计结果表明，3 种基因型在 2 品种中的分布不一致，差异极显著（$P<0.01$）。固定效应模型分析结果表明，初生重、断奶重和 6 月龄重基因型间差异不显著（$P>0.05$）。最小二乘分析结果表明，*BB* 基因型与其他 2 种基因型相比有较大的初生重，与 *AA* 和 *AB* 型相比差异极显著（$P<0.01$），3 种基因型在初生重的大小排列顺序为 *AA*<*AB*<*BB*。因此，推测 *IGF*1 基因对个体的初生重存在一定的影响，选择带有 *B* 等位基因的个体，有望提高个体的初生重。

3.5.2.3 肉质性状相关研究

microRNAs（miRNAs）是在真核生物中发现的一类内源性的具有调控功能的非编码 RNA，其大小长 20～25 个核苷酸。最近的研究表明，miRNA 参与各种各样的调节途径，包括发育、病毒防御、造血过程、器官形成、细胞增殖和凋亡、脂肪代谢等。为了对沂蒙黑猪肝脏中调节脂肪沉积的 miRNA 进行初步筛选，王颖萍（2015）以 4 头沂蒙黑猪（其中母猪、去势猪各 2 头）肝脏组织为研究材料，分别构建了母猪和去势猪 2 个小 RNA 文库，采用 Illumina/Solexa 高通量测序技术对构建的 2 个文库分别进行测序，并对测序数据进行了质量检测、长度分布统计，并筛选出了在 2 个文库中差异表达的 miRNA，进行了基因预测、基因功能注释和 KEGG 通路分析。通过 Solexa 高通量测序取得结果如下：在母猪和去势猪 2 个文库中分别获得 5 894 364 和 6 435 206 纯净序列读数，分别占其总读数的 54.67%和 60.2%。小 RNA 长度分布统计结果表明，2 个文库中小 RNA 序列主要分布在 21～23 nt，22 nt 序列最多。研究初步确定了 3 个与脂肪沉积相关的重要候选 miRNAs，即 ssc-miRNA-4338、ssc-miRNA-424 和 ssc-miRNA-545，这些 miRNA 都靶向细胞色素丙酮酸脱氢酶激酶 4（pyruvate dehydrogenase kinase 4，PDK4）。*PDK*4 基因与系水力、肌内脂肪含量、肌肉色值等重要肉质性状有显著相关关系。

3.5.3 杂交利用

3.5.3.1 生长性能研究

李传良（1995）以沂蒙黑猪为对照组，对杜洛克×沂蒙黑、汉普夏×沂蒙黑、大约克夏×沂蒙黑（分别简称杜沂、汉沂、约沂）3 个二元杂交组合以及杜洛克×汉沂、杜洛克×约沂、汉普夏×杜沂、汉普夏×约沂、大约克夏×杜沂、大约克夏×汉沂（分别简称杜汉沂、杜约沂、汉杜沂、汉约沂、约杜沂、约汉沂）6 个三元杂交组合的增重及饲料转化率进行了试验研究。

平均日增重方面，二元组合以汉沂最高，为 668 g，比对照组高 71 g($P<0.05$)；杜沂、约沂分别为 630 g 和 626 g，分别比对照组高 33 g 和 29 g($P>0.05$)，此结果与崔绪奎等(1991)的研究结果一致。三元组合以汉杜沂、汉约沂最高，分别为 677 g 和 672 g，分别比对照组高 80 g 和 75 g($P<0.01$)；其他组合为 651～664 g，比对照组高 54～67 g($P<0.05$)。而在黄增吉(1993)的试验研究中，整个试验期平均日增重汉约沂组合最高，为 653 g，其次是杜约沂组合，为 621 g，分别比对照组高 128 g 和 96 g，差异极显著($P<0.01$)。约沂组合比对照组高 25 g，差异不显著($P>0.05$)。另外，汉约沂与约沂间差异极显著($P<0.01$)，杜约沂与约沂间差异显著($P<0.05$)。2 个三元杂交组合间差异不显著($P>0.05$)。

每千克增重消耗混合料方面，二元组合为 3.48～3.68 kg，比对照组少 0.29～0.09 kg，差异不显著($P>0.05$)。三元组合饲料转化率以汉杜沂、约杜沂最高，分别为 3.01 kg 和 3.20 kg，分别比对照组少 0.76 kg($P<0.01$)和 0.57 kg($P<0.05$)；其他组合为 3.23～3.32 kg，比对照组少耗 0.54～0.45 kg，差异显著($P<0.05$)。

以上研究结果表明，本地品种母猪和瘦肉型良种公猪杂交后，其日增重和饲料转化率都有较大幅度的提高；而且三元杂交比二元杂交有更好的经济效益。

1998—1999 年，李传良等(2002)利用长白猪、大白猪及其正反交 F_1 公猪与沂蒙黑猪进行杂交，测定其杂种后代的增重及饲料转化率。结果发现(表 3-50)，从杂交组合分析，以长大沂组合的增重效果最好，大长沂组合最差，大沂、长沂组合相近，各杂交组合与沂蒙黑差异均极显著($P<0.01$)。此外，长大沂与大长沂差异极显著($P<0.01$)。而其饲料转化率以长大沂组合最高，其次为长沂、大沂、大长沂，均显著高于沂蒙黑($P<0.01$)，其中长大沂与大长沂差异极显著($P<0.01$)，与长沂、大沂差异显著($P<0.05$)。

表 3-50　沂蒙黑猪各杂交组合增重及饲料转化率

品种组合	试验天数/d	开始体重/kg	结束体重/kg	平均日增重/g	饲料转化率
长沂	108	25.65±0.87	99.87±2.29	$677±28^{AB}$	3.12^{ABb}
大沂	110.5	26.06±0.71	100.25±2.65	$680±21^{AB}$	3.21^{ABb}
大长沂	108	26.72±0.63	100.60±2.70	$719±24^{A}$	2.82^{Aa}
长大沂	117	26.11±0.60	98.94±3.06	$622±25^{B}$	3.24^{Bb}
杂交组合平均	109.5	26.08±0.31	100.01±0.99	678±11	3.05
沂蒙黑	123.5	25.37±0.69	90.50±2.98	$529±28^{C}$	3.81^{C}

注：同列肩注小写字母不同表示 $P<0.05$，大写字母不同表示 $P<0.01$。

资料来源：李传良等(2002)

3.5.3.2　肉质性能研究

李传良等(2002)在利用长白猪、大白猪及其正反交 F_1 公猪与沂蒙黑猪进行杂交猪猪肉品质研究中(表 3-51)发现，屠宰率以长沂最高，长大沂最低，各杂交组合平均数与沂蒙黑相同。各杂交组合平均眼肌面积比沂蒙黑大 5.28 cm^2，平均膘厚比沂蒙黑少 0.36 cm，后腿比例平均比沂蒙黑高 1.76 个百分点，分割肉比例(即颈脖肌肉、前腿肉、背最长肌和后腿肉总重占左侧胴半重的比例)平均比沂蒙黑高近 7 个百分点，瘦肉率平均比沂蒙黑高 8.27 个百分点，脂重率平均比沂蒙黑低 6.73 个百分点。但屠宰性状指标各杂交组合与沂蒙黑、各杂交组合间差异均不显著($P>0.05$)。

表 3-51 沂蒙黑猪各杂交组合屠宰测定结果

品种组合	屠前重/kg	屠宰率/%	眼肌面积/cm²	膘厚/cm	后腿比例/%	胴半重/kg	分割肉比例/%	瘦肉率/%	脂重率/%	骨重占/%	皮重占/%
长沂	97.66±2.03	77.41±0.71	35.98±1.46	2.96±0.22	25.47±0.60	36.40±1.13	39.59±0.97	60.28±1.13	23.16±1.13	7.62±0.43	9.35±0.35
大沂	95.21±1.59	76.81±0.65	34.69±2.82	2.85±0.29	27.20±0.87	34.97±0.95	41.45±0.72	60.91±1.26	21.33±1.12	8.4±0.66	9.67±0.28
长大沂	98.83±1.99	75.64±0.51	34.76±2.05	3.09±0.20	26.96±0.50	35.82±0.84	38.60±1.28	58.36±1.27	22.31±1.89	8.56±0.53	9.71±0.50
大长沂	98.41±2.11	76.52±0.93	34.45±2.09	2.81±0.24	28.02±0.78	35.29±1.41	40.70±1.38	61.58±1.82	21.4±1.80	8.07±0.42	9.09±0.39
杂交组合平均	98.96±1.20	76.65±0.90	34.88±0.68	2.89±0.08	27.15±0.24	35.90±0.39	39.75±0.53	60.57±0.26	22.6±1.12	8.05±0.18	9.39±0.15
沂蒙黑	90.47±2.49	76.65±0.57	29.60±1.71	3.25±0.17	25.39±0.69	32.97±1.90	32.76±1.51	52.30±0.59	29.33±0.56	8.93±0.61	9.44±0.53

资料来源:李传良等(2002)

而在肉质性能方面,肉色、大理石纹、pH 各杂交组合均高于沂蒙黑;失水率、熟肉率均低于沂蒙黑;肌肉嫩度值均大于沂蒙黑;肌肉中干物质含量、肌肉脂肪含量均低于沂蒙黑;粗蛋白质含量高于沂蒙黑,粗灰分含量与沂蒙黑相近(表 3-52)。

表 3-52 沂蒙黑猪各杂交组合肉质理化性状测定结果

品种组合	肉色评分	大理石纹评分	pH	失水率/%	熟肉率/%	嫩度值/kg	干物质/%	粗蛋白质/%	肌肉脂肪/%	粗灰分/%
长沂	2.00±0.27	2.34±0.30	6.13±0.12	10.09±8.09	58.62±3.35	3.13±1.03	26.53±1.41	20.8±1.49	4.03±0.91	1.01±0.05
大沂	2.38±0.48	2.63±0.48	6.7±0.12	8.59±2.40	60.33±3.44	2.51±0.42	27.08±1.85	21.9±1.19	3.99±0.40	0.98±0.14
长大沂	2.50±0.55	2.50±0.30	6.17±0.28	7.50±6.35	64.47±10.34	3.34±0.88	26.26±1.02	22.66±1.02	4.35±2.76	1.13±0.06
大长沂	2.44±0.52	2.44±0.57	6.18±0.49	9.00±6.31	62.33±2.16	3.23±1.05	26.34±2.10	21.66±1.31	3.43±1.73	1.02±0.12
杂交组合平均	2.32±0.35	2.45±0.24	6.23±0.22	8.82±3.37	61.60±2.92	3.13±0.33	26.76±1.18	21.62±0.73	3.94±1.11	1.04±0.07
沂蒙黑	2.17±0.29	2.17±0.24	6.07±0.17	10.38±1.89	65.04±5.38	2.40±0.92	27.39±0.32	20.62±0.94	4.76±1.49	1.05±0.06

资料来源:李传良等(2002)

(撰稿人:亓美玉)

参考文献

[1] 包高良，王玉安，刘孟洲，等，2018. 巴克夏猪与莱芜猪和苏太猪及其杂种 F_1 代猪肥育性能测定[J]. 养猪，(5)：52-55.
[2] 蔡宝祥，2001. 家畜传染病学[M]. 北京：中国农业出版社.
[3] 曹果清，李步高，石建中，等，2010. 应用 21 个微卫星标记监测马身猪遗传多样性变化趋势. 畜牧兽医学报，41(8)：932-938.
[4] 曹洪防，徐云华，石景胜，等，2001. 莱芜猪合成系的培育[J]. 山东畜牧兽医，(6)：10-12.
[5] 陈鹏，杨在宾，张庆，等，2017. 里岔黑猪与“杜长大”三元猪生长性能和免疫性能的对比研究[J]. 猪业科学，34(1)：131-133.
[6] 崔超，雷蕾，郭建华，等，2013. 里岔黑猪品种特征和保护利用现状[J]. 中国猪业，8(S1)：93-94.
[7] 崔绪奎，李为书，1991. 不同二元杂交组合育肥猪效果比较试验[J]. 畜牧与兽医，(2)：81-82.
[8] 关学敏，段玲欣，朱文进，等，2012. 马身猪肌肉生长抑制素基因启动区的 SNPs 多态性与生产性能的相关性[J]. 中国畜牧杂志，48(11)：18-21.
[9] 郭建凤，吕东山，杜玉诗，2019. 屠宰体重对大蒲莲猪背最长肌氨基酸和脂肪酸含量的影响及其相关关系分析[J]. 养猪，(5)：53-56.
[10] 郭建凤，吕东山，杜玉诗，2019. 不同屠宰体重大蒲莲猪胴体性能、肉质性状及其相关关系分析[J]. 养猪，(4)：52-56.
[11] 郭建凤，吕东山，刘畅，等，2010. 大蒲莲猪生长肥育性能和胴体及肉品质研究. 养猪，(4)：41-42.
[12] 郭建凤，吕东山，王继英，等，2009. 大蒲莲猪与大约克猪杂交商品猪肥育性能、胴体品质及肉质的研究[J]. 养猪，(6)：23-24.
[13] 郭建凤，沈彦锋，王彦平，等，2016. 莱芜猪与长白猪杂交后代猪胴体性能及肉品质研究[J]. 养猪，(4)：60-62.
[14] 郭建凤，沈自泉，王军一，等，2016. 沂蒙黑猪胴体性能及肉品质测定[J]. 养猪，(2)：73-74.
[15] 郭建凤，王彦平，刘畅，等，2015. 杜长蒲和大长蒲猪胴体性能及肉品质比较[J]. 养猪，(5)：52-54.
[16] 郭建凤，武英，吕东山，等，2008. 大蒲莲猪与长白猪杂交商品猪肥育性能和胴体及肌肉品质研究. 养猪，(6)：33-35.
[17] 郭建凤，武英，吕东山，等，2009. 大蒲莲猪与斯格猪杂交性能及胴体肉品质研究[J]. 畜牧与兽医，41(3)：60-61.
[18] 郭建凤，武英，魏述东，等，2007. 莱芜猪胴体品质肉质特性及其随体重变化规律的研究[J]. 家畜生态学报，(3)：15-19.
[19] 郭建凤，武英，魏述东，等，2007. 鲁农 I 号猪配套系商品猪生产性能测定报告[J]. 养猪，(6)：20.
[20] 郭建凤，武英，魏述东，等，2009. 莱芜猪与鲁育大约克猪杂交后代肥育性能、胴体品质及肉质研究[J]. 养猪，(5)：25-26.
[21] 郭建凤，武英，张印，等，2006. 莱芜猪合成系胴体品质和肉质特性及其随体重变化规律的研究[J]. 江苏农业科学，(1)：95-98.
[22] 郭晓红，储明星，周忠孝，2004. 视黄醇结合蛋白及其基因的分子生物学[J]. 遗传，26(2)：257-262.
[23] 郭晓红，郭玉龙，刘亚丹，等，2019. 仔猪不同发育阶段结肠微生物菌群特征分析[J]. 畜牧兽医学报，50(9)：1759-1774.
[24] 呼红梅，张印，郭建凤，等，2008. 鲁农 I 号猪生长性能和肉品质特性研究[J]. 畜牧与兽医，(7)：59-62.
[25] 呼红梅，朱荣生，王继英，等，2008. 莱芜猪肉质特性研究[J]. 家畜生态学报，(2)：6-9.
[26] 胡家卿，2018. CpG ODN 诱导大蒲莲猪和长白猪免疫特点差异及对 PRRSV 灭活疫苗免疫力研究

[D]. 泰安:山东农业大学.

[27] 胡艳霞,曾勇庆,崔志峰,等,2012. 莱芜猪前体脂肪细胞的原代培养及诱导分化研究. 畜牧兽医学报,43(9):1346-1352.

[28] 胡悦,李标,王继英,等,2010. 猪背膘组织二脂酰甘油酰基转移酶基因(*DGAT*1 和 *DGAT*2)的发育性表达分析[J]. 农业生物技术学报,(5):905-910.

[29] 黄静,武建亮,乔利英,等,2009. 山西马身猪 mtDNA D-loop 遗传多样性研究[J]. 农业技术装备,(6):50-51.

[30] 黄增吉,李庆山,李传良,1993. 山东地方猪三元杂交组合的育肥性能观测[J]. 中国畜牧杂志,(6):24-25.

[31] 靳玉舒,李萌,张旗,等,2017. 马身猪 ZNF280D 基因新型剪接体的鉴定及生物信息学分析[J]. 山西农业大学学报(自然科学版). 37(10):726-732.

[32] 康俊卿,王钦德,1993. 山西猪种肉的物理性状与血清生化值[J]. 山西农业大学学报,13(1):27-29.

[33] 黎威,高鹏飞,石建中,等,2014. *Myf*5 基因在马身猪和大白猪背最长肌中的发育性表达研究. 畜牧兽医学报[J],45(12):2081-2087.

[34] 李传良,张树村,袁力,等,2002. 长白、大白及其正反交 F_1 与沂蒙黑猪杂交后代肉用性能试验[J]. 中国畜牧杂志,(3):38-39.

[35] 李传良,1995. 沂蒙黑猪不同杂交组合的对比试验[J]. 中国畜牧杂志,(2):26-28.

[36] 李家伦,贾俊扬,王晓东,等,2017. 沂蒙黑猪与外三元杂交猪生长性能、胴体品质及肉质特性的比较试验[J]. 猪业科学,34(7):135.

[37] 李龙云,肖石军,黄黎斌,等,2018. 巴克夏和里岔黑猪不同杂交组合生产性能的比较研究[J]. 畜牧兽医学报,49(1):26-35.

[38] 李培培,王建华,张宝珣,等,2017. 里岔黑猪胴体性状及肉品质测定[J]. 养猪,(4):68-70.

[39] 李森泉,朱承满,白汝骥,等,1997. 莱芜猪公猪生殖器官发育测定报告[J]. 山东畜牧兽医,(1):1-3.

[40] 李西峰,吴庆鹉,杨全明,等,1996. 环境温度对里岔黑猪生理指标影响的研究[J]. 山东畜牧兽医,(3):10-11.

[41] 李秀丽,2015. 马身猪和 8 个参照种群 mtDNA D-loop 序列多态性研究[J]. 畜牧与兽医,47(2):51-54.

[42] 梁全,2014. 山西马身猪的保护与开发[J]. 中国畜牧业,(6):58-59.

[43] 梁森,邢凤,蒋成兰,等,2009. 不同遗传背景猪感染 PRRSV 后血清细胞因子的变化特征[J]. 第十五次全国动物遗传育种学术讨论会论文集,陕西杨凌:312.

[44] 刘孟洲,王玉安,包高良,等,2017. 对莱芜幼龄猪生长和繁殖性状的研究进展[J]. 养猪,(6):65-67.

[45] 刘宗立,2018. 大蒲莲猪 *Nrf*2 基因克隆、表达分析及其启动子区活性研究[J]. 泰安:山东农业大学.

[46] 柳淑芳,杜立新,闫艳春,2002. 猪雌激素受体基因 *Pvu* Ⅱ 多态性与产仔数性状的关系[J]. 遗传,(3):267-270.

[47] 柳淑芳,闫艳春,杜立新,2002. 莱芜黑猪 *FSHβ* 亚基基因的多态性分析[J]. 山东农业大学学报(自然科学版),(4):403-408.

[48] 马丽,高鹏飞,石建中,等,2014. 脂肪酸合成酶基因 mRNA 在马身猪和大白猪 3 种组织中的发育性表达研究[J]. 中国畜牧兽医,41(10):198-204.

[49] 聂丽,肖一红,李德龙,等,2012. 高致病性猪繁殖与呼吸综合征病毒对 4 月龄莱芜黑猪的致病性分析[J]. 畜牧兽医学报,43(7):1079-1087.

[50] 钱鑫,李雪艳,姜淑贞,等,2016. 氨基酸水平对莱芜黑仔猪生产性能和血清生化指标及游离氨基酸浓度的影响[J]. 中国畜牧杂志,52(13):55-59.

[51] 钱鑫,2016. 莱芜猪蛋白质代谢参数、需要量及生长规律的研究[D]. 泰安:山东农业大学.

[52] 钱源，曾勇庆，杜金芳，等，2010. 猪 *PID*1 基因 CDS 区的克隆及其 mRNA 表达与肌内脂肪沉积关系[J]. 遗传，32(11)：1153-1158.
[53] 邱峥艳，郭将，张永宏，等，2013. 莱芜猪与大白猪杂交一代甲基化程度差异分析[J]. 中国兽医学报，33(5)：780-784.
[54] 任和平，武培红，武海玉，2015. 马身猪保种与产业开发探讨[J]. 中国畜禽种业，(6)：60-62.
[55] 山东省莱芜市莱芜猪原种场有限公司，2016. 莱芜猪种质资源的保护与利用[J]. 中国畜牧业，(3)：51-53.
[56] 沈自泉，秦世林，唐辉，等，2013. 沂蒙黑猪的种质资源保护及开发利用[J]. 中国猪业，8(S1)：95-97.
[57] 石建中，李步高，曹果清，2012. 猪催乳素受体基因第 8 内含子多态性及其对产仔性能的影响. 中国畜牧兽医. 39(7)：179-182.
[58] 石建中，刘艺，王泽艺，等，2016. 不同月龄马身猪和大白猪血清生长激素及其受体的变化规律. 中国畜牧兽医，43(10)：2655-2660.
[59] 史东阳，陈汝新，1993. 里岔黑猪种质特性的研究[J]. 养猪，(1)：25-28.
[60] 宋春阳，姜建阳，韩先杰，等，2010. 免疫应激对不同品种仔猪白介素-1β、皮质醇和生长激素的影响[J]. 中国畜牧杂志，46(7)：19-22.
[61] 宋一萍，2010. 猪 *BMP*15 和 *BMPR-IB* 基因的遗传变异及其与产仔性能关系的研究[D]. 泰安：山东农业大学.
[62] 孙成娟，许厚强，赵佳福，等，2017. 从江香猪肌内和皮下脂肪前体细胞分化过程中相关基因的表达. 农业生物技术学报，25(12)：1979-1988.
[63] 孙延晓，曾勇庆，陈其美，等，2008. 八个猪种 *PRLR* 和 *RBP*4 基因 PCR-RFLP 检测及群体遗传特性研究[J]. 山东农业大学学报(自然科学版)，(4)：544-548.
[64] 王诚，王文亭，李福昌，2011. 日粮粗纤维水平对莱芜猪及其杂交猪氮代谢及营养物质消化率的影响[J]. 山东农业大学学报(自然科学版)，42(3)：422-427.
[65] 王继英，武英，郭建凤，等，2007. 莱芜黑猪保种群促卵泡素 β 亚基和雌激素受体基因、基因型变化情况[J]. 山东农业科学，(1)：93-95.
[66] 王继英，武英，张大龙，等，2008. 莱芜黑猪高繁基因的多态性及其对产仔数的影响[J]. 西北农业学报，(1)：7-10.
[67] 王鹏飞，刘根，李艳平，等，2016. 猪 *TLR*3 mRNA 的表达特征与调控分析及其与感染蓝耳病的关系[J]. 中国兽医学报，36(7)：1163-1167.
[68] 王钦德，张绍增，兰世和，等，1995. 山西马身猪氮沉积灰关联分析[J]. 山西农业大学学报，15(2)：198-201.
[69] 王松均，王先明，陈玺，2001. 中国瘦肉猪新品系 S_{IV} 系配套杂交试验[J]. 养猪，(24)：18-19.
[70] 王小明，杨在宾，杨维仁，等，2017. 不同氨基酸水平对里岔黑猪生长性能的影响研究[J]. 猪业科学，34(2)：129-131.
[71] 王彦平，朱荣生，王怀中，等. 2018. 大蒲莲猪不同发育阶段组织 RT-qPCR 分析中适宜内参基因筛选[J]. 华北农学报，33(S1)：45-53.
[72] 王颖萍，2015. 猪脂肪沉积相关 miRNA 初步筛选[D]. 泰安：山东农业大学.
[73] 魏述东，时景胜，侯纪增，1997. 莱芜猪性成熟情期受胎率繁殖性状表型参数的研究[J]. 山东畜牧兽医，(4)：4-6.
[74] 邢晋祎，戈新，贾坤航，等，2012. 里岔黑猪 *GDF*11 基因 cDNA 的克隆及组织表达谱分析[J]. 华北农学报，27(1)：24-29.
[75] 邢晋祎，戈新，王建华，等，2012. 猪 *Dlx*5 基因多态性及其与猪体尺和胸椎数的关系[J]. 湖北农业科学，51(3)：552-556.

[76] 薛慧良,徐来祥,2007.山东部分地方猪种 *MyoG* 基因 5′端遗传多态性及遗传效应分析[J].细胞生物学杂志,(4):623-626.

[77] 薛慧良,2007.莱芜猪和沂蒙黑猪 *IGF*-Ⅰ基因的多态性及生长性状的关联性分析[J].曲阜师范大学学报(自然科学版),(3):109-112.

[78] 闫恩成,姜相富,孙守本,等,1994.里岔黑母猪与杜洛克公猪交配繁殖性状的测定[J].山东畜牧兽医,(3):30-25.

[79] 闫循忠,张秀英,李连英,等,2005.大蒲莲猪不同杂交组合生产试验[J].山东畜牧兽医,(1):1-2.

[80] 杨文平,曹果清,石建忠,等,2005.不同杂交组合猪肥育性能的研究.中国畜牧杂志,(12):48-49.

[81] 曾检华,罗艳凤,胡杰,等,2015.不同黑猪杂交组合生产性能研究与分析[J].养猪,(1):61-64.

[82] 张龙志,张文灿,张荣,等,1983.山西马身猪与山西黑猪、巴克夏猪、内江猪杂交效果的观察.畜牧兽医学报,14(2):73-78.

[83] 张树村,李传良,班立华,等,2001.沂蒙黑猪后裔育肥性能的测定[J].山东畜牧兽医,(4):11-12.

[84] 张鑫,张婷,傅金銮,等,2015.济宁地方猪种的起源考证[J].猪业科学,32(4):130-131.

[85] 赵克学,2002.由沂蒙黑猪的濒危谈地方良种的合理和保护[J].黑龙江动物繁殖,10(3):10-14.

[86] 赵晓培,2013.Fsp27 基因在马身猪和大白猪三种组织中的 mRNA 表达差异研究[D].太谷:山西农业大学.

[87] 庄桂玉,付元明,张本清.2012.不同饲喂方式对里岔黑猪肉质的影响[J].中国猪业,7(1):23-24.

[88] Kobarg C B, Kobarg J, Crosara-Alberto D P, et al, 2005. MEF2C DNA-binding activity is inhibited through its interaction with the regulatory proterin Ki-1/57[J]. Febs Letters,(579):2615-2622.

[89] Nery F C, Rui E, Kuniyoshi T M, et al, 2006. Evidence for the interaction of the regulatory protein Ki-1/57 with p53 and its interacting proteins[J]. Biochemical Biophysical Research Communications, 341:847-855.

[90] Rbhde D, Hansen H, Hafner M, et al, 1992. Cellular localizations and processing of the two molecular forms of the Hodgkin-associated Ki-1 (CD30) antigen. The protern kinase Ki-1/57 occurs in the nucleus[J]. The American Journal of Pathology,(140):473-482.

[91] Satoh H, 2001. Lipid metabolism and obstructive liver disease[J]. Nippon Rinsho, 59(S3):186-189.

第4章 华东地区地方猪种质资源特性研究

4.1 金华猪

金华猪是我国第一批保护名录的19个地方猪种之一，是中国著名地方优良品种，其头部和尾部为黑皮黑毛，故又称两头乌。它具有耐粗饲、早熟、产仔多、母性好、杂交配合力高、肉质鲜嫩和风味好等特性。金华猪原产于浙江省金华市东阳县（现为东阳市）画水、湖溪，义乌县（现为义乌市）义亭、上溪、东河，金华县（现为婺城区和金东区）的孝顺、澧浦、曹宅等地；现主要分布于东阳市画水、南市，义务市上溪，兰溪市梅江，永康市石柱、前仓，浦江县岩头、郑宅，婺城区新狮、沙畈，金东区孝顺、多湖、澧浦和苏孟乡。

金华猪的形成历史悠久。根据金华县古方出土的西晋公元1年陶猪和陶猪圈文物考证，早在多年前，金华、衢州一带养猪业已相当发达。这是由于当地人多地少，劳力充裕，土地贫瘠，农民需要养猪积肥来提高农作物产量和增加家庭经济收入，加之当地生态条件好，饲料资源丰富，为发展金华猪创造了良好的条件，因此养猪数量逐渐增加，质量也不断提高（赵晓枫等，2007）。

4.1.1 生产性能

4.1.1.1 繁殖性能研究

1. 不同营养水平对金华猪繁殖性能的影响

赵青等（2009）选择金华猪保种场内健康状况良好的324头能繁母猪为研究对象，比较了低能量低蛋白和高能量高蛋白2种营养水平对金华猪繁殖性能的影响。结果表明，低能量低蛋白组的初产、经产和所有胎次的总产仔数和产活仔数均高于高能量高蛋白组，低能量低蛋白对初产、经产和所有胎次的总产仔数和产活仔数的影响极显著（$P<0.01$）；低能量低蛋白组的初产、经产和所有胎次的初生重均低于对照组，低能量低蛋白对初产、经产和所有胎次的初生重影响极显著（$P<0.01$）。这说明适度的低能量、低蛋白不仅能提高金华猪的繁殖性能，并且还能提高饲养繁殖母猪的经济效益。

2. 不同胎次与配种季节对金华猪繁殖性能的影响

赵青等（2009）根据浙江加华种猪有限公司2004—2008年的388头金华猪母猪（与长白猪公猪杂交）生产记录，分析了金华猪母猪不同胎次、不同配种季节的繁殖性能。结果表明，金华猪母猪的第1胎产活仔数最低，第2～9胎次的产活仔数较高，说明金华猪母猪的有效利用年限较长；第2～8胎次金华猪的初生重、初生窝重、21日龄窝重、断奶重、断奶窝重均表现良好，而第9胎后其生产水平下降；冬季配种的母猪繁殖性能优于其他季节。

3. 配种季节对母猪繁殖性能的影响研究

吴志鹏（2015）为研究配种季节对母猪繁殖性能的影响，选用浙江某种猪有限公司2010—

2013 年的母猪繁殖记录，统计分析不同配种季节对大约克、长白、杜洛克和金华母猪繁殖性能的影响（总产仔数、产活仔数和初生窝重）。结果表明，配种季节对大约克、长白和杜洛克母猪的繁殖性能有极显著影响（$P<0.01$），春、夏季节配种的母猪，其总产仔数极显著低于秋、冬季节配种的母猪（$P<0.01$），夏季配种的母猪产活仔数极显著低于春、秋、冬三季配种的母猪（$P<0.01$）；冬季配种的母猪其仔猪初生窝重极显著高于春、夏、秋三季配种的母猪（$P<0.01$）。配种季节对金华猪的繁殖性能未见明显影响（$P>0.05$），但秋、冬季节配种的母猪其总产仔数、产活仔数和初生窝重似有高于夏季配种母猪的趋势。

4.1.1.2 生长性能研究

1. 中草药添加剂对金华两头乌杂交组合猪生长性能的影响

章啸君（2014）选用 20 kg 左右的长金、大长金、长长金杂交猪各 10 头，饲喂含 0.4%的中草药饲料添加剂的日粮，进行 120 d 的饲养试验。饲养结束后进行数据分析，研究中草药饲料添加剂对金华本地主要杂交猪生长性能的影响。结果显示，与金华猪比较，其他 3 个杂交组合的日增重显著提高，料重比显著降低，大长金表现出明显的杂交优势。

2. 饲粮纤维水平对金华猪生长性能、盲肠菌群结构和短链脂肪酸含量的影响

任敏敏等（2020）选取健康金华猪，随机分为低纤维组（LF 组）、中纤维组（MF 组）和高纤维组（HF 组）。采用实时荧光定量 PCR 对盲肠内容物中特定的微生物类群进行定量分析，同时采用高通量测序分析菌群结构，并测定短链脂肪酸（SCFA）含量。结果表明：①金华猪体重随着饲粮纤维水平的升高呈现上升的趋势（$P>0.05$），平均日增重显著升高（$P<0.05$）。②金华猪盲肠中的优势菌门是厚壁菌门、拟杆菌门、软壁菌门和变形菌门，占 90%以上，其中拟杆菌门相对丰度随饲粮纤维水平升高而显著升高（$P<0.05$）。③在属水平上，优势菌属分别是拟杆菌目 S24-7 菌属、拟普雷沃氏菌属、普雷沃氏菌科 UCG-003 菌属、毛螺菌科 XPB1014 菌属和瘤胃球菌科 UCG-005 菌属等。其中，拟杆菌目 S24-7 菌属和拟普雷沃氏菌属的相对丰度随着饲粮纤维水平的升高而升高（$P<0.05$）。④与 LF 组相比，HF 组金华猪盲肠中乳酸杆菌、梭菌群Ⅰ以及丁酰辅酶 A：乙酸辅酶 A 转移酶基因丰度显著升高（$P<0.05$），丁酸和总 SCFA 含量也显著升高（$P<0.05$）。由此可见，适当提高饲粮纤维水平可提高金华猪盲肠中拟杆菌目 S24-7 菌属、拟普雷沃氏菌属相对丰度以及菌群发酵产丁酸关键酶丁酰辅酶 A：乙酸辅酶 A 转移酶基因丰度，从而提高盲肠中丁酸及总 SCFA 的含量，最终改善金华猪的平均日增重。

3. 抗菌肽制剂对提高金华猪生长性能的效果

抗菌肽是生物体抵御外源性病原微生物的入侵而产生的一类小分子多肽，与传统的抗生素相比，其具有分子量小、抗菌谱广、热稳定性好、抗菌机理独特等优点。麻延峰（2010）通过试验主要是研究抗菌肽制剂对提高金华猪生长性能的临床效果，并设立对照组、试验Ⅰ组（抗生素组）在预防腹泻的效果上进行比较。结果表明，用抗菌肽制剂组（试验Ⅱ组）与试验Ⅰ组相比差异不显著，两试验组与对照组相比差异极显著。

4.1.1.3 胴体性能研究

何英俊等（2006）选择体重 15 kg 左右健康的金华猪 36 头，随机分成对照、试验Ⅰ、试验Ⅱ组，饲喂相同的基础日粮。其中试验Ⅰ、Ⅱ组分别添加复方螺旋藻提取物 1 g/kg 及 1.5 g/kg 至试验开始后的第 120 天试验结束。结果表明，复方螺旋藻提取物能明显提高金华猪的生产

性能和胴体品质，与对照组相比，试验Ⅰ、Ⅱ组平均日增重分别提高了 9.52%($P<0.05$)和 13.33%($P<0.05$)，试验Ⅱ组比试验Ⅰ组提高了 3.48%($P<0.05$)；平均饲料转化率试验Ⅱ组比对照组降低了 5.10%($P<0.05$)。试验Ⅱ组瘦肉率比对照组提高了 1.60%($P<0.05$)。试验Ⅰ、Ⅱ组背膘厚分别比对照组降低了 7.26%($P<0.05$)和 9.46%($P<0.05$)，试验Ⅰ、Ⅱ组骨率分别比对照组降低了 0.34%($P<0.05$)和 0.25%($P<0.05$)。复方螺旋藻提取物的添加量不影响眼肌面积和脂肪率。

胡旭进等(2017)研究了不同生长阶段添加甜菜碱对金华猪生长性能及胴体肉品质的影响。结果表明，金华猪饲粮中添加甜菜碱 1 250 mg/kg 对生长期金华猪日增重、料重比没有影响；但可提高肥育期金华猪日增重 12.42%～18.31%，料重比下降 7.59%～10.76%；全期提高金华猪日增重 6.26%～9.54%，料重比影响不大，差异均不显著($P>0.05$)。甜菜碱可提高金华猪胴体瘦肉率 2.79%～3.15%($P<0.05$)，降低 3 点平均背膘厚 11.49%～13.35%($P<0.05$)，对肉质没有影响。全程添加甜菜碱对提高金华猪瘦肉率、降低 3 点平均背膘厚的效果优于肥育期添加组，但差异不显著($P>0.05$)。试验结果表明，综合考虑，在肥育阶段金华猪饲粮中添加甜菜碱 1 250 mg/kg 即可达到改善胴体品质较为理想的水平。

4.1.1.4 肉质特性研究

黄菁等(2016)对日粮中赖氨酸含量和强制运动对猪生长性能及肉质性状的影响进行了探索试验。随机挑选 36 头体重为 50 kg 左右的金华猪×杜洛克杂交猪，分为 3 组，Ⅰ组为高赖氨酸饲料组，Ⅱ组为低赖氨酸饲料组，Ⅲ组为低赖氨酸＋运动组，高、低赖氨酸含量分别为 1.1%和 0.7%，试验期 90 d。结果表明，降低饲料中赖氨酸含量，对猪的日增重、料重比等生长性能具有一定程度的影响；降低饲料中赖氨酸含量，能显著提高猪背最长肌、股二头肌的肌内脂肪含量($P<0.05$)，而对平均背膘厚度无显著影响($P>0.05$)；强制运动能显著降低平均背膘厚度($P<0.05$)。

苗志国等(2010)以断奶后的金华猪和长白猪为试验对象，对比两品种猪生产性能和肉质的发育差异。结果表明，与金华猪相比，长白猪有较高的始重、终重和平均日增重($P<0.05$)；两品种猪胴体组成和肉质参数的发育变化模式基本相同，不过金华猪具有较高的胴体脂肪率($P<0.05$)、平均背膘厚($P<0.01$)、肌内脂肪量($P<0.05$)、大理石纹评分($P<0.05$)和肉色评分($P<0.05$)，较低的胴体瘦肉率($P<0.01$)、眼肌面积($P<0.01$)和滴水损失($P<0.05$)。

郭佳等(2012)在评价肉质性状的基础上，采用实时荧光定量 PCR 方法检测金华猪背最长肌不同肌纤维类型肌球蛋白重链 *MyHC* Ⅰ、Ⅱ*A*、Ⅱ*X* 和Ⅱ*B* 基因 mRNA 表达量在 30、90、150、180 d 间的变化。结果表明，金华猪背最长肌中 *MyHC* Ⅰ基因 mRNA 表达量在 30 d 时最高，随着日龄增加，其表达量极显著降低($P<0.01$)；与 30 d 相比，*MyHC* Ⅱ*A*、Ⅱ*X*、Ⅱ*B* 在 90、150、180 d 基因表达水平均显著上升，其中在 180 d 的表达量达到最高水平($P<0.01$)。此外，*MyHC* Ⅰ mRNA 表达量与活体重、眼肌面积、背膘厚、肌内脂肪含量显著负相关($P<0.01$)，与滴水损失呈显著正相关($P<0.01$)；而 *MyHC* Ⅱ*A*、Ⅱ*X*、Ⅱ*B* 基因表达与活体重、眼肌面积、背膘厚、肌内脂肪含量显著正相关($P<0.01$)，与滴水损失呈显著负相关($P<0.01$)。以上结果初步揭示金华猪背最长肌 *MyHC* Ⅰ、Ⅱ*A*、Ⅱ*X*、Ⅱ*B* 基因表达的发育性变化模式，并进一步证明 *MyHC* 4 种亚型的 mRNA 表达量与肉质性状显著相关，为深入研究调控肉质的内在机制提供了基础数据。

4.1.2 基础研究

4.1.2.1 繁殖性能相关研究

付言峰等(2012)采用 real-time PCR 方法检测了 *EphrinB2* 在猪肝脏、肾脏、膀胱、卵巢、输卵管、子宫体和子宫内膜组织中的表达谱；然后用 PCR-SSCP 方法在长白猪、大白猪、杜洛克猪、二花脸猪、苏钟猪、梅山猪和金华猪 7 个品种共 717 头母猪中检测了 *EphrinB2* 基因的多态性，并与猪产仔数进行了关联分析。结果表明，各组织中 *EphrinB2* 的 mRNA 表达量不同，按大小排序依次为：子宫内膜＞子宫体＞膀胱＞肾脏＞卵巢＞输卵管＞肝脏，除肾脏与膀胱间的表达量差异不显著外，其他任意组织两两间的 *EphrinB2* 表达量均差异显著($P<0.05$)或极显著($P<0.01$)。*EphrinB2* 第 4 外显子上检测到 1 个 SNP 突变，命名为 EphrinB2_4，为 T→C 突变，*C* 为优势等位基因，长白、大白和杜洛克猪中基因型 *CC* 与 *TT* 间在产仔数上均差异显著($P<0.05$)；在长白、大白、杜洛克、梅山和金华猪种中的等位基因频率为 $C>T$。以上结果表明，EphrinB2_4 位点的 *CC* 基因型可作为在猪高产仔数性状的标记基因型，进行标记辅助选择育种。

赵丽莉等(2006)采用 PCR-RFLP-ApaⅠ方法检测金华猪Ⅰ系(154 头)、Ⅱ系(41 头)和Ⅲ系(53 头)*GH* 基因－119～＋486 bp 片段的多态性，发现 2 个等位基因：*A*(449 bp)和 *B*(316＋133 bp)。其中 *A* 基因频率在Ⅰ、Ⅱ和Ⅲ系中分别为 0.60、0.14 和 0.44；*B* 分别为 0.40、0.86 和 0.56。用线性模型分析各基因型对金华猪部分经济性状的影响。结果表明，*GH* 基因 *Apa*Ⅰ酶切位点多态性对金华猪经产胎次的总产仔数、产活仔数和初生窝重影响极显著($P<0.01$)。

赵晓枫等(2007)基于最小二乘法分析了 IGF15′调控序列微卫星座位对金华猪初生重、断奶重、120 日龄重、180 日龄重和出生窝重等生长性状的影响。结果表明，286/286 基因型对金华猪初生重有显著影响($P<0.05$)；280/286 基因型对金华猪开产后出生窝重影响显著($P<0.05$)。进一步通过等位基因平均替代效应分析，发现 274 bp 和 286 bp 等位基因有利于提高初生重，280 bp 等位基因有利于第 2 胎出生窝重的提高。同时，通过相关性分析发现金华猪开产母猪出生窝重、总产仔数和产活仔数间的相关性极显著($P<0.01$)，因此出生窝重的增加有利于提高金华猪的产仔性能。

王燕丽等(2007)根据对金华猪Ⅰ系保种群中 100 头母猪的 30 个微卫星位点基因基因型的检测结果，分析了微卫星位点基因纯合率与母猪 1～6 胎产仔性能的相关性，以及季节对母猪前 6 胎产仔性能的影响。结果除第 4 胎外，随着基因纯合率的提高，产活仔数和总产仔数均呈下降趋势，但不显著，其中第 6 胎($n=40$)的下降趋势显著($P<0.05$)，经二因子方差分析，这 40 头母猪前 6 胎总产仔数的显著差异来自卫星位点基因纯合率的不同，与季节无关。

4.1.2.2 生长性能相关研究

单立莉等(2009)运用半定量 RT-PCR 方法对不同生长阶段金华猪和长白猪背最长肌中肌细胞生成素(myogenin，MyoG)基因 mRNA 的表达丰度进行测定，分析与肌肉沉积的关系。结果表明，在 2 种猪 35、80、125 日龄均可检测到 *MyoG* mRNA，金华猪背最长肌中 *MyoG* 基因的表达随着年龄和胴体瘦肉率的增加而增加，并且 *MyoG* 基因表达与胴体瘦肉率成正比；而长白猪背最长肌中 *MyoG* 基因的表达恰好相反。除 35 日龄以外，品种间无显著差异。

赵青等(2009)采用 PCR-RFLP 法测定了金华猪生长激素基因 *Apa*Ⅰ及 *Msp*Ⅰ酶切多态

性，并分析了各基因型与生长速度的相关性，进而对金华猪的生长曲线进行了拟合。结果表明，金华猪生长激素基因经 *Apa* Ⅰ酶切后未出现多态，经 *Msp* Ⅰ酶切后出现了 *AB*(274 bp、238 bp、137 bp)和 *BB*(238 bp、137 bp)2 种基因型，且不同基因型间的个体初生体重、1 月龄体重、2 月龄体重、3 月龄体重、5 月龄体重、6 月龄体重及 0～6 月龄间平均日增体重的差异不显著($P>0.05$)，而 *BB* 基因型 4 月龄体重差异高于 *AB* 基因型($P<0.05$)。生长曲线拟合结果表明，Bertalanffy 模型效果最佳。*AB* 与 *BB* 基因型 2 种生长曲线进行比较，显示 *BB* 基因型具有早期生长速度较快、生长拐点早、拐点体重小的特点。

*miR-let-*7 基因广泛参与动物组织器官的发育调控，其表达具有组织特异性。高慧珍等(2017)选用 70 d 的金华猪和长白猪公猪(各 3 头)，采用实时荧光定量 PCR(RT-PCR)技术检测了 *let-*7 基因家族 6 个成员(*let-*7*a*、*let-*7*c*、*let-*7*d-*3*p*、*let-*7*e*、*let-*7*f*、*let-*7*g*)在心脏、肝、脾、肺、肾、小肠中的表达量，分析它们在组织间及品种间的表达差异，重点分析了在小肠中的表达差异。结果表明，*let-*7 基因家族在长白猪肝组织中表达量显著高于其他组织($P<0.05$)，在金华猪小肠和心脏中显著高于其他组织($P<0.05$)；在小肠中，金华猪 *let-*7*a* 和 *let-*7*c* 基因表达量极显著高于其他成员($P<0.01$)，长白猪 *let-*7*a* 基因表达量极显著高于其他成员($P<0.01$)，*let-*7 在小肠的表达存在品种间差异，金华猪的 *let-*7*a* 和 *let-*7*d-*3*p* 基因表达量极显著高于长白猪($P<0.01$)，*let-*7*c* 基因显著高于长白猪($P<0.05$)，而 *let-*7*e* 基因却显著低于长白猪($P<0.05$)。本研究结果为探究 *miR-let-*7 基因在金华猪和长白猪生长和脂肪形成方面的分子作用机制提供了参考。

4.1.2.3 肉质性状相关研究

李建华等(2009)采用 PCR-SSCP 检测猪 *CACNA2D*1 基因第 14 外显子和内含子在 6 个猪群中的 DNA 多态性，并分析不同基因型对猪眼肌和腿臀肌肉 pH_{45} 的遗传效应。结果表明，猪 *CACNA2D*1 基因第 14 内含子有 3 种基因型，即 *AA*、*AG* 和 *GG*，在其序列(GenBank 接受号：FJ156361)的 1 145 位碱基存在 1 个多态位点(G＊A)。χ^2 独立性检验结果表明，这 3 种基因型在各猪群间的分布差异显著($P<0.05$)。*AA* 基因型金华×皮特兰 F_2 资源家系猪与 *AG* 基因型猪在眼肌和腿臀肌肉 pH_{45} 值上的差异显著($P<0.05$)。因此，猪 *CACNA2D*1 基因第 14 内含子的多态性影响猪眼肌和腿臀肌 pH_{45} 值。

二脂酰甘油酰基转移酶是催化甘油三酯合成最后一步反应的关键酶，包括 DGAT1 和 DGAT2 两种，阐明其在发育过程中的表达规律，对于找到控制猪脂肪沉积能力的基因十分必要。王国富等(2011)运用实时荧光定量 RT-PCR 的方法，对 60、90、120 日龄金华猪肝脏、皮脂和眼肌中 *DGAT* 的 mRNA 表达量进行了分析，同时分析了 *DGAT* 基因 mRNA 表达量与肌内脂肪的相关性。结果表明，金华猪 *DGAT*1、*DGAT*2 基因在不同日龄的表达差异均不显著($P>0.05$)；在肝脏、皮脂和眼肌中，*DGAT*1 基因表达差异均极显著($P<0.01$)；皮脂与肝脏、眼肌的 *DGAT*2 基因表达差异均极显著($P<0.01$)，而肝脏与眼肌的 *DGAT*2 基因表达差异不显著($P>0.05$)；而且各日龄均是皮脂中 *DGAT*1、*DGAT*2 基因表达量最高，肝脏次之，眼肌中最低。这提示 *DGAT*2 基因在猪脂肪沉积中发挥着比 *DGAT*1 更重要的作用。研究还发现，*DGAT*1 和 *DGAT*2 基因表达量与肌内脂肪含量无显著意义的相关($P>0.05$)。

陶新等(2012)以大约克、长白、杜洛克和金华猪等猪种群体为研究对象，应用 PCR-RFLP 技术分别检测了 *Hal*、*RN* 和 *FTO* 基因的多态性，并分析了 *FTO* 基因上 2 个多态位点 g.276G>T和 c.594C>G 的遗传变异情况。结果表明：①在杜洛克猪中发现了 *Hal* 的基因型

HalNHaln，其频率为 0.166，但未发现基因型 *HalnHaln*，其他猪种群体中仅检测到了基因型 *HalNHalN*；②在已检测的所有猪种群体中只检测到 *RN* 基因的 *rn/rn* 基因型，未发现 *rn/RN* 和 *RN/RN* 基因型；③在 *FTO* 的 g.276G>T 位点上，金华猪呈现单态，其他猪种群体均呈现多态。在 *FTO* 的 c.594C>G 位点上，4 个猪种群体均呈现多态，3 个外来猪种群体均以 *CC* 基因型频率较高，而金华猪则以 *GG* 基因型频率较高。研究结果提示，由于 *Hal* 基因在养猪生产中的利弊双重性，因此在某些猪种群体中仍然存在较高频率的 *HalNHaln* 基因型。此外，结合 *FTO* 基因的生理功能和已有的研究结果，可在特定的猪群中将其作为影响猪肉质性状的候选基因。本研究发现，*FTO* 的基因型分布在我国优良地方猪种金华猪与国外 3 个种猪群间存在较大差异，为深入研究不同品种猪的肉质形成机理提供了基础数据。

4.1.3 杂交利用

冯潮有等(2016)以金华两头乌(金华猪)为父本，杜洛克猪为母本，杂交产生 F_1 金杜猪，进行了生长性能及屠宰、肉质性状的测定与分析。结果表明，6 月龄公猪、去势公猪、母猪平均体重分别为(75.23±5.28)kg、(86.29±9.13)kg 和(79.29±7.88)kg，平均体长分别为(109.28±4.96)cm、(110.19±5.87)cm 和(110.15±5.95)cm，平均体高分别为(62.00±2.58)cm、(64.14±2.70)cm 和(61.33±3.78)cm，平均活体背膘厚分别为(14.68±2.28)cm、(22.82±4.27)cm 和(24.98±3.91)mm，平均眼肌深度分别为(43.98±6.02)mm、(39.31±3.74)mm 和(42.5±6.02)mm。育肥结束后，屠宰 78 头去势公猪，屠宰时平均日龄 229.3 d，平均体重(109.11±8.32)kg，屠宰率(72.24±1.59)%，胴体斜长(102.98±7.21)cm，平均背膘厚(3.71±0.52)cm，瘦肉率(51.72±2.99)%，眼肌面积(26.32±5.28)cm^2。随机抽取其中 9 头，测定其眼肌肉质，结果表明，系水力为(77.68±10.06)%，肉色为(3.05±0.18)分，大理石纹(3.46±0.59)分，宰后 1 h 和 24 h 的 pH 分别为(6.30±0.22)和(6.27±0.19)，肌内脂肪含量(4.03±1.19)。

(撰稿人：何海娟)

4.2 嘉兴黑猪

嘉兴黑猪是我国著名的优良地方品种，属太湖猪的一个主要类群，主产于浙江省的嘉兴市各县(市、区)，并已遍布浙江全省各地，毗邻的上海、福建、安徽等省(直辖市)亦有分布(姚国强，2005)。2009 年嘉兴黑猪被列入浙江省省级畜禽遗传资源保护品种(孟庆平等，2011)，2014 年被列入《国家级畜禽遗传资源保护名录》。

嘉兴黑猪产区养猪历史约有 7 000 年，到明朝就有母猪一胎 14 头的论述。据不完全统计，2004 年年底嘉兴黑猪的存栏量约 15 万头，与历史上最高存栏量 35 万头左右相比，下降了 57.1%。另据畜牧部门统计，同期嘉兴黑猪公猪存栏仅有 88 头(姚国强，2005)，2011 年嘉兴市存栏嘉兴黑猪母猪 7.48 万头左右，公猪 80 头左右，其中嘉兴黑猪原种保护场(省级原种场)核心群母猪 140 头左右，公猪 13 头，保留有 7 个家系(孟庆平等，2011)。

4.2.1 生产性能

4.2.1.1 繁殖性能研究

1. 初配月龄和体重对繁殖性能的影响研究

研究发现，母猪初配月龄和体重的大小会对产仔率、仔猪成活率及母体以后的生长发育产生很大影响。初配月龄过早或初配体重过小，则产仔率也低。初配在 3.5 月龄的，平均胎产仔 4.3 头；初配月龄较晚，产仔也较多，少数母猪由于漏配，养至 7～8 月龄才配种的，产仔都在 8 头以上，多的可达 12 头，不但产仔率高，而且难产病例也少见。初配体重在 15 kg 以内的，每胎产仔仅 5.6 头；初配在 25 kg 以上，产仔达 9.5 头，成活率达 98.5%。初配过早，会影响母体以后的生长发育。初配如在 5～6 月龄，体重 25 kg 以上，1 岁时体重可达 55 kg，初配如在 3～4 月龄，体重 15 kg 以内，1 岁时体重仅 32.5 kg（王炎春，1964）。以嘉兴黑猪母猪为样本，划分 6 个初配日龄阶段，即 210 d 以下、210～239 d、240～269 d、270～299 d、300～329 d 和 330 d 及以上，分析初配日龄对繁殖性能的影响。结果表明，初配日龄≥330 d 组的平均总产仔数 13.53 头，显著高于 210～239 d 及 300～329 d 组（$P<0.05$），与其余各初配日龄阶段无显著性差异（$P>0.05$）；活仔数、死胎、木乃伊胎、初生窝重及头胎产仔数组间差异均不显著（$P>0.05$）。综合饲养成本、性成熟及体成熟相关因素，认为 180～210 d 为嘉兴黑猪适宜初配日龄（李彦清等，2019）。

2. 分娩胎次和季节对繁殖性能的影响研究

采用浙江省某嘉兴黑猪场 2015—2017 年生产数据，通过 SPSS 软件多重比较分析分娩胎次和季节对嘉兴黑猪配种分娩率、窝产总重、窝均个体重、产总仔数、产活仔数、合格仔数、弱仔、死胎、木乃伊胎等繁殖性能的影响。结果表明，嘉兴黑猪第 6～9 胎在窝产总重相较于其他胎次差异显著（$P<0.05$）；第 6～9 胎产总仔数平均最高达 13.47 头/窝，显著高出第 1 胎和第 2 胎，其他胎次间差异不显著（$P>0.05$）；第 6～9 胎产活仔数、合格仔数分别达到平均 12.66 头/窝和 12.16 头/窝，与第 1 胎、第 2 胎、第 10～13 胎和第 14 胎以上差异显著（$P<0.05$）；死胎数第 1～9 胎与第 10 胎以上差异显著（$P<0.05$）；春、夏两季在窝产总重、产活仔数、合格仔数分别显著高于秋季和冬季（$P<0.05$）；春、夏两季与秋、冬两季产总仔数差异显著（$P<0.05$）；冬季弱仔、死胎和春、夏、秋三季差异性显著（$P<0.05$），配种分娩率和木乃伊胎四个季节均不显著。研究结果表明，嘉兴黑猪最佳分娩胎次是第 6～9 胎，第 10 胎以后繁殖性能逐渐下降，以及死胎和木乃伊胎会增加；繁殖性能表现最佳的分娩季节顺序是春、夏季＞秋季＞冬季（黄加滨等，2019）。

3. 性成熟研究

张冠春等（1983）通过睾丸和卵巢的组织切片，观察嘉兴黑猪从初生到成熟的发育过程中性腺的组织学变化与日龄的关系。结果发现雄性的睾丸在初生时曲细精管实心无腔，主要由一层细胞围成，50 日龄时见有腔裂，70 日龄时全部有腔；在此过程中，其管壁的各级生精细胞与日俱增，管径亦逐日增粗，个别的在 70 日龄时见有精子，90 日龄时各个体均有精子。雌性卵巢在初生时皮部主要是初级卵泡，30 日龄时观察到有早期生长卵泡，50 日龄时见有卵泡腔，而后卵泡体积随卵泡腔的扩大而增大，在形态上也发生一系列变化，向成熟卵泡发展，100 日龄时少数个体中观察到成熟卵泡，110 日龄及 120 日龄时各个体中均有成熟卵泡，其数量逐日增多。

在徐士清等（1983）的研究中，嘉兴黑猪出现性爬跨日龄平均为（65.93±0.88）d，体重（11.72±0.38）kg；阴茎开始伸出日龄为（73.16±1.23）d、体重（13.12±0.48）kg，此时3/5个体附睾中已存在精子，而且部分精子形态接近正常；首次采得精液的日龄为（75.82±1.61）d，精液中开始出现精子的日龄为（79.42±1.66）d，精子形态基本正常。根据受胎测定、精液品质和组织学检查结果等推断，嘉兴黑猪公猪的性成熟期为120日龄左右，比国外猪种要早熟3～4个月。嘉兴黑猪公猪比较早熟的生理基础是睾酮分泌量较多，120日龄时平均每100 mL血清中含有睾丸酮（466.88±182.11）ng，而大约克只有95 ng，睾丸曲精细管中出现精子的时间要比国外猪种早90 d以上。嘉兴黑猪母猪阴户黏膜开始充血变红的日龄为（40.07±3.67）d，首次明显发情日龄为（17.20±15.64）d，其间相隔70.13 d，此即所谓发情不规则、不排卵、征候不明显的时期；平均到（120.57±3.72）日龄（35头），体重达（25.49±1.35）kg时，开始典型发情。嘉兴黑猪母猪性早熟的生理基础是卵巢上卵泡发育较早、血液中雌二醇含量较高。据组织学观察表明，50日龄时2/3个体已出现少量有腔生长细胞，70日龄时有腔生长卵泡已占据整个卵巢皮质部，90日龄时卵泡直径已增大到2 598～2 727 μm；100日龄时卵泡直径达2 857～4 546 μm，1/3个体的卵细胞都处于成熟分裂期。血液雌二醇含量的测定结果表明，90日龄时嘉兴黑猪的雌二醇含量比大约克平均高9.95 pg/mL血清，120日龄时高19.83 pg/mL血清（徐士清等，1983）。

4.2.1.2 生长性能研究

嘉兴黑猪0～3世代的肥育性能测定结果表明，出生到75 kg平均饲养天数为（227.0±1.26）d，育肥期（106±0.66）d，日增重（469±5.99）g，每增重1 kg耗用消化能0.75 Mcal。分析各世代的资料，日增重3世代比2世代高38.0 g（$P<0.05$），比0世代高59.0 g（$P<0.01$）均有显著提高。但料肉比和每增重1 kg所需消化能差异均不显著。总的来说，嘉兴黑猪的肥育性能仍然偏低。75 kg体重时屠宰测定的4个世代的结果显示，嘉兴黑猪平均屠宰率为（69.2±0.27）%，背膘厚为（2.43±0.06）cm，皮厚（0.62±0.01）cm，腿臀比（31.41±0.30）%，胴体瘦肉率（45.7±0.1）%，脂肪率（27.47±0.16）%。分析各世代的成绩，除膘厚和胴体脂肪率有些波动外，其他变动都很小。这说明嘉兴黑猪胴体性状的遗传性比较稳定，在未曾有意识选择情况下，各性状基本没有得到遗传改进（姜云华，1986）。

4.2.1.3 肉质研究

肉质研究表明，嘉兴黑猪肌肉脂肪、大理石纹级别、肉色级别和肉中肌红蛋白含量均大于外三元猪和普通猪。外观上看，嘉兴黑猪肉色级别和大理石纹级别分别为4.0和3.4，较外三元和普通猪高；富含铁和锌元素，肌苷酸含量丰富（5.32 mg/g），嫩度好；滴水损失较大，可能与嘉兴黑猪水分含量较大有关；其氨基酸总量要高于两头乌、外三元猪，呈味物质含量差异大。

嘉兴黑猪肉切块表现出典型的太湖猪系列的肉品质特点，具有独特的切块表面特征，是鲜肉和深加工的精品或极品原料。其特点可归纳为：①皮黑而不墨（毛稀色淡，活体表皮是黑里带棕），厚而不僵（皮虽厚却柔软亲水，烹饪时吸水成黏糯酥香的胶体蛋白，为现代养颜者所爱）；②肉红而不赤（其肉鲜如三文鱼刺身，艳如石榴花，用色彩学术语表达可描述为红度和黄度双高，有别于一般商品肉红度高黄度低的特点）；③膘白而不雪（其脂肪大体通白却略带金辉，好似已被白葡萄酒喷洒过的雪地，高雅而悦目）；④骨壮而不空（其骨架比细致型地方品种大，故其饱满度至关重要，其带骨切块断面中，髓大而充实，未见任何空腔，此为不可多得的煲汤极品)。这提示嘉兴黑猪既可开发纯种极品肉,也可以与巴克夏猪等瘦肉型品种杂交开发精品肉(张伟力等,2012)。

4.2.2 基础研究

对嘉兴黑猪等猪种的 *H-FABP* 基因多态性进行研究。电泳分型结果表明,在 *H-FABP* 基因 5′上游区各基因型在嘉兴黑猪群体中分布符合哈迪-温伯格平衡($P>0.05$),*h* 等位基因在嘉兴黑猪中占优;第 2 内含子内的 HinfⅠ-RFLP 位点上,嘉兴黑猪各基因型在群体中的分布符合哈迪-温伯格平衡($P>0.05$),*B* 为优势等位基因(李庆海等,2012)。对嘉兴黑猪 *FSHβ* 和 *RFRP* 基因所有外显子区域进行测序。结果表明,嘉兴黑猪 *FSHβ* 基因只在外显子 2 区域内存在突变位点 C1035T,该位点存在 *AA*、*AB*、*BB* 3 种基因型,对嘉兴黑猪的初生窝重具有显著影响($P<0.05$);*RFRP* 基因只在外显子 3 区域内存在突变位点 T4696C,并且与初产母猪的总产仔数、产活仔数和初生窝重显著相关($P<0.05$)。对 *FSHβ*k-C1035T 和 *RFRP*-T4696C 进行哈迪-温伯格平衡检验,发现 2 个位点均未处于平衡状态,说明这 2 个基因都受到选择或与被选择基因相关联,具有一定的选择潜力。这表明利用 *FSHβ* 和 *RFRP* 基因外显子多态性进行标记辅助选择提高母猪的繁殖性能具有实际的应用价值(吴芬等,2018)。高天等(2016)针对嘉兴黑猪的 *ER*2、*FSHβ* 和 *PRLR* 基因寻找突变位点,共发现 8 个 SNP 位点,分析了多个 SNP 位点和 5 个繁殖相关性状的关联性,并分析了多基因合并基因型对于繁殖性能的聚合效应。结果表明,*ER*2 基因外显子 1 突变位点 A221G 与母猪的总产仔数、产活仔数、死胎数和初生均重显著相关($P<0.05$);*PRLR* 外显子 5 突变位点 A13901T 显著影响总产仔数、产活仔数、死胎数和初生均重($P<0.05$);基因型为 *AA-TT* 和 *AG-TT* 的个体繁殖性状显著高于部分基因型个体($P<0.05$),可通过提高优秀基因型频率来提高种群的繁殖效能。

研究发现,嘉兴黑猪染色体数为 $2n=38$,与其他猪种无异;银染核仁组成区(Ag-NOR)定位于 7 号和 10 号染色体上。公猪 Ag-NOR 平均数为 2.55,众数 3,总频率为 0.645;母猪 Ag-NOR 平均数为 3.80,众数 4,总频率为 0.941;公猪与母猪之间差异极显著($P<0.01$)(张雪娟等,1989)。随机采集嘉兴地区部分种猪场嘉兴黑猪血样 31 例,通过 PCR-RFLP 技术进行氟烷基因检测。结果表明,所检测的嘉兴黑猪基因型均为 *HalNN*(氟烷阴性纯合子),未出现 *Nn* 和 *nn* 型基因,表明嘉兴黑猪氟烷基因型较少,未发生胞嘧啶到胸嘧啶的突变(刘锐等,2007)。采集嘉兴黑猪血样 89 例,其中公猪 21 例,母猪 68 例,利用 GGRS 简化基因组文库技术,共检测出 SNP 位点 108 603 个,经过滤筛选后共获位点 48 408 个,具有多态性的位点占比为 0.99,通过计算得到 AR 为 1.9,HE 为 0.324,群体内的平均遗传距离为 0.136 ± 0.01(阮鹏等,2017)。

4.2.3 杂交利用

4.2.3.1 繁殖性能研究

嘉兴黑猪新品系是以地方良种嘉兴黑猪为基本育种素材,导入 18.75%外来瘦肉型公猪的血缘,通过 6 年 5 个世代选育培育而成。乳头数遗传特性研究发现,新嘉兴黑猪的乳头数均数为(17.00 ± 1.20)枚,其变异范围为 14~23 枚,且大都集中于 16~18 枚;同窝仔猪的乳头数类型一般有 3~5 种,其乳头数分布频率呈正态分布,由此认为新嘉兴黑猪乳头数是受多基因控制的数量性状。乳头数具有稳定的遗传特性,不论双亲的乳头数多少,无论哪一个世代或哪一个年度，其子代乳头数均值都在 17 枚左右，向群体均值“回归”，具有明显品种特征。遗传力估测表明，乳头数属中等遗传力性状，乳头数与繁殖性状之间没有明显相关。新嘉兴黑猪乳头数为(17.00±1.20)枚，其亲本之一的嘉兴黑猪乳头数为(17.33±1.43)枚，两者差异不显著($P>0.05$)，表明新嘉兴黑猪继承了嘉兴黑猪的高乳头数特性(姚国强，1995)。

嘉兴黑猪新品系母猪具有性成熟早的特点，初情期日龄为(100.7±1.97)d，与太湖猪平均的 98.6 d 接近。妊娠期为(114.08±0.132)d，其中头胎(113.22±0.165)d($n=109$)，2 胎(115.09±0.407)d($n=23$)，3 胎及以上(114.91±0.180)d($n=79$)，发情范围 16～24 d，平均周期为(20.1±0.447)d(吴海洪等，2001)。5 世代新品系母猪头胎平均产仔数 11.27 头，产活仔数 10.86 头；经产母猪平均产仔数达 14.36 头，产活仔数 14.07 头，表明新品系母猪完全保持了嘉兴黑猪高繁殖力性能(姚国强等，2003)。

4.2.3.2 生长性能研究

选择经产嘉兴黑猪母猪分别与大约克、长白、杜洛克、苏白、金华两头乌及嘉兴黑猪公猪交配，研究不同杂交组合的生长性能。结果显示，平均日增重高低依次为杜×嘉、长×嘉、大×嘉、苏×嘉，但 4 组差异不显著($P>0.05$)；金×嘉组最慢，与以上 4 组差异显著($P<0.05$)。各组与母本嘉兴黑猪相比，杜×嘉组多增重 133 g，差异极显著($P<0.01$)；大×嘉、苏×嘉、长×嘉 3 组日增重分别增加 96 g、91 g、119 g，差异显著($P<0.05$)，金×嘉组只多增 37 g，差异不显著($P>0.05$)。从屠宰率来看，大×嘉、杜×嘉、长×嘉 3 组差异不大，比母本提高 1.07%～1.36%；苏×嘉组稍次于前 3 组，与母本差异不大，金×嘉组最低，反比母本降低 3.06%。胴体瘦肉率，杜×嘉、大×嘉、苏×嘉 3 组间无甚差异，比母本分别提高 5.48%、5.46%、5.45%；长×嘉组比母本提高 3.88%；金×嘉组提高极微(0.68%)。结果表明，除金×嘉组合明显较差，其他 4 个组合间差异不显著，但相对而言 4 个组中以杜×嘉组合较好(徐士清等，1983)。在对大×嘉(加系大约克♂×嘉兴黑猪♀)、长×嘉(长白♂×嘉兴黑猪♀)、大×长嘉(加系大约克♂×长嘉猪♀)和杜×长嘉(杜洛克♂×长嘉猪♀)4 个杂交组合的肥育性能研究中发现，大×长嘉杂种后代日增重为 506.5 g，料重比为 3.45；大×嘉日增重为 483.0 g，料重比为 3.20；杜×长嘉日增重为 468.4 g，料重比为 3.47；长×嘉日增重为 466.4 g，料重比为3.78；日增重高低排序为大×长嘉>大×嘉>杜×长嘉>长×嘉。这表明以加系大约克作为父本生产二元或三元商品猪，其主要性状优于长嘉及杜长嘉组合(董跃忠等，2000)。

嘉兴黑猪新品系 5 世代猪肥育期日增重 493 g，料重比 3.36(饲粮营养水平为 DE 前期 12.97 MJ/kg，后期 12.34 MJ/kg；CP 前期 17.15%，后期 15.84%)；75 kg 屠宰胴体瘦肉率 52.1%，平均背膘厚 2.75 cm。开展长×新(长白猪♂×嘉兴黑猪新品系♀)，大×新(大约克♂×嘉兴黑猪新品系♀)、皮×新(皮特兰♂×嘉兴黑猪新品系♀)3 个组合的杂交肥育试验，研究新品系猪与不同外来品种父本杂交所产生的杂种优势。结果显示，新品系猪 3 个杂交组合肥育期(25～90 kg)平均日增重 587g，料重比为 3.29(饲粮营养水平为 DE 前期 12.99 MJ/kg，后期 12.60 MJ/kg；CP 前期 17.62%，后期 16.33%)；90 kg 屠宰 3 个杂交组合平均胴体瘦肉率为 55.5%，屠宰率 72.17%，平均膘厚为 3.04 cm。在 3 个杂交组合中，从日增重、饲料利用率、胴体瘦肉率等主要经济指标综合分析，长×新杂交组合最优，日增重 634 g，料重比 3.07，胴体瘦肉率 55.4%。研究结果表明，新品系猪具有较好的杂交效果，利用外来瘦肉型公猪与其进行二元杂交，其生产水平达到了当前生产上普遍推广的“二洋一土”杜长嘉三元杂种猪的水平(姚国强等，2003)。

4.2.3.3 肉质研究

张伟力等(2012)对巴×嘉(巴克夏♂×嘉兴黑猪♀)杂交猪肉块质量进行评价,发现巴嘉一代猪肉切块的前肩肉、大排、五花肉、股四头肌倾向巴克夏猪的肉质特点,而小排、股二头肌、尾肉倾向嘉兴黑猪的特点,具体评价如下。

(1)前肩切块　切块的 pH 高而系水力强,肌红蛋白含量也较高,肌内脂肪适度。

(2)眼肌大排切块　大理石纹质地细嫩,纹理细致,与 24 mm 的背膘、表皮、T 骨配合造型良好。肉中肌红蛋白主要以还原型方式存在,故切块的抗氧化能力较强,货架期较长。

(3)小排切块　大理石纹线条清晰细密,红白交错相融,提示肌内脂肪较高,细嫩多汁。肋骨断面骨小髓大,髓腔饱满充实,红髓深染。

(4)五花肉切块　三红三白一皮层次分明,三红的厚度大于三白,显示典型的瘦肉型五花肉结构特征。三层瘦肉,肉色由内而外由深而浅有序排开,大理石纹适度,纹理细致。

(5)股四头肌切块　属细纤维深红瘦肉切块,酷似保定驴肉。

(6)股二头肌切块　系水力良好,鱼鳞状大理石纹适度,尚属细致,小肌束细致,肌束间略见散在脂肪沉积,此切块可制精品香肠、饺馅、香肚等深加工制品,在加工腌制过程中易产生风味前体物质,从而发挥其肉质优势。

4.2.3.4 其他研究

通过对 504 窝 5 828 头杜×长嘉(杜洛克♂×长嘉猪♀)商品猪的生产调查,发现群体中通常有全白色、棕红色、黑白花斑、棕白花斑、黑棕花斑和全黑色等 6 种毛色,且不同毛色长嘉母猪的后代毛色构成比例完全不同。

(1)纯白长嘉母猪后代　全白色 0.448 6±0.186 8,棕红色 0.184 2±0.142 6,黑白花斑 0.070 8±0.117 5,棕白花斑 0.026 4±0.070 6,黑棕花斑 0.084 4±0.120 3,全黑色 0.185 6±0.124。

(2)黑斑长嘉母猪后代　全白色 0.368 5±0.219 1,棕红色 0.089 9±0.106 9,黑白花斑 0.177 3±0.148 2,棕白花斑 0.054 6±0.087 4,黑棕花斑 0.104 5±0.123 6,全黑色 0.205 2±0.165 1。

一般利用猪毛色遗传的最新研究进展可解释杜长嘉商品猪的部分毛色遗传类型,但还不能完全解释其全部的毛色类型,且杜长嘉母猪杂种后代的毛色比例不符合已知基因座位基因型的遗传理论推测(吴海洪等,2009)。

(撰稿人:张海峰)

4.3 嵊县花猪

嵊县花猪是浙江省的优良地方猪种,2006 年入选《国家级畜禽遗传资源保护名录》,2011 年农业部认定上虞市嵊花种猪有限公司为国家级遗传资源保种场,专门从事嵊县花猪的保护工作(戴丽荷等,2015)。

嵊县花猪主产于浙江省嵊州(原嵊县)、上虞、新昌 3 地,产区位于四明山西南一带,东邻余姚、奉化、宁海,南至天台,西至绍兴等地。目前,嵊县花猪的育种核心群由 6 个血统、24 头公猪和 120 头母猪组成,另有一个 80 头母猪的扩繁群(戴丽荷等,2015)。嵊县花猪中等体型、皮毛粗刚，多数为灰褐色与白毛相间，亦称“混毛猪”。就白毛分布范围，嵊县花猪可分为“六白”猪、乌猪白脚和“大斑花”猪3类，“六白”猪约占嵊县花猪头数的80%左右。

4.3.1 生产性能

4.3.1.1 繁殖性能研究

1. 保种效果评估

据2012年对各世代180胎初产和200胎经产母猪的统计，初产、经产母猪平均窝产仔数和产活仔数分别为(11.6±1.4)头、(14.9±1.2)头和(11.4±1.2)头、(14.55±1.5)头，比0世代分别增加1.2头和1.6头，断奶窝重分别提高37.5%和24.6%(王友杉等，2015)。麻丽坤等(2017)以来源于上虞市嵊花种猪有限公司嵊县花猪保种场2014—2016年的繁殖性状记录为研究对象，评估嵊县花猪的保种效果。资料数据经初步筛选后获得2014年9月至2016年9月154头母猪的繁殖性状数据记录，涉及嵊县花猪繁殖母猪154头，产仔748窝，胎次分布于1～5胎，母猪年龄均为11～35月龄。分析发现，嵊县花猪繁殖母猪第1胎的平均产仔日龄为332.68 d，最早于278日龄产第1胎，最迟于375日龄产第1胎，前后相差97 d；第2胎平均产仔日龄为481.16 d，最短459 d，最长522 d，前后相差63 d；由产仔日龄的全距可见，除第2胎为63 d外，其余各胎次都在86～97 d(3个月左右)，两胎产仔间隔在148.49～151.14 d，平均在150 d左右。繁殖母猪的胎均产仔数和胎均产活仔数分别为13.2头和12.97头，最小值依次为6头和5头，最大值依次为19头和18头；第1胎的胎均产仔数和胎均产活仔数分别平均为10.08头和9.99头，第2胎均为12.44头，这两项指标都逐渐上升，至第5胎时分别达到15.07头和14.7头。

嵊县花猪胎均断奶仔猪数为12.2头，最小值为5头，最大值为15头，第1胎为9.34头，第2胎为11.69头，并逐渐上升至第5胎为13.84头。初生窝重平均为8.82 kg，最小值为3.4 kg，最大值为11.0 kg，第1胎为6.58 kg，第2胎为8.48 kg，初生窝重随着胎次增加而逐渐上升，到第5胎为10.12 kg。断奶窝重平均为60.93 kg，第1胎为62 kg，第2胎为59.7 kg，第5胎最高为68.5 kg。综合研究表明，嵊县花猪的平均初生个体重为0.68 kg，1月龄体重为5.0 kg，平均日增重达144 g；产仔日龄、总产仔数、产活仔数等6个繁殖性状指标，均随着胎次的增加而随之增加，至第5胎达最大值。按各胎次对各性状的变异系数进行计算发现，除第1胎各性状的变异系数在17.4%～19.0%外，其余胎次各性状的变异系数均在10%以下，最小值为4.4%。随着胎次的增加变异系数有逐渐减小趋势，说明嵊县花猪繁殖性状比较稳定。

2. 各品系繁殖性能分析

赵方学等(2018)对嵊县花猪6世代母猪的繁殖性能进行研究分析，以探明各血统间母猪繁殖性能差异。用于分析的资料数据为绍兴市嵊花种猪有限公司第6世代公猪与母猪的繁殖性状记录，涉及嵊县花猪母猪154头，产仔933窝，胎次分布于1～7胎。综合分析显示，嵊县花猪6个品系母猪总产胎数933胎次统计，胎均产仔数13.42头，最多19头，胎均产活仔数13.19头，最多18头，断奶头数12.41头，最多15头，断奶窝重62.09 kg，最大76.0 kg；根据嵊县花猪母猪产仔数、产活仔数、断奶头数和断奶窝重等性状分析，其繁殖性能稳定，品系间除初生重和断奶重差异显著外，其余性状差异不显著，表明嵊县花猪具有高产稳产等优良特性。

4.3.1.2 肉质研究

方晨等(2019)基于总氨基酸含量及味觉氨基酸含量差异，以联合国粮食及农业组织

(FAO)模式评价 8 种必需氨基酸,并对 16 种氨基酸组成指标进行因子分析和系统聚类分析。结果显示,嵊县花猪猪肉的必需氨基酸含量、味觉氨基酸含量及氨基酸总量最高,分别为 48.28 g/100 g、68.82 g/100 g 和 125.93 g/100 g,且猪肉氨基酸模式与 FAO 氨基酸模式最接近,必需氨基酸含量远高于 FAO 提出的理想蛋白质含量。主成分分析获得的前 4 个主成分可以解释全部变异的 89.499%(其中第 1、2、3、4 主成分分别解释总变异的 42.542%、22.989%、14.961%、9.007%),基于主成分值的 UPGMA 聚类图将中国 15 个地方猪种归为 9 大类,嵊县花猪、甘肃白猪聚为一类。研究结果表明,中国地方猪猪肉氨基酸组成和相对含量呈现明显的差异,其中嵊县花猪的肌肉氨基酸组成最优,营养价值更高。

4.3.2 基础研究

有关嵊县花猪分子育种方面的工作开展的不多。利用 PCR-AccⅡ-RFLP、PCR-BspHⅠ-RFLP 及PCR-SSCP 技术,对 16 个全同胞家系和嵊县花猪等 6 个地方猪种随机采样个体的黑素皮质素受体 1(MC1R)基因型分析结果显示,地方猪种在 *MC1R* 位点携带高频率的显性黑等位基因 *EDI*,表明我国地方猪种的黑毛色可能主要由显性黑等位基因 *EDI* 调控;通过对嵊县花猪 *MC1R* 位点的分析,首次发现 PCR-SSCP 证据的新序列,与已知的其他 5 个等位基因带型不同。家系个体的分析结果进一步验证了 *EDI* 对 *EP*、*e* 为完全显性,*EP* 对 *e* 为不完全显性(邓素华等,2003)。对嵊县花猪 *PRLR* 基因第 10 外显子多态性与繁殖性状的相关分析发现,该位点多态性对头胎、第 3 胎和第 10 胎母猪繁殖性能有显著影响(孙菊英等,2010)。浙江省农业科学院对嵊县花猪的 *FSHβ*、*PRLR*、*PRL*、*EGF*、*AR* 等 5 个繁殖相关基因进行了全序列扫描,共发现了 21 个多态位点(戴丽荷等,2015)。陈究成等(2015)选取嵊县花猪等 7 个浙江省地方猪种和大白、长白、杜洛克 3 个外来猪种共 491 头,采用第二代测序技术,得到 SNP 座位 53 860 个,并使用最大似然法计算遗传距离。结果表明,嵊县花猪、岔路黑猪和金华猪相对其他猪种遗传距离较远;在浙江省地方品种之间,嵊县花猪和淳安花猪遗传距离最近。

以嵊县花猪和金华猪为研究对象,提取血样 DNA 并利用 Illumina 猪 50K SNP 芯片进行基因型分型,利用 PLINKv1.09 对获得的基因型数据进行质控后用于全基因组关联分析(GWAS)研究。采用 GEMMA 软件中的混合线性模型(MLM)对每个 SNP 与性状进行关联分析,定位出显著位点。根据嵊县花猪 GWAS 结果,发现 SNP 位点 MARC0001353 与 TNB 和 NBA 都相关,邻近基因为 *PHTF2*,主要在肌肉中表达,定位于细胞核并参与 DNA 结合,也可能在转录调控中起作用;显著 SNP 位点较少,可能是群体规模有限,导致表型分离不明显或采用 Bonferroni 校正多重检验校正得到的显著水平过于严格,阈值过高,导致达到阈值的 SNP 位点较少。嵊县花猪的 2 个 SNPs 呈基因组水平或染色体水平显著;META 分析得到 21 个 SNPs 呈基因组水平或染色体水平显著。最终找到 22 个候选基因,根据基因功能注释推测 *NANOS1*、*E2F7*、*AEBP2* 是最可能影响总产仔数和产活仔数的候选基因(蔡薇等,2020)。

4.3.3 杂交利用

4.3.3.1 繁殖性能研究

对大×嵊(大约克♂×嵊县花猪♀)、长×嵊(长白♂×嵊县花猪♀)、杜×大嵊(杜洛克♂×大嵊♀)、杜×长嵊(杜洛克♂×长嵊♀)、嵊县花猪纯繁组的繁殖性能进行比较,结果如表 4-1 所示,产仔数、产活仔数和断奶头数,嵊县花猪纯繁组均最高,但各组之间差异不大;而初生窝重、初生重、断奶窝重和断奶重这4个指标，与嵊县花猪纯繁组相比，二元猪（大×嵊、长×嵊）有所提高，三元杂交猪（杜×大嵊、杜×长嵊）初生窝重提高到(17.78±1.02)kg、(18.27±0.92)kg，初生重提高到(1.39±0.05)kg、(1.41±0.03)kg，断奶窝重提高到(94.11±1.92)kg、(93.91±1.87)kg，断奶重提高到(7.940±0.81)kg、(7.80±0.79)kg，均与纯繁组和二元杂交组存在极显著差异，繁殖性能有很大提升。

表 4-1　不同杂交组合繁殖性能比较

杂交组合	嵊×嵊	大×嵊	长×嵊	杜×大嵊	杜×长嵊
窝数	116	98	165	20	20
产仔数/头	14.71 ± 0.77^{A}	14.56 ± 0.65^{aA}	14.35 ± 1.03^{bB}	13.45±0.83	13.57±0.75
产活仔数/头	14.26 ± 0.64^{A}	14.24 ± 1.05^{aA}	13.58 ± 1.63^{bB}	12.75±1.03	12.96±0.85
初生窝重/kg	10.5 ± 0.4^{A}	11.02 ± 1.57^{A}	10.65 ± 2.72^{B}	17.78±1.02	18.27±0.92
初生重/kg	0.74 ± 0.02^{A}	0.77 ± 0.07^{A}	0.78 ± 0.11^{A}	1.39±0.05	1.41±0.03
断奶头数/头	13.72 ± 0.67^{A}	13.34 ± 0.80^{A}	12.63 ± 1.33^{B}	11.86±0.73	12.04±0.64
断奶窝重/kg	64.13 ± 2.42^{A}	69.77 ± 2.85^{A}	70.47 ± 2.55^{B}	94.11±1.92	93.91±1.87
断奶重/kg	4.67±0.57	5.23±0.68	5.58±0.85	7.940±0.81	7.80±0.79

注：同行数据大写字母不同表示差异极显著($P<0.01$)，同行数据小写字母不同表示差异显著($P<0.05$)。

资料来源：王友杉和厉金炳(2015)

4.3.3.2　生长性能研究

对不同杂交组合的肥育性能进行研究。结果发现，与嵊县花猪纯繁相比，大×嵊（大约克♂×嵊县花猪♀）、长×嵊（长白♂×嵊县花猪♀）、杜×大嵊（杜洛克♂×大嵊♀）、杜×长嵊（杜洛克♂×长嵊♀）4个杂交组合的日增重由465 g最多提高到758 g，料重比由3.45最多下降到2.76（表4-2），嵊县花猪的杂交改良效果十分明显。

表 4-2　不同杂交组合的肥育性能

杂交组合	嵊花	大×嵊	长×嵊	杜×大嵊	杜×长嵊
测定头数	12	12	12	20	20
60日龄始重/kg	17.20 ± 1.80^{a}	20.60 ± 1.45^{b}	20.30 ± 1.58^{b}	23.40 ± 1.25^{b}	23.60 ± 1.37^{b}
160日龄终重/kg	63.70 ± 2.68^{d}	92.70 ± 2.38^{c}	91.80 ± 2.20^{c}	99.20±1.78	98.70 ± 1.83^{c}
日增重/g	465	721	715	758	751
耗料量/(kg/头)	160.4	206.9	213.1	209.2	211
料重比	3.45	2.87	2.98	2.76	2.81

注：同行数据小写字母不同表示差异显著($P<0.05$)。

资料来源：王友杉和厉金炳(2015)

4.3.3.3　肉质研究

对大嵊（大约克♂×嵊县花猪♀）、长嵊（长白♂×嵊县花猪♀）2个杂交组合与嵊县花猪纯种的肉质性能进行比较研究。结果显示，肉的亮度大嵊>嵊花纯种>长嵊，肉的红度长嵊>嵊花纯种>大嵊，肉的黄度大嵊>嵊花纯种>长嵊；大理石纹和肌肉嫩度，嵊花纯种均优于大嵊和长嵊；嵊县花猪纯种的肌肉 pH 最高，但未偏离正常值；系水力，大嵊优于嵊花纯种，嵊花纯种又优于长嵊；肉水分含量，大嵊最好，长嵊次之，嵊县花猪最低；肌内脂肪含量，长嵊和大嵊虽然低于嵊花纯种，但均高于罗明等(2002)试验中长白猪肌内脂肪含量 1.164%和大约克猪 1.239%；肌肉粗蛋白质含量，大嵊(含量 22.6%)＞长嵊(含量 21.4%)＞嵊花纯种(含量 20.4%)；肌肉氨基酸总量，嵊花纯种最好，含量为 24.97%，大嵊次之，长嵊最低；肌内各种氨基酸含量(表 4-3)，均是嵊花纯种＞大嵊＞长嵊，但大嵊和长嵊 2 种杂交猪差异不显著。研究结果表明，大嵊(大约克♂×嵊县花猪♀)和长嵊(长白♂×嵊县花猪♀)杂交猪肉色好，肌内脂肪较高，继承了嵊县花猪优良的肉质性能(孙菊英等，2014)。

表 4-3　嵊县花猪不同杂交组合肌内氨基酸含量

检测项目/%	嵊花猪	大嵊猪	长嵊猪	检测项目/%	嵊花猪	大嵊猪	长嵊猪
天冬氨酸	2.58	2.35	2.08	异亮氨酸	1.22	1.09	0.96
苏氨酸	1.22	1.09	0.97	亮氨酸	2.14	1.91	1.72
丝氨酸	1.08	0.96	0.85	酪氨酸	0.72	0.62	0.53
谷氨酸	4.17	3.72	3.31	苯丙氨酸	1.03	0.90	0.81
脯氨酸	1.01	0.85	0.76	组氨酸	1.29	1.35	1.15
甘氨酸	1.23	0.97	0.84	赖氨酸	2.37	2.15	1.92
丙氨酸	1.50	1.32	1.17	精氨酸	1.54	1.30	1.13
缬氨酸	1.25	1.13	0.98	氨基酸总量	24.97	22.25	19.68

资料来源：孙菊英等(2014)

(撰稿人：张海峰)

4.4　沙乌头猪

沙乌头猪，原产于江苏省启东市，因其头部大、耳下垂，形似黄砂茶壶，又是乌式被毛，因而得名沙乌头猪。其中心产区在启东市，主要分布于海门及上海市的崇明县(彭海英，2007)。1973 年经过江苏省、浙江省和上海市养猪界的专家及政府相关领导多次研究协商决定，将分布在太湖流域及其邻近地区的特征和特性类似的二花脸猪、枫泾猪、嘉兴黑猪、梅山猪、横泾猪、米猪、沙乌头猪等 7 个地方猪类群归并，统一称为"太湖猪"。2011 年，《中国畜禽遗传资源志　猪志》将沙乌头猪从太湖猪系列单列出来成为独立的品种(夏圣荣等，2017)。

沙乌头猪在启东的饲养历史有 100 多年，是用本地土种黑猪掺入苏南湖猪血统培育而成。沙乌头猪在 1975 年饲养数量最高，以后饲养数量不断下降。2007 年启东市全市饲养仅有 22 头经产母猪、5 头培育母猪、4 头培育公猪，目前已经处在濒绝状态(彭海英，2007)。

4.4.1　生产性能

对江苏省海门沙乌头原种场 2 月龄、4 月龄、6 月龄、12 月龄等 4 个阶段的去势公猪和未去势母猪共 72 头的沙乌头猪体尺生长指标进行测定及分析，研究不同月龄公、母猪体尺性能及其生长规律的差异。结果表明，性别对 2 月龄沙乌头猪的体长有显著影响，母猪体长极显著长于公猪($P<0.01$)，但对 2 月龄的其他体尺性状和其他时间段的所有体尺性状均无显著影

响。不同性别沙乌头猪不同阶段体尺性能生长规律不同，其中沙乌头公猪 4～6 月龄体高、胸围、胸深的生长速度快于母猪，6～12 月龄体长、腿围的生长速度快于母猪，4～12 月龄腹围、管围的生长速度快于母猪；而沙乌头母猪只有 2～4 月龄、6～12 月龄胸围生长速度快于公猪和 6～12 月龄胸深生长速度快于公猪。相同性别沙乌头猪不同阶段体尺性能生长规律不同，除了胸宽，沙乌头公、母猪 4～6 月龄的体尺性能与其他时间段相比，生长均变缓慢。此外，此次测定的沙乌头 6 月龄母猪体长、体高和胸围与 2011 年出版的《中国畜禽遗传资源志　猪志》中报道的 1991 年测定的 6 月龄母猪的体长(99.47 cm)、体高(49.43 cm)、胸围(83.47 cm)相比有所减小，6 月龄公猪的体长、体高与 1991 年测定的体长(95.56 cm)、体高(48.56 cm)相比也有所减小，但胸围有所增大，后者仅为 77.5 cm，可能是饲料的改变或者群体数量减少导致性能有所退化(高硕等，2014)。

4.4.2　基础研究

4.4.2.1　生长性能研究

分析母猪不同乳区位置的仔猪生长性能及初乳蛋白质浓度差异，发现沙乌头猪不同哺乳位置仔猪早期生长性能没有差异，不同乳区所分泌的初乳中 8 种蛋白浓度也没有差异。选择同一场内预产期相近的妊娠沙乌头母猪 15 头和长大母猪 12 头，剪取耳样，提取 DNA，根据 *PIGR* 和 *HP* 基因序列设计引物扩增其 5′UTR 和 3′UTR 区域，并测序。结果发现了 17 个 SNP 位点，其中 3 个 SNP 的 *Fst* 值大于 0.5，包括 PIGR-3′UTR 的 73 897 277 和 73 897 544 (这 2 个突变完全连锁)，HP2-5′UTR02 的 14 645 066，说明这些 SNP 在沙乌头、长大母猪间已明显分化。通过预测 SNP 位点与 miRNA 结合效率发现，这 3 个 SNP 的不同基因型可影响两个基因与多个 miRNA 的结合效率，因而可能导致基因转录和蛋白水平表达差异(随韶璞，2017)。

运用 Logistic、Von Bertalanffy 2 种非线性模型分别对沙乌头猪 112～266 日龄体重生长数据进行曲线拟合和分析。发现 2 种生长曲线的拟合度均超过 0.99，都能较好地对公、母猪生长曲线进行拟合，且 Von Bertalanffy 模型拟合度高于 Logistic 模型。在 Von Bertalanffy 模型拟合生长曲线中，沙乌头猪公猪最大理论体重为 124.227 kg，生长拐点体重是 36.808 kg，拐点日龄是 146 日龄，最大日增重为 454.579 g；沙乌头猪母猪最大理论体重为 111.979 kg，生长拐点体重是 33.179 kg，拐点日龄是 133 日龄，最大日增重为 467.824 g。通过拟合沙乌头猪的生长曲线，可为动态分析沙乌头猪的生长发育、指导饲养管理和选育提供可靠依据(陆雪林等，2020)。

4.4.2.2　其他研究

运用 Clustalx 软件对沙乌头猪和浦东白猪在 GenBank 上找到的 21 种国内外猪种的 29 条 mtDNA D-loop 序列进行多序列比对，结果显示 D-loop 区序列确实为 mtDNA 全序列中突变率较高的一部分，突变率为 12%，在总共 1 200 bp 左右的序列中共发现多态位点 63 个。运用极大似然法计算，沙乌头猪和浦东白猪之间的遗传距离为 0.007 5±0.003 7，亚洲猪种内的遗传距离为 0.006 1±0.001 9，欧洲猪种内的遗传距离 0.015 5±0.002 1，除大白猪和巴克夏猪外，欧洲猪种和亚洲猪种明显地分成 2 类(盛中华，2008)。

采用 PCR-RFLP 分析技术，检测沙乌头猪、枫泾猪和上海地区 3 个引进猪种(大白猪、杜洛克猪、长白猪)共597头种猪的氟烷基因型。结果表明,目前沙乌头猪和枫泾猪所有核心群种猪及2013年从美国引进的杜洛克猪、长白猪、大白猪332头检测群体中,均未检测到氟烷敏感基因型。该检测结果为各原种场剔除氟烷应激敏感基因、选育抗应激种猪群以及杂交利用奠定了基础(李何君等,2018)。

4.4.3 杂交利用

4.4.3.1 繁殖性能研究

利用杜洛克、长白、大约克3个外来品种公猪与沙乌头母猪交配,形成杜×沙(杜洛克♂×沙乌头♀)、长×沙(长白♂×沙乌头♀)和大×沙(大约克♂×沙乌头♀)3个二元杂交组合,以沙乌头纯繁组(沙乌头♂×沙乌头♀)为对照,对不同杂交组合的生长性能进行研究。结果发现,沙乌头纯繁组的产活仔数和初生窝重最高,杜×沙20日龄仔猪窝重最高,而60日龄窝重则以杜×沙最高;哺育率大×沙和长×沙最高,均达100%,杜×沙为96%,比沙乌头纯繁组分别提高了6.38%、6.38%和2.38%。虽然各项繁殖指标高低有所不同,但各组间均未达到显著差异($P>0.05$)(张念文等,1989)。研究巴×沙(巴克夏♂×沙乌头♀)和大×沙(大约克♂×沙乌头♀)2个杂交组合的繁殖性能发现,巴×沙总产仔数、产活仔数、健仔数极显著低于沙乌头猪($P<0.01$),大×沙产活仔数显著低于沙乌头猪($P<0.05$),大×沙总产仔数极显著高于巴×沙($P<0.01$),其他指标无显著差异($P>0.05$)(王欢等,2019)。

以山东鲁莱公猪为父本,沙乌头猪为母本,开展不同地方猪种的杂交利用。结果显示,以鲁莱公猪、杜洛克公猪作为不同父本在改良地方猪种时,杂交后代在产仔数、产活仔数、窝重(初生、断奶)、断奶数、断奶育成率等方面基本接近,二者差异不显著,说明这些性状的遗传主要取决于母本;而以鲁莱公猪、杜洛克公猪作为不同父本在改良地方猪种时,杂交后代在初生个体重、断奶个体重方面差异极显著,说明体重的遗传性状主要由父本决定,断奶重与初生重呈正相关(成建忠等,2019)。

4.4.3.2 生长性能研究

张念文等(1989)研究表明,在杜×沙(杜洛克♂×沙乌头♀)、长×沙(长白♂×沙乌头♀)和大×沙(大约克♂×沙乌头♀)3个杂交组合中,杜×沙组合的生长速度最快、饲料报酬最佳,日增重达581.9 g,比沙乌头纯繁组(沙乌头♂×沙乌头♀)提高33.83%;饲料报酬繁殖期为3.04,育肥期为3.68,分别比沙乌头纯繁组高10.85%和22%;育肥猪屠宰率差别不大,瘦肉率以长×沙最高达63.26%,比沙乌头纯繁组提高10.35%。

涂尾龙等(2015)以沙乌头母猪为母本,以皮特兰公猪、杜洛克公猪为父本开展二元杂交试验。结果发现,皮×沙(皮特兰♂×沙乌头♀)日增重638.7 g,杜×沙(杜洛克♂×沙乌头♀)日增重746.2 g,在生长速度方面,杜×沙占优势;皮×沙和杜×沙屠宰率分别为72.16%、72.08%,瘦肉率分别为61.35%、61.56%,两者差别不大;皮×沙比杜×沙胴体斜长大,眼肌面积小,但差异均不显著($P>0.05$);杜×沙的平均背膘厚、6~7肋骨膘厚均比皮×沙要厚,且两组之间差异显著($P<0.05$)。

王欢等(2019)研究发现,巴×沙(巴克夏♂×沙乌头♀)、大×沙(大约克♂×沙乌头♀)日增重均显著高于沙乌头猪($P<0.05$),大×沙、巴×沙所有指标差异不显著($P>0.05$)。巴×沙屠宰率显著高于沙乌头猪($P<0.05$);巴×沙、大×沙的皮、骨、肉、脂总重和瘦肉率极显著

高于沙乌头猪($P<0.01$);大×沙皮率极显著低于沙乌头猪和巴×沙($P<0.01$);巴×沙的骨率最低,显著低于沙乌头猪和大×沙($P<0.05$);大×沙的板油比率极显著低于沙乌头猪($P<0.01$)。

(撰稿人:张海峰)

4.5 米猪

米猪是太湖猪的一个地方类型,属江海型猪种,其主要繁殖中心在金坛、溧阳、宜兴的交界处及扬中和永安洲一带,曾是当地的主要猪种。据1980年统计,仅金坛、杨中2县米猪种猪年末存栏就达45 000头,其中金坛存栏29 000头,占64%(曹宏发等,1988)。随着社会经济的发展和人们生活水平的提高,市场对高瘦肉率猪种及猪肉的需求及品种改良土作的深入,致使米猪等地方猪种资源出现了快速消亡的态势,种群数量大幅度下降(张志锋,2001)。

米猪是正宗的太湖猪,其形成与当地的自然条件及群众的饲养习惯和饲料资源有关,分布于大茅山脉以东、武进魏村穿滆湖经宜兴的陈塘桥至江苏省界一线以西、长江以南、浙江以北的太湖流域西部,以及苏北泰兴的沿江部分。因各地条件有所差异,米猪按其分布的具体地理位置又可分为北生头、大南生和小南生3种类型(肖先娜,2011)。米猪两头小,中间大,形似米状,故称米猪。

4.5.1 生产性能

米猪母猪一般在70日龄、体重13 kg开始发情,发情周期为17~22 d,产后第一次发情多在26~45 d,发情持续2~3 d,适配年龄为2月龄,妊娠期为110~116 d,3~8胎平均(14.4±0.38)头,产仔最多达38头。公猪一般在60~70日龄,体重达10 kg左右开始有爬跨行为,初配一般在6~7月龄、体重40 kg左右。利用年限公猪一般2~3年,母猪4~6年,有些长达12年以上仍具有较好的繁殖性能(曹宏发等,1988)。对不同饲养期的肥育性能影响研究,发现米猪在8、9和10月龄时,其日增重依次为395 g、370 g和355 g,每增重1 kg所消耗的饲料依次为2.095 kg、2.135 kg和2.395 kg,屠宰率分别为69%、71%和72%(金坛县种猪场,1976)。曹宏发等(1988)报道,米猪平均日增重462 g,每增重1 kg需可消化能13.089 Mcal,可消化蛋白387.38 g,屠宰适期为6月龄,体重达56.41 kg。与1976年的研究相比,日增重有很大提高,可能是由屠宰日龄不同及饲养管理水平不同造成的。米猪的胴体产瘦肉性能较差,瘦肉率仅为39.55%,这与中国其他地方猪种相近,其屠宰体重时的瘦肉率相比处于一般水平(汪涵等,2014)。

褚青坡等(2016)在江苏省常州市永康农牧科技有限公司种猪场对大白猪、长白猪和米猪的母猪发情期的发情症状进行了观察与比较。结果发现,60头米猪中有34头静立反射时间超过2 min,占比56.67%,有26头静立反射时间低于2 min,与大白、长白猪静立反射差异不显著($P=0.446$)。发情期米猪外阴肿胀程度更大,米猪无论是后备母猪,还是经产母猪,其发情期校正外阴长、宽值均极显著大于大白、长白猪($P=0.000$)。在母猪出现静立反射现象时,米猪后备母猪外阴评分大多在1分,平均为(1.38±0.11)分,与大白、长白猪母猪(1.00±0.10)相比差异显著($P=0.015$);经产母猪外阴评分大多在2分,平均为(1.77±0.08)分,与大白、长白猪(1.14±0.05)分相比差异极显著($P=0.000$)。无论是后备母猪,还是经产母猪,米猪外阴及阴道黏膜颜色与大白、长白猪均有一定的差异；米猪外阴及阴道黏膜颜色较大白、长白猪深，呈深红色，有些甚至发紫。根据数据分析，发情前期无论后备母猪，还是经产母猪，米猪与大白、长白猪叫声和爬跨行为分值差异均极显著，且相对于经产母猪，后备母猪更明显，表明发情时米猪叫声更明显，发情前期爬跨行为比大白、长白猪更频繁。

4.5.2 基础研究

4.5.2.1 繁殖性能研究

1. 发情症状候选基因研究

褚青坡(2017)选取并采集发情症状明显的 6 头大白猪和 5 头米猪后备母猪的卵泡组织，利用 RNA-Seq 分析间情期大白猪(LD，$n=3$)、发情期大白猪(LE，$n=3$)和间情期米猪(MD，$n=2$)、发情期米猪(ME，$n=3$)后备母猪卵泡组织的 mRNA 表达谱。结果表明，在 11 个样本中共检测到 122 804～335 295 个 SNP，6 140～14 947 个 InDel 和 12 种可变剪接事件(39.57%TSS，34.90%TTS)。在 LD 比 MD，LE 比 ME，LE 比 LD 和 ME 比 MD 4 个比较组中，共发现 2 838 个差异表达基因(DEGs)。在 LD 比 MD 和 LE 比 ME 2 个比较组之间均差异表达的基因有 26 个，在所有比较组中均差异表达的基因有 2 个(*ACP*5 和 *PIGS*)。*ENSSSCG*00000028235 和 *ENSSSCG*00000021903 分别在米猪和大白后备母猪中特异性表达。生物信息学分析表明，这些 DEGs 主要参与单一生物过程、催化活性、细胞黏附等，被富集到 ECM 受体相互作用、嗅觉传导、细胞周期、卵巢类固醇生物合成、CAMs 等信号通路。这些结果为今后筛选后备母猪发情症状的关键功能基因或分子标记提供了有用的信息。

以前期采集的 6 头大白猪和 5 头米猪后备母猪的组织样品为基础，通过 Promoter Scan 等网站预测猪 *SULT*1*C*3 基因启动子区位置，利用 pGL3-basic 双荧光素酶报告基因系统构建猪 *SULT*1*C*3 基因的 6 个缺失表达载体(*P*1、*P*2、*P*3、*P*4、*P*5 和 *P*6)和 4 种基因型的表达载体(*GGGG*、*AAAA*、*GGAA* 和 *GAAA*)转染至 293T 细胞后检测荧光活性，研究 *SULT*1*C*3 基因在米猪和大白猪之间差异表达的分子机制。结果表明，*P*3(－1 084/＋261)具有较高的活性，推测 *SULT*1*C*3 基因核心启动子区可能位于－1 084 ～－642 bp 之间。而－1 100～－661 bp 区域内，经测序在米猪和大白猪中发现了 c. －994 G>A 和 c. －946 G>A 两个 SNP。进一步分析发现 *GGGG* 基因型载体的荧光活性显著高于其他基因型，而 *AAAA*、*GGAA* 和 *GAAA*3 种基因型载体的荧光活性差异不显著。因此，影响启动子活性的 SNP 位点是 c. －946 G>A。该 c. －946G>A 位点通过影响 RNA 聚合酶和一些转录因子与启动子的结合，降低 *SULT*1*C*3 基因的表达活性，减弱其降解雌二醇的能力，从而使米猪的发情症状更明显、持续时间更久。该机制可能是导致米猪与大白猪发情症状差异的部分原因(褚青坡，2017)。

2. 发情机制研究

FSHβ/FSHR 信号通路对雌性动物的卵泡发育和雌激素的产生起关键作用，母猪发情期外周血雌激素水平是其发情表现的决定性因素。王艺(2014)对 *FSHβ*、*FSHR* 基因多态性与猪发情期外周血雌二醇水平的相关性进行分析。研究发现，*FSHβ* 基因在米猪中有 2 个等位基因 *D* 和 *E*，*DD* 型为其优势基因型，等位基因 *D*、*E* 的频率分别为 0.841 5 和 0.158 5，米猪与外种猪长白猪、大白猪在基因频率上存在显著差异($P<0.05$)。对 *FSHR* 5′端检测发现，在米猪、大白猪、长白猪中有 19 个 SNPs，分别位于－1 146、－1 142、－1 135、－1 133、－1 111、－1 009、－923、－920、－895、－889、－865、－779、－766、－738、－636、－619、－539 和

−520(ATG 为+1);Haplovxew 连锁分析得到 3 个单倍型,命名为 *A*、*B* 和 *C*,其中 *A* 单倍型 19 个 SNPs 为 TTGCGGCTATCAGGATCAA,*B* 单倍型为 TTGCGGCTACTGAGGCTAG,*C* 单倍型为 ACATTTTCGGTGAAGCTCG;米猪中 *AA*>*BB*>*AB*>*CC*,*A*、*B* 和 *C* 的频率分别为 0.778 5、0.208 9 和 0.012 7,在 3 个猪品种中,等位基因 *A* 均为优势单倍型。*FSHβ*-*FSHR* 合并基因型在米猪中有 9 种,其中 *AADD* 型基因频率为 0.571 4,占绝对优势。

米猪血清雌激素范围是 20.11~80.71 pg/mL,平均水平 46.65 pg/mL。米猪、大白猪和长白猪之间平均雌激素水平差异均不显著($P>0.05$),而长白猪和米猪之间差异极显著($P<0.01$);在大白、长白和米猪中,*FSHβ* 基因不同基因型对应的血清雌激素平均水平之间有差异但均不显著;米猪中,*DD* 和 *DE* 型的雌激素分别为 46.30 pg/mL 和 56.73 pg/mL,*E* 等位基因占优势。*FSHR* 基因 5′侧翼区不同基因型对大白、长白和米猪血浆中雌激素含量的影响差异显著。米猪中 *AA* 型为 51.03 pg/mL,*BB* 为 35.67 pg/mL,相差 15.36 pg/mL,差异显著($P<0.05$)(王艺,2014)。

4.5.2.2 其他研究

在全基因组范围内对 6 个太湖品种(包括梅山猪、二花脸猪、米猪、枫泾猪、沙乌头猪和嘉兴黑猪)的遗传变异进行普查研究。利用简化基因组测序平台 GGRS,对太湖流域 6 个品种共计 252 头地方猪进行遗传变异检测,共检测到 105 550 个 SNP、122 632 个 Indel、31 444 个 Insertion、44 056 个 Deletion 和 455 个 CNV。与当前 dbSNP 数据库比对的分析,发现其中有 29 575 个为新的 SNP,表明太湖流域地方品种存在一定程度的遗传特异性;SNP 在单个染色体上的分布相对均一,但在不同染色体上数量和密度的分布存在一定差异,其 MAF 的分布偏向中低值。遗传多样性显示,米猪基因丰度值最高(AR=1.736),而杂合度最低(HE=0.343)。利用当前已有的基因注释库(如 NCBI、QTL、KEGG 和 GO 等)对遗传变异进行初步的功能注释,结果显示各类变异位于基因上的比例在 27.5%~39.5%,位于 QTL 上的比例在 25%左右;基因富集分析表明,不同类型的变异在不同的通路上发生了富集,SNP 主要与脂肪相关,Indel 更多与疾病相关,Insertion 和 Deletion 与内吞作用相关,CNV 与神经功能相关,含有高密度变异的 QTL 主要集中在胴体与肉质性状、健康性状(王振,2015)。

4.5.3 杂交利用

20 世纪 50 年代中期米猪产区均为本品种繁育,1958 年后,小型约克夏作为父本与米猪杂交,其杂交 1 代优势显著。1981—1984 年随着猪统一供精的开展和人工授精技术的应用,先后又引进长白、苏白、大约克夏等外来品种,与米猪杂交多年取得了较好的效果。以米猪为母本与外来品种进行杂交利用,不仅提高了仔猪初生重、断乳窝重及育成头数,同时杂一代日增重及屠宰率显著提高。据 1980 年江苏省地方猪种杂交试验资料(表 4-4)表明,苏米杂交优势显著,优势率达 11.74%,平均日增重达 576 g(曹宏发等,1988)。米猪是一种高繁殖力的品种,肉质鲜美,但生长速度慢,凹背卧系,今后应加强选育,提高瘦肉率,开展进一步的杂交组合试验。

表 4-4 不同杂交组合试验研究

组合	杂交优势率/%	平均日增重/g	增重 1 kg 需				屠宰率/%
			精料/kg	青料/kg	可消化能/Mcal	可消化蛋白质/g	
苏米	11.74	576.0	3.98	3.28	11.996	353.01	72.75
长米	8.30	537.1	4.13	3.28	12.384	364.24	75.85
长苏米	10.27	559.1	4.13	3.54	12.176	358.27	71.72
约米	8.80	542.0	4.37	3.51	12.324	365.53	73.25
米米		455.0	4.74	4.82	12.662	372.30	68.61

资料来源：曹宏发等(1988)

(撰稿人：张海峰)

4.6 姜曲海猪

姜曲海猪是产于江苏省长江北岸泰县(现姜堰区)、海安地带的一个较年轻的地方品种，于19 世纪初形成，至今已有 100 多年历史，是“北腿”(如皋火腿)的主要原料之一。姜曲海猪分布于泰县、海安县，因境内姜堰、曲塘、海安 3 镇为该猪种主要集散地而得名(杨国威等，2011)。1980 年，扬州、南通、盐城 3 个地区共有姜曲海猪母猪 9.53 万头。20 世纪 80～90 年代，我国各地纷纷从国外引进较多数量的瘦肉型品种猪，对我国地方猪种的保存冲击严重，再加上各级政府对地方猪种保存经费投入不足、保种场技术人才缺乏等原因，使地方猪种处于困境。据2007 年江苏省农林厅组织的调查资料显示，地方猪种的现状比较严峻。姜曲海猪的现状亦不容乐观，饲养纯种猪只有 1 个种猪场(苏姜猪育种中心猪场)，且公猪只有 2 个血统，群众中基本上找不到饲养的姜曲海公猪(经荣斌，2009)。

4.6.1 生产性能

4.6.1.1 生长性能研究

杨元青等(2009)分别于初生、15、30、45、60、75 日龄各屠宰姜曲海猪 4 头，测定心、肝、肺、脾、胃、肾重量以分析其早期内脏器官的发育规律。结果表明，姜曲海猪心、肾占体重的比率随日龄的增长有降低的趋势；肺占体重的比率在 15 日龄达到最大，之后逐渐降低，变化趋势类似于二次曲线；脾占体重的比率在 30 日龄时达到最大；随着日龄的增长，胃占体重的比率呈不断上升的趋势；而肝则无明显变化趋势。各组织在 75 日龄前占体重的比率变化范围较大，说明75 日龄前是早期姜曲海猪内脏器官(心、肝、肺、脾、肾、胃)的长势重点。肝脏在 75 日龄内的生长基本与消化器官整体生长同步；心脏和肺的生长始终快于消化器官整体；胃在断奶前的生长落后于消化器官整体，断奶后则基本与整体同步；而肾脏在断奶前表现出生长旺盛，断奶后则基本与内脏器官整体同步。肾、心、肺属于早熟器官，肝、胃属于中熟器官，而脾属于晚熟器官。

4.6.1.2 肉质研究

朱淑斌等(2013)对姜曲海猪背最长肌组织学特性和肉质性状进行调查与鉴定。结果表明，姜曲海猪肉质优良，其最长肌的肉色、大理石纹、剪切力和肌内脂肪指标与对照组杜长大杂种猪相比，均差异显著（$P<0.05$）；姜曲海猪肌纤维直径和肌纤维面积分别是 55.4 μm 和 2 330.7 μm^2，均远远小于杜长大杂种猪，统计显示差异显著（$P<0.05$）。相关分析表明，肌纤维直径与剪切力的相关系数最大（$P<0.05$），肌纤维直径越粗，肌肉嫩度越差；肌纤维密度随肌纤维直径而变化，肌纤维直径越粗，单位面积肌纤维密度越低，且与肌肉嫩度呈显著性相关（$P<0.05$），肌纤维密度越大，肌肉嫩度越好；肌纤维直径与肌内脂肪和大理石纹存在显著相关关系（$P<0.05$）。此结果显示了姜曲海猪肌纤维直径、肌纤维面积和密度与肉质性状存在显著相关关系。

姜曲海猪肉色、pH_1、剪切力和肌内脂肪都优于苏姜猪和杜长大三元杂种猪，其中姜曲海猪肌内脂肪含量（4.89%）显著高于苏姜猪和杜长大三元杂种猪（$P<0.05$），剪切力显著低于杜长大三元杂种猪（$P<0.05$）；品种之间水分、蛋白质和粗灰分含量差异不显著（$P>0.05$）。从姜曲海猪背最长肌样品中测出 14 种脂肪酸，饱和脂肪酸的质量分数占总脂肪酸的 43.73%，其中 C16:0 棕榈酸含量最高，C18:0 硬脂酸次之；不饱和脂肪酸的质量分数占总脂肪酸的 56.27%，其中单不饱和脂肪酸的质量分数占 49.22%，以 C18:1 油酸顺式异构体含量最高；亚麻酸含量显著高于苏姜猪和杜长大杂种猪（$P<0.05$）。姜曲海猪和苏姜猪的背最长肌中肌苷酸和鸟苷酸含量显著高于杜长大杂种猪（$P<0.05$），乳酸含量各品种间差异不显著（$P>0.05$）。姜曲海猪必需氨基酸含量和风味氨基酸含量分别占氨基酸总量的 41.67% 和 37.38%，背最长肌中风味氨基酸谷氨酸和亮氨酸含量分别为 9.93 g/kg 和 10.57 g/kg，与杜长大猪差异显著（$P<0.05$）（朱淑斌等，2013）。

4.6.1.3 抗病性研究

倪黎纲等（2018）以姜曲海猪、苏姜猪、长白猪为调查对象，通过不同猪群发病情况、血清学、鼻拭子病原检测和屠宰肺部病变情况了解不同品种间肺炎支原体流行病学情况。结果发现，姜曲海猪、苏姜猪和长白猪的猪群发病率分别为 17.43%、3.27% 和 2.41%，死亡率分别为 7.71%、0.92% 和 0.60%，姜曲海猪发病率和死亡率明显高于苏姜猪和长白猪；姜曲海猪群血清阳性率达 36.84%，比苏姜猪群高约 22 个百分点，比长白猪群高约 24 个百分点；姜曲海猪群肺部病变指数评分极显著高于长白猪群和苏姜猪群（$P<0.01$）；而从猪群鼻拭子肺炎支原体病原检测结果看，3 个品种猪群之间携带病原情况并不存在显著差异（$P>0.05$）。这说明不同品种猪群间存在流行病学差异，姜曲海猪作为中国地方猪种，其易感性明显高于引进猪种。

4.6.1.4 其他研究

用 Logistic 和 Gompertz 2 种模型对我国部分地方猪种体重的生长进行模拟研究，发现 Gompertz 模型较为适宜，Logistic 模型的模拟效果较差。在体成熟速度方面，江海型的太湖猪和姜曲海猪＞华中型的金华猪和大围子猪＞西南型的内江猪＞华北型的河套大耳猪和八眉猪＞华南型的香猪。我国地方猪的成熟体重普遍较小，种猪成熟体重多在 90～130 kg，生长拐点体重多在 30～50 kg，生长肥育猪成熟体重多在 150 kg 以下，拐点体重在 40～60 kg，最大生长速度不超过 500 g/d（杨公社等，1991）。

4.6.2 基础研究

4.6.2.1 繁殖性能研究

1. 母猪情期激素水平研究

以长白母猪为对照，分析 1 月龄、发情期和间情期姜曲海母猪子宫细胞质雌二醇受体(CER)、细胞核雌二醇受体(NER)及细胞质孕酮受体(CPR)、细胞核孕酮受体(NPR)。3 个时期该猪子宫 CER 分别为 351 fmol/mg DNA、410 fmol/mg DNA 和 367 fmol/mg DNA，其 Kd 值分别为 7.1 nmol、4.8 nmol 和 4.0 nmol；子宫 NER 分别为 245 fmol/mg DNA、1 390 fmol/mg DNA 和 620 fmol/mg DNA，Kd 值为 3.7 nmol、6.6 nmol 和 4.4 nmol；CPR 分别为 251 fmol/mg DNA、364 fmol/mg DNA和 147 fmo1/mg DNA；NPR 分别为 232 fmol/mg DNA、337 fmol/mg DNA 和 184 fmol/mg DNA。在发情期和间情期，姜曲海母猪子宫 NER 以及与细胞质受体的比值均比长白母猪高，说明此时姜曲海母猪子宫对雌二醇具有较高的敏感性；性成熟后，试验猪雌二醇受体和孕酮受体均受它们配体激素的调节(崔垣宓等，1988)。测定姜曲海母猪发情周期血浆中雌二醇和孕酮及其子宫受体含量发现，姜曲海猪发情期血浆雌二醇的峰值为(58.3±3.9)pg/mL，与长白猪比差异不显著；间情期孕酮的最高水平和平均水平均比长白猪高，发情期和间情期子宫 NER 含量较长白猪高($P<0.05$)，说明此时姜曲海母猪子宫对雌二醇具有较高的敏感性(崔恒宓等，1992)。

母猪生殖激素特性研究发现，姜曲海猪和大约克猪情期外周血中促卵泡素、促黄体素、雌二醇和孕酮 4 种生殖激素浓度变化规律与国内外同类研究报道的模式相一致；4 种生殖激素浓度姜曲海猪均高于大约克猪，其差异程度除促卵泡素(FSH)外，其他 3 种激素均达到显著水准($P<0.01$)。姜曲海猪与大约克猪的排卵数相近，但产仔数显著高于大约克。推测可能是由于姜曲海猪的雌二醇和促卵泡素比大约克猪高，二者协同促使颗粒膜产生更多的黄体受体，进而促进卵泡发育、成熟，促黄体素的分泌又促进卵泡的发育与排卵，此外姜曲海猪的孕酮含量(孕酮有助孕保胎作用)超过大约克猪百倍多，这些差异可能共同造成了姜曲海猪性成熟早、发情明显、持续期长、易配种受胎、产仔数多、繁殖率高等特性(蒙妙枝等，1993)。

2. 繁殖性状相关基因研究

用 PCR-SSCP 方法对 152 头姜曲海猪的 *FSHβ* 亚基基因进行的分型结果表明，*FSHβ* 亚基基因在姜曲海猪中有 *AA*、*AB* 和 *BB* 三种基因型，其频率分别为 0.289、0.493 和 0.217；*A* 基因频率为 0.536，*B* 基因频率为 0.464，*A*、*B* 基因频率方差及两基因频率协方差分别为 0.001、0.001 和－0.001。*A* 基因频率的群体估计值的 95%置信区间为[0.473，0.599]，*B* 基因频率对应为[0.401，0.527]；基因杂合度为 0.498，经检验，处于哈迪-温伯格平衡状态。姜曲海猪在发情周期中拥有很高的 FSH 水平，推测其高繁殖力特性可能与该基因的变异有关，*FSHβ* 基因的高度多态性提示了姜曲海猪群体含有丰富的遗传变异信息，具有很高的选择潜力(朱猛进等，2000)。*FSHβ* 基因对产仔数、初生重、20 日龄及乳头数等性状的影响研究表明，*FSHβ* 基因型间总产仔数和产活仔数差异显著，*nn* 基因型母猪头胎总产仔数和产活仔数分别比 *NN* 基因型多 1.70 头/胎和 1.44 头/胎，经产胎次比 *NN* 基因型分别多 1.20 头/胎和 1.22 头/胎；3 种基因型后代初生重和 20 日龄重差异显著，*Nn* 基因型后代显著高于 *NN* 和 *nn* 型，3 种基因型间乳头数差异显著；表明 *FSH* 基因完全可作为产仔数性状的辅助选择标记，有望获得较大的综合效果(葛红山等，2003)。

分析 *PERV-env* 基因在姜曲海猪群体中存在情况，及其对姜曲海猪产仔数的影响。结果表明，在姜曲海猪所有被检样品中，绝大部分个体均存在 *PERV-env* 的 3 种类型；在 *PERV-env* 3 种亚型中，缺失型个体的产仔数高于 3 种亚型全检出的个体，预示 *PERV* 对猪繁殖过程起作用（陶勇等，2011）。*PERV* 在姜曲海猪基因组中的分布情况及遗传特性研究发现，在所检测的 30 头姜曲海猪均带有 *PERV* 前病毒 DNA，耳组织中均有 *PERV* 表达；所有个体均携带 *env-A*、*env-B* 和 *env-C* 3 种亚型，这 3 种亚型与其他猪种分别存在 1、0 和 8 个碱基差异；2 个个体有 2 种基因型表达，28 个个体有 *env-ABC* 基因型表达。这说明姜曲海猪种群携带 *PERV*，而且均具有转录活性，亚型全部是 *env-ABC*；2 种亚型存在基因多态性，从生物安全角度考虑，该猪种不适宜作为异种移植供体（高勤学等，2011）。

参考 GenBank 发布的猪 *Leptin* 基因 DNA 序列（登录号：U66254，AF026976）设计 3 对引物，采用 PCR-SSCP 技术分析 *Leptin* 基因在苏姜猪和姜曲海猪中的单核苷酸多态性（SNP），并用统计学方法分析基因座多态性与产仔性状的相关性。结果发现，*Leptin* 基因在苏姜猪、姜曲海猪群体中均具有多态性，检测到 3 种基因型，*AA*、*AB* 和 *BB*；测序发现编码区第 3 469 位碱基处发生单碱基突变（T3469C），为同义突变。适合性检验显示，2 个猪种 *Leptin* 基因型分布处于哈迪-温伯格平衡（$P>0.05$）。多态信息含量（PIC）分析显示，苏姜猪为中度多态，姜曲海猪为低度多态。*Leptin* 基因型与产仔性状关联分析显示，不同基因型间产仔性状差异不显著（$P>0.05$），但 T3469C 位点 *AB* 基因型平均产仔数较 *AA* 和 *BB* 基因型高，初步推断 *Leptin* 基因 T3469C 位点可能是影响猪产仔性状潜在的遗传标记（朱爱文等，2017）。

3. 精液相关研究

刘莉（2018）采用双向电泳技术将冻融前后姜曲海猪的精子蛋白进行分离，用 MALDI Tof/Tof 质谱鉴定技术对相关差异蛋白进行分析，并采用 Blast2GO 软件对精子差异蛋白质进行功能注释。经蛋白图谱比较分析和质谱鉴定发现，冻融前后精子差异的蛋白点为 42 个，主要参与结合、催化活性、结构分子活性、分子功能调节、抗氧化活性、核酸结合转录因子和转运活性等 7 个生物学功能。结合 GO 分析和 KEGG 数据库进行蛋白信号通路分析，获得有意义差异蛋白 15 个；与受精相关的差异蛋白 6 种，分别为顶体结合蛋白、糖结合蛋白 AQN-1 前体、电压依赖阴离子选择通道蛋白 2、类锌指蛋白 420、乳凝集素前体、磷脂酰乙醇胺结合蛋白 4，除糖结合蛋白 AQN-1 前体外，其余均表现下调。这表明冻融影响姜曲海猪精子能量代谢、细胞骨架、受精和抗氧化能力。

姜曲海猪精液品质相关研究发现，猪精子活力、PI 染色、低渗肿胀试验、Rh123 染色、FITC 标记的 PNA 染色与体外受精均存在较强的线性相关性，以顶体完整率与体外受精率的相关程度最高（刘莉，2018）。体外受精率与精子形态呈显著正相关，精子活率上升后，卵裂率相对也会提升；卵子受精率和精子顶体完整率之间呈显著正相关，顶体完整率越高，卵子越容易受精，并且卵子受精率也和线粒体活性呈显著正相关（周煜，2019）。冷冻-解冻精液与新鲜精液相比，其超氧化物歧化酶（SOD）、谷胱甘肽还原酶（GR）、过氧化氢酶（CAT）等抗氧化酶，透明质酸酶（HYD）、顶体酶（ACE）等功能性酶和酸性磷酸酶（ACP）、ATP、肌酸激酶（CK）等代谢性酶，除谷胱甘肽还原酶（GR）活性显著升高外（$P<0.05$），其他酶活性均显著降低（$P<0.05$），这说明超低温冷冻保存破坏了姜曲海猪精子酶系统，导致精子运动能力和抗氧化能力降低，顶体反应、受精卵结合和穿过透明带过程异常，使受精能力下降（张斌等，2018）。姜曲海猪精子超低温保存前后的超微结构变化发现，姜曲海猪精子全长约 54.4 μm，由头、颈、体和尾

4 部分组成；形态结构正常的精子，表现为质膜、顶体和线粒体结构完整，顶体光滑，线粒体排列整齐，核染色质均匀；冷冻后精子表现出不同程度的损伤，主要为颈部断裂、膨胀，顶体表面粗糙或顶体缺失，质膜膨胀或缺失，线粒体移位。这表明超低温保存造成姜曲海猪精子超微结构的损伤主要集中于质膜、顶体和线粒体（刘莉，2018）。

研究精液超低温冷冻保存技术，结果发现将乙二醇作为冷冻保护剂，精液解冻后可以达到最理想的效果，在运动度、质膜破损率、顶体完整率和线粒体活性等指标上与二甲基亚砜（DMSO）、丙二醇组有显著差异（$P<0.05$），而与甘油组差异不显著（$P>0.05$）（周煜，2019）。冻精解冻时直接将 0.25 mL 细管置于 37 ℃水浴 30 s，其精子活力、顶体完整率、质膜完整率和体外受精胚胎发育率等各指标均较理想（刘莉，2018）。冷冻液中不同的添加物会对精子品质有很大影响，其中添加十二烷基磺酸钠（SDS）和维生素 C 均可以使精液冷冻效果优化，SDS 和维生素 C 同时添加效果更好；添加谷胱甘肽（GSH）以及透明质酸（HA）时，体外受精卵裂率无显著变化（$P>0.05$），精子活力、超氧化物歧化酶（SOD）活性以及顶体完整率则显著提高（$P<0.05$），同时添加 GSH+HA（5 mmol/L GSH，900 μg/mL HA）效果更好；加入菟丝子的精子 SOD 活性在一定程度上高于冷冻组，其中低剂量组达到显著水平（$P<0.05$），中剂量组精子 MDA 含量低于其他冷冻组，与菟丝子低剂量组和维生素 C 组存在显著差异（$P<0.05$）。剂量适中的菟丝子提取物可以抑制冷冻诱发的膜损伤，增强精子自身的 SOD 活性，减小 MDA 含量（周煜，2019）。

4.6.2.2 生长性能研究

宋成义等（2001）利用 PCR-RFLPs 技术，用 *Msp* Ⅰ、*Apa* Ⅰ 两种限制酶，检测猪 *GH*（生长激素基因）+206～+711 位共 506 bp 片段中的+295～+300 和+563～+566 两处突变位点，分析了各多态位点在姜曲海猪中的分布及其与生产性能的关系。结果发现在姜曲海猪中，*Msp* Ⅰ 酶切突变位点中的 *G1G2* 基因型和 *G2G2* 基因型个体的生产性能没有差异，不同日龄体重在 2 组间变化没有规律；*Apa* Ⅰ 酶切突变位点 *G4G4* 基因型个体的 20 日龄体重、45 日龄体重高于 *G3G3*/*G3G4* 基因型个体，但差异不显著（$P>0.05$），*G4G4* 基因型个体的 70 日龄体重和日增重均极显著高于 *G3G3*/*G3G4* 基因型个体（$P<0.01$）。陶勇等（2003）用 *Bsp* Ⅰ、*Hha* Ⅰ 2 种限制性内切酶，检测到猪生长激素基因−119～+486 位共 605 bp 片段中的 3 处碱基突变位点（+193、+330、+379），分析比较了各多态位点对姜曲海猪早期体重的影响。结果发现，姜曲海猪群中 *Bsp* Ⅰ 酶切产生的 3 种基因型个体的早期平均体重间没有差异，但 *A1A1* 基因型个体早期的平均体重略高于其他 2 种基因型个体；*Hha* Ⅰ 酶切产生的不同基因型中，*C1C2* 型个体在 20 日龄、70 日龄的平均体重均显著地高于 *C1C4* 基因型个体的体重（$P<0.01$）。

4.6.2.3 肉质研究

采用 PCR-RFLP 方法检测姜曲海猪脂肪型脂肪酸结合蛋白（A-FABP）基因内含子 1 的多态性，并将不同基因型与肉质性状进行相关性分析。结果表明，在内含子 1 区域存在 *Bsm* Ⅰ 酶切多态性，有 *BB*、*Bb* 和 *bb* 3 种基因型；该位点的多态性对姜曲海猪猪肉的大理石纹和肌内脂肪含量均有显著影响（$P<0.05$），大理石纹为 *BB* 型和 *Bb* 型均显著高于 *bb* 型（$P<0.05$），*BB* 型和 *Bb* 型之间差异均不显著（$P>0.05$）；肌内脂肪含量为 *BB* 型显著高于 *Bb* 型和 *bb* 型（$P<0.05$），*Bb* 型和 *bb* 型之间差异均不显著（$P>0.05$）；其他肉质性状的不同基因型之间差异均不显著（$P>0.05$）。结果显示，姜曲海猪 *A-FABP* 基因内含子 1 的多态性对其肉质性状有重要的影响（朱淑斌等，2013）。

用荧光实时定量 PCR 法检测姜曲海猪不同部位肌肉 *Fox*01 基因 mRNA 表达水平，分析其在不同时期的变化及其与肌肉肌原纤维直径的关系。结果显示，随月龄增加，背最长肌、比目鱼肌、腓肠肌和半腱肌的肌原纤维直径变化规律基本一致，从出生到 1 月龄，生长速度最快，2 月龄后逐渐趋于稳定。不同肌肉部位 *Fox*01 基因 mRNA 表达的发育性变化模式不同，具有组织特异性，背最长肌和半腱肌 *Fox*01 基因的表达量总体呈现下降-上升-下降趋势，比目鱼肌和腓肠肌 *Fox*01 基因的表达量总体呈现上升-下降-上升趋势。不同肌肉部位基因的表达量与肌原纤维直径相关分析表明，*Fox*01 基因的表达量与不同年龄时背最长肌、比目鱼肌、腓肠肌和半腱肌无显著相关性（$P>0.05$）（朱淑斌等，2017）。

*IGFBP*2 基因研究发现，姜曲海猪 *IGFBP*2 基因内含子 3 区域存在 *Msp* Ⅰ位点多态性，有 2 个等位基因（*A* 和 *B*），3 种基因型（*AA*、*AB* 和 *BB*），*B* 为优势等位基因，*AB* 基因型为优势基因型。基因型与肉质性状关联分析发现，不同基因型个体大理石纹和肌内脂肪含量差异显著，*AA* 基因型个体肌内脂肪含量均显著高于 *AB* 和 *BB* 基因型（$P<0.05$），*AB*、*BB* 基因型间差异不显著（$P>0.05$），肉色在姜曲海猪中未表现显著差异，可能与样本数量较少有关；姜曲海猪 *AA*、*AB* 基因型个体大理石纹均显著高于 *BB* 基因型（$P<0.05$），*AA*、*AB* 基因型间差异不显著（$P>0.05$）；其余指标差异均不显著（$P>0.05$）。研究表明，*IGFBP*2 基因多态性会对猪肉质性状产生影响，可作为分子标记辅助手段应用于品种选育（刘海霞等，2017）。

4.6.2.4 抗病性研究

倪黎纲等（2017）采用冷 PBS 气管灌洗法从 20 日龄健康姜曲海猪仔猪中分离培养肺泡巨噬细胞（PAM），得到的原代 PAM 用台盼蓝染色检测其存活率，发现其活率较高，约为 99.50%；免疫荧光法对纯化后 BALF 细胞中 PAM 进行鉴定，纯度约为 94.70%。冻存时细胞密度为 1.51×10^7 个/mL，复苏后细胞密度为 1.48×10^7 个/mL，细胞的存活率较高，为 98.01%。细胞的墨汁吞噬试验显示，胞质中有大量的墨汁颗粒，胞核形态不规则并有明显扭曲折叠，墨汁吞噬率很高，冷冻前吞噬率约 92.00%，复苏后吞噬率约为 93.10%，表明巨噬细胞对墨汁颗粒有很强的吞噬作用，并且冷冻保存和复苏对细胞的吞噬功能影响不大，复苏后的细胞吞噬功能略大于冷冻前（$P>0.05$）。

选取 50 日龄姜曲海猪为试验猪，随机分成感染组和对照组，人工感染肺炎支原体 28 d 后，采集肺部组织，进行高通量 miRNA 测序，采用生物信息学软件进行 miRNA 鉴定和靶基因预测，研究姜曲海猪感染肺炎支原体后肺组织 miRNA 表达谱和分子机制。结果显示，感染组和对照组的肺组织分别筛选到 14 265 786 条和 14 000 588 条小 RNA 纯净序列；与对照组相比，感染组中筛选到 73 个显著差异表达的 miRNAs，其中 39 个表达上调，34 个表达下调，从中随机选取 4 个 miRNAs 进行定量 PCR 验证，感染组和对照组的表达水平与测序结果基本一致。73 个差异表达 miRNAs 预测到 1 685 个靶基因和 4 220 个靶位点，靶基因预测筛选到 8 个与免疫调控相关的 miRNAs；靶基因 GO 和 KEGG 分析显示，miRNA 广泛参与生物过程、细胞组成和分子功能的调控，参与调控细胞凋亡、ECM 受体相互作用、黏附斑通路等信号通路（倪黎纲等，2019）。

4.6.2.5 其他研究

王金法等（1983）对姜曲海猪从初生直至 180 日龄猪妊娠、分娩以及泌乳母猪在不同发育阶段和生理状态的血液生化值进行了比较系统的测定。结果显示，仔猪初生未哺初乳前的血清总蛋白浓度较低，哺初乳后 24 h 则骤然上升，随日龄递增而逐渐上升，30 日龄达最高峰，其差异极显著（$P<0.01$），60～180 日龄则基本稳定在一个水平上。这说明母猪初乳中的蛋白对初生仔猪的血清总蛋白的浓度影响很大，不仅提高仔猪血清总蛋白水平，而且刺激仔猪自身产生蛋白并逐步趋向成熟。仔猪初生未哺初乳前血清甲胎蛋白（AFP）的浓度较高，哺初乳后 24 h 则较低，而 3 日龄为最高，以后随日龄递增而逐渐降低，21 日龄已降低到不能定量的程度。血清白蛋白浓度，由初生未哺乳至 25 日龄逐渐升高，30 日龄为最高，而至 60～180 日龄又降低呈基本稳定水平；母猪妊娠 80 d 略低，分娩后未进食最低，而泌乳 20 d 较高。这表明白蛋白由肝脏合成时受营养水平的影响很大，仔猪哺乳期因母乳营养全价，所以白蛋白浓度较高。姜曲海猪在生长期，γ-球蛋白水平随日龄增加而增加，所以成年猪的抗病力略优于幼猪。研究还发现，姜曲海猪血液中的碱性磷酸酶（AKP）水平在初生未哺初乳和哺初乳后 24 h 的仔猪最高，然后随日龄增长而逐渐下降；在初生未哺初乳、哺初乳后 24 h、30 d、60 d、90 d、120 d、150 d 和 180 d 8 个阶段，自初生未哺初乳至 180 日龄各相邻日龄阶段差异均极显著（$P<0.01$），妊娠 80 d 与分娩未进食的母猪之间差异也极显著（$P<0.01$），分娩未进食与泌乳 20 d 的母猪之间差异不显著（$P>0.05$）。

*IGF*2、*MUC*13、*PHKG*1、*RYR*1 和 *VRTN* 基因是应用于实践生产的影响猪抗病、肉质及生长性能的基因。利用 PCR 扩增、Sanger 测序和 RFLP 技术对这 5 个基因进行研究，结果发现，姜曲海猪中 *IGF*2 有利等位基因频率相对较低，仅为 0.034，3 种基因型分布频率（$P=0.721$）符合哈迪-温伯格平衡；*MUC*13 有利基因频率极高，为 1.000，3 种基因型分布频率（$P=1.000$）符合哈迪-温伯格平衡；*PHKG*1 基因全部为 *CC* 纯合子个体，无 *AC* 杂合子个体和 *AA* 纯合子个体，*C* 有利等位基因频率为 1.000；*RYR*1 在姜曲海猪群体有极高的有利基因频率（0.809），102 头中仅有 1 头是 *TT* 基因型氟烷应激个体，3 种基因型分布频率（$P=0.081$）符合哈迪-温伯格平衡；*VRTN* 基因的有利基因频率较低，只有 0.049，3 种基因型分布频率（$P=0.605$）符合哈迪-温伯格平衡（徐盼等，2019）。

4.6.3 杂交利用

4.6.3.1 繁殖性能研究

姜曲海猪瘦肉型新品系是以杜洛克猪、枫泾猪、姜曲海猪 3 个品种猪为亲本培育的一个瘦肉型黑色母系品种。韩大勇等（2013）对姜曲海猪瘦肉型新品系 3～5 世代母猪的繁殖性进行统计分析。结果显示，姜曲海猪瘦肉型新品系产仔数和产活仔数均比较高，3～5 世代中，初产产仔数在 10 头以上，3～4 世代中经产产仔数 13 头以上，产仔数和产活仔数随着世代选育的推进有所提高，但世代间差异不显著，初步断定该瘦肉型新品系经过世代选育后，产仔数和产活仔数的繁殖性状已趋于稳定。新品系仔猪初生重、28 日龄断奶个体重（3 世代为 45 日龄断奶）比姜曲海猪有明显提高，但与外来品种相比还有一定差距，初生重的变异系数比较大，有提高的可能性。新品系第 5 世代数据显示，母猪初产仔数 10.89 头，仔猪初生重 1.20 kg，28 日龄断奶重 5.87 kg，初情期 172 d，初情期体重为 78.26 kg，发情周期为 20.5 d，发情持续期为 3.28 d，初配时间为 7～8 月龄，初配体重为 85～90 kg，达到并超过选育目标，是一个理想的母系种猪。

4.6.3.2 生长性能研究

1. 肥育和胴体性能研究

经荣斌等(1999)探索了枫泾猪、里岔黑猪对改良姜曲海猪繁殖性能、肥育性能和胴体品质的作用,以确定姜曲海猪瘦肉品系的杂交基础亲本。在相同饲养管理条件下,肉猪肥育性能以长×姜猪最好,次为长×枫姜猪和长×里姜猪;各杂种肉猪在不同体重阶段增长出现不同的特点,这与其杂交亲本的成熟早迟有关。在体重相近时,长×里姜猪胴体产瘦肉最多,产脂肪最少,胴体品质较好;次为长×枫姜猪;长×姜猪胴体品质较差。肉猪从体重 15 kg 饲养到体重 85 kg 左右出售,经济效益以长×枫姜猪最佳,次为长×姜猪,而长×里姜猪较差。综合枫姜、里姜和姜姜母猪的繁殖性能及其后代长×枫姜、长×里姜和长×姜猪的肥育性能、胴体品质、活猪出售经济效益等试验结果,最终确定了在姜曲海猪基础上,吸收枫泾猪血缘成分形成枫姜猪,作为培育姜曲海猪瘦肉品系的基础母本。

对姜曲海猪瘦肉型品系基础亲本——杜枫姜猪进行研究,对杜枫姜猪、杜姜猪、枫姜猪和姜曲海猪的肥育性能、胴体品质及血液生化指标进行比较。结果表明,杜枫姜猪的平均日增重、饲料转化率、屠宰率、后腿比例均高于枫姜猪和姜曲海猪,而胴体瘦肉率显著高于杜姜猪、枫姜猪、姜曲海猪,板油比例较低;杜枫姜猪和杜姜猪的脂肪比例呈下降趋势。研究显示,杜枫姜猪具有较好的肥育性能和产瘦肉性能。血液生化指标与日增重、胴体性状的相关性分析显示,甘油三酯、总胆固醇、尿素氮与胴体脂肪比例呈现一定程度的正相关关系;而谷丙转氨酶(GPT)、谷草转氨酶(GOT)与胴体瘦肉率比例、日增重均存在一定程度的正相关关系(陈华才等,2000)。

姜曲海猪优质瘦肉型新品系是利用地方猪种姜曲海猪以及优良的国外瘦肉型品种杜洛克猪杂交而成的。对该新品系 3～5 世代育种群的生长和胴体品质进行研究,结果显示,姜曲海猪瘦肉型品系 3～5 世代各组数据之间差异不显著($P>0.05$),育种基础群的体型和性能已经基本稳定,整齐度高,变异度非常小。新品系第 5 世代在 25～90 kg 阶段,平均日增重 652.02 g,料肉比 3.21,90 kg 体重屠宰率 72.16%,胴体瘦肉率 55.82%,眼肌面积 33.39 cm^2,失水率 29.45%。各个指标均达到预期育种目标,已达到优质瘦肉型猪品系的标准(周春宝等,2010)。

2. 背最长肌超微结构研究

以姜曲海猪瘦肉型品系 0 世代仔猪为研究对象,分别对其背最长肌超微结构和消化器官发育进行研究。将试验仔猪于 0、15、30、45、60、75 d 进行屠宰,取背最长肌做超薄切片,对肌原纤维直径、肌节、A 带、I 带和 H 带进行测量分析。结果表明,肌原纤维直径从出生至 15 日龄期间生长迅速,15 日龄时肌原纤维直径比初生时几乎增加了 1.5 倍,此后各日龄段增长缓慢,到 75 日龄已接近成熟;肌节长度到 45 日龄时已达到 1 649 nm,基本分化成熟;A 带长度从出生到 60 日龄呈逐渐增加趋势,60 日龄时达到 1 346 nm,基本分化成熟;而 I 带和 H 带长度不随年龄增长而增加,说明 I 带和 H 带长度在胚胎期已基本成熟而稳定。研究发现各部分成熟的先后顺序为:I 带(胚胎期)>肌节(45 日龄)>A 带(60 日龄)>肌原纤维直径(75 日龄)(李庆岗等,2005)。

4.6.3.3 肉质研究

1. 肌肉理化特性研究

选取姜曲海猪瘦肉型品系(以杜洛克猪、枫泾猪、姜曲海猪 3 个品种猪为亲本培育的瘦肉型母系品种)0 世代仔猪 24 头，按初生及 15、30、45、60、75 日龄分成 6 个阶段，经甲酯化后用气相色谱法测定各日龄段的肌内脂肪酸含量。结果表明，背最长肌肌内饱和脂肪酸以棕榈酸和硬脂酸为主，含量随着日龄的增长(初生至 60 日龄)而逐渐减少，45 日龄前在 400 mg/g 左右，60～75 日龄又有所升高。不饱和脂肪酸含量在断奶前较稳定(600 mg/g 左右)，断奶至 60 日龄降至 505.1 mg/g，此后又升高至 75 日龄的 620.0 mg/g。此外，瘦肉型品系 0 世代仔猪背最长肌肌内不饱和脂肪酸含量明显高于饱和脂肪酸，而且 75 日龄以后还会有所增加，单不饱和脂肪酸油酸(与肉质呈正相关)含量也从 60 日龄开始快速增长，这些均有利于提高猪肉品质，改善肉食香味、嫩度、风味等特性(李庆岗等，2004)。苏姜猪背最长肌的剪切力显著高于姜曲海猪($P<0.05$)，腿肌、背最长肌的失水率均高于姜曲海猪，但差异不显著($P>0.05$)，说明苏姜猪不如姜曲海猪肉质嫩，但瘦肉含量高于姜曲海猪。由于苏姜猪是以姜曲海猪为母本培育而成的瘦肉型猪种，所以这些结果符合新品种猪杂交遗传规律。苏姜猪腿肌、背最长肌中肌内脂肪和肌苷酸含量分别为 3.05±0.33、3.32±1.19 和 1.63±0.06、1.72±0.03，均低于姜曲海猪，其中背最长肌肌内脂肪和肌苷酸含量、腿肌的肌苷酸含量差异显著($P<0.05$)。这表明与姜曲海猪相比，其杂交品种苏姜猪肉质有所下降(陶勇等，2017)。

2. 基因多态性与肉质关联性研究

研究苏姜猪脂肪型脂肪酸结合蛋白(A-FABP)基因内含子 1 的多态性，并将不同基因型与肉质性状进行相关性分析。结果表明，在内含子 1 区域存在 *Bsm* Ⅰ 酶切多态性，有 *BB*、*Bb* 和 *bb* 3 种基因型；该位点的多态性对苏姜猪肉的大理石纹和肌内脂肪含量均有显著影响($P<0.05$)，大理石纹为 *BB* 型和 *Bb* 型均显著高于 *bb* 型($P<0.05$)，*BB* 型和 *Bb* 型之间差异均不显著($P>0.05$)；肌内脂肪含量为 *BB* 型显著高于 *Bb* 型和 *bb* 型($P<0.05$)，*Bb* 型和 *bb* 型之间差异均不显著($P>0.05$)；其他肉质性状的不同基因型之间差异均不显著($P>0.05$)。研究显示，苏姜猪 *A-FABP* 基因内含子 1 的多态性对其肉质性状有重要影响(朱淑斌等，2013)。对 *IGFBP2* 基因多态性进行研究，发现苏姜猪 *IGFBP2* 基因内含子 3 区域 *Msp* Ⅰ 位点具有多态性，存在 *A* 和 *B* 2 个等位基因，*B* 为优势等位基因；有 *AA*、*AB* 和 *BB* 3 种基因型，*AB* 基因型为优势基因型。与肉质性状的相关性研究显示，不同基因型个体肉色、大理石纹和肌内脂肪含量差异显著，*AA* 基因型个体肉色、肌内脂肪含量均显著高于 *AB* 和 *BB* 基因型($P<0.05$)，*AB*、*BB* 基因型间差异不显著($P>0.05$)；苏姜猪 *AA*、*AB* 基因型个体大理石纹均显著高于 *BB* 基因型($P<0.05$)，*AA*、*AB* 基因型间差异不显著($P>0.05$)；其余指标差异均不显著($P>0.05$)(刘海霞等，2017)。

4.6.3.4 抗病性研究

金文等(2013)通过临床症状、肺病变指数评价以及血清学方法对苏姜猪新品种核心育种场、扩繁场的苏姜猪群、姜曲海猪群进行猪肺炎支原体感受性评价。结果显示，苏姜猪、姜曲海猪肺炎支原体的多发时期都集中在育成育肥期，其次是保育期，母猪阶段发病率最低；苏姜猪的平均肺病变指数低于姜曲海猪，并且苏姜猪的屠宰检测群中有 57 头猪没有支原体肺炎特征性病变，姜曲海猪只有 6 头，苏姜猪对猪肺炎支原体的耐受性明显高于姜曲海猪。倪黎纲等(2017)采集不同猪场各个生长阶段苏姜猪的鼻拭子，采用 PCR 检测肺炎支原体病原携带的差异性。结果显示，不同猪场间猪群肺炎支原体病原携带的阳性率存在差异；猪群生长发育的不同时期，肺炎支原体病原携带的阳性率也存在差异，育肥期最高；苏姜猪携带肺炎支原体比其亲本姜曲海猪携带病原的阳性率低。这说明猪场猪群肺炎支原体病原阳性率差异与饲养环境相关，苏姜猪比其亲本姜曲海猪对猪支原体肺炎耐受力更强，与金文等(2013)研究结果一致。

倪黎纲等(2019)以对猪肺炎支原体易感的姜曲海猪和相对耐受的杜洛克猪的杂交一代 F_1(杜洛克×姜曲海猪)杂交猪为参试动物，通过人工感染肺炎支原体，研究试验猪的临床病理特征和免疫抗体变化，探索猪肺炎支原体对免疫相关分子基因表达的影响。结果显示，试验16 d后感染组出现支原体肺炎临床症状；试验20 d后，感染组血清肺炎支原体抗体阳性，IgG质量浓度极显著高于对照组；试验30 d后，感染组的体质量极显著低于对照组；试验40 d时屠宰，病理检查发现，感染组表现严重的肺组织病变，脾和肺组织的 *IL-1β*、*TLR4*、*IL-4*、*IL-2* 基因表达显著高于对照组。结果表明，感染组表现出典型支原体肺炎临床表现和病理变化，成功建立了肺炎支原体感染猪模型。

4.6.3.5 其他研究

王宵燕等(2005)以姜曲海猪瘦肉型品系0世代为试验素材，选择仔猪24头，分别于初生和15、30、45、60、75日龄早晨空腹采血，离心取血清以测定血液生化指标含量。结果表明，初生仔猪血清碱性磷酸酶(AKP)、总蛋白(TP)和尿素氮(UN)含量分别为767.9 U/L、7.2 g/dL和46 mmol/L，显著高于其他日龄($P<0.05$)，其余各日龄水平基本接近，无显著差异($P>0.05$)；淀粉酶(Amy)、白蛋白(A)含量则随日龄增长显著上升，谷丙转氨酶(GPT)和谷草转氨酶(GOT)的活性峰值出现在30日龄。仔猪出生时三碘甲状原氨酸(T_3)含量较高，随后有下降趋势。T_3 与总蛋白(TP)和尿素氮(UN)呈显著正相关，说明机体通过神经内分泌途径来调节血液蛋白含量的变化；T_3 与白蛋白呈显著负相关，可能是因为在血液中 T_3 主要以蛋白结合型为主要表现，而白蛋白是结合蛋白的一种，T_3 与白蛋白结合使 T_3 与游离的血液白蛋白呈负相关。

(撰稿人：张海峰)

4.7 浦东白猪

浦东白猪是很有特色的一个优良地方猪品种，它全身被毛白色，是我国唯一一个白色的地方猪种。浦东白猪不属于太湖猪类，它有自己独立的起源。20世纪初，浦东白猪分布在黄浦江以东以南的几个县，如南汇、川沙、奉贤，包括原上海县的部分地区，是当地的主要猪种。但浦东白猪有诸多缺点，如对饲料要求较高、骨骼大、生长期漫长、易患气喘病等，故20世纪60年代后期即基本被淘汰，零星饲养的浦东白猪散见于农村及一些养殖场。20世纪80年代建立了南汇种畜场，2003年种畜场建立了保种群。2006年浦东白猪被列入《国家级畜禽遗传资源保护名录》，2008年南汇种畜场列入国家级保种场，2010年该场更名为上海浦东白猪繁育中心。2013年，该中心保有浦东白猪生产母猪120头，后备母猪20头，生产公猪16头，后备公猪10头，家系6个。2013年纯繁34胎，选留浦东白后备母猪50头、后备公猪20头。浦东白猪除了毛色白色外，其他方面与我国其他地方猪种的特点颇为类似，如繁殖力高、较耐粗饲、适应性强、肉质风味较佳等(谈永松，2013)。

4.7.1 生产性能

4.7.1.1 繁殖性能研究

在良好的饲养管理条件下，浦东白猪2月龄时开始有爬跨现象，6月龄75 kg时可以开始配种;母猪于 4 月龄时达性成熟,发情周期 20～21 d,发情持续期 2～4 d,发情症状明显。养猪户一般在母猪 6 月龄、体重超过 60 kg 时开始配种,种猪场则多在母猪 7 月龄、体重 70～75 kg 时开始初配。母猪妊娠期 112～114 d,多在仔猪断奶后的 7～10 d 内发情,也有在 40 d 左右的哺乳期内发情的。据南汇良种繁殖场统计,浦东白猪母猪的繁殖性能见表 4-5,少数经产母猪有产仔数达 34 头的记录。2006 年 9 月在上海市南汇区种畜场对 9 头公猪、20 头母猪进行了观测。结果显示,平均为 4.25 胎次时,浦东白猪母猪的发情周期 20.7 d,妊娠期 114.1 d,窝产仔数 13.0 头,窝产活仔数 11.5 头,初生窝重 11.52 kg,仔猪初生重 1 050 g,仔猪 40 日龄断奶个体重 7.74 kg,断奶仔猪成活数 10.3 头,仔猪成活率 79%(王林云,2011)。

表 4-5 母猪的繁殖性能

胎次	产仔				60 日龄断奶		
	窝数	窝产仔数/头	窝产活仔数/头	初生重/kg	窝数	断奶头数/头	断奶个体重/kg
1 胎	163	10.55	9.69	0.86	149	8.37	13.93
2 胎	121	12.77	11.40	0.88	115	10.41	13.83
3 胎以上	149	15.01	12.93	0.88	142	10.84	14.60

资料来源:王林云(2011)

4.7.1.2 生长性能研究

据 1982 年南汇测定站对浦东白猪育肥性能的测定,浦东白猪始重 24 kg,经 150 d 育肥体重达到 93.8 kg,日增重 465 g,料重比 4.08,屠宰率 61.3%,板油重 1 kg,后腿重占胴体重的 28.8%,眼肌面积 24 cm^2。据 2006 年 12 月上海市种猪测定中心对 4 头浦东白猪育肥性能的测定,育肥猪始重 25.6 kg,饲养 109 d,末重 85.65 kg,日增重 550.9 g,料重比 3.33;对其中 3 头育肥猪进行了屠宰性能测定,宰前活重 92.9 kg,胴体重 62.4 kg,屠宰率 43.8%,皮厚 5.6 mm,背膘厚 41 mm,眼肌面积 19.35 cm^2。2006 年数据与 1982 年数据比较,日增重提高较多,可能是与饲养管理水平的大幅度提升有关(王林云,2011)。

4.7.2 基础研究

4.7.2.1 繁殖性能研究

肖倩等(2017)利用全基因组范围内的遗传标记(SNPs),对比 6 个太湖流域地方品种及 3 个引进品种,对浦东白猪的遗传多样性进行了分析;同时利用落入繁殖候选基因内的 SNPs,分析了群体的多样性及结构。结果显示,相较于太湖流域地方品种及西方引进品种,浦东白猪的遗传多样性较太湖流域地方品种低;除枫泾猪外,浦东白猪繁殖相关 SNP 的多态性标记的比例、期望杂合度最低,等位基因丰度仅高于杜洛克猪;主成分分析(PCA)结果揭示浦东白猪繁殖相关 SNP、位点仍具有其群体独特性。研究结果揭示了浦东白猪现存群体遗传多样性较低,繁殖性能的退化可能是由一些有利等位基因的灭绝、繁殖相关基因多态性及个体杂合性的降低所致。但是,浦东白猪仍然携带一定数量的有利等位基因,并且依旧具有其群体独特性,暗示浦东白猪仍具有较高的保种价值(肖倩等,2017)。

4.7.2.2 生长性能研究

许栋等(2017)以 87 头饲养于生产性能测定系统(FIRE 系统)的浦东白猪的生长发育数

据(14～36周龄)为基础，拟合浦东白猪育肥阶段生长曲线，研究其生长发育规律。结果显示，在14～36周龄，Logistic和Gompertz 2个非线性模型均能较好地对浦东白猪公、母猪生长曲线进行拟合，以Logistic模型拟合优度更高，拟合结果更接近真实情况。在Logistic模型拟合生长曲线中，浦东白猪公猪最大理论体重为128.719 kg，生长拐点体重是46.360 kg，拐点日龄是198.237日龄，最大日增重为514.871 g/d；浦东白猪母猪最大理论体重为111.773 kg，生长拐点体重是55.887 kg，拐点日龄是184.622日龄，最大日增重为447.089 g/d。

4.7.2.3 抗性研究

浦东白猪的遗传具有独特性，其抗性研究主要集中在抗病性相关的基因(*FUT*1、*TAP*1、*Nramp*1和*Mx*1)研究方面。

1. *FUT*1和*TAP*1基因研究

*FUT*1和*TAP*1基因是抗致病性大肠杆菌F18的候选基因，其中*FUT*1基因的*AA*型和*TAP*1基因的*GG*型为抗病基因型。为了确定*FUT*1基因M307位点和*TAP*1基因6729位点的多态性及对浦东白猪免疫性能的影响，张艳(2016)对2个基因进行了PCR-RFLP和序列测定分析，检测了可能相关的免疫指标，并与大白猪进行对比分析。结果表明，在浦东白猪上发现了中国其他地方猪种不存在的*AA*抗病基因型，其基因型频率为0.018，低于大白猪的0.052。浦东白猪和大白猪均存在*TAP*1基因*GG*抗病基因型，其频率分别是0.708和0.695。2个猪种*FUT*1和*TAP*1基因的3种基因型个体的IL-6和IL-10均无明显差异($P>0.05$)，表明浦东白猪和大白猪有相同的肝细胞炎症反应和B细胞分化的能力，在一定程度上影响了浦东白猪抗F18和其他感染的免疫力。两猪种2个基因抗病基因型个体TNF-α水平比敏感基因型个体高($P<0.05$)，表明2个基因抗病基因型可能与TNF-α水平有关。

2. *Nramp*1研究

*Nramp*1基因与动物对胞内病原体感染疾病的抵抗力相关。周文兵等(2015)采用PCR方法分离和克隆浦东白猪的*Nramp*1基因第6内含子片段，测序后检测该片段，寻找浦东白猪在该片段中特有的突变位点。结果显示，浦东白猪在该段基因中有3个特异的突变点普遍存在，分别是259 bp的A→G突变，331 bp的G→A突变和29 bp后1～2个T碱基的插入，该片段与国内外已经得到研究的诸多猪种相比具有很高的品种特异性。研究中发现的3个突变位点既不同于迄今唯一被发现可以产生抗病力差异的111 bp位点突变，又与罗文华(2004)从4种中外猪种发现的5个突变位点和李娟娟(2010)等从合作猪发现的10个突变位点没有重复，说明了浦东白猪在*Nramp*1抗病基因的遗传独特性。

3. *Mx*1基因研究

*Mx*1基因与动物对流感病毒和水疱性口炎病毒等多种的抵抗力相关。对浦东白猪种群进行随机抽样并扩增*Mx*1基因第14外显子，测序的结果显示浦东白猪的基因片段具有较多的突变位点，其中大部分突变位点未在其他猪种发现过。*Mx*1基因第14外显子的序列中发现第47 bp处的C碱基缺失，49 bp处的A碱基缺失，54 bp处的C碱基缺失，63 bp处的A碱基缺失，76 bp的A→G以及146 bp的T→C，共6处位点突变。对相同猪场的浦东白猪群体与大白猪群体随机抽样并检测血清中的与所选抗病基因相关的免疫学指标的水平，结果显示，2个猪种群体间在血清中的IL-4、IL-12和IFN-γ水平ELISA检测结果均不存在显著差异($P>0.05$)(周文兵，2016)。

4.7.2.4 其他研究

1. 毛色控制研究

盛中华等(2008)通过聚合酶链式反应-单链构象多态性分析(PCR-SSCP)及对 *KIT* 基因内含子 17 和内含子 18 的测序分析,探讨浦东白猪白毛色的遗传控制体系。结果证明,浦东白猪白毛色是 *KIT* 基因内含子 17 发生了 G→A 的突变,内含子 18 的序列中存在 AGTT 的缺失造成的,与长白猪和大白猪的白毛色属于相同的毛色控制体系且都受显性白等位基因控制。这同荣昌猪全白色个体的白色形成机制不同,说明作为地方品种,浦东白猪的白色具有独特价值,且仅从毛色上无法判断其起源。

2. 遗传分析研究

盛中华(2008)对 25 头非同母浦东白猪和 9 头沙乌头猪 mtDNA D-loop 区 1 200 bp 左右序列进行测序,利用测序结果与 GenBank 上查到的国内外猪种 mtDNA D-loop 区序列进行了系统进化分析,构建系统进化树,计算了种内、种间的遗传距离。结果显示,25 头浦东白猪聚为一类(bootstrap 值为 97%)且组内遗传距离为 0.000 2±0.000 1,远小于与其他品种(尤其是国外品种)间的遗传距离,基本上确定就母系起源而言其为独立的地方品种。

3. 基因组结构及功能特性研究

浦东白猪群体内 *MAF* 等于 0 的位点共 68 104 个,说明这些位点在其他品种内表现为多态,但在浦东白猪群体内可能已经纯合。对比现有的猪 SNP 数据库,研究新发现 35 521 个 SNP,其中浦东白猪群体内存在多态的位点有 26 084 个,说明浦东白猪基因组上仍存在大量的 SNP 待发现,这从一定程度上反映了浦东白猪的独特性。利用全基因组范围内的 SNP 对群体遗传距离和结构进行分析,发现相比于西方品种,浦东白猪虽然与中国地方品种有着更近的遗传关系与背景,但并不同于其他地方品种,其有着独特的遗传结构(肖倩等,2017)。

4.7.3 杂交利用

为了加强浦东白猪的开发和利用,肖倩等(2016)结合杂种优势预测,选择杜♂×长浦♀(D×LP,DLP),大♂×长浦♀(Y×LP,YLP),浦♂×长大♀(P×LY,PLY)三元杂交模式以及浦东白猪纯繁(P♂×P♀,PP)和二元杂交模式的长♂×大♀(LY)作为试验杂交组合,较系统地开展了浦东白猪不同杂交组合的繁殖性能、生长性能和肉质研究。

4.7.3.1 繁殖性能研究

不同的杂交组合,繁殖性能有很大的差别。如表 4-6 所示,含浦东白猪的 3 种杂交组合中,YLP 总产仔数最高且 3 组之间并无显著差异,但均显著高于 PP($P<0.05$)。YLP 组合的母本产活仔数最高,为 13.07 头,显著高于 PP 的 9.72 头($P<0.05$),PLY 和 DLP 次之,分别为 12.35 头和 11.33 头。由于数据不全,本研究仅分析了 DLP 与 PLY 杂种猪的初生个体重数据。结果显示,PLY 初生个体重为 1.57 kg,显著高于 DLP 的 1.34 kg($P<0.05$)。根据历史数据,浦东白猪纯繁的初生个体重一般为 0.7~0.9 kg,显然 DLP 与 PLY 2 个组合均要比 PP 高得多。

表 4-6　不同杂交组合的繁殖性能

母猪	与配公猪	窝数	总产仔数/头	产活仔数/头	初生个体重/kg
LP	D	12	12.92 ± 2.06^{a}	11.33 ± 1.97^{ab}	1.34 ± 0.14^{b}
LP	Y	15	13.73 ± 2.31^{a}	13.07 ± 2.22^{a}	
LY	P	17	12.94 ± 2.27^{b}	12.35 ± 1.87^{a}	1.57 ± 0.15
P	P	36	10.89 ± 2.7^{b}	9.72 ± 3.26^{b}	

注：同列比较，小写字母相同表示差异不显著($P>0.05$)，小写字母不同表示差异显著($P<0.05$)。

资料来源：肖倩等(2016)

4.7.3.2　生长性能研究

对不同杂交组合的育肥和胴体性能进行研究，结果显示达 40 kg 体重日龄(D40)PLY 最低，与 DLP、YLP、PP 存在显著差异($P<0.05$)，但与 LY 无显著差异($P>0.05$)，说明 LY 二元杂种母猪对商品肉猪的早期生长影响极大。达 60 kg 体重日龄(D60)与达 95 kg 体重日龄(D95)仍为 PLY 最低。在 40～60 kg 这一阶段的日增重(ADG40-60)中，PLY 最高，与对照组 LY 和 PP 有显著差异($P<0.05$)；在这一阶段的料重比中 PLY 较差，仅显著优于 PP($P<0.05$)。结合 40～95 kg 这一阶段来看，PLY 在日增重上与 DLP、YLP、LY 差异不显著($P>0.05$)，但显著高于对照组 PP($P<0.05$)，而这一阶段的料重比 LY 最优，且显著优于 PLY、PP($P<0.05$)，但与 DLP、YLP 差异不显著($P>0.05$)，见表 4-7。胴体性能测定中，DLP 与 YLP 的屠宰率最高，分别为 79.88%和 78.45%，分别高出浦东白猪 7.37%和 5.94%；PLY 达 77.42%，与 YLP 和 LY 差异不显著($P>0.05$)。LY 的瘦肉率最高且与其他试验组差异显著($P<0.05$)，为 69.09%，DLP 与 YLP 瘦肉率仅次于 LY，分别为 65.52%和 64.79 %；PLY 瘦肉率为 56.73%，显著高于浦东白猪($P<0.05$)。3 种浦东白猪杂交组合比较，DLP 与 YLP 胴体性能均优于 PLY，说明杜洛克与长白猪相对于浦东白猪作为父本具有优势。

表 4-7　不同杂交组合的育肥试验结果

项目	DLP	YLP	PLY	LY	PP
D40	109.9 ± 7.2^{c}	103.0 ± 13.8^{bc}	94.8 ± 5.1^{a}	95.5 ± 11.7^{ab}	181.7 ± 16.4^{d}
D60	140.1 ± 10.1^{b}	127.7 ± 17.7^{a}	124.1 ± 11.8^{a}	129.1 ± 12.7^{a}	238.5 ± 25.0^{c}
D95	186.3 ± 10.4^{b}	171.7 ± 16.5^{a}	169.2 ± 10.7^{a}	165.6 ± 8.9^{a}	292.1 ± 26.3^{c}
ADG40-60	$691.9\pm153.^{2ab}$	680.4 ± 112.7^{ab}	748.0 ± 206.5^{a}	623.2 ± 127.8^{b}	445.0 ± 148.2^{c}
FCR40-60	2.6 ± 0.4^{ab}	2.5 ± 0.3^{a}	2.8 ± 0.6^{b}	2.6 ± 0.4^{ab}	3.5 ± 0.7^{c}
ADG60-95	765.3 ± 74.7^{a}	820.3 ± 155.0^{a}	761.0 ± 106.2^{a}	785.1 ± 114.4^{a}	582.2 ± 94.9^{b}
FCR60-95	3.1 ± 0.3^{b}	3.0 ± 0.4^{ab}	3.2 ± 0.4^{b}	2.8 ± 0.2^{a}	3.9 ± 0.3^{c}
ADG40-95	727.4 ± 73.6^{ab}	787.6 ± 109.0^{a}	747.3 ± 100.3^{ab}	698.8 ± 75.0^{b}	533.3 ± 68.8^{c}
FCR40-95	2.9 ± 0.3^{ab}	2.8 ± 0.2^{a}	3.1 ± 0.3^{b}	2.7 ± 0.2^{a}	3.7 ± 0.1^{c}

注：同列比较，小写字母相同表示差异不显著($P>0.05$)，小写字母不同表示差异显著($P<0.05$)。ADG 为日增重，FCR 为料重比。

资料来源：肖倩等(2016)

4.7.3.3　肉质研究

肉质检测结果显示，浦东白猪在屠宰后 45 min 时测得的 pH_1 和 pH_{24} 与其他组合差异显著($P<0.05$),虽然 DLP、YLP、PLY 3 种杂交组合的 pH 均在正常范围内(5.9~6.5),但明显低于浦东白猪,这与薛尚军等(2011)总结的中国地方猪种的 pH 较国外猪种高的研究结果一致。嫩度测定结果以 YLP 最好(4.21),PLY 次之(4.49),DLP 最差(5.30),DLP 与 YLP、PLY 差异显著($P<0.05$)。肌内脂肪浦东白猪最高,DLP 次之,PLY 第 3,YLP 第 4,LY 最低,但是各试验组间差异不显著($P>0.05$)。综上,各杂交组合在肉色、失水率、滴水损失、嫩度等肉质性能指标上,均与浦东白猪差异不显著,说明杂交后代依旧保留了浦东白猪肉质优良的特性。♂浦×♀长大(P×LY,PLY)三元杂交猪背最长肌中共检测出了 16 种氨基酸,其中必需氨基酸占总氨基酸含量的 42.06%,符合 FAO/WTO 定义的质量较好的蛋白质氨基酸组成,并且高于郭建凤等(2012)研究的烟台黑猪必需氨基酸占总氨基酸含量的 40.35%。同时,PLY 中鲜味氨基酸占总氨基酸的比例达 46.39%,其中谷氨酸含量占总氨基酸含量的 16.99%,高于李瑞丽等(2013)研究的玉山黑猪谷氨酸的比例(15.69%),说明 PLY 肉质更为鲜美。

(撰稿人:张海峰)

4.8 莆田黑猪

莆田黑猪是我国优良的地方家畜品种,是福建省地方猪种之一(李超群等,2005),主要分布在莆田市的常太、黄石、笏石、灵川、梧塘、西天尾、涵江及城郊等乡镇(郑美金,2003)。据统计,以前莆田黑猪存栏数最高时期为 230 多万头。近年来,莆田黑猪存栏数量急剧下降,2002 年年底莆田市存栏能繁母猪仅 2 300 头,公猪 36 头,而且分布地域多集中在交通欠发达的山区(方金福等,2004)。据说历史上当地曾有 2 种不同类型的猪,即由福州引入的“大耳猪”及闽南引入的“小耳猪”。前者骨架大,繁殖性能好,性情温和;后者体型小,早熟易肥。两者杂交,后代称“半大耳”,经自繁、选育,逐渐形成今日之莆田黑猪。

4.8.1 生产性能

4.8.1.1 生长性能研究

生产试验表明,平均初重为 24.06 kg 的莆田黑猪仔猪,经过 150 d 肥育,可达 89.19 kg,全期料肉比为 4.07。方差分析表明,不同阶段的日增重存在差异($P<0.05$),以肥育期的头 2 个月阶段日增重较慢,第 4 个月的日增重有下降趋势,第 5 个月的日增重最高(表 4-8)。育肥后宰杀,其屠宰率为 73.21%;花板油达 6.31 kg,占胴体重的 9.03%;胴体长为 74.73 cm,胴体前宽为 38.06 cm,胴体后宽为 42.43 cm;6~7 肋间膘厚平均为 5.55 cm,皮厚为 0.51 cm;眼肌面积为 19.43 cm^2,瘦肉率为 41.79%;后腿比例为 26.68%。可见,莆田黑猪表现出较低的瘦肉率和较高的脂率、膘厚、皮厚和花板油比例,以及较小的眼肌面积(肖天放等,2006)。莆田黑猪的肥育性能和胴体品质测定结果与国内的一些地方品种相比,大多数指标差异不明显,但个别指标与谭毓平等(2003)研究结果比较存在较大差异,在日增重和料肉比上明显优于金华猪的 303 g 和 6.0 及大围子猪的 352 g 和 4.68,而膘厚和皮厚均高于金华猪、通城猪、监利猪和沙子岭猪等国内地方品种。体重和体尺间的相关分析表明,除体高外,莆田黑猪的体长、胸围、腹围、腿臀围和管围均与活重有显著或极显著表型相关($P<0.05$)或($P<0.01$);活重与大多数胴体性状以及胴体性状间存在不同程度的表型相关,只有皮厚与胴体长、膘厚等个别性状上的相关与一般报道有较大的差异(肖天放等,2006)。

表 4-8　莆田黑猪肥育性能测定

项目	肥育天数/d					
	0	30	60	90	120	150
个体均重/kg	24.06	34.53	46.05	60.87	73.54	89.19
阶段日增重/g		349.03[a]	383.88[a]	493.83[b]	422.55[ab]	521.65[c]
全期日增重/g		349.03	366.54	408.97	412.37	434.22
阶段料肉比		3.80	4.24	3.89	4.68	3.88
全期料肉比		3.80	4.03	3.97	4.14	4.07

注：不同行中相同字母表示差异不显著（$P>0.05$），不同字母表示差异显著（$P<0.05$）。

资料来源：肖天放等（2006）

4.8.1.2　肉质研究

肖天放等（2006）研究显示，莆田黑猪的肉色评分为（3.23±0.26）分，大理石纹评分为（3.23±0.42）分，pH_1 和 pH_{24} 分别为（6.29±0.25）和（5.85±0.22），熟肉率、失水率和滴水损失分别为 60.68%±2.92%、20.72%±3.82% 和 2.83%±1.61%，嫩度为（26.60±3.43）N，肌内脂肪为 4.43%±0.49%。分析表明，莆田黑猪中未发现 PSE 肉和 DFD 肉，熟肉率和肌内脂肪与金华猪和民猪比较接近（周光宏，1999）；只有失水率和滴水损失的变异范围较大，但其平均值在正常范围之内，与福州黑猪的失水率比较一致（李盛霖等，1996）。综上说明莆田黑猪具有适宜的 pH、正常的肉色和大理石纹，且具有熟肉率高、系水力强、贮存损失少和肌纤维细等特点。

吴妹英（2007）对莆田黑猪的肌肉风味物质进行了研究，结果发现，莆田黑猪肌内脂肪含量为 4.27%；饱和脂肪酸的质量分数占总脂肪酸的 42.01%，其中 C16:0 含量最高；不饱和脂肪酸的质量分数占总脂肪酸的 58.00%，其中单不饱和脂肪酸的质量分数占 50.85%，以 C18:1 含量最高，占 46.86%；多不饱和脂肪酸的质量分数占 7.15%，其中 C18:2 含量最高，占 6.18%。相关性分析发现，脂肪酸各组分中，饱和脂肪酸与多不饱和脂肪酸之间的相关性呈显著相关（$P<0.05$），饱和脂肪酸与不饱和脂肪酸之间呈极显著的负相关（$P<0.01$）；背最长肌 17 种氨基酸中，天冬氨酸与氨基酸总量，苏氨酸与蛋氨酸、鲜味氨基酸、鲜味氨基酸/总量，丝氨酸与丙氨酸，谷氨酸与赖氨酸，蛋氨酸与鲜味氨基酸、鲜味氨基酸/总量，亮氨酸与酪氨酸，赖氨酸与必需氨基酸，精氨酸与脯氨酸，均有显著或极显著的正相关（$P<0.05$ 或 $P<0.01$）；而谷氨酸与组氨酸，酪氨酸与必需氨基酸/总量，赖氨酸与组氨酸，氨基酸总量与鲜味氨基酸，均有显著或极显著的负相关（$P<0.05$ 或 $P<0.01$）；必需氨基酸/总量与单不饱和脂肪酸有显著的正相关（$P<0.05$），而必需氨基酸与多不饱和脂肪酸有极显著的负相关（$P<0.01$）（吴妹英，2007）。

4.8.2　基础研究

4.8.2.1　繁殖性能研究

沈林松等（2015）以莆田黑猪精液 NAGase 为材料，研究精液和精液稀释液主要成分之一果糖对酶的抑制作用。结果显示，果糖浓度在 0、200、400 和 600 mmol/L 范围时，酶的相对活力是下降的，对酶的作用有浓度效应；果糖的浓度为 575 mmol/L 时，酶的相对活力为 50%。

不同的果糖浓度时，酶催化 0.25 mmol/L 的 pNP-GlcNAc 水解的动力学过程，其产物形成的速率随着反应时间的延长而逐渐趋向于一条稳定斜率的直线，此直线的斜率随着果糖浓度的增大而减小，说明果糖溶液对酶的抑制作用是一种可逆过程，而且在所分析的果糖浓度下，酶仍保留一定的剩余活力。果糖对 NAGase 的抑制类型是可逆的非竞争性抑制，抑制常数是 1.27×10^{-2} mmol/L。研究应用底物反应的动力学方法研究果糖对该酶的抑制动力学，建立抑制动力学模型，证明了果糖对该酶的影响是快速结合再缓慢失活的过程，表明在高浓度的抑制剂溶液中 NAGase 将完全失活，底物对其无保护作用。

4.8.2.2 肉质研究

RN 基因是影响猪肉肉质性状的一个主效基因，已被定位在猪的 15 号染色体上，该基因在猪肉品质上存在严重的负面效应。应用限制性片段长度多态性(RFLP)和单链构象多态性(SSCP)分析技术快速检测猪 *RN* 基因，发现 2 种方法检测 *RN* 基因得到的结果相同，所检测的 30 个莆田黑猪个体均为 *rn*/*rn* 基因型，没有发现突变个体(梁全顺等，2005)。

罗婷颖(2010)对莆田黑猪心脏型脂肪酸结合蛋白(H-FABP)基因的研究表明，在 *H-FABP* 基因的 5′-调控区 *AA*、*BB* 型的第 6 bp 和第 15 bp 处都检测到碱基 A 和 T 的缺失，在第 103 bp 都发生 C→T 的突变，*AA* 型中第 7 bp 和 11 bp 处分别发生 G→T 和 C→A 的突变；外显子 2 的 *CC* 型第 2 bp 处出现 A→C 的突变，第 62 bp 和 65 bp 处都是 T→C 的突变，推导氨基酸序列发现第一个氨基酸是由组氨酸(His)转变成脯氨酸(Pro)，第 21 和 22 个都是异亮氨酸转变成苏氨酸；外显子 4 中每一个基因型变异碱基数都达到 80 个以上，其中 FG 型在内含子 3 第 28 bp 处出现了一段“AGCTTTTTTT” 10 bp 的插入。何桂娟等(2014)研究发现，在 *H-FABP* 基因 5′-调控区检测到 2 个多态性位点(G7T 和 C11A)，由 2 个等位基因控制，定义为 *A* 和 *B*，基因频率分别为 0.740 和 0.260；在外显子 2 处存在 3 个多态性位点(A2C、T62C 和 T65C)，由 2 个等位基因控制，定义为 *C* 和 *D*，基因频率分别为 0.164 和 0.836。分析表明，*H-FABP* 基因 5′-调控区属中度多态($0.25<PIC<0.5$)，外显子 2 区属低度多态($PIC<0.25$)，2 位点均处于哈迪-温伯格平衡状态($P>0.05$)。

4.8.2.3 其他研究

1. 血液生化研究

为掌握莆田黑猪血液生理生化的常值，丘金海(2009)对 40 头莆田黑猪(公猪 18 头、母猪 22 头)的血液样本进行测定分析，并与部分国内地方猪种和 3 个国外猪种进行比较。结果表明，莆田黑猪的大多数血液生理指标在性别、不同日龄上差异不显著($P>0.05$)；大部分生化指标在性别上差异也不显著($P>0.05$)；但在不同日龄上，尿酸(UA)、总蛋白(TP)、球蛋白(GOS)、甘油三酯(TG)、Na、Ca 的差异显著($P<0.05$)；尿素(BUN)、胆固醇(CHOL)、谷丙转氨酶(ALT)、谷草转氨酶(AST)和谷酰转肽酶(GGT)的差异极显著($P<0.01$)。比较还得知，其大多数理化指标均在国内地方猪种正常范围内，并与国内外猪种互有高低。

2. DNA 甲基化研究

张金耀(2016)采用 MSAP 技术，对莆田黑猪不同生长发育阶段基因组甲基化模式进行检测。结果显示，1 日龄共扩增条带 12 324 个，其中半甲基化条带 2 510 个，全甲基化条带 3 557 个，非甲基化条带 6 257 个。25 日龄共扩增条带 11 505 个，其中半甲基化条带 1 997 个，全甲基化条带 3 740 个，非甲基化条带 5 768 个。210 日龄共扩增条带 11 850 个，其中半甲基化条带 2 294 个，全甲基化条带 2 867 个，非甲基化条带 6 689 个。莆田黑猪不同生长发育阶段心脏、肝脏、肌肉、脂肪、耳和尾的全甲基化水平都高于半甲基化水平，1 日龄、25 日龄和 210 日龄阶段平均总甲基化水平分别为 50.67%、49.89%和 43.55%，其随着年龄增长而降低。相同生长发育阶段，不同性别间半甲基化、全甲基化和总甲基化水平无明显的差异性，相同性别内半甲基化水平都要低于全甲基化，不同生长发育阶段公猪的总甲基化水平都略高于母猪（张金耀，2016）。

4.8.3 杂交利用

吴妹英等（2007）测定了杜莆（杜洛克♂×莆田黑猪♀）和大莆（大约克♂×莆田黑猪♀）2 个莆田黑猪二元杂交组合背最长肌脂肪酸含量。结果表明，杜莆、大莆都检测到了 17 种脂肪酸。杜莆（杜洛克♂×莆田黑猪♀）饱和脂肪酸占总脂肪酸的 42.09%，其中 C16:0 含量最高，占 27.57%；不饱和脂肪酸占总脂肪酸的 57.90%，其中单不饱和脂肪酸的质量分数为 51.14%，多不饱和脂肪酸的质量分数为 6.76%。大莆（大约克♂×莆田黑猪♀）饱和脂肪酸占总脂肪酸的 41.87%，其中 C16:0 含量最高，占 27.00%；不饱和脂肪酸占总脂肪酸的 58.12%，其中单不饱和脂肪酸的质量分数为 50.73%，多不饱和脂肪酸的质量分数为 7.39%（表 4-9）。饱和脂肪酸含量与肌肉品质有密切关系，杜莆和大莆的饱和脂肪酸含量均很高，与莆田黑猪差异不显著（$P>0.05$），表明莆田黑猪杂种猪具有良好的肉质风味。

表 4-9 背最长肌脂肪酸含量 %

脂肪酸	莆田黑猪	杜莆	大莆
C8:0	0.02±0.01	0.02±0.01	0.02±0.01
C10:0	0.10±0.01	0.10±0.01	0.10±0.01
C12:0	0.08±0.00	0.08±0.00	0.08±0.00
C14:0	1.37±0.05^{A}	1.41±0.04^{A}	1.37±0.05^{A}
C14:1	0.03±0.00^{Cb}	0.03±0.00^{A}	0.02±0.00^{Aa}
C15:0	0.03±0.00^{D}	0.02±0.00^{C}	0.02±0.00^{ACDa}
C16:0	27.52±0.40^{C}	27.57±0.38^{Ac}	27.00±0.43^{Aa}
C16:1	3.94±0.15^{Bc}	4.02±0.14^{B}	3.39±0.16^{Aa}
C17:0	0.13±0.01^{ADd}	0.11±0.01^{ADc}	0.13±0.01^{Aa}
C18:0	12.75±0.49	12.78±0.46	13.13±0.53
C18:1 顺	42.31±0.55	42.5±0.52	43.06±0.59
C18:1 反	4.57±0.18	4.59±0.17	4.26±0.19
C18:2	6.18±0.59^{A}	5.79±0.55^{A}	6.41±0.63^{A}
C20:3	0.74±0.04^{ac}	0.76±0.04^{a}	0.78±0.04^{a}
C20:4	0.24±0 02	0.21±0.02	0.20±0.02
C22:0	0 01±0.00^{ABb}	0.01±0.00^{ABb}	0.01±0.00^{Ab}
C22:1	0.01±0.00	0.01±0.00	0.01±0.00
饱和脂肪酸	42.01±0.79^{b}	42.09±0.74^{b}	41.87±0.84
不饱和脂肪酸	58.00±0.78^{b}	57.90±0.74^{b}	58.12±0.84

续表 4-9

脂肪酸	莆田黑猪	杜莆	大莆
单不饱和脂肪酸	50.85±0.70	51.14±0.66	50.73±0.74
多不饱和脂肪酸	7.15±0.57^{A}	6.76±0.53^{A}	7.39±0.60^{A}

注:同行相同小写字母表示差异不显著($P>0.05$),不同小写字母表示差异显著($P<0.05$);相同大写字母表示差异不显著($P>0.05$),不同大写字母表示差异极显著($P<0.01$)。

资料来源:吴妹英等(2007)

(撰稿人:张海峰)

4.9 槐猪

槐猪俗称"乌猪",是福建省闽西南山区的一个分布较广的地方良种,2000 年被农业部确定为国家级畜禽资源保护品种(田新提,2007)。槐猪可分为细致型和粗糙型。细致型槐猪的特征是:全身黑色,头短宽,额部有明显的横行皱纹,耳大前倾,背宽凹陷,背腹有数条较深的皱褶,腹大下垂,个别甚至拖地,臀部丰满;大多卧系,尾根粗长,性情温和。粗糙型槐猪的特征是:骨骼偏粗,背较平直,肌肉不够丰满,体型较小,且较凶悍,但为数较少。槐猪主产于福建省的上杭、漳平及平和等地,据《上杭县志 · 物产志》载,乌猪本地产,毛润泽,而皮薄肉质甜美,在上杭县已有 1 000 多年的饲养历史(李应丰,2017)。由于人们追求生产性能和经济效益,一味地强调引进"外血"进行经济杂交,槐猪杂交改良无序,导致槐公猪数量急剧下降。据调查,大田县 2002 年有槐公猪 27 头,2006 年已不到 10 头,近亲繁殖现象越来越严重,引起品种退化(田新提,2007)。

4.9.1 生产性能

4.9.1.1 生长性能研究

吴锦瑞(2009)采用不同的营养水平日粮饲喂槐猪育肥猪,进行生长性能影响研究。结果显示,在槐猪小猪阶段(8~30 kg),随着日粮中能量、蛋白水平的降低,槐猪的日增重和料肉比均有下降的趋势,说明小猪阶段的槐猪与瘦肉型猪一样,对粗纤维的利用较差,如果能量、蛋白太低,对生长不利,粗纤维最好控制在 4%以内;在槐猪中猪阶段(31~50 kg),其对粗纤维的消化率也不是很好,超过 9%将影响日增重及饲料报酬;在槐猪大猪阶段(51~80 kg),低能量低蛋白的试验组日增重和料肉比更好,表明大猪阶段给予槐猪较高的能量、蛋白都是浪费,饲料配方中使用较多稻谷粉对采食量、日增重影响较大。综合分析,槐猪生长育肥猪综合效益最佳的饲料配方是:小猪阶段(8~30 kg)日粮粗蛋白质含量为 16.0%,消化能为 12.8 MJ/kg;中猪阶段(31~50 kg)日粮粗蛋白质含量为 14.0%,消化能为 11.73 MJ/kg;大猪阶段(51~80 kg)日粮粗蛋白质含量为 12.0%,消化能为 12.55 MJ/kg。

4.9.1.2 肉质研究

1. 饲养模式对肉质的影响研究

以生喂或熟喂的方式、不同的饲养时间,研究饲养模式对槐猪肉质风味的影响。结果显示:从膘厚来看,熟喂组明显高于生喂组,180 日龄和 240 日龄熟喂比生喂分别厚 14.7%和

10.5%,这与煮熟后的淀粉、青绿饲料更容易消化有关;生喂组240日龄膘厚比180日龄厚27.2%,熟喂组240日龄膘厚比180日龄高22.5%。这说明脂肪沉积主要在后期,采用熟喂可加快脂肪沉积,膘厚达到一定厚度后,沉积变缓。从肌肉脂肪含量来看,熟喂组180日龄、240日龄时分别比生喂组提高0.34%和0.29%;生喂组240日龄比180日龄高0.51%,熟喂组240日龄比180日龄高0.46%。这说明饲养时间长短比生喂、熟喂对肌肉脂肪的影响更大,且槐猪达6月龄后,肌肉脂肪已有相当多沉积。

从肉香味和多汁性来看,240日龄熟喂的效果最好。从嫩度来看,生喂组240日龄比180日龄高0.33分,熟喂组240日龄与180日龄一样;熟喂组180日龄比生喂组240日龄还高0.67分,比生喂组180日龄高1.00分。综合分析发现,膘厚、肌肉脂肪、肉嫩度与熟喂关系更大,肉香味、多汁性则与饲养时间长短关系更大(吴锦瑞,2009)。

2. 槐猪肉块点评

张伟力等(2014)取材于上杭县绿绮槐猪育种场100 kg级12月龄去势猪,无电击手工屠宰,屠宰环境温度为8 ℃,风速2 m/s,水温64 ℃。胴体劈半后显出高档肉基本素质,肉紫膘白见风干,皮紧骨细血不沾。其典型切块评述如下。

(1)前肩切块　此切块干爽充实,大理石纹发达浓密,排列有序,在全胴体中只能分割出1 600 g左右,是所有切块中最精华的部分。

(2)眼肌T骨大排切块　此切块眼肌红度之深是一般猪种中少有的。由于红度深加之大理石纹极其细致而导致大理石纹被红色淹没,不能产生明显的视觉冲击效应。通过肌内脂肪测定就会发现其肌内脂肪含量显著高于流行瘦肉猪。

(3)小排切块　此切块色调鲜明,大理石纹与肋间肌红白交错,可见丰富的肌束间脂肪。其断面大理石纹短、细、密、亮。其骨髓髓腔硕大,红色实髓饱满充实,骨小梁间隙宽松。

(4)五花肉切块　该切块7层结构(3红3白1皮)清清楚楚,有条不紊,边界分明,色彩鲜艳。肥瘦比例协调,油、肉、皮结合紧密。

(5)股四头肌和股二头肌切块　股四头肌体现典型的华南型舍饲猪的后腿嫩肉。组织纹理与肌纤维极细致,肉色偏浅,有水嫩之感,但以手触摸,却不见丝毫水珠挂手,而且弹性极佳。槐猪硕大的股二头肌切块肉色较一般品种深得多,而且有一定程度的大理石纹,其系水力超强。

(6)尾切块　该切块相对粗大,切块圆滑,皮厚膘白,骨大肉多,瘦肉与肥肉之间红白对比鲜明。

4.9.2 基础研究

4.9.2.1 繁殖性能研究

1. 相关基因研究

采用PCR-SSCP和PCR-RFLP方法检测*GDF9*、*BMP15*、*BMPR-IB*和*OPN* 4个候选基因的多态性及其与槐猪的产仔性能之间的关联性。结果表明,*GDF9*基因检测到G530A和C2733T 2个碱基突变,*BMP15*基因检测到T503G和A5471T 2个碱基突变,*BMPR-IB*基因检测到A1081C、A14990G和T19588A 3个碱基突变,*OPN*基因检测到T325G、C6140A和C7133T 3个碱基突变;除了*GDF9*基因的G530A突变位点外,上述突变位点都相应地检测到3种基因型。GDF9基因的G530A突变在槐猪中有2种基因型,初产、经产母猪其*GG*型个体的总产仔数(TNB)和产活仔数(NBA)均高于*AG*型,但差异不显著($P>0.05$)。*BMP*15基因的T503G突变在槐猪有3种基因型,TNB和NBA均表现为*GG*>*TT*>*TG*,其中*GG*型个体的TNB显著高于*TT*型和*TG*型($P<0.05$)。*BMPR-IB*基因A1081C突变的不同基因型对槐猪初产母猪的TNB和NBA均无显著影响,而经产母猪的*AC*型个体的TNB和NBA高于*AA*型和*CC*型,但差异不显著($P>0.05$)。*BMPR-IB*基因的T19588A突变在槐猪的初产母猪和经产母猪的TNB和NBA均表现为*TA*>*AA*>*TT*,但差异均不显著($P>0.05$)。*OPN*基因的T325G突变在槐猪经产母猪中*TT*型和*TG*型个体的TNB和NBA均显著大于*GG*型($P<0.05$),不同基因型对初产母猪TNB和NBA均无显著影响;*OPN*基因C6140A突变位点在槐猪中初产母猪的*CC*和*AA*型个体的TNB显著大于*CA*型($P<0.05$),初产母猪的NBA在不同基因型间差异均不显著($P>0.05$);经产母猪的*CC*和*AA*型个体的TNB极显著大于*CA*型($P<0.01$),经产母猪的*CC*型个体的NBA极显著大于*CA*型个体($P<0.01$),*AA*型个体的NBA显著大于*CA*型个体($P<0.05$)(孟洪莉,2012)。

2.精液NAGase的酶学性质与活力调控研究

章文(2012)以动力学方法和化学修饰法研究酶活性中心功能基团的性质,在37 ℃下测得NAGase活性中心解离常数pK_e为5.29,解离热焓ΔH_0为7.28 kcal/mol,结果表明与酶活性相关的可解离基团是组氨酸的咪唑基。酶在特定条件下通过修饰剂作用,测得酶分子链内二硫键、半胱氨酸的巯基、色氨酸的吲哚基及赖氨酸的ε-氨基也是酶活性中心的必需基团,而精氨酸的胍基与酶活性无关。酶催化pNP-GlcNAc的水解反应属于双底物双产物反应,研究产物的抑制动力学,根据Cleland规则探讨酶的催化作用机理,结果表明第一产物NAG表现为混合型抑制,而第二产物pNP类似物苯酚对酶没有影响,酶催化反应属于有序双双机理。

研究精清成分和微量元素对NAGase的影响。结果表明,Na^+、K^+、Cl^-及低浓度的果糖对酶活力没有影响,HCO^{3-}、PO_4^{3-}、碱性氨基酸、维生素B_1和高浓度的果糖对酶活力有不同程度的抑制作用,柠檬酸对酶活力表现出先激活后抑制作用,而维生素C对酶活力则有显著的激活作用。进一步研究其作用机理,表明碱性氨基酸Lys、Arg、His和HCO_3^-为竞争型抑制,果糖为混合型抑制,PO_4^{3-}和柠檬酸为非竞争型抑制,维生素B_1为反竞争型抑制,维生素C则表现为部分竞争性激活。微量元素Mn^{2+}、Co^{2+}及I^-在低浓度下对酶活力有轻微的激活作用,Fe^{2+}、Zn^{2+}、Cu^{2+}、Cr^{3+}及高浓度的Mn^{2+}对酶活力有明显的抑制作用,其抑制程度依次为$Cr^{3+}>Cu^{2+}>Fe^{2+}>Zn^{2+}>Mn^{2+}$,亚硒酸钠对酶活力表现出先激活后抑制作用。进一步研究表明,Cr^{3+}、Cu^{2+}、Fe^{2+}、Zn^{2+}及Mn^{2+}均为反竞争型抑制,亚硒酸钠表现为混合型抑制。在Cu^{2+}和Zn^{2+}存在下,均能降低酶的热稳定性,脱金属离子螯合剂(EDTA-2Na)对酶有激活作用(章文,2012)。

3.生长性能研究

槐猪肝脏的*CETP* mRNA表达量高于长白猪,且差异达到显著水平($P<0.05$)(刘桂芬等,2008)。槐猪氟烷基因检测发现,其基因型均为*NN*(氟烷阴性个体),未出现*Nn*和*nn*基因型,不携带氟烷隐性有害基因(付言峰等,2010)。脂肪组织形态学比较分析发现,上杭槐猪脂肪的脂肪泡形态呈不规则的椭圆形,并且在猪体成熟后脂肪泡的生长呈现平衡状态,各组织脂肪泡之间形态学差异变小。上杭槐猪脂肪细胞的体积、长径、平均直径显著大于杜洛克猪;在品种间,脂肪沉积的性状具有差异性,槐猪(脂肪型猪)脂肪沉积能力要强于杜洛克(瘦肉型猪)(叶鼎承等,2015)。对槐猪和杜洛克猪5个不同部位脂肪组织瘦素基因(*LEP*)和瘦素受体

基因(*LEPR*)的表达差异进行研究。结果表明,*LEP* 基因在背部皮下脂肪下层的表达量最高,其次是背部皮下脂肪上层、腹部皮下脂肪和板油,在冠状动脉脂肪中表达最低;7 月龄槐猪脂肪组织 *LEP* 基因的表达量与 12 月龄槐猪、7 月龄杜洛克猪差异显著($P<0.05$);12 月龄槐猪脂肪组织 *LEP* 基因表达量与 7 月龄杜洛克猪差异极显著($P<0.01$),7 月龄槐猪脂肪组织 *LEPR* 基因的表达量与 12 月龄槐猪相比,只有冠状动脉脂肪差异显著($P<0.05$)(叶鼎承等,2016)。

4.9.2.2 肉质研究

筛选槐猪和杜洛克猪背最长肌中的差异表达基因,对槐猪和杜洛克猪背最长肌进行转录组测序,并进行生物信息学分析。结果表明,槐猪和杜洛克猪分别获得了 36 177 844 和 34 496 450 条可用读段,且与猪参考基因组的比对率分别为 78.71%和 80.09%;槐猪和杜洛克猪间共有 953 个差异表达基因,以杜洛克猪为对照组,与之相比,槐猪有 589 个上调基因和 364 个下调基因;槐猪和杜洛克猪的差异表达基因共分类到 48 个基因本体(GO)条目中,包括细胞组分 13 个、分子功能 12 个和生物学过程 23 个,显著富集的 KEGG 通路共计 6 个,其中 PPAR 信号通路是与调节脂类代谢显著相关的通路(杨建敏等,2016)。

以上杭槐猪为试验材料,对 *FTO* 基因 5′上游区域 SNP g. −167T>G、第 1 内含子 SNP c.46−139A>T 和第 3 外显子同义突变 SNP c.594C>G 遗传多态性及其与肌内脂肪含量、背膘厚度、眼肌面积等肉质性状的相关性进行研究,3 个突变分别产生 *EcoR* Ⅰ、*Xap* Ⅰ和 *Bsh*1236 Ⅰ等 3 个限制性内切酶酶切位点。结果显示,被测猪群在 3 个位点均存在一定的遗传多态性,PIC 值分别为 0.276、0.343 和 0.235,各位点等位基因型频率均处于哈迪-温伯格平衡状态;g. −167T>G 位点,等位基因 *G* 为优势等位基因,其基因频率为 0.791,然而 *TT* 基因型肌内脂肪含量显著高于 *GG* 基因型;c.46−139A>T 位点,等位基因 *T* 为优势等位基因,其基因频率为 0.674,相对于 *AA* 基因型,*TT* 基因型显著降低了背膘厚度;c.594C>G 位点,等位基因 *G* 为优势等位基因,其基因频率为 0.837,各基因型个体之间在 3 个被测性状中差异均不显著。研究结果表明,*FTO* 基因 g. −167 T>G 和 c.46−139A>T 可作为槐猪肉质性状选育的潜在分子遗传标记(许卫华等,2018)。

4.9.3 杂交利用

4.9.3.1 生长性能研究

利用中约克、大约克、杜洛克公猪分别与槐猪母猪进行二元杂交,以槐猪纯繁组为对照,分别对试验猪进行肥育性能和胴体性能研究。结果表明,槐猪的杂交优势明显。其中,生长肥育性能以大×槐(大约克♂×槐猪♀)组最高,日增重 472 g,料肉比 3.22,然后依次为杜×槐组(杜洛克♂×槐猪♀)、中×槐组(中约克♂×槐猪♀)、槐猪纯繁对照组,3 个试验组均显著高于对照组($P<0.05$),其中大×槐组又显著高于杜×槐组、中×槐组($P<0.05$)。试验组的各项胴体性状均显著高于对照组($P<0.05$)。屠宰率大×槐组最高,为 76.11%,试验组中由高到低依次为大×槐组、杜×槐组、中×槐组,各试验组均显著高于对照组($P<0.05$);胴体长方面,大×槐组最大,为(68.50±1.21)cm,其次为杜×槐组、中×槐组,试验组均显著高于对照组($P<0.05$);平均背膘厚方面,对照组显著高于 3 个试验组($P<0.05$),试验组间差异不显著($P>0.05$);眼肌面积方面,试验组与对照组差异显著($P<0.05$),试验组中大×槐组、杜×槐

组显著高于中×槐组($P<0.05$)；瘦肉率以大×槐组最高，为(50.97±3.04)%，依次为杜×槐组、中×槐组、对照组，3 个试验组均极显著高于对照组($P<0.01$)；花板油比例对照组显著高于 3 个试验组($P<0.05$)，试验组间差异不显著($P>0.05$)。综合比较，以大×槐、杜×槐杂交效果较优(赖贵红等，2009)。

在对杜×中槐(杜洛克♂×中槐猪♀)、杜×大槐(杜洛克♂×大槐猪♀)、杜×杜槐(杜洛克♂×杜槐猪♀)3 个试验组进行的生产性能研究中，槐猪的三元杂交优势明显。在肥育性能方面，平均日增重、平均日耗料、饲料/增重 3 个肥育性能指标优劣顺序为杜×大槐组最高，其次为杜×杜槐组，再次为杜×中槐组；杜×大槐组、杜×杜槐组在 3 个指标中差异不显著($P>0.05$)，而与杜×中槐组除平均日耗料差异不显著($P>0.05$)外，平均日增重、饲料/增重差异显著($P<0.05$)，育肥性能以杜×大槐组最优，日增重 703 g，料肉比 2.98。在胴体性能方面，试验组中主要指标由高到低依次为杜×大槐组、杜×杜槐组、杜×中槐组。屠宰率、胴体直长、胴体斜长试验组间差异不显著($P>0.05$)；眼肌面积、平均背膘厚、后腿比例、皮厚、瘦肉率、骨率试验组中杜×大槐组、杜×杜槐组显著高于杜×中槐组，差异显著($P<0.05$)，而杜×大槐组、杜×杜槐组间差异不显著($P>0.05$)；皮脂率、花板油比例杜×大槐组极显著高于杜×中槐组($P<0.01$)，而杜×大槐组、杜×杜槐组差异不显著($P>0.05$)。虽然槐猪的不同三元杂交试验组在胴体性状、胴体组成上存在一些差异，但瘦肉率适中，均已达到优质猪肉的水平(华兆才等，2010)。

4.9.3.2 肉质研究

对槐猪三元杂交猪的肉质研究表明(表 4-10)，杜×中槐(杜洛克♂×中槐猪♀)、杜×大槐(杜洛克♂×大槐猪♀)、杜×杜槐(杜洛克♂×杜槐猪♀)3 个杂交试验组存在差异。3 组的肌内脂肪含量均在 3.18%以上，其中杜×大槐与杜×中槐组间差异不显著($P<0.05$)，杜×大槐与杜×杜槐间差异极显著($P<0.01$)；pH 在 6.63～6.82，都在正常值范围内，不会发生 PSE 肉；试验组的肉色鲜红，评分在 3.26～3.43，为理想肉色评分，杜×大槐与杜×杜槐组间差异不显著($P>0.05$)，杜×大槐与杜×中槐间差异显著($P<0.05$)；试验组间的大理石纹评分差异不显著($P>0.05$)；解冻失水率优劣排序为杜×中槐>杜×大槐>杜×杜槐，各试验组间差异极显著($P<0.01$)。

胆固醇含量高低排序为杜×杜槐>杜×大槐>杜×中槐，各试验组间差异极显著($P<0.01$)；蛋白质含量以杜×大槐组略高于杜×杜槐与杜×中槐组，但试验各组差异不显著($P>0.05$)；挥发性盐基氮含量均在标准范围内，优劣排序为杜×中槐>杜×大槐>杜×杜槐，杜×中槐与杜×大槐、杜×杜槐间差异显著($P<0.05$)，杜×大槐与杜×杜槐间差异不显著($P>0.05$)，说明含有槐猪 25%血缘的猪肉有较长的货架期；背最长肌中脂肪酸含量各试验组间差异极显著($P<0.01$)，其中饱和脂肪酸(软脂酸和硬脂酸)含量分别为杜×中槐组 40.6%、杜×大槐组 38.2%、杜×杜槐组 39.58%，含量高低排序为杜×中槐>杜×杜槐>杜×大槐；不饱和脂肪酸(油酸和亚油酸)含量分别为杜×中槐组 59.4%、杜×大槐组 61.8%、杜×杜槐组 60.42%，含量高低排序则相反；各试验组中亚油酸含量高低排序为杜×大槐>杜×中槐>杜×杜槐，试验组间差异极显著($P<0.01$)，但亚油酸含量均在 10.10%以上(华兆才等，2010)。

表 4-10　三元杂交猪肉质测定

项目	杜×中槐组	杜×大槐组	杜×杜槐组
头数/头	6	6	6
粗灰分/%	1.03±0.13	1.01±0.16	1.05±0.08
水分/%	72.1±0.25	72.9±0.48	74.5±0.93
肌内脂肪/%	3.55±0.65[ab]	3.31±0.33[b]	3.18±0.23[a]
pH	6.63±0.02	6.82±0.01	6.78±0.05
肉色	3.26±0.12[ab]	3.32±0.11[a]	3.43±0.14[a]
大理石纹	3.33±0.28	3.29±0.42	3.18±0.19
解冻失水率/%	2.31±0.46[AB]	3.14±0.32[AB]	3.65±0.79[AB]
胆固醇/(mg/100 g)	29.20±1.02[AB]	33.15±0.83[AB]	38.55±0.35[AB]
蛋白质/%	22.25	22.75	22.32
挥发性盐基氮/(mg/100 g)	9.52[ab]	10.07[a]	10.21[a]
脂肪酸含量检验值/%			
软脂酸	26.15±0.18[AB]	23.47±0.22[a]	24.38±0.64[a]
硬脂酸	14.45±0.16[AB]	14.73±0.27[a]	15.20±1.53[a]
油酸	47.31±0.38[ab]	48.25±0.05[ab]	50.32±0.02[ab]
亚油酸	12.09±0.33[AB]	13.55±0.67[AB]	10.10±1.03[AB]

注：同行标有不同大写字母表示差异极显著($P<0.01$)，不同小写字母表示差异显著($P<0.05$)。

资料来源：华兆才等(2010)

（撰稿人：张海峰）

4.10　皖南黑猪

皖南黑猪主要分布于安徽省宣城市境内的绩溪、宁国等地，因躯体全黑而得名，又分为“绩溪黑猪”和“杨山黑猪”。绩溪黑猪俗称“荆州黑铁”，1982 年经安徽省畜牧部门组织的专家鉴定改名为“绩溪黑猪”，作为皖南黑猪的品系之一，与宁国的杨山黑猪统称为皖南黑猪。皖南黑猪 1983 年被安徽省家畜家禽品种志和图谱编辑委员会列入“安徽省畜禽品种志材料”(编号 21-10)，1984 年被列入《安徽省地方畜禽品种志》，2009 年皖南黑猪被列入《安徽省省级畜禽遗传资源保护名录》，2014 年列入《国家级畜禽遗传资源保护名录》(胡嘉彦等，2011)。2019 年 9 月初步调查，宣城市现有 2 个皖南黑猪保种基地和 1 个养殖公司，共存栏公猪 44 头、母猪 360 头，皖南黑猪品种已濒危(张文等，2019)。

4.10.1　生产性能

李小金等(2015)选取皖南黑猪和大约克猪各 10 头，屠宰后对胴体性能、背最长肌的部分肉质性状和 16 种氨基酸的含量进行测定。结果显示，在皖南黑猪与大约克猪的宰前重差异不显著的条件下，皖南黑猪的屠宰率、腿臀率、眼肌面积分别比大约克猪低 3.67%($P<0.05$)、9.26%($P<0.01$)和 26.2 cm^2($P<0.01$)；皮厚、背膘厚分别比大约克猪高 0.74 mm($P<0.05$)和 40.42 mm($P<0.01$)，说明大约克猪在胴体性能方面表现优于皖南黑猪。皖南黑猪

肉的水分含量低于大约克猪 10.14%，差异极显著（$P<0.01$），pH_2、肉色值、肌内脂肪分别比大约克猪高 0.44 分（$P<0.05$）、3.37%（$P<0.01$）和 9.21%（$P<0.01$）；皖南黑猪的氨基酸总量、鲜味氨基酸含量、必需氨基酸含量、非必需氨基酸含量均显著低于大约克猪（$P<0.05$），但鲜味氨基酸占氨基酸总量的比值以及必需氨基酸占氨基酸总量的比值与大约克猪之间差异不显著（$P>0.05$），说明皖南黑猪和大约克猪具有相同鲜味浓度和蛋白质“生物效价”。研究表明，皖南黑猪和大约克猪的胴体性能和肉质性状之间存在较大的差异，国外猪种大约克猪在胴体性状方面（如瘦肉率和生长速率）显著高于皖南黑猪，而地方猪种皖南黑猪在肉质性状方面优于大约克猪，这与王林云（2001）报道的关于中国多数地方猪种的肉色较红、肌内脂肪含量较高、系水力较好的特点相一致。

皖南黑猪与长白猪肉质比较研究表明，皖南黑猪肉的 a 值、pH_1、pH_{24} 和蒸煮损失 4 项指标显著高于长白猪（$P<0.05$），大理石纹评分、肌内脂肪含量和肌苷酸含量均极显著高于长白猪（$P<0.01$），肌纤维直径、滴水损失和硬度显著低于长白猪（$P<0.05$），而其他指标则差异不显著（$P<0.05$）。皖南黑猪肉的天冬氨酸、丙氨酸、蛋氨酸、亮氨酸和鲜味氨基酸的含量显著高于长白猪（$P<0.05$），而组氨酸、酪氨酸和赖氨酸含量显著低于长白猪（$P<0.05$），其他各氨基酸含量均差异不显著（$P>0.05$）。与长白猪相比，皖南黑猪肉的十七烷酸、十八烷酸、7，11，14-二十碳三烯酸、7-十六碳烯酸和多不饱和脂肪酸的含量显著较低（$P<0.05$），而十六烷酸、9，12-十八碳二烯酸和饱和脂肪酸的含量则显著较高（$P<0.05$），其他各脂肪酸含量均差异不显著（$P>0.05$）。综上，相比于长白猪，皖南黑猪猪肉品质更优（康连虎，2019）。

4.10.2 基础研究

4.10.2.1 繁殖性能研究

大量研究发现，皖南黑猪中与繁殖性能相关的基因有很多，*ER*、*FSHβ*、*AKT2*、*APPL1*、*ADIPOQ* 和 *Leptin* 基因等都会对其产仔性状产生很大影响。

1.5 个相关基因与产仔性状的关联分析

ER（雌激素受体）基因和 *FSHβ*（促卵泡素 β 亚基）基因是影响猪繁殖性能的主效基因，*OB* 基因、*PRLR*（催乳素受体）基因和 *BF*（备解素因子）基因均与产仔性能密切相关。王恒（2009）运用 PCR-RFLP 法检测这 2 个基因的遗传变异及对皖南黑猪产仔数的影响。结果表明，*ER* 基因在皖南黑猪中检测到 *AA* 和 *AB* 这 2 种基因型，无 *BB* 基因型；*FSHβ* 基因在皖南黑猪中检测到 3 种基因型（*CC*、*CD* 和 *DD*）。适合性检验发现，皖南黑猪在 *FSHβ* 基因位点处于哈迪-温伯格平衡状态，而 *ER* 基因位点不处于哈迪-温伯格平衡状态。在皖南黑猪检测群体中，*ER* 基因的 *AA* 型和 *AB* 型对 4 种产仔数性状的影响均不显著（$P>0.05$）。在皖南黑猪检测群体中，*FSHβ* 位点基因存在 *CC* 型>*CD* 型>*DD* 型的趋势，*CC* 型和 *DD* 型在对初产母猪的总产仔数、产活仔数和经产母猪的产活仔数上的影响都差异显著（$P<0.05$）。

猪 *OB* 基因及产仔性状的关联性分析表明，在 T3469C 位点 3 种基因型间，皖南黑猪 *BB* 型头胎产活仔数显著高于 *AA* 型（$P<0.05$），呈现 *BB*>*AB*>*AA* 趋势；*BB* 型经产母猪产活仔数极显著高于 *AA* 型（$P<0.01$），其他均未达到差异显著水平（$P>0.05$），也呈现出 *BB*>*AB*>*AA* 趋势。在 G3714T 位点 3 种基因型间，皖南黑猪基因型 *DD*、*CD* 头胎产活仔数显著高于 *CC* 型（$P<0.05$），*DD* 型高于 *CD* 型，但差异不显著（$P>0.05$）；*DD*、*CD* 型的经产母猪产活仔数显著高于 *CC* 型（$P<0.05$），其他均未达到差异显著水平（$P>0.05$），但呈现出 *DD*>

CD>*CC* 趋势。以上研究发现，等位基因 *B*、*D* 为优势基因，尤其是 *BB*、*DD* 纯合型对猪的头胎及经产产活仔数遗传效应最大（王中才等，2010）。

以 *PRLR*（催乳素受体）基因和 *BF*（备解素因子）基因为研究对象，探索基因的多态性与皖南黑猪高繁殖力之间的关系。结果表明，对于 *PRLR* 基因，在皖南黑猪中检测到 *AA*、*AB* 和 *BB* 型 3 种基因型，其基因型频率分别为 0.564 7、0.282 4 和 0.152 9，分析发现 *BB* 型与 *AA* 型的产仔数存在显著差异（$P<0.05$）。对于 *BF* 基因，皖南黑猪中 *C* 为优势基因，在种群中占有优势，共发现 *CC*、*CD* 和 *DD* 型 3 种基因型，基因频率分别为 0.329 5、0.552 9 和 0.117 6，分析显示 *CC* 型与 *DD* 型的产仔数差异显著（$P<0.05$）。研究结果初步表明，*PRLR* 基因和 *BF* 基因都是提高猪产仔数的一个潜在有效的 DNA 标记（王阳，2010）。

2. *ADIPOQ* 和 *ADIPORs* 对繁殖性能的影响

ADIPOQ（脂联素）是主要由脂肪组织分泌的一种激素，它可能调节动物生殖激素分泌。周宁（2016）对猪 ADIPOQ 和 ADIPORs 多态性及与产仔性状的关联分析显示，*ADIPOQ* 基因共发现 3 个多态位点，c. 178G>A，c. 1165A>G 和 c. 1138G>A，其中 c. 178G>A 与 c. 1165A>G 连锁不平衡，c. 11386>A 未见报道。皖南黑猪 c. 178G>A 位点上，初产 *AG* 型的总产仔数（TNB）和产活仔数（NBA）显著高于 *AA* 型（$P<0.05$），c. 1138G>A 位点上，*CD* 型具有更多的产仔数；巴克夏×皖南黑猪二元猪 c. 1138G>A 位点上，经产 *CD* 型的 NBA 和 TNB 显著高于 *DD* 型（$P<0.05$）。*ADIPOR*1 基因发现 1 个多态位点 c. 759G>A，初产皖南黑猪 *EF* 型的 NBA 和 TNB 显著高于 *FF* 型（$P<0.05$）。*ADIPOR*2 基因发现 1 个未见报道的多态位点 c. 672T>C，初产皖南黑猪 *CC* 型的 NBA 和 TNB 显著高于 *TT* 型和 *TC* 型（$P<0.05$），经产皖南黑猪 *TC* 型和 *CC* 型的 NBA 和 TNB 显著高于 *TT* 型（$P<0.05$）。这表明 *ADIPOQ* 基因、*ADIPOR*1 基因和 *ADIPOR*2 基因多态性与母猪的繁殖力具有相关性。

基因表达研究结果显示，在下丘脑组织中，皖南黑猪 *GnRH* mRNA 表达量有高于美系低繁殖力大白猪的趋势（$P=0.07$），*ADIPOR*1 mRNA 表达量有低于美系低繁殖力大白猪的趋势（$P=0.07$），*ADIPOR*2 mRNA 表达量显著高于美系低繁殖力大白猪（$P<0.05$）。上述 3 个基因 mRNA 的表达均与丹系高繁殖力大白猪无显著差异。在垂体组织中，皖南黑猪 *GnRH* mRNA 表达量有低于美系低繁殖力大白猪的趋势（$P=0.08$），*LHβ* mRNA 显著高于美系低繁殖力大白猪（$P<0.05$），而均与丹系高繁殖力大白猪无显著差异。在卵巢组织中，皖南黑猪 *LHβ*mRNA 表达量显著低于美系低繁殖力大白猪（$P<0.05$），而与丹系高繁殖力大白猪无差异。下丘脑组织中，*ADIPOR*1 mRNA 表达量与 *GnRH* mRNA 表达量显著负相关（$P<0.05$）。这表明不同繁殖力猪相关生殖基因表达模式具有差异性，且 *ADIPOQ* 可能由 *ADIPOR*1 介导，通过调节 GnRH 分泌从而影响猪的繁殖力（周宁，2016）。

3. *AKT*2 和 *APPL*1 对母猪卵泡发育和产仔力的影响

FSH 与其膜受体结合可以激活 PI3K/AKT 通路，促使卵泡发育，AKT2 是 PI3K/AKT 通路的关键酶。APPL1 是一种接头蛋白，能与 FSHR 的某些结构域结合，影响 AKT2 活性，促使卵泡颗粒细胞增殖和优势卵泡的形成，抑制卵泡闭锁。王宁（2015）以空怀丹系大白猪、空怀美系大白猪、空怀和怀孕皖南黑猪为对象，比较产活仔数、卵巢重和卵泡发育的差异，采用免疫组化和 RT-PCR 的方法分别研究 *FSHR*、*AKT*2 和 *APPL*1 表达位点及其 mRNA 表达量的相互关系。结果显示，皖南黑猪产活仔数极显著高于美系大白猪（$P<0.01$），怀孕皖南黑猪组早期和晚期卵泡闭锁率极显著高于其他 3 组（$P<0.01$）；空怀美系大白猪组晚期卵泡闭锁

率>空怀丹系大白猪组>空怀皖南黑猪组($P<0.01$)。FSHR、AKT2 和 APPL1 主要分布在各组猪卵巢中的初级卵泡、健康卵泡的颗粒细胞和膜细胞,在早期闭锁卵泡和晚期闭锁卵泡上弱表达或不表达。

平均光密度值和 IOD 值测定发现,空怀皖南黑猪组健康卵泡 FSHR 的平均光密度值显著高于其他 3 组($P<0.05$),皖南黑猪组晚期闭锁卵泡 FSHR 平均光密度值显著高于其他 2 组($P<0.05$),空怀皖南黑猪组晚期闭锁卵泡 FSHR 的 IOD 值显著高于其他 3 组($P<0.05$)。空怀皖南黑猪组健康卵泡 AKT2 的平均光密度值显著高于空怀美系大白猪组($P<0.05$),空怀丹系大白猪组健康卵泡上 AKT2 的 IOD 值显著高于空怀美系大白猪组和空怀皖南黑猪组($P<0.05$);空怀丹系大白猪组和怀孕皖南黑猪组早期闭锁卵泡 AKT2 的 IOD 值显著高于空怀皖南黑猪组($P<0.05$);怀孕皖南黑猪组晚期闭锁卵泡 AKT2 平均光密度值显著低于其他 3 组($P<0.05$),怀孕皖南黑猪组晚期闭锁卵泡 AKT2 的 IOD 值显著高于其他 3 组($P<0.05$)。空怀皖南黑猪组健康卵泡 APPL1 平均光密度值显著低于其他 3 组($P<0.05$),空怀美系大白猪组健康卵泡 APPL1 的 IOD 值显著高于其他 3 组($P<0.05$);怀孕皖南黑猪组和空怀丹系大白猪组晚期闭锁卵泡 APPL1 平均光密度值显著高于其他 2 组($P<0.05$),怀孕皖南黑猪组晚期闭锁卵泡 APPL1 的 IOD 值显著高于空怀美系大白猪和空怀皖南黑猪组($P<0.05$)。各组猪早期和晚期闭锁卵泡 FSHR、AKT2 和 APPL1 的 IOD 值极显著低于健康卵泡($P<0.01$)。实时荧光定量分析发现,空怀皖南黑猪组卵巢组织中各基因 mRNA 表达量极显著高于其他 3 组($P<0.01$),怀孕皖南黑猪组卵巢组织中 *AKT2* 和 *APPL1* mRNA 表达量极显著低于其他 3 组($P<0.01$),空怀美系大 *APPL1* mRNA 表达量与晚期卵泡闭锁率呈极显著性负相关($P<0.01$),*FSHR* 与 *AKT2* mRNA 表达量呈显著性正相关(王宁,2015)。

综上,研究结果表明卵巢重和卵泡闭锁情况影响产仔母猪的生产能力。*FSHR*、*AKT2* 和 *APPL1* 主要分布在健康卵泡的颗粒细胞,在早期闭锁和晚期闭锁中弱表达,提示 *FSHR*、*AKT2* 和 *APPL1* 对生殖有调控作用,且健康卵泡颗粒细胞是 *FSHR*、*AKT2* 和 *APPL1* 调控的关键部位。不同产仔能力的母猪 *FSHR*、*AKT2* 和 *APPL1* 表达量存在显著性差异,表明其表达量与产活仔数有关。猪卵巢卵泡闭锁率与 *APPL1* mRNA 表达量相关性表明,*APPL1* 可能与抑制卵泡闭锁有关;*FSHR* 与 *AKT2* mRNA 表达相关性表明,*FSHR* 的表达能调控 *AKT2* 的表达,从而调控卵巢的生殖生理作用(王宁,2015)。

4. miR-429 调控产仔性状的分子机制研究

冯羿方(2016)研究了 miR-429 和与 miR-429 调控相关的靶基因(*ZEB*1 和 *LHβ*)及 miR-143-3p、miR-145-3p 在大约克夏猪和皖南黑猪高、低产仔数母猪生殖轴组织(垂体、下丘脑、卵巢、子宫、输卵管)中的表达规律,以及 miR-429、ZEB1 和 LHβ 三者间的靶向调控关系,从而探究 miR-429 调控母猪产仔性状的分子机制。结果发现,miR-429 在母猪的垂体和输卵管中高表达,LHβ 只在猪垂体中表达较高,ZEB1 在猪生殖轴组织中广泛表达,miR-143-3p 和 miR-145-3p 在子宫、卵巢和输卵管中表达较高。在垂体中,miR-429、LHβ 的表达量高产组均显著高于低产组,而 ZEB1 的表达量高产组均显著高于低产组;在子宫中 miR-143-3p 和 miR-145-3p 的表达量高产组均显著低于低产组。根据 EMSA 结果,T1 和 T2 的胶孔中均出现 DNA 探针与目的蛋白结合并迁移的条带,说明在猪中转录因子 ZEB1 能与 *LHβ* 基因的启动子区域发生互作,转录因子 ZEB1 和 LHβ 之间可能存在靶向关系。综上,miR-429、miR-143-3p 和 miR-145-3p 可能影响母猪的产仔性状,而 miR-429 在猪的垂体中可能通过下调 *ZEB*1 基因的表达

从而间接上调 *LHβ* 基因的表达，以此来调控母猪的产仔性能。

5. *Leptin* 基因多态性对产仔性状的影响

Leptin 基因由 3 个外显子和 2 个内含子组成，主要参与动物体重、繁殖功能和机体能量平衡等方面的调节。严燕(2009)研究发现，*Leptin* 基因 3 对引物中有 2 对引物(引物 2 和引物 3)存在 SNPs，外显子 2 上无突变，2 个突变位点(T3469C 和 G3717T)均在外显子 3 上。4 个安徽地方品种在引物 2 上表现出 *AA*、*AB* 和 *BB* 3 种基因型，经检验该突变(T3469C)属于同义突变；在引物 3 上表现出 *CC*、*CD* 和 *DD* 3 种基因型，该突变亦属于同义突变(G3717T)。皖南黑猪在 T3469C 突变位点上，3 种基因型频率依次为 0.353 0、0.568 6 和 0.078 4；在 G3717T 突变位点上，3 种基因型频率依次为 0.333 3、0.490 2 和 0.176 5；卡方检验显示安徽 4 个地方猪种的基因型频率均符合哈迪-温伯格平衡，均表现出丰富的遗传多态性。将产仔性状分为最高产仔数(LSP)、头胎产仔数(LS1)和平均产仔数(LSa)，以方差分析不同位点各基因型之间产仔数的差异，结果表明皖南黑猪 *Leptin* 基因 T3469C 位点上的 3 种基因型，在最高产仔数性状上差异显著($P<0.05$)。可见 *Leptin* 基因或许是影响猪产仔性状潜在的遗传标记，可以应用于猪育种工作中的标记辅助选择。

4.10.2.2 肉质研究

张陈华(2011)对皖南黑猪 *H-FABP*(心脏脂肪酸结合蛋白基因)5′-上游区和第 2 内含子的多态性进行分析及克隆测序，分析其多态性与肉质性状的相关性。结果显示，皖南黑猪中 5′-上游区，Hinf Ⅰ位点上存在多态性，等位基因 *H* 的基因频率为 0.622 3，表现为中度多态(PIC=0.359 6)；第 2 内含子区 Hae Ⅲ位点上也存在多态性，等位基因 *D* 的基因频率为 0.923 9，表现为低度多态(PIC=0.130 7)，只检测到 *DD* 和 *Dd* 2 种基因型；而 Hsp Ⅰ位点上未检测到多态，基因型只有 *AA* 型；在 Hinf Ⅰ＊位点上存在多态性，等位基因 *B* 的基因频率为 0.782 6，表现为中度多态(PIC=0.282 4)。检验表明，除 5′-上游区 Hinf Ⅰ多态位点外，其他 3 个位点均达到哈迪-温伯格平衡状态($P>0.05$)。测序分析发现，Hinf Ⅰ-RFLP 均由 1 324 bp 处 T→C 的突变引起，Hae Ⅲ-RFLP 均由 1 811 bp 处 C→G 的突变引起，Hinf Ⅰ＊-RFLP 均由 1 970 bp 处 C→T 的突变引起。

与肉质性状的相关分析可以看出，Hinf Ⅰ位点上，*Hh* 型肉色 a^* 值显著高于 *hh* 型($P<0.05$)，表现为 *Hh*>*HH*>*hh*；在大理石纹评分上，*HH* 型和 *Hh* 型均显著高于 *hh* 型($P<0.05$)。Hae Ⅲ位点上，*Dd* 型和 *dd* 型的肉色 L^* 值极显著高于 *DD* 值($P<0.01$)，表现为*Dd*>*dd*>*DD*；*DD* 型与 *Dd* 型在肉色评分上有显著影响($P<0.05$)，表现为 *DD*>*Dd*；Hinf Ⅰ＊位点上，*Bb* 型滴水损失显著高于 *bb* 型($P<0.05$)，表现为 *Bb*>*BB*>*bb*。*H-FABP* 基因各多态位点对肌内脂肪(IMF)含量有很大影响，所检测的基因型对 IMF 含量影响的趋势均为 *HH*>*Hh*>*hh*、*dd*>*Dd*>*DD*。其中，*HH* 型 IMF 含量显著高于 *Hh* 型($P<0.05$)，而极显著高于 *hh* 型($P<0.01$)，*Hh* 型显著高于 *hh* 型($P<0.05$)；*Dd* 型显著高于 *DD* 型($P<0.05$)；*BB*、*Bb* 和 *bb* 3 种基因型在 IMF 含量上差异不显著($P>0.05$)，但呈现出 *BB*>*Bb*>*bb* 的趋势，*B* 基因有使 IMF 含量增加的趋势(张陈华，2011)。

张越等(2016)以 3 个安徽地方品种和 1 个杂交品种为材料(圩猪、皖南花猪、皖南黑猪、皖南黑猪与巴克夏的二元杂交猪)，将各品种的 DNA 分别混池，通过 PCR 扩增 *H-FABP* 基因的 5′-端调控区和全部 4 个外显子，进行测序检测 SNPs，分别在 5′-端调控区和第 2 外显子各检测到 1 个 SNP。这 2 个 SNP 位点与肉质性状表型值关联分析表明，粗蛋白质、总脂肪、游离脂肪和 16 种氨基酸含量这 19 个性状的关联结果未达显著水平($P>0.05$),第 2 外显子处 SNP 多态仅与鲜味氨基酸谷氨酸含量显著关联($P<0.05$)。

4.10.2.3 抗性研究

抗原处理相关转运体(TAP)是一类抗原运输载体蛋白,由 TAP1 和 TAP2 两个亚基形成,在内源性抗原的呈递过程中发挥重要作用,与机体的一般抗病力有着密切关系。薛玮玮等(2014)采用 PCR-SSCP 方法检测猪 *TAP*1 基因编码区的遗传多态性。结果表明,皖南黑猪 *TAP*1 基因的第 10 外显子 41 bp 碱基处发生 G→A 突变,*A* 和 *G* 的基因频率分别为 75.84% 和 24.16%,*A* 为优势基因;检测到 *AA*、*GA*、*GG* 3 种基因型,其中 *AA*、*GA* 和 *GG* 的基因频率分别为 59.53%、32.62% 和 7.85%,*AA* 是优势基因型;多态信息含量(PIC)为 0.299 1,在该位点中度多态,卡方检验表明处于哈迪-温伯格平衡状态($P>0.05$)。

邵长胜(2013)对猪肠道 β-防御素的表达与特性进行研究。根据 GenBank 中登记的猪 β-防御素(pBD-1、pBD-2 和 pBD-3)序列设计保守序列特异性引物,从小肠中提取总 RNA,采用一步法反转录后,测序比对并应用实时荧光定量 PCR 技术检测比较不同肠段防御素的表达。结果发现皖南黑猪 β-防御素序列保守,在 3 个肠段中,回肠中 β-防御素基因表达量最高;在品种间表达差异上,皖南黑猪 β-防御素在小肠上表达量极显著高于杂交猪和皖南花猪($P<0.01$)。选取具有表达类型代表性的 pBD-1 和 pBD-2,设计寡核苷酸探针,采用 SABC-FITC 荧光标记,检测 β-防御素在猪肠道中的原位表达。结果表明 pBD-1 mRNA 在黏膜上皮和黏膜下层有杂交信号,而 pBD-2 mRNA 表达在黏膜下层和固有层有杂交信号。采用冰醋酸浸提法、离子交换层析技术从皖南黑猪小肠内成功分离纯化出对大肠埃希菌和猪肠道分离沙门氏菌有较高抑菌作用的抗菌肽(邵长胜,2013)。

丁月云等(2014)对皖南黑猪等 4 个安徽地方猪品种和大白猪的 *TLR*4 基因外显子 3 部分片段的遗传变异进行了研究,探讨其在免疫和防御系统中的作用。结果检测到 G417A 和 C1027A 2 个突变,其中 G417A 为非错义突变,仅在皖南黑猪、圩猪和安庆六白猪群体中检测到,且只检测到 *GG*、*GA* 2 种基因型,在该 3 群体中均为低度多态,均处于哈迪-温伯格平衡状态(P>0.05);C1027A 为错义突变,且引起了编码氨基酸性质的改变,在皖南黑猪等 5 个群体中均检测到 *CC*、*CA* 和 *AA* 3 种基因型,在 5 个群体中均为中度多态,且均处于哈迪-温伯格平衡状态($P>0.05$)。分析表明,G417A、C1027A 各基因型的分布在 5 个中外猪种间存在极显著差异($P<0.01$)。结果提示,安徽地方猪 *TLR*4 基因外显子 3 区序列相对保守、多态含量较低,群体遗传变异程度较小;C1027A 位点多态性在猪种间分布的差异是否与品种抗病性有关,值得深入研究。

4.10.2.4 其他研究

何小雷(2013)以皖南黑猪为试验材料,选择在动物体内胆固醇代谢过程中发挥重要作用的功能基因——胆固醇调节元件结合蛋白裂解激活蛋白(SCAP)基因、胆固醇酯转运蛋白(CETP)基因及三磷酸腺苷结合盒转运体(ABCA1)基因为候选基因,采用 PCR-SSCP 技术检测 *SCAP*、*CETP* 基因部分区段的遗传变异,筛查单核苷酸多态性位点,分析其多态性,并运用 SPSS 程序中的 GLM 模型分析所检测到的遗传变异与血液胆固醇含量指标的关联性,以及采用 RT-PCR 技术检测 *ABCA*1 基因在肝脏、心脏等不同组织中的表达差异。结果发现,皖南黑猪 *SCAP* 基因第 2 外显子 813 碱基处发生 G→T 突变(G813T),G813T 位点在试验群体中只

检测到突变的 *TT* 基因型，该突变引起氨基酸由蛋氨酸变成异亮氨酸；该位点 *TT* 基因型频率为 1.0，等位基因 *T* 基因频率为 1.0。*CETP* 基因第 1 内含子 795 碱基处发生 C→T 突变(C795T)，C795T 位点在试验群体中检测到 *CC*、*CT* 和 *TT* 3 种基因型，其基因型频率分别为 0.625 0、0.303 6 和 0.071 4，等位基因 *C* 和 *T* 的基因频率分别为 0.776 8 和 0.223 2，表现为中度多态(PIC=0.286 6)；该位点的 χ^2 值为 1.738 8($P>0.05$)，处于哈迪-温伯格平衡状态。

皖南黑猪 *CETP* 基因 C795T 位点的不同基因型个体间血液高密度脂蛋白胆固醇(HDL-C)和总胆固醇(TC)含量有显著差异($P<0.05$)，而血液低密度脂蛋白胆固醇(LDL-C)和甘油三酯(TG)含量差异不显著。*ABCA*1 基因在不同组织中有不同程度的表达，以肝脏中的表达量最高，其次是肺脏，肾脏中的表达量最低；肝脏和肺脏的表达量与其他组织中的表达量存在极显著差异($P<0.01$)，心脏的表达量与脾脏和肾脏的表达量存在显著差异($P<0.05$)。肝脏 *ABCA*1 mRNA 表达量与 TC 含量呈显著负相关，相关系数为−0.913；与 LDL-C 含量呈中等偏低的负相关，相关系数为−0.475(何小雷，2013)。

4.10.3 杂交利用

4.10.3.1 繁殖性能研究

利用皖南黑猪作为母本，与引入品种杂交，杂交优势明显，总产仔数比皖南黑猪纯繁提高 4%～15%。据原绩溪县畜牧兽医站试验，最好的杂交组合是巴皖(巴克夏♂×皖南黑猪♀)，总产仔数达(15.58±3.32)头，产活仔(15.58±2.61)头，断乳窝重提高 10%～21.8%，比纯繁皖南黑猪提高近 150 g。三元杂交(长白♂×巴皖♀)产仔性能优于二元杂交(长白♂×皖南黑猪♀)(张文等，2019)。

4.10.3.2 生长性能研究

皖南黑猪保护与开发利用工程技术研究中心根据当地群众的饲养水平，开展皖南黑猪纯种、巴皖(巴克夏♂×皖南黑猪♀)、杜皖(杜洛克♂×皖南黑猪♀)、大皖(大白♂×皖南黑猪♀)4 个组合的低蛋白质水平饲养试验。结果表明，全期日增重各组合之间以皖南黑猪表现最佳，巴皖(巴克夏♂×皖南黑猪♀)次之，在低蛋白质水平下二元杂交猪日增重均不理想；组内皖南黑猪均匀度表现最好，杜皖(杜洛克♂×皖南黑猪♀)组内均匀度表现最差；纯种皖南黑猪的日增重与巴皖组相比差异显著($P<0.05$)，与杜皖、大皖(大白♂×皖南黑猪♀)组相比差异极显著($P<0.01$)；其他各组之间日增重差异不显著($P>0.05$)(表 4-11)。饲料报酬分析如表 4-12 所示，组间前期、后期和全期每千克增重消耗粗蛋白质均是皖南黑猪最低，依次是巴皖组、大皖组，杜皖组最高；料重比也是皖南黑猪组最好，杜皖组合最差；组间粗蛋白质消耗，皖南黑猪与杜皖组合比较差异显著($P<0.05$)，皖南黑猪与其他组间比较差异不显著($P>0.05$)；各组间每千克增重 DE 消耗无显著差异($P>0.05$)(表 4-11、表 4-12)(夏成兴等，2014)。据原绩溪县畜牧兽医站试验，巴皖(巴克夏♂×皖南黑猪♀)二元杂交组合与皖南黑猪纯繁猪相比，育肥期日增重提高 10.38%～24.75%，育肥期 151 d，全期日增重(388±30)g(张文等，2019)，这个结果比夏成兴等(2014)的巴皖日增重(301.7±21.6)g 要高得多，可能与不同的日粮营养水平有关。

表 4-11 试验组增重情况

项目		皖×皖	巴×皖	杜×皖	大白×皖
前期	头数/头	12	12	12	12
	始重/kg	19.2±3.2	18.8±3.5	20.5±3.8	19.8±4.1
	饲喂天数/d	58	60	58	60
后期	体重/kg	50.5±4.3	49.8±4.7	48.2±5.8	52.1±6.2
	头数/头	12	12	11	11
	饲喂天数/d	57	60	57	60
	终重/kg	90.5±4.8	91.2±5.9	89.5±6.8	91.5±6.2
全期	头数/头	12	12	10	11
	饲喂天数/d	115	120	115	120
	日增重/g	310.5±13.2**	301.7±21.6*	300.6±32.2	298.7±23.8

注：** 表示差异显著($P<0.05$)，* 表示差异极显著($P<0.01$)。

资料来源：夏成兴等(2014)

表 4-12 试验组能量和蛋白质消耗

项目		皖×皖	巴×皖	杜×皖	大白×皖
前期	料重比	3.44	3.52	3.60	3.58
	DE/(Mcal/kg)	10.23	10.43	10.78	10.66
	CP/(g/kg)	468.1	486.5	493.8	489.7
后期	料重比	3.57	3.62	3.71	3.70
	DE/(Mcal/kg)	10.62	11.04	11.09	10.83
	CP/(g/kg)	414.3	427.5	435.9	432.6
全期	料重比	3.5	3.57	3.66	3.64
	DE/(Mcal/kg)	10.43	10.74	10.94	10.75
	CP/(g/kg)	441.2	450.5	464.9	458.6

资料来源：夏成兴等(2014)

4.10.3.3 肉质研究

选择出生日期和断奶体重相近、生长发育正常、健康无病的纯种皖南黑猪，皖南黑猪与巴克夏猪、杜洛克、大白的杂交后代仔猪 48 头，分成皖南黑猪组、巴皖组、杜皖组和大皖组 4 个组，每组 12 头，公母猪各半。前期(20～50 kg)和后期(50～90 kg)分别饲喂 2 种不同的低营养水平的日粮，试验猪达到 90 kg 左右时，每组抽取最接近平均数的 4 头猪作为屠宰测定对象。结果如表 4-13 所示，胴体瘦肉率、眼肌面积和皮厚是杜皖组最高，依次是大皖组、巴皖组，皖南黑猪组最低；膘厚和花板油呈现的规律则相反，表明皖南黑猪在低营养水平饲养的条件下，脂肪沉积能力较强。从表 4-13 可以看出，相对而言，在本次试验中皖南黑猪组粗蛋白质含量最高，其次是巴皖组、大皖组，杜皖组最低；各组 pH 均达到优等(夏成兴等，2014)。

表 4-13 屠宰和肉质测定

项目		皖×皖	巴×皖	杜×皖	大白×皖
屠宰指标	宰前体重/kg	90.35±3.5	91.2±3.8	89.5±4.5	91.5±4.2
	胴体重/kg	62.08±3.2	64.02±3.5	60.23±4.1	62.31±3.8
	屠宰率/%	68.6±0.5	70.2±0.5	67.3±0.8	68.1±0.6
	胴体瘦肉率/%	44.65±0.7	49.86±0.8	52.13±0.8	51.42±0.8
	眼肌面积/cm^2	19.86±1.1	24.55±1.2	27.44±1.4	25.64±1.3
肉质指标	膘厚/mm	4.54±0.12	3.18±0.12	2.88±0.13	2.95±0.12
	皮厚/mm	0.72±0.02	0.76±0.02	0.91±0.02	0.88±0.02
	花板油/mm	6.31±1.82	3.61±1.12	2.45±0.88	3.23±0.98
	水分/%	66.45±0.35	75.24±0.38	76.12±0.51	75.33±0.46
	粗蛋白质/%	26.03±0.32	21.22±0.35	20.32±0.42	20.69±0.41
	系水力	72.2±1.6	76.24±2.1	77.12±3.1	76.49±2.2
	pH	6.25±0.05	6.22±0.05	6.15±0.07	6.18±0.06

资料来源：夏成兴(2014)

（撰稿人：张海峰）

4.11 安庆六白猪

安庆六白猪是安徽省优良的地方猪种，于 2001 年被安徽省农业委员会列入第一批《安徽省地方畜禽品种保护名录》中，2006 年被农业部确定为国家级畜禽遗传资源保护品种（张海英，2016）。安庆六白猪的中心产区在安庆市太湖县、望江县，分布于太湖、望江、宿松、怀宁等县。安徽省的地方品种猪纯种数量在过去的 20～30 年间急剧下降，存栏母猪下降 71%～99%，公猪下降 74%～99%。20 世纪 80 年代在国家支持下，安徽省建立了 15 家保种场，旨在集中保种和有效开展种质资源的科研和评估工作，但目前只有太湖县安庆六白猪保种场和定远县定远黑猪保种场 2 家在国家支持下依然承担保种工作（王俊生等，2009）。据 2009 年调查，安庆市仅存栏安庆六白公猪 21 头、4 个家系，母猪 507 头，安庆六白猪已濒临灭绝（王俊生等，2010）。

4.11.1 生产性能

4.11.1.1 综合评价

安庆六白猪小公猪 3～3.5 月龄，小母猪 3～4 月龄开始性成熟。母猪发情周期为 18～21 d，发情持续期为 3～4 d。公猪 7～8 月龄体重达 40～50 kg，母猪 5 月龄体重达 30～35 kg 时，开始配种利用。母猪一般 1 年繁殖 2 窝，有的达 2.5 窝。初产母猪平均产活仔数 7.73 头，平均初生重 0.65 kg，双月断奶平均仔数 7 头，平均窝重 63 kg，平均个体重 9 kg。经产母猪每窝产活仔 9～13 头，仔猪初生重 0.8 kg，60 日龄断奶窝重 95 kg，左右哺育率 98.17%（张海英，2016）。2012 年 11 月 13—16 日，原农业部种猪质量监督检验测试中心对安庆六白猪进行了肉质测定，平均屠宰率为 74.4%，平均肉膘厚为 3.81 cm，眼肌面积为 28.23 cm^2，胴体瘦肉率为 46.95%,肉色评分为 4.5,大理石评分为 3.5,肌肉 pH_1 为 6.31,系水率为 95.1%,肌内脂肪含量为 4.73%,嫩度为 57.4 N(周晓明,2013)。张海英(2016)报道安庆六白猪 80~90 kg 体重阶段的屠宰率平均为 73.2%,背膘厚为 3.22 cm,眼肌面积为 17.6 cm^2,分割瘦肉率可达 34.5%~36.2%,分割脂肪率为 30%,瘦肉与肥肉比为 1∶0.87。其与原农业部种猪质量监督检验测试中心 2012 年的检测结果相比,平均屠宰率、肉膘厚差别不大,而眼肌面积和瘦肉率则差异明显,可能是屠宰日龄及饲养管理水平不同所造成的。

4.11.1.2 肉切块质量点评

张伟力等(2012)取来自安徽望江县现代良种养殖有限公司安庆六白猪保种场 14 月龄 114 kg 级纯种安庆六白去势公猪。宰前停食 16 h,待宰猪于原圈保持饮水。在猪场就地手工屠宰,无运输应激。屠宰现场温度为 20 ℃,胴体剥离温度为 20 ℃。胴体劈半后切出前肩切块,眼肌 T 骨切块,小排切块,五花肉切块,后腿切块中的股四头肌、股二头肌和尾肉切块。

(1)前肩切块　又称雪花梅肉,肉色深红悦目,透明度不大,纹理细微清晰,小肌束间脂肪沉积细致入微并与肌束形成浓密交织,产生红白相间的特有图案。其肉面干爽无水,坚挺而富有弹性,指压痕迹恢复迅速。

(2)眼肌 T 骨切块　T 骨与眼肌界面清晰,造型美观,眼肌细小而饱满充盈适度,且与细小 T 骨比例合适,背膘极厚。

(3)小排切块　此切块是贴骨细雪花瘦肉,骨细肉嫩,骨小髓大,筋细膜薄,由肋间肌小直径短截距的红纤维与小肌束间脂肪致密交织组成,肥瘦难分。其肉香嫩酥软,其胸叉小排骨(肋骨与胸骨交接处)嫩脆可嚼。

(4)五花肉切块　此切块红白色彩对比鲜明,3 红 3 白 1 水晶 7 个层次对比分明。皮、脂、肉层次结构分明,立体造型丰满厚重,红白层厚度比例中白多红少。其皮层较厚重而富有胶原蛋白,系水力极强。

(5)腿肉切块　该二切块代表后腿主要切块,性质基本类似。其中股二头肌中带有轻度大理石纹,尤为珍贵。该腿肉切块纹理细致,色泽红亮,肉块干爽而弹性极佳。其腿形短圆,酷似巴克夏猪的腿形。

(6)尾肉切块　此切块以短、肥、圆、麻(毛孔多而密)为特点。细品之,骨极细而无髓,肉极嫩而多汁,膘极厚而不腻,皮极软而多胶。

4.11.2 基础研究

4.11.2.1 繁殖性能研究

1. *Leptin* 和 *LIF* 基因与产仔性状的关联性分析

Leptin 基因由 3 个外显子和 2 个内含子组成,主要参与动物体重、繁殖功能和机体能量平衡等方面的调节。严燕(2009)研究发现,*Leptin* 基因 3 对引物中有 2 对引物(引物 2 和引物 3)存在 SNPs,外显子 2 上无突变,2 个突变位点(T3469C 和 G3717T)均在外显子 3 上。4 个安徽地方品种在引物 2 上表现出 *AA*、*AB* 和 *BB* 3 种基因型,经检验该突变(T3469C)属于同义突变;在引物 3 上表现出 *CC*、*CD* 和 *DD* 3 种基因型,该突变亦属于同义突变(G3717T)。安庆六白猪在 T3469C 突变位点上,3 种基因型频率依次为 0.323 6、0.588 2 和 0.088 2;在 G3717T 突变位点上,3 种基因型频率依次为 0.470 6、0.470 6 和 0.058 8;卡方检验显示安徽

4 个地方猪种的基因型频率均符合哈迪-温伯格平衡，均表现出丰富的遗传多态性。将产仔性状分为最高产仔数（LSP）、头胎产仔数（LS1）和平均产仔数（LSa），以方差分析不同位点各基因型之间产仔数的差异，结果表明安庆六白猪 *Leptin* 基因的 T3469C 位点和 G3717TC 上，3 种基因型在最高产仔数性状上差异均显著（$P<0.05$）。可见 *Leptin* 基因或许是影响猪产仔性状潜在的遗传标记，能应用于猪育种工作中的标记辅助选择。

LIF 基因（白血病抑制因子基因）外显子 2 扩增片段在安庆六白猪群体发现 1 个 SNP，为 LIFg. C5709T，LIFg. C5709T 在安庆六白猪群体中只检测到 *CC* 和 *CT* 2 种基因型，*CC* 和 *CT* 的基因型频率分别为 70.71% 和 29.29%；该位点的多态信息含量（PIC）为 0.218 8，处于低度多态，卡方适合性检验 *P* 值大于 0.05，处于哈迪-温伯格平衡状态；LIFg. C5709T 位点基因型对安庆六白猪初产母猪和经产母猪总产仔数（TNB）和产活仔数（NBA）均无显著影响，但均存在 *CC* 型高于 *CT* 型的趋势。外显子 3 扩增片段在安庆六白猪中发现 1 个 SNP，为 LIFg. C6646T，LIFg. C6646T 在安庆六白猪群体中检测到 *AA*、*AB* 和 *BB* 3 种基因型，3 种基因型的频率分别为 47.47%、42.42% 和 10.11%；该位点的多态信息含量（PIC）为 0.337 7，处于中度多态，卡方适合性检验 *P* 值大于 0.05，处于哈迪-温伯格平衡状态；LIFg. C6646T 位点安庆六白猪初、经产母猪群体 *BB* 基因型的总产仔数（TNB）和产活仔数（NBA）均极显著高于 *AB* 和 *AA* 基因型（$P<0.01$），初产母猪群体 *AB* 基因型极显著高于 *AA* 基因型（$P<0.01$）。研究结果提示，LIFg. C6646T 位点可以作为安庆六白猪繁殖母猪产仔性状候选遗传标记（丁冲，2015）。

2. *OB*、*ER* 和 *FSHβ* 基因对繁殖性能的影响

严燕等（2011）对 *OB* 基因第 2、第 3 外显子的 SNPs 分析显示，安庆六白猪等安徽 4 个地方品种猪的 *OB* 基因外显子 2 上均没有检测到多态性突变位点，而在外显子 3 上 2 对引物的扩增片段均存在多态性突变位点。经克隆测序分析发现，外显子 3 在 3 469 bp 处存在 T-C 突变，在 3 714 bp 处存在 G-T 突变，但这 2 个突变位点均属于同义突变。T3469C 突变位点上检测到 *AA*、*AB* 和 *BB* 3 种基因型，其中 *A* 基因频率为 0.617 6；G3714T 突变位点上检测到 *CC*、*CD* 和 *DD* 3 种基因型，等位基因 *C* 频率为 0.705 9，占主导地位。最小二乘分析表明，T3469C 和 G3714T 位点上 3 种基因型对 4 个地方品种猪在头胎产活仔数和经产产活仔数上的效应均为 *BB*>*AB*>*AA*、*DD*>*CD*>*CC*。初步推断 *OB* 基因可能是影响安徽地方猪产仔性状的候选基因之一或该基因与主基因相连锁，可以用作产仔性状的标记辅助选择。

ER（雌激素受体）基因和 *FSHβ*（促卵泡素 β 亚基）基因是影响猪繁殖性能的主效基因。张晓东等（2014）对安徽省 4 个地方猪种 *ER* 和 *FSHβ* 基因的遗传变异及对产仔数的影响进行研究。结果表明，*ER* 和 *FSHβ* 基因在 4 个地方猪种中都存在多态性。*ER* 在安庆六白猪中等位基因 *A*、*B* 频率分别为 0.544 和 0.456，出现了 *AA*、*AB* 和 *BB* 3 种基因型，其基因型频率分别为 0.206、0.676 和 0.118，基因频率和基因型频率均处于哈迪-温伯格平衡状态（$P>0.05$）；*FSHβ* 在安庆六白猪只出现了 *CC*、*CD* 2 种基因型，等位基因频率和基因型频率分布不均，处于哈迪-温伯格不平衡状态（$P<0.01$）。在安庆六白猪群体中 *ER* 和 *FSHβ* 不同基因型个体间的总产仔数（TNB）和产活仔数（NBA）差异均不显著（$P>0.05$），这与其他安徽地方猪种存在差异。

4.11.2.2 肉质研究

黄龙（2013）开展了与脂类代谢调控相关候选基因脂滴包被蛋白（PLIN1）基因、视黄醇结合蛋白 4（RBP4）基因的单核苷酸多态性（SNPs）及其与胴体性状和肉质性状的相关性研究。

结果发现，*PLIN*1 基因第 2 外显子 3 519 bp 处存在 A→G 的错义突变，使编码的氨基酸由组氨酸变成精氨酸；在安庆六白猪群体中检测到 3 种基因型（*AA*、*AB* 和 *BB*），*AA*、*AB* 和 *BB* 3 种基因型频率分别为 29.09%、57.27% 和 13.64%，多态信息含量（PIC）为 0.369 0，在该位点处于中度多态。*RBP*4 基因第 3 内含子 604 bp 处存在 A→G 的突变，在安庆六白猪中检测到 3 种基因型（*CC*、*CD* 和 *DD*），*CC*、*CD* 和 *DD* 3 种基因型频率分别为 53.64%、37.27% 和 9.09%，多态信息含量（PIC）为 0.320 5，在该位点处于中度多态。安庆六白猪在 *PLIN*1 和 *RBP*4 2 个基因位点均处于哈迪-温伯格平衡状态（$P>0.05$）。

*PLIN*1 基因位点多态性与胴体和肉质性状的相关分析显示，在安庆六白猪群体中，*AA*、*AB* 基因型个体平均背膘厚极显著高于 *BB* 基因型个体（$P<0.01$），*AA*、*AB* 基因型个体胴体瘦肉率显著高于 *BB* 基因型个体（$P<0.05$）；*BB* 基因型个体肌肉水分显著高于 *AB* 基因型个体（$P<0.05$），*AB* 基因型个体肌内脂肪含量显著高于 *BB* 基因型个体（$P<0.05$）。*RBP*4 基因多态位点的相关性分析表明，在安庆六白猪群体中，*CC* 型平均背膘厚显著高于 *DD* 型（$P<0.05$），*CC* 型和 *CD* 型眼肌面积显著高于 *DD* 型（$P<0.05$）；*CC* 型肉色 a^* 值显著高于 *DD* 型（$P<0.05$），*CD* 型肌内脂肪含量显著高于 *DD* 型（$P<0.05$）。研究结果提示，*PLIN*1 基因和 *RBP*4 基因均能作为安庆六白猪部分胴体、肉质性状分子标记辅助选择的候选基因（黄龙，2013）。

4.11.2.3 抗性研究

TLR4（Toll 样受体 4）是 TLRs 家族的重要成员，是细菌脂多糖或脂质 A 识别的主要受体，能识别多种革兰氏阴性菌、衣原体和病毒等病原微生物，其受体基因的遗传差异可造成机体对多种病原体抵抗力不一，是重要的抗病候选基因。丁月云等（2014）以安庆六白猪等 4 个安徽省特有的地方猪种为试验材料，利用克隆、测序的方法在猪 *TLR*4 基因外显子 3 序列区寻找多态位点，分析不同基因型在猪种间的分布规律。结果发现，位于猪 *TLR*4 基因外显子 3 上有 3 个 SNPs，分别是 G417A、C318A 和 C1027A。群体遗传学分析表明，C318A 位点在安庆六白猪群体检测到 *CC*、*CA* 2 种基因型，其中 *CC* 基因型为优势基因型；在群体中处于低度多态，且处于哈迪-温伯格平衡状态。G417A 位点在安庆六白猪群体检测到 *GG*、*GA* 2 种基因型，其中 *GG* 基因型为优势基因型；在该群体均处于低度多态，且处于哈迪-温伯格平衡状态。C1027A 位点在安徽地方猪 4 个猪群中均检测到 *CC*、*CA* 和 *AA* 3 种基因型，其中 *CA* 基因型为安庆六白猪等 3 个群体的优势基因型；在该 4 个群体中均处于中度多态，且处于哈迪-温伯格平衡状态。结果表明，*TLR*4 的 3 个 SNPs 位点各基因型分布在此安徽 4 个地方猪种间存在显著差异（$P<0.05$）。

*TAP*1 基因是抗 F18 大肠杆菌的候选基因之一，在安庆六白猪群体中 *TAP*1 基因的 443 bp、7 570 bp 均检测到 G→A 突变。443 bp 处突变为无义突变，没有引起氨基酸的改变，在安庆六白猪中检测到了 3 种基因型（*CC*、*CD* 和 *DD*），基因频率分别是 17.24%、31.03% 和 51.72%；多态信息含量（PIC）为 0.343 5，在该位点处于中度多态。*TAP*1 基因 7 570 bp 处突变为无义突变，没有引起氨基酸的改变，在安庆六白猪群体中检测到了 3 种基因型（*GG*、*GH* 和 *HH*），*GG*（野生型）、*GH* 和 *HH* 基因型频率分别是 7.97%、12.50% 和 79.53%；多态信息含量（PIC）为 0.214 2，在该点位处于低度多态，显著偏离哈迪-温伯格平衡（$P<0.01$）。G7570A 位点免疫指标相关性分析发现，在安庆六白猪中，*AA* 基因型个体 IL-10 含量显著高于 *GA* 基因型（$P<0.05$）（薛玮玮，2014）。

4.11.2.4 其他研究

季索菲等(2011)以30日龄安庆六白猪耳缘皮肤组织为材料,采取组织块接种培养法及胰蛋白酶消化法分离培养成纤维细胞,并对所获得的细胞系的体外培养生物学特性进行检测。结果显示,组织块贴壁第2天有部分游离状细胞贴壁,多为梭形,3 d后组织块周围有细胞呈放射状爬出,10 d时组织块周围细胞汇合率可达50%,15 d后细胞密度可达70%~80%,20 d时可长出明显的涡旋状,此时可传代、冻存。热胰蛋白酶消化后第2天细胞能较均匀地分散生长,且边缘光滑,多为梭形;冷胰蛋白酶消化处理后生长初期,消化12 h的细胞长势较消化24 h的细胞快,但随着时间的推移,两者生长速度未出现较大差异。从绘制的细胞生长曲线可看到,安庆六白猪成纤维细胞接种后第1天为潜伏期;第2~4天细胞开始加速生长,此时为指数生长期;第4~6天细胞为稳定期;第7天细胞缓慢增长,为细胞生长平台期;7 d后细胞停止生长,为细胞凋亡期。

研究中发现,胰蛋白酶消化后细胞贴壁和汇合速度更快,但在贴壁过程中细胞死亡率较高,这可能是不同品种猪对胰蛋白酶的耐受能力不同,故在进行皮肤细胞体外培养时不同品种应采用不同的消化时间。胰蛋白酶消化法培养的细胞生长至较高代后生长力慢于组织块培养,很可能是早期培养过程中细胞膜在胰蛋白酶中受到一定的损伤,从而影响后期增殖分裂。冷胰蛋白酶消化时间虽然较长,但对细胞伤害较小,培养后期细胞生长速度和形态略优于热胰蛋白酶处理(季索菲等,2011)。

4.11.3 杂交利用

2006—2012年,安徽省太湖县畜牧兽医局与安徽农业大学联合在安庆六白猪保种场开展了安庆六白猪新品系培育。安庆六白猪新品系是利用本地安庆六白猪与引入良种杜洛克公猪,按不完全闭锁的群体继代选育方法,以数量遗传学和分子遗传理论为指导,采用大群测定的同时辅以DNA分子鉴定,历经7年4个世代的精心培育而成。新品系保持了六白猪的被毛黑色、繁殖率高和肉质优良等特性,其体躯较长,背腰平直,腿臀较为丰满,同时又具有瘦肉型猪的体型,生长速度和瘦肉率都有显著提高。与零世代猪相比,新品系公猪体长增加13.06 cm,母猪体长增加15.30 cm;新品系公猪体高增加4.12 cm,母猪增加15.38 cm;新品系公猪后腿比例增加3.32 cm,母猪增加6.05 cm。经产母猪产仔数(12.97±1.07)头,产活仔数(12.52±0.56)头,初生窝重(15.86±0.75)kg,21日龄窝重(72.68±2.04)kg;育肥猪(30~100 kg育肥期)平均日增重(583.18±8.25)g,料肉比3.0;屠宰率(71.6±4.82)%,瘦肉率54%,平均背膘厚(2.7±0.67)cm,眼肌面积(28.05±3.7)cm^2;肉色鲜红,pH和大理石纹适中,肌内脂肪4%。各主选性状取得明显的遗传进展,均已达到或超过育种目标,并清除了氟烷敏感基因;群体变异系数趋小,遗传性趋稳定(吕效应,2013)。

安庆六白猪新品系的杂交研究(表4-14)表明,新品系与巴克夏公猪杂交商品猪保持了体长、毛黑等外形特点,其日增重840 g,100 kg日龄平均163 d,料肉比2.67,背膘厚减少0.56 mm,瘦肉率高6%。在中等营养水平下(前期DE 13.18 MJ/kg,CP 16.5%;后期DE 12.76 MJ/kg,CP 14.5%)新品系30~100 kg,平均日增重583 g,料肉比3.0,与本地猪大黑猪(地方黑猪×大约克)杂交比较,日增重21 g,料肉比少0.3。结合生长速度与饲料报酬来看,新品系×巴克夏高于新品系×新品系,表明新品系与巴克夏品种杂交的配合力较高。

表 4-14 不同杂交组合生产性能比较

杂交组合模式	巴克夏×新品系	新品系×新品系	新品系×大黑猪
头数	12	12	12
饲养期/d	82	105	124
始重/kg	31.06±1.26	29.8±2.84	27.6±2.35
末重/kg	100±11.43	91.59±9.67	97.8±4.56
增重/kg	68.94±10.17	61.79±7.03	70.2±1.21
平均日增重/kg	0.84±0.07	0.583±0.08	0.562±0.1
平均耗料/(kg/头)	184.48	185.55	231.66
料肉比	2.67	3.0	3.3

资料来源：吕效应(2013)

（撰稿人：张海峰）

4.12 乐平猪

乐平猪又名乐平花猪，是江西省重点保护的地方猪资源之一，中心产区为江西省乐平市的接渡、吾口、后港、礼林、梅岩等地，分布于江西省浮梁、鄱阳、万年、德兴、婺源、弋阳和东乡、余江、金溪、临川等地(徐武正等，2018)。20 世纪 70 年代，江西省农业厅邀请专家开展地方猪遗传资源论证评估，根据体型外貌、生产性能特点、产地区域等将东乡花猪也归于乐平猪(赣东北花猪)(万明春等，2013)。1986 年，乐平猪的名称收录于《中国猪品种志》，2010 年获国家地理标志登记证书，2014 年列入国家级猪种保护名录(张伟力等，2009)。2006 年统计尚存栏乐平市有能繁母猪 860 头左右，公猪 8 头(6 个血缘)(国家畜禽遗传资源委员会，2011)。截至 2018 年 6 月末，作为乐平猪保种场，东乡欣荣畜牧良种场仅有能繁乐平母猪 104 头、种公猪 13 头(宁财等，2018)，乐平猪这一优良的地方猪种濒临消失。

4.12.1 生产性能

4.12.1.1 繁殖性能研究

万明春等(2012)研究了饲喂不同量的新鲜杂交狼尾草对乐平猪(东乡花猪)繁殖性能的影响。试验设 3 个组，分别饲喂 0、2.0 和 3.0 kg/d 杂交狼尾草(即对照组、15%精料替代组、25%精料替代组)，分妊娠前期(30 d 前)、妊娠中期(30～90 d)和妊娠后期(90 d 后)3 个阶段。由试验结果(表 4-15)可知，2 个试验组(15%精料替代组和 25%精料替代组)的总产仔数分别提高 2.26%和 3.80%，产活仔数分别提高 5.56%和 7.28%，60 日龄头数分别提高 6.45%和 7.40%，都优于对照组，但差异不显著($P>0.05$)；初生窝重分别提高 11.37%和 13.4%，60 日龄窝重分别提高 11.07%和 12.55%，明显高于对照组($P<0.05$)；2 个试验组间 25%精料替代组好于 15%精料替代组，但差异不显著($P>0.05$)。若以 60 日龄成活小猪头数比较，一头母猪以 15%精料替代组的方式饲喂，年产可比对照组多成活 1.67 头仔猪(按 2.2 胎/年计算)，25%精料替代组比对照组多成活 1.89 头，这与陈作勇等(1997)报道的 15%精料替代组优于 25%精料替代组有所不同，这可能与猪品种、青饲料品种及用量不同有关。

表 4-15 狼尾草替代不同比例精料对母猪繁殖性能的影响

处理	窝数	总产仔数/头	产活仔数/头	初生窝重/kg	60 日龄头数/头	60 日龄窝重/kg
对照组	10	12.81±1.72	12.22±1.27	10.37±1.38[a]	11.62±0.92	127.68±8.43[a]
15%精料	10	13.10±0.78	12.90±0.42	11.55±1.55[b]	12.36±1.02	141.82±10.21[b]
25%精料	10	13.30±0.93	13.11±0.84	11.76±1.92[b]	12.48±1.52	143.71±12.33[b]

注：同列数据后字母不同表示差异显著($P<0.05$)，相同表示差异不明显($P>0.05$)。

资料来源：万明春等(2012)

4.12.1.2 肉质研究

万明春等(2013)对乐平猪(东乡花猪)肉质的研究发现，乐平猪肌内脂肪丰富，含量达10.48%；猪肉中含有丰富的亚麻酸和亚油酸，饱和脂肪酸及不饱和脂肪酸含量分别为45.635%和51.735%；甜鲜味氨基酸含量高达24.18%(表4-16)，这可能是乐平猪肉味道好的原因之一。

表 4-16 肉质检测

项目	含量/(mg/g)	项目	含量/(mg/g)	项目	含量/%
天冬氨酸	1.92±0.12	缬氨酸	1.08±0.11	鲜味氨基酸比例	25.7
谷氨酸	3.52±0.29	蛋氨酸	0.59±0.01	甜鲜味氨基酸比例	24.18
丝氨酸	0.85±0.08	肌氨酸	0.15±0.01	亚油酸	7.04±0.00
组氨酸	1.34±0.13	异亮氨酸	1.03±0.08	亚麻酸	0.26±0.01
精氨酸	1.46±0.10	亮氨酸	1.76±0.05	花生酸	0.28±0.01
甘氨酸	1.17±0.19	苯丙氨酸	0.84±0.10	其他脂肪酸	2.63±0.21
苏氨酸	1.00±0.06	赖氨酸	1.82±0.24	肌内脂肪含量	10.48±0.95
脯氨酸	0.83±0.20	酪氨酸	0.66±0.02	饱和脂肪酸含量	45.635
丙氨酸	1.17±0.13	氨基酸总量	21.20	不饱和脂肪酸含量	51.735

资料来源：万明春等(2013)

4.12.2 基础研究

4.12.2.1 繁殖性能研究

王承浩等(1986)对乐平猪(东乡花猪)生殖腺的发育情况进行了研究。乐平猪公猪曲精细管直径在初生至30日龄时与中白猪、巴克夏猪和长白猪大小相似，但以后各月龄的增大就比中白猪、巴克夏猪和长白猪迅速；在80日龄时曲精细管内出现精子，90日龄的曲细精管大小与7～8月龄的吉林乌猪相近似，说明乐平猪出生后的曲精细管增大比国外的中白猪、巴克夏猪、长白猪和吉林乌猪迅速，曲精细管形成精子比中白猪、巴克夏猪、长白猪和吉林乌猪都早而快，这可能与乐平花猪早熟性有关。睾丸曲精细管生长率以30～60日龄、60日龄～90日龄最高，其曲线陡度大，接近于垂直，过了90日龄后，曲线渐趋平缓，变化不大。曲精细管在发育中，先后出现2个高峰，第一个生长高峰出现在30～60日龄，第二个生长高峰出现在60～90日龄，这段时期正是性机能迅速发展之时，此时除曲精细管增粗、生精细胞大量增殖、形成精子外，间质细胞也高度生长发育，胞体积极增大，直径由初生 7 μm 增大至 15 μm 以上，胞质中有多数脂滴溶解后所形成的空泡，同时，数量也增多。这表明曲精细管的发育与间质细胞分泌雄性激素（睾酮）有关系，二者成正相关。

乐平母猪于 90 日龄时卵泡上皮达 10 层，出现卵泡腔，120 日龄个别猪的卵泡已经达到直径 2 cm，并已排卵，出现黄体。由此可见，乐平母猪卵巢发育与国内的嘉兴猪、枫泾猪、陆川猪和大围子猪等相类似，大都在 120～160 日龄排卵，比中约克夏提早 3～4 个月，但比二花脸猪和姜曲海猪排卵晚 2 个月左右。从卵巢的增大强度可以看出，乐平母猪初生以后到 1～2 月龄，其增大强度没有体重增加快，看不出显著变化，可是在 3～5 月龄，卵巢发育强度和卵泡发育速度远远大于体重的增长，其生长速度与曲精细管发育情况相类似，反映了动物性成熟早于体成熟。从曲精细管和卵泡二者发育速度比较，卵泡的发育（完全成熟、排卵）比曲精细管的发育（出现精子）要迟，后者在 80 日龄就形成精子，而前者最早的也必须于 120 日龄后才完全成熟而排卵，二者相差达 2 个月左右。

4.12.2.2 生长性能研究

30 日龄乐平猪（乐平花猪）小肠绒毛与初生相比，突然缩短变窄，其中十二指肠的小肠绒毛缩短 42%、变窄 41%，空肠的缩短 33%、变窄 48%，回肠的缩短最多达 54%、变窄 8%，以后又逐渐增长变宽直到 120 日龄，呈现出高→低→高和宽→窄→宽的变化现象。这些绒毛高度和宽度的变化，可能与营养成分的转变有关。绒毛的密度随着日龄的增加而逐渐减少，而以回肠的绒毛减少更为显著，120 日龄的比初生的减少 60%。造成这种变化，据推测乃是绒毛的数量在仔猪的胎儿后期、于出生时或已基本确定，出生后可能无新的绒毛形成，以后随着仔猪发育，肠壁扩大、绒毛体积增大和回肠淋巴集结的增生等原因，致使肠黏膜单位面积内和 1 mm 长度内的绒毛条数逐渐发生减少现象。

乐平猪的肠腺密度也像绒毛一样，随着日龄的增加而有下降的趋势，其中以回肠最为显著，降低 57%，其原因也是肠壁扩大和肠黏膜面积增加，致使肠腺在单位面积和长度内的密度（条数/mm）相应下降。肠腺的高度随着日龄的增加急剧伸长，120 日龄时达到出生时的 5～6 倍，说明肠腺随着仔猪的发育迅速增长，以分泌更多含有消化酶的肠液，有利于食物的消化，适应仔猪的发育。胃底腺密度随着日龄的增加和腺区黏膜面积的增加而逐渐减少，推测单位长度内的腺体数目如同小肠绒毛一样在胎儿后期、出生时或已基本确定，在以后发育过程中，可能只有原腺体的增长增宽，而无新的腺体形成。胃底腺的主细胞和壁细胞在发育过程中的比率变化则恰好相反。在初生→30 日龄→60 日龄哺乳期间，为适应乳汁高蛋白的消化和凝乳，主细胞的比率逐渐增加，断乳后则下降；而壁细胞在哺乳期比率降低，至断乳后上升，这种变化是与断乳后饲料性质改变和采食量增加有关（王承浩等，1987）。

对 10 个猪种猪 *GH* 基因（生长激素基因）的 −119～+486 bp 片段进行扩增。不同品种间在此区域内存在多态，经 *Apa* Ⅰ 酶切后，多态型分为 2 个等位基因，即 *A*(449+101+55 bp) 和 *B*(316+133+101+55 bp)。*GH* 等位基因频率和基因型频率在不同猪品种间变异较大，其中乐平猪 *A*、*B* 等位基因频率分别为 58.3% 和 41.7%，3 种基因型 *AA*、*AB* 和 *BB* 的频率为 33.3%、50.0% 和 16.7%（王文君等，2003）。

4.12.2.3 肉质研究

乐平猪肉质较好，其肉色鲜红，大理石纹好，pH_2 和肌内脂含量高及失水率低，表现为我国地方猪种的优良特性(许振英,1985)。研究发现,肌内脂肪沉积量存在品种间差异,除了其本身的遗传性以外,空间效应可能也是一个重要影响因素。相对于长白猪,乐平猪由于有较少的肌纤维,因而有更多的空间填充脂肪,肌内脂肪的沉积滞后于肌纤维生长也证实了这点。肌肉的组织学结构是影响肉嫩度和多汁性的重要因素,乐平猪、萍乡猪和大白猪 3 品种间肌纤维直径差异虽不显著,但均值仍以乐平猪最小,说明乐平猪肌纤维细密,肉质较好。另外,由于乐平猪含糖原少,糖原为乳酸的生成材料,因而其最终 pH 较高。猪从出生到屠宰的肌纤维数及肌原纤维密度均保持恒定,即肌肉的变粗完全依靠肌原纤维的分裂增殖。乐平猪屠宰日龄为 203.1 d,肌原纤维数 1 824 根,品种间很接近,说明对整块肌肉来讲,地方猪发育欠佳,但对单根肌纤维发育来讲,则 3 个品种一致。这也提示在选育中应增加肌纤维的数量,且可早期选育(李龙瑞,1990)。

4.12.2.4 其他研究

利用 5 个多态蛋白(酶)位点碱性磷酸酶(AKP)、蛋白酶抑制物 1(PI-1)、后白蛋白 1(Po-1)、后白蛋白 2(Po-2)和铜蓝蛋白(Cp)分析乐平猪等 6 个地方猪品种的遗传结构和遗传变异。发现乐平猪(东乡花猪)、南阳黑猪、南城黑猪、阳新猪、杭猪和清平猪 6 个品种在 AKP 位点表现出 7 种基因型,各品种的基因型类型差异很大。乐平猪中出现 5 种基因型 *CC*、*DD*、*BC*、*BD* 和 *AC*,基因型频率分别为 0.517 2、0.318 9、0.103 4、0.138 1 和 0.103 4,其中基因型 *AC*(基因型频率 0.103 4)为乐平猪所特有。PI-1 在 6 个品种中表现 3 种基因型,乐平猪在此位点上达到完全纯合状态,仅有一种基因型 *AA*。乐平猪等 6 个品种均含有 Po-1 位点的 3 种基因型,只是频率不尽相同;Po-2 位点在 6 个品种中表现出 6 种基因型,乐平猪只有其中 4 种基因型,没有 *AC* 和 *BC* 基因型。Cp 位点在 6 个品种中均表现为单态。品种内遗传变异检测发现,由于乐平猪为本品种内选育而成,所以遗传纯度较高,杂合度较低,仅为 0.260 6,其遗传变异大小与其形成背景保持一致。利用遗传距离数据,通过 UPGMA 法对 6 个品种进行聚类分析,发现乐平猪与杭猪被聚成一类,这与乐平猪与杭猪均属江西品种,在生产性能或外貌特征上都比较相似的事实相符(林丽等,2011)。

4.12.3 杂交利用

4.12.3.1 繁殖性能研究

张华等(1993)以乐平猪作母本与外来大型约克夏、长白、杜洛克公猪进行杂交,形成二元杂交猪,然后用杜洛克、汉普夏、大约克作终端父本进行三元杂交。试验以大约克×乐平花猪(Yd)、长白×乐平花猪(Ld)、杜洛克×乐平花猪(Dd)3 个二元组合和长大乐(LYd)、杜长乐(DLd)、大长乐(YLd)、杜大乐(DYd)、汉长乐(HLd)和汉大乐(HYd)6 个三元组合为对象,研究乐平猪的杂交及杂种优势效应。结果显示,以乐平猪为母本的二元杂交组合平均产仔数、产活仔数和育成数分别比母本猪减少 0.24 头、0.39 头和 0.35 头,而初生、20 日龄、60 日龄窝重却增加 1.46 kg、3.01 kg 和 34.55 kg,差异显著($P<0.05$);比父本猪均值的前 3 项性状分别增加 2.14 头、0.97 头和 1.28 头,差异显著($P<0.05$),后 3 项性状相近,差异不显著($P>0.05$)。杂种优势率均数:产仔数 10.5%,产活仔数 8.87%,仔猪育成数 5.23%,初生窝重 −1.81%,20 日龄窝重 7.98%,60 日龄窝重 15.26%。以乐平猪为母本的三元杂交组合平均产仔数、产活仔数、育成数、初生窝重、20 日龄窝重和 60 日龄窝重,比母本二元杂交猪均值依次提高 1.7 头、1.99 头、0.91 头、2.69 kg、3.44 kg 和 5.63 kg，差异显著（$P<0.05$）；比父本猪均值亦提高 4.11 头、3.15 头、2.45 头、1.47 kg、7.32 kg 和 3.36 kg，差异显著（$P<0.05$）或极显著（$P<0.01$）。杂种优势率均数：产仔数 28.69%，产活仔数 31.1%，育成数 23.01%，初生窝重 22.12%，20 日龄和 60 日龄窝重为 16.12%和 6.64%（张华等，1993）。

万明春等（2012）在江西省东乡欣荣畜牧良种场分别选取 6 头胎次、日龄相同的乐平猪（东乡花猪）母猪（d），12 头杜洛克×乐平猪（Dd）经产母猪，分别等量与乐平花猪公猪（d）、长白公猪（L）、长白×大约克（LY）公猪配种，组成 dd、LDd 和 LYDd 共 3 个组合，统计分析这 3 个组合 3 个胎次的繁殖性能。结果如表 4-17 所示，长大×杜乐（LYDd）组产活仔猪数、20 日龄的成活仔猪数、60 日龄的窝重均最高，且与纯繁组合（dd）相比差异显著（$P<0.05$），与长×杜乐（LDd）组相比差异不显著（$P>0.05$），LDd 组 60 日龄的窝重与 dd 组相比差异显著（$P<0.05$）。

表 4-17 不同杂交组合繁殖性能比较

组合	产活仔数/头	20 日龄成活数/头	60 日龄窝重/kg	育成率/%
dd	11.56 ± 1.94^{b}	11.18 ± 1.73^{b}	127.68 ± 13.29^{b}	93.15 ± 14.27
LDd	12.27 ± 0.78^{ab}	11.51 ± 2.03^{ab}	197.81 ± 27.90^{a}	91.36 ± 2.58
LYDd	12.52 ± 0.78^{a}	12.05 ± 2.03^{a}	217.81 ± 27.90^{a}	92.36 ± 2.58

注：大、小写字母分别表示在 1 %、5%水平上的差异显著性，相同则不显著，不同则显著。

资料来源：万明春等（2002）

4.12.3.2 生长性能研究

研究发现以乐平猪为母本的大约克×乐平花猪（Yd）、长白×乐平花猪（Ld）、杜洛克×乐平花猪（Dd）3 个二元组合，平均日增重为 519.1 g，每千克增重耗料 3.34 kg，折消化能 10.33 Mcal 和粗蛋白质 420 g，比母本猪的日增重增加 112.8 g，每千克增重减少饲料 0.98 kg，折消化能 0.96 Mcal 和粗蛋白质 10 g；比父本猪的日增重仍低 32.8 g，每千克增重增加饲料 0.04 kg；杂种优势率表现值，日增重 0.36%～23.5%，饲料报酬 0～2.95%。以乐平猪为母本的长大乐（LYd）、杜长乐（DLd）、大长乐（YLd）、杜大乐（DYd）、汉长乐（HLd）和汉大乐（HYd）6 个三元杂交组合，平均日增重 517.4 g，每千克增重耗料 3.68 kg，折消化能 10.05 Mcal 和粗蛋白质 394 g，与母本猪的增重相近，差异不显著（$P>0.05$），但耗料量增加 0.39 kg，消化能、粗蛋白质分别减少 0.28 Mcal 和 26 g；比父本猪的日增重减少 34.5 g，耗料量增加 0.38 kg，消化能、粗蛋白质相差 0.88 Mcal 和 29 g；杂种优势率表现值日增重为−17.69%～5.47%，饲料报酬−2.4%～5.09%（张华等，1993）。

万明春等（2012）对乐平猪（东乡花猪）杂交组合肥育性能进行研究，结果见表 4-18，长大×杜乐（LYDd）四元杂交组合、长白×杜乐（LDd）三元杂交组合和乐平猪纯繁组（dd），肥育期的日增重分别为 766.34 g、709.83 g 和 523.37 g，LYDd 和 LDd 与纯繁组存在极显著差异（$P<0.01$）；料肉比分别为 2.78、2.91 和 3.63，LYDd 和 LDd 与纯繁组差异显著（$P<0.05$）；LYDd 与 LDd 相比存在差异但不显著（$P>0.05$）。

表 4-18 肥育性能比较

组合	始重/kg	末重/kg	肥育期日增重/g	料肉比
dd	25.42±10.32	75.52±3.16	523.37±23.78[B]	3.63±0.59[b]
LDd	28.25±4.31	95.23±5.38	709.83±58.80[A]	2.91±0.33[a]
LYDd	30.78±3.05	110.41±6.26	766.34±65.34[A]	2.78±0.41[a]

注：大、小写字母分别表示在 1 %、5%水平上的差异显著性，相同则不显著，不同则显著。

资料来源：万明春等(2002)

4.12.3.3 肉质研究

张华等(1993)研究表明，大约克×乐平猪、长白×乐平猪、杜洛克×乐平猪 3 个二元组合猪，平均肉色为 3.1 分，pH 6.01，失水率 26.18%，熟肉率 62.43%，粗蛋白质 19.79%，粗脂肪 6.24%。比母本猪的失水率、熟肉率、粗脂肪分别降低 1.81%、4.52%和 0.59%，粗蛋白质提高 0.51%，肉色、pH 相近。比父本猪的肉色和粗脂肪均数提高 0.32 分和 2.09%，pH、失水率分别降低 0.14%和 0.97%，粗蛋白质近似。经显著性检验，肉色、pH、粗蛋白质差异不显著($P>0.05$)，而失水率、熟肉率、粗脂肪差异显著($P<0.05$)。以大约克为父本的杂种优势率表现值，除失水率为 4.56 外，其他性状均为负值，如肉色－5.8%，熟肉率－8.86%，pH－4.8%，粗蛋白质－0.8%，粗脂肪－2.04%。以长白为父本的杂种优势率，除失水率为－0.83%外，其他性状介于 0～5.43%。长大乐、杜长乐、大长乐、杜大乐、汉长乐和汉大乐 6 个三元杂交组合，平均肉色为 3.11 分，pH 6.29，失水率 32.24%，熟肉率 62.48%，粗蛋白质 19.12%，粗脂肪4.45%。比母本猪的均数 pH 和失水率分别提高 0.14%和 6.06%，粗蛋白质和粗脂肪分别降低 0.67%和 1.29%，肉色、熟肉率相近。比父本猪的肉色、pH、失水率、熟肉率、粗脂肪均数依次提高0.3 分、0.19%、9.14%、0.64%和 0.74%，粗蛋白质降低 2.32%。杂种优势率大小悬殊，如肉色优势率杜大乐为 21.18%，汉长乐则为－8.02%，熟肉率优势率汉长乐为 14.6，杜大乐则为－8.25%，粗蛋白质优势率均为负值－1.81%～－18.39%(张华等，1993)。

乐平猪(东乡花猪)三元和四元杂交猪肉质分析表明，它们的 pH_{45}、肉色评分、红度、黄度、熟肉率和大理石纹 6 个物理性状指标，与乐平纯繁猪相比差异均不明显($P>0.05$)；长大×杜乐(LYDd)四元杂交试验组的 L^*(亮度)、嫩度与纯繁猪组之间差异显著($P<0.05$)，可能是纯繁猪肌内脂肪多于四元杂交猪，剪切阻力减小，同时大理石纹显著增加，导致白色反射光在一定程度上掩盖了亮度光；LYDd 与 LDd(长白×杜乐)三元杂交组有差异但不显著($P>0.05$)；LYDd 与 LDd 组的失水率、贮存损失，明显大于纯繁猪组($P<0.01$)，说明其保持水分能力相对较差。在肉质化学成分方面，LYDd(长大×杜乐)与 LDd(长白×杜乐)的氨基酸总量、肌内脂肪和总蛋白分别为 19.4 g/100 g、3.25%、22.53 g/100 g 和 20.4 g/100 g、3.46%、21.46 g/100 g。除了谷氨酸和脯氨酸含量显著低于纯繁组外($P<0.05$)，其他氨基酸含量则差异不显著($P>0.05$)(万明春等，2012)。乐平猪(东乡花猪)二元杂交猪(杜洛克×乐平猪)的 17 种氨基酸含量均低于乐平原种猪，其中组氨酸差异极显著($P<0.01$)、天冬氨酸差异显著($P<0.05$)，其余氨基酸差异不显著($P>0.05$)；鲜味氨基酸(谷氨酸、天冬氨酸)含量差异不显著($P>0.05$)，但是甜鲜味氨基酸(丙氨酸、甘氨酸、丝氨酸、脯氨酸、苏氨酸)含量差异极显著($P<0.01$)，这也在一定程度上解释了原种猪肉味道好于二元杂交猪的根本原因。二元杂交猪和原种猪肌内脂肪含量都较高，乐平原种猪肉中亚油酸、亚麻酸含量极显著高于二元杂交猪

(P<0.01),其余均差异不显著(P>0.05)(万明春等,2013)。

4.13 玉山黑猪

玉山黑猪是江西省优良的地方猪品种,具有早熟易肥、耐粗饲、母性强、产仔多、肉质好的特点,2006 年 6 月被列入《国家级畜禽遗传资源保护名录》,2009 年 11 月玉山黑猪原种场被列入第一批国家级畜禽遗传资源保护场(万明春等,2014)。玉山黑猪主产于江西省玉山县的岩瑞、下镇、白云、四股桥、六都等地,广泛分布于上饶市的玉山、广丰、上饶、铅山、横峰、弋阳等地和浙江江山、常山、龙游等地。由于受到大规模推广瘦肉型猪的冲击,玉山黑猪种群数量急剧减少(李小光等,2013)。据江西省地方猪品种资源第 3 次调查(从 2006 年 9 月开始,2007 年 4 月结束)数据显示,玉山黑猪核心群公猪只有 8 头,母猪 64 头;社会存栏生产母猪 100 头左右,没有公猪(万明春等,2007)。2012 年调查统计,除玉山黑猪原种场外,玉山县社会上还饲养有玉山黑猪生产母猪约 1 500 头,上饶市其他县市还饲养有玉山黑猪生产母猪约 2 500 头,但已无生产公猪,玉山黑猪属濒危等级(李小光等,2013)。

4.13.1 生产性能

4.13.1.1 生长性能研究

选择体重相近(24 kg 左右)的玉山黑猪去势公猪 30 头,随机分成 3 组,每组 10 头。3 个组在育肥前期(体重 16~50 kg)和育肥后期(体重 51~75 kg)分别饲喂高、中、低 3 个蛋白水平的试验日粮,进行为期 122 d 的育肥试验,结果如表 4-19 所示。以高、中、低 3 个蛋白水平组的试验猪合计,平均日增重为(383.11±29.20)g,平均料重比为 3.80,平均每千克增重的饲料成本为 11.26 元。其中,高蛋白水平组、中蛋白水平组的日增重分别比低蛋白水平组提高 19.33%和 12.00%,经 LSD 法多重比较,高蛋白水平组与低蛋白水平组之间差异极显著(P<0.01),高蛋白水平组、中蛋白水平组之间有差异但不显著(P>0.05);高蛋白水平组、中蛋白水平组的料重比分别比低蛋白水平组降低 16.58%和 13.51%,与低蛋白水平组之间差异极显著(P<0.01),高蛋白水平组、中蛋白水平组之间有差异但不显著(P>0.05);高蛋白水平组、中蛋白水平组的每千克增重饲料成本分别比低蛋白水平组降低 12.43%和 11.37%,差异显著(P<0.05)。试验表明,相比于吴买生等(2008)沙子岭猪的肥育性能(日增重近 500 g,料重比为 4),玉山黑猪具有较低的生长速度和较好的饲料转化效率,适当提高日粮的蛋白水平能明显提高其日增重与饲料报酬(万明春等,2014)。

表 4-19 不同蛋白水平下的肥育性能测定

组别	始重/kg	末重/kg	日增重/g	料肉比	每千克增重成本/元
高蛋白水平组	24.60±2.25	$75.10±4.25^{A}$	$413.93±22.18^{A}$	3.52^{A}	10.71^{a}
中蛋白水平组	24.0±2.34	$71.40±3.32^{AB}$	$388.52±34.65^{AB}$	3.65^{A}	10.84^{a}
低蛋白水平组	24.60±1.78	$66.92±3.56^{B}$	$346.89±30.78^{C}$	4.22^{C}	12.23^{c}
平均	24.4±2.12	71.14±3.71	383.11±29.20	3.80	11.26

注:同列数据不同肩标大写字母表示差异极显著(P<0.01),不同肩标小写字母表示差异显著(P<0.05),有部分字母相同表示差异不显著(P>0.05)。

资料来源:万明春等(2014)

以玉山黑猪35日龄断奶仔猪为研究对象，通过对照组和高、中、低频率音乐刺激断奶仔猪试验组的行为变化、饮水频率、采食量及饲料转化率、生长速度、胴体品质等性状的相关性分析，并通过对照组和试验组断奶仔猪血清生化指标、促生长相关激素的测定，剖析声学影响断奶仔猪生长性能的内分泌作用机理。结果发现，音乐对于断奶仔猪的生产性能有一定影响，但与音乐的频率范围、类型有很大关系，其中高频音乐试验组更能提高仔猪的生产性能，该组仔猪增重量最多，肉料比最高，且能够明显降低仔猪的应激水平，减少仔猪的咬斗行为，使得仔猪活动更有规律，躺卧增多，日活动量减少，有利于仔猪的生长。音乐对于断奶仔猪的血液各指标存在一定影响，但影响不是特别显著。此外，音乐对于仔猪的肉质各项指标影响不明显，滴水测定与肌内脂肪含量并无明显差异(王鹏伟，2015)。

4.13.1.2 肉质研究

李瑞丽等(2013)从营养学角度对9头玉山黑猪的背最长肌中肌内脂肪、氨基酸、肌苷酸以及脂肪酸和背脂中的脂肪酸进行分析评价，结果见表4-20。从试验结果可以看出，玉山黑猪肉中17种氨基酸总含量为19.16%，其中赖氨酸、亮氨酸、异亮氨酸、蛋氨酸、胱氨酸、苯丙氨酸、酪氨酸、苏氨酸和缬氨酸等必需氨基酸占总氨基酸的比例高达44.78%。FAO/WHO氨基酸评分显示，玉山黑猪肉必需氨基酸的比例较为理想，利于人体吸收。玉山黑猪肉中鲜味氨基酸的含量为38.96%，谷氨酸的含量占总氨基酸的15.69%；肌内脂肪含量高达6.62%，肌肉中肌苷酸的含量为2.99%，高于郭建凤等(2009)和陶勇等(2001)研究中鲁烟白猪、小梅山猪等地方猪种，但低于呼红梅等(2011)报道的莱芜猪的3.99%，这也是玉山黑猪肉质鲜美的主要原因。此外，玉山黑猪背最长肌和背脂的不饱和脂肪酸的比例都较高，其背最长肌亚油酸和亚麻酸的含量分别为12.73%和0.86%，具有较高的营养和保健价值。邹志恒等(2009)研究表明，如表4-21所示玉山黑猪肉色评分(3.42分)较好，大理石纹丰富(3.90分)，S值(饱和度)与大河猪和杜洛克猪相差不大，a^*值偏小可能与其丰富的大理石纹反光作用有关；猪肉的嫩度好(嫩度值33.25 N)，肌纤维细(肌纤维直径44.33 μm)，表明玉山黑猪肉质细嫩，更适合中国最常用的小炒烹调菜肴的特色。

表4-20 肌内脂肪、肌苷酸及氨基酸测定

项目	测定值/%	项目	测定值/%	项目	测定值/%
肌内脂肪	6.62	*丝氨酸	4.24±0.11	亮氨酸	9.27±0.32
肌苷酸	2.99	*谷氨酸	15.69±0.39	酪氨酸	3.72±0.45
氨基酸总量	19.16±0.77	*甘氨酸	4.51±0.25	苯丙氨酸	4.86±0.57
*鲜味氨基酸含量	38.96	*丙氨酸	6.02±0.16	赖氨酸	8.68±1.06
必需氨基酸含量	44.78	胱氨酸	1.22±0.12	组氨酸	4.53±0.25
天冬氨酸	9.78±0.24	缬氨酸	4.88±0.18	精氨酸	6.69±0.14
苏氨酸	4.85±0.13	*异亮氨酸	4.73±0.11	*脯氨酸	3.77±0.11

注：*代表鲜味氨基酸。

资料来源：李瑞丽等(2013)

表 4-21 肉质性状测定

项目	测定值	项目	测定值	项目	测定值
丙二醛/(nmol/mg)	0.39±0.16	肉色评分	3.42±0.13	嫩度/N	33.25±9.00
SOD/(U/mg)	19.72±3.37	熟肉率/%	67.09±3.45	S	9.75
肌纤维直径/μm	44.33±6.26	贮存损失/%	5.14±1.15	L^*	52.89±3.57
肌纤维密度/(根/mm²)	407.55±43.83	大理石评分	3.90±0.18	a^*	6.65±1.06

资料来源:邹志恒等(2009)

4.13.2 基础研究

4.13.2.1 繁殖性能研究

欧阳建华等(1993)以江西玉山黑猪原种猪场1986—1990年的系统记录资料为依据,随机抽取6头公猪及其80窝后代的资料作为统计对象,对玉山黑猪繁殖性状的表型参数和遗传参数进行了初步估测。结果发现,玉山黑猪总产仔数、产活仔数、断乳仔数表现为第1胎、第2胎与第3～5胎之间差异极显著($P<0.01$),而第3～5胎之间的差异不显著($P>0.05$);初生窝重、泌乳力及断乳窝重只有第1胎与第2～5胎之间差异极显著($P<0.01$),其他胎次之间差异不显著($P>0.05$);初生个体重、断乳个体重表现为各胎次之间差异不显著($P>0.05$)。玉山黑猪产仔数及断乳仔数在胎次之间表型相关系数不显著($P>0.05$),初生窝重、断乳窝重在胎次之间表型相关系数属中等强度相关,且1～3胎相互之间的相关系数通过显著性检验差异不显著($P>0.05$)。玉山黑猪除初生窝重、泌乳力属中等遗传力以外,其他遗传力均属低遗传力;除初生个体重明显低于国内遗传力资料范围以外,其他均在其范围之内;繁殖性状表型相关系数随胎次的变化没有发现明显的规律,但随着胎次的不同而有较大差异。

万明春等(2014)采用PCR-RFLP方法对玉山黑猪的*ER*基因和*FSHβ*基因多态性进行检测,并分析其与繁殖性能间的关系。结果显示,在所检测的120头玉山黑猪中,*ER*基因的3种基因型*AA*、*AB*和*BB*在玉山黑猪中的频率分别为0.417、0.300和0.017。不同基因型猪初产仔猪数及经产仔猪数均为*BB*>*AB*>*AA*,且初产仔猪数*BB*型多于*AA*型1.21头,多于*AB*型0.91头,极显著大于*AA*型($P<0.01$),显著大于*AB*型($P<0.05$);经产仔猪数*BB*型也高于*AB*型和*AA*型,但3种基因型之间差异不显著($P>0.05$)。这说明*ER*基因是控制产仔数的主基因或者与产仔数主基因存在紧密连锁,而*B*等位基因是增加产仔数的增效基因,这与赵西彪等(2008)、丁家桐等(2002)的研究结果一致。*FSHβ*基因的3种基因型*AA*、*AB*和*BB*在玉山黑猪中的频率分别为0.567、0.333和0.100,各基因型对应的产仔数存在差异,总体表现为*BB*>*AB*>*AA*,初产仔猪数*BB*型多于*AA*型0.80头($P<0.05$),多于*AB*型0.43头($P>0.05$);*BB*型的经产仔猪数也是3种基因型中最高的,但彼此之间差异不显著。研究结果表明,*ER*和*FSHβ*基因在初产仔猪数及经产仔猪数上都具有显著的加性遗传效应($P<0.05$)。

林克团(2020)随机抽取的562窝纯繁玉山黑猪妊娠期的中数、众数与平均数相符,标准差(2.084)、变异系数(1.83%)都很小,个体的差异小而整齐,且符合数量性状正态分布特性,说明随机抽取的样本代表性很大,初步估测玉山黑猪平均妊娠期为113.92 d,个体妊娠期估测为114 d,与猪的平均妊娠期相一致;妊娠期最小值104 d,早产与流产的妊娠期可界定为104 d,104 d为早产,小于104 d为流产。玉山黑猪与不同品种猪交配时,妊娠期略有差异,经初步统计与巴克夏、大约克夏和长白公猪杂交时平均妊娠期分别为 115.26 d、114.64 d 和 114.36 d。

4.13.2.2 生长性能研究

陈珍等(2008)应用定量组织学方法对 0、3、20、40、43、45、46、47、50、53、56 和 60 d 玉山黑猪的十二指肠近端、远端、空肠及回肠的形态学变化进行观察比较。结果表明,玉山黑猪各小肠段的绒毛密度出生时最大,随着日龄的增长均呈下降趋势,断奶后 2 d 密度变化差异极显著;在 0～60 d 各小肠段的绒毛高度变化差异极显著,其中十二指肠近、远端绒毛于 20 d 高度达到最大,空、回肠绒毛于 3 d 达到最高;在 0～60 d 各段小肠绒毛的宽度变化差异极显著,其中十二指肠绒毛宽度于 40 d 达到最宽,空、回肠绒毛宽度于 43 d 达到最宽;在 0～40 d 杯状细胞的数量随着日龄增加而增加,这可能是新生仔猪出生时,肠道中几乎无微生物,而随着日龄的增加微生物不断侵入,肠道免疫系统不断完善,肠道对抗外来刺激的能力增强的缘故,随后细胞数量逐渐减少,到 60 d 时杯状细胞数量最少。断奶后(45～60 d),4 段小肠绒毛形态和杯状细胞数量虽然变化差异显著,消化能力显著下降,但各项指标很快就恢复到断奶前的水平,对仔猪的生长影响不大。

赵云翔等(2006)分析了猪的 *IGFBP*3 内含子 4*Eco*72Ⅰ限制性内切酶多态性情况。研究发现,玉山黑猪无 *GG* 型,*AA* 型频率也较低,杂合子 *AG* 型占明显优势,基因型分布偏离哈迪-温伯格定律;从基因频率的结果来看,中外猪种间无明显区别。王荣梅等(2009)对猪生长激素(pGH)基因进行了研究,其扩增的 605 bp 覆盖了猪 *pGH* 基因 5′-调控区至外显子 3 起始区,包括完整的第一和第二外显子、第一和第二内含子、5′-调控区,涉及绝大部分学者对 *pGH* 基因所研究的片段,用 *Apa*Ⅰ对扩增片段进行酶切后在玉山黑猪等 4 个猪种中均呈现多态性。玉山黑猪等位基因 *A* 的频率为 0.930,*AA* 基因型频率高达 90%,均极显著高于蓝塘猪、临高猪和国外猪种($P<0.01$);玉山黑猪的 *AA* 型个体极显著高于 *BB* 型个体($P<0.01$)。玉山黑猪 *BB* 基因型频率仅为 4%,远远低于蓝塘猪,预示着 *AA* 基因型可能更多地出现在肉质好的猪种中,是有利于肉质改善的基因型,而 *BB* 基因型则可能更多地出现在耐近交的猪种中,是有利于其高度近交的基因型。

4.13.2.3 肉质研究

H-FABP(心脏脂肪酸结合蛋白)是现已发现的影响猪肌内脂肪含量的候选基因之一。周泉勇等(2013)利用 PCR-RFLP 和 real-time PCR 方法分别检测 *H-FABP* 基因在玉山黑猪中的基因多态性分布和各组织中的表达情况,并对 *H-FABP* 基因在玉山黑猪和大白猪组织中的表达进行差异性研究。结果表明,玉山黑猪 *H-FABP* 基因在 *Hinf*Ⅰ位点表现多态性,在 *Hae*Ⅲ位点为单一等位基因,变异在玉山黑猪等国内地方猪种与外猪种中分布极不均衡。玉山黑猪中该基因主要在心、肾、脂肪和骨骼肌组织中表达,且在心脏组织中的表达量最高。差异表达分析发现,玉山黑猪心和骨骼肌组织中 *H-FABP* 基因的表达均显著高于大白猪($P<0.05$),差异倍数分别为 3.34 和 3.42。

4.13.2.4 其他研究

邹峰等(1982)用淀粉凝胶技术测定 56 头江西地方品种玉山黑猪和 180 头约克夏猪与赣州本地左安猪杂交的赣州白猪的血清转铁蛋白(Tf)类型,计算基因频率,并与台湾 4 个本地品种的转铁蛋白类型的基因频率进行比较。结果显示,在玉山黑猪和台湾本地猪中 *TfB* 基因都很常见,基因频率分别为 79.46% 和 84.6%,均在 80% 左右,*TfA* 和 *TfC* 都较稀少,频率仅

5%以下，两者的转铁蛋白基因频率基本相似；赣州白猪由于杂有外来品种约克夏的血统而出现迥然不同的情况。从血清转铁蛋白基因频率比较的结果看，初步认为玉山黑猪与台湾本地猪之间的血统关系甚为亲近。

徐晓玲等(2006)在已获得的猪 *CMYA3*(原发性心肌症相关蛋白 3)基因部分 mRNA 序列的基础上，在第 9 外显子和 3′ UTR 区域设计引物扩增一个 507 bp 的核苷酸片段，并在该片段发现一个具有 *Bsh*1236 Ⅰ 酶切位点的新的 SNP 位点。分析结果显示，杜洛克与检测的 5 个中国地方猪种中的基因频率存在极显著差异($P<0.01$)，杜洛克中全为 *T* 等位基因，而中国地方品种中 *C* 等位基因占优势，其中玉山黑猪 *C* 等位基因频率 0.982 1，这与中外猪种的遗传结构不同有关，反映出中外 6 个猪种该 SNP 位点的差异趋势。玉山黑猪等地方品种猪 *CC* 基因型占优势，与杜洛克猪不同(该猪种 *TT* 型占优势)。与经济性状的关联分析表明，猪 *CMYA3* 基因与胴体斜长和校正眼肌面积存在显著相关，其中 *CT* 基因型的胴体斜长明显长于 *CC* 基因型($P<0.01$)，而 *CC* 基因型的校正眼肌面积显著大于 *CT* 基因型($P<0.05$)，但由于该位点突变并未引起氨基酸的改变和关联分析所用群体规模的限制，所以该基因是否确实与这两个性状有关还有待进一步研究。

"马脸"型和"狮子头"型是玉山黑猪的 2 种常见头型。王成斌等(2018)选取玉山黑猪国家保种场的 24 头"马脸"型个体和 12 头"狮子头"型个体，利用 Illumina 猪 60K SNP 芯片对这些个体进行扫描和基因分型，检测"马脸"型和"狮子头"型 2 个类群间的遗传分化系数(*Fst*)，进行 GWAS 分析和连锁不平衡(LD)分析，并根据 *Fst*、GWAS 和 LD 分析结果确定重要候选基因。结果表明，两个群体间最强的遗传分化信号位于猪 10 号染色体，GWAS 同样在该区域检测到显著的关联位点；LD 及单倍型分析将置信区间锁定在该染色体 11.76～12.05 Mb 的一段 290 kb 的区域，初步推测 *RAB3GAP2* 和 *IASR2* 为影响玉山黑猪头型的候选基因。

4.13.3 杂交利用

郑小明等(2019)选取 20 头胎次日龄相同的玉山黑猪经产母猪，分别等量与大约克、长白、杜洛克及巴克夏公猪配种杂交，形成大玉(大约克♂×玉山黑猪♀)、长玉(长白♂×玉山黑猪♀)、杜玉(杜洛克♂×玉山黑猪♀)和巴玉(巴克夏♂×玉山黑猪♀)4 种二元杂交组合，开展相关研究。分析发现，大玉组产活仔数、20 日龄成活数、70 日龄窝重和育成率分别为 12.03 头、11.63 头、195.51 kg 和 94.53%，繁殖性能综合最好；杜玉组的 7 月龄体重、肥育期日增重和料重比分别为 93.20 kg、568.95 kg 和 2.94，3 项指标在 4 个杂交组合中均最好，肥育性能最佳；肉质性状方面，巴玉组要好于长玉组。

选取 12 头胎次日龄相同的杜玉(杜洛克♂×玉山黑猪♀)6 头、长玉(长白♂×玉山黑猪♀)3 头、大玉(大约克♂×玉山黑猪♀)3 头经产母猪，分别等量与长白、大约克公猪配种杂交，组成长×杜玉、大×杜玉、长×大玉和大×长玉 4 种三元杂交组合，进行繁育、生长等性能测定分析。结果显示，大×长玉组 20 日龄成活仔猪数最多，但与其他 3 组比较，差异不显著($P>0.05$)；在 60 日龄窝重比较中，大×杜玉组窝重值最大，但与其他 3 组并无显著差异($P>0.05$)。7 月龄体重、肥育期日增重及料重比都以大×杜玉组最佳，长×杜玉其次，但各组间数据差异不显著($P>0.05$)。玉山黑猪的长×杜玉、大×杜玉 2 个杂交组合在肉色评分、失水率、贮存损失等 7 个指标均没有显著差异($P>0.05$)，所含肉质化学成分差异不显著($P>0.05$)，除天冬氨酸外，其他 16 种氨基酸及氨基酸总量、总蛋白都以长×杜玉组较高，但大×杜玉组的肌内脂肪含量更加丰富，2种杂交组合都保留了地方猪种的优良肉质特性。屠宰后商品猪胴体都未见黄膘及PSE猪肉，肉质都比较红嫩，其中大×杜玉组的屠宰率、瘦肉率都优于长×杜玉组，但胴体斜长、后腿比例、脂率、眼肌面积等方面，长×杜玉组更好些，但两组差异不显著（$P>0.05$）（郑小明等，2019）。

（撰稿人：张海峰）

4.14 定远猪

定远猪因主产于安徽省定远县而得名，包括定远猪和霍寿黑猪2个类群。定远猪中心产区在安徽省滁州市定远县，主要分布于安徽省合肥市的长丰县和六安市的霍邱县、霍山县和寿县，合肥、淮南、蚌埠等长江以北地区和淮河以南的江淮流域亦有分布。历史上，定远猪是江淮地区的当家猪种之一。20世纪80年代后，随着外来猪种大量引入，纯种定远猪存栏规模逐年下降。据2007年安徽省畜牧部门组织调查，定远猪有母猪4 000余头，其中霍邱县约占51.25%，霍山县约占26.25%，定远、长丰等地约占22.5%；公猪100余头。

4.14.1 生产性能

4.14.1.1 繁殖性能研究

1. 定远母猪与洋猪杂交的繁殖性能研究

母猪的繁殖力属于低遗传力的性状，一直以来品种内选育提高进展不大，但是通过杂交改良可以产生明显的杂种优势，尤其是我国高繁殖力的地方品种猪与国外引入的猪种杂交后代更能表现出较为显著的杂种优势（吴仲贤，1983）。

为探讨定远母猪及其杂交后代的繁殖性能，闻爱友等（2005）通过对定远猪、长白猪、大约克夏猪及其杂交一代的母猪生产记录资料进行统计分析发现，定远母猪及其杂交一代的长定、大定母猪都具有较高的产仔数，大定和长定二元母猪繁殖性能的各项指标都表现出明显的杂种优势，其中长定略优于大定（表4-22）。定远母猪的总产仔数、产活仔数和20日龄的成活头数分别为13.07、12.46和11.57头，均极显著地高于引入的长白、约克夏母猪（$P<0.01$），但定远仔猪的初生和20日龄的个体重分别为0.96 kg和3.46 kg，均极显著地低于长白和约克夏的仔猪（$P<0.01$），初生和20日龄窝重均显著地低于长白、约克夏仔猪（$P<0.05$）。

表4-22 定远母猪的各组繁殖性能

组别	窝数	总产仔数/头	产活仔数/头	初生		20日龄	
				窝重/kg	个体重/kg	窝重/kg	个体重/kg
定远(A)	48	13.07±2.16[a]	12.46±2.05[a]	12.36±1.12[a]	0.96±0.27[a]	40.07±1.86[a]	3.46±0.95[a]
大白(B)	37	10.39±2.07[c]	9.81±1.85[c]	13.77±2.13[b]	1.39±0.32[d]	45.75±2.41[b]	4.96±1.68[d]
长白(C)	40	10.18±1.23[c]	9.52±1.29[c]	13.58±1.97[b]	1.41±0.41[d]	45.2±2.05[b]	5.03±1.31[d]
长定(CA)	55	12.64±1.11[a]	12.17±0.92[a]	16.05±2.15[c]	1.32±0.35[c]	54.18±4.12[d]	4.72±1.16[c]
大定(BA)	55	12.78±1.16[a]	12.31±1.01[a]	15.83±1.67[c]	1.29±0.33[c]	53.98±1.67[d]	4.62±1.1[c]

注：表中同列相同肩标字母间差异不显著（$P>0.05$），相邻肩标字母间差异显著（$P<0.05$），相隔肩标字母间差异极显著（$P<0.01$）。

资料来源：闻爱友等（2005）

王俊生等(2016)为比较定远猪及杂交猪的繁殖性能,将定远猪与杜洛克猪杂交,结果经产母猪总产仔数(12.70±0.38)头,比纯种繁殖提高 0.32 头($P<0.05$);同时初生个体重较大,平均 1.35 kg;难产率较低,平均 1%(表 4-23)。

表 4-23 定远猪母猪与杜洛克猪杂交繁殖性能

项目	初产母猪	经产母猪
窝数	107	101
总产仔数/头	11.3±0.42	12.7±0.38
产活仔数/头	10.7±0.36	12.2±0.49
顺产率/%	98	99
毛色分离/%	3.25	3.5
初生重/kg	1.3±0.02	1.35±0.05
20 日龄断奶重/kg	6.25±0.03	6.85±0.07

资料来源:王俊生等(2016)

2. 定远母猪本土黑猪杂交的繁殖性能研究

除了研究定远猪与洋猪杂交的繁殖性能,本土黑猪间的生产杂交方式也有相关报道。方晓敏等(2016)以淮猪(淮北猪、定远猪)及苏钟猪(太湖猪及丹系长白猪杂交选育)为亲本,开展正、反杂交试验。结果表明,淮苏杂种猪头胎产仔数为(11.86±2.21)头,高于苏淮杂种猪的(10.89±2.2)头,但产活仔数略低于苏淮杂种猪;淮苏杂种猪初生个体质量为(1.41±0.22)kg,极显著小于苏定杂种猪的(1.52±0.35)kg($P<0.01$)(表 4-24)。

表 4-24 定远猪杂种猪产仔性能比较(初产)

试验猪	总产仔数/头	产活仔数/头	初生个体质量/kg	初生窝体质量/kg	断奶个体质量/kg
淮北猪♂×苏钟猪♀	11.86±2.21	10.27±1.5	1.41±0.22	12.83±2.12	7.19±1.18
苏钟猪♂×定远猪♀	10.89±2.2	10.31±1.83	1.52±0.35**	13.62±1.99	7.06±1.62
淮猪(淮北猪、定远猪)	9.16±2.02	8.31±0.21	0.81±0.21		6.38±1.06
苏钟猪	11.21±2.09	10.96±1.76	1.12±0.19	11.83±2.02	7.94±1.17

注:表中数据比较仅在杂种猪之间进行,淮猪、苏钟猪仅作为直观对照,不参与比较。** 表示差异极显著($P<0.01$)。

资料来源:方晓敏等(2016)

4.14.1.2 生长性能研究

1. 定远猪二元/三元杂交组合生长性能的研究

陶立等(2000)对定远猪不同杂交组合的生产性能进行了研究。结果表明,二元杂交组合中,杜定和大定较好,从初生达 90 kg 的日龄分别为 176 d 和 175 d,生长早期到后期的平均日增重为 578.23 g 和 569.42 g,料肉比 3.02 和 3.3(表 4-25);三元杂交组合中,杜长定和大长定最好,从初生达 90 kg 的日龄分别为 151 d 和 157 d,生长育肥期的平均日增重为(802.39±80.31)g 和(773.17±80.24)g,料肉比 3.21 和 3.28(表 4-26)。可以看到,二元杂交后,定远猪与引进品种猪型猪各占 1/2 血统,表现出较大的杂交优势。其初生重增加,中期和后期生长速度明显提高,饲养周期比定远猪缩短 70~90 d。大定、杜定生长周期需要 175 d 左右,特别是提高了饲料报酬,与定远猪比降低养殖者饲料成本平均为 26.3%。三元杂交后,不同阶段的生长速度都加快。其中,用杜(♂)×长定(♀)、大(♂)×长定(♀)这 2 个杂交组合可获得本次试验生长速度最佳组合。

表 4-25　定远猪二元杂交猪生长性能比较

时期	项目	定远猪	杜定	大定	长定
哺乳期	初生重/kg	0.82±0.21	1.18^{**a}±0.19	1.05^{*a}±0.14	1.04^{*a}±0.32
	断奶重/kg	5.38±1.06	6.55^{**ac}±0.47	6.63^{**ac}±1.22	5.33±0.39
	日增重/(g/d)	151.8(30 d)	179(30 d)	186(30 d)	143.3(30 d)
早期生长	期末重/kg	45.42±5.07	29.92±1.12	37.63±3.25	34.17±2.77
	日增重/(g/d)	357.86(112 d)	467.4(50 d)	411.86(70 d)	476.93(65 d)
	料肉比	3.18∶1	1.19∶1	2.35∶1	2.34∶1
中期生长	期末重/kg	67.17±6.37	55.5±3.19	77.83±5.35	68.63±6.72
	日增重/(g/d)	395.45(55 d)	775.15(33 d)	731.09(55 d)	626.55(55 d)
	料肉比	4.43∶1	2.12∶1	2.93∶1	2.87∶1
后期生长	期末重/kg	85.83±8.9	88.08±7.49	95.42±7.81	86.04±6.42
	日增重/(g/d)	282.88(66 d)	561.72(58 d)	458.42(38 d)	489.72(36 d)
	料肉比	6.54∶1	4.51∶1	5.35∶1	5.6∶1
生长肥育期	净增重/kg	80.46±8.61	81.53±7.55	88.83±7.55	80.71±6.36
	日增重/(g/d)	345.32±36.94 (233 d)	578.23±39.02^{**a} (141 d)	569.42±48.42^{**ac} (156 d)	495.15±39.02^{**a} (163 d)
	料肉比	4.3∶1	3.02∶1	3.3∶1	3.21∶1
初生达 90 kg 日龄/d		277	176	175	201

注:肩标 a 代表定远猪,b 代表杜定,c 代表大定,d 代表长定,** 代表 $P<0.01$,* 代表 $P<0.05$。

资料来源:陶立等(2000)

表 4-26　定远猪三元杂交猪生长性能比较

时期	项目	杜长定	大长定	杜大定	长大定	大杜定	长杜定
哺乳期	初生重/kg	1.24±0.26	1.08±0.25	1.18±0.25	1.11±0.25	1.28±0.23	1.24±0.19
	断奶重/kg	6.67±1.53	6.26±1.17	7.11±0.99	6.47±1.36	6.19±1.55	6.52±1.24
	日增重/(g/d)	181	173	191	179	164	120
保育期	期末重/kg	18.04±2.02	18.32±2.77	15.79±2.08	17.96±2.39	17.83±3.69	16.38
	日增重/(g/d)	276	298	231	283	288	294
	料肉比	1.54∶1	1.67∶1	1.59∶1	1.49∶1	1.56∶1	1.43∶1
生长中期	期末重/kg	58.5±5.76	59.08±6.09	58.83±5.19	55.29±5.91	63.63±6.79	53.46±6.04
	日增重/(g/d)	697±78.19	680±71.43	694±70.85	622±82.52	688±102.6	650±68.03
	料肉比	2.88∶1	2.83∶1	2.85∶1	3.13∶1	3.07∶1	2.89∶1

续表 4-26

时期	项目	杜长定	大长定	杜大定	长大定	大杜定	长杜定
肥育期	期末重/kg	99.08±9.04	94.08±8.74	91.7±7.76	87.17±5.95	91.54±12.9	89.83±7.97
	日增重/(g/d)	966**ghij±145	943**ghij±143	821±104	819±68	826±117	790±104
	料肉比	3.54∶1	3.8∶1	3.81∶1	3.53∶1	3.89∶1	3.53∶1
生长肥育期	净增重/kg	81.04±8.11	75.77±7.86	75.9±7.4	69.21±5.18	73.71±9.97	73.46±6.93
	日增重/(g/d)	802.39±80.31	773.17±80.24	737.06±71.88	692.08±51.81	715.62±96.8	706.33±66.66
	料肉比	3.21∶1	3.28∶1	3.26∶1	3.31∶1	3.39∶1	3.21∶1
初生达 90 kg 日龄/d		151	157	163	166	163	169

注：肩标 e 代表杜长定，f 代表大长定，g 代表杜大定，h 代表长大定，i 代表大杜定，j 代表长杜定，** 代表 $P<0.01$，* 代表 $P<0.05$。

资料来源：陶立等(2000)

2. 不同营养水平对定远猪生长性能的影响

历史上，定远猪饲养管理粗放，养猪多采用放牧或放牧与舍饲相结合的方式，并在放牧饲养条件下经长期选育形成具有耐粗饲的特点。饲喂不同营养水平的日粮对猪的生长速度和饲料效率具有较大的影响，高营养水平的日粮对猪生产性能的发挥有利，但是如何能达到最佳的性价比一直是大家关注的问题。席莉莉等(2011)饲喂定远猪中、高两种营养水平日粮，探讨不同营养水平对定远猪生长性能的影响。结果表明，中等营养组的仔猪平均日增重比高等营养组增加 70 g，但未达到显著水平($P>0.05$)；中等营养组的料重比要比高等营养组的增加 0.2 kg，高、中等营养组每天可增效益分别为 5.14 元和 6.18 元，中等营养水平的经济效益提高20.23%(表 4-27)。

表 4-27 不同营养水平对定远猪的生长性能影响

项目		高等营养	中等营养
营养水平	880 浓缩料/%	26	20
	玉米/%	67	67
	麦麸/%	7	13
	饲料能量/(MJ/kg)	13.38	12.54
	钙含量/%	0.87	0.67
	蛋白质含量/%	16.58	14.98
仔猪增重/kg	1～10 d	4.72±1.19	4.68±0.46
	11～20 d	4.07±0.78	4.73±0.34
	21～30 d	5.6±0.55	7±0.82
	全期增重	14.38±1.37	16.42±0.9
	平均日增重	0.48±0.05	0.55±0.03
饲料消耗/kg	30 d 饲料消耗总量	313.11	432.95
	平均日增重	0.48	2.42
	料重比	0.55	2.62

资料来源：席莉莉等(2011)

4.14.1.3 肉质特性研究

中国地方猪种生长速度慢，体脂比例高，但是肌间脂肪丰富，所有肉品的口感较一些瘦肉型猪种为好（曾永庆，1989）。随着国民生活水平提高和消费理念的转变，人民开始追求既膘薄又口感好的猪肉。陶立等（2001）就以淮河流域的定远猪为对照，观察用大约克、长白和杜洛克公猪与定远母猪杂交的 F_1 体脂变化及对胴体、肉品质的影响。结果表明，长白、大约克与定远猪杂交的 F_1 猪皮下、肾周和腹部脂肪沉积均减少，有效改善了猪胴体品质，其中肌内脂肪含量仅为 1.7%和 1.5%。各组中，猪肉中游离脂肪酸 C18:1 的含量最高，可达到 43.86%～50.62%，且定远猪和长白×定远猪显著高于其他 2 个杂交组合猪；长白×定远和大约克×定远猪 C18:2 含量与定远猪接近（表 4-28）。

表 4-28 各杂交猪体脂、肌内脂肪和游离脂肪酸组分分析

观察项目	测定项目	杂交组合			
		定远猪	杜×定	长白×定	大约克×定
体脂重量及背膘厚比较	宰前体重/kg	88.42±5.55	82.92±3.32	87.58±3.89	92.17±3.59
	皮下脂肪重/kg	9.27±1.44	6.73±1.11	8.23±0.76	7.37±1.21
	板油重/kg	1.68±0.11	0.91±0.28	1.25±0.19	1.3±0.38
	腹脂重/kg	2.3±0.18	1.74±0.49	1.81±0.1	1.4±0.18
	脊甲部背膘厚/cm	4.58±0.52	4.27±0.45	4.25±0.25	4.12±0.68
	胸甲部背膘厚/cm	2.38±0.38	1.75±0.8	2.47±0.39	2±0.61
	腰荐部背膘厚/cm	3.03±0.51	2.52±0.55	2.75±0.37	2.93±1.04
背最长肌评分	大理石评分	2.92±0.59	2.38±0.71	2.03±0.84	2.09±0.49
	脂肪含量%	3.26±1.5	3.11±0.97	1.7±1.04	1.5±0.71
背最长肌游离脂肪酸含量%	C16:0	33.52±2	39.88±3.46	32.73±2.07	30.64±5.7
	C18:0	13.74±1.84	13.63±1.1	12.31±1.74	18.63±4.75
	C18:1	50.62±2.24	43.86±2	50.43±2.01	47.35±1.33
	C18:2	2.11±0.98	1.22±1.67	2.55±0.81	2.29±1.92
	C18:3	0.04±0.02	1.41±1.65	1.98±2.41	0.03±0.01

注：表内数字均为 6 头猪的平均值。

资料来源：陶立等（2001）

4.14.2 基础研究

4.14.2.1 繁殖性能相关研究

张陈华等（2011）进行了定远猪 *PRLR* 基因多态性与产仔数的关联分析，分析了 63 头定远母猪的 *PRLR* 基因 exon 10 多态性及其对产仔数的遗传效应。定远猪 exon 10 上存在丰富的多态性，*AA*、*AB* 和 *BB* 型频率分别为 0.507 9、0.396 8、0.095 2，等位基因 *A* 的基因频率为 0.706 3，*A* 为优势基因。*PRLR* 3 种基因型的定远母猪在初产总产仔数、初产产活仔数、经产总产仔数和经产产活仔数上均差异不显著（$P>0.05$），但均呈现出 *AA*>*AB*>*BB* 的趋势。

之后该团队的张晓东（2014）对 *ER* 和 *FSHβ* 基因多态性及其与定远猪产仔数进行关联分

析。结果表明，定远猪中的 *ER* 基因有 *AA*、*AB*、*BB* 3 种基因型，*FSHβ* 基因则只出现了 *CC*、*CD* 2 种基因型；*ER* 不同基因型对定远猪经产母猪的 TNB、NBA 影响显著($P<0.05$)，*FSHβ* 不同基因型对定远经产母猪的 TNB、NBA 影响显著($P<0.05$)。因此 *ER* 和 *FSHβ* 基因可以作为标记辅助选择潜在的遗传标记(表 4-29，表 4-30)。

表 4-29 定远猪中 *ER* 和 *FSHβ* 基因多态位点的基因频率和基因型频率

基因	样本数	基因型频率			等位基因频率		χ^2 值
ER	73	*AA*	*AB*	*BB*	*A*	*B*	12.092
		0.288(21)	0.671(49)	0.041(3)	0.623	0.377	
FSHβ	73	*CC*	*CD*	*DD*	*C*	*D*	1.262
		0.918(67)	0.082(6)	0.000(0)	0.959	0.041	

注：括号内为该基因型个体的数量；$\chi^2_{0.05(2)}=5.99$，$\chi^2_{0.01(2)}=9.21$。

资料来源：张晓东等(2014)

表 4-30 定远猪中 *ER* 和 *FSHβ* 基因不同基因型与产仔数的关联分析

基因	基因型	样本数	初产		经产	
			总产仔数(TNB)	产活仔数(NBA)	总产仔数(TNB)	产活仔数(NBA)
ER	*AA*	21	10.29±1.85	9.29±1.93	11.33±1.59[a]	10.29±1.45[a]
	AB	49	10.63±1.73	9.9±1.92	13.39±1.91[b]	12.55±1.96[b]
	BB	3	11.67±1.53	10.33±1.53	14.33±0.58[b]	13.67±0.58[b]
FSHβ	*CC*	67	10.48±1.74	9.64±1.87	12.69±2.03[a]	11.78±2.08[a]
	CD	6	11.67±1.75	10.83±2.14	14.5±1.05[b]	13.83±0.75[b]
	DD	—	—	—	—	—

注：数值为最小二乘均值±标准误；同列同品种间数据标注不同小写字母表示差异显著($P<0.05$)。

资料来源：张晓东等(2014)

另外，李庆岗等(2019)对定远猪 *CATSPER*1 基因多态性及与产仔数相关性进行了分析。264 头定远母猪的 *CATSPER*1 基因 c. A779G 位点在定远猪中存在多态性，*AA*、*AG* 和 *GG* 型频率分别为 0.030 3、0.272 7 和 0.697，野生型等位基因 *A* 的基因频率为 0.166 7，其中 *AA* 型个体的总产仔数和产活仔数最高。

4.14.2.2 肉质性状相关研究

研究表明，肌肉中蛋白质沉积较多，其眼肌(背最长肌)也较大，这与猪的产肉性能有正相关关系(徐斌，1999)。因此，有研究者希望通过适当的杂交组合，既保留中国猪种肉品风味较好的特点，又能够改进其产肉性能，提高猪肉的实际产出率。尹晴红等(2001)以定远猪为母本，分别与瘦肉型猪种杂交，对所产 F_1 仔猪进行肌肉生长性状及肌肉蛋白质含量、氨基酸组分的分析与比较。结果发现，眼肌重、眼肌面积与蛋白质含量三者间达到较高的正相关($r=0.74\sim0.85$)，蛋白质含量高者，眼肌重和眼肌面积均明显增加；杂交后 F_3 猪肌肉蛋白质含量均有提高，并以长白×定远杂交组合改良效果最好，达到 22.6%；杂交后 F_1 猪肌肉中赖氨酸、亮氨酸、异亮氨酸、缬氨酸含量均较对照组有不同程度提高，并且赖氨酸、亮氨酸、异亮氨酸与骨骼肌生长间有较强的正相关，其中赖氨酸与肌肉增长相关性为 $r=0.51\sim0.96$，亮氨酸、异亮氨酸与肌肉增长相关性为 $r=0.4\sim0.8$；杂交后可有效提高猪瘦肉产量，明显提高瘦肉率，并适当改进猪后躯的发育(表 4-31)。

表 4-31 定远猪及杂交猪背最长肌蛋白质氨基酸含量及相关参数

	项目	定远猪	杜定猪	长定猪	大定猪
蛋白质/%	n	6	6	6	6
	X	21	20.62	22.6	22.12
	σ_{n-1}	1.153 4	0.668 3	1.188 2	0.459 6
18 种氨基酸含量	牛磺酸	—	—	—	—
	天冬氨酸	2.14	2.32	2.28	2.33
	苏氨酸	1.07	1.13	1.11	1.15
	丝氨酸	0.9	1	0.94	0.97
	谷氨酸	3.9	4.17	4.11	4.25
	脯氨酸	0.84	0.88	0.92	0.91
	甘氨酸	1	1.11^{*acd}	1	1.02
	丙氨酸	1.3^{*bcd}	1.41	1.37	1.4
	胱氨酸	0.18	0.12	0.2	0.14
	缬氨酸	1.11	1.15	1.19^{*a}	1.2^{*a}
	蛋氨酸	0.58	0.43	0.57	0.54
	异亮氨酸	1.03	1.09^{*a}	1.14^{*a}	1.15^{*ab}
	亮氨酸	1.85	1.99^{*a}	1.95^{*a}	2.01^{**a}
	酪氨酸	0.8	0.83	0.86	0.88
	苯丙氨酸	0.98	1	1	1.06
	赖氨酸	1.98	2.07^{*a}	2.12^{*a}	2.14^{*a}
	组氨酸	1.06	1.03	1.02	1.11^{*ab}
	精氨酸	1.41	1.52	1.54	1.51
肌肉生长相关参数	头数	6	6	6	6
	眼肌重/kg	1.11±0.18	1.47±0.29^{*a}	1.69±0.13^{**a}	1.78±0.34^{**a}
	眼肌面积/cm^2	25.04±6.95	25.95±2.93	28.87±2.83	34.38±2.56^{**abc}
	瘦肉重/kg	14.12±0.68	16.65±1.11^{**a}	16.14±0.94^{**a}	17.42±1.18^{**a}
	瘦肉率/%	45.79	54.79	53.64	55.32
	后腿重/kg	9.85±0.88	9.32±0.51	8.91±0.65	11.08±4.01
	腿臀率/%	30.11	28.91	28.1	33.71
	臀围/cm	76.5±2.74	76.83±3.87	76.5±1.97	75.5±1.76

注:a 代表定远猪;b 代表杜定猪;c 代表长定猪;d 代表大定猪;* 代表 $P<0.05$;** 代表 $P<0.01$。

资料来源:尹晴红等(2001)

人们在提高猪后躯发育的同时,还期望解决后躯发育支撑力的问题。因此,金邦荃等(2001)研究了猪肌肉中 Ca、P、Zn、Mn、Mg 等元素的含量与肌肉生长和骨骼生长发育的相关性。结果表明，在定远猪及其杂交 F_1 猪肌浆中，杂交使得猪肌浆中的 Ca 含量显著降低（$P<0.01$），导致肌浆 Ca、P 比例改变并升高；肌浆 Mg、Mn、Zn 含量变化不明显。杂交 F_1 猪肌浆中 Ca、Zn 与肌肉蛋白质含量间呈较高的正相关，$r=0.84\sim0.91$（定远猪 $r=0.4$），肌浆 Ca、Zn 水平可能是肌肉生长的指示剂（表 4-32）。

表 4-32 定远猪及杂交猪肌肉中元素含量及肌肉骨骼生长情况

	项目	定远猪	杜定猪	长定猪	大定猪
猪背肌元素含量	Ca	12.09	9.39	8.71	8.73
	P	59.51	61.65	63.26	58.83
	Mg	10.66	9.47	7.72	9.16
	Mn	0.007	0.009	0.012	0.011
	Zn	0.069	0.085	0.079	0.061
肌肉生长相关参数	头数/头	6	6	6	6
	眼肌重/kg	1.11±0.18	$1.47\pm0.29^{*a}$	$1.69\pm0.13^{**a}$	$1.78\pm0.34^{**a}$
	眼肌面积/cm^2	25.04±6.95	25.95±2.93	28.87±2.83	$34.38\pm2.56^{**abc}$
	后腿重/kg	9.85±0.88	9.32±0.51	8.91±0.65	11.08±4.01
	臀围/cm	76.5±2.74	76.83±3.87	76.5±1.97	75.5±1.76
	管围/cm	16.83±0.75	17±1.41	15±0.63	15.75±1.17
	肌肉蛋白质/%	20.99±1.15	20.62±0.67	22.6±1.88	22.11±0.46

注：a 代表定远猪；b 代表杜定猪；c 代表长定猪；d 代表大定猪。* 代表 $P<0.05$；** 代表 $P<0.01$。

资料来源：金邦荃等（2001）

另外，谢亚男（2014）研究了猪 *THRSP* 基因启动子 SNP 及其对基因表达的影响。该基因参与调控猪肉脂肪沉积，其变异是调节脂肪合成和分解相关基因表达的关键因素。研究发现 5 个突变位点位于 CDS 上游，位于 *THRSP* 基因启动子区域，是基因表达水平差异的关键调控者。

4.14.2.3 抗病性研究

定远猪的抗病性研究主要围绕猪繁殖与呼吸综合征（PRRS）展开。PRRS 俗称“蓝耳病”，主要病原为高致病性猪繁殖与呼吸综合征病毒（PRRSV），从遗传本质上提高猪抗病性是未来重要的方向。苏磊（2012）对定远猪进行猪 PRRSV 的易感性评价时发现，PRRSV 在 12 h 病毒载量达到高峰，12～18 h 迅速下降。在 PAM 培养上清中病毒滴度变化规律为：6～12 h 滴度上升，12～24 h 为平台期，从而确定定远猪为易感品种。

朱前明等（2014）为了研究猪载脂蛋白质 BmRNA 编辑酶催化多肽 3F（*APOBEC3F*）基因的多态性及其对猪繁殖与呼吸综合征易感性的影响，对猪 *APOBEC3F* 基因外显子 3、4、8 和内含子 3 序列进行扩增和测序，筛选多态性位点，分析其与 PRRSV 易感性的相关性。测序结果发现，内含子 3 的 16 bp 处发生 1 个 A-G 突变和外显子 8 的 5 bp 处发生 1 个 G-A 突变。其中外显子 8 的 G-A 突变在定远猪中有 *GG*、*GA*、*AA* 3 种基因型。*AA* 基因型猪肺泡巨噬细胞中 PRRSV 拷贝数在接毒后 12 h 显著高于 *GG* 基因型，极显著高于 *GA* 基因型。这表明 *APOBEC3F* 基因外显子 8 与 PRRSV 抗性相关。

漫晓丹（2016）对猪 *SLAk-DRB1* 基因与 PRRSV 抗性的关联进行研究发现，接种 PRRSV 12 h 后，抗原递呈过程中起重要作用的 *SLA-DRB1* 基因在姜曲海猪中高表达，在定远猪中低表达。

4.14.2.4 遗传多样性研究

丁勇等(2019)利用微卫星标记分析了安徽地方种猪的遗传多样性发现,安徽地方猪品种间存在一定程度的近交和基因流动。构建系统发生树显示,8 个地方猪种可分为两类:一类为皖南花猪;另一类又聚为两小支,一小支为安庆六白猪、圩猪和霍寿黑猪,另一小支为皖北猪、皖南黑猪、枞阳黑猪和定远猪。

(撰稿人:田明)

4.15 二花脸猪

二花脸猪因面额部皱褶多而得名。在《中国猪品种志》中,二花脸猪被认为是属于"太湖猪"的一个类群,且由于繁殖力高而被誉为"世界产仔之王"(中国猪品种志编写组,1986)。二花脸猪不仅繁殖力高,而且乳头数多,母猪繁殖寿命长,母性好,耐粗饲性好,适应性强,性情温驯,肉质优异,是世界猪种中非常宝贵的遗传资源(李齐贤等,2016)。二花脸猪原产地主要在江苏省江阴市的申港、利港、夏港、西石桥、南闸等乡镇以及武进的焦溪、郑陆、三河口等乡镇,中心产区位于江苏省无锡、常州和靖江等地以及锡山、常熟、张家港、丹阳和宜兴等地。2011 年 5 月,农业部第 1587 号公告认定常州市武进区郑陆镇、横山桥镇为二花脸猪国家级遗传资源保护区,以合作社为基础的保护区内共饲养二花脸纯种母猪 2 850 头,目前已成为全国最大的二花脸种猪供应基地(陈杰等,2013)。

4.15.1 生产性能

4.15.1.1 繁殖性能研究

二花脸猪乳头数多,其杂交猪乳头数随二花脸猪血缘成分多少而变化。若二花脸猪血缘成分占 50%,则其杂种猪乳头数在 16 个以上;低于 50%乳头数在 14 个以上;高于 50%乳头数在 18 个以上(陈世凯等,1984)。对二花脸猪等 3 个品种猪的繁殖性能研究发现,二花脸猪总产仔数和产活仔数分别为 13.73 头和 12.87 头,略高于辽宁黑猪的 13.60 头和 12.67 头,但两者间差异不显著;二花脸猪和辽宁黑猪总产仔数和产活仔数均高于莱芜猪,总产仔数差异显著($P<0.05$),产活仔数差异极显著($P<0.01$)。二花脸猪初生个体重只有 0.79 kg,极显著低于辽宁黑猪(0.92 kg)与莱芜猪(0.91 kg)($P<0.01$);二花脸猪与莱芜猪初生窝重和 21 日龄窝重差异不显著($P>0.05$),均极显著低于辽宁黑猪($P<0.01$);二花脸猪乳头数最多,为 20.93 个,极显著高于辽宁黑猪和莱芜猪($P<0.01$);3 个品种中,二花脸猪断奶成活数最高,但差异不显著($P>0.05$)。死胎数二花脸猪最高,为 0.60 头,辽宁黑猪为 0.53 头,莱芜猪最低,为 0.47 头,但三者之间差异不显著($P>0.05$);木乃伊数分别为 0.40 头、0.26 头、0.46 头,差异不显著(徐广鹤等,2010)。

4.15.1.2 生长性能研究

对二花脸猪进行肥育特性研究,结果显示,在自由采食混合精料条件下,180 日龄二花脸猪体重达(59.17±1.75)kg,与相似营养条件下同日龄大花白猪(48.90 kg)、宁乡猪(56.00 kg)相比均较高,但低于内江猪(62.75 kg);腹油沉积二花脸猪多而早,180～240 日龄达 3.59～

6.72 kg，占胴体重的 9.59%～12.11%。在自由采食混合精料条件下，二花脸猪 240 日龄体重可达(83.13±3.78)kg，180～240 日龄日增重仍为 381 g，而 241～300 日龄下降为 275 g；腹油占胴体重比例，240～300 日龄上升甚少，仅增加 0.19%(为 12.60%)；60～240 日龄饲料报酬也比 241～300 日龄高近 1 倍。结果表明，二花脸猪育肥、早熟性能较好，最适屠宰年龄为 210 日龄(即育肥 6 个月)。

在限量供给 179.5 kg 混合精料、自由采食青饲料条件下，育肥 8 个月，造成营养供给不足，对育肥猪的增重速度影响较大。各育肥阶段的体重和日增重分别仅为自由采食组的 54%～59%和37.5%～48%，而对育肥猪骨骼的增长影响较小；各育肥阶段其体高、体长和胴体长分别为自由采食组的 86%～93%、88%～89%和 85%～88%；这说明二花脸猪育肥期在营养供给不足情况下，除维持生命的营养需要外，主要供给骨骼和内脏器官的生长需要，其次供给肌肉生长需要。8 月龄二花脸猪屠宰时眼肌面积和腿臀比例，均与国内优良猪种相近。相关性分析显示，净增重与每千克增重消耗的混合精料的相关系数为－0.86(负强相关)，瘦肉率与腿臀比例净相关系数为 0.44，瘦肉率与眼肌面积净相关系数为－0.45，腿臀比例与眼肌面积间净相关系数为 0.065。二花脸猪瘦肉率与眼肌面积间呈负中等相关，这一结果与国外其他猪种报道呈正强相关不一致，可能是由于二花脸猪早熟、脂肪沉积早、增长强度大，造成瘦肉率的迅速下降，且超过了眼肌面积的增长(葛云山等，1980)。

王寿宽(2000)从江苏省锡山市(现锡山区)种猪场二花脸猪的 5 个家系中分别选择 3 头母猪与 5 头公猪交配，在每头母猪的后代中挑选 2～3 头体重均匀的个体作育肥试验。结果显示，在各试验猪中品系 1 的平均日增重最高，为(404.39±39.06)g；品系 4 瘦肉率最高，为 44.86%，但平均日增重和瘦肉率均与其他各组间差异不显著($P<0.05$)，表明该种群生产性能处于同一水平。

4.15.1.3 肉质研究

肉质比较研究发现，二花脸猪肌肉 pH 比长白猪低 0.32，肉色评分比长白猪多 1 分，均属正常范围。二花脸猪比长白猪肉色更加鲜红好看。与长白猪相比，二花脸猪肌肉失水率高 4.52%，熟肉率高 6.52%，肌肉含水量(为 72.3%)低 4.26%，肌肉干物质(为 27.7%)高 3.74%。肌肉粗蛋白质含量二花脸猪为 20.77%，略低于长白猪；肌肉中各种氨基酸含量，两品种间无明显差异。二花脸猪的肌纤维有(603.5±115.16)根，比长白猪的肌纤维(420.25±2.51)根多 183.25 根；肌纤维截面积二花脸猪平均为(1 312.17±220.65)μm，比长白猪的要小(葛云山等，1984)。二花脸肌内脂肪含量高，在体重 90 kg 时其肌内脂肪含量达 5%以上，比同阶段大约克猪高出 1 倍以上，肌肉大理石纹较明显，肉质优良(高勤学等，2004)。

4.15.2 基础研究

4.15.2.1 繁殖性能研究

二花脸母猪发情行为和发情阶段十分明显，第一次发情最早可在 50 日龄之前，排卵数和产仔数高，幼龄时就具有受胎和生育能力。30 日龄的卵巢切片已见初级卵泡和次级卵泡，45 日龄的卵巢切片有三级卵泡和成熟卵泡。在二花脸母猪生殖机能发展的研究中，45 日龄初情时已排卵，此与组织切片中所观察到的结果也相一致(范必勤等，1980)。二花脸公猪睾丸的发育从 45 日龄开始迅速增长，延续至 135 日龄为发育最迅速的时期，比吉林黑猪要早约 45 d。

二花脸公猪60日龄的睾丸重超过了吉林黑猪105日龄的睾丸重，75日龄的睾丸重则相当于吉林黑猪135日龄的；45日龄时曲精细管的直径（108 μm）就超过吉林黑猪135日龄的直径，60日龄时（143 μm）超过吉林黑猪150日龄（137 μm）的曲精细管直径。二花脸公猪曲精细管中的初级精母细胞、次级精母细胞、精细胞和精子分别出现于25、40、55和60日龄。在二花脸公猪生殖机能发展的研究中，最早于60日龄采获含有精子的精液，此与组织切片中所观察到的结果相一致。二花脸猪75日龄的精囊腺重量超过吉林黑猪120日龄，45日龄出现分泌物，90日龄分泌物充满腺体（范必勤等，1980）。与大约克猪、大约克猪和二花脸猪杂交的 F_1 以及 F_1 自交形成的 F_2 群体相比，二花脸猪在卵巢体积和未成熟卵泡数方面均低于上述3个群体，而卵泡成熟率、排卵数和妊娠胎儿数则高于这些群体，表明二花脸猪不仅排卵多，而且胚胎活力强（牛树理等，1996）。

对泌乳二花脸猪下丘脑-垂体-性腺轴功能研究发现，泌乳二花脸猪和大白猪2品种间血浆雌二醇（E_2）和孕酮（P_4）含量大致相当，水平较低，表明卵巢功能都处于抑制状态；泌乳二花脸母猪的GnRH总体水平、基线水平及峰振幅均低于大白猪，但峰频率高于大白猪（何孔泉等，2000）。卵泡发育所依赖的生长分化因子9（GDF9）基因的mRNA在二花脸猪垂体、子宫、输卵管和卵巢中的表达水平要高于杜洛克猪，尤其是在垂体中具有显著性差异，显示不同的*GDF9*水平可能是二花脸猪和杜洛克猪卵泡发育差异的原因（Zhang等，2008）。*TGFBR2*基因在二花脸猪下丘脑、垂体、卵巢等12种组织中广泛表达，特别是在卵巢组织中高表达；miR-21对猪*TGFBR2*基因具有调控作用，是猪*TGFBR2*基因的调控miRNA。二花脸猪*TGF-BR2*基因与哺乳动物其他物种同源性较高，推测其与其他哺乳动物TGFBR2蛋白类似，在卵泡发育过程中发挥着重要作用（张久峰，2012）。*ER*基因对其产仔数有极显著影响，且*BB*基因型母猪初产及经产的总产仔数和产活仔数均显著高于*AB*基因型和*AA*基因型，*BB*基因型母猪平均比*AA*基因型可使每胎的产仔数和产活仔数分别提高1.40～3.37头和0.63～3.58头。促卵泡素β亚基基因位点的变异与二花脸猪产仔数显著相关，*AA*基因型母猪初产和经产的总产仔数和产活仔数均显著或极显著高于*AB*基因型（徐小波等，2015）。

此外，孤儿核受体亚家族5 A2（NRSA2）基因、早期生长反应4（EGR4）基因和microRNA-27a（miR-27a）等的研究发现二花脸猪与其他西方猪种间在卵巢组织上均存在差异表达。肥胖（OB）基因3 714位点的多态性与二花脸猪最高产仔数性状显著相关，SW160和SW200两个微卫星标记都对二花脸猪头胎总产仔数有显著性影响，而对国外的3个猪种影响不显著（刘鑫等，2016）。

4.15.2.2 生长性能研究

赵志辉等（2002）在日粮中添加500 mg/kg的大豆黄酮，研究其对二花脸猪生长的影响。以4头装有慢性颈静脉血管导管的100日龄二花脸去势公猪，采用自身对照试验，由血管导管采集对照期和试验期血样，每次间隔15 min，连续采集6 h，试验期1周。结果表明，血清中生长激素（GH）总体水平上升37.52%，基线水平增加11.64%，峰频率增加52.63%；试验期猪血清中IGF1与对照期相比增加32.16%，差异显著（$P<0.05$）；T_3、T_4 分别下降41.51%、44.87%。代谢产物尿素氮、胆固醇浓度下降，谷丙转氨酶活性、葡萄糖浓度增加，总的趋势是促进去势公猪的生长。

4.15.2.3 抗性研究

抗气喘病和猪丹毒病能力的测定研究发现，在接种气喘病强毒后，二花脸猪体况迅速下降，生长缓慢，而长白猪体况仍保持中等以上，生长较快；接种后 36 d，二花脸猪 1 头死亡（死亡率 14.29%），而长白猪在整个试验期均无死亡，表明虽然 2 个猪种对气喘病易感性相似，但二花脸猪发病更重。皮内接种猪丹毒强毒菌数 100 个、1 万个、10 万个、100 万个 24 h 后，二花脸猪和约×金（约克夏♂×金华猪♀）杂交生长育肥猪在接种部皮肤均出现红色肿胀，肿胀大小超过 20 mm 以上，48 h 不消退，并且体温升高到 41 ℃以上，持续 5 d 之久，2 个猪种对猪丹毒的易感性及病状非常相似（葛云山，1983）。

赵海云（2006）对二花脸猪的行为性体温调节反应特征以及采食量与体温调节的关系进行研究。结果显示，二花脸猪的直肠温度偏低，与环境温度及体感温度均呈正相关，随之上升而上升，静立时间为（19.4±12.4）min/h，显著地长于长白和约克夏猪（$P<0.05$）。在 27～34 ℃环境温度下，二花脸、长白和约克夏 3 个品种猪的直肠温度均维持在 39 ℃以下，上、下午的变化幅度分别为 0.13 ℃、0.03 ℃和 0.13 ℃；横卧时间所占比例分别为 67%、63%和 62%，长白和约克夏多为横卧与俯卧的辗转反侧，二花脸的静立以 16%居多，为其特有的体温调节模式。二花脸猪的采食量平均为 0.81 kg/次，直肠温度为 38.9 ℃，下午的采食量低于长白猪（$P<0.05$），直肠温度在 39.5 ℃以下占 82%。研究结果表明，二花脸猪良好的耐热性具有一定的行为和生理基础。

4.15.2.4 肉质研究

二花脸猪肉质相关基因研究发现，苹果酸酶（ME）和脂蛋白酯酶（LPL）mRNA 表达水平的变化与肌内脂肪沉积趋势相吻合，表明 *ME* 和 *LPL* 基因可能与二花脸猪肌内脂肪的沉积有关；固醇调节元件结合转录因子 1（SREBF1）可能在二花脸猪的生长发育过程中调控肌内脂肪沉积；过氧化物酶体增殖物激活受体 γ（PPARG）基因启动子多态性对二花脸猪肌内脂肪含量有显著影响，*PPARG* 基因的 T-A 单倍型导致了二花脸猪肌内脂肪含量相对较高。在白杜洛克和二花脸杂交猪中发现 4 号染色体与水分相关的 QTL 上源于二花脸猪的等位基因与低含水量相关，在 X 染色体上与肌内脂肪含量和大理石花纹相关的区域发现了与肉的亮度、黄度和红度相关的 QTL，而这些 QTL 上源于二花脸猪的等位基因与肉的深度、亮度和黄度相关。二花脸猪全基因组关联性分析，亦发现了 3～12 个不等的与 pH、硬度、滴水损失、含水量以及肉色显著相关的 SNP（刘鑫等，2016）。

B 超测定所得的平均背膘厚与实际平均背膘厚呈极显著正相关（$r=0.871$，$P<0.01$），B 超测定 P1、P2 和 P3 点背膘厚与实际测量 P1、P2 和 P3 点背膘厚的相关系数分别为 0.765（$P<0.01$）、0.770（$P<0.01$）和 0.781（$P<0.01$）。8 种分析方法结果显示，方法三得到的相关性最高，相关系数达 0.799（$P<0.01$）。63 头猪对方法三预测模型的验证结果显示，预测肌内脂肪含量与实际肌内脂肪含量的相关系数为 0.643（$P<0.01$）。结果表明，此种 B 超仪预测猪活体背膘厚和肌内脂肪含量的方法是可行的，且结果较准确。二花脸猪的体重、体长、体高、腹围和管围等与实际背膘厚的相关系数分别为 0.647（$P<0.01$）、0.522（$P<0.01$）、0.295（$P<0.01$）、0.506（$P<0.01$）和 0.077，与实际肌内脂肪含量的相关性分别为 0.151、0.199、0.029、0.091、0.328（$P<0.05$）。结果表明，体重与背膘厚的相关性最高且为极显著强相关，管围与背膘厚没有相关性；而管围与肌内脂肪含量的相关性最高且为显著中等正相关，其余指标均与实际肌内脂肪含量没有相关性。这说明体重与背膘厚相关性最强而管围与肌内脂肪相关性最强（李顺，2017）。

李顺（2017）对 *KDR* 基因启动子区域上游 c. −1337A>G 标签位点的 AS-PCR 分型及该

位点前后 200 bp 片段测序。结果显示，距离 c. −1337A>G 下游 12 个碱基处也存在一个突变 c. −1324C>T；通过对比发现两者处于完全连锁状态，且这个标签位点的碱基分布模式不同，所对应个体肌内脂肪含量也不相同。结果表明，纯合子 *GT/GT* 型拥有最高的肌内脂肪含量，杂合子 *AC/GT* 型拥有最低的肌内脂肪含量，与杂合子 *AC/GT* 型相比，纯合子 *GT/GT* 型能显著提高肌内脂肪含量。

4.15.2.5 其他研究

二花脸猪血清生化参数研究显示，3～180 日龄猪血清蛋白、酶及离子的生理参数可随日龄而变化，与动物的性别及连续多次采血与否关系不密切；15 日龄及 150 日龄猪的血清总蛋白出现 2 个峰值，初生仔猪白蛋白浓度随年龄而增加；球蛋白浓度随年龄而下降，30～120 日龄间逐渐趋向稳定，15 日龄之前的仔猪血清中有甲种胎儿球蛋白。初生仔猪血清碱性磷酸酶(AKP)特别高，以后随年龄而下降，整个生长期保持在相对较高的水平；血清无机磷浓度与 AKP 活性关系密切，特别是 45 日龄后，与 AKP 升降相平行。生理状态下，血清钙、钾离子浓度比较稳定，而钠、氯、氯化钠其变动幅度较大(王宗元等，1981)。

Chen 等(2010)首次报道了与母性行为相关的 4 个潜在的 QTL，包括白色杜洛克和二花脸杂交猪 8 号染色体上与断奶仔猪成活率相关的 1 个 QTL 以及 3、11、13 号染色体上与断奶仔猪平均体重相关的 3 个 QTL，其中 8 号染色体 QTL 上有利于提高断奶仔猪成活率的等位基因来自二花脸猪。

4.15.3 杂交利用

陆志强等(2014)对常熟市二花脸猪保种场 2009—2014 年来 306 头母猪共 982 胎纯繁与杂交的产仔哺育成绩进行统计分析。结果表明，杂交对二花脸猪的产仔数、20 日龄和 35 日龄存活数均无显著影响；而杂种仔猪的初生个体重和初生窝重均极显著高于纯繁猪($P<0.01$)，长×二、大×二、杜×二仔猪初生个体重与二×二相比分别提高 0.39、0.38 和 0.38 kg，大约克猪、长白猪和杜洛克猪 3 个杂交父本的杂种仔猪初生个体重和初生窝重数值相近，无显著差异($P>0.05$)；杂种仔猪的乳头数极显著下降；杂种仔猪的 20 日龄个体重、窝重均不同程度高于纯繁仔猪，且均呈现大×二>长×二>杜×二>二×二的顺序。35 日龄个体重无论是初产还是经产均表现为大×二极显著或显著高于二×二($P<0.01$)和杜×二($P<0.05$)，长×二和杜×二均极显著或显著高于二×二，而长×二与大×二之间及长×二与杜×二之间无显著差异($P>0.05$)；35 日龄窝重初产表现为大×二极显著或显著高于二×二($P<0.01$)和杜×二($P<0.05$)，长×二和杜×二均极显著或显著高于二×二，而长×二与大×二之间及长×二与杜×二之间无显著差异($P>0.05$)；经产表现为 3 个杂交组合均极显著高于纯繁($P<0.01$)，大×二和长×二间无显著差异($P>0.05$)，而均显著高于杜×二($P<0.05$)。

冯宇等(2014)以二花脸纯种为对照，分别对大约克猪×二花脸(大×二)、长白猪×二花脸(长×二)及杜洛克×二花脸(杜×二)杂种猪进行肥育与屠宰测定。结果表明，3 个杂交组合中大×二组合的日增重 585 g，料重比 3.15，肥育性能相对较好；长×二组合的背膘厚 2.8 cm，眼肌面积 40.3 cm^2，瘦肉率 53.6%，胴体性状相对较好；杜×二组合的失水率 33.2%，低于长×二($P<0.05$)和大×二组合($P>0.05$)，肌内脂肪 3.2%，高于长×二($P>0.05$)和大×二组合($P>0.05$)，大理石纹评分 3.19，肉色评分 2.88，滴水损失等肉质指标也相对较好。

（撰稿人：张海峰）

4.16 梅山猪

梅山猪原产于中国南方，是由长江下游南部地区一个古老猪种大花脸猪演变而来的，分为大梅山猪、中梅山猪、小梅山猪3个类型。小梅山猪中心产区在江苏太仓浏河两岸，中梅山猪中心产区在江苏昆山和上海嘉定等地区，大梅山猪已绝迹。梅山猪是大花脸猪经群众长期选育形成的，中梅山猪品种的形成有100多年的历史。1974年在昆山政府大力支持下，筹措资金建立县级种猪场，该场从太仓、上海嘉定及本地区养猪户中引进梅山种猪。通过系祖建系和群体选育相结合的办法，选优去劣，逐步建成具有相当规模的中型梅山猪保种场。1986年江苏省农林厅畜牧局立项进行小型梅山猪的选育和利用研究，取得良好效果，小型梅山猪得到了保护和推广。梅山猪以高繁殖力和肉质鲜美而著称于世，它也是经济杂交或培育新品种的最大优良亲本，是世界公认的宝贵猪种遗传资源（国家畜禽遗传资源志委员会，2011）。

4.16.1 生产性能

4.16.1.1 繁殖性能

邢军等（2013）对小梅山猪育种中心猪群进行分析研究，小梅山猪具有性成熟早、繁殖力高的特性。2012年测定结果显示，小梅山猪育种中心母猪、初情期平均日龄为（73.4±7.5）d，初配年龄为6月龄，公猪第一次爬跨射精日龄为（78.6±14.2）d，初配年龄为8月龄。小梅山母猪全年具有明显发情周期，猪群发情周期为（19±2.8）d，易配种，妊娠期一般为（114±4.3）d。2012年在对小梅山猪育种中心小梅山经产母猪纯繁242窝和与大约克杂交258窝繁育记录进行统计分析，除纯繁窝总产仔数（14.43±3.04）头高于杂交窝总产仔数（12.74±3.31）头，而纯繁和杂交仔猪60日龄平均体重分别为（10.649±2.437）kg和（13.10±2.291）kg，其他各项指标纯繁也均低于杂交组合。这些测试结果表明，小梅山猪表现出较高的繁殖力，与外系大约克杂交各项指标可得到明显的改善，可作为配套系母本而开展专门化品系培育。

4.16.1.2 生长育肥性能

依照科学的保种措施，经5世代严格的选育后，在2012年对小梅山猪在6月龄和成年后备猪的体长、体高、胸围、腿臀围、管围等进行测定。6月龄平均体重公猪为（49.29±4.97）kg，比零世代提高了23.6%，母猪为（33.98±10.45）kg，比零世代提高了11.8%。成年种猪体重略下降，但腿臀围公、母猪分别提高12.3%和16.7%，差异均显著（$P<0.05$）。在体尺方面，公、母猪间比较和生长各时期间比较与其他地方猪的发育规律基本一致，说明小梅山猪并没有因为保种工作的实施而使得其生长发育状况发生本质的变化。邢军等（2013）通过比较分析世代间小梅山猪生长发育测验成绩，得出小梅山猪种群未出现品种退化、品种资源得到了有效保护的结论。

经过多年的保种、选育工作，小梅山猪纯种繁育后代的饲养增重效果好，平均日增重达到了404.4 g，饲料报酬为3.68。小梅山猪作为母本与大约克或长白进行二元杂交过程中，其后代表现出良好的增重和饲料利用效果。2012年，小梅山猪育种中心分别选取各组断奶仔猪12头，去势后进行肥育试验，测定日增重和饲料报酬。肥育期日增重为小梅山猪324.4 g，约×梅肉猪546.1 g（$P<0.05$），长×梅肉猪553.7 g（$P<0.05$），长×约×梅三元肉猪达622.2 g

($P<0.01$)。料重比长×约×梅三元肉猪为 3.18,较之纯繁 4.01 差异显著($P<0.05$)。这些统计结果表明,小梅山猪可通过二元或三元杂交进行商品猪生产。

4.16.1.3 胴体及肉质性能

邢军等(2013)对小梅山猪胴体、肉质性状等进行检测,根据《种猪遗传评估性状测定规程》等的测定标准和要求,选测 18 头后备猪屠宰测定平均宰前活重、屠宰率、后腿比例和胴体瘦肉率等指标(表 4-33)。屠宰结果总体表现肉色鲜红,脂肪分布均匀。用 50S Tringa 便携式兽用 B 超仪测定胸腰椎结合处的活体背膘厚和眼肌面积,综合各批次测定结果,104 头后备种猪背膘厚和眼肌面积分别平均为 18.46 mm 和 22.3 cm^2。

表 4-33 小梅山猪的主要胴体性状

头数/头	前宰活重/kg	胴体重/kg	屠宰率/%	左胴分割测定		瘦肉率/%	后腿比例/%
				左胴重/kg	后腿重/kg		
18	75.8±2.56	53.6±2.49	70.7±2.18	26.4±1.58	7.4±0.58	45.6±1.26	28.0±0.31

资料来源:邢军等(2013)

4.16.2 基础研究

4.16.2.1 繁殖性能相关研究

杜雨露等(2018)采用 PCR-RFLP 方法对梅山猪 *CD*14 基因−61 bp 处多态性进行分析,结果显示,梅山猪 *CD*14 基因−61 bp 处经 *Bam*HⅠ酶切后共检测到 3 种基因型 *AA*、*AG*、*GG*,*AA* 和 *AG* 基因型个体的 IL-10 水平显著高于 *GG* 基因型个体($P<0.05$);在初产母猪中,3 种基因型间的繁殖性能均无显著差异($P>0.05$),而在经产母猪中,*AA* 和 *AG* 基因型个体的断奶窝重显著高于 *GG* 基因型个体($P<0.05$)。试验结果表明,无论是一般抗病力还是繁殖性能,*GG* 基因型可能均为不利基因型。

朱孟玲(2008)等用 PCR-RFLP 技术分析了小梅山猪 *FSHβ* 基因和 *PRLR* 基因的多态性及其与繁殖性状的相关性。结果发现 *FSHβ* 基因对小梅山母猪初产胎次的总产仔数、产活仔数和初生窝重影响显著,呈现出基因型 *AA*>*AB*>*BB* 的趋势。但 *PRLR* 基因对小梅山母猪的各项繁殖性状均无显著影响。

吴井生(2012)等进一步对猪 *FSHR* 基因第 10 外显子的多态性与小梅山母猪产仔数进行关联分析,结果发现 *FSHR* 基因第 10 外显子 P1 和 P3 位点的 *A* 和 *D* 等位基因对小梅山猪产仔数有显著影响。在对小梅山猪 *GPR*54 基因多态性与产仔数关联分析的研究中发现,*GPR*54 基因 P1 位点的 *BB* 基因型可作为小梅山猪产仔性状辅助选择的遗传标记。此外,还对 *OPN* 基因和 *BMP*15 基因等与小梅山猪繁殖性能的关联进行了研究。

4.16.2.2 生长性能相关研究

产舒恒等(2018)对促卵泡素(FSH)和黄体生成素(LH)及其受体在梅山猪公猪各组织中的表达特征以及在下丘脑-腺垂体-性腺轴(HPT 轴)中的表达规律进行了研究,采用荧光定量 PCR(RT-PCR)方法对 6 头 150 日龄梅山猪公猪的生殖组织、脑组织及内脏组织中 *FSHβ*、*FSHR*、*LHβ* 和 *LHR* 基因的表达情况进行分析。结果显示,*FSHβ* 基因在梅山猪公猪的下丘脑和垂体中表达;*FSHR* 基因在梅山猪公猪的睾丸、附体、附尾和尿道球腺中表达;*LHβ* 基因在梅山猪公猪的睾丸、附头、附体、垂体、大脑、小脑和海马中表达；*LHR* 基因在梅山猪公猪的睾丸和下丘脑中表达。采用荧光定量方法对各日龄(2、30、60、90 及 150 日龄)梅山猪公猪下丘脑、垂体和睾丸中 *FSH* 和 *LH* 及其受体的表达进行研究。结果表明，*FSHβ* 在下丘脑和垂体中的表达量随日龄的增加而增加；*FSHR* 在睾丸中的表达量在 2、30、60 日龄段中较稳定，90 日龄时表达量开始下降，150 日龄的表达量达到最低值；*LHβ* 在垂体中的表达、*LHR* 在下丘脑中的表达和 *LHR* 在睾丸组织中的表达趋势都呈现起伏状态，30 日龄时出现表达高峰，60 日龄时表达量降低，90 日龄时又达到表达高峰，以后降低；*LHβ* 在睾丸中的表达量在 2、30、60 日龄段无显著差异($P<0.05$)，90 日龄时达到表达最高峰，150 日龄时表达量有所降低。

陈明等(2008)对小梅山猪 *IGF2* 基因连锁的微卫星 DNA 标记与生长性状的关联分析采用微卫星 DNA 标记技术，检测猪 *IGF2* 基因紧密连锁的 3 个微卫星 DNA 标记的多态性，同时对这 3 个微卫星 DNA 标记与生长性状进行关联分析。结果表明，SW256 等位基因 *D* 对 180 日龄体重性状有正效应，等位基因 *B* 有负效应；SWC9 等位基因 *E* 对 30 日龄体重性状有正效应，等位基因 *F* 对 180 日龄体重性状有正效应。

4.16.2.3 肉质性状相关研究

MSTN 是一个重要的肌肉调节因子，可以负调控骨骼肌的生长发育。谢珊珊等(2019)为了探究 MSTN 编辑梅山猪肌肉肥大和肌纤维转化的基因，对胚胎期 65 d 的各 4 头 MSTN 编辑梅山猪和野生梅山猪背最长肌进行 RNA-seq、miRNA-seq 和 iTRAQ 测序分析，鉴定出与猪生长发育相关的差异表达基因 438 个，同时还鉴定出了 102 个与肌肉生长相关的差异基因，主要参与肌细胞分化、肌肉组织发育、肌原纤维形成等过程。通过对背最长肌进行 miRNA 测序，鉴定出了 20 个差异显著表达的 miRNA，其靶基因主要富集到了 AMPK、mTOR 和 TGF-beta 等信号通路上。对 mRNA 和 miRNA 整合分析发现了 miRNA-208b、miRNA-499 和 miRNA-95 以及 *LRP4*、*METTL8* 和 *AIMP2* 等与骨骼肌生长发育相关的关键 miRNA 和候选基因。在成肌细胞中初步验证 miRNA-95 的生物学功能，发现 miRNA-95 对成肌细胞的分化具有促进作用，通过下调 *AIMP2* 表达而促进 C2C12 成肌分化。通过生物信息学分析和双荧光素酶试验，发现 *AIMP2* 在成肌细胞分化的过程中具有负调控的作用。iTRAQ 和转录组整合分析，发现 *TNNT1* 和 *MYL9* 表达差异显著且在转录水平和蛋白水平表达一致，这 2 个基因与骨骼肌的生长发育和肌纤维转化相关，可能是其重要的候选基因。

4.16.2.4 抗逆性研究

中国梅山猪和枫泾猪携带有抗 *E. coli* K88 菌株感染的特性，抗 K88 的梅山猪等其肠黏膜上缺乏特定的受体，细菌不能与特定受体结合完成入侵和增殖。吴正常等(2014)在此基础上，利用 *E. coli* F18 菌株攻毒试验来获得梅山猪断奶仔猪 *E. coli* F18 敏感型和抗性型全同胞个体。攻毒后梅山仔猪出现腹泻、轻度腹泻和不腹泻 3 种不同的表型，腹泻仔猪肠道内容物中的细菌数量远多于不腹泻仔猪。同时，黏附试验发现腹泻仔猪小肠上皮细胞大量黏附 *E. coli* F18；而不腹泻仔猪小肠上皮细胞与细菌基本不黏附。编码大肠杆菌 K88 受体 (K88abR 和 K88acR)的基因定位在猪 13 号染色体上靠近转铁蛋白基因的位置，而编码大肠杆菌 F18 受体的基因位于猪 6 号染色体上，该基因和 α-(1,2)-海藻糖转移酶 1 基因 (*FUT1*)有极高的相似性。朱世平(2015)进一步研究发现，*E. coli* F18 抗性组梅山猪仔猪脾脏中的 *IL-1β*、*TNF-α* 基因表达量显著高于敏感组($P<0.05$)，抗性组淋巴结中的 *TNF-α* 基因表达量显著高于敏感组

($P<0.05$)，抗性组胸腺中的 *SLA*-3 基因表达量也显著高于敏感组($P<0.05$)，此外，*BP*1 基因在抗性仔猪十二指肠中的表达量极显著高于敏感个体($P<0.05$)。这些研究表明，梅山猪与外来品种猪抗 *E. coli* F18 的性状存在自然差异，抗病基因对梅山断奶仔猪大肠杆菌抗性发挥调控作用。

杨建生等(2014)对 35 日龄梅山猪血液中部分重要细胞因子(IFN-α、IFN-γ、IL-2、IL-6、IL-10、IL-12)水平进行测定，经试剂盒检测分析梅山猪各细胞因子并比较与大白猪之间的差异。结果表明，健康状态下梅山猪血液中 IL-10 水平极显著高于大白猪($P<0.01$)，而 IL-6 水平极显著低于大白猪($P<0.01$)。IL-6 主要功能为促进炎症作用，而 IL-10 主要为抗炎症作用。已有研究显示 IL-6 和 IL-10 水平呈负相关，提示梅山猪可能具有强的免疫应答能力和一般抗病力。这些数据初步解释了梅山猪与引进品种大白猪抗病力差异的免疫学基础，为以梅山猪为基础的抗病育种工作提供了理论依据。

Mx 基因在提高家畜遗传抗性方面具有重要开发价值，吴圣龙等(2008)研究发现梅山猪 *Mx*1 基因第 14 外显子的多态性对梅山猪繁殖性能有重要影响，然而 *Mx*1 也是一个重要的抗病毒蛋白。Mx 蛋白是由Ⅰ型干扰素 (IFNα/β)或双股 RNA 诱导宿主细胞产生的一种具有 GTP 酶活性的广谱抗病毒蛋白，其中 *Mx*1 蛋白有抗病毒活性，而 *Mx*2 蛋白则无抗病毒活性。猪 *Mx*1 基因定位于第 13 号染色体上，包含 1 个编码 663 个氨基酸残基的开放式阅读框。根据 *Mx*1 基因第 14 外显子多态位点的基因频率构建的系统发生树显示，外来猪种和具有外来猪种血统猪种聚在一起，野猪和中国地方猪种聚于另一类群，其中枫泾猪、二花脸猪和梅山猪聚在一起且与野猪的遗传距离最近。野猪 *AB* 基因型频率为 0.515，枫泾猪、二花脸猪和梅山猪中 *AB* 基因型频率为 0.348～0.591。根据 *AB* 基因型可能具有较高的抗病毒能力，提示太湖猪(梅山猪、枫泾猪和二花脸猪)是进行猪抗病育种的较好猪种。

4.16.2.5 其他方面

杨剑波等(2019)采用 PCR 测序技术对梅山猪线粒体基因组进行测序，并对其特征进行分析。结果表明，梅山猪线粒体基因组序列全长 16 730 bp，包含 13 个蛋白编码基因、2 个 rRNA、22 个 tRNA 和 1 个非编码控制区 (D-loop)；蛋白编码基因起始密码子分别为 ATA (ND2、ND3 和 ND5)，GTG(ND4L)，剩余均为 ATG，终止密码子分别为 TAG(ND1、ND2)，AGA(CytB)，TAA(COX1、ATP8、ATP6、ND4L、ND5 和 ND6)，其余为不完全密码子 T；22 个 tRNA 中除 tRNA-Ser(AGY)缺少 DHU 臂外，其余 tRNA 均可形成典型三叶草结构；线粒体控制区全长 1 294 bp，包括 26 个串联重复序列(CGTGCGTACA)，以及 TAS-3、TAS、OH、CSB-1、CSB-2、CSB-3 和 LSP 等保守框采用 MEGA X 最大似然法基于线粒体全序列构建进化树，梅山猪(小型)与陆川猪最为相近。

4.16.3 杂交利用

4.16.3.1 繁殖性能研究

李闯等(2018)对相同时间段分娩的 6 窝巴×梅杂交试验猪和 5 窝纯种梅山猪的繁殖数据进行比较，结果表明二者的总产仔数、产活仔数、产健仔数、初生窝重和初生个体重均呈现差异不显著($P>0.05$)，其中梅山猪仔猪初生个体重为 930 g，低于巴×梅仔猪的 1.13 kg(表 4-34)。该研究中，6 窝经产梅山猪杂交后的总产仔数为 14.67 头，低于同期 5 窝纯种梅山猪的

15.60 头，但差异不显著（$P>0.05$）。在多元杂交组合研究中，终端父系猪决定着商品代生长性能的高低，母系猪决定着杂交组合产仔能力的高低，因此，在巴克夏与梅山猪的杂交方案中，梅山猪作为母本是保证杂交组合获得较高产仔性能的选择。

表 4-34 梅山猪繁殖性能比较

窝数	与配公猪	总仔/头	活仔/头	健仔/头	初生窝重/kg	初生个体重/kg
6	巴克夏猪	14.67±2.88	13.17±1.60	12.17±2.04	14.89±2.59	1.13±0.27
5	梅山猪	15.60±2.19	13.60±1.95	10.60±2.07	12.60±1.36	0.93±0.19
51	杜洛克猪	12.51±1.97	11.84±1.52	/	/	/

资料来源：李闯等（2018）

魏宗友等（2019）对梅山猪杂交后代生长、繁殖性能及血清指标的比较研究中表明，纯种梅山猪与杂交猪产仔数无显著差异水平（$P>0.05$），而仔猪乳头数量（左、右）、出生个体重、30 日龄个体重及平均日增重差异显著（$P<0.05$）。随着日龄的增长，巴×梅山猪和杜×梅山猪平均日增重显著高于梅山猪。梅山猪血清总胆固醇水平显著高于巴×梅山猪和杜×梅山猪（$P<0.05$），血清甘油三酯水平高于巴×梅山猪和杜×梅山猪，但差异不显著（$P>0.05$）。纯种梅山猪与杂交猪血清免疫球蛋白和氨基酸指标差异不显著（$P>0.05$）。相对于梅山猪而言，与巴克夏、杜洛克的杂交后代初期生产性能就有很大的改善，巴×梅山猪的生产性能、繁殖性能在一定程度上优于杜×梅山猪，在生产中适合推广。

4.16.3.2 生长性能研究

李闯等（2018）对 30 头巴梅肥育猪进行生长性能测定（表 4-35），29.44～101.62 kg 阶段平均日增重 680.94 g，平均料重比 3.34；Logistic 模型拟合度 1.000，预测生长拐点日龄为 187.50 d，拐点体重为 87.48 kg；Compertz 模型拟合度 0.999，预测生长拐点日龄为 222.41 d，拐点体重为 133.08 kg；Bertanlanffy 模型拟合度 0.999，预测生长拐点日龄为 323.97 d，拐点体重为 273.25 kg。研究表明，Logistic 模型能够很好地拟合 3 种瘦肉型种公猪 30～100 kg 阶段的生长曲线，也能够很好地拟合五指山猪和梅山猪的生长曲线。巴梅猪不仅在生长速度上优于梅山猪，在初生重上也可以看出明显的杂种优势，因此利用巴克夏公猪进行杂交，可以有效改善梅山猪生长速度慢、料重比高的情况。

表 4-35 生长肥育性能

项目	巴梅猪	梅山猪	巴克夏猪	杜×梅猪
样本数/头	30	50	62	50
开始日龄/d	95.6	/	/	/
开始体重/kg	29.44	/	30.58	/
结束日龄/d	201.60	/	/	/
结束体重/kg	101.62	/	99.41	/
增重/kg	72.18	/	/	/
试验天数/d	106	/	/	/
平均日增重/g	680.94	490.00±1.00	824.96	630.00±5.00
料重比	3.34	3.69±0.08	2.71	3.44±0.10

资料来源：李闯等（2018）

朱志谦等（2018）对梅山猪及其与巴克夏猪杂交的杂种一代即苏梅猪零世代（BM0）和巴梅杂种的横交第1代（BM1）、第2代（BM2）仔猪和后备猪各阶段的个体重、日增重、体尺等数据进行统计，并与同生长阶段纯种梅山猪进行比较研究。结果表明，BM1和BM2仔猪和后备猪各阶段体重高于同阶段BM0和纯种梅山猪，BM1部分阶段体重水平高于BM2；除了BM0和BM1在仔猪0～21日龄平均日增重外，BM0、BM1、BM2仔猪和后备猪各阶段平均日增重均高于同阶段纯种梅山猪；与纯种梅山猪比较，BM0、BM1、BM2后备公猪和母猪6月龄的体长、体高、胸围、腹围、腿臀围和管围等体型外貌指标发生较大程度的变化，生长性状向瘦肉型方向发展。BM0、BM1、BM2各性状在3个世代中都达到了选育目标并表现稳定，BM0、BM1、BM2对纯种梅山猪性早熟等繁殖特性和巴克夏猪生长、产肉性能都得到了很好的传承。

4.16.3.3 肉质性能研究

李闯等（2018）对巴梅肥育猪的肉质指标进行了测定，结果表明，巴梅肥育猪的肌内脂肪含量为3.78%，优于巴克夏猪的3.29%和梅山猪的2.91%；剪切力28.58 N，低于巴克夏猪的60.04 N，表现为巴梅肥育猪的肉质更加细嫩；肉色5.90，高于梅山猪的3.50；大理石纹2.57，低于梅山猪的5.0（表4-36）。

巴梅肥育猪120 kg阶段体重的瘦肉率为44.69%，低于巴克夏猪、梅山猪、杜×梅猪100 kg阶段的瘦肉率；背膘厚度、皮脂率高于巴克夏猪、梅山猪和杜×梅猪；从胴体性状来看，巴梅猪并没有表现出优势，可能与屠宰日龄和屠宰体重差异20 kg有关。正常猪肉的pH_1要求猪在屠宰后45 min的$pH_1>5.8$，巴梅肥育猪的pH_1为6.28，处于正常范围之内。肌内脂肪的沉积过程主要受品种、饲养周期、营养供给的影响，其中以品种的影响最大，巴梅猪的肌内脂肪含量为3.78%，梅山猪的肌内脂肪含量为2.91%，巴克夏猪的肌内脂肪含量是3.29%，可以看出巴×梅杂种后代在相对较长的饲养周期下，表现出很强的肌内脂肪沉积能力。猪的肌肉肉色，是反映猪肉观感的直观指标，与品种、日龄、性别、应激等多种因素有关，但主要取决于氧合肌红蛋白含量，巴梅肥育猪的肉色是5.90，高于梅山猪的肉色3.50。相较来说，巴梅肥育猪在多个肉质指标上，比梅山猪更优秀，表现为肉色观感好、肌内脂肪含量高、肉质细嫩多汁。

表4-36　肉质性状

项目	巴梅猪	巴克夏猪	梅山猪	杜×梅猪
样本数/头	6	33	3	3
pH_1	6.28±0.12	6.45	6.19±0.08	6.59±0.08
肉色	5.90±0.09	/	3.50±0.00	3.67±0.17
大理石纹	2.57±0.69	/	5.00±0.00	2.67±0.33
肌内脂肪/%	3.78±1.56	3.29	2.91±0.24	4.97±0.11
剪切力/N	28.58±7.70	60.04	83.33±6.29	86.93±4.37
失水率/%	7.28±2.36	/	4.92±0.25	4.54±0.15

资料来源：李闯等（2018）

魏宗友等（2020）对梅山猪及其与杜洛克、巴克夏杂交猪肌肉氨基酸和脂肪酸含量的测定表明：梅山猪、杜×梅猪、巴×梅猪肌肉氨基酸组成丰富，且含有人体所需的7种必需氨基酸；

各项氨基酸含量在 3 种类型猪中差异均不显著($P>0.05$),且均以谷氨酸含量最高,其次为脯氨酸、赖氨酸、天冬氨酸和亮氨酸,胱氨酸含量最低。这表明猪肌肉氨基酸组成在不同品种间具有一定的规律性。此外,杜×梅、巴×梅杂交猪生长速度快,育肥猪体重大,出肉率高,相比梅山猪,具有更大的市场开发价值。

(撰稿人:孟祥人)

参考文献

[1] 蔡薇,罗才玉,项云,等,2020. 基于 50K SNP 芯片技术对金华猪和嵊县花猪繁殖性状的全基因组关联分析[J]. 中国畜牧杂志,56(7):52-58.

[2] 曹宏发,韩慧华,陈俊芳,等,1988. 米猪[J]. 畜牧与兽医,(2):64.

[3] 曾永庆,孙玉民,1989. 影响莱芜猪肉质的肌内脂肪及其他化学性状的研究[J]. 山东农业大学学报,20(4):57-61.

[4] 产舒恒,陈子璇,张戌园,等,2018. FSH 和 LH 及其受体基因在梅山猪公猪 HPT 轴的表达.[J]. 江苏农业科学,46(1):23-26.

[5] 陈杰,黄瑞华,李齐贤,等,2013. 二花脸猪的种质资源研究进展和开发利用经验[C]. 中国地方猪种保护与利用第十届年会论文集:72-75.

[6] 陈究成,毛海光,徐宁迎,等,2015. 基于二代侧序技术的浙江省地方猪种的分子遗传聚类[C]. 中国地方猪种保护与利用协作组第十一届年会论文集:57-60.

[7] 陈明,吴井生,汪善锋,等,2008. 小梅山猪 *IGF2* 基因连锁的微卫星 DNA 标记与生长性状的关联分析.[J]. 江苏农业科学,(2):82-85.

[8] 陈世凯,姚风英,1984. 二花脸及其杂种猪乳头数遗传性的初步研究[J]. 畜牧兽医学报,(15):39-42.

[9] 陈珍,周作红,管远红,等,2008. 60 日龄内玉山黑猪小肠形态学发育的研究 Ⅰ. 小肠绒毛的密度、高度、宽度和杯状细胞数量的变化[J]. 江西农业大学学报,30(4):297-301.

[10] 陈作勇,1997. 青饲料对南昌白猪繁殖性状的影响[J]. 江西农业大学学报,(S1):114-117.

[11] 成建忠,黄松明,沈东,等,2019. 沙乌头猪二元杂交初报[J]. 上海畜牧兽医通讯,(4):44.

[12] 褚青坡,许飞龙,李会智,等,2016. 大白猪、长白猪和米猪的母猪发情征状比较[J]. 猪业科学,33(5):106-110.

[13] 褚青坡,2017. 母猪发情征状候选基因的挖掘[D]. 南京:南京农业大学.

[14] 崔恒宓,张照,严忠慎,等,1992. 姜曲海母猪发情周期性腺激素及其子宫受体含量的变化规律[J]. 畜牧兽医学报,23(1):8-12.

[15] 崔垣宓,张照,严忠慎,1988. 姜曲海母猪子宫雌二醇和孕酮受体含量的变化[J]. 江苏农学院学报,9(1):5-9.

[16] 戴丽荷,王友杉,厉金炳,等,2015. 嵊县花猪保护与开发利用进展[C]. 中国地方猪种保护与利用协作组第十一届年会论文集:114-117.

[17] 单立莉,张敏,苗志国等,2009. *Myogenin* mRNA 丰度在金华猪和长白猪背最长肌中的表达[J]. 中国兽医学报,29(3):374-377,388.

[18] 邓素华,高军,任军,等,2003. 猪黑素皮质素受体 1(MC1R)基因与毛色表型的研究[J]. 遗传学报,30(10):949-954.

[19] 丁冲,2015. LIF 基因多态性检测及其与母猪产仔性状的关联性分析[D]. 合肥:安徽农业大学.

[20] 丁家桐,葛红山,姜勋平,等,2002. 猪雌激素受体基因与产仔数和乳头数的关系研究[J]. 南京农业大学学报,25(2):79-81.

[21] 丁生财，陈意生，魏泓，等，2004. 猪皮肤成纤维细胞的培养与鉴定[J]. 第三军医大学学报，26(13)：1171-1174.

[22] 丁勇，尚金男，徐怡亮，等，2019. 利用微卫星标记分析安徽地方种猪的遗传多样性[J]. 云南农业大学学报，34(5)：772-778.

[23] 丁月云，朱卫华，薛玮纬，等，2014. 安徽地方猪 *TLR*4 基因第 3 外显子的 SNP 分析[J]. 畜牧兽医学报，45(11)：1767-1774.

[24] 董跃忠，李海虹，李建中，2000. 加系大约克与嘉兴黑猪杂种后代生长性能研究[J]. 浙江畜牧兽医，(3)：3.

[25] 杜雨露，魏宗友，叶兰，等，2018. 梅山猪 *CD*14 基因多态性及其对部分免疫指标和繁殖性能的关联分析[J]. 中国畜牧兽医. 45(7)：1898-1904.

[26] 范必勤，胡家驭，黄夺先，等，1980. 二花脸猪繁殖生理特性的研究(Ⅲ)母猪性行为和生殖机能的发展[J]. 畜牧与兽医，(1)：12-15.

[27] 范必勤，胡京驭，黄夺先，等，1980. 二花脸猪繁殖生理特性的研究(Ⅰ)公、母猪生殖器官的发育[J]. 畜牧与兽医，(1)：1-6，16.

[28] 方晨，赵小琪，杨帆，等，2019. 基于 FAO 模式评价中国部分猪种肌肉氨基酸组成[J]. 中国畜牧兽医，46(10)：2890-2901.

[29] 方晓敏，涂枫，王学敏，等，2016. 2 种不同杂交组合生产的优质杂种猪性能比较[J]. 江苏农业科学，44(6)：342-343.

[30] 冯潮有，王志刚，黄菁，等，2016. 金华两头乌-杜洛克猪杂交组合的生产性能与肉质性状[J]. 浙江农业科学，57(9)：1518-1519，1523.

[31] 冯羿方，2016. miR-429 调控猪产仔性状的分子机制初步研究[J]. 合肥：安徽农业大学.

[32] 付言峰，王爱国，方晓敏，等，2012. Ephrin B2 在猪不同组织中的表达谱和基因多态性与产仔数的关联分析[J]. 江苏农业学报，28(6)：1330-1337.

[33] 付言峰，李京励，林皓，等，2010. 猪氟烷基因的 RFLP 技术检测及其对繁殖性能的影响[J]. 家畜生态学报，31(5)：13-16.

[34] 高慧珍，陈理星，董定娟，等，2017. miR-let-7 基因家族在金华猪和长白猪中的组织表达分析[J]. 中国畜牧杂志，53(6)：44-48.

[35] 高勤学，李俊，刘红林，等，2004. 二花脸猪与大约克猪生长期肌内脂肪合成与水解基因表达特征的比较研究[J]. 遗传学报，31(11)：1218-1225.

[36] 高勤学，杨晓志，周俊，等，2011. 姜曲海猪内源性逆转录病毒及亚型的检测与分析[J]. 江苏农业科学，39(4)：247-249.

[37] 高硕，李平华，许世勇，等，2014. 不同月龄沙乌头公、母猪体尺性测定与分析[J]. 国外畜牧学(猪与禽)，34(7)：67-70.

[38] 高天，镡忠斌，王晓杜，等，2016. 嘉兴黑猪 *ESR*2 和 *FSHβ* 及 *PRLR* 基因多态性与繁殖性状相关性分析[J]. 中国畜牧杂志，52(5)：1-7.

[39] 葛红山，丁家桐，朱猛进，等，2003. 姜曲海母猪 *FSHβ* 基因与一些经济性状关系的研究[J]. 扬州大学学报(农业与生命科学版)，24(3)：29-31.

[40] 葛云山，蒋达明，刘明智，等，1984. 二花脸猪肉质的测定分析[J]. 江苏农业科学，(4)：44-45.

[41] 葛云山，1983. 二花脸猪抗气喘病和猪丹毒病能力的测定[J]. 江苏农业科学，(1)：36-37.

[42] 谷德平，雷升荣，万明春，2013. 谈东乡花猪保护、开发与利用[J]. 猪业科学，(11)：126-128.

[43] 郭佳，徐娥，黄明，等，2012. 金华猪背最长肌中不同肌球蛋白重链基因表达的发育性变化[J]. 中国畜牧杂志，48(5)：14-17.

[44] 郭建凤，刘延磊，葛春旭，等，2012 烟台黑猪不同杂交组合猪肥育性能及胴体肉品质研究[J]. 养猪，

(1):49-52.
[45] 郭建凤,赵德云,王诚,等,2009. 鲁烟白猪胴体性能及肌肉品质分析[J]. 畜牧与兽医,41(1):49-51.
[46] 国家畜禽遗传资源委员会,2011. 中国畜禽遗传资源志　猪志[M]. 北京:中国农业出版社.
[47] 何桂娟,罗婷颖,黄守婷,等,2014. 莆田黑猪 *H-FABP* 基因单核苷酸多态性分析[J]. 福建农林大学学报(自然科学版),(1):65-70.
[48] 何孔泉,陈伟华,张汤杰,等,2000. 泌乳二花脸猪和大白猪下丘脑-垂体-性腺轴功能的比较研究[J]. 中国农业科学,33(3):106-108.
[49] 何小雷. 2013. 皖南黑猪血液胆固醇含量相关候选基因研究[D]. 合肥:安徽农业大学.
[50] 何英俊,汪志平,严晗光,2006. 复方螺旋藻提取物对金华猪生产性能和胴体品质的影响[J]. 中国畜牧杂志,(7):36-38.
[51] 呼红梅,郭建凤,朱荣生,等,2011. 不同品种猪背最长肌肌苷酸和肌内脂肪含量的比较[J]. 扬州大学学报,32(3):34-36.
[52] 胡嘉彦,汪启超,2011. 绩溪黑猪品种简介及保种现状[J]. 畜牧与饲料科学,32(3):47-48.
[53] 胡旭进,胡斌,杜宗亮,等,2017. 甜菜碱对不同阶段金华猪生长性能和胴体组成的影响[J]. 养猪,(5):27-29.
[54] 华兆才,邱阳生,肖天放,等,2010. 槐猪不同三元杂交组合的试验研究[J]. 中国畜禽种业,(12):61-64.
[55] 黄加滨,李彦清,赵善林,等,2019. 分娩胎次和季节对嘉兴黑猪繁殖性能的影响[J]. 猪业科学,36(2):110-112.
[56] 黄菁,朱志伟,王志刚,等. 2016. 日粮赖氨酸水平和运动对金华-杜洛克杂交猪生长及肉质性能的影响[J]. 畜牧与兽医,48(3):43-46.
[57] 黄龙,2013. 安徽地方猪种胴体与肉质性状候选基因研究[D]. 合肥:安徽农业大学.
[58] 季索菲,包文斌,曹鸿国,等,2011. 安庆六白猪和梅山猪成纤维细胞体外培养与生物学特性[J]. 扬州大学学报(农业与生命科学版),32(3):24-29.
[59] 姜云华,1986. 嘉兴黑猪肥育性能及胴体品质的研究[J]. 浙江畜牧兽医,(1):7-9.
[60] 金邦荃,陶立,尹晴红,等,2001. 猪肌浆中某些元素含量与肌肉和骨骼生长的关系[J]. 畜牧与兽医,33(1):10-12.
[61] 金坛县种猪场,1976. 拉大母猪体型,加速米猪选育[J]. 江苏农业科技,(6):27-29.
[62] 金文,陈章言,贺生中,等,2013. 苏姜猪新品种及其亲本对猪肺炎支原体感受性评价[J]. 江苏农业科学,41(12):214-215.
[63] 经荣斌,陈华才,张金存,等,1999. 姜曲海猪瘦肉品系的培育Ⅰ. 基础亲本(母)筛选试验[J]. 江苏农业研究,20(1):52-56.
[64] 经荣斌,2009. 江苏省地方猪种的保存和选育的演变[J]. 猪业科学,(2):96-99.
[65] 康连虎,2019. 皖南黑猪与长白猪肉品质比较[J]. 饲料博览,(1):6-9.
[66] 赖贵红,蓝锡仁,肖天放,等,2009. 槐猪不同二元杂交组合的试验研究[J]. 中国畜禽种业,(11):52-54.
[67] 李超雄,林国徐,肖天放,等,2005. 莆田黑猪品种资源和保种现状调查[J]. 福建畜牧兽医,27(1):1-2.
[68] 李闯,韦明飞,卓子兰,等,2018. 巴克夏与梅山猪杂交效果分析. [J]. 养猪,(6):65-68.
[69] 李何君,张和军,徐忠惠,等,2018. 上海地区中外猪种氟烷基因的遗传变异分析[J]. 上海畜牧兽医通讯,(6):20-21,23.
[70] 李建华,吕帮玉,杨明生,2009. *CACNA2D1* 基因第 14 内含子的多态性及其对猪肌肉 pH_{45} 的影响[J]. Animal Husbandry and Feed Science,1(2):1-4.

[71] 李娟娟，马小军，王立贤，等，2010. 合作猪 *Nramp*1 基因第六内含子多态性分析[J]. 甘肃农业大学学报，45(2)：10-13.

[72] 李龙瑞，1990. 乐平猪和萍乡猪胴体品质及肉质的研究[J]. 江西农业大学学报，(1)：84-89.

[73] 李齐贤，顾岳清，黄媛，2016. 对二花脸猪种质特性及其利用的认识与思考[J]. 养猪，(1)：55-56.

[74] 李庆岗，经荣斌，宋成义，等，2005. 姜曲海猪瘦肉型品系(零世代)早期背最长肌超微结构的研究[J]. 中国畜牧杂志，41(7)：6-9.

[75] 李庆岗，经荣斌，杨元清，等，2004. 姜曲海猪瘦肉型品系(零世代)仔猪背最长肌肌内脂肪酸组成及含量的研究[J]. 扬州大学学报(农业与生命科学版)，25(2)：48-51.

[76] 李庆岗，田广友，吴义景，等，2019. 定远猪 *CATSPER*1 基因多态性及与产仔数的相关分析[J]. 养猪，(3)：70-72.

[77] 李庆海，祝荣，朱启，等，2012. 中外 4 个猪种的 *H-FABP* 基因多态分析[J]. 中国畜牧兽医文摘，28(11)：69-70.

[78] 李瑞丽，胡丽芳，唐书升，等，2013. 玉山黑猪肉营养特性分析[J]. 肉类研究，27(5)：10-13.

[79] 李盛霖，陈岩锋，郑逢源，等，1996. 福州黑猪、肉用型猪及其杂种猪肉质特性的研究[J]. 福建省农科院学报，11(1)：8-11.

[80] 李顺，2017. 二花脸猪肌内脂肪含量 B 超活体测定技术研究[D]. 南京：南京农业大学.

[81] 李小光，郑小明，2013. 浅谈玉山黑猪的保护与利用[C]. 中国地方猪种保护与利用第十届年会论文集：87-88.

[82] 李小金，钱坤，刘林清，等，2015. 皖南黑猪和大约克猪胴体及肉质性状比较研究[J]. 养猪，(5)：57-60.

[83] 李彦清，王晨，黄加滨，等，2019. 初配日龄对嘉兴黑猪繁殖性能的影响[J]. 中国畜牧杂志，55(2)：109-111.

[84] 李应丰，2017. 槐猪的保种与开发现状调查报告[J]. 中国畜牧兽医文摘，33(11)：66，71.

[85] 梁全顺，沈华伟，关育芳，等，2005. PCR-RFLP 及 PCR-SSCP 技术检测猪 *RN* 基因的研究[J]. 福建畜牧兽医，27(2)：5-6.

[86] 林克团，2020. 玉山黑猪妊娠期表型参数的初步估测[J]. 江西畜牧兽医杂志，(1)：24-25.

[87] 林丽，王志刚，刘榜，等，2011. 利用 5 个多态蛋白(酶)位点分析 6 个地方猪品种的遗传结构[J]. 华中农业大学学报，20(6)：511-515.

[88] 刘桂芬，王爱国，傅金恋，2008. 猪 *CETP* 基因表达变化及其对胆固醇合成的影响研究[J]. 中国畜牧杂志，44(19)：12-15.

[89] 刘海霞，朱爱文，2017. 猪 *IGFBP*2 基因遗传多态性及其与肉质性状的关联分析[J]. 中国畜牧兽医，44(10)：3016-3022.

[90] 刘莉，2018. 姜曲海猪精液超低温保存参数优化及应用研究[D]. 扬州：扬州大学.

[91] 刘锐，郁辉，程旭梅，2007. 嘉兴黑猪氟烷基因频率检测[J]. 浙江畜牧兽医，(4)：1-2.

[92] 陆雪林，吴昊旻，雷胜辉，等，2020. 沙乌头猪育肥阶段生长曲线拟合的研究[J]. 中国畜牧杂志，56(2)：64-67.

[93] 陆志强，胡东伟，徐小波，等，2014. 杂交对二花脸猪繁殖性能的影响[J]. 养猪，(5)：73-74.

[94] 罗明，朱砺，2002. 不同猪种生长性能和胴体品质的差异对肉品加工的影响[J]. 四川农业大学学报，(20)：267-269.

[95] 罗婷颖，2010. 猪肉质性状三个候选基因的 SNPs 检测[D]. 福州：福建农林大学.

[96] 罗文华，2004. 猪 *Nrampl* 基因内含子测序及 *Nramp*1 和 *FUT*1 基因多态性研究[D]. 广州：华南农业大学.

[97] 吕效应，2013. 优质瘦肉型安庆六白猪新品系选育及应用研究[J]. 中国畜牧兽医文摘，29(1)：81-84.

[98] 麻丽坤，王友杉，2017. 2014—2016 年度嵊县花猪繁殖性能分析[J]. 浙江畜牧兽医，(4)：28-29.

[99] 麻延峰，王宏艳，周文仙，2010. 抗菌肽制剂对提高金华猪生长性能的效果[J]. 浙江农业科学，(4)：890-892.

[100] 漫晓丹，2016. 猪 *SLA-DRB*1 基因与 PRRSV 抗性的关联研究[D]. 南京：南京农业大学.

[101] 蒙妙枝，葛汉均，储新生，等，1993. 姜曲海小母猪情期外周血生殖激素特性及其对繁殖力影响的观察[J]. 畜牧与兽医，25(4)：159-162.

[102] 孟洪莉，2012. 猪繁殖相关基因多态性检测及其关联分析[D]. 福建福州：福建农林大学.

[103] 孟庆平，张少东，张娟敏，2011. 浅谈嘉兴畜禽遗传资源现状及保护策略. 中国畜禽种业，(11)：7-9.

[104] 苗志国，刘长忠，李国旺，等，2010. 金华猪与长白猪生产性能和肉品质的发育差异[J]. 湖北农业科学，49(8)：1912-1914，1917.

[105] 倪黎纲，陶勇，徐盼，等，2017. 苏姜猪肺炎支原体流行病学调查报告[J]. 当代畜牧，(7 下)：41-42.

[106] 倪黎纲，王宵燕，吴信生，等，2019. 肺炎支原体感染猪模型的建立及相关指标分析[J]. 西北农业学报，28(7)：1045-1051.

[107] 倪黎纲，赵旭庭，陶勇，等，2018. 不同品种猪群肺炎支原体流行病学调查[J]. 黑龙江畜牧兽医，(20)：91-92，95，244.

[108] 倪黎纲，赵旭庭，王宵燕，等，2017. 姜曲海猪肺泡巨噬细胞的分离培养与鉴定[J]. 江苏农业科学，45(23)：163-165.

[109] 倪黎纲，赵旭庭，王宵燕，等，2019. 基于高通量测序分析肺炎支原体感染姜曲海猪肺组织 miRNA 表达谱[J]. 浙江农业学报，31(12)：1979-1986.

[110] 宁财，余华阳，姜树林，等，2018. 江西省地方猪的保护与开发[J]. 江西畜牧兽医杂志，(4)：1-3.

[111] 牛树理，冯紫云，甘信德，等，1996. 二花脸和约克猪的卵泡发育排卵数和妊娠子宫对胎儿数的影响[J]. 畜牧与兽医，6(28)：247-248.

[112] 农业部办公厅，2017. 全国畜禽遗传资源保护和利用“十三五”规划[J]. 江西畜牧兽医杂志，(2)：35-39.

[113] 欧阳建华，刘梅森，魏腮妹，等，1993. 玉山黑猪繁殖性状遗传参数的初步估测[J]. 江西畜牧兽医杂志，(2)：19-21.

[114] 彭海英，管生，2007. 优良地方猪种-沙乌头猪简介[J]. 养殖技术顾问，(3)：11.

[115] 秦树臻，1995. 太湖猪核 DNA 和线粒体 DNA 遗传变异的研究[D]. 南京：南京师范大学.

[116] 邱金海，2009. 莆田黑猪血液生理生化指标测定[J]. 山地农业生物学报，28(4)：317-323.

[117] 任敏敏，杨华，项云，等，2020. 饲粮纤维水平对金华猪生长性能、盲肠菌群结构和短链脂肪酸含量的影响[J]. 动物营养学报，32(6)：2575-2585.

[118] 阮鹏，陈究成，徐宁迎，等，2017. 基于简化基因组测序嘉兴黑猪的遗传多样性分析[J]. 浙江畜牧兽医，(4)：1-2.

[119] 邵长胜，2013. 三个品种猪肠道 β-防御素表达与特性分析[D]. 合肥：安徽农业大学.

[120] 沈林松，张颖，张伟妮，等，2015. 果糖对莆田黑猪精液中 NAGase 的抑制动力学[J]. 应用与环境生物学报，21(1)：46-50.

[121] 盛中华，白春艳，王起山，等，2008. 浦东白猪毛色的遗传基础研究-KIT 基因变异的检测[J]. 上海交通大学学报，26(2)：101-103.

[122] 盛中华，2008. 浦东白猪毛色遗传及与其他猪种间的关系研究[D]. 上海：上海交通大学.

[123] 宋成义，经荣斌，陶勇，等，2001. 猪 *GH* 基因部分突变位点对生产性能的影响[J]. 遗传，23(5)：427-430.

[124] 苏磊，2012. 苏皖部分猪品种 PRRSV 易感性的评价[D]. 南京：南京农业大学.

[125] 随韶璞，2017. 母猪品种及乳区位置对仔猪生长性能、腹泻率及初乳蛋白质浓度的影响[D]. 南京：

南京农业大学.
[126] 孙菊英,吕钢进,王友杉,等,2010. 嵊县花猪 *PRLR* 基因多态性与繁殖性状的相关分析[J]. 浙江畜牧兽医,(3):1-3.
[127] 孙菊英,王友杉,麻丽坤,等,2014. 嵊县花猪及杂交组合猪生产性能和肉质性能的研究[J]. 畜牧与兽医,46(2):45-47.
[128] 谈永松,2013. 上海地方猪的研究与应用现状[C]. 中国地方猪种保种与利用第十一届年会论文集:95-101.
[129] 谭毓平,吴买生,易建军,等,2003. 沙子岭猪肥育性能与肉质特性研究[J]. 家畜生态,24(4):19-21.
[130] 陶立,程广龙,金邦荃,等,2000. 定远猪及其一代杂种猪胴体肌肉品质的比较研究[J]. 养猪,(3):28-29.
[131] 陶立,金邦荃,尹晴红,等,2001. F_1 代猪体脂、肌肉脂肪和游离脂肪酸组分的分析[J]. 江苏农业学报,17(2):101-103.
[132] 陶立,张晓苍,金邦荃,等,2000. 定远猪二元和三元杂交组合生产性能的研究[J]. 安徽农业科学,28(4):517-519.
[133] 陶新,邓波,门小明,等,2012. 不同猪种肉质相关基因 *Hal*、*RN* 和 *FTO* 的多态性研究[J]. 畜牧兽医学报,43(5):676-683.
[134] 陶勇,经荣斌,任善茂,等,2003. 猪 *GH* 基因部分多态特征与早期体重的相关研究[J]. 畜牧兽医学报,34(3):217-220.
[135] 陶勇,刘宗华,张牧,等,2001. 不同组合猪肌肉肌苷酸含量的分析[J]. 黑龙江畜牧兽医,(10):17.
[136] 陶勇,任善茂,郭韦敏,等,2017. 苏姜猪与其母本姜曲海猪肌肉品质的比较分析[J]. 黑龙江畜牧兽医,(10 下):106-107.
[137] 陶勇,周俊,任善茂,等,2011. *PERV* 基因对姜曲海猪产仔数的影响[J]. 浙江农业科学,(4):935-936.
[138] 田新提,2007. 大田县槐猪品种资源开发利用现状及保护对策[J]. 福建畜牧兽医,(S1):102-103.
[139] 涂尾龙,郭占立,吴华莉,等,2015. 沙乌头猪二元杂交试验研究[J]. 国外畜牧学-猪与禽,35(12):46-47.
[140] 万明春,雷升荣,谢金防,等,2012. 东乡花猪及其三、四元杂交猪的繁殖、生长、屠宰性能及肉质测定[J]. 江西农业学报,24(5):157-159.
[141] 万明春,谢金防,邹志恒,等,2007. 江西地方猪品种资源现状、问题与建议[J]. 猪业科学,(8):82-86.
[142] 万明春,周泉勇,霍俊宏,等,2012. 饲喂杂交狼尾草对乐平猪(东乡花猪)繁殖性能的影响[J]. 江西农业学报,24(4):160-162.
[143] 万明春,周泉勇,霍俊宏,等,2013. 东乡花猪及其二元杂交猪肉质分析[J]. 黑龙江畜牧兽医(科技版),(4 上):71-72.
[144] 万明春,周泉勇,霍俊宏,等,2014. 蛋白水平对玉山黑猪肥育性能的影响研究[J]. 养猪业,(12):60-62.
[145] 万明春,周泉勇,霍俊宏,等,2014. 玉山黑猪 *ESR* 和 *FSHβ* 基因多态性及相关性状的研究[J]. 江西农业学报,26(3):107-109.
[146] 万明春,周泉勇,霍俊宏,等,2013. 东乡花猪及其二元杂交品种肉质分析研究[J]. 中国猪业,8(S1):57-58.
[147] 汪涵,李平华,许世勇,等,2014. 部分地方品种猪体尺、胴体及肉质性状分析[J]. 国外畜牧学-猪与禽,(7):63-66.
[148] 汪雨龙,张晓军,杨锋,2015. 浙江地方名猪肉品质的研究[J]. 肉类工业,(12):12-14.

[149] 王成斌，王小鹏，郑小明，等，2018. 玉山黑猪两种头型遗传机制的初步解析[J]. 畜牧兽医学报，49(8):1585-1593.

[150] 王承浩，刘龙芳，姜绍荣，等，1986. 乐平花猪出生后生殖腺的发育[J]. 江西农业大学学报，(3):24-30.

[151] 王承浩，刘龙芳，王亚鸣，1987. 乐平花猪胃底腺、小肠绒毛和肠腺的生后发育[J]. 江西农业大学学报，(3):37-46.

[152] 王国富，高树新，张立凡，等，2011. 金华猪 *DGAT*1、*DGAT*2 基因发育性表达特点及其与肌内脂肪的关联分析[J]. 华北农学报，26(5):25-28.

[153] 王恒. 2009. *ESR* 和 *FSHβ* 基因与安徽四个地方猪种产仔性状的关联分析[D]. 合肥:安徽农业大学.

[154] 王欢，赵默然，李伯江，等，2019. 沙乌头猪不同杂交组合性能比较研究[J]. 畜牧与兽医，51(10):20-25.

[155] 王金法，单文典，1983. 姜曲海猪血清蛋白的动态观察和分析[J]. 江苏农业科学，(9):36-39,20.

[156] 王金法，张照，1983. 姜曲海猪血液生化值动态研究[J]. 江苏农学院学报，4(2):24-29.

[157] 王俊生，倪泽兰，朱先德，等，2009. 安徽省地方品种猪现状调查及保护利用对策[J]. 畜牧与饲料科学，30(4):156-158.

[158] 王俊生，张伟力，倪泽兰，等，2010. 安徽省猪品种现状[J]. 养猪，(5):41-43.

[159] 王俊生，张伟力，倪泽兰，等，2016. 定远猪及杜定杂交猪繁殖性能研究初报[J]. 养猪，(2):65-66.

[160] 王林云，2001. 优质猪肉生产和地方猪种利用[J]. 畜牧与兽医，(5):18.

[161] 王宁，2015. *AKT*2 和 *APPL*1 对母猪卵泡发育和产仔力的影响[D]. 合肥:安徽农业大学.

[162] 王鹏伟，2015. 音乐声波对玉山黑猪断奶仔猪生长影响的研究[D]. 南昌:江西农业大学.

[163] 王荣梅，苏荣胜，张细权，2009. 不同品种猪生长激素基因的 PCR-RFLP 分析[J]. 韶关学院学报，30(9):85-88.

[164] 王寿宽，2000. 二花脸猪肥育性能的测定[J]. 畜牧与兽医，32(2):22.

[165] 王文君，陈克飞，任军，等，2003. 中外不同猪品种生长激素基因遗传多态性检测[J]. 农业生物技术学报，11(1):103-104.

[166] 王宵燕，经荣斌，宋成义，等，2005. 姜曲海猪瘦肉型品系早期血液生化指标的研究[J]. 西北农林科技大学学报(自然科学版)，33(1):18-20.

[167] 王炎春，1964. 浙江嘉兴黑猪初配月龄和体重的探讨[J]. 中国畜牧杂志，(6):26-27.

[168] 王燕丽，徐宁迎，金小军，2007. 微卫星位点基因纯合率对金华猪产仔数的效应分析[J]. 畜牧与兽医，(12):44-46.

[169] 王阳，2010. 皖南花猪和皖南黑猪 *PRLR* 和 *BF* 基因多态性与产仔性状的关联分析[D]. 合肥:安徽农业大学.

[170] 王艺，王志国，王业明，等，2013. 米猪与大白猪、长白猪 *FSHβ* 基因多态性分布差异分析[J]. 畜牧与兽医，(3):42-44.

[171] 王艺，2014. *FSHβ*、*FSHR* 基因多态性与猪发情期外周血雌二醇水平的相关性分析[D]. 南京:南京农业大学.

[172] 王友杉，厉金炳，2015. 嵊县花猪的保护与开发利用[C]. 中国地方猪种保护与利用协作组第十一届年会论文集:109-113.

[173] 王振，2015. 太湖流域地方品种猪基因组结构及其功能研究[D]. 上海:上海交通大学.

[174] 王中才，严燕，张陈华，等，2010. *OB* 基因对安徽四个地方品种猪产仔性能的影响[C]. 第五次全国会员代表大会暨养猪业创新发展论坛:107-110.

[175] 王宗元，史德浩，吴维芬，等，1981. 不同年龄二花脸猪血清生化参数[J]. 江苏农学院学报，(3):

19-23.
[176] 魏宗友，张阳阳，许惠中，等，2019. 梅山猪杂交后代生长、繁殖性能及血清指标的比较研究[J]. 上海畜牧兽医通讯，(3)：10-13.
[177] 闻爱友，桑仁富，戴四发，等，2005. 定远母猪繁殖性能及其杂种优势研究[J]. 安徽技术师范学院学报，19(4)：5-7.
[178] 吴芬，宋倩倩，李海虹，等，2018. 嘉兴黑猪 *FSHβ* 和 *RFRP* 基因外显子多态性与繁殖性状的相关分析[J]. 中国畜牧杂志，54(9)：30-34.
[179] 吴海洪，杭刚，薛国强，等，2009. 杜长嘉商品猪毛色分离的理论分析与试验研究[J]. 浙江畜牧兽医，(1)：1-3.
[180] 吴海洪，盛来根，姚国强，2001. 嘉兴黑猪新品系母猪发情和适时配种规律研究[J]. 浙江畜牧兽医，(1)：19-20.
[181] 吴锦瑞，2009. 槐猪饲养模式对其肉质风味影响的试验研究[J]. 福建畜牧兽医，31(3)：11-12.
[182] 吴锦瑞，2009. 槐猪育肥期不同营养水平对比试验报告[J]. 福建畜牧兽医，31(4)：3-4.
[183] 吴井生，王金玉，2012. *FSHR* 基因第 10 外显子多态性及其与小梅山猪产仔数的相关性[J]. 中国农业科学，(13)：2728-2736.
[184] 吴买生，杨仕柳，罗强华，等，2008. 沙子岭猪肥育性能测定报告[J]. 猪业科学，(3)：98-100.
[185] 吴妹英，肖天放，张力，2007. 莆田黑猪及其杂种肌肉脂肪酸组成与含量的研究[J]. 福建畜牧兽医，(S1)：16-18.
[186] 吴妹英，2007. 莆田黑猪肌肉风味化学物质的研究[D]. 福州：福建农林大学.
[187] 吴圣龙，包文斌，鞠慧萍，等，2008. 野猪和 16 个国内外猪种 *Mx*1 基因第 14 外显子多态性分析[J]. 畜牧兽医学报，39(3)：257-261.
[188] 吴正常，董文华，刘颖，等，2014. 梅山猪 *E. coli* F18 菌株攻毒试验及其表型的鉴定分析[J]. 畜牧兽医学报，45(10)：1608-1615.
[189] 吴志鹏，刘健，张金枝，等，2015. 配种季节对母猪繁殖性能的影响研究[J]. 浙江畜牧兽医，40(6)：6-8.
[190] 吴仲贤，1983. 杂种优势及其统计检验[J]. 遗传，5(1)：43-45.
[191] 席莉莉，韩开林，孙爽，等，2011. 不同营养水平对皖淮猪生长性能的影响[J]. 安徽农学通报，17(17)：165-166.
[192] 夏成兴，章澄宇，胡嘉彦，等，2014. 皖南黑猪不同杂交组合在低蛋白质水平下的饲养效果[J]. 养猪业，(9)：64-66.
[193] 夏圣荣，杨昆仑，宋成义，等，2017. 沙乌头猪种质资源测定[J]. 猪业科学，34(1)：128-130.
[194] 肖倩，张哲，孙浩，等，2016. 浦东白猪及其杂种猪胴体与肉质性能分析[J]. 畜牧与兽医，48(2)：49-53.
[195] 肖倩，张哲，孙浩，等，2016. 浦东白猪杂交试验报告——繁殖性能与育肥性能[J]. 畜牧与兽医，48(5)：70-72.
[196] 肖倩，张哲，孙浩，等，2017. 浦东白猪遗传多样性及繁殖性能的变化分析[J]. 中国畜牧兽医，44(4)：1095-1101.
[197] 肖倩，2017. 浦东白猪种质特性及其保护与利用研究[D]. 上海：上海交通大学.
[198] 肖先娜，2011. 太湖猪养殖历史研究[D]. 南京：南京农业大学.
[199] 谢珊珊，2019. 利用整合组学开展 *MSTN* 编辑梅山猪的表型遗传分析[D]. 北京：中国农业科学院.
[200] 谢亚男，2014. 猪 *THRSP* 基因启动子 SNP 及其对基因表达的影响[D]. 合肥：安徽农业大学.
[201] 邢军，陈军，吴井生，等，2013. 小梅山猪种质特性保存与利用的研究进展. [J]. 中国猪业，8(S1)：79-81.

[202] 徐斌,1999.遗传和蛋白质水平对猪胴体品质的影响[J].国外畜牧学-猪与禽,(1):53-55.
[203] 徐广鹤,胡成波,栾华东,等,2010.辽宁黑猪、二花脸猪、莱芜猪繁殖性能比较研究[J].养猪,(S1):16-18.
[204] 徐士清,王水华,翁经强,等,1983.嘉兴黑猪公猪性成熟期的研究[J].畜牧兽医学报,14(2):93-98.
[205] 徐士清,王水华,翁经强,等,1983.嘉兴黑猪小母猪性成熟期的研究[J].畜牧兽医学报,14(2):99-104.
[206] 徐士清,翁经强,1983.嘉兴黑猪二元杂交组合肥育对比试验[J].浙江农业科学,(6):309-310.
[207] 徐武正,徐红峰,徐全正,2018.浅析乐平花猪保种措施[J].江西畜牧兽医杂志,(2):26-27.
[208] 徐小波,冯宇,陆志强,等,2015.二花脸猪产仔数性状的分子标记及其效应分析[J].江苏农业学报,31(3):579-582.
[209] 许栋,陆雪林,沈富林,等,2017.浦东白猪育肥阶段生长曲线拟合的研究[J].畜牧与兽医,49(11):20-23.
[210] 许惠中,王伟,等,2020.梅山猪及其与杜洛克、巴克夏杂交猪肌肉氨基酸和脂肪酸含量的测定.[J].上海畜牧兽医通讯,(1):28-31.
[211] 许卫华,赵殿强,黄芬,等,2018.槐猪 *FTO* 基因遗传多态性及其与肉质性状相关性研究[J].广东农业科学,45(1):108-113.
[212] 许晓玲,樊斌,朱猛进,等,2006.不同猪种 *CMYA*3 基因 PCR-RFLP 多态性及与部分经济性状的关联分析[C].第十次全国畜禽遗传标记研讨会论文集:236-239.
[213] 许振英,1985.中国一些地方猪种质特性的研究[J].中国农业科学,(2):1-9.
[214] 薛金良,陈宏权,王业良,等,1987.绩溪黑猪调查报告[J].浙江畜牧兽医,(1):13-16.
[215] 薛尚军,杨晓奋,刘宏,等,2011.中国地方猪种的肉质特性[J].国外畜牧学(猪与禽),(2):92-94.
[216] 薛玮玮,王源朗,杨勇,等,2014.3 个安徽地方猪品种 *TAP*1 基因编码区遗传多态性分析[J].安徽农业大学学报,41(5):813-817.
[217] 薛玮玮,2014.猪 TAP1 基因多态性及其与断奶仔猪免疫指标的相关性分析[D].合肥:安徽农业大学.
[218] 严燕,张陈华,王阳,等,2011.OB 基因对安徽 4 个地方品种猪产仔性能的影响[J].江苏农业学报,27(3):543-549.
[219] 严燕.2009.安徽四个地方猪种 *Leptin* 基因多态性研究及其与产仔性状的关联分析[D].合肥:安徽农业大学.
[220] 杨公社,王金良,1991.中国地方猪种体重生长的模型研究[J].养猪,(4):26-28.
[221] 杨建敏,胡宇平,林威敏,等,2016.槐猪和杜洛克猪背最长肌差异表达基因的筛选与注释[J].福建农林大学学报(自然科学版),45(2):192-195.
[222] 杨建生,戴超辉,朱世平,等,2014.梅山猪血液细胞因子水平的测定与分析[J].黑龙江畜牧兽医,(6):39-40.
[223] 杨剑波,唐文,蒯冬灵,等,2019.梅山猪线粒体基因组全序列测定与分析[J].畜牧与兽医,51(12):9-14.
[224] 杨元青,黄继荣,2009.苏姜母猪早期内脏器官发育规律的研究[J].现代农业科学,(6):171-172.
[225] 姚国强,胡友根,黄元良,等,2003.嘉兴黑猪新品系选育研究[J].养猪,(6):22-25.
[226] 姚国强,1995.新嘉兴黑猪乳头数遗传特性研究[J].中国畜牧杂志,31(3):29-30.
[227] 姚国强,2005.浅谈嘉兴黑猪品种资源保护[J].上海畜牧兽医通讯,(6):29-30.
[228] 叶鼎承,林佳盛,甘乾福,2015.槐猪与杜洛克猪不同部位脂肪组织形态学比较分析[J].福建畜牧兽医,37(6):21-25.
[229] 叶鼎承,杨建敏,甘乾福,等,2016.槐猪和杜洛克猪瘦素及其受体基因的差异表达研究[J].中国农

学通报,32(29):4-10.
[230] 殷宗俊,2011. 安徽地方猪种质资源及其特性与开发利用[J]. 贵州农业科学,39(2):131-134.
[231] 尹晴红,金邦荃,陶立,等,2001. 猪瘦肉增加比例与肌蛋白氨基酸组分间关联性的研究[J]. 动物科学与动物医学,18(1):32-35.
[232] 张斌,蒋春茂,武彩红,等,2019. 冻融前后姜曲海猪精子差异蛋白质组分析[J]. 上海农业学报,35(6):77-81.
[233] 张斌,武彩红,赵旭庭,等,2018. 冷冻保存对姜曲海猪精液酶活性的影响[J]. 黑龙江畜牧兽医,(24):60-63.
[234] 张陈华,丁月云,王阳,等,2011. 圩猪和定远猪 *PRLR* 基因多态性与产仔数的关联分析[J]. 中国农业大学学报,16(3):117-121.
[235] 张陈华,2011. 圩猪和皖南黑猪 *H-FABP* 基因多态性及其对经济性状的遗传效应分析[D]. 合肥:安徽农业大学.
[236] 张冠春,方根来,徐士清,等,1983. 嘉兴黑猪生殖腺发育的组织学观察[J]. 杭州大学学报,10(3):360-365.
[237] 张海英,2016. 安庆六白猪的保种与利用[J]. 中国畜牧兽医文摘,32(9):71.
[238] 张华,尹光灿,兰旅涛,等,1993. 乐平猪的杂交及杂种优势效应研究[J]. 江西农业学报,5(1):36-43.
[239] 张金耀,2016. 莆由黑猪 DNA 甲基化差异研究[D]. 福州:福建农林大学.
[240] 张久峰,2012. 二花脸猪 *TGFBR2* 基因的克隆与表达水平分析[D]. 南京:南京农业大学.
[241] 张念文,宋锦昌,朱新春,等,1989. 沙乌头猪配合力测定[J]. 畜牧与兽医,21(5):203-205.
[242] 张伟力,赖州文,邱阳生,等,2014. 槐猪肉切块品质点评[J]. 养猪,(2):57-59.
[243] 张伟力,潘清煜,2012. 巴嘉一代杂交猪肉切块质量点评[J]. 猪业科学,(12):116-117.
[244] 张伟力,潘清煜,2012. 嘉兴黑猪肉切块质量点评[J]. 养猪,(6):60-61.
[245] 张伟力,殷宗俊,2009. 中国地方猪种优良肉质的开发利用[J]. 猪业科学,(11):32-35.
[246] 张文,王骏俊,何小雷,等,2019. 皖南黑猪种质资源保护现状与开发利用对策分析[J]. 畜牧与饲料科学,40(12):47-50.
[247] 张晓东,王恒,丁月云,等,2014. 安徽省 4 个地方猪种 *ESR* 和 *FSHβ* 基因多态性及其与产仔数的关联分析[J]. 安徽农业大学学报,41(4):579-584.
[248] 张雪娟,俞颂东,陈忠伟,等,1989. 嘉兴黑猪染色体核型和银染核仁组成区的观察与分析[J]. 浙江农业学报,(2):83-88.
[249] 张艳,2016. 浦东白猪重要抗病基因多态性位点及其可能相关免疫学指标检测分析[D]. 上海:上海交通大学.
[250] 张越,陆萌,朱卫华,等,2016. 猪心脏脂肪酸结合蛋白基因多态性检测及与肉质性状的关联分析[J]. 中国畜牧杂志,52(1):7-12.
[251] 张志锋,2001. 江苏省地方猪种资源的现状及保护利用[J]. 中国畜牧杂志,37(4):41-42.
[252] 章文,2012. 槐猪精液 NAGase 的酶学性质与活力调控[D]. 福州:福建农林大学.
[253] 章啸君,余寿忠,2014. 中草药添加剂对金华两头乌杂交组合猪生长性能的影响[J]. 湖北畜牧兽医35(9):14-15,17.
[254] 赵方学,刘莉君,2018. 嵊县花猪各品系母猪繁殖性能分析[J]. 浙江畜牧兽医,(1):25-27.
[255] 赵海云,2006. 二花脸猪行为性体温调节特征的研究[D]. 南京:南京农业大学.
[256] 赵丽莉,聂光军,郭晓令,等,2006. 金华猪生长激素基因的多态性及其对经济性状的影响[J]. 中国畜牧杂志,(5):8-11.
[257] 赵青,赵艳,钟土木,等,2009. 金华猪生长激素基因多态性分析及生长曲线比较[J]. 中国兽医学

报,29(12):1632-1635.
[258] 赵青,钟土木,楼平儿,等,2009. 不同胎次与配种季节对金华猪繁殖性能的影响[J]. 中国畜牧杂志,45(17):52-55.
[259] 赵青,钟土木,2009. 不同营养水平对金华猪繁殖性能的影响[J]. 中国畜牧杂志,45(19):56-57,65.
[260] 赵书广,2001. 中国养猪大成[M]. 北京:中国农业出版社.
[261] 赵西彪,于钦秀,刘萍,等,2008. *ESR* 和 *FSHβ* 基因与梅山猪产仔数关系研究[J]. 养猪,(2):28-29.
[262] 赵晓枫,徐宁迎,胡晓湘,等,2007. *IGF*1 调控区微卫星座位对金华猪生长性能的影响[J]. 遗传(2):206-210.
[263] 赵晓枫,2007. 金华猪群体遗传结构及其起源和驯化的研究[D]. 杭州:浙江大学.
[264] 赵云翔,陈永晴,任广彩,等,2006. 中外 10 个猪种 *IGPBP*3 基因 PCR-RFLP 多态性研究[C]. 第十次全国畜禽遗传标记研讨会论文集:260-263.
[265] 赵志辉,金邦荃,陆天水,等,2002. 大豆黄酮对二花脸青年去势公猪生长的影响[J]. 上海农业学报,18(3):78-81.
[266] 郑美金,2003. 莆田黑猪的品种资源保护与利用[J]. 福建畜牧兽医,25(4):8-9.
[267] 郑小明,万明春,周泉勇,等,2019. 玉山黑猪生产性能与遗传基因的研究进展[J]. 猪业科学,36(11):130-133.
[268] 中国猪品种志编写组,1986. 中国猪品种志[M]. 上海:上海科学技术出版社.
[269] 周春宝,赵旭庭,韩大勇,等,2010. 姜曲海猪优质瘦肉型新品系生长和胴体品质测定[J]. 江苏农业科学,(5):294-295.
[270] 周光宏,1999. 肉品学[M]. 北京:中国农业科技出版社.
[271] 周宁,2016. 猪 *ADIPOQ* 和 *ADIPORs* 多态性、表达及与产仔性状的关联分析[D]. 合肥:安徽农业大学.
[272] 周泉勇,万明春,杨群,等,2013. 玉山黑猪 *H-FABP* 基因的遗传多态性和表达研究[J]. 江西农业大学学报,35(2):230-233.
[273] 周文兵,张艳,俞向前,等,2015. 浦东白猪 *Nramp*1 基因第 6 内含子独特突变位点分析[J]. 猪业科学,32(7):106-108.
[274] 周文兵,2016. 浦东白猪 *Mx*1 基因外显子 14 和 *Nramp*1 基因内含子 6 可能的免疫相关位点基因突变及免疫性能检测与分析[D]. 上海:上海交通大学.
[275] 周晓明,2013. 安庆六白猪种质资源保护与产业化开发[C]. 中国地方猪种保护与利用第十届年会论文集:82-88.
[276] 周煜,2019. 0.25 mL 细管冷冻保存姜曲海猪精液方法的研究[D]. 扬州:扬州大学.
[277] 朱爱文,周春宝,倪黎纲,等,2017. 猪 *Leptin* 基因多态性及其与产仔性状的相关性分析[J]. 中国畜牧兽医,44(4):1122-1127.
[278] 朱猛进,钱云,周银松,等,2000. *FSHβ* 亚基基因 PCR-SSCP 分析[J]. 动物科学与动物医学,(1):22-23.
[279] 朱孟玲,吴井生,陈超,等,2008. *FSHβ* 基因和 *PRLR* 基因的多态性对小梅山猪繁殖性状的影响[J]. 猪业科学,(4):76-78.
[280] 朱前明,孟春花,茆达干,等,2014. 猪 *APOBEC3F* 基因外显子 8 单核苷酸的多态性及其与猪繁殖和呼吸综合征病毒易感性的关联性[J]. 江苏农业学报,30(5):1051-1057.
[281] 朱世平,2015. 梅山猪断奶仔猪腹泻模型的建立及抗性基因的表达分析[D]. 扬州:扬州大学.
[282] 朱淑斌,赵旭庭,倪黎纲,等,2017. 姜曲海猪肌肉 *FoxO*1 基因表达水平与组织学特性的相关研究[J]. 西南农业学报,30(10):2376-2381.

[283] 朱淑斌，赵旭庭，周春宝，等，2013. 姜曲海猪 *A-FABP* 基因内含子 1 多态性与肉质性状的相关分析[J]. 中国畜牧杂志，(13)：12-15.

[284] 朱淑斌，赵旭庭，周春宝，等，2013. 姜曲海猪肌肉组织学特性与肉质性状的相关性[J]. 江苏农业科学，41(4)：205-207.

[285] 朱淑斌，赵旭庭，周春宝，等，2013. 曲海猪肉营养成分组成及风味物质的研究[J]. 中国畜牧杂志，(15)：16-19.

[286] 朱志谦，郭苹，笪浩，等，2018. 苏梅猪选育进展初报——BM0～BM2 世代猪的生长发育研究，[J]. 中国畜牧杂志，54(6)：57-60.

[287] 邹峰，陈世荃，傅伟龙，1982. 江西玉山黑猪、赣州白猪和台湾省本地猪血清转铁蛋白类型的比较——根据基因频率探索品种间的关系[J]. 江西农业大学学报，(2)：25-28.

[288] 邹志恒，谢金防，韦启鹏，等，2009. 玉山黑猪肉质特性研究[J]. 猪业科学，(12)：92-95.

[289] Chen C Y, Guo Y M, Ghana G Y, et al, 2010. A whole genome scan to defeet quantitative trait loci for gestation length and sow maternal ability related traits in a White Duroc × Erhualian F_2 resource population [J]. Animal, 4(6): 861-866.

[290] Zhang Y S, Du H L, Chen J, et al, 2008. Porcine growth differentiation factor 9 gene polymorphismsand their associations with litter size [J]. Journal of Genetics and Genomics, 35(3): 163-169.

第 5 章 华中地区地方猪种质资源特性研究

5.1 清平猪

清平猪，又名育溪猪，属江海型地方猪种，产于湖北省当阳市，主要是清平河沿岸的育溪、庙前、河溶、坝陵一带，分布于宜昌、荆门、荆州、襄樊、孝感、谷城等地。云南省西双版纳地区在20世纪90年代曾从中心产区批量引进清平猪。清平猪脂肉兼用，抗逆性强，能适应－15.6～40.9 ℃的气温，具有性成熟早、妊娠期短、产仔多、育成率高、耐粗饲、早熟易肥、肉味鲜美等特点，具有较强的抗病能力，适合平原、湖区、丘陵、山区等不同自然条件生态环境下饲养。截至2016年6月，清平种猪场场内种公猪18头，9个血统，种母猪108头；场外种公猪20头，9个血统，种母猪300头。清平猪是经过当地农民和广大科技人员长期选育形成的，1962—1965年经湖北省品种资源委员会审定命名，1985年被确定为湖北省优良地方畜禽品种，1986年被录入《中国猪品种志》，1991年被定为全国五大地方猪种之一，2000年列入《国家畜禽品种资源保护名录》，2006年列入《国家级畜禽遗传资源保护名录》(朱昌友等，2016)。

5.1.1 生产性能

刘臣华等(2000)通过对167窝清平母猪妊娠期、初生窝重、产仔数、5周龄窝重与60日龄断奶窝重多元回归统计分析，初步建立了清平猪有关繁殖性状的多元回归数学模型。偏回归系数显著性检验表明，在清平猪的繁殖特性里，妊娠期短这一特性对仔猪60日龄断乳窝重影响不明显；初生窝重对仔猪60日龄断乳窝重影响显著，可达到初生时每增加1 kg，断乳时提高窝重4.1 kg；产仔数(7～18头)对仔猪60日龄断乳窝重影响极大，达到了在此范围内每增加1头仔猪可提高窝重5.42 kg；5周龄全窝重与仔猪60日龄断乳窝重有一定的相关性，其置信度达80%，表明在5周龄窝重每提高1 kg，至60日龄断乳提高窝重2.37 kg。

杨志军(2008)对1 520窝清平猪的繁殖数据进行了统计分析。结果表明，清平母猪产仔性能一般可稳定持续14～15胎，总产仔数、产活仔数和断奶成活数平均值分别为(12.04±3.25)、(11.63±3.43)和(9.77±2.79)头，三者间呈强的正相关(0.65～0.91)；平均妊娠期天数为(112.46±2.91)d，略高于此前报道的111.51 d。

蒋思文(2013)收集湖北省当阳市清平种猪场1992—2006年清平猪和长白猪母猪的繁殖性能记录，统计分析其繁殖特性。结果显示，胎次对总产仔数和产活仔数都有明显的影响。从表型上看，清平猪母猪总产仔数及产活仔数呈上升趋势，直到第5、6胎时达到高峰后开始回落；第3～14胎各繁殖成绩基本稳定，而后繁殖成绩开始缓慢下降；第15胎以后出现明显的下降趋势，只相当于第1、2胎的水平，且极不稳定。而在相同饲养管理条件下的长白猪母猪，其繁殖成绩低于清平猪。若以胎次繁殖成绩回归至第1、2胎的水平限定母猪的有效利用年限，则清平母猪可平均利用14～15胎左右，高于长白母猪的8～9胎；若以母猪平均繁殖2.3胎计算，长白母猪可利用3.48～3.91年，清平母猪的有效利用年限可达6.09～6.52年。不同季节繁殖性能以夏季分娩最好，春秋两季次之，冬季最差。夏季分娩与冬季分娩表现出极显著差异（$P<0.01$）；春季与冬季在总产仔数方面存在显著差异（$P<0.05$），春季与夏季在产活仔数方面存在极显著差异（$P<0.01$），可能与高温热应激引起母猪生殖机能紊乱、公猪精液品质和母猪卵子活力降低有关。将1989—2003年的310头清平猪纯繁母猪的妊娠期进行分组，由同一头公猪繁殖而来的母猪以及公猪雄性后代繁殖的母猪归为一组分析父本效应，各组间差异不显著（$P>0.05$）；由同一头母猪繁殖而来的母猪归为一组分析母本效应，各组间差异显著（$P<0.05$），由此推测清平猪的妊娠期是通过母本遗传的。

5.1.2 基础研究

5.1.2.1 繁殖性能研究

1. *ER* 基因研究

李凤娥等（2000）选用中外几个产仔数差异较大猪品种作试验材料，对 *ER* 基因位点进行PvuⅡ-RFLP分析。结果表明，不同猪品种间 *A*、*B* 等位基因频率存在极显著差异（$P<0.01$），在大白猪、梅山猪、杜洛克和清平猪中，*B* 等位基因频率以清平猪最高，杜洛克最低，*A* 等位基因频率以杜洛克最高，清平猪最低。Short等与Mei等早在1997年就研究发现 *B* 等位基因与产仔数存在显著正相关，这可能也是清平猪繁殖性能高的原因之一。

2. 短妊娠期遗传力研究

刘臣华等（2015）通过对清平猪1 374窝母猪妊娠期统计分析，其妊娠期平均数为（112.028 4±0.070 5）d，其妊娠期性状的平均估测育种值为112.028 4 d。对清平猪9头公猪女儿及外孙女共329对母女妊娠期资料分析，清平猪短妊娠期性状遗传力估测值为0.17，属低遗传力性状。对当阳市清平种猪场3个不同时间段清平母猪妊娠期的比较分析，发现其妊娠期差异极显著（$P<0.01$），说明选育和保种对保持清平猪短妊娠期性状是非常必要的。通过对该场核心群6头公猪的后代179窝的相关繁殖性状遗传进行的统计分析，证明清平猪的妊娠期与产仔数2个性状间有很弱的正遗传相关（$r_{A1,2}=0.071\ 0$）；妊娠期与初生窝重2个繁殖性状间（$r_{A1,3}=0.440\ 1$）有中等程度的正遗传相关；妊娠期与断奶窝重2个繁殖性状间（$r_{A1,4}=0.819\ 3$）有较高的正遗传相关（刘臣华等，2015）。

3. 分娩启动研究

李华南（2017）提取妊娠114 d有分娩征兆的大白猪（LL）、妊娠111 d有分娩征兆的清平猪（QS）、妊娠114 d有分娩征兆的清平猪（QL）和妊娠111 d没有分娩征兆的大白猪（LN）胎盘组织的总RNA，分别构建2个猪种不同妊娠期胎盘组织的小RNA文库，运用高通量测序技术获得miRNA表达谱。将LL、QS和QL的miRNA表达谱分别与LN的miRNA表达谱对比，获得差异表达miRNA，预测其潜在靶基因，运用GO功能注释靶基因，从中筛选与分娩启动相关的miRNA。以筛选出的与分娩启动相关的miR-144为研究对象，探究其在分娩启动过程中的作用。

研究结果显示，在清平猪和大白猪的胎盘中，通过Illumina测序获得12组原始序列，原始序列在4 131 656～5 687 285条之间。每个样本的clean reads占原始序列的60%～93%，建库质量较好。通过edgeR软件分析LL、QS和QL与LN的miRNA表达谱，获得3组差异表达miRNA，在QL胎盘中发现13个上调和10个下调的miRNA，在QS胎盘中发现14个上调和 7 个下调的 miRNA。预测 3 组差异表达 miRNA 潜在靶基因，GO 分析靶基因。结果显示其主要富集到与激素刺激响应相关的生物学过程。KEGG 分析显示，大多数基因富集到与炎症响应和激素代谢有关的通路。运用 Cytoscape 软件构建 LL/LN 中 miRNA 与节点 mRNA 的调控网络。结果显示，ssc-miR-345-5p 和 ssc-miR-326 靶向 *HNF4A*、*Fos* 和 *SMAD3* 基因，ssc-miR-193a-3p、ssc-miR-664-3p 和 ssc-miR-122 靶向 *SMAD3* 基因，为分娩启动研究提供新的思路（李华南，2017）。

5.1.2.2 肉质研究

1. 不同品种猪 *HSL* 基因研究

激素敏感脂肪酶（HSL）是负责分解脂肪组织中甘油三酯释放游离脂肪酸的关键和限速酶，也是影响动物脂肪沉积的关键酶。雷明刚等（2005）将 *HSL* 基因作为影响猪脂肪代谢和沉积相关性状的候选基因，对不同品种猪 *HSL* 基因 5′UTR 和外显子 I 片段进行了克隆测序并开展多态性与性状间的关系研究。序列比较发现，在测定的 *HSL* 基因靠近起始密码子（ATG）的 419 bp 中，杜洛克、梅山猪、大白猪和清平猪序列完全一致，与长白猪序列比较，在 −13～−12 bp 位置存在 GC→CG 的碱基变异；梅山猪（3 个体）、通城猪（3 个体）、长白猪（3 个体）、大白猪（3 个体）*HSL* 基因外显子 I 的 442 bp 位置有 G→A 碱基间的变异，G→A 的转换改变了限制性内切酶 *Bsa*H Ⅰ 酶识别位点，导致了编码氨基酸 Val→Ile 的替换。雷明刚等（2001）还发现，脂肪型通城猪和清平猪表现为 *AA* 和 *AG* 两种基因型，其等位基因 *A*、*G* 的频率分别是 91.67%、8.33%和 89.83%、10.17%。

2. *ROCK2* 基因的多态性研究

冯小婷等（2018）采用焦磷酸测序法检测了 *ROCK2* 基因编码区 145 bp 序列中 5 处潜在的 SNP 中的 3 个（A27G、C42T 和 T61C）在大白猪、长白猪、梅山猪、清平猪 4 个猪种和大白×梅山 F_2 代资源家系中的基因频率，并进行了遗传变异分析及生产性状关联分析。结果表明，3 个 SNP 的优势等位基因在国外猪种和国内地方猪种间没有差异，分别为 *A*、*C* 和 *T*；A27G 位点与皮率和胸腰椎间背膘厚呈显著相关（$P<0.05$），与至第 1 颈椎背膘厚和至第 1 肋胸背膘厚呈极显著相关（$P<0.01$）；C42T 位点与至第 1 颈椎背膘厚呈显著相关（$P<0.05$），与至第 1 肋胸背膘厚呈极显著相关（$P<0.01$）；T61C 位点与皮率、背最长肌和股二头肌大理石纹评分呈显著相关（$P<0.05$），与股二头肌 pH 呈极显著相关（$P<0.01$）。说明这 3 个 SNP 很可能是影响猪生产性状的分子标记。

5.1.2.3 抗性研究

1. PRRSV 对断奶仔猪的免疫力研究

肖翠（2010）以 PRRSV 碱基缺失株 WUHAN-1 肌肉感染 28 日龄 PRRSV 阴性的 6 种品种（长白猪、大白猪、杜洛克猪、通城猪、清平猪和梅山猪）的健康断奶仔猪，通过每天监测体温变化和采食量变化，定期采集抗凝血和血清样品检测生理生化指标，与免疫相关的细胞因子的检测分析，并通过对感染猪临床症状和病理学的观察，对病料的 RT-PCR 检测来研究 PRRSV 强毒株对断奶仔猪生产性能和免疫力相关指标的影响。结果显示，高致病性 PRRSV 能破坏机体特异性的体液免疫、细胞免疫以及细胞因子的免疫应答，导致机体免疫系统紊乱，免疫力下降，最终死亡。6 个品种中，清平猪对 PRRSV 的抵抗力最强，其次是通城猪、梅山猪，国外 3 个品种的抵抗力要差于国内地方品种。同时，高致病性 PRRSV 能够造成机体的免疫抑制，从而导致感染猪对其他病原体更加易感。

2. PAM 细胞感染 PRRSV 前后 miRNA 的表达研究

刘倩(2013)以清平猪肺泡巨噬细胞(PAM)感染 PRRSV 后的早、中、晚三个时期(9 h、36 h 和 60 h)为研究对象,并以同时间点未感染 PRRSV 的 PAM 为对照,构建了 12 个 miRNA 文库,并利用 Solexa 高通量测序技术对 12 个 miRNA 文库进行了测序分析。结果表明,在清平猪 PAM 中可获得 97 729 281 条原始小 RNA 序列。通过去除接头、污染序列及小于 18 nt 的低质量 reads,获得 94 402 050 条 clean reads。生物信息学分析表明,清平猪 PAM 中共发现了 251 个猪已知 miRNAs,可以预测 169 个新的候选 miRNAs。与同时间点未感染的 PAM 相比,清平猪 PAM 在 PRRSV 感染后的早、中、晚三个时期分别有 6、11、23 个显著差异的 miRNA,PAM 在 PRRSV 感染后 9 h 时间点差异 miRNA 数目最少。在清平猪 PAM 中发现了 17 (9 h 对比 36 h),11(36 h 对比 60 h)个差异 miRNAs,表明 9~36 h 是 PRRSV 感染调控的关键时期。对长白猪、皮特兰猪、梅山猪、清平猪 4 个猪种的 7 个 miRNAs 的表达量进行了定量分析,结果表明在 4 个猪种 PAM(未感染或感染后 9 h/36 h)中,miRNAs 的表达量存在显著差异,PRRSV 感染前后 miRNAs 的表达量变化大小也存在差异,表明不同猪种在先天性免疫方面可能存在差异。

5.1.2.4 其他研究

樊斌等(1999)采用国际动物遗传学会(ISAG)和联合国粮食及农业组织(FAO)共同推荐的 27 个微卫星标记,对通城猪、清平猪和阳新猪 3 个湖北省主要地方猪种的遗传变异进行了检测,计算出各个品种的基因杂合度、各个座位的多态信息含量及品种间的遗传距离。结果表明,3 个地方猪种的平均基因杂合度分别为 0.748 9、0.698 7 和 0.627 3,遗传多样性比较丰富,通城猪和清平猪亲缘关系较近,而两者与阳新猪亲缘关系略远。

林丽等(2001)利用 5 个多态蛋白(酶)位点碱性磷酸酶(AKP)、蛋白酶抑制物 1(PI-1)、后白蛋白 1(Po-1)、后白蛋白 2(Po-2)和铜蓝蛋白(Cp)分析了清平猪、阳新猪、南阳黑猪、南城黑猪、东乡花猪、杭猪 6 个地方猪品种的遗传结构和遗传变异。6 个品种的平均杂合度大小依次为南阳黑猪(0.414 2)、南城黑猪(0.305 7)、阳新猪(0.303 2)、东乡花猪(0.260 6)、杭猪(0.247 8)、清平猪(0.241 6)。通过计算 Nei 标准遗传距离,用 UPGMA 进行聚类分析,6 个品种聚成两大类,其中清平猪、南城黑猪、阳新猪、南阳黑猪聚成一大类,东乡花猪与杭猪聚成另一大类。

蒋思文等(2001)选择 43 头大白猪、79 头长白猪、66 头皮特兰猪和 60 头清平猪作为试验材料,采用焦磷酸测序技术分析猪线粒体细胞色素 b(Cytb)的基因单倍型,以期为猪 mtDNA 单倍型用于重要经济性状关系研究提供依据。结果显示,*Cytb* 基因可分为 4 种单倍型 E1、E2、A1 和 A2。清平猪仅存在于 A1 单倍型(100%),大白猪和长白猪存在于 E1(49.19%、79.25%)和 A1(55.81%、20.25%)单倍型,皮特兰则存在于 E1(57.58 %)和 A2(42.42%)单倍型。

彭刚(2019)以清平猪及其与法系大白杂交后代作为研究对象,选择 5 个影响黑色素合成的相关基因(*MClR*、*ASIP*、*TYR*、*TYRPl* 和 *SLC45A2*)作为候选基因,在实验室前期 100 头清平母猪 GWAS 测序结果中筛选 SNPs,利用目标捕获测序技术鉴定杂交后代的 5 个色素合成相关基因 SNPs 位点的基因型,研究其单核苷酸多态性。结果表明,清平猪 *MClR* 基因 CDs 区筛选到 7 个 SNPs 位点,4 个错义突变的 ID 号分别是 rs326921593、rs705222433、rs45434630

和 rs45434629，3 个同义突变的 ID 号分别是 rs327940565、rs45435031 和 rs345201947。测序结果说明，清平猪的黑色表型是由 *ED*1 等位基因控制的，属于显性黑毛体系，与其他中国黑猪的研究结果一致。清平猪 *TYR* 基因 CDs 筛选到 8 个 SNPs 位点，其中有 1 个是非同义突变 SNP，这是 1 个新突变，将其命名为 g. 22603899G>C。对大清杂交 F_2 代 7 种不同毛色个体 g. 22603899G>C 位点进行基因分型，卡方检验结果显示该位点的各基因型在 7 种毛色群体中的分布差异显著（$P<0.05$），说明该突变可能与猪毛色变异有关，其余 *ASIP*、*TYRPl* 和 *SLC*45*A*2 均与毛色变异无关。

5.1.3 杂交利用

5.1.3.1 繁殖性能研究

1. 生产试验

1999 年由湖北省畜牧局、华中农业大学和当阳市清平种猪场组成协作组，在清平猪中导入 50%杜洛克猪血统，开展新清平猪母系选育研究。经过 4 个世代的选育，新清平猪母系生长速度、饲料利用率和瘦肉率比原清平猪均有大幅度提高，达到了育种目标。新清平猪母系保持了清平猪妊娠期短的特点，平均妊娠期 110.69 d，头胎产仔数 10 头以上，乳头数 7 对以上，繁殖性能良好（郭万虎等，2005）。

郑军等（2007）以 28 窝三元杂交猪（长白♂×大白×清平♀）和 26 窝二元杂交猪（长白♂×清平♀）为对象，对清平杂交猪的相关繁殖性能进行研究。结果表明，三元杂交猪各项指标均高于二元杂交，初生窝重、窝仔猪数和断奶窝重分别高出 1.4 kg、1.31 头和 9.2 kg，初生窝重、窝仔猪数差异显著（$P<0.05$），断奶窝重差异极显著（$P<0.01$）（表 5-1）。

表 5-1 不同杂交组合繁殖性能比较

杂交组合	初生平均窝重/kg	平均窝仔猪数/头	平均断奶窝重/kg
三元杂交（长白♂×大白×清平♀）	17.2	13.46	108.9
二元杂交（长白♂×清平♀）	15.8	12.15	99.7

资料来源：郑军等（2007）

2. 相关基因的关联性研究

为了挖掘清平猪妊娠期短和产仔数多等优良繁殖性状的遗传背景，陈文娟（2018）在清平猪与大白猪杂交后的 F_1 和 F_2 黑猪群体中进行了 *ER*、*FSHβ*、*PRLR*、*IGF*1、*MUC*13 和 *FUTl* 基因与繁殖性能的关联性分析。结果显示，*FSHβ* 基因在 F_1 和 F_2 群体中的 *A* 等位基因与 *B* 等位基因的基因频率相近；*ER* 在 F_1 和 F_2 群体中的优势基因均为 *B* 等位基因；*PRLR* 基因在 F_1 群体中的优势基因为 *C* 等位基因，在 F_2 群体中 *C* 等位基因与 *T* 等位基因的基因频率相近。*FSHβ* 不同基因型对 F_1 群体的产活仔数和 F_2 群体的总产仔数、初生体质量、断奶仔猪体质量和 3 周龄重等重要繁殖性状均有显著影响。*ER* 不同基因型对 F_2 群体妊娠期长短的影响表现为 *AB*<*AA*<*BB*，*ER* 基因的 *AB* 型个体具有较短的妊娠期，但 *AA* 型比 *BB* 型个体的木乃伊数多 0.46 头。*PRLR* 不同基因型对 F_1 群体的妊娠期有极显著影响，对总产仔数、断奶仔猪数和 70 日龄体质量有显著影响；对 F_2 群体的弱仔数、初生体质量、断奶仔猪体质量和 3 周龄体质量有显著影响。F_2 群体中 IGF1-1 位点和 IGF1-2 位点的优势基因分别为 *G* 基因和 *A* 基因，2 个位点对繁殖性状的有利基因型可能均为 *AA* 型。*MUC*13 基因的 *G* 等位基因在 F_2 群体中

优势明显，*AG* 和 *GG* 型对背膘厚的影响接近显著水平，对妊娠期、断奶仔猪重和 3 周龄重的影响均显著（$P<0.05$），其有利基因型为 *GG* 型。F_2 样本中的 *FUTl* 基因暂未检测到 *TT* 抗性基因型，呈极端单态分布。其对妊娠期、总产仔数、初生重、断奶仔猪数和 3 周龄重等繁殖性状的影响趋势均为 *CT*>*CC*，对达 100 kg 日龄的影响接近显著性水平，其有利基因为 *T* 等位基因。

研究结果表明，清平猪杂交后代的选育过程中可以淘汰部分 *FSHβ* 基因 *AA* 型个体，提高有利基因 *B* 等位基因在群体中的频率；*ER* 基因的 *AB* 型有利于缩短妊娠期，可淘汰 *AA* 型个体；*PRLR* 基因中 *T* 等位基因是繁殖性状的有利基因，但可能与弱仔性状正相关，必须慎重选择（陈文娟，2018）。

5.1.3.2 生长性能研究

1. 肥育研究

郭万虎等（2005）以新清平猪母系（以清平猪为母本，导入杜洛克血统，经群体闭锁多世代选育而成）为母本，大白和长白为父本，开展杂交研究。结果显示，大白×新清平、长白×新清平的日增重分别为 759 g、678 g，料重比分别为 3.02、3.03，瘦肉率分别为 57.00%、59.06%，各项指标均明显好于新清平猪（日增重 662 g、料重比 3.09、瘦肉率 55.77%），杂交效果明显。

郑军等（2007）以 25 头三元杂交猪（长白♂×大白×清平♀）和 21 头二元杂交猪（长白♂×清平♀）为对象，开展育肥饲养试验研究。结果表明，三元杂交猪平均日增重 686 g，二元杂交猪平均日增重 613 g，三元杂交猪比二元杂交猪平均日增重提高了 73 g，差异极显著（$P<0.01$）。三元杂交猪与二元杂交猪料重比相比较，降低饲料消耗 7.3%，育肥猪增重营养成本 DE 下降 7.8%，CP 下降 6.3%（表 5-2）。

表 5-2 不同杂交组合肥育性能比较

杂交组合	平均日增重/g	总增重/kg	总耗料/kg	料重比	DE	CP
三元杂交	686	857.5	3 027.0	3.53	46.06	502
二元杂交	613	643.7	2 452.5	3.81	49.97	536

资料来源：郑军等（2007）

2. 赖氨酸和消化能水平的影响研究

魏炜（2010）选用体重（36.24±0.75）kg 的健康长白×清平杂交仔猪 60 头进行赖氨酸和消化能水平的影响研究。试验分 80～120 日龄（前期）和 120～170 日龄（后期）两个阶段，每个阶段分别设有 2 个消化能水平，其中 80～120 日龄为 13.4 MJ/kg、14.0 MJ/kg，120～170 日龄为 13.18 MJ/kg、13.81 MJ/kg；2 个赖氨酸消化能比，其中 80～120 日龄为 0.64 g/MJ、0.60 g/MJ，120～170 日龄为 0.58 g/MJ、0.53 g/MJ。2 个消化能×2 个赖氨酸消化能比形成 4 个处理。研究结果表明，能量水平对前期和后期采食量影响显著，前期 14.0 MJ/kg 能量水平组比 13.4 MJ/kg 组低 11.27%（$P=0.052$），后期 13.81 MJ/kg 组比 13.18 MJ/kg 组低 18.26%（$P<0.05$）；能量水平对全期采食量影响极显著，高能量组（前期 14.0 MJ/kg 和后期 13.81 MJ/kg）比低能量组（前期 13.4 MJ/kg 和后期 13.18 MJ/kg）低 16.24%（$P=0.013$）。赖氨酸和消化能水平对各组日增重在试验前期、后期以及全期均没有显著影响（$P>0.05$）。消化能水平对后期和全期的料肉比有极显著影响，后期 13.81 MJ/kg 能量水平组比 13.18 MJ/kg 组低 13.48%（$P<0.01$），全期高能量组（前期 14.0 MJ/kg 和后期 13.81 MJ/kg）比低能量组（前期 13.4 MJ/kg 和后期 13.18 MJ/kg）低 9.86%（$P<0.01$）。

3. 相关基因研究

陈文娟(2018)研究了 *MC4R*、*GH* 和 *NR6A1* 对清平猪×大白猪杂交 F_2 代群体生长和胴体性状的影响。结果显示，*MC4R* 的优势基因为 *G* 等位基因，不同基因型对背膘厚差异显著($P<0.05$)；*AA* 型个体的平均日增重与 *AG* 型个体差异显著($P<0.05$)，与 *GG* 型个体差异极显著($P<0.01$)，其有利基因型为 *GG* 型；*GH* 的 *G* 等位基因优势明显，不同基因型对平均日增重的影响接近显著性水平($P\approx0.08$)，对达 100 kg 日龄的影响差异极显著($P<0.01$)；*NR6A1* 的优势基因为 *A* 等位基因，不同基因型对背膘厚的影响差异极显著($P<0.01$)，其对胴体和生长性状的有利基因分别为 *A* 和 *G* 等位基因。

5.1.3.3 肉质研究

魏炜(2010)研究了赖氨酸和消化能水平对长白×清平杂交仔猪肉质的影响。结果显示，消化能水平对肌肉 pH 影响显著，高能量水平组显著高于低能组($P<0.05$)；系水力则高能量水平组极显著高于低能组($P<0.01$)；日粮消化能水平对肌内脂肪和大理石纹评分则没有显著影响($P>0.05$)，表明高能量日粮可能有助于提高肌肉系水力，改善肉品质。

朱良瑞等(2013)以新清平猪(以清平猪为母本，导入杜洛克血统，经群体闭锁多世代选育而成)为母本，长白猪或大白猪或巴克夏猪分别为父本进行二元杂交，二元杂后代母猪再分别用大白公猪或长白公猪交配生产三元杂交猪，应用 Excel 软件工具对新清平猪及杂交组合胴体品质及肉质性状进行了相关分析研究。结果显示，新清平猪胴体品质和肉质性状表现优良，屠宰率与肉色评分最高。二元杂交后代胴体品质和大部分肉质性状有所改善，其中长(新)清猪活重最高、皮最薄、大理石纹最理想、pH 酸败最慢；巴(新)清猪肌内脂肪含量最高，骨率最低。三元杂交后代猪胴体品质和大部分肉质性状改善明显，长大(新)清猪胴体重最高、胴体长最长、背膘厚最低、皮厚最低、系水力最高；大长(新)清猪主要优势在于眼肌面积最高、胴体瘦肉率最高。新清平猪及其杂交后代肉质优良，未发现 PSE 肉和 DFD 肉(表 5-3)。

表 5-3　新清平猪、二元杂交猪、三元杂交猪胴体品质和肉质性状

项目	新清平猪	长新清猪	大新清猪	巴新清猪	长大新清猪	大长新清猪
活重/kg	90.3±12.61	111.8±6.31	106.4±7.95	105.2±3.55	108.6±5.9	101.6±5.4
胴体重/kg	67.4±10.19	80.10±4.35	76.60±4.00	76.86±2.90	80.6±7.3	75.2±4.3
屠宰率/%	74.59±1.93	73.80±1.17	72.10±3.16	73.1±1.08	74.2±5.0	74.0±1.6
胴体长/cm	104.0±4.18	100.4±3.89	93.3±14.56	96.4±1.65	104.5±6.5	97.6±3.8
背膘厚/mm	33.94±6.29	27.90±4.20	26.90±3.61	39.4±5.83	20.6±5.5	22.6±3.6
皮厚/mm	2.76±0.53	2.30±0.60	2.80±0.70	2.6±0.29	2.3±0.6	2.7±0.7
肋骨对数	15.25±0.71	15.40±0.50	15.50±0.58	15±0.00	15.8±0.5	16.3±0.5
眼肌面积/cm^2	33.87±5.33	37.20±4.14	37.00±5.24	28.30±3.91	43.2±3 9	45.0±7.4
腿臀比例/%	29.64±1.71	30.30±1.25	30.70±0.88	28.7±1.50	32.4±1.3	32.5±1.3
瘦肉率/%	52.56±5.24	57.74±2.98	59.40±3.19	49.7±3.73	62.8±2.0	64.1±2.5
肉色评分	3.88±0.52	3.70±0.41	3.50±0.58	3.8±0.23	3.4±0.40	3.6±0.30
大理石纹	3.38±0.35	3.50±0.51	3.50±0.41	2.5±0.40	2.3±0.40	2.7±0.60

续表 5-3

项目	新清平猪	长新清猪	大新清猪	巴新清猪	长大新清猪	大长新清猪
pH	6.40±0.13	6.50±0.30	6.50±0.10	6.44±0.08	6.2±0.2	6.4±0.1
骨率/%	9.46±1.00	11.40±1.03	11.40±1.51	8.9±1.05	12.0±1.8	11.2±0.9
系水力/%	94.15±1.28	94.20±0.74	94.10±1.02	93.9±0.67	95.3±0.7	94.1±1.0
水分含量/%	70.24±1.16	71.40±0.87	72.10±0.88	70.6±0.59	73.0±0.6	72.9±0.7
肌内脂肪含量/%	3.52±0.22	3.30±0.80	3.40±0.49	3.68±1.30	2.1±0.4	1.9±0.4

资料来源：朱良瑞等(2013)

相关性分析表明，新清平猪及杂交组合胴体品质和大部分肉质性状间的相关程度有强有弱，相关系数有正有负，相同性状间或相反性状间的相关程度较高。其中屠宰率与胴体长呈高度正相关；背膘厚与眼肌面积、瘦肉率呈显著性负相关，与肉色、肌内脂肪含量呈高度正相关；眼肌面积与瘦肉率呈显著性正相关，与肌内脂肪含量呈高度负相关；瘦肉率与肉色、肌内脂肪含量呈高度正相关；pH 与系水力呈高度负相关(表 5-4)。其中背膘厚与肌内脂肪含量与其他较多性状关系密切，可用来指导新清平猪及杂交后代的育种工作(朱良瑞等，2013)。

表 5-4　新清平猪、二元杂交猪、三元杂交猪胴体品质和肉质性状相关性分析

项目	屠宰率	胴体长	背膘厚	皮厚	眼肌面积	瘦肉率	肉色	大理石纹	pH	系水力	肌内脂肪含量
屠宰率	1										
胴体长	0.89***	1									
背膘厚	−0.15	−0.18	1								
皮厚	−0.33*	−0.50**	0.32	1							
眼肌面积	0.30*	0.22	−0.97****	−0.23	1						
瘦肉率	0.08	0.04	−0.98****	−0.22	0.97****	1					
肉色	0.27	0.10	0.84***	0.30*	−0.71**	−0.82***	1				
大理石纹	−0.23	−0.19	0.15	0.31*	−0.21	−0.18	0.31*	1			
pH	−0.55**	−0.67**	0.46*	0.41*	−0.47*	−0.37*	0.46	0.73**	1		
系水力	0.38*	0.63**	−0.65**	−0.63**	0.55**	0.52**	−0.68**	−0.47*	−0.88***	1	
肌内脂肪含量	−0.39*	−0.26	0.84***	0.27	−0.92***	−0.87***	0.65**	0.55**	0.65**	−0.58**	1

注：****，正相关 $R>0$；***，R 绝对值 >0.95 显著性相关；**，R 绝对值 ≥ 0.8 高度相关；*，$0.5\leq R$ 绝对值 <0.8 中度相关。

资料来源：朱良瑞(2013)

5.1.3.4 抗性研究

杨志军(2008)对清平猪部分免疫指标进行研究。结果显示,血清 IgG 含量和所检测的 16 项血液生理指标(包括 10 项细胞免疫指标)在清平猪和杜清、杜杜清、大白猪 4 个品种间表现出一定的变化规律。大部分指标在清平、杜清、杜杜清及大白猪间依次或增或减,且清平猪和杜清、杜杜清、大白猪间存在差异显著性($P<0.05$)或差异极显著性($P<0.01$),而杜清与杜杜清杂交猪间各项指标基本一致,差异不显著($P>0.05$);公母间的差异在清平猪中最明显,有 7 个指标(均为免疫指标)差异显著($P<0.05$)或差异极显著($P<0.01$)。WBC 作为细胞免疫最重要的指标之一,在各品种间不存在差异显著性($P>0.05$)。而对其组成进行分类统计后发现,中性粒细胞品种间差异显著($P<0.05$),清平猪中性粒细胞和单核细胞数较高,而淋巴细胞数低,且淋巴细胞与中性粒细胞的比值(LYM/GRN)品种间差异显著($P<0.05$)或差异极显著($P<0.01$)。对免疫指标间相关性进行分析发现,IgG 与细胞免疫指标间基本呈正相关关系,在清平猪中 IgG 和 WBC 间具有显著的正相关($r=0.38$),WBC 和 MNC、GRN 间呈显著的正相关($r=0.60$、$r=0.64$);RBC 和 HGB、HCT 间呈强的正相关($r=0.85$、$r=0.88$)。

(撰稿人:张海峰)

5.2 大围子猪

大围子猪是湖南优良地方猪种之一,因原产大托、南托等 2 个地域在历史上通称大围子而得名。大围子猪的中心产区为大托镇的新港、大托、兴隆和暮云镇的三兴、南托、杨桥、洋塘等自然村,现主要分布于长沙县双江、金井等北部 9 个乡镇(任慧波等,2015)。据 2006 年调查,长沙、望城 2 县共存栏大围子公猪 23 头(含 10 个血缘)、母猪 8 000 多头(胡雄贵等,2012)。1981 年大围子猪列入国家级家畜基因库,1984 年被载入《湖南省家畜家禽品种志和品种图谱》,1987 年被载入《中国猪品种志》,2011 年被载入《中国畜禽遗传资源志　猪志》和《中国地方名猪研究集锦》,2014 年列入《国家级畜禽遗传资源保护名录》。2016 年,大围子猪资源场成为国家级大围子猪保种场(任慧波等,2015)。

5.2.1 生产性能

5.2.1.1 繁殖性能研究

大围子猪的性成熟较早。在农家饲养条件下,公猪 90 日龄即可进行交配,母猪 120 日龄开始发情。据 1980 年的调查中对后备母猪的发情试验观察,初情期为 127.3~128.7 d,母猪体重仅为 29.2 kg;发情持续期为 6~7 d,发情周期为 20.14~24.5 d。母猪发情时,症状明显,产后发情一般为断奶后 3~5 d。据 2006 年的农户调查,初配期为(151.4±3.51)d,平均妊娠期为(116.46±9.34)d。产区群众对公、母种猪习惯于早利用,公猪 120~150 日龄、体重 30~40 kg 开始配种,母猪于 150 日龄、体重 35~40 kg 或第 3 次发情时开始配种;公猪一般利用年限为 3~4 年,母猪为 8~10 年,甚至达 15 年。2006 年 8—10 月,分别在长沙市天心区暮云镇南托村和长沙县双江乡农裕村对农户散养母猪繁殖性状进行了调查,与 1980 年的调查比较,窝产仔数略有减少,结果见表 5-5(胡炯等,2008)。

表 5-5　大围子猪母猪的繁殖性状统计

项目	2006 年	1980 年	项目	2006 年	1980 年
调查头数	50	121	21 日龄窝重/kg	30.34±2.62	
窝产仔数/头	11.06±1.89	11.53±0.23	断奶日龄/d	54.43±13.85	60
活仔数/头	10.04±1.26		60 日龄成活数/头	9.88±1.24	8.43±0.11
体重/g	576.24±63.28		60 日龄窝重/kg	118.8±35.96	91.5±0.43
窝重/kg	5.75±0.74	8.29±0.01	育成率/%	98.41	91.22

注：1980 年数据系 30 胎初产、31 胎一产、60 胎经产记录的平均值；2006 年调查未区分胎次（无其记录）。

资料来源：胡炯等（2008）

集约化生产和采用封闭式饲养方式以及日粮结构的变化，改变了大围子猪长期形成的以吃青绿饲料为主、室外放牧时间长的习惯，导致矿物质营养不足而对猪的健康、生长速度和繁殖机能产生不良影响。康顺之等（1996）研究了矿物质元素对母猪繁殖性能的影响，结果显示，在母猪日粮中加入矿物质元素添加剂后，大围子猪的微量元素缺乏症会很快消失，配种前 3 d 的血液中 K、Zn、Cu、Mn、Se 等离子浓度普遍升高，接近或超过正常值，Na 离子浓度稍有下降。1991—1993 年，试验组产雌性仔猪分别为 58.6%、59.9%和 59.3%，而同期对照组产雌性仔猪仅为 31.2%、34.9%和 30.7%，两组间差异均极显著（$P<0.01$）（表 5-6）。1991—1992 年在 36 户养猪专业户中进行试验，也取得了相同的结果（康顺之等，1996）。

表 5-6　添加矿物质元素（增母灵）对母猪胎儿性别的影响

年度	组别	产仔情况					差异性
		试验头数	产仔头数/头	雄	雌	雄雌百分比	
1991	试验组	43	466	193	273	41.4∶58.6	$P<0.01$
	对照组	24	253	174	79	68.8∶31.2	
1992	试验组	41	481	193	288	40.1∶59.9	$P<0.01$
	对照组	26	292	190	102	65.1∶34.9	
1993	试验组	40	474	193	281	40.7∶59.3	$P<0.01$
	对照组	22	257	178	79	69.3∶30.7	

资料来源：康顺之等（1996）

5.2.1.2　肉质研究

1980 年曾对大围子猪的肉质进行了分析，结果 $pH_1=6.56$，失水率为 9.4%，熟肉率为 73.71%，肌纤维直径平均 45.41 μm（胡炯等，2008）。朱吉等（2007）对 24 头屠宰猪左侧胴体 10～12 肋间背最长肌和前肢骨取样，低温冰箱冻存，进行常规成分和脂肪酸的测定。检测结果分别见表 5-7 和表 5-8，肌肉粗蛋白质 69.65%，肌内脂肪达 16.34%，Na、K、Mg、Zn、Ca 含量丰富，肌肉脂肪酸种类齐全、含量高，不饱和脂肪酸占 59.51%，表明大围子猪肉质性能优良。

表 5-7 肌肉部分成分

水分/%	粗蛋白质/%	肌内脂肪/%	K/(μg/g)	Na/(μg/g)	Mg/(μg/g)	Zn/(μg/g)	Ca/(μg/g)
65.92±3.76	69.65±5.35	16.34±2.14	0.38±0.01	416.14±44.04	214.46±2.83	13.14±1.30	28.43±2.58

数据来源:朱吉等(2007)

表 5-8 脂肪酸含量 %

肉豆蔻酸(14:0)	棕榈酸(16:0)	硬脂酸(18:0)	花生酸(20:0)	油酸(18:1)	亚油酸(18:2)	亚麻酸(18:3)
1.70±0.57	25.14±0.83	12.26±0.67	1.23±0.13	45.36±1.73	13.67±2.09	0.58±0.09
饱和脂肪酸		40.93±0.99		不饱和脂肪酸	59.51±1.86	

资料来源:朱吉等(2007)

5.2.2 基础研究

5.2.2.1 繁殖性能研究

康顺之等(1980)对 49 头不同日龄大围子公猪和 63 头不同日龄大围子母猪生殖器官发育的组织学变化进行了比较系统的观察。研究发现,大围子公猪发育和成熟早,从出生时睾丸就比较重(0.5 g),曲细精管直径比较长(68 μm),增长速度也很快。60 日龄睾丸曲细精管管壁上,依次排列精原细胞、初级精母细胞、次级精母细胞和精子细胞;70 日龄的睾丸曲细精管就开始出现精子,随后逐日增多;90 日龄就开始排出精液,这比国外中约克和巴克夏、大白猪 120 日龄出现精子早 50 d,与国内一些成熟早的品种(加兴猪、枫泾猪)相一致。

大围子母猪在 120 日龄时,大部分母猪卵巢出现成熟卵泡,但未见排卵现象。小母猪在 123 日龄首次表现明显发情,127 日龄左右进行第 1 次排卵,但首次发情后并不是所有母猪都能排卵(只有 40%个体),要至第 2 次发情后,全部母猪才达到排卵(屠宰 5 头 165 d 母猪,卵巢表面都有黄体),这比国外中约克和巴克夏大白猪 256 日龄发情排卵要提早 129 d,与国内加兴猪(120 d)、枫泾猪(233.6 d)相近似。大围子母猪子宫角长度增长很快,在第 3 次发情后(165 d 左右),两侧子宫角平均长为 94.6 cm,210 日龄时为 122 cm。大围子母猪子宫角长度增长这么快,是否与该猪种性激素分泌(如分泌早、数量多)以及胚胎发育(如多仔、存活率高等)有关系,这值得今后进一步研究(康顺之等,1980)。

5.2.2.2 生长性能研究

1. 血清蛋白电泳分析

彭孟德等(1984)以大围子猪、长白猪及杜洛克猪×大围子猪(杜围)、长白猪×大围子猪(长围)、大约克夏猪×大围子猪(约围)3 个杂交组合的肥育猪共 34 头为对象,进行血清蛋白电泳分析,发现大围子猪和长白猪两纯种间,白蛋白、α-球蛋白和球蛋白总量差异都极显著($P<0.01$)。大围子猪的白蛋白含量极显著地高于长白猪($P<0.01$),而 α-球蛋白和球蛋白总量均极显著地低于长白猪($P<0.01$)。大围子猪与其杂种一代猪之间,大围子猪的白蛋白含量极显著地高于长围猪($P<0.01$),但与杜围猪、约围猪差异不显著($P>0.05$),而 α-球蛋白和球蛋白总量则相反,大围子猪极显著地低于长围猪($P<0.01$),但与杜围猪、约围猪差异不显著($P>0.05$)。可见,血清蛋白在猪品种之间是存在差异的,这可能与遗传素质的差异有关。血清蛋白与瘦肉率、屠宰率的相关系数说明血清蛋白与瘦肉率均呈弱到中等负相关,其中白蛋白含量与瘦肉率达到中等负相关;血清蛋白总量与瘦肉率达到中等负相关,即血清白蛋白含量和血清蛋白总量高,瘦肉率就低。进一步深入地研究它们之间的关系,有可能把血清蛋白含量作为瘦肉率的反向选择指标(彭孟德等,1984)。

2. 生长性状相关基因研究

夏华强(2004)、刘峰(2005)采用 PCR-RFLP 方法分析了大围子猪的组蛋白脱乙酰化酶基因、垂体转录因子基因、激素敏感脂肪酶基因外显子Ⅰ、黑皮质素受体-4 基因的遗传多态性及基因频率和基因型频率。其中组蛋白脱乙酰化酶基因为单一的 *GG* 型;垂体转录因子基因中优势等位基因 *C* 的基因频率为 0.555 6;激素敏感脂肪酶基因外显子Ⅰ存在 *AA* 基因型、*AG* 基因型和 *GG* 基因型,等位基因 *A* 的基因频率为 0.727 2;黑皮质素受体-4 基因中均表现为 *BB* 基因型,只有等位基因 *B*。

张永红(2005)采用错配 PCR 和聚合酶链式反应-限制性片段长度多态性(PCR-RFLP)对 *UCP*3 基因 3′端非翻译区 4 个不同变异位点进行研究。结果显示,23 bp 处的 SNP 在大围子猪中只有 *CC* 型一种基因型;207 bp 处 *Tag* Ⅰ 酶切位点的变异在大围子猪中有 *TT*、*Tt*、*tt* 3 种基因型,等位基因 *T* 和 *t* 的频率比较接近;428 bp 处 *Eco*88Ⅰ酶切位点的变异在大围子猪中有 *EE*、*Ee*、*ee* 3 种基因型分布,在外来品种中 *EE* 基因型个体的背膘厚显著低于 *ee* 型个体的背膘厚、生长性能指数显著高于 *ee* 型个体的生长性能指数,选择 *EE* 型能降低背膘厚,提高生长性能指数;430 bp 处 *Bsh*1236Ⅰ酶切位点的变异在大围子猪中有 *BB*、*Bb*、*bb* 3 种基因型分布,等位基因 *b* 是优势基因,*bb* 基因型的背膘厚显著低于 *BB* 型的背膘厚、生长性能指数显著高于 *BB* 型的生长性能指数,选择 *bb* 型能降低背膘厚,提高生长性能指数。

大围子猪的 *PIT*1、*IGF*2 和 *HDAC*1 基因多态性与外来品种有很大差异,*PIT*1 基因以 *CC* 型较多,*IGF*2 基因以 *AA* 型较多,*HDAC*1 基因则没有多态,全是 *GG* 型。造成不同品种中基因多态性差异的原因可能与不同品种的选育目标、选育程度、基因座的选择压不同有关。生长速度与背膘厚是瘦肉型猪选育的主选性状,*PIT*1 基因的 *CC* 型、*HDAC*1 基因的 *GG* 型、*IGF*2 基因的 *AA* 型均有显著提高生长速度的效应,达 100 kg 活重日龄一般都能缩短 6～9 d。*PIT*1 基因的 *CC* 型、*HDAC*1 基因的 *GG* 型、*IGF*2 基因的 *BB* 型有显著降低活体背膘厚的效应,降幅为 1～2 mm,上述基因型的生长性能指数相应显著提高。提高瘦肉率也是瘦肉型猪选育的主选性状,本试验筛选的 *PIT*1 基因的 *CC* 型、*HDAC*1 基因的 *GG* 型、*IGF*2 基因的 *BB* 型瘦肉率提高 3～5 个百分点,与此相应,实测背膘降低 2～3 mm,眼肌面积和后腿比例也相应提高(柳小春等,2009)。

5.2.2.3 肉质研究

1. *H-FABP* 基因对肉质的影响

柳小春等利用 PCR-RFLP 技术研究了不同品种猪 *H-FABP* 基因第 2 内含子 *Hae* Ⅲ、*Msp* Ⅰ 酶切位点多态性,并分析了这 2 个酶切位点多态性与肉质的关联。结果显示,在研究的 4 个猪种中,*H-FABP* 基因的 *Hae* Ⅲ位点上,沙子岭猪、大围子猪不存在多态现象,全部为 *DD* 型,宁乡猪中存在 *DD* 和 *Dd* 2 种基因型,但等位基因 *d* 的频率仅 0.025 8。杜×长大商品猪的多态性丰富,*DD*、*Dd*、*dd* 基因型频率分别为 0.061 8、0.546 4、0.391 8,*D* 和 *d* 的等位基因频率相应为 0.335 1 和 0.664 9。通用线性模型分析表明,*Hae* Ⅲ对肌内脂肪含量的模型效应极为显著($P<0.01$),对熟肉率的模型效应接近显著($P_r=0.053\ 0$)。杜×长大 *dd* 型猪的肌内脂肪含量达 2.52%,而 *Dd* 型猪仅为 1.68%;*dd* 型猪的熟肉率 68.51%,而 *Dd* 型和 *DD* 型

猪的熟肉率分别为 66.96%和 65.65%。*Hae* Ⅲ对其他肉质性状的基因型效应不显著。在 *H-FABP* 基因的 *Msp* Ⅰ位点上，宁乡猪、沙子岭猪、大围子猪不存在多态性，全部为 *AA* 型。杜×长大商品猪的 *AA*、*Aa*、*aa* 基因型频率分别为 0.762 9、0.226 8、0.010 3，*A*、*a* 等位基因频率相应为 0.876 3、0.123 7。*AA*、*Aa* 和 *aa* 3 种基因型的肌内脂肪分别为 2.13%、2.47%和 1.79%，差异接近显著水平(P_r=0.052 6)。研究结果表明，*H-FABP* 基因对商品猪的肌内脂肪含量效应非常显著($P<0.01$)，对熟肉率等肉质性状也有一定影响，可以考虑作为肉质性状的候选基因。

2. *sirt*2、*sirt*3 基因与肉质的关联分析

崔清明(2017)通过引物设计、PCR 扩增、测序以及酶切分型，对 *sirt*2、*sirt*3 2 基因的突变位点进行检测和分析，并与湘村黑猪和大围子猪的肉质性状进行关联分析。结果显示，*sirt*2 基因在第 8 外显子上存在一处 C/T 突变位点，形成 *CC*、*CT* 和 *TT* 3 种基因型；与大围子猪的肌肉色值、失水率和肌内脂肪之间存在差异显著($P<0.05$)，与湘村黑猪的肌内脂肪、滴水损失和失水率之间存在差异显著($P<0.05$)；*sirt*3 基因的第 5 外显子上存在一处 A/G 突变位点，形成 *AA*、*AG* 和 *GG* 3 种基因型；与大围子猪的滴水损失、失水率和肌内脂肪含量存在差异显著($P<0.05$)，但在湘村黑猪中，仅与肌肉色值这一性状存在差异显著($P<0.05$)。

3. *CAST* 基因与营养水平互作对肉质的遗传效应

彭英林(2007)采用 *Hinf* Ⅰ、*Msp* Ⅰ、*Rsa* Ⅰ酶切位点研究大围子猪的钙蛋白酶抑制蛋白(CAST)基因与营养水平互作对猪肉质的遗传效应。结果表明，3 个酶切位点均存在多态性，其中在 *Hinf* Ⅰ酶切位点存在 1 对等位基因 *A* 与 *B*，在 *Msp* Ⅰ酶切位点存在 1 对等位基因 *C* 与 *D*，在 *Rsa* Ⅰ酶切位点存在 1 对等位基因 *E* 与 *F*。研究还分析了不同基因型和不同营养水平互作对瘦肉率、熟肉率、滴水损失、胴体长、眼肌面积、三点膘厚、腿臀比例和氨基酸总量的影响。

5.2.2.4 其他研究

1. 猪种的聚类分析

朱吉等(2011)应用多元统计分析法对湖南 5 个地方猪种的 39 个性状进行协方差法主成分分析，得到 4 个主成分因子，第 1～3 主成分因子累积贡献率达 96.21%，其中第 1 主成分贡献率达 66.84%。5 个品种第 1 主成分值以升序观察依次为浦市黑猪、沙子岭猪、宁乡猪、大围子猪、桃源黑猪。聚类分析表明，大围子猪和桃源黑猪遗传距离最近，而在历史分类中，它们分属于丘陵型和山地型 2 类猪种。利用平均品种和中心品种的概念进行分析，在所研究的 5 个猪种中“大围子猪”为中心品种，此结论与徐克学(1987)《中国猪种的定量分析》中 48 个猪种的中心品种为“桃源黑猪”和吴买生(1993)《湖南地方猪种聚类分析》中大围子猪、湘西黑猪、宁乡猪、黔邵花猪、沙子岭猪等 5 个猪种的中心品种为“宁乡猪”均有不同，可能是所研究的猪种、所针对的性状不同所致。

2. 遗传多样性研究

黄生强等(2006)利用经筛选的猪微卫星标记 Sw24108，对沙子岭猪和大围子猪的 *sw*24108 基因座进行了多态性分析。结果表明，该基因座有 8 个等位基因，其片段大小在 175～215 bp 范围内，该位点在沙子岭猪和大围子猪中的杂合度、多态信息含量和有效等位基因数分别是 0.740 5/0.698 1，0.709 0/0.674 9 和 5.900 1/4.680。说明该基因座在这 2 个地方猪种中有丰富的遗传多态性。此外，该位点各等位基因的频率在这 2 个地方猪种中非常相近，血缘关系较近，这从它们的地理位置也可得到印证。

3. *SLA-DR* 基因研究

王燕(2010)应用 RT-PCR 扩增大围子猪 *SLA-DRA* 和 *SLA-DRB* 基因，插入 pUCM-T 载体，双向测序，用 NCBI 中的 BLAST 和 ExPASY 等软件进行生物信息学分析。结果显示，大围子猪 *SLA-DRA* 和 *SLA-DRB* 基因扩增片段大小分别为 1 177 bp 和 909 bp，均包含完整的开放阅读框，分别编码 252 和 266 个氨基酸残基。大围子猪 SLA-DRA 和 SLA-DRB 与人类相应的 DRA、DRB 相比，氨基酸同源性分别为 82%和 73%。SLA-DRα 链与人 CD4 分子结合部位介于第 124～136 位氨基酸，大围子猪 SLA-DRA 在该结合区域与人类相应的 DRA 存在 2 个氨基酸差异，即第 127 位(Val→lle)、第 136 位(Thr→Ser)；SLA-DRβ 链与人 CD4 分子结合部位位于第 134～148 位氨基酸，大围子猪 SLA-DRB 在该结合区域与人类相应的 DRB 相比氨基酸序列完全相同。与国际 GenBank 已登录的许多猪种相比，*SLA-DRA* 基因同源性高达 100%，而 *SLA-DRB* 基因在各猪种之间具有很高的多态性，种系进化树结果表明，大围子猪与中国小型版纳猪及五指山猪亲缘关系较近。生物信息学分析发现，该基因与人类相应的 *HLA-DRA* 和 *HLA-DRB* 基因高度同源，提示该猪种有望作为异种移植的候选供体。

4. 染色体核型分析

彭孟德(1987)在这次大围子猪种质测定中，利用了多种染色体研究方法，发现大围子猪染色体数 $2n=38$ 的占 89.57%，染色体数异常的约为 10%，这和国内外报道的资料基本一致。带型分析结果表明，大围子猪 G 分带基本上和第一次国际会议的标准相同，C 分带也同国内外的资料基本一致，从而可看出大围子猪的遗传物质基础是稳定的，染色体和结构也是正常的。但是大围子猪的染色体 G 分带也有其特点。大围子猪 1 号染色体的短臂有 4 条深色带，长臂有 9 条带。这些带纹与国内外报道的不一致，这些差异是否与大围子猪的种质特性有关，仍有待于进一步研究。

5.2.3 杂交利用

龚克勤(1984)选用长白、中约克等与大围子猪进行杂交试验。结果表明，长围、中围二元组合的产仔数、初生窝重、20 日龄窝重、60 日龄窝重、日增重等性状指标分别为 12.3 头、12.09 头，10.52 kg、9.65 kg，35.98 kg、35.42 kg，123.41 kg、126.22 kg，502 g、436 g，产仔数、初生窝重、20 日龄窝重、60 日龄窝重、日增重性状的双亲杂种优势分别为 5.66%、6.69%，−5.45%、−6.24%，−9.75%、−12.71%，0.05%、0.49%，26.37%、6.13%(湖南省畜禽品种志和品种图谱编委会，1984)。李正双(2003)以湘黄猪、杜洛克猪、英系大白猪和丹系长白猪为父本，组配黄围、杜围、大围和长围等组合，观察大围子猪不同杂交组合的繁育、肥育和屠宰等性能表现。结果表明，黄围和杜围 2 个组合的杂交效果较好，产仔数较多，分别为 14.12 头和 13.62 头；60 日龄育成率较高，分别为 92.24%和 89.49%；60 日龄窝重较大，分别是 190.63 kg 和173.70 kg；日增重较大，分别是 579.21 g 和 539.75 g；具有较高的瘦肉率(5.94%和 54.94%)和良好的胴体肉质(表 5-9)。经最小二乘方差分析，繁育和肥育性能组合间差异显著($P<0.05$)，表明大围子猪与现代外来良种猪杂交，均具有较强的配合力。

表 5-9 不同杂交组合的性状统计

组合	仔数/头			窝重/kg			体重/kg		日增重/g	料重比
	总产	活仔	60 日龄	初生	20 日龄	60 日龄	始重	末重		
黄围	14.12	12.75	11.76	11.73	58.35	190.63	24.66	90.69	579.21	3.48
杜围	13.62	12.27	10.98	10.55	52.57	173.70	24.73	88.96	539.75	3.56
长围	13.29	12.12	11.02	10.79	48.39	166.51	24.39	89.75	502.77	3.63
大围	13.54	12.06	10.82	11.46	50.38	174.09	25.12	91.03	507	3.71

资料来源：李正双(2003)

（撰稿人：张海峰）

5.3 宁乡猪

宁乡猪是我国较古老的优良地方品种之一，原产于湖南宁乡县的流沙河、草冲一带，是中国四大名猪种之一，已有上千年的繁衍历史。除湖南省的益阳、娄底、邵阳、湘潭等地级市均有较多数量的分布外，湖北、江西、广西、贵州、重庆、四川等地也都有分布（任慧波等，2011）。1954 年原华中农业科学研究所、湖南省农林厅、湖南农学院等单位对宁乡猪进行调查，确认该猪种为地方良种，并于 1984 年和 1986 年以畜牧学名“宁乡猪”载入《湖南省家畜家禽品种志和品种图谱》和《中国猪品种志》（朱吉等，2008）。2006 年 7 月，宁乡猪被列入农业部确定的首批《国家级畜禽遗传资源保护名录》（任慧波等，2011）。

2009 年宁乡猪遗传资源保种场被列为国家级遗传资源保种场，同年宁乡县流沙河镇被列为国家级畜禽遗传资源（宁乡猪）保护区，该保护区内现已形成一个有 10 个血缘、20 头种公猪、300 头种母猪和 2 个闭锁繁育群的保种核心群（胡雄贵等，2011）。

5.3.1 生产性能

5.3.1.1 繁殖性能研究

在较好的饲养条件下，宁乡猪成年公猪一天可以交配 2～3 次，每次交配时间 4～11 min，平均约 7 min；母猪妊娠期 105～123 d，平均为 115 d。宁乡猪母猪分娩时间从开始生产至最后 1 头仔猪产出的时间一般约 2 h，产后发情一般为断奶后 5～7 d。朱慧波等(2011)2006 年对 50 头原产地宁乡母猪的繁殖性能、2007 年对湖南宁乡猪原种场 354 窝的繁育成绩进行了调查，相比 1978—1981 年的调查（湖南省家畜家禽品种志和品种图谱编委会，1984），如表 5-10 数据计算所得，宁乡猪产仔数、产活仔数、初生个体重、60 日龄窝重和 60 日龄育成率等主要繁育性状分别提高 5.61%、14.72%、15.12%、65.97%和 6.30%。

5.3.1.2 生长性能研究

许多学者都对宁乡猪的生产性能进行了研究，包括肥育性能、日粮中不同蛋白质水平的影响等。此外，研究者还在日粮中添加了半胱胺、果寡糖等，研究了不同添加物对宁乡猪生产发育的影响。

表 5-10　繁殖性状统计

年份	胎次	窝数	产仔数/头	活仔数/头		个体重/kg		窝重/kg		60 日龄育成率/%
				初生	60 日龄	初生	60 日龄	初生	60 日龄	
2006	随机	50	10.86±0.35	10.10±0.34	9.66±0.31	0.84±0.29	12.51±1.07	8.45±0.32	120.86±3.64	95.61
2007	初产	34	8.66±0.53	8.12±0.62	7.65±0.71	0.87±0.18	14.32±1.16	7.06±0.45	109.55±5.16	94.2
	二产	117	10.7±0.86	10.39±1.02	9.96±0.93	0.92±0.22	15.75±1.09	9.56±0.57	156.87±6.63	95.9
	经产	203	11.96±1.29	11.71±1.14	11.28±1.01	1.08±0.27	16.06±1.21	12.65±0.82	181.16±8.92	96.3
	合计	354	11.23±1.07	10.93±1.05	10.5±0.95	1.01±0.24	15.85±1.17	11.09±0.7	166.25±7.8	95.97
2006—2007	合计	404	11.18±0.98	10.83±0.96	10.40±0.87	0.99±0.25	15.44±1.16	10.76±0.65	160.63±7.29	95.93
1978—1981	初产	60	8.3±0.37	8.3±0.37	7.4±0.29	0.82	11.28±0.49	6.81±0.3	83.46±3.64	89.16
	二产	72	8.6±0.1	8.54±0.29	7.74±0.86	0.86	11.01±0.46	7.36±0.28	85.24±3.57	90.63
	经产	354	10.12±0.15	9.82±0.15	8.79±0.11	0.86	11.54±0.18	8.47±0.12	101.4±1.56	89.51
	合计	486	9.67±0.17	9.44±0.2	8.46±0.24	0.86	11.43±0.26	8.1±0.17	96.78±2.12	89.63

注:1978—1981 年数据系 60 胎初产、72 胎二产和 354 胎经产合计的平均值;2006 年调查未区分胎次,为随机调查。

资料来源:任慧波等(2011)

1. 肥育性能研究

据20世纪80年代的品种志记载宁乡猪日增重为370～560 g(中国猪品种志编写组1986)。杨仕柳等(2007)分别设计去势公猪和母猪"玉米-豆粕-鱼粉"型饲粮，探讨宁乡猪的肥育及胴体性能，结果分别见表5-11和表5-12。去势公猪体重由16.9 kg增长至75.9 kg，前、中、后期和全期日增重分别为746.01、692.86、723.06和719.51 g；料重比分别为2.31、3.64、4.35和3.49。母猪体重由13.79 kg增长至67.97 kg，前、中、后期和全期的日增重分别为372.98、633.00、486.34和483.75 g，料重比分别为2.22、2.79、4.23和2.84。去势公猪生长肥育全期日增重比母猪高48.74%，料重比高22.89%。屠宰结果见表5-13，宰前的平均体重分别为85.32 kg和80.44 kg，去势公猪比母猪重6.07%，而去势公猪的屠宰率、眼肌面积和瘦肉率比母猪高1.76%、5.34%和0.44%，6～7肋背膘厚、皮厚、三点均膘厚和肥膘率比母猪低13.64%、9.43%、7.11%和2.55%。研究结果表明，去势公猪的生长肥育、屠宰及胴体性能均优于母猪。

表5-11 宁乡猪去势公猪的肥育性能

项目	去势公猪阶段			
	15～35 kg	35～55 kg	55～75 kg	15～75 kg
体重	16.9±0.14	34.8±0.18	54.2±1.03	75.9±1.01
日增重/g	746.01±12.28	692.86±32.37	723.06±50.18	719.51±10.56
日采食量/kg	1.72±0.03	2.51±0.11	3.14±0.08	2.51±0.06
料重比	2.31±0.08	3.64±0.3	4.35±0.27	3.49±0.12

表5-12 宁乡猪母猪的肥育性能

项目	母猪阶段			
	15～35 kg	35～60 kg	60～70 kg	15～70 kg
体重	13.79±1.07	33.56±3.21	58.19±2.68	67.97±3.97
日增重/g	372.98±41.56	633.00±33.69	486.34±49.82	483.75±26.42
日采食量/kg	0.83±0.09	1.89±0.19	1.88±0.36	1.37±0.06
料重比	2.22±0.17	2.79±0.48	4.23±0.54	2.84±0.26

资料来源：杨仕柳等(2007)

表5-13 胴体性状

项目	去势公猪	母猪	项目	去势公猪	母猪
体重/kg	85.32±4.13	80.44±4.64	后腿率/%	23.71±1.32	24.67±0.99
屠宰率/%	70.63±2.97	68.87±3.46	皮率/%	13.28±1.23	11.94±1.50
6～7肋间膘厚/mm	43.29±5.21	50.13±5.42	骨率/%	7.72±1.01	6.95±0.54
三点平均膘厚/mm	43.50±4.01	46.83±6.39	肥膘率/%	40.35±1.24	42.90±3.11
6～7肋间皮厚/mm	4.80±0.54	5.30±0.63	瘦肉率/%	38.65±1.76	38.21±1.98
眼肌面积//cm^2	21.32±1.63	20.24±1.20	子宫重/kg		0.50±0.04

数据来源：杨仕柳等(2007)

2.蛋白质水平的影响研究

饲喂宁乡猪去势公猪蛋白质水平分别为10.41%、12.91%和15.43%的日粮，探讨日粮蛋白质水平对肥育猪营养物质消化率和氮能代谢的影响。结果表明，日粮干物质和能量的表观消化率以12.91%蛋白质日粮组最高，粗蛋白质消化率随日粮蛋白质水平升高而降低（$P<0.05$）；氮摄入量、粪氮、尿氮和总氮排出量、氮表观可消化量和氮沉积量及粪能和尿能排出量均随日粮蛋白质水平升高而升高（$P<0.01$），而氮的总利用率、表观消化率、代谢能及代谢能/总能随日粮蛋白质水平升高而降低（$P<0.05$）。此结果提示日粮蛋白质水平影响能量和粗蛋白质的消化率、氮的沉积和排泄（汤文杰等，2008）。

3.日粮添加的影响研究

向德标等（2005）研究发现，每天添加半胱胺1次和每5 d添加半胱胺1次，宁乡猪肥育后期日增重分别较对照组提高17.08%（$P<0.05$）和11.04%（$P<0.05$）；瘦肉率分别提高11.28%（$P<0.05$）和6.40%（$P<0.05$），说明在日粮中添加一定量的半胱胺可以促进宁乡猪生长和提高胴体瘦肉率。邹艳（2015）研究了果寡糖对宁乡断奶仔猪生长性能的影响，结果表明，日粮中添加0.4%果寡糖显著提高了平均日采食量和日增重（$P<0.05$），降低了腹泻率（$P<0.05$），使高密度脂蛋白含量显著增加（$P<0.05$）。果寡糖和黏杆菌素均能显著提高断奶仔猪血糖和血清尿素氮含量，表明断奶宁乡仔猪日粮中添加0.4%的果寡糖可有效替代黏杆菌素。李晨燕等（2018）研究发现，饲粮中添加杜仲提取物可使宁乡猪的平均日增重略有增加，平均日采食量降低46.88 g/d，料重比降低2.74%，但差异均不显著（$P>0.05$）。饲粮中添加2%亚麻油后，宁乡猪的平均日采食量显著降低（$P<0.05$），料重比有降低趋势（$0.05\leqslant P<0.10$），皮厚提高13.40%（$0.05\leqslant P<0.10$）（郁元年等，2018）。

5.3.1.3 肉质研究

宁乡猪肉质优良，深受消费者喜爱。研究者不仅开展了肉质检测分析，还对亚麻油、发酵桑叶、半胱胺和杜仲提取物对猪肉品质的影响进行了较多研究。

1.肉质检测分析

朱吉等（2007）对部分湖南地方猪种的肉质进行了分析，发现宁乡猪总氨基酸86.53 mg/g、风味氨基酸65.55 mg/g、饱和脂肪酸含量42.74%，在宁乡猪、铁骨猪、桃源猪、沙子岭猪和大围子猪5个猪种中均最高。此外，宁乡猪肌内脂肪含量高（15.44%），肉豆蔻酸、棕榈酸等脂肪酸含量丰富，具体检测结果分别见表5-14和表5-15。

表5-14 肉质部分成分

肌内脂肪/%	必需氨基酸/(mg/g)	风味氨基酸/(mg/g)	总氨基酸/(mg/g)	K/(μg/g)
15.44±2.90	34.61±2.38	65.55±3.89	86.53±5.43	444.52±35.74

数据来源：朱吉等（2007）

表5-15 脂肪酸含量 %

肉豆蔻酸(14:0)	棕榈酸(16:0)	硬脂酸(18:0)	花生酸(20:0)	油酸(18:1)	亚油酸(18:2)	亚麻酸(18:3)
1.31±0.13	27.37±2.66	11.84±1.05	0.90±0.49	51.00±1.95	7.74±0.91	0.35±0.25
饱和脂肪酸	42.74±1.25		不饱和脂肪酸		59.6±2.59	

资料来源：朱吉等（2007）

2. 不同添加物对肉质的影响研究

饲粮中添加 2%亚麻油后，肌肉剪切力降低 21.89%（$0.05 \leq P < 0.10$），肌肉 pH 提高 21.37%（$P < 0.05$）；肝脏苏氨酸（Thr）、丝氨酸（Ser）、甘氨酸（Gly）和精氨酸（Arg）含量显著提高（$P < 0.05$），谷氨酸（Glu）、丙氨酸（Ala）和赖氨酸（Lys）含量有提高趋势（$0.05 \leq P < 0.10$），表明添加 2%亚麻油可以提高肌肉嫩度和肝脏中部分必需氨基酸的含量（郁元年等，2018）。发酵桑叶饲喂研究表明，添加 10%～16%发酵桑叶的饲粮后，宁乡猪肌肉剪切力显著降低（$P < 0.05$），失水率极显著降低（$P < 0.01$）。与对照组相比，13%和 16%2 个发酵桑叶添加组其饱和脂肪酸含量显著降低（$P < 0.05$），多不饱和脂肪酸含量显著升高（$P < 0.05$）；各试验组与对照组间不饱和脂肪酸和饱和脂肪酸含量的比值差异达到了极显著水平（$P < 0.01$）。这表明日粮中适当地添加发酵桑叶可以有效保持猪肉鲜嫩多汁，优化脂肪酸结构（李飞鸣等，2018）。

半胱胺 80 mg/kg 添加到饲粮中，可以使屠宰率提高 3.04%（$P < 0.05$），背最长肌滴水损失降低 21.83%（$0.05 \leq P < 0.10$），背最长肌饱和脂肪酸中硬脂酸含量下降 6.71%（$P < 0.05$），单不饱和脂肪酸中反油酸含量降低 62.57%（$P < 0.01$），二十碳烯酸含量降低 28.02%（$P < 0.01$），多不饱和脂肪酸含量升高 7.14%（$P < 0.05$），其中亚油酸含量升高 7.89%（$P < 0.05$），二十碳三烯酸含量升高 34.10%（$0.05 \leq P < 0.10$），α-亚麻酸含量下降 15.87%（$P < 0.01$）。这说明在饲粮中添加半胱胺能提高宁乡猪屠宰率，通过降低硬脂酸和提高亚油酸含量改善了肉品质（秦龙山等，2017）。饲粮中添加杜仲提取物 1 500 mg/kg 可以使宁乡猪的屠宰率提高 1.53%，肌内脂肪含量提高 2.41%，显著降低肌肉中亚油酸、花生四烯酸、多不饱和脂肪酸的含量，对脂肪代谢相关基因的表达具有显著的抑制作用（李旺东等，2018）。

5.3.1.4 抗性研究

研究发现猪流感诱发宁乡猪高热病病理变化主要在呼吸器官，表现为气管、支气管充血，肺肿大，小叶间质增宽，肺尖叶有实质病变，肠胃出现卡他炎症、弥漫性出血。外来良种猪及其三元杂交、二元杂交猪发病严重，死亡率高；宁乡猪及其与外来良种猪的杂交后代发病症状较轻，治疗也容易一些，有的生猪甚至不治而康复，死亡率也相对较低（戴届全，2006）。

5.3.2 基础研究

5.3.2.1 繁殖性能研究

龚克勤等（1983）对宁乡猪生殖器官进行了解剖观察和排卵数测定及早期胚胎生长观察。结果表明，宁乡公猪生殖器官各部分的发育速度基本一致，一般在 90 日龄之前增长较快，30～45 日龄开始有性行为，55～60 日龄爬跨时能伸出龟头，60 日龄曲精细管有少量次级母细胞和未成熟精子，70 日龄精液出现胶状物，75 日龄附睾中有成熟精子，90 日龄时产生大量成熟精子，有较强的交配欲。同公猪一样，母猪生殖器官各部分的生长发育速度也基本一致。45 日龄母猪有初级卵母细胞，90 日龄时有成熟卵细胞。该研究从解剖学上探明了宁乡猪具有性早熟的特点，同时发现初配母猪平均排卵数为 10 枚（9～12 枚），而成年母猪为 17.16 枚（9～23 枚），胚胎早期成活率为 82.4%。

施启顺等（1984）研究发现，宁乡猪除乳头数外，其他繁殖性状的变异系数均较大，具有较大选育潜力。宁乡猪的断奶窝重与产仔数、产活仔数、20 日龄窝重、断奶仔猪数、断奶个体重均有较高的表型正相关和遗传正相关，在选育中提高断奶窝重，有事半功倍之效。

5.3.2.2 生长性能研究

20世纪90年代对宁乡猪数量性状的遗传规律进行了较多研究，近年来研究者更加关注基因水平对生产性能的影响。大量研究发现，组蛋白脱乙酰化酶(HDAC1)基因、垂体转录因子(PIT1)基因、激素敏感脂肪酶(HSL)基因、IGF2基因、肌细胞生成素(MyoG)等均会对宁乡猪的生长性能产生不同程度的影响。此外，发酵桑粉等对肠道形态及菌群也会产生很大影响。

刘峰(2005)、夏华强(2004)等采用PCR-RFLP方法分析宁乡猪的组蛋白脱乙酰化酶(HDAC1)基因、垂体转录因子(PIT1)基因、激素敏感脂肪酶(HSL)基因外显子Ⅰ的遗传多态性、基因频率和基因型频率，其中组蛋白脱乙酰化酶基因为单一的*GG*型；垂体转录因子基因中优势等位基因*C*的基因频率为0.620 0；激素敏感脂肪酶基因外显子Ⅰ存在*AA*基因型、*AG*基因型和*GG*基因型，等位基因*A*的基因频率为0.729 5。

刘鑫(2004)以*IGF*2基因作为控制猪生长与胴体性状主基因的候选基因，采用PCR-RFLP对宁乡猪、沙子岭猪、大围子猪进行*Nci*Ⅰ酶切位点基因型检测。结果表明，*AA*型为优势基因，宁乡猪、大围子猪无*BB*型基因，宁乡猪、大围子猪*A*的基因频率分别是0.754 9和0.906 2。马海明(2005)通过PCR-RFLP方法检测湖南地方品种宁乡猪、沙子岭猪、大围子猪肌细胞生成素(MyoG)基因3′端353 bp侧翼序列，*Msp*Ⅰ酶切后存在*AA*、*AB*和*BB* 3种基因型，*AA*占绝对优势，*A*等位基因频率平均为0.95，其中宁乡猪和沙子岭猪均为*AA*型。大围子猪与宁乡猪及其与沙子岭猪间差异显著。

王文策等(2008)克隆出宁乡猪*nxGH*基因(生长激素基因)并构建了原核表达载体。序列分析显示，该基因编码区序列长651 bp，共编码216个氨基酸，与已经报道的三元猪和五指山猪生长激素基因cDNA序列同源性高达99.85 %，其编码的氨基酸序列与三元猪和藏猪生长激素氨基酸序列完全一致。2016年构建了宁乡猪*nxGH*基因(生长激素基因)真核表达载体pCI-GH-EGFP，并转染Vero细胞，GH-EGFP融合蛋白可稳定表达(王文策等，2016)。

魏麟等(2011)研究发现*TLR*6基因片段*Msp*Ⅰ酶切位点的2种等位基因*T*、*C*的频率分别为0.186和0.814，*TT*基因型个体显著影响4月龄体质量性状，*TT*基因型4月龄体质量比*CC*型高25.92%；*TT*基因型个体显著影响45日龄体质量、6月龄体质量、体长和胸围性状，*TT*基因型45日龄体质量比*CC*型高12.46%。结果提示宁乡猪*TLR*6基因不同基因型对生长性状有着重要的影响，是宁乡猪育种应用中的一个潜在遗传标记。

5.3.2.3 肉质研究

2016年，*FTO*、*Wnt*106等多个肉质相关基因被研究。FTO多态性研究发现，杜洛克、大白猪2个国外猪种基因型都呈现出多态，而宁乡猪、大围子猪则几乎表现为单态，说明*FTO*基因的基因型分布在国外2个猪种群和地方猪种群之间存在较明显的差异，且这种差异极有可能是影响不同猪种肉质性状的原因之一(杨攀等，2016)。以宁乡猪为研究对象，检测*Wnt*106基因1个A/G类型的SNP，发现SalⅠ多态性在宁乡猪中*A*基因为优势等位基因，其基因频率为0.686 6(张一君等，2016)；氟烷基因*Hal*在宁乡猪中只检测到了显性纯合子(姚克喜等，2016)。

苏建等(2017)利用PCR-RFLP技术检测*SLC*13*A*基因，结果表明第251对碱基处有一个T/C的碱基突变，导致PCR-RFLP-Bsu36Ⅰ多态性，在宁乡猪中*CC*基因型频率为0.830 8，*C*基因频率为0.876 9。曾青华等(2019)研究发现，*GLP*2*R*基因与猪肌内脂肪含量有关，宁乡猪*GLP*2*R*基因A/G位点基因型全部为*GG*型，可能是该品种经过长期高度近交的人工选育，此位点已全部纯合。

5.3.2.4 其他研究

除了繁殖性能、生产性能和肉质性能方面的基础研究，许多学者还在生化遗传研究、聚类分析、毛色遗传和染色体及基因组等方面开展了大量研究。

1. 生化遗传研究

耿梅梅等(2010)发现，门静脉灌注葡萄糖 5 min 后，血浆葡萄糖含量极显著升高($P<0.01$)，白蛋白、低密度脂蛋白含量及 α-淀粉酶活性均显著下降($P<0.05$)，但 10 min 后趋于正常；而尿素氮、高密度脂蛋白含量以及碱性磷酸酶和乳酸脱氢酶的活性基本无变化，说明门静脉灌注葡萄糖会短期影响宁乡猪某些血液生化指标，但随着机体对葡萄糖的代谢和所灌注过量葡萄糖排出体外，生化指标会逐渐恢复正常。赵拴平等(2012)发现宁乡猪的总蛋白、三酰甘油、尿素氮、葡萄糖等血液生化指标都处于人参考值范围内，碱性磷酸酶、总胆固醇均高于人参考值范围。郭洁平等(2013)研究发现与长白猪相比，宁乡猪血清精氨酸、一氧化氮浓度较低，空肠前段和肝脏一氧化氮合成酶活性较高，肾脏中的一氧化氮合成酶活性最低，肠道和肝脏中 N-乙酰谷氨酸合成酶 mRNA 表达水平最高。秦龙山等(2017)在宁乡猪肥育猪饲粮中添加半胱胺，结果发现，宁乡猪血清中葡萄糖含量提高了 21.91%($P<0.01$)，低密度脂蛋白含量提高了 26.22%($P<0.01$)，总胆固醇含量提高了 9.75%($P<0.01$)，尿素氮含量降低了 14.14%($P<0.05$)。

2. 聚类分析

朱吉等(2011)应用多元统计分析法对湖南 5 个地方猪种的 39 个性状进行协方差法主成分分析，得到 4 个主成分因子，第 1～3 主成分因子累积贡献率达 96.21%，其中第 1 主成分贡献率达 66.84%。以 0.70 距离值截取分类界限，进行聚类分析发现，5 个猪种被分为 3 大类群，其中宁乡猪和桃源黑猪归为一类，表明聚类分析结果与体貌差异和地理差异无确定关系。利用平均品种和中心品种的概念进行分析，在所研究的 5 个猪种中“大围子猪”为中心品种，此结论与徐克学(1987)《中国猪种的定量分析》中 48 个猪种的中心品种为“桃源黑猪”和吴买生(1993)《湖南地方猪种聚类分析》中大围子猪、湘西黑猪、宁乡猪、黔邵花猪、沙子岭猪等 5 个猪种的中心品种为“宁乡猪”均有不同，可能是因为所研究的猪种、所针对的性状不同。

3. 染色体及基因组研究

马海明(2005)运用 ScHP 和 IMpRII 克隆板将 *GAS6*、*POSTN*、*CDC16* 和 *EFNB2* 等 4 个新基因在宁乡猪和大围子猪上物理定位于猪 11 号染色体(SSC11)，这对丰富猪 11 号染色体的物理图谱和了解不同物种染色体的进化具有重要的理论意义。许栋等(2019)通过聚合酶链式反应法测定了宁乡猪全线粒体基因组序列(GenBank 收录号：KF472178)，结果表明，线粒体 DNA 的总长度为 16 690 bp，其组成为 34.70%A、25.81%T、26.18%C 和 13.30%G，均为富 A+T(60.52%)。它包含了典型的线粒体 DNA 结构，包括 2 个核糖体 RNA 基因、13 个蛋白质编码基因、22 个转移 RNA 基因和 1 个非编码控制区域(D-loop 区域)。这些基因的排列方式与长白猪相同。其中除了 ND2、ND3、ND4L 和 NDS 的起始密码子是 ATA，ND6 的起始密码子是 ATT 之外，其他蛋白质的起始密码子均为 ATG。

对宁乡猪个体身份的 DNA 识别进行研究，结果显示，在引物 1(+122)位置，*CC*、*CT* 和 *TT* 在宁乡猪中分布差异不大；在引物 1(+242)位置，基因频率呈现极端分布，*C* 基因的频率占 82.0%；在引物 2(+42)位置，*GG* 占主导地位，*AG*、*AA* 极少数分布；在引物 3(+254)位置，

SNP在宁乡猪的分布较一致。引物3共获得6个SNP，从+160、+161、+254这3个SNP中能够看出，+160和+254这2个SNP所组成的基因型只有*AGAG*、*GGGG*和*AAAA*这3种，在其余27个样品中这2个SNP也只能组成这3种基因型，说明在该群体中，若排除新的SNP出现，则+160和+254这2个SNP只有*AA*和*GG*这2种单体型，SNP完全关联，所以在+160和+254中取+160用作个体鉴定即可。而+160、+161的SNP共可组成*AGCT*、*GGCC*和*AATT* 3种基因型，推断这2个位置有*AC*、*GT*、*GC*和*AT* 4种单体型，SNP没有完全关联，所以+160和+161两个位置都可用于个体识别。通过连锁不平衡分析及杂合度筛选，最终选定杂合度含0.10的25个SNP用于宁乡猪的个体身份识别及猪肉产品溯源的条形码编制（姚克喜，2018）。

5.3.3 杂交利用

5.3.3.1 生长性能研究

孙建帮等(2008)对宁乡猪×宁乡猪（宁宁）、大约克夏猪×宁乡猪（大宁）、汉普夏猪×宁乡猪（汉宁）3个杂交组合进行研究。结果表明，汉宁、大宁、宁宁生长肥育全期平均日增重和料重比分别为734.21 g、721.02 g、692.36 g和3.40、3.50、3.67；背膘厚和眼肌面积分别为24.36 mm、27.77 mm、32.55 mm和25.20 cm^2、24.11 cm^2、19.25 cm^2；后腿比率和瘦肉率分别为29.95%、30.18%、25.54%和55.97%、52.73%、37.98%；肉色和大理石纹评分分别为3.06、2.92、3.32和3.03、3.13、3.33；pH分别为6.19、6.27和6.13。表明宁乡猪杂交组合具有较高的生长速度和胴体品质。

李飞鸣等(2018)将发酵桑叶添加至育肥猪的饲粮中，研究发酵桑叶对猪生长性能、屠宰性能及肉品质的影响。选择体质量(48.50±5.00)kg的宁乡土杂猪72头，随机分为4组，对照组饲喂基础饲粮，试验Ⅰ、Ⅱ、Ⅲ组分别饲喂含10%、13%和16%发酵桑叶的试验饲粮，试验期75 d。结果显示，饲粮中添加发酵桑叶对宁乡土杂猪平均日增体质量、平均日采食量和料肉比无显著影响($P>0.05$)；与对照组相比，3个试验组板油率显著降低($P<0.05$)；随着发酵桑叶添加量增加，前腿比率极显著提高($P<0.01$)，后腿比率极显著降低($P<0.01$)。表明在饲粮中添加10%~16%发酵桑叶，不影响宁乡土杂猪生长性能，但可改善屠宰性能。

5.3.3.2 肉质研究

陈晨等(2018)采用高效液相色谱法测定宁乡猪杂交组合杜×宁、巴×宁、巴×巴宁和巴宁×巴宁背最长肌肌苷酸含量，用实时荧光定量PCR技术检测背最长肌*ADSL*、*GPAT*和*PURH*基因的表达水平。结果表明，巴×宁猪肌苷酸含量显著高于巴×巴宁猪($P<0.05$)；*ADSL*基因在巴×宁猪中的表达量极显著高于巴×巴宁猪($P<0.01$)，*GPAT*和*PURH*基因在巴×宁猪中的表达量均显著高于巴×巴宁猪($P<0.05$)；*ADSL*和*GPAT*基因表达量与肌苷酸含量均呈显著正相关($P<0.05$)，PURH基因表达量与肌苷酸含量呈极显著正相关($P<0.01$)，说明*ADSL*、*GPAT*和*PURH*基因与肌苷酸沉积密切相关，可作为猪肉品质的选择依据。

谢菊兰等(2010)选用微卫星基因座SW1067、SW1329、SW2173和SW1841，设置宁乡猪×宁乡猪（宁宁）、大约克夏猪×宁乡猪（大宁）、汉普夏猪×宁乡猪（汉宁）3个品种组合，研究微卫星对肉质影响。结果表明，4个微卫星基因座中，仅SW1067基因座在3个猪种中均检测到5个等位基因，4种基因型，宁宁、大宁、汉宁猪SW1067的有效等位基因数分别为4.780 3、

4.404 5、4.890 5，其多态信息含量(PIC)和杂合度(H)分别为 0.805 7、0.787 0、0.808 6 和 0.790 8、0.773 0、0.790 5。基因型 *AA* 极显著降低了肌肉失水率，*AC* 对肌肉滴水损失、肌内脂肪有显著效应，*CC* 极显著降低了熟肉率。

（撰稿人：张海峰）

5.4 淮南猪

淮南猪是河南省地方优良品种之一，主产于河南省信阳市，因主要产区集中在淮河上游以南，故名“淮南猪”，属华北类型。该品种具有产仔多、繁殖力强、耐粗饲、适应性强、肉质好等优良特性。淮南猪 1986 年正式列入《河南省地方优良畜禽品种志》，在《中国猪品种志》中归属黄淮海黑猪。2006 年全信阳市存栏淮南猪 6 000 余头，其中固始、商城、光山有公猪 200 余头，母猪 1 000 余头，成年公猪 20 头。其保种核心群在固始县赵岗乡淮南猪原种场，有公猪 10 头、母猪 200 余头。其他种用能繁公、母猪均由当地群众饲养。

5.4.1 生产性能

5.4.1.1 繁殖性能

王清义(1995)对淮南猪原种场 1985—1990 年的猪群育种记录进行分析发现，淮南猪繁殖性状中，除总乳头数达中等遗传力外，其余性状均在国内外估测值范围内，总产仔数、产活仔数、初生窝重、泌乳力、断奶头数、断奶头重等性状遗传力很低，表型变异程度也大(表 5-16)，且受年龄、营养状况、配种时间、公猪精液品质等环境影响较大。

表 5-16 淮南猪繁殖性状的表型参数

项目	N	x	S	CV
总产仔数/头	311	13.48	2.42	17.92
产活仔数/头	304	12.34	2.08	16.87
初生窝重/kg	310	12.15	2.01	16.5
初生头重/kg	310	0.99	0.16	16.16
总乳头数/枚	828	16.83	1.5	8.91
有效乳头数/枚	828	16.16	1.42	8.79
20 日龄窝重/kg	304	45.37	8.84	19.48
断奶头数/头	304	10.98	1.6	14.57
断奶头重/kg	304	11.58	1.47	12.69
断奶窝重/kg	304	120.16	15.34	12.76

资料来源：王清义(1995)

段栋栋等(2020)对 878 头淮南猪 2 131 窝的繁殖记录进行统计分析，以研究不同胎次、季节对淮南猪繁殖性能的影响。据表 5-17 可知，随着母猪胎次的增加，淮南猪的产仔性能呈现先升高再稳定最后降低的趋势。在第 4 胎时，其总产仔数显著高于第 1 胎($P<0.05$)，活仔数和健仔数显著高于第 1 胎与第 7 胎及 7 胎以上的母猪($P<0.05$)；在第 5 胎时，淮南猪的死胎数最多，显著高于 1～3 胎($P<0.05$)；在第 6 胎时，淮南猪的木乃伊胎数最多，显著高于 3、4、

5、7 胎及 7 胎以上($P<0.05$)。在配种季节方面，秋季配种时，淮南猪总产仔数、活仔数和健仔数最多，显著高于春季($P<0.05$)。在分娩季节方面，冬季分娩时，其总产仔数、活仔数和健仔数最多，显著高于秋季($P<0.05$)。以上结果表明，淮南猪在第 2～6 胎时繁殖性能较优，并且在秋季适宜配种，冬季适宜分娩。

表 5-17　胎次对淮南猪繁殖性能的影响

胎次	窝数/窝	总产仔数/头	活仔数/头	健仔数/头	弱仔数/头	畸形数/头	死胎数/头	木乃伊胎数/头
1	407	9.18 ± 2.20^{b}	8.70 ± 2.27^{c}	7.69 ± 2.17^{c}	1.00 ± 1.56^{c}	0.03 ± 0.20	0.44 ± 0.81^{b}	0.03 ± 0.26^{b}
2	344	10.38 ± 2.30^{a}	9.85 ± 2.36^{ab}	8.78 ± 2.24^{a}	1.03 ± 1.39^{bc}	0.04 ± 0.24	0.46 ± 0.93^{b}	0.06 ± 0.5^{ab}
3	314	10.52 ± 2.26^{a}	9.99 ± 2.32^{ab}	8.64 ± 2.22^{a}	1.32 ± 1.56^{ab}	0.06 ± 0.32	0.48 ± 0.73^{b}	0.03 ± 0.20^{b}
4	236	10.55 ± 2.18^{a}	10.04 ± 2.08^{a}	8.78 ± 1.88^{a}	1.24 ± 1.36^{abc}	0.05 ± 0.29	0.51 ± 0.79^{ab}	0.02 ± 0.18^{b}
5	154	10.40 ± 2.34^{a}	9.68 ± 2.50^{ab}	8.46 ± 2.32^{ab}	1.14 ± 1.66^{bc}	0.05 ± 0.25	0.66 ± 0.94^{a}	0.04 ± 0.28^{b}
6	168	10.55 ± 2.28^{a}	9.89 ± 2.49^{ab}	8.4 ± 2.34^{ab}	1.44 ± 1.70^{a}	0.07 ± 0.36	0.56 ± 1.00^{ab}	0.12 ± 0.71^{a}
≥7	508	10.22 ± 2.40^{a}	9.57 ± 2.46^{b}	8.07 ± 2.34^{bc}	1.46 ± 1.67^{a}	0.07 ± 0.36	0.59 ± 0.94^{ab}	0.04 ± 0.26^{b}

注：同列数值肩标不同的小写字母表示差异显著($P<0.05$)。

资料来源：段栋栋(2020)

5.4.1.2　育肥性能

从表 5-18 可知，淮南猪肥育期平均日增重为 275.18 g，屠宰率 70.738%，背膘厚 3.350 cm，皮厚 0.633 cm，瘦肉率 49.075%，肥肉率 33.500%，各性状变异系数基本上在 10% 以下，仅肥育期日增重(16.811)、眼肌面积(16.086)、花油比例(27.854)、肥肉率(12.957)较高。这表明淮南猪肥育与胴体性状基本稳定。

表 5-18　淮南猪育肥与胴体性状群体均值

性状	平均差(x)	标准差(S)	变异系数(CV)
肥育期日增重/g	275.180	46.260	16.811
宰前活重/kg	89.795	5.410	6.025
胴体重/kg	63.519	3.773	5.939
屠宰率/%	70.738	2.646	3.678
胴体长/cm	89.250	3.931	4.410
背膘厚/cm	3.350	0.243	7.254
皮厚/cm	0.633	0.053	8.373
眼肌面积/cm^2	23.328	3.752	16.086
板油比例/%	7.437	1.600	2.224
花油比例/%	5.019	1.398	27.854
后腿比例/%	26.047	1.802	6.918
瘦肉率/%	49.075	3.796	7.736
肥肉率/%	33.500	4.341	12.957

资料来源：王清义(1991)

淮南猪肥育期日增重与宰前活重、胴体重、屠宰率、胴体长、背膘厚、肥肉率均有显著的或非常显著的表型正相关，而与后腿比例、瘦肉率有负相关，但统计上未达到显著水平（$P>0.05$）。宰前活重与胴体重、屠宰率、胴体长、背膘厚、皮厚、肥肉率等也有显著的正相关，而与后腿比例、瘦肉率呈负相关；屠宰率与上述性状有相似的相关关系，板油、花油比例与肥肉率呈非常显著的正相关，与瘦肉率呈显著的负相关。膘厚与胴体重、皮厚，胴体长与眼肌面积、胴体重，后腿比例与瘦肉率等均有显著或非瘦肉率与肥肉率呈非常显著的负相关。淮南猪胴体重、胴体长、眼肌面积、板油比例、后腿比例均具有高遗传力，肥育期日增重、背膘厚、花油比例、瘦肉率的遗传力中等，宰前活重、屠宰率及肥肉率的遗传力较低。

5.4.1.3 肉质性能

为探讨淮南猪、豫南黑猪、长白猪 3 种猪肉的种质特性，豆成林等(2013)对 3 个品种猪（淮南猪、豫南黑猪和长白猪）背最长肌氨基酸组成及含量进行了分析测定。研究采用全自动氨基酸分析仪对 3 种猪背最长肌氨基酸组成及含量进行测定，采用图表形式对氨基酸组成及含量进行比较。分析结果表明，淮南猪背最长肌 18 种氨基酸中除了 Ser（丝氨酸）、Ile（异亮氨酸）、His（组氨酸）和 Ala（丙氨酸）外，其余 14 种氨基酸含量均高于豫南黑猪和长白猪，其中占优势的氨基酸有 Glu（谷氨酸）、Pro（脯氨酸）、Asp（天冬氨酸）和 Leu（亮氨酸）；氨基酸总量从高到低分别为淮南猪、豫南黑猪和长白猪，淮南猪中必需氨基酸/总氨基酸（EAA/TAA）与长白猪相差不大，豫南黑猪中 EAA/TAA 略偏低。淮南猪肉氨基酸组成优势较为明显。

豆成林(2011)对淮南猪和长白猪的肌肉营养成分进行了比较全面系统的测定研究，由表 5-19 可见，淮南猪肉灰分和蛋白质的含量与长白猪之间不存在显著性差异（$P>0.05$）；水分的含量比长白猪高 9.40 g/100 g，极显著高于长白猪（$P<0.01$）；脂肪含量比长白猪少一半，显著低于长白猪（$P<0.05$）；干物质含量比长白猪少 8.40 g/100 g，极显著低于长白猪。

淮南猪的氨基酸较为丰富，蛋白质的营养价值较高；而且淮南猪有好动等特性，致使淮南猪体内消耗热能过多，使其表现低脂肪的生物学特征。在这些特性的综合作用下，更有利于淮南猪机体内营养物质的沉淀、风味物质的增多和抗氧化物质聚集。因此，淮南猪肉不仅营养丰富（不饱和脂肪酸较多），而且具有耐贮藏性。

表 5-19 淮南猪肉营养成分（每 100 g 肉中含量）

项目	水分/g	干物质/g	蛋白质/g	脂肪/g	灰分/g
淮南猪	73.26±2.35	26.74±3.16	24.62±1.05	3.46±1.24	1.25±0.06
长白猪	64.86±2.97	35.14±1.90	22.21±0.07	7.22±1.12	1.05 ±0.02

资料来源：豆成林(2011)

由表 5-20 可见，与长白猪相相比，淮南猪的矿物质含量中，K 的含量低 41.60 mg/100 g，差异显著；Fe 和 Cu 的含量分别高 0.63 mg/100 g 和 0.16 mg/100 g，差异极显著；Zn 的含量高 3.89 mg/100 g，差异显著。

表 5-20 淮南猪肉矿物质含量（每 100 g 肉中含量）

项目	K/mg	Fe/mg	Zn/mg	Cu/mg
淮南猪	375.40±32.46	1.04±0.25	11.01±1.14	0.28±0.19
长白猪	417.00±1.20	0.41±1.20	7.12±0.21	0.12±0.02

资料来源：豆成林(2011)

刘强等(2011)通过研究淮南猪不同大理石花纹猪肉的感官特性，进一步阐明了大理石花纹与猪肉感官特性的内在联系。结果表明，将淮南猪肌肉大理石花纹分为 3 级，其中 1 级、2 级和 3 级的肌内脂肪含量范围分别是<2%、2%～4%和>4%。随着大理石花纹等级的增加，L^* 值、b^* 值和肌内脂肪含量明显增加($P<0.01$)，剪切力值明显降低($P<0.01$)。大理石花纹等级 3 与等级 1、等级 2 之间的风味和多汁性存在显著性差异($P<0.05$)。因此，大理石花纹评分越高，则肌内脂肪含量越高，剪切力值越低。多汁性和风味随着大理石花纹评分的增加而得到改善。

5.4.2 基础研究

5.4.2.1 肉质性状相关研究

去势能够促进机体脂肪沉积，在动物生产中广泛应用。仔公猪去势后失去雄性激素分泌的基础，机体出现缺乏雄性激素导致的“肥胖”。开展去势公猪的相关研究有助于阐释动物脂肪沉积的分子机制。

王璟等(2019)研究了 PPAR 信号通路在淮南猪去势诱导的脂肪沉积中的作用。基于 mRNA 的差异分析以及 KEGG 富集分析发现，PPAR 信号通路中 17 个基因表达差异达到显著水平，其中 14 个基因表达量上调，3 个基因表达量下调。脑型脂肪酸结合蛋白基因(*FABP7*)、甘油水孔蛋白基因(*AQP7*)、视黄素 X 受体 γ 基因(*RXRγ*)等基因上调，而磷酸烯醇丙酮酸羧激酶 1 基因(*PCK1*)、过氧化物酶体增殖物激活受体 γ 辅激活因子 1α 基因(*PPARGC1α*)、胆固醇 7α-羟化酶 1 基因(*CYP7A1*)参与分解代谢的基因显著下调。王璟等(2019)同时还分析了去势对淮南猪背最长肌基因表达的影响，并探讨了去势对肉质性状的分子调控机制。结果显示，与非去势组相比，去势后共有 935 个差异表达基因，其中上调基因 503 个，下调基因 432 个。其中与肌肉发育相关上/下调最显著的基因分别是胶原蛋白Ⅺ型 α1(*COL11A1*)和血管紧张素Ⅱ1 型受体基因(*AGTR1*)，而与脂肪代谢相关上/下调最显著的基因分别是硬脂酰辅酶 A 去饱和酶 1 基因(*SCD-1*)和脂肪特异性磷脂酶 A2 基因(*PLA2G16*)。GO 和 KEGG 通路分析发现，2 组差异表达基因显著富集于胰岛素、脂解、脂肪酸延长等脂质代谢相关通路，以及肾上腺素能、心肌收缩、磷酸腺苷活化的蛋白激酶等肌肉发育相关通路。研究表明，去势后公猪脂肪沉积能力增强，肌肉发育改变，肉质性状随之改变。*SCD-1*、激素敏感脂酶基因(*HSL*)、葡萄糖转运体 4 基因(*GLUT4*)、丝氨酸/苏氨酸激酶基因(*AKT*)、促分裂原活化蛋白激酶基因(*MEK*)等 12 个差异表达基因能同时或部分参与激素分泌、脂肪沉积和肌肉发育的调控，这些基因与去势后肉质性状的改变显著相关。

脂联素是参与脂肪生成与代谢的一个非常重要的因子，在猪的不同组织中发挥着非常重要的作用，了解不同类型猪脂联素及脂肪代谢酶的变化趋势及代谢规律，可以为淮南猪优良性状的开发利用提供理论依据。苗志国等(2018)研究表明，相同日龄的淮南猪与长白猪之间肌内脂肪含量淮南猪显著高于长白猪($P<0.05$)；同一品种猪血清中脂联素的含量随日龄增加而增加，135 日龄和 180 日龄分别与 45 日龄间差异显著；淮南猪和长白猪脂肪组织中的脂肪酸合成酶(FAS)和激素敏感脂酶(HSL)含量随日龄的增加而增加，均以 180 日龄最高；脂联素及脂肪代谢酶变化趋势均随日龄的增加而增加，具有强脂肪沉积能力。

RN 基因又称酸肉基因，携带 RN^- 基因的个体肌糖原含量较高，屠宰后糖酵解产生更多的乳酸，最终降低屠宰后肉的 pH，降低肉的系水力，产生类似 PSE 样肉质，从而降低猪肉品质。徐秋良等(2020)研究发现，酸肉基因(*RN*)在淮南猪群体中存在隐性纯合子 rn^+/rn^+ 和杂

合子 RN^-/rn^+，未发现显性纯合子 RN^-/RN^-。其中，基因型 rn^+/rn^+ 和 RN^-/rn^+ 的频率分别为 0.739 6 和 0.260 4；等位基因 rn^+ 和 RN^- 的频率分别为 0.869 8 和 0.130 2。卡方检验表明，rn^+ 和 RN^- 基因频率处于哈迪-温伯格平衡状态，表明群体中 *RN* 基因没有受到选择压力，可以在以优良肉质为目标进行选种选育时淘汰 RN^- 基因阳性个体。

5.4.2.2 抗逆性研究

为了解析地方猪种淮南猪抗逆性强的分子机制，李聪聪等（2020）对 4 个猪种（淮南猪、杜洛克猪、大白猪和长白猪共计 395 头）的猪耳组织白细胞抗原基因（*SLA-DQA*）、α-1 岩藻糖转移酶基因 1（*FUT*1 基因）和 4 型黏蛋白基因（*MUC*4）进行多态性分析。结果表明，4 个猪种在 *SLA-DQA* 基因座位存在多态性，*AA* 型在 4 个猪种中基因型频率最高，淮南猪为中等多态，其他 3 个猪种为低度多态，淮南猪与长白猪、大白猪品种间基因型分布差异极显著（$P<0.01$），淮南猪与杜洛克猪品种间基因型分布差异不显著（$P>0.05$）；*FUT*1 基因座位也存在多态性，*GG* 基因型在 4 个猪种中基因型频率最高，淮南猪、大白猪和杜洛克猪都是中等多态，长白猪是低度多态，淮南猪与长白猪品种间基因型分布差异极显著（$P<0.01$），淮南猪与大白猪、杜洛克猪品种间基因型分布差异不显著（$P>0.05$）；*MUC*4 基因座位同样也存在多态性，*AA* 基因型在淮南猪、长白猪和大白猪中基因型频率最高，*AG* 基因型在杜洛克猪中基因型频率最高，淮南猪和杜洛克猪都是中等多态，大白猪是低度多态，淮南猪与长白猪、杜洛克猪品种间基因型分布差异极显著（$P<0.01$），淮南猪与大白猪品种间基因型分布差异显著（$P<0.05$）。

5.4.2.3 其他方面

为探究淮南猪的遗传多样性和母系起源，徐秋良等（2020）对 32 头淮南猪线粒体 DNA D-loop 区序列进行 PCR 扩增和测序，并结合 GenBank 中国内外猪种及黄河流域古家猪 D-loop 序列，分析了淮南猪线粒体多态性及其起源。结果显示，淮南猪 1 170 bp 的 D-loop 序列核苷酸多样性（Pi）及单倍型多样性（Hd）分别为 0.004 25 和 0.968；32 个测序结果共检测到 27 个多态位点，界定了 20 种单倍型；中性检验表明淮南猪在驯化进程中曾发生过种群扩张；邻接法（NJ）构建分子系统发育树明显将群体分为国内和国外 2 个类群，淮南猪 20 个单倍型都聚集在国内分支上。进一步 Network 分析显示，淮南猪单倍型在国内猪种中呈广泛分布，但与华中、华北型猪种基因交流较多，且与黄河流域古家猪遗传关系较近，表明淮南猪为多母系起源，主要来自黄河流域古家猪。

周鑫等（2010）及张晶等（2011）对淮南猪及引入品种杜洛克猪、长白猪、大约克猪 4 个品种猪分别进行 RAPD 和 AFLP 分析，结果发现，淮南猪与杜洛克猪、大约克猪遗传距离指数相近，RAPD 及 AFLP 结果分别为 0.006 8、0.006 9 以及 0.007 3、0.007 5，遗传关系较近；淮南猪与长白猪遗传距离指数则分别为 0.007 2 和 0.007 8，遗传关系最远。

5.4.3 杂交利用

5.4.3.1 繁殖性能研究

淮南猪新品系是以河南省地方优良猪种淮南猪为基本育种素材，经过前期广泛杂交组合试验，以较大比例导入杜洛克猪的血缘，采用不完全闭锁的群体继代选育方法，历经 7 年 6 个世代精心培育出的一个黑色瘦肉型品系。新品系含有 62.5% 的外来猪种血缘（陈斌等，2006）。淮南猪及其新品系母猪繁殖性能见表 5-21。

表 5-21 淮南猪及其新品系母猪繁殖性能

项目	情期发情率/%	受胎率/%	平均初生仔猪数/个	平均初生窝重/kg	平均初生个体重/kg	平均断奶窝重/kg	平均断奶个体重/kg	平均断奶成活率/%
淮南猪	96.72	89.19	12.4	13.8	1.2	60	6	87.39
淮南猪新品系	96.67	90.06	10.4	13.9	1.4	62	9.8	87

资料来源：陈斌等(2006)

从表 5-21 可以看出，淮南猪新品系母猪平均出生个体重、平均断奶窝重及断奶个体重均高于淮南猪，而平均初生仔猪数低于淮南猪，其他繁殖指标与淮南猪相似。这表明经过杂交选育后的淮南猪新品系继承了淮南猪大部分的优良繁殖性状，同时也在出生个体重、断奶窝重及断奶个体重等性状方面得以提高。

任广志等(2006)对淮南猪新品系初产母猪的泌乳性能进行研究，结果表明，在 35 d 泌乳期内，平均泌乳量(249.55±1.25)kg，日平均泌乳次数(27.10±1.98)次，日平均泌乳量(7.13±0.68)kg。仔猪每完成 1 次正常吮乳总时间平均为 209.27 s，其中吮乳前按摩时间平均为 71.83 s，母猪放乳时间平均为 23.40 s，吮乳后的后按摩时间平均为 114.04 s。全期泌乳量呈正态分布，泌乳高峰出现在产后 25 d，因此，淮南猪新品系初产母猪具有较强的泌乳性能和良好的哺乳能力。

5.4.3.2 生长性能研究

淮南猪新品系 6 月龄后备公猪平均日增重由 1 世代的 484.30 g，提高到 5 世代的 549.21 g，世代平均改进量为 12.98 g (b=19.14)；后备母猪分别为 466.22 g、553.12 g 和 17.38 g(b=28.20)。各世代的体尺变化也较明显，其中体长公猪 5 个世代增加了 10.94 cm，母猪增加了 17.66 cm。性状间的相关分析表明，6 月龄的体重与体长、体高、胸围均呈强的正相关(任广志等，2005)。

5.4.3.3 育肥性能研究

以长淮猪为母本，以杜洛克为父本的杜长淮三元杂交猪育肥后，育肥猪日增重为杜长淮组 557.50 g，杜长组 553.00 g，与淮南猪组的 446.71 g 比较差异极显著(P<0.01)；每增重 1 kg 体重所消耗混合料为杜长淮组 3.38 kg，杜长组 3.40 kg，淮南猪组 3.8 9 g；瘦肉率为杜长淮组 59.97%，杜长组 60.03%，与淮南猪组的 46.40%比较差异极显著(P<0.01)(表 5-22)。同时，杜长淮组其他育肥与胴体性状也较淮南猪组有所提高。

表 5-22 育肥性能测定结果

项目	宰前活重/kg	屠宰率/%	瘦肉率/%	胴体长/cm	背膘厚/cm	眼肌面积/cm²	后腿比例/%
淮南猪	94.20±4.17	70.48±5.47	46.40±2.83	86.5±5.47	3.48±0.49	22.83±5.47	28.19±2.70
杜长猪	93.03±4.31	71.30±3.81	60.03±2.23	97.21±3.59	1.89±1.14	32.70±2.15	30.51±2.31
杜长淮猪	91.50±3.70	72.14±1.80	59.97±2.95	96.92±2.95	2.20±1.07	32.58±4.35	30.51±1.60

资料来源：刘洪斌(1992)

（撰稿人：亓美玉）

5.5 南阳黑猪

南阳黑猪原名师岗猪，后因其头脸部有八字眉纹，也曾有过“八眉猪”“宛西八眉猪”等名称，在 1983 年全国畜禽遗传资源调查中，为避免与西北八眉猪异种同名，正式定名为“南阳黑猪”。其主要产区位于伏牛山脉南麓丘陵地区的内乡县、淅川县和邓州市相接壤的三角地带。南阳黑猪属于早熟、易肥、体型中等的肉脂兼用型猪，具有遗传性稳定、体格结实健壮、性情温和、抗病力强、耐近交和肉质鲜美等优点。2006 年南阳黑猪产区存栏不足 10 000 头，由牧原食品股份有限公司建立了一个南阳黑猪保种场，并开展了遗传资源的保护（韩雪蕾等，2015）。据淅川县畜牧局 2013 年 7 月对全县南阳黑猪存栏情况调查，当时共存栏南阳黑猪公猪 18 头，能繁母猪 268 头，其中厚坡鑫达养猪场（南阳黑猪保种场）存栏 6 个血统种公猪 8 头，29 个血统能繁母猪 117 头。与 2006 年全国畜禽遗传资源调查，全县存栏南阳黑猪种公猪 26 头（分布在 26 个家庭），能繁母猪 460 头（分布在 410 个家庭）相比，南阳黑猪无论养殖户数量和存栏量均出现大幅度下降。

5.5.1 生产性能

南阳黑猪性成熟较早，一般公猪 15 kg 左右即投入使用，母猪 3～4 月龄体重 20 kg 左右就能接受交配而受孕。淅川畜牧场公母猪利用较晚，体重在 35 kg 以上，近几年 40～45 kg 以上才利用。统计结果表明，南阳黑猪的发情周期为 20.33 d（18～24 d），断奶后（13.87±9.25）d 开始发情，持续期为（3.52±1.18）d（2～4 d）；妊娠期平均为（113.72±2.26）d，生产上配种是在发情后的第 2 天，老龄母猪发情持续期较短，故应早配。南阳黑猪经产母猪的产仔数和 45 日龄断奶窝重分别为 10.73 头和 45.57 kg；仔猪成活率在 90%以上，哺育率在 80%以上。南阳黑猪肥育前期日增重较低，最高可达 700 g 以上，平均日增重 503 g，屠宰率 70%以上，胴体瘦肉率 50.08%（刘正综等，1985）。

南阳黑猪背最长肌 L^* 值、b^* 值、胴体瘦肉率、眼肌面积、滴水损失均显著低于长白猪（$P<0.05$），熟肉剪切力极显著低于长白猪（$P<0.01$）；a^* 值、肉色评分、大理石纹评分、胴体脂肪率、肌内脂肪含量均显著高于长白猪（$P<0.05$）；pH_1、pH_{24} 二者之间差异不显著（$P>0.05$），表明南阳黑猪肉品质优于长白猪（苗志国等，2018）。以南阳黑猪和大白猪为研究对象，测量背最长肌脂肪酸含量及种类，以脂肪酸种类及数量、单不饱和脂肪酸（MUFA）、多不饱和脂肪酸（PUFA）、饱和脂肪酸（SFA）、12～16 碳饱和脂肪酸（SFA1）、其他饱和脂肪酸（SFA2）、不饱和脂肪酸（UFA）、SFA2/SFA1、PUFA/MUFA、必需脂肪酸（EFA）、共轭亚油酸（CLA）、PUFA/SFA、ω6 PUFA/ω3 PUFA 等为指标，从营养、健康、风味及储存方面综合评价 2 个猪种猪肉脂肪酸品质。结果显示，2 个猪种背最长肌中共检出 30 种脂肪酸，其中 23 种脂肪酸在 2 个猪种间有显著或极显著差异（$P<0.05$ 或 $P<0.01$）；除 SFA2/SFA1 和 ω6 PUFA /ω3 PUFA 外，南阳黑猪其他指标均高于大白猪；SFA1、MUFA、PUFA、SFA、UFA、UFA/SFA、SFA2/SFA1、EFA、CLA、PUFA/SFA、ω6 PUFA/ω3 PUFA 等 11 个指标在 2 个猪种间存在显著或极显著差异（$P<0.05$ 或 $P<0.01$），SFA2 和 PUFA/MUFA 在 2 个猪种间无显著差异（$P>0.05$）。研究结果表明，南阳黑猪肌肉脂肪酸品质总体优于大白猪（鲁云风等，2017）。

5.5.2 基础研究

5.5.2.1 肉质研究

鲁云风等(2017)以肌内脂肪含量、脂肪酸含量及组成为指标，利用基因芯片技术对南阳黑猪和大白猪指标差异极显著个体进行转录分析。结果共发现了148个与脂肪性状相关的差异基因，其中起上调作用的共65个，起下调作用的共83个；GO分类显示，差异基因主要参与脂肪酸合成、脂类代谢的激活、胰岛素信号通路、PPAR信号通路、MAPK信号通路等众多与脂肪沉积相关的生物学过程。

苗志国等(2019)选取180日龄的南阳黑猪与长白猪分别进行屠宰试验，用于测定2个品种猪背最长肌中脂肪酸合成酶(FAS)、激素敏感脂肪酶(HSL)、脂蛋白脂酶(LPL)和肉碱棕榈酰转移酶Ⅰ(CPT-Ⅰ)的活性差异。结果显示，与长白猪相比，南阳黑猪背最长肌中HSL酶活性降低了61.01%（$P<0.05$)，而FAS酶活性以及FAS/HSL比值则分别显著性升高了64.39%($P<0.05$)和3.22倍($P<0.05$)；CPT-Ⅰ酶活性和LPL均显著升高，其升高的比例分别为64.54%（$P<0.05$)和11.73%($P<0.05$)。这表明南阳黑猪优良肉品质的形成与肌肉组织中脂肪代谢相关酶活性间存在重要相关性。

5.5.2.2 其他研究

林丽等(2001)利用5个多态蛋白(酶)位点碱性磷酸酶(Akp)、蛋白酶抑制物1(PI-1)、后白蛋白1(Po-1)、后白蛋白2(Po-2)和铜蓝蛋白(Cp)分析了清平猪、阳新猪、南阳黑猪、南城黑猪、东乡花猪、杭猪等6个地方猪品种的遗传结构和遗传变异。6个品种的平均杂合度大小依次为南阳黑猪(0.414 2)、南城黑猪(0.305 7)、阳新猪(0.303 2)、东乡花猪(0.260 6)、杭猪(0.247 8)、清平猪(0.241 6)。通过计算Nei(1978)标准遗传距离，用UPGMA进行聚类分析，6个品种聚成2大类，清平猪、南城黑猪、阳新猪、南阳黑猪聚成一大类，东乡花猪与杭猪聚成另一大类。

江燕等(2013)利用10个微卫星位点对南阳黑猪和栾川黑猪的遗传关系进行研究，计算并统计了平均观察等位基因数、平均有效等位基因数、平均多态信息含量、平均期望杂合度、平均观察杂合度、遗传相似系数和遗传距离等遗传参数，并进行t检验分析。结果表明，10个微卫星位点在南阳黑猪46个体中共检测到116个等位基因，平均每个位点有11.6个等位基因；在栾川黑猪30个体中共检测到88个等位基因，平均每个位点8.8个。各遗传参数t检验分析结果显示，南阳黑猪与栾川黑猪间均有极显著性差异($P<0.05$)；两群体间遗传相似系数为0.731 7，遗传距离为0.312 4，表明南阳黑猪与栾川黑猪两群体间存在显著遗传分化，可能属于不同的黑猪品种。

5.5.3 杂交利用

刘正综等(1990)对大约克夏×南阳黑猪杂种1代幼猪进行饲喂试验。试验分为酵母组(饲粮营养水平消化能2.99 Mcal/kg，粗蛋白质16.79%)和鱼粉组(饲粮营养水平消化能3.00 Mcal/kg，粗蛋白质16.24%)，试验期31 d。结果显示，2组试验组幼猪增重均以酵母组极显著超过鱼粉组($P<0.01$)，利用7%饲料酵母代替7%国产鱼粉，能显著提高幼猪生长速度，减少饲料消耗，降低饲养成本。

对南阳黑猪开展杂交试验研究。结果表明,南阳黑猪与巴克夏、中约克、大约克、长白等猪种杂交,其繁殖成绩呈增加趋势;各杂种 1 代的肥育速度比南阳黑猪高,以大约克夏为父本、南阳黑猪为母本的二元杂交效果较好,杂 1 代瘦肉率高(56%～57%)、生长快(育肥期平均日增重 614 g)(刘正综等,1985)。杜洛克与南阳黑猪杂交,达 100 kg 体重日龄杜×南杂交猪为(225±5.3)d,比南阳黑猪(274±4.6)d 缩短了 17.88%;杜×南杂交猪眼肌面积提高 2.06%($P>0.05$),背膘厚降低 17.63%($P<0.05$),瘦肉率增加 2.52%($P>0.05$),肌内脂肪含量降低 6.06%($P>0.05$)。这表明导入杜洛克猪血统可有效降低南阳黑猪的背膘厚,增加其瘦肉率,尤其是杜×南的肌内脂肪含量与南阳黑猪相近,差异不显著($P>0.05$),说明导入 50%杜洛克猪血统在加快南阳黑猪生长速度的同时有望保留南阳黑猪肉的良好风味(鲁云风等,2018)。野猪与南阳黑猪杂交后,野家杂交猪 60 日龄平均断奶重(10.2±0.7)kg,9 月龄平均体重为(74.0±4.6)kg。在育肥的 210 d 内平均每头日增重为 0.304 kg,料肉比为 4.20,生长速度低于南阳黑猪;野家杂交猪的胴体长为(68.6±0.8)cm,屠宰率为 74.3%,眼肌面积为 23.4 cm^2;其脂肪含量较低,仅为胴体面积的 17.90%,均低于长白猪×南阳黑猪(22.7%)、大约克夏×南阳黑猪(18.4%);瘦肉率为 61.0%,远高于长白猪×南阳黑猪(49.4%)、大约克夏×南阳黑猪(50.5%);后腿比例为 31.4%,也高于长白猪×南阳黑猪、大约克夏×南阳黑猪;杂交猪肉味鲜美,品质较好,野家杂交猪属体型偏小的理想瘦肉型杂交组合(梁子安等,2002)。

(撰稿人:张海峰)

5.6 确山黑猪

确山黑猪是河南省的优良地方品种,因原产地在河南省驻马店市确山县而得名。其公猪全身被毛黑色,周身被毛较稀,鬃毛粗长,皮肤灰黑色,体型较大,身躯较长,腿臀发达,体质结实(单留江等,2012)。2009 年 10 月 15 日经国家遗传资源委员会鉴定(中华人民共和国农业部第 1278 号公告),确山黑猪被正式确定为我国畜禽遗传资源。2012 年 3 月"确山黑猪"地理标志证明商标已正式获得国家商标局批准。1982 年调查时,确山黑猪的中心产区位于河南省确山县西部的竹沟、瓦岗、石滚河 3 个乡,其周围的蚁蜂、三里河、任店、李新店等乡镇以及桐柏县的回龙、吴城、毛集,泌阳县的大路庄、老河等亦有分布。2013 年,确山黑猪饲养户有 200 多户,全县黑猪存栏达到 6 000 余头,其中种公猪 40 多头,母猪 500 多头(单留江等,2013)。

5.6.1 生产性能

据 1987 年河南省农业科学院张伯恒、鲁克己等测定,确山黑猪仔猪平均出生重 1.25 kg,50～60 d 断奶个体重 12 kg 以上。据对 17 头确山黑猪的调查,在粗放的饲养管理条件下,肥育期平均日增重 310～530 g。经对 10 头确山黑猪的屠宰测定,育肥猪宰前体重 95.05 kg,胴体重 70.55 kg,屠宰率 74.22%,瘦肉率 46.06%,背膘厚 2.33 cm,眼肌面积 26.37 cm^2。肉质性能测定结果显示,确山黑猪肉色 3.5,pH 6.35,大理石纹 3.5,失水率 10.25%。1984 年确山县畜牧工作站组织人员对 90 头确山黑母猪进行调查发现,确山黑猪性成熟较早,一般 120 日龄开始发情,120 日龄后即可开始配种;发情周期为 18～21 d,妊娠期平均为 113～115 d。初产母猪窝产仔数平均 7.63 头,二胎 9.7 头,三胎以上 12.09 头,最高可达 18 头,平均窝产仔数 12 头,平均断奶日龄为 45 d。初生窝重平均为 12.5 kg,母猪的泌乳力为 28.3 kg(20 d),断奶仔猪成活数为 10.8 头，仔猪成活率 90%。2007 年河南农业大学任广志教授等对 10 头确山黑猪进行测定，其干物质、蛋白质、脂肪和灰分含量依次为 70.06%、21.47%、6.10% 和 0.89%；熟肉率为 60.87%，失水率为 8.83%，嫩度为 3.01（单留江等，2012）。

王明宇等（2019）挑选相同条件下健康的豫西黑猪（120.28±6.96）kg 和确山黑猪（117.80±8.76）kg 各 8 头，按相关规定开展体尺指标、屠宰性能、肉品质及血液指标测定，即对豫西黑猪与确山黑猪体尺指标（体高、体长、胸围、管围等）、屠宰性能（胴体重、胴体长、皮率、骨率、屠宰率等）、肉品质（肉色、大理石纹、pH、肌内脂肪、粗灰分等）、血液指标（白细胞数、红细胞数、血小板数、血小板压积等）及肌肉氨基酸含量进行了测定。结果表明，豫西黑猪体长、胴体长、皮率和头重均显著低于确山黑猪（$P<0.05$），背膘厚、瘦肉率、脾脏重、心脏重和眼肌面积均极显著或显著高于确山黑猪（$P<0.01$ 或 $P<0.05$）。在肉品质方面，豫西黑猪大理石纹评分、pH_{45min}、pH_{24h}、粗蛋白质及粗灰分含量均显著或极显著低于确山黑猪（$P<0.05$ 或 $P<0.01$），但水分和磷含量均显著或极显著高于确山黑猪（$P<0.05$ 或 $P<0.01$）。在血液指标方面，豫西黑猪血小板数目和血小板压积均极显著低于确山黑猪（$P<0.01$），但其他指标与确山黑猪无明显差异（$P>0.05$）。豫西黑猪精氨酸、缬氨酸和组氨酸含量均显著或极显著高于确山黑猪（$P<0.05$ 或 $P<0.01$），甘氨酸含量极显著低于确山黑猪（$P<0.01$）。综上所述，豫西黑猪和确山黑猪在体尺指标、肉品质及血液指标方面均无明显差异，在屠宰性能方面豫西黑猪稍优于确山黑猪，均可为消费者提供品质优良的猪肉。

5.6.2 基础研究

5.6.2.1 抗性研究

郭林林（2016）通过对 miRNA 的 Solexa 测序分析以及 miRNA 的 GO 和 KEGG 通路分析，研究不同猪品种及不同发育阶段与免疫相关的差异表达的 miRNA。试验成功构建了 180 日龄大白猪、3 日龄大白仔猪和确山黑猪的小 RNA 文库，并进行 Solexa 测序分析得出 295、293 和 305 个已知候选 miRNA，并且预测出 166、160 和 244 个新 miRNA。在 180 日龄大白猪和确山黑猪中共有 20 个差异表达 miRNA，包括 8 个上调、12 个下调；并且取 8 个差异 miRNA 进行 Q-PCR 验证，与 Solexa 测序结果高度一致。对其中 8 个 miRNA 进行了靶基因预测，共 3 957 个靶基因，并选取其中 4 个靶基因进行 mRNA 水平上的相对定量验证，符合 miRNA 的负调控规律；然后对 4 个靶基因进行组织表达谱分析，发现在脾脏中均高表达，且在其他组织中的表达也符合 miRNA 负调控。对 ssc-miR-1、ssc-miR-451、ssc-miR-486、ssc-miR-122 和 ssc-miR-27a 的靶基因进行了 GO 富集和功能分析，显示靶基因参与代谢调控、信号转导激活、免疫反应正调控、免疫细胞分化、免疫细胞调控等过程中；对预测的靶基因进行 KEGG 调控通路分析，发现 9 条被显著富集，其中肿瘤通路和 PI3K-Akt 信号通路为靶基因富集最多的 2 条通路，其余的 7 条调控通路也与免疫密切相关。

5.6.2.2 其他研究

张晨等（2018）基于线粒体 DNA 的 D-loop 区段的多态性，与主流商业猪种杜洛克猪、长白猪、大白猪以及邻近地区的淮南黑猪、南阳黑猪、豫西黑猪、二花脸猪、莱芜猪相比较，探讨确山黑猪现存公猪个体的亲缘关系。结果表明，与参考序列（NC 000845.1 NCBI）相比，确山公猪存在 17 个单核苷酸位点变异，转换数（ai）与颠换数（sv）的比值（R）为 10，碱基替换尚未饱和；

确山黑猪共有 9 种单倍型，聚为 7 个分支，其中 Hap1 为优势单倍型，存在于 21 个个体中，提示确山黑猪品种内存在母系血缘分离，但与邻近地区猪种相比，则相对集中。河南地方猪种中南阳黑猪与 Hap1 相同，淮南黑猪及豫西黑猪和 Hap4 相同；确山黑猪关系整体与中国地方猪较近，与西方商业猪种关系较远；相对于莱芜黑猪，确山黑猪与二花脸猪关系稍近；相对于杜洛克猪和长白猪，确山黑猪与大白猪关系稍近（张晨等，2018）。

5.6.3 杂交利用

赵书强等（2019）在高纤维日粮基础上，以生产性能、盲肠中纤维素分解菌的数量和纤维分解能力以及血清中相关酶活性为评价指标，研究确山黑猪改良猪的耐粗饲能力并初步揭示其生化机制。结果表明，在高纤维日粮条件下确山黑猪改良后代仍然具有较高的肥育性能，日增重显著高于确山黑猪（$P<0.05$）；确山黑猪改良后代和确山黑猪对粗纤维的消化能力优于大约克夏猪，其盲肠内纤维素分解菌数量、分解圈直径高于大约克夏猪；确山黑猪改良后代、确山黑猪磷酸肌酸激酶（CPK）、乳酸脱氢酶（LDH）活性除 61 日龄外均显著低于大约克夏猪（$P<0.05$），碱性磷酸酶（AKP）活性显著高于大约克夏猪（$P<0.05$），说明确山黑猪改良后代具有良好的耐粗饲性能，可能与血清中 CPK、LDH 活性降低和 AKP 活性升高有关。

叶建伟等（2018）以确山黑猪为母本，杜洛克、长白、大白和汉普夏为父本开展二元杂交试验；选取长×确为母本，杜洛克和大白为父本开展三元杂交试验，比较分析不同杂交组合后代的屠宰性能和胴体性状。结果显示，长×确二元杂交后代的平均日增重 440.53 g/d、屠宰率 75.05%、瘦肉率 53.19%、眼肌面积 34.51cm^2 均显著高于确×确和其他杂交组合（$P<0.05$）；大×长×确三元杂交后代平均日增重 663.76 g/d，显著高于杜×长×确（$P<0.05$），其他指标均差异不显著（$P>0.05$）；三元杂交组合的平均日增重 629.60 g/d、瘦肉率 57.46%、眼肌面积 33.89 cm^2 显著高于二元杂交（$P<0.05$）。试验结果表明，长×确二元和大×长×确三元杂交组合与其他杂交组合相比均具有一定优势，是确山黑猪较好的杂交方式。

（撰稿人：张海峰）

5.7 沙子岭猪

沙子岭猪又称点头墨尾猪，为我国优良地方猪品种之一，因原产湘潭市郊沙子岭而得名。1984 年，沙子岭猪编入《湖南省家畜家禽品种志》；1986 年，沙子岭猪作为“华中两头乌猪”的主要类群编入《中国猪品种志》；2004 年，沙子岭猪被列入农业部编写的《中国畜禽遗传资源名录》；2006 年其被列入农业部 662 号公告《国家级畜禽遗传资源保护名录》；2011 年，沙子岭猪编入《中国畜禽遗传资源志　猪志》，同年编入《中国地方名猪集锦》。2010 年，沙子岭猪通过农业部农产品地理标志登记认证[编号 AGI00458]。

沙子岭猪具有性成熟早、发情明显、产仔多、耐粗饲、适应性强、瘦肉多、肉质好、杂交优势明显等优良特性。2009 年，湘潭市家畜育种站沙子岭猪保种场核心群有公猪 10 个血缘 10～12 头，母猪 50 头，并建立了云湖桥、石鼓、花石 3 个保种区，每个保护区保存沙子岭种猪 100～200 头（吴买生，2009）。

5.7.1 生产性能

5.7.1.1 繁殖性能

吴买生(2002)对沙子岭猪的精液品质进行了测定。从表 5-23 可以看出，沙子岭公猪的总射精量平均为(162.83±71.87)mL，活力为 77%，pH 为 7.46，近中性，精子密度较大，为(2.12±1.27)亿/mL；精子畸形率为 8.75%，射精持续时间为(4.53±2.68)min。精液品质各性状除 pH、活力的变异系数较小外，其他均大于 40%，变异程度很大。

表 5-23 沙子岭猪精液品质特性

项目	总射精量/mL	净射精量/mL	pH	活力等级/%	精子密度/(亿/mL)	畸形率/%					射精持续时间/min
						总的	头	颈	中	主	
n	405	142	384	242	78	46	33	33	33	33	245
$\overline{X}$	162.83	129.08	7.46	0.77	2.12	8.75	3.2	1.15	3.14	1.08	4.53
S	71.87	58.24	0.27	0.14	1.27	5.09	3.9	0.87	3.10	1.78	2.68
C.V	44.41	45.12	3.62	18.18	60.00	58.17	121.88	75.65	98.73	164.81	59.16

资料来源：吴买生(2002)

另外，对比不同季节沙子岭猪的精液品质发现，春秋季节温度适宜，精液品质较好，主要表现在活力、精子密度、畸形精子比例等方面。夏季高温及冬季低温均不同程度影响精液品质(表 5-24)。

表 5-24 沙子岭公猪不同季节精液品质比较

季节	月份	指标	总射精量/mL	净射精量/mL	pH	活力/%	精子密度/(亿/mL)	畸形率/%	射精持续时间/min
春季	3	$\overline{X}$	159.77	121.82	7.37	0.76	1.87	6.20	4.05
	4	S	74.33	56.07	0.25	0.16	0.50	3.15	1.41
	5								
夏季	6	$\overline{X}$	149.67	113.60	7.44	0.78	2.39	14.10	3.32
	7	S	67.55	62.04	0.27	0.13	1.42	5.91	1.45
	8								
秋季	9	$\overline{X}$	172.52	137.67	7.54	0.77	1.92	7.30	4.82
	10	S	70.06	60.70	0.22	0.14	1.19	4.23	3.11
	11								
冬季	12	$\overline{X}$	157.98	137.05	7.38	0.72	2.31	7.60	5.39
	1	S	75.75	52.88	0.31	0.13	1.77	2.10	2.19
	2								

资料来源：吴买生(2002)

沙子岭公猪精液品质的各项指标和国内一些猪种(嘉兴、大围子)基本一致，但低于国外猪种(大白猪、中约克夏猪及巴克夏猪)。

5.7.1.2 生长育肥性能

吴买生等(2008)在探讨日粮蛋白质水平对沙子岭猪肥育性能、胴体品质等方面的影响研究中发现,保持日粮相同能量水平的条件下,提高日粮蛋白质水平,有利于提高沙子岭猪日增重(低、中、高组分别为 480.27 g、410.63 g、545.24 g)($P<0.05$)、饲料报酬(料肉比低、中、高组分别为 4.27、4.10、3.82),但并不能改善胴体品质(如瘦肉率低、中、高组分别为 41.34%、40.86%、40.95%,屠宰率低、中、高组分别为 70.71%、71.30%、71.01%);高组、中组的体重、体高、体长、胸围分别高于低组,反映日粮不同蛋白质水平对试验猪的体重、体尺和屠宰性能有一定的影响作用。

谭毓平等(2003)分别饲喂沙子岭猪不同能量、蛋白质水平的日粮。结果表明,低水平和高水平组日增重分别为 411.38 g 和 445.75 g($P>0.05$),饲料报酬分别为 4.82 和 4.48,每千克增重饲料成本分别为 6.60 元和 6.54 元,胴体瘦肉率分别为 44.59%和 40.82%($P>0.05$)。与国内地方猪种比较,沙子岭猪具有生长速度较快、屠宰率较高、眼肌面积较大、背膘较薄、瘦肉率较高的特点。

5.7.1.3 肉质性能

谭毓平等(2004)结合沙子岭猪肥育试验,在屠宰测定时分别取样测定了高低营养水平组的肉质、肉的化学成分、肌肉中氨基酸含量及肌纤维特性。结果表明,所测的各项指标(肉质性状 6 个、化学成分 4 项、氨基酸 15 种、肌纤维 2 项),高、低营养水平组间无显著差异($P>0.05$)。与其他猪种比较发现,沙子岭猪具有 pH 适宜、肉色鲜红(正常)、系水力高、熟肉率高、贮存损失少、肌纤维细、肌内脂肪含量适中、氨基酸营养价值较高等许多特点。建议以肌肉酸度、肉色、系水力、肌纤维细度、肌内脂肪作为评定沙子岭猪肉质的主要指标。

5.7.2 基础研究

5.7.2.1 繁殖性能相关研究

董莲花(2017)以沙子岭猪睾丸组织不同发育阶段特异性表达的 miR-362 作为研究对象,预测其靶基因并进行功能预测,随后对其靶基因进行验证,以研究其在猪睾丸发育和精子生成过程中的调控机制。结果发现,*ZNF*644 为 miR-362 靶基因,二者在沙子岭猪睾丸组织中表达量呈现时序特异性;miR-362 能抑制 ST 细胞及沙子岭猪睾丸组织中 *ZNF*644 的表达,且其抑制作用随着沙子岭猪睾丸发育而减弱,在沙子岭猪性成熟期抑制作用又加强。生物信息学分析结果显示,miR-362 参与调控细胞分化、凋亡、增殖及机体生长发育相关的 Notch 和 Wnt 信号通路。因此,miR-362 及其靶基因 *ZNF*644 可能在猪睾丸发育或精子生成过程发挥重要调控作用。

冉茂良(2017)从 miRNA 和 mRNA 2 个水平系统研究了猪睾丸组织发育过程中差异表达基因,并对这些差异表达基因进行了功能注释、通路分析及互作网络调控分析等;同时在组织和细胞水平验证了 miR-10b 和 miR-26a 的靶基因。其结论为研究猪睾丸发育和精子生成的分子机制提供了宝贵的遗传资源与资料。

5.7.2.2 肉质性状相关研究

陈晨等(2019)以沙子岭猪、大约克、巴克夏猪及其杂交组合巴×沙、大×巴沙猪为研究对象,测定了背最长肌中肌苷酸含量,并对 *ADSL*、*GPAT* 和 *PURH* 基因在不同群体背最长肌中的表达水平进行检测，分析其与肌苷酸含量的相关性。结果表明，沙子岭猪肌苷酸含量显著高于巴克夏和大×巴沙猪（$P<0.05$），其余各群体之间差异均不显著（$P>0.05$）。肌苷酸含量与肌肉 pH_{1h}、肉色 L^* 值和 a^* 值、肌内脂肪含量、剪切力等肉质指标具有显著相关性。*ADSL*、*GPAT* 和 *PURH* 基因在不同群体中的表达模式基本相同，即 3 种基因均在沙子岭猪和巴×沙猪中高表达。*ADSL* 基因表达量与肌苷酸含量呈极显著正相关（$P<0.01$），*GPAT* 和 *PURH* 基因表达量与肌苷酸含量均呈显著正相关（$P<0.05$）。结果提示，*ADSL*、*GPAT* 和 *PURH* 基因与肌苷酸沉积紧密相关，或可作为猪肉质风味的选择依据，为今后选育工作提供理论基础。

Yang 等（2016）为筛选与肉质有关的差异表达基因和蛋白质，采用转录组学和蛋白质组学的综合分析方法，包括高通量测序、双向凝胶电泳、蛋白质组学以及质谱分析法等，对沙子岭猪和约克夏猪背最长肌进行了研究。研究共扩增 79 320 个单基因，鉴定出 488 个与约克夏猪背最长肌差异表达的基因。基因产物主要参与代谢、蛋白质结合和骨骼肌发育的调控。在蛋白质水平上，共鉴定出 23 种差异表达的蛋白质，它们可能与脂肪酸代谢、糖酵解途径和骨骼肌生长有关。实时 PCR 证实了 8 个差异表达基因。研究结果揭示了沙子岭猪骨骼肌形成的机制。沙子岭猪脂肪酸代谢、肌内脂肪沉积和骨骼肌生长发育过程中存在一些差异表达的基因和蛋白质。这些结果为提高沙子岭猪肉品质提供了候选基因，并将进一步促进沙子岭猪转录组学的研究。

朱耀武等（2015）测定了肌肉注射重组猪脂联素后的沙子岭猪不同组织中脂联素基因的表达水平及屠宰性能。结果表明，注射重组猪脂联素能显著提高沙子岭猪心脏、肝脏、脾脏、背脂、背肌、腹脂和股肌中脂联素基因的表达水平，并使屠宰率、背膘厚和眼肌面积分别改善了 4.11%（$P>0.05$）、8.82%（$P>0.05$）和 7.24%（$P>0.05$）。这说明外源性注射重组猪脂联素能在一定程度上改善沙子岭猪的屠宰性能。

5.7.3 杂交利用

5.7.3.1 繁殖性能研究

吴买生等（2001）分别用加系双肌臀大约克、杜洛克及长白猪公猪与沙子岭母猪进行杂交，测定 3 个杂交组合的繁殖性能。结果发现（表 5-25），加系双肌臀大约克、美系杜洛克与沙子岭母猪杂交表现出较好的繁殖力，产仔多（13.25～14.00 头），60 日龄窝重大（159～162 kg）；而丹系长白与沙子岭母猪杂交，产仔数较少（11.17 头），60 日龄窝重也较小（136.19 kg），仔猪适应性差，抗病力弱。

表 5-25　沙子岭猪不同杂交组合繁殖性能比较

项目	大约克×沙子岭猪	杜洛克×沙子岭猪	长白×沙子岭猪
产仔数/头	14.00±2.38	13.25±2.12	11.17±1.17
产活仔数/头	11.57±2.57	12.75±2.05	10.17±0.98
初生个体重/kg	0.90±0.18	0.83±0.18	0.89±0.17
初生窝重/kg	10.19±2.59	11.46±2.01	8.79±1.08
20 d 个体重/kg	4.84±1.14	4.15±1.82	4.63±2.49
20 d 窝重/kg	47.92±5.43	49.91±9.82	45.07±5.63

续表 5-25

项目	大约克×沙子岭猪	杜洛克×沙子岭猪	长白×沙子岭猪
60 d 个体重/kg	15.93±1.96	15.02±2.06	15.11±1.99
60 d 窝重/kg	161.63±17.63	159.22±14.28	136.19±18.29
60 d 成活数/头	10.2±1.30	10.6±0.55	9.00±0.82

资料来源：吴买生等(2001)

李玉莲等(2020)利用沙子岭公猪、新美系巴克夏公猪、新美系大约克公猪与沙子岭母猪进行杂交，并对其进行了繁殖性能比较。由表 5-26 可知，3 组产仔数(总产仔数和产活仔数)间无显著差异；但在其他指标方面，新美系大约克公猪与沙子岭母猪杂交后代及新美系巴克夏公猪与沙子岭母猪杂交后代均优于沙子岭猪纯繁后代的结果。因此，在沙子岭猪的养殖过程中，可根据需要选择不同父本开展杂交利用，以提高沙子岭猪的养殖效益。

表 5-26　沙子岭猪及其不同二元杂交组合繁殖性能比较

项目	沙子岭猪	巴克夏×沙子岭猪	大约克×沙子岭猪
母猪数/头	44	37	41
总产仔数/头	11.36±2.51	10.76±2.64	11.76±2.11
产活仔数/头	11.32±2.51	10.57±2.35	11.41±1.96
初生个体重/kg	0.87^{Bb}±0.13	0.98^{ABa}±0.21	1.03^{Aa}±0.27
初生窝重/kg	9.76^{B}±2.29	10.01^{B}±2.08	11.63^{A}±3.09
21 d 个体重/kg	3.70^{b}±0.60	4.12^{A}±0.74	4.03^{a}±0.92
21 d 窝重/kg	35.12^{Bb}±7.87	38.14^{ABb}±8.67	42.62^{Aa}±10.23
21 d 成活率/%	83.75±15.24	89.41±16.68	90.41±11.76
35 d 个体重/kg	5.60^{B}±1.05	6.42^{A}±1.13	6.27^{A}±1.37
35 d 成活率/%	52.53^{B}±12.69	57.31^{B}±11.44	66.10^{A}±15.77
35 d 窝重/kg	83.08^{B}±15.24	85.48^{AB}±17.20	90.17^{A}±11.82

注：同行肩标不同大写字母表示差异极显著($P<0.01$)，不同小写字母表示差异显著($P<0.05$)，含有相同字母或不标字母表示差异不显著($P>0.05$)。

资料来源：李玉莲等(2020)

吴买生等(2013)还对巴×沙、杜×沙及汉×沙二元杂种母猪及沙子岭纯种母猪的繁殖性能进行了对比，结果见表 5-27。杂种母猪的繁殖力高于纯种沙子岭母猪；杂种母猪繁殖力之间比较，以汉×沙最好，主要表现为初产活仔数多(9.41 头)，初生窝重(10.46 kg)、21 d 窝重(44.96 kg)、35 d 窝重(68.50 kg)大；其次是巴×沙，再次是杜×沙。因此，在沙子岭优质猪生产中应重点推广汉×沙、巴×沙二元杂种母猪，以提高猪场生产水平。

表 5-27　沙子岭猪及其不同二元杂种母猪繁殖性能比较

项目	沙子岭猪	巴×沙	杜×沙	汉×沙
母猪数/头	41	24	18	32
产活仔数/头	9.20±2.51^{a}	8.04±1.97^{b}	8.13±2.59^{b}	9.41±2.27^{a}
初生个体重/kg	0.87±0.12^{b}	1.08±0.15^{a}	1.03±0.15^{a}	1.11±0.18^{a}

续表 5-27

项目	沙子岭猪	巴×沙	杜×沙	汉×沙
初生窝重/kg	7.95±2.35^{b}	8.57±2.07^{b}	8.57±3.62^{b}	10.46±2.92^{a}
21 d 个体重/kg	3.86±0.68^{b}	4.82±0.77^{a}	4.30±0.90^{ab}	4.96±0.89^{a}
21 d 窝重/kg	31.09±9.47^{B}	36.02±10.17^{A}	33.46±15.34^{B}	44.96±13.26^{A}
21 d 成活头数/头	8.05±2.10^{ac}	7.46±1.82^{bc}	7.50±2.56^{bc}	8.56±2.49^{a}
35 d 个体重/kg	6.58±1.19^{b}	7.73±1.41^{a}	6.73±1.42^{b}	8.03±1.31^{a}
35 d 窝重/kg	50.49±15.86^{B}	56.65±15.68^{b}	52.36±23.79^{B}	68.50±21.39^{aA}
35 d 成活头数/头	7.66±2.02^{b}	7.33±1.76^{b}	7.50±2.56^{b}	8.53±2.31^{a}
35 d 成活率/%	83.28	91.19	92.31	90.7

注：同行肩标不同大写字母表示差异极显著($P<0.01$)，不同小写字母表示差异显著($P<0.05$)，含有相同字母或不标字母表示差异不显著($P>0.05$)。

资料来源：吴买生等(2013)

吴买生等(2002)对杜洛克、大约克、长白公猪与沙子岭母猪进行杂交后的繁殖性能进行测定发现(表 5-28)，以长白×大约克×沙子岭猪组合最好，大约克×长白×沙子岭猪组合居中，大约克×杜洛克×沙子岭猪组合较差。

表 5-28　沙子岭猪不同三元杂交组合繁殖性能比较

项目	大约克×杜洛克×沙子岭猪	长白×大约克×沙子岭猪	大约克×长白×沙子岭猪
妊娠期/d	114.5±0.71	113.67±1.15	114.33±1.53
产仔数/头	8.33 ±3.79	16.33 ±1.15	10.33±2.31
产活仔数/头	8.33 ±3.79	14.00 ±1.00	10.17±1.83
60 d 成活数/头	7.67 ±3.51	13.00 ±1.00	9.00 ±0.00
初生个体重/kg	1.05 ±0.07	1.08 ±0.01	1.13 ±0.18
初生窝重/kg	7.50 ±4.95	15.05 ±1.05	11.16±1.56
20 d 个体重/kg	5.67 ±1.43	5.01 ±0.99	6.66 ±0.71
20 d 窝重/kg	51.03±6.35	64.05 ±6.81	64.07 ±16.02
60 d 个体重/kg	16.73±1.42	14.19 ±1.32	14.09±1.71
61 d 个体重/kg	16.73±1.42	14.19 ±1.32	14.09±1.71

资料来源：吴买生等(2002)

5.7.3.2　生长及育肥性能研究

2001 年，吴买生等测定了沙子岭母猪分别与加系双肌臀大约克(双沙组)、美系杜洛克(杜沙组)、丹系长白(长沙组)公猪杂交后代的肥育性能与胴体品质。结果表明，双沙组日增重快(563.58 kg)，料肉比低(3.67)，瘦肉率中等(54.54%)，肉质优良。但经方差分析，肥育和胴体品质性状 3 个组合之间差异不显著($P>0.05$)。结合双沙组在繁殖性能方面的突出表现，认为用加系双肌臀大约克作为沙子岭猪二元杂交生产中的配套父本品种较为理想。

在吴买生等(2002)的三元杂交组合试验中，大约克×长白×沙子岭猪与长白×大约克×沙子岭猪组合较好，日增重达 639.09～640.00 g，料肉比仅 3.20～3.21；而大约克×杜洛克×

沙子岭猪组合相对较差。从胴体品质看，瘦肉率大约克×长白×沙子岭猪组合达 61.70%，分别比长白×大约克×沙子岭猪、大约克×杜洛克×沙子岭猪组合高 1.47%、3.81%。从经济效益看，大约克×长白×沙子岭猪、长白×大约克×沙子岭猪组合每千克增重分别比双×杜×沙组合降低成本 0.54 元、0.27 元。

5.7.3.3 肉质性能研究

张兴等(2016)以沙子岭猪为母本，巴克夏猪为母系父本，大约克猪为终端父本，进行湘沙猪配套系选育。并对其亲本沙子岭猪和父母代巴沙猪的育肥性能及胴体品质进行了对比，结果表明：与沙子岭猪相比，巴沙猪的全期日增重提高了 31.17%($P<0.01$)、料重比降低了 25.49%，眼肌面积、瘦肉率分别提高了 50.36%($P<0.01$)、21.71%($P<0.05$)，脂率降低 30.42%，胴体斜长和直长分别提高了 25.52%($P<0.01$)和 28.07($P<0.01$)，肉色和大理石纹均处于正常范围。这说明父母代巴沙猪，既保持了沙子岭猪肉质好的优点，又提高了其日增重、饲料报酬、瘦肉率。巴克夏猪作为母系父本与沙子岭猪配套生产巴沙优质猪是可行的。

左晓红等(2010)对纯种沙子岭猪、巴克夏× 沙子岭二元杂交猪、汉普夏× 沙子岭二元杂交猪进行育肥，并对比屠宰后肉质及背最长肌化学成分及氨基酸组成。结果发现，所测的 40 项指标中只有失水率、贮存损失、肌内脂肪、油酸、亚油酸、亚麻酸等 9 项指标达到了显著或极显著水平。沙子岭猪在失水率、熟肉率、贮存损失和肌内脂肪含量等指标上优于巴沙猪，更优于汉沙猪。沙子岭猪、巴沙猪、汉沙猪肌肉中总氨基酸含量、鲜味氨基酸和必需氨基酸含量均较高，所测背最长肌总饱和脂肪酸(肉豆蔻酸、棕榈酸、硬脂酸)、饱和脂肪酸及不饱和脂肪酸含量，沙子岭猪与巴沙猪、汉沙猪基本一致。综合分析，巴沙猪的各项肉质指标与亲本沙子岭猪相类似，而汉沙猪的失水率、熟肉率、贮存损失和肌内脂肪含量等指标不如亲本沙子岭猪。这说明可考虑巴克夏猪参与沙子岭猪配套系的培育。

(撰稿人：亓美玉)

5.8 恩施黑猪

恩施黑猪是一个古老的地方猪种，是湖北省优良地方猪种。1982 年，恩施黑猪作为“湖川山地猪”的主要类群被编入《中国猪品种志》。1984 年，恩施黑猪被列入《湖北省畜禽品种志》。2009 年，恩施黑猪被列入《湖北省省级畜禽遗传资源保护名录》(冉凯，2013)。恩施黑猪主要有“二眉猪”和“狮子头猪”2 个品系，全身被毛黑色，属脂肉兼用型地方优良猪种，主要分布在恩施州的八县市、宜昌市的长阳县、重庆市的郧阳县等地(胡文权，2014)。2017 年，恩施州恩施黑猪存栏和出栏量分别为 9.84 万和 12.90 万头，其中咸丰、恩施和巴东出栏数分别为 9.36 万、1.54 万和 1.08 万头(朱代清等，2018)。

5.8.1 生产性能

肥育试验显示，恩施黑猪属于早熟性猪，耐粗饲，低水平组的日粮(全期日粮粗纤维含量平均在 11%以上)仍可获得较好的增重速度。肥育前期(4～5 月龄)增重速度较慢，中期(6～7 月龄，体重 60～75 kg)增重速度最快，75 kg 以后开始缓慢。高水平组肥育至 90 kg 和肥育至 75 kg 时相比，每增重 1 kg 所消耗可消化能和可消化粗蛋白质分别增加 33.11%和 11.17%。从增重速度、饲料报酬、屠宰率和胴体性状等主要经济指标来分析，恩施黑猪(中型)的适宜屠宰期以7～8月龄、体重80 kg左右为宜。恩施黑猪胴体脂率为37%～38%，属肉脂兼用型猪种，肉质好，瘦肉颜色鲜红，含脂率高，味美爽口，是制作恩施火腿和恩施熏肉的优质原料（邓纯干，1983）。恩施黑猪屠宰率高，肉质好。屠宰测定20头育肥猪，平均屠宰率71.66%，花板油占胴体的11.24%，腿臀比25.14%，左半片胴体瘦肉率为41.81%；肉色鲜红，系水力58.83%，pH 5.5～6.2，熟肉率67.75%，肌纤维细度67.2 μm；脂肪品质高，背膘出油率87.16%，碘价63.22；板油出油率89.85%，碘价58.97（邓纯干等，1983）。

种质特性研究显示，恩施黑猪9月龄平均体重为（95.44±10.74）kg，胴体重（62.80±8.13）kg，屠宰率为（65.75±3.28）%，总乳头数（14.07±1.70）个，成对乳头数（6.21±0.91）对，三点平均背膘厚（3.56±0.69）cm，肌内脂肪含量为（3.37±2.60）%，肉色评分4.27±0.61。背最长肌内主要检测到18种脂肪酸，其饱和脂肪酸为（33.58±2.91）mg/g，不饱和脂肪酸为（50.35±2.72）mg/g，单不饱和脂肪酸（38.52±4.61）mg/g，多不饱和脂肪酸（12.23±3.53）mg/g，硬脂酸含量比亚油酸高。去势公猪与母猪间肉色评分差异显著（$P<0.05$），其他性状无显著差异；体重与肌内脂肪、背膘厚、胴体重极显著正相关；肌内脂肪含量与背膘厚极显著正相关，与胴体重显著正相关；背膘厚与胴体重极显著正相关，与头长、管围、滴水损失显著负相关；臀中肌中点处的背膘厚与3点平均背膘厚极显著正相关；成对的乳头数与肋骨数显著正相关（彭珍等，2015）。

5.8.2 基础研究

5.8.2.1 肉质研究

Qiao等（2012）利用监利猪、阳新猪、恩施黑猪等品种资源，发现*DI*03基因外显子687 bp处的A/C突变，A/C 687与瘦肉率（LMP）、肥肉率（FMP）、瘦肥肉比率（RLF）、肩部膘厚（SFT）、第6～7腰椎间背膘厚（RFT）、臀部膘厚（BFT）、眼肌面积（LEA）、肌内脂肪含量（IMF）等脂肪沉积和胴体性状显著相关。

郭咪咪等（2015）将氧化型低密度脂蛋白受体1（OLR1）基因作为影响猪脂肪性状的重要候选基因，在猪脂肪组织中进行克隆，探讨*OLR*1基因在不同组织中的表达模式。结果显示，采用电子克隆技术结合PCR方法获得的*OLR*1基因编码区序列，在第4内含子246 bp处发现了1个新SNP位点A246G。在恩施黑猪和大白猪2不同品种猪群中，恩施黑猪背脂表达量高于大白猪，验证了脂肪型地方品种猪的脂肪含量高于国外引进瘦肉型品种猪。通过RT-PCR分析发现，*OLR*1在恩施黑猪和大白猪群中心脏表达量最高，其次是背脂，同品种不同组织间表达量差异大，表明*OLR*1基因是脂肪相关的候选基因。

5.8.2.2 抗性研究

向宇等（2015）在中外猪种的血液指标比较中发现，恩施黑猪与杜洛克、大白猪这类引入品种在多项指标方面均存在显著差异，而与二花脸、通城猪这类中国地方猪种在红细胞、白细胞数目方面无显著差异。同时，对免疫候选基因*CXCR*4进行了多态性分析并发现SNP位点g542.C>T和部分血液指标显著关联，为恩施黑猪的抗病育种提供了潜在的分子标记。

刘国平等（2018）对恩施黑猪和美系长白猪进行猪链球菌2型的攻毒试验，观察其病理损害，探讨其致病机制。恩施黑猪和美系长白猪被链球菌2型菌株攻毒后，都出现体温升高、跛行和神经症状，但恩施黑猪更加明显，出现3头死亡，解剖后各组织器官病变也比美系长白猪明显。通过对病理器官组织切片、细菌学检验、细菌计数等结果，发现恩施黑猪对链球菌 2 型的易感性比美系长白猪更强。

5.8.2.3 其他研究

付玉华(2017)系统分析了恩施黑猪的遗传信号和分子通路，测定了全基因组甲基化测序、mRNA 测序以及小 RNA 测序。结果发现，3 种不同体型的恩施黑猪具有较近的遗传关系，恩施黑猪与中国野猪共享了 60.92%的 SNP，而恩施黑猪群体之间则共享 75.56%的 SNP。恩施黑猪遗传距离较小，且大型猪和中型猪具有更近的遗传距离。在恩施黑猪基因组中鉴定出 417 个受到强烈选择的基因，这些受选择的基因主要与新陈代谢、免疫应答以及生长发育相关，其中 *RPS*10、*GSK*3*A*、*INSL*6、*TBX*19 及 *VASN* 5 个基因在恩施黑猪中呈现极强的正向选择信号，这些基因的功能涉及免疫、肥胖、体型大小以及繁殖力等方面，与恩施黑猪的优良性状高度相关。恩施黑猪与中国野猪差异表达 miRNA 的靶基因主要与新陈代谢以及生长发育相关通路相关。

吴林慧等(2019)利用 Porcine 80K SNP 芯片，通过计算亲缘系数、近交系数、连锁不平衡程度与有效群体大小等群体遗传学层面的参数，评估恩施黑猪种群结构关系，运用 CLR 和 iHS 方法检测恩施黑猪基因组选择信号，并通过生物信息学分析揭示其潜在受选择基因。亲缘系数计算发现，咸丰县恩施黑猪个体间平均亲缘系数为 0.12；近交系数计算表明，16%的样本近交系数大于 0.125，存在明显近交累积。构建了恩施黑猪全基因组连锁不平衡图谱；利用连锁不平衡信息，恩施黑猪估计历史有效群体大小呈现逐代下降趋势，其中 5 世代前有效群体大小约为 25 头。基于 CLR 方法共检测到 126 个显著选择信号候选区域，总长约为 51.6 Mb，占基因组总长的 2.1%。利用 iHS 方法，共发现 248 个显著选择信号候选区域，长度约为 78.78 Mb，约占基因组总长的 3.2%。富集分析表明，与选择信号区域重叠的 *LPAR*2、*NDUFA*13、*MEF*2*B*、*AHR* 基因分别与胴体长度(滴水损失)、精子形成、骨骼肌分化和总产仔数相关。研究表明，现存恩施黑猪群体血统较窄，近交累积严重，有效群体大小较小，并呈现继续缩小的趋势。

5.8.3 杂交利用

选择中约克猪父本与恩施黑猪母本杂交，获得约恩一代小猪。在 60 d，约恩一代个体重高于亲本，但泌乳力、瘦肉率和花板油占比都下降(邓纯干等，1983)。选用梅湖猪父本与恩施黑猪杂交，经多代选育获得商品黑猪，发现商品黑猪日增重为 541.02 g，肌内脂肪含量为3.15%，较终端父本、中间父本都低(李良华等，2013)。显然，恩施黑猪杂交选育并不是开发利用最好的选择。

(撰稿人：张海峰)

参考文献

[1]《湖南省畜禽品种志和品种图谱》编委会，1984. 湖南省畜禽品种志和品种图谱[M]. 长沙：湖南科学技术出版社.

[2]《中国家畜家禽品种志》编委会《中国猪品种志》编写组，1986. 宁乡猪——中国猪品种志[M]. 上海：上海科学技术出版社.

[3] 蔡兆伟，潘永明，陈亮，等，2015. 睾酮缺乏对高脂饮食小型猪血脂和肝内脂质沉积的影响[J]. 中国比较医学杂志，25(1)：40-44，45.
[4] 曾青华，柴玉兰，谢献民，等，2019. 宁乡猪 *6LP2R* 基因多态性研究[J]. 国外畜牧学-猪与禽，39(3)：27-28.
[5] 陈斌，王清括，李孝法，等，2006. 淮南猪新品系适应性研究[J]. 河南农业科学，(9)：124-127.
[6] 陈晨，邓缘，胡雄贵，等，2019. 沙子岭猪背最长肌肌苷酸含量与相关基因表达的关联性分析[J]. 家畜生态学报，40(1)：13-17.
[7] 陈晨，胡雄贵，邓缘，等，2018. 宁乡猪不同杂交组合背最长肌肌苷酸含量与相关基因表达的关联性分析[J]. 黑龙江畜牧兽医，(14)：47-50.
[8] 陈文娟，2018. 大白猪×清平猪杂交后代 10 个多态性位点与繁殖、生长和胴体性状的关联分析[D]. 武汉：华中农业大学.
[9] 崔清明，2017. 猪 *Sirt2* 和 *Sirt3* 基因表达及 SNPs 检测与肉质性状的关联分析[D]. 长沙：湖南农业大学.
[10] 戴届全，2006. 宁乡县生猪高热病病因分析及防治报告[J]. 中国动物保健，(10)：32-33.
[11] 单留江，李军平，王焕，2013. 确山黑猪遗传资源保护与开发利用研究进展[C]. 中国地方猪种保护与利用第十届年会论文集：98-100.
[12] 单留江，李军平，2012. 确山黑猪品种特征和保护利用现状[J]. 中国猪业，(10)：38-39.
[13] 邓纯干，1983. 恩施黑猪不同营养水平肥育试验[J]. 湖北农业科学，(3)：30-32.
[14] 董莲花，2017. 猪睾丸组织中 miR-362 靶基因筛选及其验证研究[D]. 长沙：湖南农业大学.
[15] 豆成林，周枫，2013. 淮南猪、豫南黑猪和长白猪氨基酸组成及含量的分析与比较[J]. 食品工业，34(9)：200-202.
[16] 豆成林，2011. 淮南猪肉营养成分的研究[J]. 肉类工业，(4)：27-29.
[17] 段栋栋，李聪，王克君，等，2020. 胎次、季节对淮南猪繁殖性能的影响[J]. 猪业科学，37(6)：126-129.
[18] 樊斌，李奎，彭中镇，等，1999. 湖北省三品种猪 27 个微卫星座位的遗传变异[J]. 生物多样性，7(2)：91-96.
[19] 冯小婷，刘阳，张蕊蕊，等，2018. 猪 *ROCK2* 基因多态性及其遗传效应分析[J]. 黑龙江畜牧兽医，(1)：5-9.
[20] 付玉华，2017. 多组学分析揭示恩施黑猪经济性状相关的遗传信号和分子通路[D]. 武汉：华中农业大学.
[21] 耿梅梅，印遇龙，孔祥峰，等，2010. 门静脉灌注葡萄糖对宁乡猪血液生化参数的影响[J]. 安徽农业科学，38(5)：2372-2375.
[22] 龚克勤，贝远清，叶立元，等，1983. 沙子岭猪和宁乡猪的生殖器官解剖学、组织学观察[J]. 湖南畜牧兽医，(1)：3-10.
[23] 龚克勤，贝远清，叶立云，等，1983. 沙子岭猪和宁乡猪排卵数测定及早期胚胎生长观察初报[J]. 湖南畜牧兽医，(1)：11-15.
[24] 郭洁平，周笑犁，何庆华，等，2013. 不同品种哺乳仔猪精氨酸代谢特性比较研究[J]. 农业现代化研究，34(4)：482-485.
[25] 郭林林，2016. 确山黑猪和大白猪脾脏差异 miRNA 的初步筛选及验证[D]. 郑州：河南农业大学.
[26] 郭咪咪，乔木，吴俊静，等，2015. 猪 *OLR1* 基因克隆及其与生产性状的关联、表达分析[J]. 华中农业大学学报，34(3)：82-88.
[27] 郭万虎，黄既同，丁山河，等，2005. 新清平猪母系选育研究进展[J]. 养猪，(2)：20-21.
[28] 国家畜禽遗传资源委员会，2011. 中国畜禽遗传资源志　猪志[M]. 北京：中国农业出版社.
[29] 韩雪蕾，任广志，乔瑞敏，等，2015. 河南省地方猪种资源现状、利用及保种措施[J]. 猪业科学，32

(9):30-32.
[30] 胡炯,何楚雄,陈利群,等,2008.大围子猪资源与种质研究[J].湖南畜牧兽医,(2):6-10.
[31] 胡文权,2014.恩施黑猪保种及提纯复壮对策措施[J].新疆畜牧业,(7):33-34.
[32] 胡雄贵,邓缘,朱吉,等,2011.湖南 3 个地方猪种种质资源特性研究[J].养猪,(2):49-52.
[33] 胡雄贵,何楚雄,饶树林,等,2012.湖南地方猪——大围子猪种质资源特性调查与研究[J].养猪,(3):65-68.
[34] 黄生强,任斌,周智,等,2006.微卫星标记在 2 个地方猪种中的遗传多样性研究[C].第十次全国畜禽遗传标记研讨会论文集.
[35] 江燕,钟晓琳,王明民,等,2013.南阳黑猪与栾川黑猪的种群遗传关系研究[J].家畜生态学报,34(5):11-15.
[36] 蒋思文,Gustafsson U,Giuffra E,等,2001.用焦磷酸测序技术研究猪线粒体细胞色素 B 基因单倍型[J].遗传,23(2):119-122.
[37] 蒋思文,杨志军,董斌科,2013.清平猪繁殖特性研究进展[C].中国地方猪种保护与利用第十届年会论文集:37-39.
[38] 康顺之,刘进辉,刘自逵,等,1996.矿物质营养对大围子母猪繁殖性能影响的研究[J].湖北农业大学学报,22(1):70-73.
[39] 雷明刚,吴珍芳,邓昌彦,等,2001.猪品种间 *HSL* 基因外显子 I PCR-RFLP 的研究[J].华中农业大学学报,20(1):7-10.
[40] 雷明刚,吴珍芳,邓昌彦,等,2005.不同品种猪 *HSL* 基因 5′UTR 和外显子 I 片段的克隆测序及多态性分析[J].遗传学报,32(4):354-359.
[41] 李岑岑,2017.猪肝脏组织中 lincRNA 的分子进化和甲基化模式研究[D].武汉:华中农业大学.
[42] 李晨燕,张杨,肖定福,等,2018.杜仲提取物对宁乡猪生长性能、血清生化指标和肝脏脂肪代谢的影响[J].动物营养学报,30(12):5127-5133.
[43] 李聪聪,刘思雨,吴姣,等,2020.不同品种猪 *SLA-DQA*、*FUT*1 和 *MUC*4 基因遗传变异初析[J].黑龙江畜牧兽医,(2):55-61.
[44] 李飞鸣,李霞,黄仁志,等,2018.发酵桑饲料对宁乡土杂猪生长性能与屠宰性能及肉品质的影响[J].蚕业科学,44(6):929-935.
[45] 李凤娥,熊远著,邓昌彦,等,2000.猪品种间 *ESR* 基因 PCR-RFLP 的初步研究[J].华中农业大学学报,19(1):37-39.
[46] 李华南,2017.大白猪和清平猪分娩启动过程中 miRNA 表达分析和 miR-144 功能研究[D].武汉:华中农业大学.
[47] 李良华,武华玉,徐小娟,等,2013.湖川山地猪(恩施黑猪)资源之开发利用[J].中国猪业,(S1):101-103.
[48] 李旺东,陈辉,张彬,2018.杜仲提取物对宁乡猪胴体性状和肉品质的影响[J].养猪,(5):57-61.
[49] 李玉莲,吴买生,谭红,等,2020.沙子岭猪及不同杂交组合繁殖性能比较[J].养猪,(5):70-72.
[50] 李正双,2003.大围子猪不同杂交组合性能比较试验[J].湖南畜牧兽医,(2):8-10.
[51] 梁子安,王庆林,符君健,2002.野猪与南阳黑猪杂交试验初报[J].河南农业科学,(8):39-40.
[52] 林丽,王志刚,刘榜,等,2001.利用 5 个多态蛋白(酶)位点分析 6 个地方猪品种的遗传结构[J].华中农业大学学报,20(6):511-515.
[53] 刘臣华,鲁修琼,2000.清平猪短妊娠期特性的研究[J].中国畜牧杂志,36(6):36-37.
[54] 刘臣华,赵青松,李瑞姣,等,2015.清平猪短妊娠期遗传力与繁殖性能关系的研究[J].畜牧与兽医,47(11):58-61.
[55] 刘峰,2005.*HDAC*1 基因、*PIT*1 基因与猪部分经济性状相关性研究[D].长沙:湖南农业大学.

[56] 刘国平，刘健，杨小林，等，2018. 链球菌2型对恩施黑猪和美系纯种长白猪的致病性研究[J]. 中国动物传染病学报，26(1)：71-76.
[57] 刘洪斌，王清义，竹学军，1992. 淮南猪三元杂交育肥效果的研究[J]. 信阳农专学报，(1)：39-42.
[58] 刘倩，2013. 皮特兰与清平猪PAM细胞感染PRRSV前后miRNA表达谱分析[D]. 武汉：华中农业大学.
[59] 刘强，闵成军，彭增起，等，2011. 大理石花纹评分与淮南猪背最长肌感官特性的关系研究[J]. 食品科技，36(4)：97-101.
[60] 刘鑫，2004. 猪 *IGF*-Ⅱ基因与部分生长、胴体性状相关性的研究[D]. 长沙：湖南农业大学.
[61] 刘正综，杨国勋，1990. 用饲料酵母代替国产鱼粉饲喂幼猪试验[J]. 养猪，(2)：4-5.
[62] 刘芝芳，潘丽娜，赵丽娜，2011. 猪的品种介绍——别具特色的地方猪品种(二)[J]. 黑龙江畜牧兽医(综合指导版)，(3下)：63-66.
[63] 柳小春，肖调义，何伟光，等，2009. 猪生长及胴体3个相关基因座遗传效应[J]. 中国农业科学，42(2)：742-747.
[64] 鲁云风，雷霆，姚航航，等，2018. 杜洛克与南阳黑猪杂交试验研究[J]. 养猪，(3)：55-56.
[65] 鲁云风，张晓娜，曾涛，2017. 南阳黑猪肉质性状相关基因筛选[J]. 黑龙江畜牧兽医，(9下)：61-63.
[66] 鲁云风，张晓娜，张征田，2017. 南阳黑猪和大白猪脂肪酸分析及其综合评价[J]. 中国畜牧兽医，44(4)：1032-1036.
[67] 马海明，2005. 猪4个新基因的分离、物理定位及 *MyoG* 基因SNP研究[D]. 长沙：湖南农业大学.
[68] 苗志国，郭丽萍，魏攀鹏，等，2018. 南阳黑猪与长白猪肉品质的差异性研究[J]. 黑龙江畜牧兽医，16(1)：53-56.
[69] 苗志国，魏攀鹏，柳东阳，等，2019. 南阳黑猪与长白猪肉品质差异的机制研究[J]. 江苏农业科学，47(11)：215-217.
[70] 苗志国，谢红兵，王永强，等，2018. 淮南猪与长白猪脂肪代谢酶及脂联素的发育差异[J]. 贵州农业科学，46(1)：61-63.
[71] 彭刚，2019. 猪 *MC1R*、*ASIP*、*TYR*、*TYRP*1 和 *SLC*45*A*2 基因多态性及其与毛色相关性研究[D]. 武汉：华中农业大学.
[72] 彭孟德，侯德兴，尹镇华，1984. 大围子猪长白猪及其杂种猪的血清蛋白电泳分析[J]. 湖南农学院学报，(3)：89-91.
[73] 彭孟德，尹镇华，侯德兴，1987. 大围子猪染色体核型分析[J]. 湖南农学院学报，6(S1)：125-129.
[74] 彭孟德，1984. 宁乡猪、大围子猪血清蛋白质薄膜电泳分析初报[C]. 宁乡猪育种资料选编. 宁乡：宁乡县畜牧水产局.
[75] 彭英林，2007. 基因型与营养互作及其对猪肉质影响的研究[D]. 长沙：湖南农业大学.
[76] 彭珍，张维旭，周炼，等，2015. 恩施黑猪胴体与肉质性状测定及性状间相关分析[J]. 猪业科学，32(9)：126-130.
[77] 秦龙山，邢月腾，张杨，等，2017. 半胱胺对宁乡猪胴体性状和肉品质的影响[J]. 动物营养学报，29(9)：3325-3330.
[78] 秦龙山，邢月腾，张杨，等，2017. 半胱胺对宁乡猪血清生化指标和肝脏脂肪代谢的影响[J]. 动物营养学报，29(11)：3987-3993.
[79] 冉凯，2013. "恩施黑猪"地方猪种保护与利用初探[J]. 中国畜禽种业，(7)：49-50.
[80] 冉茂良，2017. 猪睾丸组织发育过程中差异表达基因和microRNA的鉴定及功能研究[D]. 长沙：湖南农业大学.
[81] 任广志，陈斌，李鹏飞，等，2006. 淮南猪新品系初产母猪泌乳性能的研究[J]. 中国畜牧杂志，(11)：9-11.

[82] 任广志，李维铎，李鹏飞，等，2005. 淮南猪新品系生长性状的选育研究[J]. 河南农业大学学报，(1)：98-101，126.

[83] 任慧波，杜丽飞，朱吉，等，2011. 宁乡猪种质特性调查与研究[J]. 养猪，(6)：57-61.

[84] 任慧波，张星，罗漩，等，2015. 大围子猪种质资源保护与开发利用现状[J]. 猪业科学，32(11)：124-126.

[85] 施启顺，柳小春，邓厚泉，等，1984. 应用多元回归方程和列线图估测宁乡猪瘦肉量的探讨[C]. 宁乡猪育种资料选编. 宁乡：宁乡县畜牧水产局.

[86] 施启顺，柳小春，李元春，等，1984. 宁乡猪数量性状遗传规律的研究Ⅱ. 繁殖性状[C]. 宁乡猪育种资料选编. 宁乡：宁乡县畜牧水产局.

[87] 苏建，王玲玉，马海明，2017. 宁乡猪肉质性状相关基因 *SLC13A5* 多态性研究[J]. 国外畜牧学(猪与禽)，37(4)：53-54.

[88] 谭毓平，吴买生，易建军，等，2003. 沙子岭猪肥育性能与肉质特性研究[J]. 家畜生态，(4)：19-21.

[89] 谭毓平，吴买生，易建军，等，2004. 沙子岭猪肉质性状与肉的成分测定[J]. 家畜生态，(1)：17-19.

[90] 汤文杰，孔祥峰，刘志强，等，2008. 日粮不同蛋白质水平对肥育宁乡猪养分消化率和氮能代谢的影响[J]. 动物营养学报，20(4)：458-462.

[91] 王璟，白献晓，张家庆，等，2016. 去势对淮南猪皮下脂肪 PPAR 信号通路基因表达量的影响[J]. 华北农学报，2016，31(2)：92-97.

[92] 王璟，滑留帅，陈俊峰，等，2019. 去势对淮南公猪背最长肌转录组的影响[J]. 畜牧兽医学报，50(9)：1746-1758.

[93] 王明宇，张晨，薛亚辉，等，2019. 豫西黑猪与确山黑猪体尺指标、屠宰性能、肉品质及血液指标比较分析[J]. 中国畜牧兽医，46(7)：1935-1944.

[94] 王清义，陈伟基，龚泽沅，等，1991. 淮南猪数量性状遗传规律的研究——肥育与胴体性状[J]. 豫南农专学报，(2)：37-42.

[95] 王清义，1995. 淮南猪数量性状遗传特性的研究Ⅰ. 繁殖性状[J]. 信阳师范学院学报(自然科学版)，(1)：99-104.

[96] 王文策，褚武英，石常友，等，2008. 宁乡猪生长激素基因的克隆及其原核表达载体的构建[J]. 安徽农业科学，36(14)：5796-5797.

[97] 王文策，翟双双，耿梅梅，等，2016. 重组宁乡猪生长激素真核表达质粒(pCI-GH-EGFP)的构建及其在 Vero 细胞中的表达[J]. 黑龙江畜牧兽医，(7上)：86-89，277.

[98] 王燕，2010. 湖南大围子猪 *SLA-DR* 基因克隆及其生物信息学分析[D]. 长沙：中南大学.

[99] 魏麟，陈斌，黎晓英，等，2011. 猪 *TLR6* 基因 *Msp* Ⅰ 多态性与生长性状相关性研究[J]. 中国农学通报，27(11)：5-9.

[100] 魏炜，2010. 长白与新清平杂交商品猪适宜赖氨酸和消化能水平的研究[D]. 武汉：华中农业大学.

[101] 吴林慧，孙琦，王荔茹，等，2019. 恩施黑猪基因组群体遗传学参数的估计与选择信号研究[J]. 畜牧兽医学报，50(3)：485-494.

[102] 吴买生，崔建军，王思训，等，2002. 沙子岭猪三元杂交组合生产性能比较试验[J]. 黑龙江动物繁殖，(1)：6-8.

[103] 吴买生，刘伟，张善文，等，2013. 沙子岭猪及二元杂种母猪繁殖性能测定报告[J]. 猪业科学，30(9)：100-101.

[104] 吴买生，杨仕柳，罗强华，等，2008. 沙子岭猪肥育性能测定报告[J]. 猪业科学，(3)：98-100.

[105] 吴买生，周健发，崔建军，等，2001. 沙子岭猪不同杂交组合繁殖性能比较试验[J]. 家畜生态，(3)：14-16.

[106] 吴买生，周健发，崔建军，等，2001. 沙子岭猪不同杂交组合肥育性能比较试验[J]. 家畜生态，(4)：

19-21,38.
[107] 吴买生,1993.湖南地方猪种聚类分析[J].当代畜牧,(1):28-29.
[108] 吴买生,2000.沙子岭公猪生长发育及精液品质测定报告[J].家畜生态,(3):25-28.
[109] 吴买生,2009.沙子岭猪保护与开发利用思路[J].猪业科学,26(11):46-48.
[110] 夏华强,2004.*HSL* 基因外显子I多态性及 *MC4R* 基因与猪经济性状相关性研究[D].长沙:湖南农业大学.
[111] 向德标,姚元枝,伍福,2005.半胱胺对宁乡猪肥育后期生产性能的影响[J].怀化学院学报,(2):76-78.
[112] 向宇,李宗明,李佳萍,等,2015.恩施黑猪血液指标测定分析及和 CXCR4 基因多态性的关联分析[J].猪业科学,32(7):130-132.
[113] 肖翚,2010.PRRSV 对断奶仔猪生产性能和免疫力相关指标的影响[D].武汉:华中农业大学.
[114] 谢菊兰,朱吉,孙建帮,等,2010.微卫星与营养互作对宁乡猪肉质影响的研究[C].第五次全国会员代表大会暨养猪业创新发展论坛论文集:518-519.
[115] 徐克学,1987.中国猪种的定量分析Ⅰ.猪种的类型和地理分布[J].畜牧兽医学报,18(2):73-78.
[116] 徐秋良,段广莹,张潇,等,2020.淮南猪线粒体 DNA D-loop 遗传多样性及母系起源研究[J].中国畜牧杂志,56(1):95-100.
[117] 徐秋良,王绿阳,梁忠涛,2020.淮南猪酸肉基因的多态性分析[J].畜牧与兽医,52(4):15-18.
[118] 许栋,曾勇波,曾青华,等,2019.宁乡猪线粒体 DNA 全基因组研究[J].国外畜牧学(猪与禽),39(2):26-28.
[119] 许振英,1989.中国地方猪种种质特性[J].杭州:浙江科学技术出版社.
[120] 杨攀,许栋,马海明,2016.不同猪种肉质相关基因 FTO 多态性研究[J].国外畜牧学-猪与禽,36(2):45-46.
[121] 杨仕柳,戴求仲,朱吉,等,2007.壳聚糖饲用微生物粉剂喂猪试验[J].饲料研究,(4):48-51.
[122] 杨仕柳,李述初,朱吉,等,2007.宁乡猪生长肥育性能研究[J].养猪,(3):9-11.
[123] 杨志军,2008.清平猪部分种质特性的研究[D].武汉:华中农业大学.
[124] 姚克喜,张一君,许栋,等,2016.宁乡猪肉质性状相关氟烷基因 Hal 多态性研究[J].国外畜牧学(猪与禽),36(11):24-25.
[125] 姚克喜,2018.采用 DNA 条形码技术鉴定宁乡猪个体身份的研究[D].长沙:湖南农业大学.
[126] 叶建伟,乔瑞敏,韩雪蕾,等,2018.确山黑猪及其杂交后代屠宰性能分析[J].家畜生态学报,39(4):38-42.
[127] 郁元年,邢月腾,李晨燕,等,2018.亚麻油对宁乡猪生长性能、胴体性状和肉品质的影响[J].动物营养学报,30(10):3875-3881.
[128] 张晨,王明宇,叶建伟,等,2018.确山黑猪种质资源的亲缘关系研究[J].家畜生态学报,39(11):17-19.
[129] 张晶,陈修栋,王善强,等,2011.淮南猪品种遗传特异性的 AFLP 分析[J].中国畜牧兽医,38(5):130-133.
[130] 张兴,吴买生,向拥军,等,2016.沙子岭猪与巴沙猪育肥性能与胴体品质的比较研究[J].猪业科学,33(10):130-132.
[131] 张杨,2017.紫苏籽和杜仲提取物对宁乡猪生长性能及肉品质的影响[D].长沙:湖南农业大学.
[132] 张一君,王玲玉,马海明,2016.宁乡猪肉质相关 *Wnt*106 基因多态性研究[J].国外畜牧学-猪与禽,36(11):23-24.
[133] 张永红,2005.猪 UCP3 基因多态性与生长性状相关性的研究[D].长沙:湖南农业大学.
[134] 赵书强,姜肖军,王明成,等,2019.确山黑猪改良后代耐粗饲性能及其生化机理研究[J].畜牧科

学，(16)：72-75.

[135] 赵拴平，王睿琪，唐中林，等，2012. 3 个地方品种猪血液生化指标分析[J]. 中国畜牧兽医，3(2)：96-100.

[136] 郑军，刘臣华，李瑞蛟，等. 2007. 清平猪不同配套杂交组合生产性能比较试验[J]. 湖北畜牧兽医，(9)：10-11.

[137] 周利华，任冬仁，李琳，等，2010. 利用大规模 F_2 及 F_3 群体研究猪小肠长度及其生长发育性状的相关性[J]. 畜牧与兽医，42(4)：28-31.

[138] 周鑫，张晶，柴保国，等，2010. 淮南猪遗传特异性的 RAPD 分析[J]. 中国畜牧兽医，37(9)：138-142.

[139] 朱昌友，韩安勤，黄彬，等，2016. 湖北清平猪的现状及开发利用[J]. 养殖与饲料，(10)：82-84.

[140] 朱代清，于健龙，郭文丹，2018. 恩施黑猪发展现状、问题及建议[J]. 湖北畜牧兽医，39(5)：43-45.

[141] 朱吉，孙建帮，彭英林，等，2011. 部分湖南地方猪种的聚类分析[J]. 湖南畜牧兽医，165(5)：8-12.

[142] 朱吉，杨仕柳，孙建帮，等，2007. 部分湖南地方猪种的肉质分析[J]. 养猪，(5)：65-67.

[143] 朱良瑞，王家圣，杨军，等，2013. 清平猪杂交组合胴体品质和肉质性状相关分析[J]. 畜牧与兽医，45(11)：39-41.

[144] 朱耀武，陈宇光，罗佳捷，2015. 重组猪脂联素对沙子岭猪屠宰性能的影响[J]. 湖南饲料，(4)：32-33.

[145] 邹艳，2015. 果寡糖对宁乡仔猪生长影响的研究[D]. 长沙：湖南农业大学.

[146] 左晓红，赵迪武，吴买生，等，2011. 沙子岭猪与巴沙、汉沙杂交猪肉质特性的研究[J]. 猪业科学，28(6)：100-103.

[147] Yang H, Xu X, Ma H, et al, 2016. Integrative analysis of transcriptomics and proteomics of skeletal muscles of the Chinese indigenous Shaziling pig compared with the Yorkshire breed [J]. BMC Genomic Data, 17(80)：1-13.

[148] Qiao M, Wu H, 2012. Imprinting analysis of porcine DIO3 gene in two fetal stages and association analysis with carcass and meat quality traits [J]. Mol Biol Rep, (39)：2329-2335.

第6章 华南地区地方猪种质资源特性研究

6.1 陆川猪

陆川猪品种原产于广西壮族自治区东南部的陆川县，与广西壮族自治区的福绵猪、公馆猪和广东省的小耳花猪归并称为“两广小花猪”（王林云，2012），其地域范围包括陆川境内的全部14个乡镇。1982年陆川猪被收录进入《中国家畜品种志》，1987年被载入《广西畜禽品种志》，2000年被农业部列入《国家级畜禽品种资源保护名录》，2010年陆川猪品种获评“中华人民共和国农产品地理标志”，地域保护范围为陆川县境内的温泉镇、大桥镇、横山乡、乌石镇、滩面乡、良田镇、清湖镇、古城镇、沙坡镇、米场镇、沙湖乡、马坡镇、珊罗镇、平乐镇等14个乡镇。

据2006年调查（李琼华，2010），陆川猪有保种场2个，其中1个在陆川县良种猪场内，存栏陆川母猪200多头，种公猪15头（6个血缘）；另1个在南宁市郊广西壮族自治区畜牧研究所内。陆川猪保种区有5个，主要分布在陆川县产区内。广西陆川县良种猪场是国家级两广小花猪（陆川猪）保种场（第一批国家级畜禽遗传资源保种场）。

6.1.1 生产性能

6.1.1.1 繁殖性能研究

谢炳坤等（2015）研究表明，陆川猪母猪窝产仔数为（11.27±2.02）头，窝产活仔数为（10.93±2.12）头，产仔异常数为（1.40±1.30）头，初生窝重（8.59±2.61）kg，28日龄断奶数（9.13±1.85）头，断奶窝重（41.53±9.14）kg。此研究结果与1964年报道比较，断奶日龄有大幅度的缩短，在28日龄和30日龄比较中发现，平均窝重、平均个体重有极大的提升，可能与养猪技术、设施的提升有关。

1. 胎次与繁殖性能的关系

根据2004—2006年度纯种陆川猪的产仔资料，经归类整理得陆川猪不同胎次的平均窝产仔数和平均活仔数（表6-1），建议在饲养陆川猪作为杂交母本时，可适当延长陆川母猪的使用年限（利用期达10～11胎），以最大限度挖掘陆川猪高产仔的遗传潜力（孙俊丽等，2007）。

表6-1 陆川猪各胎次平均窝产仔数和窝活产仔数统计结果

胎次/胎	平均窝产仔数/头	平均窝活产仔数/头
1	10.53±2.55	9.67±2.30
2	11.32±2.53	10.12±2.16
3	11.21±2.72	10.86±2.38
4	11.72±2.63	11.13±2.24
5	12.96±2.46	12.03±2.34

续表 6-1

胎次/胎	平均窝产仔数/头	平均窝活产仔数/头
6	13.34±2.91	12.72±2.53
7	13.82±2.95	12.65±2.34
8	13.73±2.85	12.34±2.79
9	12.43±2.95	11.52±2.58
10	11.58±3.07	11.23±2.70
11	11.27±2.87b	10.43±2.65
12	10.81±3.36	9.37±2.40

来源:孙俊丽等(2007)

2. 性成熟

在性成熟方面,陆川猪公猪 3 月龄就有交配能力,以体重达 40～50 kg 初配为宜。公猪一次采精射精量平均为 121 mL,精子活力 0.86,每毫升精子数 1.135 亿,精液 pH 为 7.2。母猪初次发情在 4～5 月龄,适龄配种宜在 8～10 月龄以后。

据苏家联等(2011)研究发现,陆川猪母猪性成熟较早,母猪 4 月龄卵巢已有成熟滤泡,第 1 次发情平均在 126 日龄,初配时间一般在 6.5(5～8)月龄,在第 2 次或第 3 次发情体重为 40～50 kg 时配种,发情周期 19～22 d,平均 20.6 d,发情持续 2.5～4 d,平均为 54 h,怀孕期平均 113.29 d(110～115 d);陆川公猪性成熟也较早,公猪出生后 3 周开始有爬跨行为,60 d 睾丸组织有精子细胞,90 d 精子已发育成熟,可以进行配种工作,但一般多在 5.5～8 月龄才用于配种,平均 6 月龄体重约 35 kg 时开始配种,采精量 150 mL(95～198 mL),精子活力 0.86,每毫升精子数 1.135 亿,精液 pH 为 7.2,一次配种受胎率达 95% 以上。此研究结论与 1976 年报道基本相同,说明陆川猪在性成熟方面比较稳定。

6.1.1.2 生长性能研究

据报道,陆川猪哺乳仔猪 0～10 日龄时生长速度最快,10～20 日龄时稳定,20～30 日龄时下降,30～60 日龄时又迅速上升;生长育肥猪 2 月龄体重 7.5 kg,10 月龄体重达到 82.79 kg;6 月龄公猪体重 20 kg,母猪 35.15 kg,从 6 月龄以后公猪体重迅速增加,到 18 月龄已超过母猪体重;24 个月龄后,生长开始缓慢, 24 月龄前年平均增长 16～26 kg,陆川猪在 24 月龄时生长发育已基本完成。

据陈清森等(2012)通过广东 GDGXV3.04 自动测定系统测定显示,陆川猪日增重 431 g,料肉比 3.847,与 1964 年报道比较,陆川猪生长速度、料肉比有极大的提升,这与养猪技术、设施、饲料营养水平等的提升有关,而营养水平的提升起到了重要的作用。

1. 不同营养水平对陆川猪生长性能的影响

何若钢等(2013)采用高能量高蛋白组饲料、高能量低蛋白组饲料、低能量高蛋白组饲料和低能量低蛋白组饲料进行 15～30 kg、30～60 kg 和 60～90 kg 陆川猪生长性能研究,结果如下。

15～30 kg 陆川猪在蛋白质水平相同的条件下,高能量水平组日采食量高于低能量水平组,料重比低于低能量水平组;随着能量水平提高,平均采食量、平均增重有所相应地增加,料重比降低;在各不同能量、蛋白质水平之间,平均末重、平均日采食量、平均日增重、料重比均差异不显著。总体来看,第 1 组(高能高蛋)的日采食量、日增重和料重比均优于其他 3 组,说明为 15～30 kg 陆川猪提供较高营养水平的饲粮能相应地提高其生长性能。

30～60 kg 陆川猪组别中，第 1 组(高能高蛋)平均日增重最大，分别比第 2 组、第 3 组、第 4 组提高了 1.42%、2.56%、3.21%；第 1 组(高能高蛋)平均日采食量最少，分别比第 2 组、第 3 组、第 4 组降低了 0.87%、1.72%、2.98%；料重比第 1 组最低，分别比第 2 组、第 3 组、第 4 组降低了 2.12%、4.16%、6.11%。总体来看，30～60 kg 陆川猪饲喂第 1 组饲料(高能高蛋)生产性能最好，在蛋白水平相同的条件下，高能量水平组日采食量高于低能量水平组，料重比低于低能量水平组；平均日采食量、平均日增重随着能量水平的提高相应地增加，料重比降低。

60～90 kg 陆川猪组别中，第 1 组(高能高蛋)综末体重最重，分别比第 1 组、第 3 组、第 4 组提高了 0.28%、2.54%、2.96%，但均差异不显著；第 2 组平均日增重最大，分别比第 1 组、第 3 组、第 4 组提高 1.59%、1.96%、3.03%，但均差异不显著；平均日采食量第 4 组最高，分别比第 1 组、第 2 组、第 3 组提高了 5.50%、3.14%、0.88%，但均差异不显著；料重比第 2 组最低，分别比第 2 组、第 3 组、第 4 组降低了 0.67%、4.71%、6.51%，但均差异不显著。

2. 益生素对陆川猪生长性能的影响

据杨昭远等(2016)研究发现(表 6-2)，在基础日粮中添加 0.05%和 0.10%的益生素对 15 kg 陆川猪日采食量、日增重和料肉比均无显著影响，但试验Ⅰ组、试验Ⅱ组的日采食量、日增重和料肉比均优于对照组，说明益生素能提高陆川猪仔猪的日采食量和生长性能。

表 6-2 益生素对陆川猪仔猪生长性能的影响

项目	对照组	试验Ⅰ组	试验Ⅱ组
动物数量/头	20	20	20
始重/kg	14.63±1.42	15.1±1.56	15.13±1.55
末重/kg	28.87±1.37	29.95±2.70	30.64±1.77
日采食量/g	760.0±23.34	783.75±23.12	803.15±20.29
平均日增重/g	339.04±24.71	353.57±24.51	369.28±21.94
料肉比	2.24	2.22	2.17

资料来源：杨昭远等(2016)

3. 发酵木薯渣蛋白饲料对陆川猪生长性能的影响

据李晓平等(2016)研究发现(表 6-3)，添加不同比例发酵木薯渣蛋白饲料饲喂 18 kg 陆川猪，平均日增重差异显著，料重比差异显著；添加 10% 时，料重比最低，随着发酵木薯渣蛋白饲料添加量的增加，平均日增重、日采食量有下降趋势，且料重比升高。

表 6-3 发酵木薯渣蛋白饲料不同添加量对陆川猪生产性能的影响(Mean±SD)

项目	始重/kg	末重/kg	平均日增重/g	日采食量/(kg/d)	饲料转化率
10%组	18.25±0.06	77.68±0.09	396.2±1.2*	1.88±0.09	4.75±0.08#
20%组	17.73±0.04	74.61±0.03	379.2±0.3	1.83±0.05	4.83±0.07
30%组	18.37±0.09	72.17±0.15	358.67±0.67	1.78±0.09	4.96±0.03

注：上标 *、# 表示同列间差异显著($P<0.05$)。

资料来源：李晓平等(2016)

6.1.1.3 胴体、肉质性能研究

1. 陆川猪不同体重间屠宰性能、肉质性能比较

陈家富等(2012)对 30 kg、60 kg 和 90 kg 体重陆川猪屠宰性能、肉质性能进行研究，结果表明除了瘦肉率、骨率随着屠宰体重的增加而降低外，其他各指标都随着体重的增加而增加。瘦肉率在 3 个体重阶段间差异不显著；骨率 30 kg 屠宰与 60 kg、90 kg 屠宰差异极显著，60 kg 与 90 kg 屠宰差异不显著；宰前体重、胴体重量、头重、肝重、胃重、膀胱重、大肠长度在 3 个体重间差异极显著；屠宰率、6～7 肋处皮厚、脂率在 30 kg 与 90 kg 屠宰差异显著，说明陆川猪在 60 kg 屠宰已经具有较好的屠宰率；胴体长、6～7 肋处膘厚在 30 kg 与 90 kg 屠宰差异极显著，说明陆川胴体长、6～7 肋处腰厚在 60 kg 之后屠宰差异不显著；眼肌面积在 30 kg 屠宰，与 60 kg、90 kg 屠宰差异极显著；眼肌面积在 60 kg 之后屠宰差异不显著；皮率在 3 个体重阶段之间差异不显著；四蹄在 90 kg 屠宰与 30 kg、60 kg 屠宰差异极显著，30 kg 与 60 kg 屠宰四蹄较小；心、肾 30 kg 屠宰与 60 kg、90 kg 屠宰差异极显著，60 kg 与 90 kg 屠宰差异显著；肺、小肠重量 30 kg 屠宰与 60 kg、90 kg 屠宰差异极显著；小肠长度只在 30 kg 与 90 kg 屠宰达差异显著水平；大肠重量在 30 kg 与 90 kg 屠宰达差异极显著水平，在 3 个体重之间差异显著；pH_1、pH_{24}、系水力在个体重阶段间均差异不显著；肉色、opto 值、大理石纹、肌纤维直径在 30 kg 屠宰与 60 kg、90 kg 屠宰差异极显著，60 kg 与 90 kg 屠宰肌纤维直径差异显著；熟肉率在 3 个体重阶段间差异显著；剪切力 30 kg 屠宰与 60 kg、90 kg 屠宰差异显著；肌内脂肪在 3 个体重阶段间差异极显著，背最长肌水分在 30 kg 与 90 kg 屠宰时差异显著。

胴体性状中，除了瘦肉率、骨率随着屠宰体重的增加而降低外，其他各指标都随着体重的增加而增加；随着体重的增加，陆川猪背最长肌、pH_1、pH_{24}、系水力无明显变化规律，肉色、opto 值、大理石纹呈上升趋势，陆川猪肌纤维直径增粗，陆川猪背最长肌肌内脂肪极显著地增加，背最长肌水分含量下降。

2. 不同粗纤维水平日粮对陆川猪胴体性状的影响

何若钢等(2013)对 30 kg 陆川猪饲喂 6.50%、10.50%和 14.50%粗纤维水平日粮，依次记为第 1 组、第 2 组和第 3 组。结果表明，宰前体重、胴体重量、屠宰率、胴体长、眼肌面积、6～7 肋皮厚、胴体瘦肉率随着日粮中粗纤维水平的提高而降低，脂率、6～7 肋处膘厚随着日粮中粗纤维水平的提高有增加的趋势；与第 1 组相比，第 2 组宰前体重差异不显著，第 3 组宰前体重差异显著；与第 1 组相比，第 2 组、第 3 组胴体重量差异显著；与第 1 组相比，第 2 组 6～7 肋处膘厚差异不显著，第 3 组 6～7 肋处膘厚差异显著；与第 1 组相比，第 2 组眼肌面积差异不显著，第 3 组眼肌面积差异显著，其他指标各组间差异不显著；大理石纹评分、肌内脂肪和背最长肌水分影响差异显著，对其他指标影响不显著；与第 1 组相比，第 2 组、第 3 组大理石纹评分差异显著；与第 1 组相比，第 2 组肌内脂肪差异不显著，第 3 组肌内脂肪差异显著；与第 1 组相比，第 2 组背最长肌水分差异不显著，第 3 组背最长肌水分差异显著。

6.1.1.4 抗逆性能研究

何若钢等(2013)对 30 kg 陆川猪饲喂 6.50%、10.50%和 14.50%粗纤维水平日粮，依次记为第 1 组、第 2 组和第 3 组，结果表明各组试验猪间始重、末重差异不显著，平均日增重第 1 组与第 3 组差异显著，料重比第 1 组与第 3 组差异显著。一般认为生长肥育猪日粮中粗纤维水平超过 7%将抑制猪的生长，但陆川猪日粮中粗纤维由 6.50%提高到 10.50%，对陆川猪的

平均日增重和料重比的影响不显著，说明陆川猪有较高的耐粗饲能力。

6.1.2 基础研究

6.1.2.1 繁殖性能相关研究

现代分子生物学技术飞速发展，已成为畜禽遗传育种与繁殖工作中不可缺少的重要手段。利用分子生物学技术加快广西陆川猪的遗传育种工作，开发其繁殖潜力，已取得了巨大的进展。有研究人员采用PCR-SSCP技术进行单核苷酸多态性检测，结果发现1个SNP位点，*CC*基因型个体的断奶重和平均日增重明显要高于*TT*基因型和*CT*基因型；瘦素基因3 469位点多态性与陆川猪的断奶重和平均日增重呈显著相关，由此初步认为瘦素基因可能是影响陆川猪生产性状的主要候选基因之一，瘦素基因外显子2基因型效应能够显著影响陆川猪头胎和头4胎平均的总产仔数和产活仔数；胰岛素样生长因子1基因外显子3座位的基因型效应能够明显影响陆川猪的断奶重和平均日增重；胰岛素样生长因子2基因外显2座位的基因型效应显著影响陆川猪的初生重和平均日增重；瘦素受体基因、雌激素受体基因、促卵泡素β亚基和催乳素受体基因可能是影响广西陆川猪产仔性状潜在的遗传标记（黄艳娜，2014）。

黄明光等（2016）以陆川猪、长白猪和杜洛克猪为研究对象，采用常规方法检测新鲜精液的精子活力、活率及畸形率，应用半定量RT-PCR技术检测精子黏附蛋白基因家族mRNA的表达，最后采用单因素方差分析法分析数据之间差异的显著性。结果表明，陆川猪的精子活力及活率与长白猪、杜洛克猪差异不显著，但是精子畸形率极显著低于2种外来猪种；陆川猪精子黏附蛋白基因家族中仅*AQN*1基因mRNA表达水平显著低于杜洛克猪，其余与长白猪、杜洛克猪之间无显著差异，长白猪精液中精子黏附蛋白基因家族的*AQN*3、*AWN*和*PSP*-Ⅱ基因mRNA表达水平显著或极显著高于杜洛克猪，由此认为不同猪种精子黏附蛋白基因家族mRNA表达水平存在明显差异，但与精子活力、活率及畸形率等精液质量指标的高低没有规律性的关联。

谢婉等（2018）对陆川猪黑皮质激素受体4（MC4R）基因进行克隆及相关信息学分析，结果表明，*MC4R*基因CDS区长999 bp，编码332个氨基酸，与NCBI上公布的野猪*MC4R*基因序列中的CDS区存在4个碱基差异，其中175 bp和906 bp处为同义突变，110 bp和278 bp处为错义突变，分别引起第37位谷氨酸变为甘氨酸和第93位缬氨酸变为丙氨酸；同源性比对结果发现，*MC4R*基因在不同物种及进化的过程中具有较高的保守性；陆川猪MC4R蛋白有明显的疏水区域，不存在信号肽，但有7个跨膜结构域，其编码蛋白的二级结构元件有α-螺旋、延伸链、β-转角和无规则卷曲；修饰结构预测表明，MC4R蛋白存在多处N糖基化位点，但无糖基化位点，可能主要分布于内质网和囊泡。

6.1.2.2 生长性能相关研究

张冰等（2013）对陆川猪和大白猪胰岛素样生长因子2基因多态性与生长性状的关系进行了研究，以期为猪生产性状标记辅助选择候选基因的选择提供理论依据。结果表明，*IGF*2基因对陆川猪和大白猪初生重、平均日增重影响均显著，对断奶重的影响在大白猪上显著，在陆川猪上不显著，可作为用于育种实践的分子遗传标记。同时，在对*IGF*1基因研究中发现，其对陆川猪和大白猪的断奶重和平均日增重影响显著，对初生重影响不显著。

黄艳娜等（2016）在对陆川猪肌肉生长抑制素（MSTN）基因与陆川猪肌肉生长发育及脂肪

沉积的相关性研究中发现，陆川猪 *MSTN* 基因编码区 1 128 bp，与约克夏、汉普夏、杜洛克、梅山猪、藏猪、广西巴马小型猪的基因同源性均在 99.8%以上；陆川猪 *MSTN* 基因第 294 位点存在特有的碱基 G，但未引起氨基酸改变；蛋白质二级结构预测结果表明，陆川猪的 MSTN 成熟肽包含有 α-螺旋、β-转角、延伸链和无规卷曲 4 种二级结构元件，认为 *MSTN* 基因高度保守，可作为研究陆川猪肌肉生长发育和脂肪沉积的候选基因之一。

在对陆川猪肌细胞生成素（MyoG）研究中，陆川猪 *MyoG* 基因 CDS 长度 675 bp，与 Gen Bank 报道的野猪同源性达到 99.9%，与藏猪同源性为 99.6%，与五指山猪、延安猪、荣昌猪、梅山猪的同源性为 99.6%以上。陆川猪 *MyoG* 基因 CDS 第 642 位点存在 T→C，并发现碱基 C 是其特有的，但是没有导致氨基酸突变，陆川猪 *MyoG* 蛋白质二级结构包含 1 个环、2 个螺旋，说明猪 *MyoG* 基因高度保守，可将 *MyoG* 基因作为陆川猪肌肉生长发育主要候选基因之一（黄艳娜，2014）。

程晓芳（2016）等对陆川猪脂联素（AdipoQ）基因研究中发现，*AdipoQ* 基因 CDS 区长为 732 bp，可编码 242 个氨基酸，分子量为 26 400.7 Da；信号肽预测显示陆川猪 AdipoQ 蛋白含有编码 17 个氨基酸的信号肽，这一预测结果也印证了前人的研究，进一步证实了脂联素为一种分泌蛋白的说法；与长白猪、大白猪、广西巴马小型猪、梅山猪 *AdipoQ* 基因 CDS 区进行序列比较发现不同猪种间略有差异，而同源性均达 98.9%以上，认为 *AdipoQ* 基因能够调控陆川猪脂肪沉积和肌肉生长发育。

6.1.2.3 肉质性状相关研究

邓洛娜等（2018）对杜洛克和陆川猪脂肪组织基因组 DNA 甲基化分析中发现，杜洛克猪甲基化水平更高，共筛选出 792 个差异甲基化基因，对其进行 GO、KEGG 富集分析得到其主要影响细胞内组分、结合和生物学调控等生物学过程，参与了细胞内吞、MAPK 信号通路及钙离子信号通路等与脂肪代谢相关的通路，可以为优质、高效的猪肉生产提供参考数据。

焦迪等（2019）对陆川猪背最长肌围脂滴蛋白 5（PLIN5）基因研究中发现，*PLIN*5 基因编码区序列长度为 1 377 bp，编码 458 个氨基酸，与野猪 *PLIN*5 基因序列中的编码区存在 4 个碱基差异，均为错义突变；PLIN5 蛋白不存在信号肽，没有跨膜结构域，不存在 N 糖基化位点；二级结构中 α-螺旋占 47.16%，无规则卷曲占 43.67%，延伸链占 9.17%；*PLIN*5 基因在不同物种及进化过程中具有较高的保守性。*PLIN*5 基因有望为降低陆川猪脂肪含量、提高瘦肉率做出贡献。

关志惠等（2017）对陆川猪脂酰辅酶 A 氧化酶 1（ACOX1）基因进行生物信息学分析中发现，陆川猪 *ACOX*1 基因 CDS 全长 1 986 bp，编码 661 个氨基酸；*ACOX*1 基因在不同物种及进化的过程中具有高度保守性，陆川猪 ACOX1 蛋白没有信号肽，没有形成跨膜结构，认为 *ACOX*1 基因影响陆川猪脂肪沉积及代谢。

杨芳等（2016）在对陆川猪与杜洛克猪正反交 F_1 及其亲本陆川猪肌内脂肪含量和 *UCP*3 基因表达差异研究中发现，在眼肌面积、肌内脂肪含量和 *UCP*3 基因 mRNA 表达量上均差异显著，且正反交 F_1 均遗传了杜洛克猪体型大、陆川猪肌内脂肪含量高的优势，*UCP*3 基因的表达量与眼肌面积呈极显著负相关，与肌内脂肪含量呈极显著正相关，认为 *UCP*3 基因可作为影响猪脂肪性状的主效基因。

朱麒等（2019）在对陆川猪生肌调节因子（Myf5）基因研究中发现，陆川猪 *Myf*5 基因 CDS 全长为 768 bp，与香猪 *Myf*5 基因 CDS 的同源性为 99.6%，第 205 位点的 C→A，导致亮氨酸突变为蛋氨酸；陆川猪 Myf5 蛋白氨基酸组成中丝氨酸含量最高，占氨基酸总数的 13.7%；陆川猪背最长肌 *Myf5* 基因相对表达量表现为 30 日龄时最高，在 30～240 日龄呈下降趋势，240～300 日龄呈上升趋势，认为 *Myf5* 基因表达影响陆川猪优质肉质形成。

邓章超等(2019)在对陆川猪二脂酰甘油酰基转移酶 2(DGAT2)基因研究中发现，陆川猪 *DGAT2* 基因 CDS 序列长度为 1 086 bp，DGAT2 蛋白由 361 个氨基酸组成，*α*-螺旋占比 39.34%，无规则卷曲占比 43.21%，延伸链占比 17.45%；150 日龄陆川猪背最长肌中 *DGAT2* 基因相对表达量极显著高于同日龄的杜长大猪，认为 *DGAT2* 基因可作为陆川猪肌内脂肪沉积主要候选基因之一。

6.1.2.4 抗逆性研究

1. 耐热性研究

黄建芳等(2015)在对陆川猪热休克蛋白 27(HSP27)基因研究中发现，陆川猪 *HSP27* 基因编码区全长 624 bp，存在 1 个位点发生碱基突变，编码 207 个氨基酸，与野猪的亲缘关系最近，其成熟肽包含 *α*-螺旋、*β*-转角、延伸链和无规则卷曲，认为 *HSP27* 基因表达与陆川猪耐热性能具有一定的相关性。此外，在对陆川猪热休克蛋白 90(HSP90)基因研究中发现，陆川猪 *HSP90* 基因编码区序列长 2 202 bp，编码 733 个氨基酸，与野猪氨基酸同源性为 100.0%，陆川猪 HSP90 蛋白 N 端有 1 个 HATPasec 超家族(superfamily)保守结构域，C 端最末端有一个 MEEVD 保守序列，氨基酸序列中存在 5 个 HSP90 家族特有保守信号区，认为猪 *HSP90* 基因高度保守，可作为研究陆川猪抗热应激的候选基因之一。

2. 抗病性研究

吕其壮(2018)等在对猪病毒性免疫抑制病在纯种陆川猪群中的流行情况研究中发现，陆川猪群中普遍存在病毒性免疫抑制病，尤其以猪圆环病毒 2 型(PCV2)与其他病原混合感染类型为主，提示 PCV2 将是今后陆川猪群疫病防控的重点，认为陆川猪与其他猪种在对病原体的易感性方面可能存在差异，PCV2 和猪繁殖与呼吸综合征病毒(PRRSV)为主要病原体。

李莹莹(2014)在对陆川猪猪呼吸道疾病综合征(PRDC)，即猪圆环病毒 2 型(PCV2)、猪肺炎支原体(Mhp)、猪繁殖与呼吸综合征病毒(PRRSV)、猪链球菌(SS)、猪附红细胞体(*E. suis*)、副猪嗜血杆菌(HPs)、猪传染性胸膜肺炎放线杆菌(APP)以及猪细环病毒(TTSuV)等疾病的流行情况研究中发现，陆川猪普遍存在 PRDC 的相关病原感染，但各阶段猪群之间 PRDC 的感染状况不尽相同，同时分离到具有感染性的两株 PCV2 毒株，分别命名为 LCa 株和 LCb 株。

黎珂钰等(2015)在对陆川猪猪肺炎支原体(Mhp)地方流行毒株的黏附因子 P97 基因研究中发现，陆川猪 Mhp 流行毒株变异使其毒力和黏附能力增强，再加上陆川猪呼吸道短小狭窄的特殊结构，更易导致广西陆川猪猪支原体肺炎的发生。李婷婷等(2018)在对陆川猪免疫抑制性疾病的感染状况研究中发现，猪肺炎支原体(Mhp)、大肠杆菌(*E. coli*)、猪附红细胞体(*E. suis*)感染最为严重，认为陆川猪中普遍存在免疫抑制病病原感染且以混合感染为主，其中 Mhp 和 *E. coli* 是混合感染的主要病原。

6.1.2.5 其他方面研究

1. 肠道屏障功能研究

瞿秋红等(2019)在对陆川猪 *Occludin* 基因研究中发现，陆川猪 *Occludin* 基因 CDS 为

1 569 bp,共编码 522 个氨基酸,存在 3 个差异位点,其中第 16 bp 处 C→T 为错义突变,引起第 6 位的亮氨酸变成苯丙氨酸,第 1 059 bp 处 A→G 和第 1 218 bp 处 C→T 均为同义突变,该错义突变位点可能是陆川猪肠道屏障功能与其他猪种不同的原因。

2. 毛色研究

许钟峯(2016)在对黑白花陆川猪皮肤毛色形成的分子机制研究中发现,黑色皮肤相对于白色皮肤有 7 个基因表达显著上调,包括 *TYRP1*(酪氨酸酶相关蛋白 1 基因)、*DCT*(*TYRP2*,酪氨酸酶相关蛋白 2 基因)、*TRPM1*(瞬时受体势 M 亚基 1 基因)、*KRT35*、*LOC100524022* 以及 2 个新基因。其中 *TYRP1*、*TRPM1* 只在 Ctrl-Hei 中表达;其次是 *DCT*,它在黑色皮肤组织中的表达量是 Ctrl-Bai 中表达量的 25.57 倍;再次就是 2 个编码角蛋白的基因 *KRT35* 和 *LOC100524022*;黑色皮肤相对于白色皮肤组织有 8 个基因表达显著下调,包括 *S100A7*、*S100A8*、*S100A12*、*S100A9*、*C14H10orf99*、*ARG1*、*LOC100738912* 和 *MMP1*,其 $\log_2$FC 均在 4 和 6 之间,基因的功能主要包括 4 个钙结合蛋白 S100A7、S100A8、S100A12 和 S100A9,1 个基质金属蛋白酶(MMPl)、1 个精氨酸酶(ARG1),认为白色毛皮合成真黑色素相关酶的基因 *TRYP1* 和 *TRYP2* 及黑色素体转移相关的基因 *TRPM1* 均显著下调表达,这可能是导致毛色差异的主要原因。

秦珂等(2017)对陆川猪、4 个华南地方猪种(莆田黑猪、粤东黑猪、大花白猪、巴马香猪)和 3 个外来猪种(杜洛克猪、大白猪、长白猪)研究中发现,大白猪和长白猪 *KIT* 基因内含子 17 的第 1 个碱基发生 G→A 剪接突变,而陆川猪和 4 个华南地方猪种,以及杜洛克猪中 *KIT* 基因型一样,均为野生型的 *GG* 基因型;*MC1R* 基因编码区分析表明,陆川猪和 4 个华南地方猪种在 *MC1R* 基因编码区存在 95Val>Met 和 102Leu>Pro 2 个错义突变;*MC1R* 基因非编码区分析表明,与大白猪、长白猪和杜洛克猪相比,陆川猪和 4 个华南地方猪种 *MC1R* 基因的 5′UTR 分别存在 5～6 个 SNPs,3′UTR 存在 1 个 A 碱基的缺失;对一窝毛色异常的陆川猪仔猪及其亲本的 *KIT* 和 *MC1R* 基因测序中发现,仔猪及其亲本的 *KIT* 基因型均为 *GG* 野生型,仔猪和母本的 *MC1R* 基因均存在 *ED1* 和 *Ep2* 种不同的基因型,父本的 *MC1R* 基因型为 *ED1*,因 *Ep* 对应于皮特兰猪的斑块表型,所以初步判定母本渗入了外来猪种的血统,认为毛色相关基因 *KIT* 和 *MC1R* 基因的基因型与毛色遗传上的分子差异有关。

6.1.3 杂交利用

6.1.3.1 繁殖性能研究

李琼华等(2010)在长陆母猪与杜陆母猪繁殖性能研究中发现,杜陆母猪窝产仔数 11.77 头,长陆母猪 11.05 头,45 日龄断奶头均重杜陆仔猪 6.9 kg,长陆仔猪 5.6 kg。在对长陆、长大陆及杜长大杂交猪繁殖性能研究中发现,含有陆川猪血缘的前长陆、长大陆母猪与杜长大母猪相比,在窝产仔数、30 日龄断奶育成率方面,前者均高于后者,差异显著,由此认为陆川种母猪具备繁殖性能高、适应性强、产仔数多、母性好等特点;而在仔猪初生重及 30 日龄断奶重方面,长陆母猪与长大陆及杜长大母猪相比明显较低,且差异显著(陈秀扬,2014)。

石笛(2014)在对杜洛克与陆川猪正反杂交对后代繁殖性能影响研究中发现,陆川猪窝产仔数最高,为 11.27 头,其次为杜陆猪和陆杜猪,分别为 11.00 头和 10.80 头,这三者之间差异不显著,窝产仔数最低的为杜洛克猪(7.80 头),且与其他三者相比差异显著;杜洛克窝产活仔数最少,为 7.00 头,与杜陆猪、陆杜猪和陆川猪差异显著;杜陆猪 28 日龄断奶数最高,其次为陆川猪和陆杜猪，三者分别高于杜洛克 2.43 头、2.23 头和 2.17 头，且差异都显著。亲本及杂交后代产仔异常数、初生窝重以及 28 日龄断奶窝重差异均不显著，认为杜洛克猪与陆川猪的正反交后代中，杂交后代基本保留了陆川猪高繁殖力的特点，此研究中杜陆母猪繁殖性能与李琼华等(2010)研究结果相近。

6.1.3.2 生长性能研究

早在 20 世纪 80 年代，彭毅等(1982)就开展了陆川猪×阳新猪、阳新猪×陆川猪、枫泾猪×陆川猪、大白猪×陆川猪、长白猪×陆川猪、大白猪×枫泾猪×陆川猪、长白猪×枫泾猪×陆川猪、大白猪×陆川猪×阳新猪和长白猪×陆川猪×阳新猪等杂交模式下生长性能的研究，结果认为在增重速度方面，大枫陆组合为最快，日增重达 603.65 g；认为用大白猪和长白猪作为父本，以陆川猪作为母本，后代表现优于用阳新猪作母本；大枫陆和长枫陆的主要经济性状，如日增重、出肉率及瘦肉率等均表现良好，建议在当时的广济县以大枫陆杂交组合为全县推广的主要杂交组合方案。同一时期，罗振才等(1986)对杜洛克×陆川猪、汉普夏猪×陆川猪、长白猪×陆川猪、杜洛克猪×长白猪×陆川猪、汉普夏猪×长白猪×陆川猪、施格猪×汉普夏猪×陆川猪、长白猪×长白猪×陆川猪等杂交模式下生长性能的研究发现，日增重方面杜陆、汉陆较好，分别为 621 g、595 g；饲料报酬方面则以杜陆、汉陆、杜长陆和汉长陆较好；各杂交组合中杜陆、杜长陆模式较好。

李琼华等(2010)在对杜洛克猪×陆川猪和长白猪×陆川猪杂交猪生长性能研究中发现，杜陆杂交猪平均日增重 736 g，长陆杂交猪 675 g；料肉比方面杜陆 3.76，长陆 4.1。可见杜陆杂交猪生长性能优于长陆杂交猪，日增重提高 88 g，料肉比降低 0.43。陈秀扬(2014)在对长白猪×陆川猪、长白猪×大白猪×陆川猪和杜洛克猪×长白猪×大白猪生长性能研究中发现，长大陆组合与杜长大组合，从 30 日龄育肥至出栏，在平均日增重、料重比等指标均无显著差异，长大陆组合与杜长大组合均优于长陆组合，且差异显著，与 20 个世纪 80 年代报道比较，相同杂交模式下的生长速度、料肉比有所提升，这与养猪技术、设施、饲料营养水平等的提升有关，而营养水平的提升起到了重要的作用。

刘莹等(2018)在对杜洛克×陆川猪和杜洛克×隆林猪×陆川猪杂交模式生长性能研究中发现，杜陆猪的保育出栏重为(17.00±3.73)kg，极显著高于杜隆陆猪的(14.62±2.60)kg，杜隆陆猪从断奶到屠宰期间的平均日增重为(402.23±48.94)g，极显著高于杜陆猪的(366.03±57.86)g。

6.1.3.3 肉质性能研究

石笛(2014)在对杜洛克猪和陆川猪正反交胴体、肉质性能研究中发现，杜陆猪和陆杜猪在胴体重、胴体长以及眼肌面积等方面显著优于陆川猪，且差异显著；屠宰率方面陆杜猪、杜陆猪和陆川猪分别为 74.96%、74.87%和 69.44%，差异显著；瘦肉率方面最低的是陆川猪，为 39.67%，而杂交后代杜陆猪和陆杜猪分别提高了 13.74%和 15.23%，且陆川猪与二者差异显著，陆川猪膘厚为 3.47 cm，杜陆猪和陆杜猪分别比陆川猪低 0.80 cm 和 0.94 cm，差异显著。对杜陆猪和陆杜猪肉质性状分析显示，杂交后代在肉色以及系水力方面差异不大，在嫩度方面陆杜猪所需的剪切力低于杜陆猪，分别为 17.14 N 和 35.93 N，且差异显著。以上结果表明，杜洛克与陆川猪的正反交后代中，杂交后代均弥补了陆川猪体型过小和瘦肉率偏低等缺陷，而陆杜猪肉嫩度则更优于杜陆猪。在对杜陆猪、陆杜猪以及陆川猪背最长肌营养成分进行测定时发现，每 100 g 猪肉中，杜陆猪蛋白质以及水分含量最高，三者灰分含量差异不显著，三者中陆川猪的肌内脂肪含量最高，为 7.57%，其次是陆杜猪，为 7.17%，二者差异不显著，杜陆猪的肌内脂肪含量最低，低于陆川猪 1.15%和陆杜猪 0.75%，且差异均显著。对杜陆猪和陆杜猪背最长肌氨基酸组成和含量进行测定分析中显示，二者除了胱氨酸含量差异显著之外，其他氨基酸总量、必需氨基酸总量、鲜味氨基酸总量、必需氨基酸占氨基酸总量的百分比以及鲜味氨基酸占氨基酸总量的百分比等各项指标差异均不显著，且 17 种氨基酸中含量最高的为谷氨酸，含量最低的为胱氨酸，表明杜洛克与陆川猪正反交后代中，杂交后代的肌肉中氨基酸含量差异不大，但陆杜猪更好地遗传了陆川猪肌内脂肪含量高的特性。

刘明君等(2018)对陆川猪与杜洛克杂交猪的屠宰性能和肉质性状进一步研究中发现，陆杜猪 2 世代 90 kg 活体的胴体瘦肉率达到 54.58%，较 1 世代提高了 8.57%；2 世代平均背膘厚为 2.06 cm，较 1 世代降低了 10.82%；2 世代眼肌面积为 30.85 cm^2，较 1 世代提高了 5.36%；2 世代肌肉水分含量为 74.30%，显著高于 1 世代的 72.37%；2 世代肌内脂肪达到 4.16%，高于 1 世代；陆杜猪 2 世代肌肉剪切力为 30.79 N，较 1 世代下降了 20.46%。由此认为 2 世代的屠宰率、胴体瘦肉率、眼肌面积、肌肉水分、肌内脂肪等指标较 1 世代有所提高，而平均背膘厚、肌肉剪切力则有较大程度降低，这表明世代选育后的陆杜猪具有优良屠宰性能且肉质鲜嫩，适合用于优良肉质猪配套系生产。

刘莹等(2018)在对杜洛克×陆川猪和杜洛克×隆林猪×陆川猪杂交模式屠宰、肉质性能研究中发现，杜陆猪的胴体直长和胴体斜长分别为(78.68±3.78)cm 和(67.14±2.81)cm，均极显著低于杜隆陆猪的(80.55±3.13)cm 和(68.26±2.59)cm；杜隆陆猪校正后的眼肌面积为(31.65±4.29)cm^2，平均值大于杜陆猪的(30.84±6.70)cm^2，但是差异不显著；杜隆陆猪与杜陆猪背最长肌的肉质指标均无显著差异。由此认为，杜隆陆猪具有更快的生长速度和更佳的胴体品质，同时保持了杜陆猪的优良肉质。

（撰稿人：王文涛）

6.2 粤东黑猪

粤东黑猪是广东省现有四大地方猪种之一，由惠阳黑猪、饶平黑猪归并，1983 年统称为粤东黑猪，2006 年 6 月被列入《国家级畜禽遗传资源保护名录》(丘云芳等，2013)。粤东黑猪的中心产区在广东省的潮州市和梅州市，多集中在潮州市的饶平县、梅州市的蕉岭县和惠州市的惠阳区。粤东黑猪可分为饶平、蕉岭和惠阳 3 个地方类群，饶平猪分布在饶平、澄海、惠来等地县，蕉岭猪分布在蕉岭县等地，惠阳猪分布在惠阳、惠东和博罗等地。2006 年据潮州市、梅州市畜牧局调查，梅州市有粤东黑猪 6 000 多头，其中蕉岭县有 4 000 多头；潮州市绿岛生态农业有限公司的东方猪场有粤东黑猪 200 头。近几年粤东黑猪群体已经所剩无几，目前已处于濒危状态。

6.2.1 生产性能

粤东黑猪相关性状的分析比较少，李宝红等(2019)对粤东黑猪(蕉岭系)的屠宰性能及肉质性状进行测定分析，拟更新粤东黑猪相关性状的数据，为今后的保种及利用提供依据。试验随机挑选健康、体重相近的 5 月龄粤东黑猪 8 头，其中母猪 3 头，去势公猪 5 头，均来自国家级粤东黑猪保种场(C4401040)——蕉岭县泰农黑猪发展有限公司。试验采用限制性采食,自由饮水,按照常规免疫程序接种免疫,单列半开放式猪舍,肥育猪小群分栏饲养。日粮粗蛋白质含量15%,消化能水平12.5 MJ/kg。所测的基础数据经过Excel软件处理后,应用SPSS 22.0进行DUNCAN氏法多重比较,数据表示方式均为平均值±标准差,统计显著性水平为$P<0.05$。体尺性状指标测定结果(表6-4)显示,粤东黑猪大小适中,体质结实,结构匀称。去势公猪与母猪在体重相近的情况下,体高、体长、胸围、腹围和管围指标差异均不显著($P>0.05$)。屠宰前平均活重57.56 kg时,体高53.63 cm,体长89.00 cm,胸围90.00 cm,腹围103.38 cm,管围14.88 cm,比引进品种大白猪、长白猪、杜洛克猪小(孟庆利等,2017),界于大型和小型猪之间且体型适中,基本符合品种的体型特点,但与优质瘦肉型猪及培育猪相比,仍需通过选育来改善(李宝红等,2019)。

表6-4 粤东黑猪体尺性状测定

项目	公猪(去势)	母猪	均值
样本数/头	5	3	—
体重/kg	55.10±14.49	61.67±17.37	57.56±10.45
体高/cm	52.80±4.87	55.00±7.81	53.63±5.68
体长/cm	85.60±2.97	94.67±11.59	89.00±8.09
胸围/cm	88.20±3.03	93.00±7.81	90.00±5.37
腹围/cm	103.20±2.68	103.67±10.69	103.38±6.07
管围/cm	14.60±5.48	15.33±2.08	14.88±1.25

资料来源:李宝红等(2019)

屠宰性能研究结果见表6-5。粤东黑猪去势公猪背膘厚高于母猪,瘦肉率低于母猪,肥肉率去势公猪高于母猪,这与谢宝财(2017)、丁月云等(2013)研究性别对关中黑猪、安庆六白猪的结果趋势相一致。性别对粤东黑猪皮率和骨率基本没有影响,粤东黑猪的胴体性能母猪要优于去势公猪。

表6-5 粤东黑猪屠宰性能测定

项目	公猪(去势)	母猪	均值
样本数/头	5	3	—
胴体重/kg	39.22±3.06	44.38±14.98	41.16±8.75
屠宰率/%	71.20±1.24	71.24±4.00	71.22±2.33
皮厚/cm	0.38±10.05	0.47±0.06	0.41±0.06
背膘厚/cm	3.51±0.77	2.81±1.09	3.25±0.90
皮率/%	11.05±2.27	11.20±2.49	11.11±2.17
骨率/%	9.19±1.68	9.75±3.29	9.40±2.19
肥肉率/%	33.09±1.28	27.34±7.56	30.94±5.11
瘦肉率/%	46.67±3.11	51.71±2.26	48.56±3.71

资料来源:李宝红等(2019)

从表6-6可以看出,粤东黑猪母猪大理石纹评分比公猪高,但差异不显著($P>0.05$);去势公猪与母猪在pH、肉色、滴水损失、大理石纹等肉质性状指标无显著差异($P>0.05$)。粤东黑

猪 pH_{45min} 和 pH_{24h} 分别为 6.37 和 5.56，宰后无 PES 肉和 DFD 肉。肉色亮度 L 为 45.70，与杜长大猪及商品猪相近（李玉莲等，2016），红度 a 为 19.01，显著高于引进品种猪及商品猪，符合地方猪种肉色鲜红的特征。粤东黑猪滴水损失达 2.18，系水力优于民猪；大理石纹优于大白猪、长白猪，但比藏猪、民猪、荣昌猪等评分低（姜延志等，2016）。

表 6-6　粤东黑猪肉质性状

项目	公猪（去势）	母猪	均值
样本数/头	5	3	—
pH_{45min}	6.38±0.13	6.37±0.24	6.37±0.16
pH_{24h}	5.58±1.40	5.51±0.10	5.56±0.12
亮度（L）	45.06±2.19	46.78±0.94	45.70±1.95
红度（a）	19.28±1.14	18.56±1.17	19.01±1.13
黄度（b）	2.73±0.48	2.98±0.46	2.82±0.46
滴水损失	2.24±0.26	2.08±0.29	2.18±0.26
大理石纹	2.61±0.80	3.22±0.42	2.83±0.72

资料来源：李宝红等（2019）

许如苏等（2000）采用间接血凝（IHA）试验对粤东地区 8 市县 11 个猪场的 236 份血清进行了猪传染性胸膜肺炎（HP）的血清学调查。结果表明，粤东地区的猪场受猪传染性胸膜肺炎感染严重，有 5 个市县共 6 个猪场阳性率达到 100%，平均阳性率为大猪 90.2%，中猪 94.7%。

6.2.2　基础研究

胰岛素样生长因子 1（IGF1）主要介导生长激素（GH）的启动过程，同时也是机体生长、发育和代谢的一个重要调控因子。研究发现，不同品种猪群体 *IGF*1 基因的核心启动子区 poly T 位点存在多态性，且处于哈迪-温伯格遗传平衡状态（$P>0.05$）；在粤东黑猪群体中分布的有 9*T*、10*T*、11*T* 3 个等位基因，频率分别为 0.333、0.639 和 0.028（张彩红，2016）。罗元宇（2016）利用 Illumina Porcine SNP 60K Bead Chip（包含 65 165 SNPs）数据，对粤东黑猪等 11 个猪种进行连锁不平衡（LD）分析和有效群体大小估计。结果发现，对猪种的 SNP 数据进行质量控制后，粤东黑猪剩余 38 736 SNPs；粤东黑猪相邻标记之间的 r^2 是 0.280；随着标记间距的增加，LD 呈递减趋势，但是某些距离较远的位点间也存在较强的 LD；在标记间距较小时，西方商业猪的 LD 程度要高于华南地方猪，但随着标记间距的增加，西方商业猪的 LD 则逐渐低于华南地方猪。不同猪种的不同染色体之间的 r^2 具有显著性差异。

KIT 和 *MC*1*R* 基因型鉴定研究发现，粤东黑猪等 4 个华南地方猪种，*KIT* 基因型一样，均为野生型的 *GG* 基因型；以海南野猪 *MC*1*R* 基因型作为参考序列，在 *MC*1*R* 基因编码区存在 95Val→Met 和 102Leu→Pro2 个错义突变；与大白猪、长白猪和杜洛克猪相比，*MC*1*R* 基因的 5′UTR 分别存在 5～6 个 SNPs，3′UTR 存在 1 个 A 碱基的缺失（秦坷等，2017）。黄树文等（2018）以广东省现有的 5 个地方猪品种为对象，利用 SNP 芯片进行分型，对比欧洲野猪、亚洲野猪以及 4 个西方商业猪种，对广东省现有地方猪品种的遗传多样性、遗传距离以及群体结构进行分析。结果表明，粤东黑猪、梅花猪及西方商业猪种的遗传多样性高于两广小耳花猪、大花白猪和蓝塘猪；主成分分析以及 Structure 分析表明粤东黑猪与西方猪种遗传距离较近，粤

东黑猪存在西方商业猪种血液的渗入。

（撰稿人：陈赫书）

6.3 五指山猪

五指山猪原产海南岛山区，是当地少数民族饲养的一种小型猪，因体型小，头部尖长，臀部不发达，外观呈两头尖，故群众习惯称为“老鼠猪”。五指山猪具有耐粗饲、抗逆性和抗病力强、早熟、耐近交、耐热、放牧性好、肉质风味独特等优良性状，其不仅具有较高的经济价值，而且是人类医学实验动物理想模型，尤其在人类比较医学和器官移植方面发挥独特作用（李博玲，2013）。

五指山猪 1986 年被收录到《中国猪品种志》，2000 年又被农业部确定为国家级畜禽品种资源保护品种。五指山猪还被列为国家二类重点保护动物，收入由国家环境保护局主持编写的《中国生物多样性国情研究报告》中。截至 2017 年，五指山猪核心群体数量近 600 头，主要分布在相关的保种场、生态养殖场和科研单位。五指山猪国家级畜禽遗传资源保种场有 2 家，分别为中国农业科学院北京畜牧兽医研究所国家级五指山猪保种场和海南五指山猪原种场。

6.3.1 生产性能

6.3.1.1 繁殖性能研究

五指山猪性早熟，母猪 2～3 月龄开始有发情表现，卵巢体积为 0.3 cm^3，是同龄枫泾猪的 1/2；发情后屠宰观察排卵 1～2 枚，妊娠期 115～116 d，乳头 5～6 对，多则 7 对；初产仔 5～6 头，经产 6～8 头；母猪在哺乳期发情占 50%，配种能受孕，公猪早于母猪，80 日龄附睾内有成熟精子，阴茎较长，伸出可达头部（冯书堂，1998）。五指山猪发情比较早，公猪在 80 日龄后附睾内就已经有精子成熟，断奶后 2 个月公猪就已具备繁殖能力，断奶后 30～45 d 就会出现性行为相关举动，5～6 个月到达初配年龄，母猪 3～4 个月便有配种受孕的能力，发情周期 21 d，每次发情时间持续 2～3 d（曹婷，2017）。

1. 繁殖器官生长发育研究

刘明超等（2015）针对不同日龄雌性五指山猪繁殖器官生长发育进行研究，包括卵巢、输卵管和子宫。

（1）卵巢　五指山仔猪在出生时卵巢的重量在 0.012 g 左右，且左、右侧卵巢的重量相差不显著，随着日龄的增长左侧卵巢逐渐生长稍快于右侧卵巢，眼观上差异不可见。五指山猪卵巢重量、长径长、短径长以及厚度在 70 d 时从数据分析看生长变化较大，70 d 左侧卵巢重量是 40 d 的 9.34 倍，长径长是 1.82 倍，短径长是 1.61 倍，厚度则是 1.65 倍，卵巢短径长左、右两侧对比差异显著；70 d 右侧卵巢重量是 40 d 的 9.08 倍，长径长是 1.89 倍，短径长是 1.80 倍，厚度是 1.65 倍。五指山猪 110 d 前左侧卵巢重量比右侧稍大，五指山猪卵巢长径、短径及厚度的增长与日龄增长呈线性相关，而五指山猪重量增长与日龄关系呈指数相关。

（2）输卵管　五指山猪 1 d 输卵管长度在 1.783～1.860 cm，随着日龄的增加，70 d 为 7.570～7.587 cm，110 d 为 11.973～12.103 cm。五指山猪左、右两侧输卵管长度、重量差异不明显，但对两侧输卵管管径的分析表明，右侧输卵管管径 40 d 后的生长强度明显增加，70 d 时超过左侧。13 d 五指山猪输卵管重量是 1 d 输卵管的 1.83～2.17 倍，差异显著；但是 13 d

五指山猪管径与 1 d 相比差异不显著。五指山猪左侧输卵管 13 d 后增重小于右侧，同时大于右侧增长，左、右两侧比较差异不显著，对五指山猪输卵管长度、管径的增长与日龄的关系是线性相关，而重量的增加与日龄呈指数生长。五指山猪生长系数较高，重量、长度、管径的生长系数呈递增模式，指数呈现先减小后增加的趋势。

(3)子宫　五指山猪子宫角从 1 d 开始就保持平稳快速增长，子宫角重量 40 d 时生长迅速。40 d 左侧子宫角重量是 13 d 的 6.21 倍，右侧是 6.00 倍，2 组数据相比差异显著；五指山猪子宫角左、右侧生长速度保持平稳、快速增长，但长度的生长左侧大于右侧，13 d 时差异显著；13 d 与 1 d 左、右两侧子宫角外径的差异不显著。1～110 d 五指山猪子宫体重量在 0.074～18.800 g，40～70 d 五指山猪子宫体重量变化较明显，生长强度较高，40 d 时长度增长是 13 d 的 2.50 倍，生长较快。五指山猪子宫体长度的生长随日龄的增加而增加，呈线性生长模式。13 d 五指山猪子宫体外径是 1 d 的 1.21 倍，差异显著。由重量、长度、外径的生长系数可知，在 70～110 d 五指山猪子宫体生长发育强度较大。

五指山猪左、右两侧的卵巢、子宫、输卵管发育过程差异不显著，生殖器官生长发育强度峰值在 40～70 d，此结论为五指山小型猪种的培育及实验动物模型建立提供参考依据。

2. 泌乳性能研究

艾琴等(2007)针对初产五指山母猪的泌乳性能及泌乳行为进行研究，包括初乳成分、泌乳行为和泌乳量。

(1)初乳成分　五指山猪初乳(≤3 d)中的脂肪、蛋白质、乳糖和总固形物的含量分别为(6.64±0.56)%、(15.25±1.27)%、(1.99±0.15)%和(27.46±1.25)%。

(2)泌乳行为　初生仔猪对乳的需求量较大，表现为母猪较高的泌乳次数、较短的泌乳间隔(仔猪初生时平均每 49 min 泌乳 1 次)及较长的泌乳持续时间(最长达 6 min)。经观察发现，泌乳前期母猪占主导地位，通过其规律性哼叫声诱导仔猪开始采乳；而到后期则是仔猪占主导地位，通过哼叫、拱动母猪腹部等行为促进母猪泌乳。此外，五指山猪在泌乳时分为 3 个行为阶段：开始时的急速拱腹期，促进母猪泌乳；较安静的吮乳期，此时母猪乳房泌乳；对母猪腹部的后按摩期，此时泌乳已近结束。随产后日龄的增加，母猪泌乳次数和泌乳持续时间逐渐减少，表现为泌乳次数第 35 日龄比第 3 和第 13 日龄均少 5.14 次/d，且下午比晚上多 1.46 次，泌乳持续时间第 24 日龄显著短于第 3 日龄，日龄与日泌乳时段对泌乳次数和泌乳持续时间无显著交互作用。

(3)泌乳量　五指山母猪分娩后 0～35 d 的全期泌乳量和日平均泌乳量分别为 31 528.59 g 和 900.82 g，且第 35 日龄泌乳量显著高于第 3 和第 24 日龄泌乳量，日龄与日泌乳时段对泌乳量无显著交互作用。仔猪平均日增重 322.28 g/窝，仔猪初生重 330 g/头，平均初生窝重 957 g，在 35 d 泌乳期内，每窝仔猪每克初生体重的日耗乳量为 0.94 g。以每克初生体重计，在满足仔猪维持和生长需要方面，五指山猪的泌乳量与普通肉用型猪的泌乳量相当，二者间并无明显差异，说明五指山猪泌乳量低是与其初生重低、体型小相适应的，是在长期的自然及人工选择过程中形成的适应性表现。五指山母猪分泌的初乳干物质含量高、乳糖含量低，分娩后泌乳量能充分满足仔猪的维持和生长需要。

3. 五指山猪 3 个品系繁殖性能比较研究

魏立民等(2013)针对五指山猪 3 个品系繁殖性能进行研究，包括产仔数和产活仔数、仔猪的初生重和断奶个体重等。

五指山猪白系的产仔数、产活仔数和畸形率与黑系和乌云盖雪系相比均差异显著。产仔数和产活仔数，乌云盖雪系最多，分别达到 8.75 头和 8.55 头，其次是黑系的 8.60 头和 8.45 头，白系最少，分别只有 6.85 头和 5.80 头；畸形率，白系（15.30%）显著高于乌云盖雪系（2.29%）和黑系（1.74%）。

五指山猪 3 个品系仔猪的初生重和断奶个体重差异均不显著。初生重方面白系最大，达 448.25 g，其次是黑系，为 446.50 g，乌云盖雪系最小，为 435.00 g；断奶个体重方面乌云盖雪系最大，为 4 783.00 g，其次是黑系，为 4 769.00 g，白系最小，仅为 4 352.00 g。

五指山猪 3 个品系的产仔数从高到低依次为乌云盖雪系、黑系、白系，且乌云盖雪系和黑系的产仔数及产活仔数与白系相比均差异显著，但乌云盖雪系和黑系间差异均不显著。3 个品系之间比较，白系初生重最大，而产仔数最多的乌云盖雪系最小，表明五指山猪的初生重与产仔数为负相关，产仔数越少，初生重越大，产仔数越多，初生重越小；黑系和乌云盖雪系断奶个体重差别较小，分别为 4 769.00 g 和 4 783.00 g，而白系最小，仅为 4 352.00 g，这可能与白系受近交衰退的影响导致生长速度降低有关。

6.3.1.2 生长性能研究

五指山猪生长极为缓慢，初生重为（0.33±0.083）kg，1 月龄体重（2.94±0.55）kg，2 月龄体重（5.55±1.3）kg，5 月龄体重（9.75±1.73）kg，6 月龄体重（13.43±3.27）kg，成年猪体重 35 kg 左右（冯书堂，1998）。

1. 不同月龄五指山猪生长发育性能研究

王峰等（2009）对不同月龄五指山猪生长发育性能进行研究，认为五指山猪的 6 月龄体重仅 8.41 kg，30 月龄体重为 24.88 kg，生长速度和体尺指标明显低于我国的其他小型猪种，也明显低于异地保种的测定结果，分析认为五指山猪达到体成熟的时间应在 24 月龄以上。五指山猪的体重、体长、体高和胸围的增长和增加的速度非常缓慢，并且呈现如下趋势：体重增长呈先快后满趋势，并且速度最快的时间出现在 10～14 月龄；而体长和体高在 22 月龄后处于平稳状态，胸围在整个试验期内处于平稳增长状态。五指山猪的 6 月龄体重、体长、体高和胸围分别为 8.41 kg、48.91 cm、31.04 cm 和 42.84 cm，其体重和体尺指标明显小于贵州白香猪，特别是 6 月龄体重相差 3 倍多。

2. 日粮中添加 DDGS 对五指山猪生长性能和血清生化指标的影响

刘海隆等（2015）对日粮中添加 DDGS 对五指山大猪生长性能和血清生化指标进行了研究，DDGS 使用量分别是 22% 和 25%。与饲喂基础饲粮组相比，22% DDGS 组平均增重、平均日增重和料重比差异不显著，25%DDGS 组平均增重和平均日增重显著降低，料重比增加显著；胆固醇、甘油三酯、总蛋白、谷丙转氨酶、谷草转氨酶、葡萄糖各组间差异不显著，血清钙和血清磷的含量略微下降，25%DDGS 组差异显著，血清尿素氮含量呈下降趋势，变化较明显，但各指标均在正常范围内。由此认为，当饲粮中 DDGS 使用水平为 22% 时，对五指山大猪生长性能指标无显著的影响；DDGS 使用量为 25% 时，会显著降低五指山大猪生长性能。

6.3.1.3 胴体、肉质性能研究

1. 五指山猪肉质特性的研究

鲁绯等（2001）针对五指山猪肉质特性，以香猪、北京黑猪为对照，对胴体品质、肉质的感官品质、食用品质以及加工性能进行了研究。

(1)屠宰率指标　五指山猪 (56.00%,3 月龄)与内蒙古香猪(69.60%,2 月龄)之间存在显著差异,五指山猪 (67.27%,12 月龄)和北京黑猪(70.31%,12 月龄)之间存在显著差异。五指山猪比相近月龄的对照猪内蒙古香猪和北京黑猪表现出低的屠宰率,五指山猪在 3 月龄时的屠宰率 56.0%明显低于 12 月龄时的屠宰率 67.27%;12 月龄的五指山猪的后腿比例为 27.71%,与 12 月龄北京黑猪(32.00%)以及大约克猪(31.44%)的后腿比例相比,有极显著差别,说明五指山猪的后腿发育欠丰满;相近月龄的五指山猪的体重(10.40 kg)高于 2 月龄的香猪(5.60 kg),而其皮厚(0.17 cm)、膘厚(0.28 cm)要小于香猪(分别为 0.28 cm 和 0.92 cm),且差异极显著,表现出皮薄、膘少的特点;12 月龄的五指山猪的体重(46.00 kg)远远小于同月龄的北京黑猪(90.00 kg),但其眼肌面积(34.28 cm^2)却极显著高于北京黑猪(28.20 cm^2);12 月龄的五指山猪的瘦肉率(62.16%)显著高于北京黑猪(12 月龄、58.82%),极显著高于内蒙古香猪(6 月龄,46.37%);五指山猪的脂肪率(15.22%)极显著低于香猪(20.70%)和北京黑猪(18.76%),皮率(8.21%)极显著低于香猪(14.72%)和北京黑猪(9.67%)。

(2)肉质指标　3 月龄五指山猪肉色为 2.60～2.74,12 月龄五指山猪肉色为 2.86～2.95,比上述中国地方猪种肉色值低,但比国外长白猪等猪种的肉色值略高或与之相近,属于正常肉色值;3 月龄五指山猪肉质的大理石纹评分为 2.1,12 月龄时为 2.46,与 2 月龄香猪(3.5)和 12 月龄北京黑猪(3.33)之间的差异极显著,即五指山猪表现出肌间脂肪含量少的特点;在肉中常规营养成分方面,3 月龄五指山猪与 2 月龄香猪,12 月龄五指山猪与 12 月龄北京黑猪在水分(3 月龄五指山猪为 78.87%,2 月龄香猪为 77.41 %,12 月龄五指山猪为 75.40%,12 月龄北京黑猪为 73.73%)、灰分(3 月龄五指山猪为 1.04%,2 月龄香猪为 1.05%,12 月龄五指山猪为 1.26%,12 月龄北京黑猪为 1.00%)和粗蛋白质(3 月龄五指山猪为 19.85%,2 月龄香猪为 19.87%,12 月龄五指山猪为 20.70%,12 月龄北京黑猪为 20.21%)含量上没有表现出显著差异;五指山猪每毫克干肉质中所含有的氨基酸总量要极显著高于北京黑猪;脂肪酸的组成方面,五指山猪硬脂酸含量极显著高,棕榈酸和肉豆蔻酸含量没有显著差异,但饱和脂肪酸总量显著高,与北京黑猪相比,五指山猪的亚油酸、油酸含量及不饱和脂肪酸总量均极显著低,硬脂酸、棕榈酸、肉豆蔻酸含量及饱和脂肪酸总量均极显著高;每 100 mg 肉的干物质中重要风味氨基酸的总量五指山猪 (35.185)显著高于香猪(33.841),五指山猪肉质中所有重要风味氨基酸的含量均极显著高于北京黑猪;新鲜和冷却的五指山猪(分别为 1.95 kg 与 1.87 kg)肉质的嫩度与北京黑猪(分别为 3.30 kg 与 2.22 kg)存在显著差异,五指山猪肉质表现出更加细嫩的特点,同一种肉质,冷却样比新鲜样的嫩度更好,但没有显著性差异,说明肉成熟后嫩度是有所改善的。

总之,在胴体品质方面,五指山猪后腿丰满度欠佳,但具有皮薄、膘少、背肌厚、产肉性能高的特点,瘦肉率高达 60%以上,是优良的瘦肉型小型猪;在感官品质方面,五指山猪健康畜体的肉质具有肉色正常、弹硬度好、大理石纹(即肌间脂肪含量)少的特点;在食用品质方面,五指山猪肉质具有氨基酸种类丰富、含量高(尤其是呈味氨基酸的含量高)以及脂肪含量低的特点,但其脂肪酸的组成有待改进,热加工后其肉质具有细嫩、滋味鲜美、香气浓郁的风味特点;在加工性能方面,五指山猪肉质具有较低的失水率和滴水损失,表现出良好的系水性能,但熟肉率较低(鲁绯,2001)。

2. 五指山猪与长白猪胴体性状和肉品质的比较研究

荀文娟等(2013)针对五指山猪与长白猪胴体性状和肉品质的比较进行了研究,包括胴体性状、肉质性状、背最长肌氨基酸和脂肪酸含量。

(1)胴体性状指标　五指山猪宰前重 65.28 kg,胴体直长 83.34 cm,胴体斜长 76.00 cm,屠宰率 66.15%,眼肌面积 37.39 cm^2,平均背膘厚 0.99 cm,瘦肉率 64.16%。五指山猪和长白猪胴体性状指标差异均极显著,长白猪宰前重、胴体直长、胴体斜长、屠宰率、眼肌面积、平均背膘厚和瘦肉率分别比五指山猪提高 92.14%、32.30%、25.00%、9.33%、21.85%、79.8%和 8.09%。

(2)肉质性状指标　五指山猪 pH 为 6.24,熟肉率 58.64%,滴水损失 0.98%,剪切力 45.92 N,肌内脂肪含量 6.35%,五指山猪肌内脂肪含量比长白猪高 12.99%,其他肉质性状指标差异均不显著。五指山猪和长白猪背最长肌 16 种氨基酸含量中,除组氨酸外,五指山猪其他氨基酸含量差异均显著或极显著高于长白猪,而氨基酸总量、鲜味氨基酸(谷氨酸、天冬氨酸、丙氨酸、甘氨酸)含量、必需氨基酸(苏氨酸、缬氨酸、蛋氨酸、异亮氨酸、亮氨酸、苯丙氨酸、赖氨酸)含量、鲜味氨基酸/氨基酸总量均极显著高于长白猪;五指山猪和长白猪背最长肌中共检测到 16 种脂肪酸,其中饱和脂肪酸 7 种,不饱和脂肪酸 9 种(包括单不饱和脂肪酸 5 种、多不饱和脂肪酸 4 种),五指山猪饱和脂肪酸和单不饱和脂肪酸含量极显著高于长白猪,长白猪不饱和脂肪酸和多不饱和脂肪酸含量极显著高于五指山猪。

总之,胴体性能方面,长白猪宰前重、胴体直长、胴体斜长、屠宰率、眼肌面积、平均背膘厚及瘦肉率均极显著高于五指山猪,长白猪胴体性能较高,猪的胴体结构具有明显的品种差异;肉质性状方面,与长白猪相比,五指山猪肌内脂肪含量提高 12.99%,说明五指山猪具有较好的肉质特性;背最长肌氨基酸含量方面,猪背最长肌中氨基酸组成丰富,共检测到 16 种氨基酸,多种氨基酸含量在品种间存在显著差异,其中五指山猪背最长肌谷氨酸、天冬氨酸、赖氨酸和亮氨酸含量最高,极显著高于长白猪,五指山猪谷氨酸含量、鲜味氨基酸及鲜味氨基酸/氨基酸总量均显著高于长白猪,五指山猪必需氨基酸含量及必需氨基酸/氨基酸总量也显著高于长白猪,说明五指山猪肌肉具有较好的鲜味和较高的蛋白质生物效价,从氨基酸水平分析五指山猪肌肉营养价值较高,五指山猪背最长肌饱和脂肪酸和单不饱和脂肪酸含量均显著高于长白猪,五指山猪肉质风味较好。

6.3.2 基础研究

6.3.2.1 繁殖性能相关研究

荀文娟等(2014)针对 Kiss-1/GPR54 系统在不同发育阶段五指山猪下丘脑中的表达进行了研究,认为初情期前,Kiss-1 mRNA 表达量随着五指山猪年龄的增长逐渐升高,到初情期时表达量达到最高,120 日龄时表达量逐渐降低,而 GPR54 mRNA 表达不受影响;血清 FSH、LH、E_2、P_4 浓度变化的趋势大体一致,初情期前各激素水平逐渐升高,但差异不显著,至初情期时显著升高,且达到一个峰值,血清 FSH、LH、E_2 浓度在 90 日龄和 120 日龄时差异不显著,P_4 浓度在 90 日龄时显著高于 120 日龄。五指山猪血清 FSH、LH、E_2、P_4 水平在初情期前逐渐升高,至初情期时显著升高,且达到一个峰值,与 Kiss-1 mRNA 表达丰度基本一致,说明 Kiss-1 mRNA 水平与初情期前后性激素分泌水平具有相似周期变化规律,证实 *Kiss*-1 基因对五指山母猪初情期的启动具有重要的调控作用,是五指山猪初情期启动的关键因子。

曹婷等(2019)针对不同日粮水平对初情期五指山猪性腺轴 Kisspeptin/GPR54 蛋白表达作用进行了研究,发现下丘脑、垂体和卵巢(性腺轴)组织中都可以检测到 Kisspeptin、GPR54 蛋白的表达,且表达位置为核表达。Kisspeptin、GPR54 蛋白在 NRC 组生殖中表达量均高于

0.7 NRC 组，2 组试验组生殖中 Kiss-1 蛋白表达量从高到低顺序为下丘脑＞垂体＞卵巢，2 组试验组生殖中 GPR54 蛋白表达量从高到低顺序为卵巢＞垂体＞下丘脑；NRC 组 Kisspeptin 蛋白在下丘脑、垂体和卵巢中表达量显著比在 0.7 NRC 组高，2 组试验中 GPR54 蛋白在性腺轴组织中表达无显著差异；Kisspeptin 蛋白在性腺轴 3 种组织中的表达规律在 2 组试验组间保持一致，表达量从高到低为下丘脑、垂体、卵巢，GPR54 蛋白在性腺轴 3 种组织中的表达规律在 2 组试验组间也保持一致，表达量从高到低为卵巢、垂体和下丘脑。分析后认为，虽然 Kisspeptin 与 GPR54 相结合才能体现该系统在动物个体生殖过程中的调节作用，但却只有 Kisspeptin 蛋白的表达量会受到日粮水平的影响，并且在一定日粮水平范围内，其表达量与日粮水平成正相关。这说明 Kisspeptin/GPR54 系统在动物初情期中的调控作用是通过个体下丘脑组织中 Kiss1 蛋白的表达情况得以实现的，日粮水平的提高可以促进猪个体的生殖能力。此外，由分析得出 Kisspeptin 及 GPR54 蛋白在 2 组试验组中性腺轴 3 种组织中的表达高低排列顺序并不会随着控制日粮水平的摄入而改变，说明控制日粮能量的不同水平摄入并不能影响 Kiss-1 和 GPR54 这 2 种蛋白在性腺轴各组织中调节机体繁育性能中起到的作用地位；因 Kisspeptin 蛋白和 GPR54 蛋白在性腺轴各组织的表达量高低顺序是相反的，说明这 2 种蛋白在猪个体生殖过程所起到的调节作用可能存在一定的互补关系。

6.3.2.2 生长性能相关研究

晁哲等(2014)针对 *Leptin* 基因多态性在海南地方猪中的分布进行研究，通过 PCR-RFLP 方法对 90 头海南五指山猪和 36 头临高猪进行了 *Leptin* 基因型检测。结果发现，在 *Leptin* 基因第 2 外显子的 HinfⅠ-RFLP 位点上，五指山猪以 *CC* 和 *CT* 基因型为主，在试验检测的五指山猪中，*C* 等位基因频率为 0.64，*T* 等位基因频率为 0.36。该结果为海南地方猪的杂交选育提供理论依据。

曹婷等(2013)针对 Myogenin 蛋白在五指山猪和长白猪骨骼肌中的表达进行研究，采用免疫荧光及免疫组化 DAB 显色技术来检测 Myogenin 蛋白在五指山猪和长白猪胎儿和成年猪的骨骼肌中的定位和表达情况，并通过平均光密度统计分析 Myogenin 蛋白在五指山猪和长白猪胎儿和成年猪骨骼肌中的表达水平。结果表明，Myogenin 蛋白表达定位于骨骼肌细胞核表达，在五指山猪和长白猪胎儿和成年猪的腿部骨骼肌和背部骨骼肌中均检测到阳性产物，在猪胎儿期间骨骼肌中 Myogenin 蛋白的表达水平高于其在成熟猪骨骼肌中的表达，且在同种猪腿部骨骼肌中的表达水平显著高于其在背部骨骼肌中的表达；此外还检测到 Myogenin 蛋白在五指山猪骨骼肌中表达均显著高于其在长白猪骨骼肌中的表达，得到的 Myogenin 蛋白在五指山猪和长白猪骨骼肌中存在显著的表达差异结果，为今后研究不同猪种间骨骼肌发育差异及探讨五指山猪矮小机制和发育机理提供了理论基础。

孙瑞萍等(2015)针对海南地方猪 *IGFBP6* 基因多态性分析进行研究。其采用 PCR-SSCP 技术，对五指山猪、海南地方猪 2 个品系(临高猪、屯昌猪)等猪种的 *IGFBP6* 基因多态性进行了研究。结果表明，引物 P1 和 P2 的 PCR 片段 SSCP 分析表现有多态性，且出现 3 种基因型，随后的测序结果表明，它们都在相应的区域存在变异。引物 P1 在海南地方猪种大多表现 *BB* 基因型和以 *B* 等位基因为主，引物 P2 大多表现 *CC* 基因型和以 *C* 等位基因为主。SPSS 软件分析五指山猪 *IGFBP6* 基因多态性与其 3 个生长阶段的关联程度，结果发现，引物 P1 *AA* 基因型和引物 P2 *DD* 基因型的猪个体在 2 月龄、8 月龄和 12 月龄的生长体重高于其他基因型，但个体差异均不显著。

孙瑞萍等(2012)针对海南地方猪 *POU1F1* 基因多态性与体重的相关性进行研究。其采用 PCR-SSCP、PCR-RFLP 技术,对海南五指山猪封闭群及其近交系、海南黑猪 2 个品系(临高猪、屯昌猪)的 *POU1F1* 基因外显子 4、外显子 5、外显子 6、内含子 3 的多态性进行了研究。结果表明,猪 *POU1F1* 基因外显子 5、外显子 6 不存在多态性,内含子 3、外显子 4 存在 2 个等位基因和 3 种基因型;在外显子 4 基因座上,五指山猪、临高猪、屯昌猪呈哈迪-温伯格平衡状态,五指山猪近交系呈不平衡状态,4 个猪种群的遗传多态性均处于中度多态;在内含子 3 位点,4 个猪种群均呈哈迪-温伯格平衡状态,五指山猪和五指山猪近交系群体的遗传多态性均处于中度多态,临高猪、屯昌猪 2 个猪种群处于高度多态。利用 SPSS 软件分析五指山猪 *POUIF1* 基因内含子 3 和外显子 4 基因的多态性与其 3 个生长阶段体重的相关性,发现引物 P1 与 P4 不同基因型个体体重的差异均不显著。

张艳等(2009)针对五指山小型猪生长激素释放激素受体基因的 cDNA 克隆及序列分析进行研究。以五指山小型猪耳组织提取的基因组 RNA 为模板,根据已报道的猪 *GHRHR* cDNA 序列设计 3 对引物,用 RT-PCR 方法进行 cDNA 扩增,PCR 产物经回收纯化后,与 pMD 18-T 连接并转化大肠杆菌 DH 5α,转化产物经 PCR 和双酶切鉴定后筛选出阳性克隆,阳性克隆经 LB 液体培养基培养鉴定后测序,最终成功获得了五指山小型猪 GHRH 受体基因的 cDNA。该片段长 1 577 bp,编码 423 个氨基酸,BLAST 分析结果表明,该片段与猪 GHRH 受体基因仅有 23 个碱基的差异,同源性为 98%;而两者 GHRH 受体基因均由 423 个氨基酸组成,序列同源性为 96%。该研究为进一步揭示五指山小型猪的矮小机理提供了理论依据。

6.3.2.3 肉质性状相关研究

晁哲(2014)等针对氟烷敏感基因在海南地方猪中的检测分析进行研究,在海南五指山猪和临高猪中检测了 *HAL* 基因 *Hha* Ⅰ 酶切位点的基因型频率和等位基因频率。*HAL* 基因中的 *Hha* Ⅰ 酶切位点在试验检测的 2 种猪中均为 *CC* 基因型,该基因型是氟烷阴性纯合子。检测的 2 种猪酶切后均有 2 个条带(166 bp 和 493 bp),证明这 2 种猪的兰尼定受体基因未发生突变,此时 cDNA 中第 1 843 个碱基为胞嘧啶 C,如果该胞嘧啶突变成胸腺嘧啶 T,则用 *Hha* Ⅰ 酶切后只能看到 1 个条带(659 bp),此时为氟烷阳性纯合子。氟烷阳性纯合子虽然对肉质有不良影响,但在生长速度和瘦肉率方面却优于氟烷基因阴性纯合子,因此选择哪种基因型应根据市场需求合理制定育种目标。

李桢等(2003)针对中外 11 个猪种 *H-FABP* 基因利用 PCR-RFLP 进行研究。利用 PCR-RFLP 技术,对五指山猪、沂蒙黑猪、汉江黑猪、莱芜猪、香猪、民猪、成华猪、内江猪、二花脸猪、巴马香猪和大白猪等 11 个猪种共 420 头猪的心脏脂肪酸结合蛋白基因 5′-端上游区(HinfⅠ-RFLP)和第 2 内含子内(HinfⅠ-RFLP、HaeⅢ-RFLP)的遗传变异进行了研究,结果表明在 5′-端上游区的 HinfⅠ-RFLP 位点上,所有的品种都有变异,但沂蒙黑猪和大白猪只有 2 种基因型(*HH*、*Hh*);在第 2 内含子内的 HinfⅠ-RFLP 位点上,二花脸只有 *BB* 基因型,而其他品种都表现出多态性;在第 2 内含子内的 HaeⅢ-RFLP 位点上,只在五指山猪、香猪和大白猪中发现有多态性存在,等位基因 *D* 的频率分别为 0.86、0.98 和 0.68,其余 8 个猪种均表现为 *DD* 型。所检测的中国猪 3 个位点的基因频率明显以 *D*、*H*、*B* 占有优势,而其他有关中国猪 *Msp* Ⅰ-RFLP 仅有单一的基因型 *AA*。这些研究结果很可能与中国地方猪作为脂肪型猪肌内脂肪含量较高有关。

蒋明等(2015)针对猪 *INSIG2* 基因的多态性及其对肉质性状的影响进行研究。以杜洛克猪、大白猪、大围子猪、沙子岭猪、桃源黑猪、五指山猪和杜长大商品猪为试验材料，通过测序和 PCR-RFLP 的方法对胰岛素诱导基因 2(*INSIG2*)5′调控区域的多态性进行检测，并分析该基因对猪肉质性状的影响。结果表明，在该区域发现 T-502C、G-460C 和 T-609C 3 个突变位点，T-502C 和 G-460C 所选所有品种都处于哈迪-温伯格平衡状态，T-609C 除了五指山猪外也都符合哈迪-温伯格平衡。在肉质性状上，T-502C 位点，*TT* 型个体的系水力和嫩度显著高于 *CC* 型；G-460C 位点，杂合子 *CG* 型在贮存损失上显著高于 *CC* 型和 *GG* 型，大理石纹 *GG* 型和 *CG* 型差异不显著但是都显著高于 *CC* 型，肉质色度方面 *GG* 型和 *CC* 型差异不显著但显著高于 *CG* 型；T-609C 位点，*TT* 型的贮存损失显著高于 *CT* 型，但和 *CC* 型差异不显著，嫩度 *CC* 型显著高于 *CT* 型和 *TT* 型。*INSIG2* 基因可能是一个与猪肉系水力、嫩度和大理石纹相关的分子遗传标记。

6.3.3 五指山猪近交系培育过程

1989 年原中国农业科学院畜牧研究所科研人员，将从原产地定点观察后、仅存留的同窝的 1 公 2 母(其中 1 母死亡)运至北京，开始了漫长的遗传资源培育创新之路。利用同窝的 1 公 1 母五指山猪为系祖，采用“仔配母”“全同胞交配”，以最大限度来提高近交速度和群体基因的纯合度、淘汰有害基因。因为仅有 2 头种猪，也是迫不得而为之，但近交繁育对其繁殖率影响极大，近交初期其仔猪成活率极低，仅为 19.05%，并伴有发情不排卵、屡配不孕、断代等现象。为解决这一难题，科研人员采用诱导发情、提高营养水平、定期舍外运动并结合分子遗传标记等综合措施，逐步推进近交繁育。随着近交代数的推进，其仔猪成活率逐渐提高，断代、死胎、木乃伊比例逐渐降低，窝产仔数亦有增加的趋势，并逐步提高群体基因的纯合度，淘汰了有害基因。通过 500 头次数据分析表明，近交对繁殖力影响很大，其仔猪成活率由初期 19.05%，逐步达到 20.00%(5/25)、45.00%(18/40)、66.67%(22/33)，后期 80.0%以上，2009 年培育出近交系 F_2(冯书堂，2012)。

冯书堂(2015)采用近交系小鼠的培育方法完成同一世祖 2 头猪近亲繁育 20 代以上，并建立完整系谱的研究按照实验动物近交系培育方式，推进五指山小型猪的近交繁育，同时制定了近交系培育技术路线，包括近交繁育、近交验证、特异等位基因的发掘、矮小型分子机理、与人相似性机理等。近交繁育给猪繁殖力带来巨大不良影响，即仔猪畸形率高、弱仔率高、死亡率高、成活率低(不足 20%)的“三高一低”现象。为解决这一难题，研究人员采用了提高其饲料蛋白质营养水平(由通常 13%～15%，提高到 16%～20%)，加喂青饲料，定期户外放牧，增加运动等综合措施，逐步使仔猪成活率由 19.39%、35.39%、46.67%提高到 66.67%，其“仔配母”“全同胞”交配等综合技术措施获国家发明专利技术方法，随后采用笼架结构产仔、加保温设施，极大地提高仔猪成活率，由 76.92%逐步提高到 90%以上。2013 年，研究获得近交系 F_{20}～F_{23}基础母猪 150 余头及农业部科技成果鉴定“小型猪近交系研究与鉴定”证书，至此，研究人员遵循近交系小鼠的培育方法，完成同一世祖 2 头猪近亲繁育 20 代以上，并建立完整系谱的培育过程。

(撰稿人：王文涛)

6.4 海南猪

海南猪是海南省优良的地方猪种，主要有屯昌猪(其中“大骨型”类群也称为定安猪)、临高猪和文昌猪3个品系。最初在1975年开展畜禽品种资源调查时,屯昌猪曾作为海南省的三大地方猪种被收入《广东省畜禽资源汇编》。1983年,屯昌猪、文昌猪、临高猪被统一命名为海南猪而收入《中国猪品种志》(赵元浪,2014)。2014年,海南猪(屯昌猪)作为海南地方猪的主要类群列入《国家级畜禽遗传资源保护名录》(李龙生等,2016)。海南猪主要分布地区为文昌市、临高县、屯昌县、澄迈县、定安县、海口市、保亭县的部分地区,海南省的其他各县(市、区)也有分布(赵元浪,2014)。

6.4.1 生产性能

6.4.1.1 繁殖及肉质研究

赵元浪(2014)研究发现,海南猪(屯昌猪)在繁殖性能方面,平均窝产仔数(10.30±2.86)头,初生个重(0.51±0.09)kg,初生窝重(5.82±1.13)kg,断奶仔猪数(7.93±2.06)头;在肉质理化特性方面,肉色评分为2.58±0.58,大理石评分3.67±1.25,pH_1 6.11±0.18,pH_{24} 5.69±0.09,系水率(87.76±5.55)%,肌内脂肪(3.81±1.64)%,嫩度(37.52±8.41)N;在肌肉氨基酸含量方面,共检测17种氨基酸,总氨基酸含量(21.42±1.38)%;在肌肉内脂肪含量测定方面,共检测17种食用脂肪酸;粗蛋白质、硒含量分别为(23.21±0.55)%、(0.05±0.07)μg/g。

6.4.1.2 生长性能研究

吴科榜等(2009)对海南猪体型外貌的变化与稳定性进行研究。结果表明,屯昌猪"大骨型"类群(简称定安猪)与"细骨型"类群(简称屯昌猪)比较,在体型外貌上有新的变化,即毛粗且疏、胸深且宽、呈"双脊型"、低身广躯、体态钝圆;定安猪与1970年文昌猪体型体尺比较,定安猪体长指数、胸围指数均极显著大于文昌猪($P<0.01$),表明定安猪体高变小,体长变大,胸躯变宽、变厚;同时定安猪的管围指数、体躯指数均与文昌猪差异不大,说明定安猪保持了原海南猪的体量特点,反映了本品种的共同点;定安猪与屯昌猪"细骨型"体型体尺比较,定安猪体长指数大18.65%,胸围指数大28.57%,体躯指数大2.81%,表明两者在体躯相对发育,骨骼发育程度和大小已区别很大,但体量变化不大,保持了原品种不同品系的遗传特征。赵元浪(2014)对屯昌猪的生长性能研究表明,屯昌猪在体重(19.20±2.03)kg~(50.27±5.76)kg范围,平均日增重为(298.80±42.22)kg,耗料增重比为4.16;屯昌猪屠宰率(71.92±1.28)%,平均背膘厚(34.15±2.88)mm,皮厚(5.95±0.38)mm,肋骨对数14.00对,眼肌面积(18.67±3.00)cm^2,胴体瘦肉率(42.53±3.56)%,肥肉率(32.07±1.21)%,皮率(14.70±1.58)%,骨率(10.70±1.46)%。

郑心力等(2013)选初始体重为(15.88±1.82)kg健康海南猪36头,随机分为3组,即试验Ⅰ组(CP为16.5%)、试验Ⅱ组(CP为18.5%)和试验Ⅲ组(CP为20.5%),研究日粮不同蛋白质(CP)水平对海南猪生产性能和血液生化指标的影响。结果表明,日粮中蛋白质的添加水平对海南猪生产性能的影响差异不显著($P>0.05$),但以试验Ⅱ组(18.5%)生产性能最佳;日粮中蛋白质的添加水平对血液总蛋白和球蛋白的含量有显著影响($P<0.05$),且随着日粮中蛋白质水平的提高,海南猪血液总蛋白和球蛋白含量也升高。此研究提示在海南猪生长前期饲喂蛋白质水平以18.5%日粮较为适宜。将健康、体重为(46.52±3.55)kg的去势海南猪公猪36头,随机分为3个处理组,其中1个处理组为对照组,蛋白质水平15%,蛋氨酸水平为0.395%;其余2个处理组为试验组,日粮蛋白质水平均为13%,蛋氨酸水平为试验Ⅰ组

0.395%，试验Ⅱ组 0.495%，研究低蛋白质日粮条件下，添加蛋氨酸对海南猪生长性能和饲料养分消化率的影响。结果表明，试验Ⅱ组海南猪的生长性能与对照组比较差异不显著($P>0.05$)；试验Ⅱ组显著提高海南猪的粗蛋白质和磷的表观消化率($P<0.05$)，同时提高钙的表观消化率，但没有达到显著水平($P>0.05$)。这表明海南猪日粮蛋白质水平降低 2 个百分点，同时提高日粮中的蛋氨酸水平至 0.495%，不会降低海南猪的生长速度，建议在海南猪生产中使用。

6.4.2 基础研究

6.4.2.1 生长性能研究

肌细胞生成素(MyoG)在肌纤维形成过程中起重要作用，其变异与肌纤维的变异存在关联。据报道，海南猪 *MyoG* 基因序列 5′上游区可能存在 1 个 *Msp* Ⅰ 的多态性酶切位点，但吴科榜等(2010)在所扩增的 30 头海南猪 983 bp 的 *MyoG* 基因序列 5′上游区片段中，均未发现该位点，其研究结果与梅山猪等中国地方品种相同，而与国外猪种不同(薛慧良等，2007)。孙瑞萍等(2012)对 *POU1F1* 基因多态性研究发现，*POU1F1* 基因外显子 5、外显子 6 不存在多态性，内含子 3、外显子 4 存在 2 个等位基因和 3 种基因型；在外显子 4 基因座上，海南猪的 2 个品系临高猪、屯昌猪均呈哈迪-温伯格平衡状态，遗传多态性均处于中度多态(0.25<PIC<0.5)；在内含子 3 位点，种群均呈哈迪-温伯格平衡状态，临高猪、屯昌猪 2 个猪种群处于高度多态(PIC>0.5)。晁哲等(2014)对 *MC4R* 基因型检测发现，临高猪 *MC4R* 基因中的 *Taq* Ⅰ 酶切位点中 *A* 等位基因和 *G* 等位基因频率分别是 0.92 和 0.08。

晁哲等(2014)检测海南猪(临高猪品系)*Leptin* 基因型发现，临高猪在 *Leptin* 基因第 2 外显子的 Hinf Ⅰ-RFLP 位点上，*C* 等位基因和 *T* 等位基因频率分别是 0.65 和 0.35。孙瑞萍等(2015)采用 PCR-SSCP 技术，对海南猪 2 个品系(临高猪、屯昌猪)的 *IGFBP6* 基因的多态性进行研究。结果表明，引物 P1 和 P2 的 PCR 片段 SSCP 分析表现有多态性，且出现 3 种基因型；测序结果发现，它们都在相应的区域存在着变异；引物 P1 在海南地方猪种大多表现 *BB* 基因型和以 *B* 等位基因为主，引物 P2 大多表现 *CC* 基因型和以 *C* 等位基因为主。低能量水平饲粮可促进 *IGFBP6* 基因表达量，*IGFBP6* 基因表达量与平均日增质量、平均日采食量均呈不显著正相关($P>0.05$)，与料肉比呈显著负相关($P<0.05$)(孙瑞萍等，2015)。

6.4.2.2 肉质研究

心脏脂肪酸结合蛋白(H-FABP)作为细胞内类脂结合蛋白家族的成员，主要在心肌、骨骼肌和泌乳的乳腺中表达，*H-FABP* 也是影响猪肌内脂肪(IMF)含量的候选基因。吴科榜等(2010)研究发现，海南猪 *H-FABP* 基因在所扩增的 693 bp(1 125～1 818 bp)片段中共有 4 个 *Hinf* Ⅰ 酶切位点，其中 1 321 位为多态位点，这是由 1 324 位的碱基 T 突变为 C 所致；将该切点存在时产生的片段定为等位基因 *H*，消失时产生的片段定为等位基因 *h*，则海南猪等位基因 *H* 的频率较高，为 0.63，结果与国内报道的 *H-FABP* 基因在金华猪、香猪等地方品种基因型和等位基因频率相近(彭先文等，2005；张桂香等，2003)。

6.4.2.3 其他研究

赵元浪(2014)选择收集到的海南猪(屯昌猪)及购买的杜洛克猪、巴克夏猪等 3 个不同品种，采用微卫星 DNA 技术，进行了 3 个品种的遗传距离分析，并依据遗传距离将屯昌猪划分为了 7 个小类群，作为屯昌猪保种的 7 个血统。对与繁殖及肉质性状有关的 *ER*、*FSHβ*、

PRLR、*Hal* 和 *RN* 等功能基因的频率和基因型频率分布研究发现，屯昌猪 *ER* 基因 *A* 等位基因频率为 0.200，*B* 等位基因频率为 0.800；*FSHβ* 基因 *A* 等位基因频率为 0.530，*B* 等位基因频率为 0.470；*PRLR* 基因 *A* 等位基因频率为 0.100，*B* 等位基因频率为 0.900；*Hal* 基因 *Hal N* 等位基因频率为 1.000；*RN* 基因 *rn* 等位基因频率为 1.000（赵元浪，2014）。研究发现，内源性反转录病毒（PERV）普遍存在于海南地方猪基因组中，在海南猪中 PERV-A、PERV-B 和 PERV-C 存在率分别是 100%、100%和 25.49%（晁哲等，2018）。

6.4.3 杂交利用

6.4.3.1 繁殖性能研究

魏立民等（2010）统计分析了屯昌母猪、大屯母猪（大约克夏♂×长屯猪♀）和长屯母猪（长白猪♂×长屯猪♀）3 种类型共 135 头母猪的繁殖性能。结果表明，在母猪的繁殖生理方面，屯昌猪的初次发情、性成熟及适配日龄均早于其杂交后代母猪，但平均妊娠期稍高于杂交后代母猪；在 2 个杂交后代母猪中，长屯猪的初次发情、性成熟及适配日龄又早于大屯猪。在母猪的繁殖性能方面，屯昌猪的平均窝产仔数为 12.6 头，比长屯和大屯母猪的产仔数分别高 8.62%和 12.5%；3 种类型的母猪相比，窝产仔数、窝产活仔数均以屯昌猪最高，而长屯母猪的繁殖性能要好于大屯母猪，出生窝重则杂交母猪后代明显好于屯昌母猪的后代，并且窝产仔数越多，初生重越小。

赵元浪（2014）以巴克夏猪为父本，屯昌猪为母本，形成杂交后代巴屯猪。对巴屯猪的繁殖性能研究发现，巴屯杂交猪窝总产仔数为（11.45±2.22）头，较屯昌猪提高了 11.17%；初生个重为（0.73±0.14）kg，较屯昌猪提高了 43.14%；初生窝重为（7.77±1.48）kg，较屯昌猪提高了 33.51%；窝总产仔数、初生个重和初生窝重均有显著差异（$P<0.05$）。

6.4.3.2 生长性能研究

王峰等（2010）选择刚断奶的屯昌猪、杜屯（杜洛克♂×屯昌猪♀）二元杂交猪、杜杜屯（杜洛克♂×杜屯猪♀）和杜长屯（杜洛克♂×长屯猪♀）三元杂交猪各 24 头，共 96 头猪，进行生产性能测定试验。结果显示，杜长屯猪的生产性能全期均明显好于屯昌猪、杜屯和杜杜屯杂交猪，日均采食量也较高，料肉比最低，表明三元杂交猪与屯昌猪和二元杂交猪相比有明显的杂交优势；杜杜屯与杜屯杂交猪相比，杜杜屯猪的日增重和采食量明显好于杜屯猪，但杜杜屯猪的料肉比较高；二元猪与屯昌猪相比，2 种杂交猪的生产性能均明显好于屯昌猪。而杜屯猪与杜杜屯猪相比较，杜杜屯猪表现出了较好的生长优势（比杜屯猪提高了 9.4%），采食量也明显提高，但杜屯猪的料肉比好于杜杜屯猪。研究结果说明，屯昌猪经过杂交改良后，其生产性能得到了明显的改善。杜长屯三元杂交猪的屠宰率最高，达到了 83.67%，其次为杜杜屯猪和杜屯猪，分别为 79.06%和 73.21%，屯昌猪的屠宰率最低，仅为 68.82%；二元杂和三元杂的眼肌面积与屯昌猪相比均有很大提高，背膘厚呈降低趋势。

赵元浪（2014）对巴×屯（巴克夏♂×屯昌猪♀）杂交组合的研究发现，巴屯猪试验期间平均日增重为（586.00±90.26）g，较屯昌猪提高了 96.12%，差异极显著（$P<0.01$）；料肉比为 3.24，较屯昌猪降低了 22.16%，差异显著（$P<0.05$）。巴屯猪的屠宰率为（74.03±1.71）%；平均背膘厚为（31.53±4.41）mm，较屯昌猪降低 7.37%；胴体瘦肉率为（52.58±2.78）%，较屯昌猪提高 23.63%；肥肉率为（25.44±3.20）%，较屯昌猪降低 20.67%。屠宰率、胴体瘦肉

率和肥肉率 3 个指标均差异显著($P<0.05$)。

6.4.3.3 肉质研究

对巴屯猪(巴克夏♂×屯昌猪♀)进行肉质测定研究。结果显示,巴屯杂交猪肉色评分为 3.50±0.30,大理石评分为 3.58±1.00,系水率为(88.65±4.18)%,水分为(73.52±0.67)%;肌内脂肪含量为(3.10±0.94)%;17 种氨基酸、17 种脂肪酸、粗蛋白质、硒含量测定结果巴屯猪基本与屯昌猪一致,无显著差异($P>0.05$),表明了二元杂交猪保持了屯昌猪肉质优良的优良特性。

(撰稿人:陈赫书)

6.5 香猪

香猪,又称萝卜猪、珍珠猪,苗族称"别玉",壮族称"牡汗",属小型猪。因其双月断乳仔猪无乳腥味,故誉为香猪。香猪为于 1977 年贵州省猪种资源普查中新发现的地方小型猪种,根据香猪产地、毛皮颜色不同,可分为从江香猪、珠江香猪、剑白香猪等类群(李德林,1985)。

香猪产地位于我国云贵高原苗岭山脉向广西丘陵、盆地过渡的高山和低谷地带,中心产区位于贵州省从江县宰便、加鸠,三都水族自治县巫不,剑河县南加、南寨、久仰以及广西壮族自治区环江县明伦、东兴、龙岩等乡镇。据 2006 年贵州省猪种资源普查结果,期间贵州有香猪母猪 4.64 万头,公猪 590 头;2005 年广西环江香猪存栏数 9.66 万头。

6.5.1 生产性能

6.5.1.1 繁殖性能研究

高乾坤等(2020)在饲粮中添加甜菜碱,以研究其对巴马香猪繁殖性能、初乳成分及血浆代谢物和繁殖激素含量的影响。结果表明,饲粮中添加甜菜碱可以显著降低仔猪死亡率($P<0.05$),增加断奶仔猪数,显著增加初乳中乳蛋白和尿素氮含量,显著降低妊娠第 75 天血浆总蛋白(TP)含量和谷草转氨酶(AST)活性,显著增加妊娠第 75 天血浆碱性磷酸酶(ALP)活性,显著降低妊娠第 45 天血浆催乳素(PRL)、孕酮(PROG)、促卵泡素(FSH)和雌二醇(E_2)含量。因此添加甜菜碱可改善初乳成分和血浆代谢物含量,降低血浆繁殖激素含量,进而增加断奶仔猪数(表 6-7)。

表 6-7 甜菜碱对香猪繁殖性能的影响

项目	对照组	甜菜组
窝数	16	15
产仔数/头	10.3±0.7	10.3±0.6
产活仔数/头	9.6±0.7	10.1±0.6
死亡率/%	0.15±0.05	0.03±0.01
初生窝重/kg	5.81±0.46	6.05±0.33
初生个体均重/g	604.9±20.6	604.8±16.7
断奶仔猪数/头	8.3±0.5	9.5±0.5

续表 6-7

项目	对照组	甜菜组
断奶窝重/kg	30.97±1.42	32.55±1.32
断奶窝个体均重/kg	3.56±0.12	3.46±0.12
平均日增重/g	140.9±5.3	136.1±5

资料来源：高乾坤等(2020)

6.5.1.2 生长性能研究

为了了解猪种的品种特征，作为临床上诊疗疾病和制定营养水平的依据，对香猪的生理生化指标进行了测定(表 6-8，表 6-9)。

表 6-8 香猪血液生化指标测定结果

测定项目	公猪	母猪
血清谷丙转氨酶(赖氏单位)	45.97±7.77	46.65±11.72
血糖/(mg/100 mL)	107.29±9.85	95.15±12.29
血清钙/(mg/100 mL)	9.56±0.73	9.77±0.9
血清无机磷/(mg/100 mL)	7.48±0.81	7.78±1.25
血清总蛋白/(mg/100 mL)	5.5±0.33	5.77±0.6
白蛋白(Albumin)	34.94±3.83	36.84±3.74
α-球蛋白	21.04±2.18	18.02±2.31
β-球蛋白	18.04±2.63	16.92±2.35
γ-球蛋白	26.02±2.88	28.23±2.92
白蛋白/球蛋白(A/G)	0.54±0.1	0.58±0.09

资料来源：俞沛初等(2002)

表 6-9 环江香猪断奶仔猪血液生理测定结果

测定项目	公猪	母猪
血红细胞/(10^{12}/L)	5.14±0.3	5.3±0.46
血红蛋白量/(g/L)	98±5	97±6
血小板数/($\times 10^{9}$/L)	356±61	338±70
红细胞压积/%	38±5	39±3
白细胞数/($\times 10^{9}$/L)	20.9±1.45	20.58±1.6
嗜中性白细胞/%	24.5±4	25±4
淋巴细胞/%	64±6	62.5±4
嗜酸性白细胞/%	9±2	10±3
嗜碱性白细胞/%	0.5±0.3	0.5±0.1
单核细胞/%	2±0.6	2±1
1 h 血沉/(mm/h)	8.22±2.88	9.07±4.26

资料来源：赵霞等(2007)

6.5.1.3 肉质特性研究

鲁绯(2002)等对香猪肉质营养及风味前体物质进行分析，结果表明香猪肉质具有较高的营养价值，其肉质中风味前体物质含量丰富。表 6-10 表明香猪肉质氨基酸组成丰富，每 100 g 肉质中所含有的氨基酸总量和必需氨基酸的总量均明显地高于市场猪肉。

表 6-10 香猪肉中重要风味前体氨基酸测定结果 mg/100 mg 干物质

氨基酸	乳猪	成猪	市场猪
丝氨酸	2.112	2.827	2.331
谷氨酸	11.056	13.152	11.099
甘氨酸	3.311	3.792	3.124
丙氨酸	4.338	5.021	3.953
缬氨酸	4.123	4.664	3.791
异亮氨酸	3.335	3.765	3.163
亮氨酸	6.873	7.827	5.276
脯氨酸	2.783	2.954	2.138
风味前体氨基酸总和	33.841	39.338	31.084

资料来源：鲁绯等(2002)

香猪肉质脂肪酸的组成中饱和脂肪酸总量显著高于市场猪肉，不饱和脂肪酸总量显著低于市场猪肉。所以，香猪肉质在脂肪酸组成上表现略欠佳(表 6-11)。

表 6-11 香猪肉质脂肪酸测定结果

脂肪酸	乳猪	成猪	市场猪
C18:3 亚麻酸	1.29	1.62	2.11
C18:2 亚油酸	18.33	16.82	25.61
C18:1 油酸	36.6	39.57	42.34
C18:0 硬脂酸	11.93	10.95	9.16
C16:0 棕榈酸	24.68	23.62	15.82
C14:0 豆酸	1.36	1.31	0.79
C12:0 月桂酸	0.07	0.04	0.04
饱和脂肪酸总量	38.04	35.92	25.81
不饱和脂肪酸总量	56.22	58.01	70.06

资料来源：鲁绯等(2002)

张艺(2006)对香猪肉质嫩度的研究结果表明，香猪肌肉剪切力均值<4 kg；肌内脂肪含量理想，3 月龄从江香猪最高达 4.73%；不饱和脂肪酸含量高于饱和脂肪酸含量。香猪肌肉含水量丰富，保水性能高，失水率仅 7.24%～8.94%，肌肉多汁性好，肌纤维最细直径为 55.61 μm。

6.5.1.4 抗逆性能研究

巴马香猪分布地年平均气温 17～29 ℃，降水量大，气温高，高温持续时间长，为亚热带气候，因此促使巴马香猪进化的过程中拥有较强的耐热性。研究显示，巴马香猪的各项生理指标随温度升高波动幅度较小(表 6-12)；巴马香猪三碘甲腺原氨酸(T_3)水平为 28.85 ng/mL，平均三碘甲腺原氨酸水平为 0.45 ng/mL。分析其耐热性可知，血清甲状腺素水平较低是巴马香猪具有较强耐热性的主要原因。

表 6-12　不同环境温度下巴马香猪的主要生理指标变化情况

气温/℃	心率/(次/min)	体温/℃	呼吸频率/(次/min)
24	86.1±3.8	38.8±0.2	44.8±3.8
25	84.9±2.2	38.7±0.1	46.1±3.2
26	79.3±6.2	39.1±0.2	51.3±3.7
28	84.5±1.8	39.3±0.3	45±1.8
30	79.3±3.3	39.1±0.1	46.1±4.3

资料来源：张承露等(2014)

6.5.2　基础研究

6.5.2.1　繁殖性能相关研究

李俊等(2017)以从江香猪为研究对象，分析 *FSHβ* 基因对从江香猪母猪繁殖性能的影响。结果发现，*TT* 基因型与 *CT*、*CC* 基因型相比，对从江香猪母猪的繁殖性状数量值具有一定的促进作用。梅子凌(2016)将 5 个单核苷酸位点的多态性与产仔数进行关联分析，发现其与低产/高产、乳头数、性早熟、繁殖力、胚胎早期发育等相关。许瑶(2017)研究发现，香猪 *FSHR* 基因外显子 10 的多态性与产仔数相关，单倍型 C-T 可以作为分子标记应用于香猪产仔数性状的辅助选育。

6.5.2.2　生长性能相关研究

俞沛初等(2016)研究发现，香猪生长激素基因 *Apa* Ⅰ 酶切后产生 3 种基因型和 2 种等位基因，*AB* 基因型和 *AA* 基因型香猪的 4 月龄体重、0～4 月龄平均日增重均极显著地低于 *BB* 基因型香猪，4 月龄体长也显著低于 *BB* 型香猪，提示 *AB* 和 *AA* 基因型可能是香猪矮小性的有利基因型。

李常红(2019)研究发现巴马香猪 *GHRH* 基因的 SNPs 与体尺的相关性。研究发现该基因上存在的 SNPs 与猪体尺相关，共 7 个 SNPs[g.1874A>C、g.2276A>G、g.4165C>-、g.4238T>C、g.8079I>-(GTGCTGGCGTGAG 缺失)、g.8114A>G 及 g.8178A>G]存在于 2 个猪种之间，可以作为猪种遗传性状及育种的筛选标记。

6.5.2.3　肉质性状相关研究

曹龙凯等(2012)针对营养水平对香猪肉质性状的影响进行了研究。结果表明，降低营养水平会提高 *H-FABP* 基因的表达量和肌内脂肪含量，增加肌肉嫩度。陈宝剑(2017)研究发现巴马香猪肌肉组织中 *ATP5B* 基因的表达量与电导率、剪切力呈显著的负相关性，*ATP5H* 基因的表达量与剪切力呈极显著的负相关性，与肌肉脂肪含量呈显著的负相关性。

6.5.3　杂交利用

巴马香猪与淮猪杂交后代的繁殖性能和屠宰性能测定显示，杂交后代初生窝重、35 日龄断奶窝重分别提高了 38.43%和 16.53%、54.25%和 28.77%，胴体直长提高了 5.91%，肉色及嫩度指标上略低于巴马香猪(李吉要，2018)。

李庆海(2018)进行了从江香猪与淳安花猪杂交组合测试研究。结果发现，从江香猪生长性能优于父本，0～10 月龄平均日增重约为 210 g；公猪的屠宰率、板油率、背膘厚低于母猪；胴体斜长、皮厚以及眼肌面积都高于母猪，公母猪间各项屠宰指标差异均不显著；肉色值和大理石纹分别在 3 级和 2.5 级以上，滴水损失低于 1%；8 月龄公猪与母猪肌内脂肪含量分别为 4.27%、4.15%，肌苷酸含量 2.86 mg/g、2.55 mg/g，公猪肌内脂肪和肌苷酸的值高于母猪。从江香猪表现出良好的肉质性能，尤其在肌内脂肪含量、嫩度等方面表现突出。

从江香猪与苏太猪杂交组合繁殖性能研究表明(倪萌萌，2018)，从江♂×苏太♀正交组合(香苏猪)仔猪哺乳期生长性能最佳，初生个体重、初生窝重显著高于纯繁组和苏香猪；21 日龄个体重、21 日龄窝重、断奶窝重显著高于纯繁组和苏香猪，但香苏猪、苏香猪指标均优于纯繁组。这说明选择从江香猪和苏太猪进行正反交可提高母猪窝产仔数和仔猪哺育成绩，从而提高从江香猪杂交猪的繁殖性能。

(撰稿人：田明)

6.6 蓝塘猪

蓝塘猪又名芙蓉猪，属于华南型地方猪种。蓝塘猪的产地位于广东省紫金县秋香江中下游两岸的蓝塘、凤安、九和一带，以蓝塘镇为主要繁殖中心。蓝塘猪具有生长快、性情温驯、抗病力强、耐粗饲和皮薄、肉嫩、味美等特点。蓝塘猪 1986 年被《中国猪品种志》收录，2004 年取得国家检验检疫总局"原产地标记注册"，2000 年列入《国家畜禽品种资源保护名录》，2006 年列入《国家级畜禽遗传资源保护名录》。现有国家级猪遗传资源保种场 1 处——广东省板岭原种猪场。

6.6.1 生产性能

本部分主要针对蓝塘猪生产性能中的繁殖性能、生长肥育性能、胴体性能、肉质品质以及抗逆性等方面的研究进展进行分析总结。

6.6.1.1 繁殖性能

蓝塘猪作为典型的中国地方猪品种，具备地方猪种繁殖性能优良的特性。本部分主要针对蓝塘猪卵泡生长、胎盘遗传特点以及生产中观测到的蓝塘猪的繁殖性能参数进行总结综述。

1. 蓝塘猪的生殖发育

蓝塘猪属于早熟品种，性成熟比较早。小公猪出生后 30～40 日龄开始有性欲表现，喜欢爬跨其他小猪；60～90 日龄开始产生精子，并能配种受胎，但一般还不能使用，要等到体重 30～40 kg、5～6 月龄才能利用配种。母猪方面，20～30 日龄出现次级卵泡，35 日龄次级卵泡进一步发育，45～50 日龄出现有卵泡腔的生长卵泡，65～70 日龄卵巢中出现成熟卵泡；一般小母猪 4 月龄左右、体重 20 kg 出现初情期，发情周期一般为 21 d(18～24 d)，发情持续时间为 3～5 d；性成熟期一般要 6～7 月龄、40 kg 体重左右，这个时候可以开始配种。配种的时候，征集的卵泡一般有 25～50 个，但真正排出的卵子只有 10～25 个，能够受胎的也就 10 个左右。蓝塘猪妊娠期一般 114 d(110～118 d)，哺乳期 30～35 d，断奶后 3～7 d 发情，可以继续配种。

2. 母猪胎盘效率遗传特点的研究

吴同山等(2006)收集了 1 059 胎次的长白、大白、杜洛克、大花白和蓝塘猪 5 个品种的母猪的胎盘效率，分析了胎盘效率与窝均总产仔数、窝均产活仔数的相关关系，估计了胎盘效率的遗传力。

3 个外种猪长白、大白、杜洛克和本地猪种大花白、蓝塘猪的胎盘效率、窝均总产仔数和窝均产活仔数以及它们的相关系数见表 6-13。试验表明，不同品种猪的胎盘效率不同，胎盘效率与窝均总产仔数的相关系数为 0.310 4，与窝均产活仔数的相关系数为 0.363 8，均呈中等强度正相关关系。

表 6-13 胎盘效率与窝均总产仔数、窝均产活仔数的相关关系

品种	窝数	胎盘效率	窝均总产仔数	与窝均总产仔数的相关系数	*P* 值	窝均产活仔数	与窝均产活仔数的相关系数	*P* 值
长白猪	419	$5.14^{ab}\pm0.06$	$10.70^{abc}\pm0.14$	0.384 8	0.000 1	$9.69^{ab}\pm0.13$	0.457 5	0.000 1
大白猪	241	$4.69^{cd}\pm0.08$	$10.38^{abc}\pm0.18$	0.314 9	0.000 1	$9.37^{ab}\pm0.17$	0.407 5	0.000 1
杜洛克	216	$4.57^{cd}\pm0.08$	$9.57^{def}\pm0.19$	0.302 5	0.000 1	$8.21^{cd}\pm0.18$	0.455 6	0.000 1
大花白	93	$4.98^{a}\pm0.12$	$14.42^{g}\pm0.29$	0.255 5	0.013 4	$14.00^{ef}\pm0.28$	0.274 7	0.007 7
蓝塘猪	90	$4.83^{ab}\pm0.13$	$13.50^{h}\pm0.29$	0.179 1	0.089 5	$12.75^{gh}\pm0.28$	0.178 4	0.090 6
合计	1 059	4.88±0.09	10.96±0.17	0.310 4	0.000 1	9.95±0.18	0.363 8	0.000 1

注：同列上标有相同字母者差异不显著（$P>0.05$），同列上标有 2 个或者 3 个字母不同者表示差异显著（$P<0.05$），同列上标有 4 个字母以上不同者表示差异极显著（$P<0.01$）。

资料来源：吴同山等（2006）

3. 蓝塘猪繁殖性状表型参数的研究

1978 年、2001 年分别对蓝塘猪繁殖性能进行测定，蓝塘猪的总产仔数从 1978 年的 11.6 头提高到 2003 年的 12.26 头，提高了 5.69%；初生个体重从 1978 年的 550 g 提高到了 2003 年的 658 g，初生个体重 22 年提高了 19.64%，见表 6-14。

表 6-14 蓝塘猪繁殖性能测定

项目	1978 年	胎数	2003 年	提高
初产产仔数/头	8.10	69	10.49±1.60	29.51%
经产产仔数/头	11.60	381	12.26±2.34	5.69%
初生个体重/g	550	403	658±143.9	19.64%
21 日龄个体重/kg	2.90	306	3.30±0.4716	13.79%

资料来源：1978 年数据引自 1987 年《广东省畜禽品种志》，2003 年数据为参考广东省板岭原种猪场

吴同山等（2003）对后备母猪初次发情、配种、分娩情况进行了统计，发现地方品种猪方面，母猪初次发情日龄与品种志记载比较接近，提前了 2～4 d，初次配种多在第 2 个情期，初次分娩日龄为 9～9.5 个月，比瘦肉型猪提前 2.5～3 个月，充分显示了其早熟的特性（表 6-15）。

表 6-15 后备母猪的发情、配种、分娩时间

品种	头数/头	初次发情日龄/d	头数/头	初次配种日龄/d	胎数	初次分娩日龄/d
蓝塘	78	118.69±25.56	60	162.43±22.15	30	276.34±29.69
大花白	80	133.54±21.66	6	175.73±24.36	30	289.73±47.33
杜洛克	80	191.45±28.11	50	265.55±29.50	30	370.95±29.07
长白	250	183.56±18.54	185	246.75±19.32	50	361.90±18.76
大白	230	208.31±27.89	156	271.06±26.85	50	384.63±25.38

资料来源：吴同山等（2003）

对不同品种母猪断奶后的发情比较，发现无论是地方品种猪还是瘦肉型种猪，均存在着第 1 胎断奶后发情难的问题，断奶到下次发情需要 8.63～10.22 d；经产猪阶段，蓝塘猪发情间隔为 3.91 d，优于其他猪种（表 6-16）。

表 6-16　不同品种母猪断奶后的发情时间比较结果

品种	胎次	头数	断奶至下次发情时间/d	发情持续时间/d
蓝塘	1 胎	30	8.63±3.72	66.00±18.20
	多胎	62	3.91±1.67	81.29±13.03
大花白	1 胎	30	9.20±6.72	69.60±17.80
	多胎	65	4.88±4.32	80.63±13.71
杜洛克	1 胎	30	9.70±6.65	64.62±13.31
	多胎	60	6.61±3.87	77.68±13.90
长白	1 胎	30	10.22±6.46	58.70±14.43
	多胎	60	4.84±1.86	80.36±16.38
大白	1 胎	30	9.08±4.89	65.58±16.64
	多胎	60	5.71±2.66	78.84±15.43

资料来源：吴同山等(2003)

6.6.1.2　生长肥育性能

1. 蓝塘猪幼龄猪生长肥育性能研究

王敬军等(2003)对蓝塘猪平均日增重、饲料报酬、胴体瘦肉率等进行了测定。1978 年蓝塘猪平均日增重 397 g，2003 年日增重 432 g，相比于 1978 年，2003 年蓝塘猪的日增重增加了 8.82%。

蓝塘猪具有早熟易肥的特点。在整个肥育期中，体重在 20 kg 以下时增重较慢；25～68 kg 期间增重较快，平均日增重约 397 g；70 kg 以后绝对增重和相对生长明显减慢，且脂肪沉积加快，饲料利用率下降。据蓝塘种猪场 1978 年试验，用每千克平均含消化能 2.797 kcal、消化粗蛋白质 90 g 的混合料喂 22 头蓝塘肉猪，试验结果见表 6-17。

表 6-17　蓝塘猪幼龄猪生长肥育性能比较结果

项目	头数/头	始重/kg	末重/kg	饲养天数/d	平均日增重/g	营养水平			每千克增重消耗				背膘厚/mm
						消化能/kcal	消化粗蛋白/g	能朊比	精料/kg	粗料/kg	青料/kg	平均饲料报酬	
1978 年	22	8.39	68.03	150	397	2.797	90	31∶1	3.039	0.448	1.52	4.50	5.27
2003 年	11	16.8	66.0	114	432	3.1	140	45∶1	3.850			3.85±0.41	4.02

资料来源：1978 年数据引自 1987 年《广东省畜禽品种志》，2003 年数据为参考广东省板岭原种猪场

2. 蓝塘猪不同体重体尺研究

蓝塘仔猪初生个体重为 0.4～1.0 kg，30 日龄为 4～5 kg，60 日龄为 10～15 kg。据蓝塘种猪繁育场 1978 年测定，6 月龄公猪体重 46.67 kg，母猪 44.50 kg；成年公猪(2 岁以上)体重 127.0 kg，母猪(2 岁以上、分娩三胎以上)85.5 kg。据广东省板岭原种猪场 2001 年测定，6 月

龄公猪体重 52.73 kg，体长 65.8 cm；母猪体重 51.57 kg，体长 67.2 cm；2003 年测定，成年公猪(2 岁以上)体重 132.5 kg，母猪(2 岁以上、分娩 3 胎以上)109.2 kg(表 6-18)。

表 6-18　1978 年、2003 年蓝塘后备公、母猪体重、体长对比研究

性别	年度	月龄	2	3	4	5	6	7	8
公猪	1978	头数/头	9	9	9	9	9	9	9
		体重/cm	10.55	19.72	29.94	37.78	46.67	56.39	66.11
	2001	头数/头	7	7	7	7	7	7	7
		体重/kg	14.40	24.91	35.2	44.13	52.73	63.17	72.46
		体长/cm	34.6	40.0	47.5	54.4	65.8	73.5	80.6
母猪	1978	头数/头	24	24	22	14	12	10	4
		体重/kg	11.25	19.68	26.41	34.79	44.5	55.75	64.38
	2001	头数/头	11	11	11	11	10	10	10
		体重/kg	14.17	25.32	34.55	42.87	51.57	60.12	69.52
		体长/cm	36.5	43.0	50.5	58.4	67.2	77.6	85.3

资料来源：1978 年数据引自 1987 年《广东省畜禽品种志》，2003 年数据为参考广东省板岭原种猪场

成年种猪的体重、体尺逐渐都有明显上升。但是 1978—1974 年由于盲目开展杂交，忽视对蓝塘土种猪的选育，一度引起质量严重下降。据蓝塘公社种猪育种辅导站调查材料反映，当时收购猪苗 60 日龄平均个体重比 1972 年前下降 1.8 kg，肉猪收购重量(饲养 9～10 个月)平均个体重比 1972 年下降 4.5 kg。后经采取一系列有效措施，于 1975 年以后猪群的质量才逐步上升，数据见表 6-19。

表 6-19　成年猪体重、体尺

性别	年度	头数/头	体重/kg	体长/cm	胸围/cm	体高/cm
公	1965	7	59.7	99.1	87.5	51.2
	1975	5	75.8	111.5	93.5	60.5
	1978	5	127.0	132.8	131.5	68.0
	1982	4	128.0±1.34	132.0±1.50	132.6±0.52	68.0±0.50
	2003	4	132.5±15.1	135.3±11.5	125.0±10.2	72.3±6.8
	2006	6	103.76±7.68	125.55±2.87	111.5±3.11	69.10±1.73
母	1965	53	59.8	101.8	89.6	48.2
	1975	120	68.2	104.4	94.1	52.5
	1978	20	85.5	102.2	106.6	56.7
	1982	15	124.0±1.36	126.0±1.14	117.0±0.37	63.3±0.38
	2003	16	109.2±11.6	121.0±8.3	120.0±6.9	60.7±3.7
	2006	73	89.96±3.04	116.33±1.04	107.0±1.44	60.74±0.73

资料来源：1965—1978 年数据引自 1987 年《广东省家畜家禽品种志》，1982 年数据来自紫金县畜牧局

6.6.1.3 胴体性能

1. 蓝塘猪体尺指标和活体背膘的发育研究

陈永晴等(2009)认为在背膘厚和活体背膘厚 2 个指标上,蓝塘猪在各个测定阶段都要大于长白猪,且差异极显著;而在眼肌面积和胴体重 2 个方面,蓝塘猪在各个测定阶段都要显著低于长白猪。这说明蓝塘猪具有脂肪沉积能力较强、生长速度较慢的特点,而长白猪具有生长速度快、瘦肉率高的特点,结果见表 6-20。

表 6-20 蓝塘猪和长白猪体尺指标和活体背膘的发育性变化

指标	品种	1 日龄	27 日龄	90 日龄	150 日龄	180 日龄
样本	蓝塘猪	53	39	38	26	25
数目	长白猪	53	39	38	30	23
体高/cm	蓝塘猪	14.58±0.22	20.05±0.32	33.03±0.41	43.71±0.74	43.98±0.64
	长白猪	19.68±0.2	23.97±0.28	46.25±0.96	57.58±0.52	59.53±0.57
体长/cm	蓝塘猪	20.3±0.32	36.5±0.61	56.0±0.69	76.7±1.19	82.0±1.54
	长白猪	29.0±0.27	44.7±0.47	71.8±1.24	99.1±0.83	114.2±0.89
胸围/cm	蓝塘猪	21.62±0.27	37.23±0.65	56.07±0.73	80.52±1.25	84.95±1.24
	长白猪	29.21±0.28	43.10±0.49	67.51±0.58	93.63±0.89	98.59±1.18
活体背膘	蓝塘猪	/	/	16.08±0.30	21.58±0.93	23.32±0.72
/mm	长白猪	/	/	9.28±0.17	13.38±0.45	14.14±0.51

资料来源:陈永晴等(2009)

2. 蓝塘猪屠宰及肉质性能研究

在陈永晴等(2009)的测定中,不同时期的蓝塘猪和长白猪的背膘厚、眼肌面积均呈现递增趋势;同一时期蓝塘猪与长白猪相比,背膘厚度相差显著,在 90 日龄,蓝塘猪背膘高于长白猪 2 倍左右,在 190 日龄仍然高于长白猪 34%;在肉色性状方面,蓝塘猪和长白猪肉色均随日龄逐渐增加,且蓝塘猪在各阶段均高于长白猪,但均处于正常范围;在剪切力指标方面,蓝塘猪在各阶段都小于长白猪,在 90 日龄时达到差异极显著水平,说明蓝塘猪的肌肉较嫩;在大理石纹性状方面,蓝塘猪 180 日龄阶段显著高于长白猪,说明后期蓝塘猪肌内脂肪含量增长较快;蓝塘猪在肉色、剪切力以及大理石纹等肉质性状方面要明显优于长白猪。眼肌中的水分含量方面,2 个品种都表现出随着猪的生长发育而逐渐降低,且蓝塘猪要低于长白猪。在眼肌内脂肪含量方面,除第 2 阶段外,蓝塘猪均高于长白猪,且差异极显著,见表 6-21 和表 6-22。

表 6-21 蓝塘猪和长白猪屠宰性状的发育性变化

指标	品种	1 日龄	27 日龄	90 日龄	150 日龄	180 日龄
背膘厚/mm	蓝塘猪	—	6.86±0.57	17.59±0.89	24.52±0.81	25.35±0.42
	长白猪	—	3.90±0.57	8.35±0.45	13.48±0.54	18.10±0.90
皮厚/mm	蓝塘猪	—	—	3.27±0.23	4.08±0.22	4.42±0.17
	长白猪	—	—	1.73±0.23	2.60±0.11	2.89±0.23

续表 6-21

指标	品种	1日龄	27日龄	90日龄	150日龄	180日龄
眼肌面积/cm^2	蓝塘猪	0.827±0.07	4.167±0.33	15.417±0.96	21.083±0.77	23.208±0.91
	长白猪	2.597±0.15	5.935±0.60	25.83±1.16	47.083±2.81	55.708±0.99
胴体重/kg	蓝塘猪	0.39±0.02	2.60±0.24	13.62±0.93	31.60±1.87	34.70±1.47
	长白猪	0.98±0.07	4.06±0.53	21.30±0.63	49.82±1.36	67.75±1.20
腿臀比例	蓝塘猪	0.32±0.03	0.34±0.01	0.33±0.01	0.30±0.01	0.30±0.00
	长白猪	0.36±0.02	0.33±0.01	0.34±0.01	0.33±0.01	0.33±0.01

资料来源：陈永晴等(2009)

表 6-22　肉质性状的发育性变化

指标	品种	1日龄	27日龄	90日龄	150日龄	180日龄
pH	蓝塘猪	6.167±0.138 7	5.86±0.125	6.433±0.120	6.57±0.066 8	6.565±0.043
	长白猪	6.272±0.041	5.91±0.022	6.277±0.077	6.578±0.094	6.518±0.045
肉色	蓝塘猪	—	83.0±2.582	85.6±1.117	87.23±2.639	88.3±0.997
	长白猪	—	81.3±2.639	84.1±2.159	85.34±3.369	86.8±1.743
剪切力/N	蓝塘猪	—	—	16.11±0.99	13.63±0.86	16.20±1.88
	长白猪	—	—	20.62±1.1	13.76±0.72	17.18±1.32
大理石纹	蓝塘猪	—	—	2.3±0.1	3.00±0	3.417±0.154
	长白猪	—	—	1.833±0.307	3.167±0.211	2.917±0.154
眼肌内水分含量/%	蓝塘猪		76.12±0.2	74.32±0.29	73.64±0.22	73.09±0.38
	长白猪		75.41±0.67	75.22±0.24	74.89±0.45	74.48±0.3
眼肌内脂肪含量/%	蓝塘猪		5.21±0.325	3.79±0.5	6.39±0.621	7.85±0.499
	长白猪		7.03±0.534	2.63±0.153	3.06±0.35	3.38±0.407

资料来源：陈永晴等(2009)

农业农村部种猪质量监督检验测试中心(广州)的测定结果，显示蓝塘猪瘦肉率 42.9%，眼肌面积 21.56，见表 6-23。

表 6-23　蓝塘猪及其他猪的屠宰性能比较

品种	背膘厚/mm	眼肌面积/cm^2	瘦肉率/%	pH	系水力/%	大理石纹	肉色
蓝塘*	2.71	21.56	42.9%	6.17	79.13	2.75	3.60
大花白*	3.01	18.06	45.1%	6.23	81.21	2.60	3.45
土二杂*	3.12	25.77	48.0%	6.07	83.65	2.40	3.70
土三杂*	2.60	29.37	56.9%	6.81	92.09	2.50	3.70
杜洛克	1.74	37.10	62.4%	6.45	86.03	2.30	3.75
长白	1.96	38.48	62.8%	6.00	85.15	2.60	3.40
大白	1.69	45.55	62.7%	6.30	84.66	2.50	3.30

资料来源：* 标注数据来源农业农村部种猪质量监督检验测试中心(广州)

6.6.1.4 杂交利用

由于蓝塘猪所处的地理环境条件以及群众的特殊选育方法，造成种猪长期闭锁繁殖，近亲系数很高，性状特性比较一致，引入外来良种猪与其进行“二元”或“三元”杂交都能够获得明显的杂交优势，从而有效地提高了产肉量，降低生产成本。

1. 不同杂交组合肥育性能研究

1980 年蓝塘种猪场利用中等营养水平（每千克混合料含消化能 2.70 Mcal，含消化粗蛋白质 100 g），进行 94 d 的 3 种杂交组合的肥育试验。结果表明，长白公猪与蓝塘母猪杂交一代猪日增重 638 g，胴体瘦肉率 39.48%；杜长蓝三元杂种猪日增重 622 g，胴体瘦肉率 50.35%；汉长蓝三元杂种猪日增重 665 g，胴体瘦肉率 48.03%。三元杂种猪比二元杂种猪胴体瘦肉率提高 10%左右。广东省板岭原种猪场通过测定纯种蓝塘猪、长白与蓝塘杂交猪等的生长速度，发现没有以前生长快，结果见表 6-24。

表 6-24 不同杂交组合肥育性能

对照	父本	母本	头数/头	始重/kg	终重/kg	日增重/g	每千克增重需要				
							精料/kg	青料/kg	粗料/kg	消化能/Mcal	消化蛋白/g
历史	杜洛克	长蓝杂	4	21.25	79.99	662±96	2.81	0.30	0.70	9.74	359
	汉普夏	长蓝杂	8	16.50	79.00	665±60	2.82	0.28	0.68	9.75	361
	长白	蓝塘	9	22.44	85.44	638±48	2.99	0.29	0.75	10.37	383
测定	蓝塘	蓝塘	11	16.75	66.0	432±87	3.85			3.1	446
	长白	蓝塘	10	22.25	88.5	566±73	3.36			3.1	504
	长白	大蓝杂	4	23	51	518±102	2.79			2.9	446

资料来源：广东省板岭原种猪场

2. 不同杂交组合屠宰性能研究

蓝塘种猪繁育试验场（1978）对不同杂交组合进行测定，发现杜长蓝组合、汉长蓝组合与长蓝组合相比较，精肉率，胴体瘦肉率 2 项指标都有较大提高，分别为差异显著（$P<0.05$）和差异极显著（$P<0.01$）。此外，饲料利用率亦有所提高，见表 6-25。

表 6-25 胴体性状

对照	父本	母本	屠宰日龄/d	宰前体重/kg	膘厚/cm	胴体瘦肉率/%	精肉率/%
历史	蓝塘	蓝塘	200	71.12	5.27	35.21	23.04
	杜洛克	长蓝杂	164	80.6	3.08	50.35	25.86
	长白	蓝塘	161	81.25	4.04	39.48	21.41
测定	蓝塘	蓝塘	321	74	3.4	39.36	29.12
	长白	大蓝杂	135	51	1.71	57.3	27.94
	长白	蓝塘	195	88.5	2.46	46.27	24.73

资料来源：广东省板岭原种猪场

束刚等（2015）用广东省板岭原种猪场蓝塘猪和长白猪采用正反交试验得到其 F_1，即蓝长猪和长蓝猪，对胴体性状进行了测定，见表 6-26。

表 6-26 蓝长猪和长蓝猪的胴体性状比较

亲本	F_1	体质量/kg	右半胴体质量/kg	体直长/cm	体斜长/cm	倒数第 3、4 肋间处	背膘厚/cm（胸腰结合处）
蓝×长	母	104.75	35.15	90.75	97.75	3.48	3.30
	公	108.25	36.86	89.25	96.75	3.61	3.46
长×蓝	母	97.50	32.93	89.75	95.50	3.25	3.14
	公	105.25	35.36	90.25	96.25	3.26	3.17

资料来源：束刚等(2015)

3. 不同杂交组合肉质性能研究

束刚等(2015)对蓝长猪和长蓝猪肉质进行测定，发现宰后 45 min 的 pH 在品种与性别之间有明显的互作效应，以长×蓝公猪的 pH 最高，长×蓝母猪最低。长×蓝猪背最长肌的红度也有高于蓝×长猪的趋势($P=0.05$)。而 pH_{24h}、滴水损失、剪切力、亮度、黄度和大理石纹评分在品种和性别间均无显著差异，见表 6-27。

表 6-27 蓝长猪和长蓝猪肉质比较结果

亲本	F_1	pH_{45min}	pH_{24h}	滴水损失/%	剪切力/N	亮度	肉色红度	黄度	大理石纹评分
蓝×长	母	6.18	5.49	1.00	54.27	45.88	16.45	2.07	2.85
	公	6.10	5.56	0.96	54.57	48.22	17.17	3.02	3.40
长×蓝	母	6.01	5.64	1.41	57.67	46.11	18.51	2.66	3.05
	公	6.41	5.53	1.26	52.39	47.53	17.30	2.61	2.95

资料来源：束刚等(2015)

同时，对蓝长猪和长蓝猪背最长肌的脂肪酸组成进行了研究，蓝塘猪和长白猪正反交 F_1 背最长肌脂肪酸组成整体变化不大，蓝长猪花生四烯酸(C20:4)的比例显著高于长蓝猪，但棕榈油酸(C16:1)的比例却低于长蓝猪，结果见表 6-28。

表 6-28 蓝长猪和长蓝猪背最长肌的脂肪酸组成　　占脂肪酸比例%

亲本	F_1	C14:0	C16:0	C17:0	C18:0	C20:0	C16:1	C17:1	C18:1	C18:2	C18:3	C20:4	SFA	MUFA	PUFA
蓝×长	母	2.29	20.32	0.36	12.98	0.35	5.42	0.31	43.07	12.12	0.16	2.62	36.30	48.80	14.9
	公	2.30	20.71	0.36	13.59	0.32	5.66	0.29	40.65	13.17	0.16	2.77	37.28	46.61	16.11
长×蓝	母	2.81	20.57	0.35	12.66	0.37	6.74	0.35	42.03	12.04	0.14	1.97	36.74	49.11	14.15
	公	2.90	20.77	0.37	12.98	0.43	7.34	0.37	44.13	8.85	0.11	1.73	37.46	51.84	10.69
标准误		0.14	3.60	0.01	5.11	0.03	0.79	0.01	14.03	5.81	0.01	0.25	15.87	10.80	6.97
	品种	0.04	0.90	0.99	0.75	0.58	0.03	0.25	0.61	0.18	0.36	0.03	0.90	0.21	0.10
P	性别	0.84	0.80	0.86	0.75	0.85	0.47	0.90	0.95	0.49	0.69	0.89	0.74	0.90	0.51
	品种×性别	0.85	0.94	0.86	0.92	0.69	0.75	0.64	0.36	0.19	0.69	0.54	0.96	0.26	0.19

资料来源：束刚等(2015)

6.6.2 基础研究

6.6.2.1 蓝塘猪基因多态性分析

包杰等(2004)对蓝塘猪进行肌肉组织 EST 的 mRNA 差异显示和 SYBR Green 荧光定量 PCR 分析,利用 mRNA 差异显示技术对广东省地方品种蓝塘猪和引进品种大白猪达到经济成熟时的眼肌组织 mRNA 进行比较分析,并结合实时荧光定量 PCR 进行表达量的分析。试验检测了蓝塘猪和大白猪眼肌组织近 10 000 多条 cDNA 片段,分离得到了 2 个品种中存在差异表达的 5 条 ESTs(ESTsp7、ESTsp8、ESTsp9、ESTsp10、ESTsp11),其中 ESTsp7 在大白猪的表达量比蓝塘猪的高,其他 4 条的表达量为蓝塘猪比大白猪高。表达差异片段的测序结果显示 5 条 EST 片段的范围长度在 137～519 bp,平均大小为 227 bp。

梅盈洁等(2005)采用电子杂交、RT-PCR 和半定量分析 3 种方法对蓝塘猪等 4 个猪种 *CTSD* 基因的表达情况进行初步研究。结果显示,*CTSD* 在蓝塘猪和大白猪的心脏、肝脏、脾脏、肺、肾脏、胃、前肢、后肢、脂肪、背最长肌 10 个组织中有表达,且表达量差异不大;*CTSD* 在二花脸猪和杜洛克猪垂体、卵巢、子宫、输卵管、心脏、肝脏、脾脏、肺、肾脏、皮肤、脂肪、肌肉、脑、肠、胃共 15 个组织中均有表达,且表达量差异不大;*CTSD* 在猪心脏、肝脏、脾脏、肺、肾脏、胃、前肢、后肢、脂肪、背最长肌 10 个组织中表达量接近,与 β-actin 内参的表达量接近。这些结果与在人和鼠中 *CTSD* 基因研究结果一致,且验证了 *CTSD* 具有持家基因特点的结论。

李涛等(2006)以若干蓝塘猪与大白猪的 cDNA 为模板,对 2 个品种的 PCR 产物进行克隆、比较、分析测序。结果发现,在 CDS 序列上有 4 个位点存在 SNP,其中 1 个是错义突变,即 C372T(Pro→Leu),导致了氨基酸的变化,对蛋白的性质有较大影响:3 个为同义突变,即 A433G、C559T、C673T,可能存在某种调节功能。以猪 *TPI*1 基因全长 cDNA 序列为基序,利用 Unigene 数据库进行电子表达谱分析,结果发现,该基因无论是在肌肉、血液、肝脏、垂体、卵巢、子宫、睾丸、淋巴、呼吸道和胎盘的组织中,还是在胚胎期、青年期和成年期均有表达。电子 Northern 杂交显示,组织表达量从高到低次序为睾丸、肌肉、卵巢、血液、呼吸道、垂体、淋巴、肝脏、胎盘和子宫;成年和青年期具有相同的表达量,相比而言胚胎期表达量低于前者,胎儿期几乎不表达。对蓝塘猪与大白猪眼肌组织差异蛋白基因进行 mRNA 水平的实时荧光定量 PCR 分析,结果显示,*TPI*1 基因在蓝塘猪中的表达量高于大白猪,且差异极显著($P<0.05$),说明了 *TPI*1 基因在品种间蛋白质水平表达差异和 mRNA 水平表达差异基本是一致的。细胞色素 P45017A1 基因、肌钙蛋白快骨骼肌亚型基因、肌钙蛋白慢骨骼肌亚型基因在蓝塘猪中表达量均高于大白猪,但差异不显著。

6.6.2.2 蓝塘猪肉质性能相关研究

心脏脂肪酸结合蛋白基因(*H-FABP*)和脂肪组织脂肪酸结合蛋白基因(*A-FABP*)是 IMF 的候选基因。研究结果表明,*H-FABP* 基因在蓝塘猪和杜洛克猪的脑、垂体、肾、心、肝、脂肪、背最长肌和腿肌等组织中表达,在脾和胃组织中不表达。在蓝塘猪和杜洛克猪的心肌组织、肝组织、肌肉组织、肾组织和脂肪组织中,*H-FABP* 基因的表达结果都表现出蓝塘猪要高于杜洛克猪,在心肌组织和肌肉组织中的表现尤其明显。这与蓝塘猪的猪肉品质优于杜洛克猪的实际情况是相符的(齐章旺等,2005)。

黄志宏等(2005)对蓝塘猪肉质性状相关表达序列标签(ESTs)进行单核苷酸多态性

(SNPs)筛查与定位研究。其从 ESTs 中筛查 SNPs，寻找与肉质和其他重要性状相关的基因，并把它定位在猪染色体的特定区域，然后对 9 条 ESTs 上的 9 个 SNPs 在长白猪×蓝塘猪资源家系 F_2代 244 个个体中基因分型，分型后统计 CS(confidence score)值，它们大部分都在 80%以上，说明这些 SNPs 在长-蓝家系 F_2代群体中是真实存在的。

侯建国等(2002)以蓝塘长白参考家系猪作为试验材料，测定了 4 个肉质性状，并进行表型相关分析；同时测定了 6 号染色体的 23 个微卫星 DNA 标记，计算其不同座位的基因频率和基因型频率，将其不同基因型对 4 个肉质性状进行方差分析，以找出影响肉质性状的数量性状座位(QTL)。研究结果表明，在 23 个微卫星座位中发现了 12 个座位具有多态性，同时发现了无效等位基因的存在。在表型上，肉色和大理石纹之间存在比较微弱的负相关，差异极显著；肉色和 pH 之间存在中等强度的正相关，差异极显著；肉色和系水力之间存在中等强度的正相关，差异极显著；pH 和系水力之间存在较强的正相关，差异极显著。MN006 座位附近可能存在影响 pH 性状的 QTL，MN004 座位附近可能存在影响大理石纹的 QTL。

蔡更元等(2006)初步建立了蓝塘猪骨骼肌组织转录谱，发现蓝塘猪肌肉转录谱与瘦肉型猪有很大不同。肌肉转录谱中按照基因功能分类，89.83%的基因可分别归为细胞分裂和 DNA 合成、细胞信号传递和信息交流、细胞结构和运动、机体防御和体内平衡、基因或蛋白质表达、新陈代谢等 6 类。对用于定量 PCR 的 20 个基因进行了电子克隆，*Oaz*、*ENO*3、*KPNA*3、*FLJ*22313、*EF*1*A*、*PGAM*2 共 6 个基因获得了全长 cDNA 序列，*Nek*7 获得了完整的 CDS 和 3′UTR 区。共向 NCBI 公共数据库提交非冗余 EST 序列 194 条，提交全长或接近全长 cDNA 序列 49 条。

6.6.2.3 蓝塘猪重要经济性状相关基因的研究

寻找猪数量性状主基因或数量性状座位(QTL)的策略有候选基因法，以及以建立猪资源群体为基础的基因组扫描，以便为蓝塘猪重要经济性状的挖掘提供参考。

凌飞等(2011)对蓝塘猪 8 号染色体的基因组扫描与经济性状 QTL 定位，利用高度选育的 8 头瘦肉型长白猪为父本，16 头中国优良地方品种蓝塘猪为母本，采用远交系杂交的 F_2代设计方法，建立了包括 40 头 F_1母猪、8 头 F_1公猪和 257 头 F_2个体的猪资源群体。在 F_2代群体中 7 个微卫星标记共检测到 110 种基因型、等位基因数 41 个，3 个世代的微卫星标记的杂合度和多态信息含量均在 0.64～0.80，能较好地提供 QTL 检测信息，故应用所检测的微卫星标记对本资源群进行 QTL 基因组扫描是可行的。研究采用 Haley 回归法分析长蓝资源群的 51 个性状，共检测到 21 个 QTL，其中有 5 个是 SP 水平极显著的 QTL($P<0.01$)，包括检测到 2 个是染色体水平显著的 QTL($P<0.05$)，其余 16 个 QTL 均为 SP 显著水平($P<0.05$)。在 USDA-MARC2.0 第 8 号染色体连锁群公母猪平均连锁图谱的 0～5 cM 处发现影响猪胴体前肢重的 QTL，达到染色体显著水平($P<0.05$)，该 QTL 与 SW2401 标记紧密连锁，其 F 值达到 5.53，加性效应和显性效应均为－0.05。在 USDA-MARC2.0 第 8 号染色体连锁群公母猪平均连锁图谱的 95～100 cM 处发现影响肉色的 QTL，达到染色体显著水平($P<0.05$)，该 QTL 与 S0144 标记紧密连锁，其 F 值达到 4.62，其加性效应和显性效应分别为－0.60 和－1.35。在 USDA-MARC2.0 第 8 号染色体连锁群公母猪平均连锁图谱的 70～75 cM、110～115 cM 和 125～130 cM 处发现影响胴体 C 点膘厚、体直长、肾重的 QTL，达到 SP 极显著水平。这 3 个 QTLs 分别与 S0069、SW61 和 S0178 紧密连锁。

刘德武等(2005)选用 8 个 RFLP 标记对“长白猪×蓝塘猪”F_2代资源群中 DNA 样本进行

基因型检测，并进行标记-性状的关联分析。所用标记分别是 *Leptin* 基因 C3469T、C3952G、C4115T 和 C4227T 位点，*IGFBP2* 基因 G1218T 位点，*IGFBP3* 基因 A952G、A2670G 位点，以及 *IGF-Ⅱ* 基因 A13518G 位点。对 *Leptin* 基因 4 个位点的标记-性状关联分析结果表明，C3469T 位点基因型与肝重、头重、活体 B 点膘厚和胸围存在显著相关（$P<0.05$），而与 100 日龄、胴体瘦肉重、瘦肉率和皮脂率等相关不显著，与前人的研究结果不同。*B* 基因表现肝小、头重中等、活体 B 点膘较薄和胸围较小等效应。C4115T 和 C4227T 位点在长蓝资源群中分别缺少 *AA* 型和 *BB* 型个体，具体原因有待进一步研究。4 个位点的主要单倍型中，类型 9（*BAAA*/*BABB*）是向瘦肉型方向选择的有利基因型，但生长速度较慢；类型 12（*BAABB*/*BBAB*）表现与脂肪型相似，但生长速度较快。对其深入研究可望找到影响生长速度的重要标记。对 *IGFBP2* 基因 G1218T 位点的标记-性状关联分析表明，该位点基因型与宰前活重、前腿重、中躯瘦肉重、板油、中躯重、眼肌面积、头重和后腿重等显著相关。等位基因 A 有增加板油；眼肌面积和瘦肉量的效应，*B* 基因有相反趋势。对 *IGFBP3* 基因 2 个位点的标记-性状分析表明，A952G 位点基因型与达 100 kg 体重日龄和腿臀围 2 个性状存在显著相关；A2670G 位点与体长、前躯皮脂重、眼肌面积、后躯瘦肉重、瘦肉率、皮脂率、板油、肉色、系水力、体直长、胸围、大理石纹、中躯皮脂重、活体平均背膘、瘦肉重、腿臀比等性状有显著相关。*B* 基因是选择瘦肉型的有利基因，*A* 基因对选择较多大理石纹有利。2 个位点的主要单倍型中，类型 4（*AB*/*AB*）是向瘦肉型方向选择的有利基因型。

6.6.2.4 蓝塘猪抗病性免疫学研究

张延涛等（2001）研究谷胱甘肽对蓝塘猪断奶仔猪生长与免疫的影响，结果显示，断奶仔猪饲粮中添加适量的 GSH，可提高蓝塘猪和大白猪的体增重、平均日增重、日平均采食量、饲料转化率，并可降低腹泻率；饲粮中添加适量的谷胱甘肽可提高断奶蓝塘猪和大白猪 43 d 及 60 d 时血清中的 GSH、GSH-Px 活力、IGF-Ⅰ水平；饲粮中添加适量的 GSH 可提高蓝塘猪 60 d 时肝细胞膜 GHR 结合容量及结合位点数，对大白猪则降低 60 d 时肝细胞膜 GHR 结合容量及结合位点数；饲粮中添加 GSH 对蓝塘猪、大白猪血清中 3 种免疫球蛋白含量的影响有所不同，对同种猪在不同阶段的影响也有所不同。28 日龄断奶蓝塘猪与大白猪在 28～60 日龄的生长发育有一定的差异。

胡明阳（2019）根据蓝塘猪和长白猪骨骼肌 10 个发育时期的转录组数据，对各时期免疫相关基因的表达数目和表达量进行分析，鉴定了相邻发育时期之间以及同一时期品种间差异表达的免疫相关基因，并对后者进行功能注释分析。结果表明，在蓝塘猪与长白猪骨骼肌发育过程中存在 1 129 个表达的免疫相关基因；胚胎期 35 d 和 49 d、胚胎期 91 d 和生后期 2 d 这 2 组相邻时期之间的差异表达免疫相关基因数目最多；品种间差异表达免疫相关基因数目则在胚胎期 49 d 以及生后期 180 d 最多，且趋向于在蓝塘猪上调表达，并富集在 NIK/NF-κB 信号传导、细胞凋亡的负调控等生物学过程中。本研究表明免疫相关基因在猪骨骼肌发育过程中存在表达，长白猪与蓝塘猪骨骼肌生长发育差异可能与 NF-κB 介导的细胞凋亡有关。

6.6.2.5 仔猪生长的相关研究

在养猪生产中，断奶是仔猪生长发育过程中继初生后的第二个关键时期。仔猪断奶阶段由于自身的生长发育尚未健全，加诸环境、营养、心理等应激因素的影响，仔猪断奶后一段时间内常出现生长迟缓。因此，选择一种既安全又能调动机体内在生理机能的活性物质，施用于断奶仔猪，可望取得更好的效果。

对断奶蓝塘猪添加不同剂量 GSH 可促进仔猪生长。其中试验组比对照组采食量分别提高 14.59%($P<0.05$)、14.43%($P<0.05$)和 8.83%；体重分别提高 16.44%($P<0.05$)、16.5%($P<0.05$)和 10.63%；平均日增重分别提高 26.09%($P<0.05$)、25.79%($P<0.05$)和 16.6%；饲料报酬分别提高 12.67%、10.60%和 8.06%。血清 GSH 含量随着日龄的增加而升高。外源性添加 GSH 剂量依赖性地提高蓝塘猪血清和小肠黏膜 GSH 水平，而肝脏、肌肉组织中并无显著增加，提示 GSH 被机体吸收后不在组织中大量蓄积残留。添加 GSH 对血清中的丙二醛(MDA)水平无显著影响，但可显著降低小肠黏膜 MDA 水平，对仔猪的腹泻具有一定的改善作用。这表明添加 GSH 可改善肠道的脂质过氧化损伤，对肠黏膜的完整性具有一定的保护作用(刘平祥等，2004)。

高萍等(2003)对蓝塘仔猪生长与相关激素、受体及基因表达进行研究。结果表明，蓝塘仔猪初生重较小，平均为 0.57 kg 左右，随着日龄增大，体重迅速增长，至 35 日龄时仔猪体重为初生重的 10.58 倍。与生长相关的血液 FT_3 与 FT_4 浓度，都在 1 日龄时较低，随后升高，3～21 日龄无明显变化，35 日龄又升至较高水平。血液 FT_3 水平与 FT_4 水平呈强正相关(r 值为 0.986 6，$P<0.05$)。血液 FT_3 与 FT_4 和体重呈正相关(r 值分别为 0.837 1，0.852 5)。这提示初生仔猪甲状腺处于低功能水平，出生后 3 d，甲状腺活动增强，并对仔猪的快速生长有重要影响。同时发现血液中 IGF1 在初生时显著高于其他时期($P<0.05$)，3 日龄下降至较低水平，然后慢慢上升，断奶后又有所下降。3～35 日龄血液 IGF1 浓度与平均日增重呈正相关($r=0.546\ 7$)。这表明出生后 IGF1 可作为反映生长速度的一个参数。肌肉中每毫克蛋白质的 IGF1 含量显著高于肝脏组织，在 3、21、35 日龄时都显著高于 1 日龄，肝脏中 IGF1 含量在各阶段无明显变化。血液中 Leptin 浓度在初生时较低，3 日龄时显著升高($P<0.05$)，提示此时仔猪脂肪代谢活动增强。血液 TNF 浓度的变化规律与血液 Leptin 浓度呈现高度正相关($r=0.923\ 9$)提示猪血液 TNF 浓度与血液 Leptin 浓度在调节脂肪代谢的功能上具有协同作用。血液 IL-2 浓度在 3、21、35 日龄时都高于 1 日龄，IL-6 在 35 日龄最高，但各日龄差异不显著。这表明初生仔猪免疫力较低，随着日龄的增大，自身免疫系统不断增强。

(撰稿人：何鑫森)

参考文献

[1] 艾琴，杨红军，顾宪红，2007. 五指山猪的泌乳性能及泌乳行为[J]. 饲料工业，(9)：31-34.

[2] 曹龙凯，郭春华，汤丽琳，等，2012. 营养水平对贵州香猪肉质性状及 H-FABP 基因表达的影响[J]. 西南民族大学学报自然科学版. 38(3)：378-382.

[3] 曹婷，荀文娟，施力光，等，2019. 不同日粮水平对初情期五指山猪性腺轴 Kisspeptin/GPR54 蛋白表达作用[J]. 基因组学与应用生物学，38(4)：1566-1571.

[4] 曹婷，张立岭，施力光，等，2013. Myogenin 蛋白在五指山猪和长白猪骨骼肌中的表达[J]. 基因组学与应用生物学，32(2)：170-176.

[5] 曹婷，周汉林，于萍，等，2017. 五指山猪资源现状、保护及开发利用[J]. 家畜生态学报，38(7)：79-83

[6] 晁哲，刘海隆，孙瑞萍，等，2014. 氟烷敏感基因在海南地方猪中的检测分析[J]. 养猪，(2)：51-52.

[7] 晁哲，魏立民，孙瑞萍，等，2014. *Leptin* 基因多态性在海南地方猪中的分布[J]. 养猪，(6)：79-80.

[8] 晁哲，魏立民，孙瑞萍，等，2014. *MC4R* 基因多态性在海南地方猪中的分布[J]. 养猪，(2)：53-54.

[9] 晁哲，吴望军，刘海隆，等，2018. 海南地方猪内源性反转录病毒的检测分析[J]. 养猪，(5)：97-99.
[10] 陈宝剑，陈少梅，敖秋桅，等，2017. 巴马香猪ATP合成酶基因表达发育变化与肉质性状相关性研究[J]. 黑龙江畜牧兽医，(8)：91-94.
[11] 陈清森，薛明，王银利，等，2012. 广西陆川猪与长白猪杂交利用研究[J]. 中国畜牧业，(19)：67-68.
[12] 陈秀扬，2014. 不同杂交组合的肉猪生产性能及经济效益对比试验[J]. 广西畜牧兽医，30(3)：133-135.
[13] 陈永晴，赵云翔，戚晓鸿，等，2009. 蓝塘猪和长白猪生长发育的比较研究[J]. 猪业科学，(4)：82-85.
[14] 程晓芳，李莉，周亭亭，等，2016. 陆川猪脂联素基因的克隆及生物信息学分析[J]. 基因组学与应用生物学，35(8)：1960-1967.
[15] 邓洛娜，罗祖朋，张志望，等，2018. 不同猪种脂肪组织基因组DNA甲基化分析[J]. 基因组学与应用生物学，37(11)：4730-4735.
[16] 邓章超，赵娟娟，夏琴，等，2019. 陆川猪*DGAT2*基因克隆、序列分析及表达水平研究[J]. 黑龙江畜牧兽医，(21)：6-10，17.
[17] 丁月云，孟云，周晓明，等，2013. 性别对安庆六白猪体尺性状、胴体性能及肉质性状的影响[J]. 西南农业学报，26(6)：2592-2595.
[18] 冯书堂，陈幼春，1998. 五指山猪生物学特性、易地繁育及遗传多样性研究[J]. 生物多样性，(3)：12-19.
[19] 冯书堂，李奎，刘岚，等，2015. 小型猪近交系新品种的培育与开发利用[J]. 农业生物技术学报，23(2)：274-280.
[20] 冯书堂，李奎，牟玉莲，等，2012. 五指山小型猪近交系培育与遗传资源创新[J]. 农业生物技术学报，20(8)：849-857.
[21] 高萍，2002. 蓝塘仔猪生长与相关激素、受体及基因表达的研究[D]. 广州：华南农业大学.
[22] 高乾坤，马翠，孔祥峰，等，2020. 饲粮添加甜菜碱对巴马香猪繁殖性能、初乳成分及血浆代谢物和繁殖激素含量的影响[J]. 动物营养学报，32(2)：646-653.
[23] 关志惠，陈宝剑，潘天彪，等，2017. 陆川猪脂酰辅酶A氧化酶1基因克隆及序列分析[J]. 中国畜牧兽医，44(3)：628-634.
[24] 国家畜禽遗传资源委员会，2011. 中国畜禽遗传资源志　猪志[M]. 北京：中国农业出版社.
[25] 何若钢，江永强，覃小荣，等，2013. 陆川猪耐粗饲研究[J]. 饲料工业，34(13)：22-25.
[26] 何若钢，张家富，江永强，等，2013. 生长期陆川猪适宜营养水平的研究[J]. 养猪，(2)：20-22.
[27] 何若钢，2010. 陆川猪胴体及肉品质的研究[C]. 中国畜牧兽医学会养猪学分会第五次全国会员代表大会暨养猪业创新发展论坛论文集.
[28] 胡明阳，周焕焕，齐晓龙，等，2019. 猪骨骼肌发育过程中免疫相关基因的表达分析[J]. 中国畜牧杂志，(1)：52-56.
[29] 黄建芳，吴敏，严雪瑜，等，2015. 陆川猪*HSP27*基因的克隆与序列分析[J]. 黑龙江畜牧兽医，(17)：120-123.
[30] 黄建芳，鄢胜飞，吴敏，等，2015. 陆川猪热休克蛋白90基因的克隆与序列分析[J]. 南方农业学报，46(8)：1505-1510.
[31] 黄丽丽，2007. 浅谈五指山猪保种现状、存在问题及对策[J]. 安徽农学通报，(18)：221-222.
[32] 黄明光，黄光云，胡安琪，等，2016. 陆川猪与外来猪精液质量及精子黏附蛋白基因家族mRNA表达的比较(英文)[J]. 安徽农业科学，17(5)：1055-1059.
[33] 黄树文，张哲，陈赞谋，等，2018. 广东省现有5个地方猪种基于SNP芯片的遗传多样性分析[J]. 中国畜牧杂志，54(6)：33-37.
[34] 黄新惠，唐丹露，2014. 关于广西"陆川猪"品牌定位的思考[J]. 中外企业家，(13)：29-30.

［35］黄艳娜，蔡卓权，蒋钦杨，2016. 陆川猪肌细胞生成素基因的克隆及序列分析［J］. 黑龙江畜牧兽医，(21)：93-96.

［36］黄艳娜，何少婧，李莉，等，2015. 陆川猪瘦素基因的克隆及序列分析［J］. 黑龙江畜牧兽医，(21)：92-95，289.

［37］黄艳娜，兰干球，蒋钦杨，2014. 广西陆川猪和巴马香猪的分子生物学研究进展［J］. 中国畜牧兽医，41(11)：79-84.

［38］黄艳娜，李莉，韦玲静，等，2014. 陆川猪肌肉生长抑制素基因的克隆与序列分析［J］. 南方农业学报，45(4)：659-663.

［39］姜延志，陈燕，朱砺，等，2016. 我国地方猪种肉质特性及其遗传改良［J］. 猪业科学，33(11)：34-36.

［40］蒋明，李杰，陈斌，等，2015. 猪 *INSIG2* 基因的多态性及其对肉质性状的影响［J］. 养猪，(5)：81-86.

［41］焦迪，谢婉，何剑雄，等，2019. 陆川猪 *PLIN5* 基因的克隆和序列分析［J］. 黑龙江畜牧兽医，(3)：1-5，10，172.

［42］黎珂钰，赵武，李斌，等. 2015. 广西陆川猪猪肺炎支原体 P97 基因 R1 区克隆及序列分析［J］. 中国畜牧兽医，42(9)：2270-2277.

［43］李宝红，孟繁明，辛海云，等，2019. 粤东黑猪胴体和肉质分析［J］. 广东畜牧兽医科技，44(6)：47-49.

［44］李博玲，2013. 海南猪·五指山猪和墩头猪保种现状及对策研究［J］. 安徽农业科学，41(29)：11704-11705，11715.

［45］李德林，1985. 香猪生长发育的研究［J］. 贵州农学院学报，(2)：18-25.

［46］李吉要，朱梦悦，朱树娇，等，2018. 淮猪与巴马香猪杂交后代的繁殖性能和屠宰性能测定［J］. 河南农业科学，47(10)：121-124.

［47］李俊，陈大芳，张勇，等，2017. *FSHβ* 基因对从江香猪母猪繁殖性能的影响［J］. 养猪，(3)：73-77.

［48］李龙生，雷明刚. 2016. 海南屯昌猪种质资源的保护与开发利用［J］. 中国畜牧业，(2)：43-44.

［49］李庆海，王欢欢，范京辉，等，2018. 从江香猪与淳安花猪杂交组合测试研究［J］. 浙江畜牧兽医，(3)：6-8.

［50］李琼华，覃树华，梁文全，2010. 广西陆川猪的保种与杂交开发利用［J］. 广西畜牧兽医，26(2)：96-97.

［51］李婷婷，刘娟，徐童松，等，2018. 陆川猪免疫抑制性疾病的流行病学调查［J］. 黑龙江畜牧兽医，(23)：115-118.

［52］李威，束刚，朱晓彤，等，2012. 蓝塘猪与长白猪正反交 F_1 代肉品质相关差异表达基因的筛选与验证［J］. 畜牧与兽医，44(S1)：302.

［53］李晓平，文愈，陶卿，等，2016. 发酵木薯渣蛋白饲料对陆川猪生长性能的影响［J］. 甘肃畜牧兽医，46(13)：84-86.

［54］李莹莹，2014. 广西陆川猪呼吸道疾病综合征的流行病学调查及猪圆环病毒 2 型的分离鉴定［D］. 南宁：广西大学.

［55］李玉莲，左晓红，吴买生，等，2016. 新美系种猪胴体品质及肉质性状比较研究［J］. 中国猪业，11(10)：50-53.

［56］李桢，曹红鹤，储明星，等，2003. 中外 11 个猪种 *H-FABP* 基因 PCR-RFLP 的研究［J］. 畜牧兽医学报，(4)：313-317.

［57］凌飞，张豪，蔡更元，等，2011 蓝塘×长白猪 F_2 资源群 1、4 和 8 号染色体活体性状的 QTL 定位［J］. 中国农业科学，(8)：1745-1752.

［58］刘德武，赵云翔，任广彩，等，2008. 蓝塘猪和长白猪肝脏和肌肉中 *IGF-*Ⅰ、*IGF-*Ⅰ*R* 和 *IGFBP3* 基因表达的发育性变化［J］. 畜牧兽医学报，(7)：866-872.

［59］刘海隆，魏立民，张艳，等，2015. 日粮中添加 DDGS 对五指山大猪生长性能和血清生化指标的影响［J］. 粮食与饲料工业，(2)：55-57.

[60] 刘明超，李作臣，王晓明，等，2015. 雌性五指山猪生殖器官生长发育的研究[J]. 中国畜牧兽医，42(3)：650-657.

[61] 刘明君，覃兆鲜，陈宝剑，等，2018. 陆川猪与杜洛克杂交猪的屠宰性能和肉质性状分析[J]. 江苏农业科学，46(17)：186-188.

[62] 刘平祥，傅伟龙，刘丽江，等，2004. 谷胱甘肽对断奶仔猪的生长及血清 IGF-1 水平、组织 IGF-1 mRNA 表达的影响[C]. 中国畜牧兽医学会动物营养学分会——第九届学术研讨会论文集. 北京：中国畜牧兽医学会动物营养分会.

[63] 刘莹，龙欢，牛丽珠，等，2018. 杜陆与杜隆陆猪生长、胴体及肉质性状的比较分析[J]. 畜牧兽医学报，49(12)：2576-2583.

[64] 鲁绯，孙君社，冯书堂，等，2002. 内蒙香猪肉质营养及风味前体物质的分析[J]. 食品科学，23(5)：124-126.

[65] 鲁绯，2001. 五指山猪肉质特性的研究[D]. 北京：中国农业大学.

[66] 罗元宇，2016. 华南地方猪连锁不平衡分析及有效群体大小估计[D]. 广州：华南农业大学.

[67] 罗振才，黄德生，李世才，等，1986. 提高生猪瘦肉率试验[J]. 广西农业科学，(5)：35-37.

[68] 吕其壮，林谦，陈旭健，等，2018. 广西地区陆川猪病毒性免疫抑制病的流行病学调查[J]. 中国预防兽医学报，40(2)：106-111.

[69] 马丽梅，徐梅，夏伟光，等，2014. 蓝塘与长白猪正反交 F_1 代肌肉特性及其相关功能基因表达的差异[C]. 中国畜牧兽医学会动物营养学分会第七届中国饲料营养学术研讨会论文集. 北京：中国畜牧兽医学会动物营养学分会.

[70] 梅子凌，王洋，刘畅，等，2016. 香猪 5 个单核苷酸位点的多态性与产仔数的关联分析[J]. 基因组学与应用生物学，35(5)：1129-1136.

[71] 孟庆利，刘志宏，2017. 不同品种的后备猪体尺指标的研究[J]. 养猪，(2)：72.

[72] 倪萌萌，谢玲玲，阮涌，等，2018. 从江香猪、苏太猪不同杂交组合繁殖性能比较[J]. 黑龙江畜牧兽医，(14)：82-83.

[73] 彭先文，梅书棋，程妮，等，2005. 4 个猪种 *H-FABP* 基因 5′-上游区和第二内因子的遗传变异[J]. 湖北农业科学，(1)：84-87.

[74] 彭毅，任培修，陈新秋，1982. 生猪经济杂交组合肥育试验报告[J]. 湖北畜牧兽医，(3)：9-15.

[75] 齐章旺，2005. 猪 *H-FABP* 和 *H-FABP* 基因多态性及组织表达的研究[D]. 广州：华南农业大学.

[76] 秦珂，曾检华，薛明，等，2017. 杜洛克×陆川猪杂交 F_1 代 *MC1R* 基因型分析[J]. 广东农业科学，44(1)：122-127，3.

[77] 秦珂，黄翔，曾检华，等，2017. 陆川猪 *MC1R* 和 *KIT* 基因型鉴定[J]. 中国畜牧兽医，44(3)：773-781.

[78] 秦顺涛，罗荣壮，杨炳壮，1981. 陆川猪耐粗饲试验[J]. 广西农业科学，(1)：36-39.

[79] 丘云芳，傅苑芹，刘丽荣，等，2013. 粤东黑猪保种与利用技术措施[J]. 中国畜牧兽医文摘，29(3)：59，170.

[80] 瞿秋红，谢红月，夏琴，等，2019. 陆川猪 *Occludin* 基因克隆及生物信息学分析[J]. 中国畜牧兽医，46(11)：3144-3153.

[81] 石笛，2014. 杜洛克与陆川猪正反杂交对后代繁殖性能和屠宰性能的影响[D]. 南宁：广西大学.

[82] 束刚，李威，高萍，等，2015，蓝塘猪与长白猪正反交 F_1 代胴体性状和肉品质的比较[J]. 华南农业大学学报，36(5)：1-6.

[83] 苏家联，张莲英，梁彩梅，等，2011. 陆川猪生产情况调查报告[J]. 广西畜牧兽医，27(6)：329-331.

[84] 孙俊丽，潘天彪，黄敏瑞，等，2007. 陆川猪的繁殖性能研究[J]. 广西农业科学，(6)：688-690.

[85] 孙瑞萍，晁哲，郑心力，等，2015. 饲粮能量差异对海南猪 *IGFBP6* 基因 mRNA 表达的影响[J]. 江苏农业科学，43(7)：35-37.

[86] 孙瑞萍，晁哲，郑心力，等，2015. 海南地方猪 *IGFBP6* 基因多态性分析[J]. 养猪，(2)：70-73.

[87] 孙瑞萍，魏立民，郑心力，等，2012. 海南地方猪 *POU1F1* 基因多态性与体质量的相关性[J]. 湖南农业大学学报（自然科学版），38(2)：187-191.

[88] 台丽娜，2019. 脂肪代谢相关 lncRNA 的筛选和功能研究[D]. 南宁：广西大学.

[89] 王峰，魏立民，王平，等，2010. 屯昌猪二元和三元杂交组合生产性能研究[J]. 湖北农业科学，49(9)：2080-2082.

[90] 王峰，魏立民，郑心力，等，2009. 海南五指山猪生长发育性能测定研究[J]. 养猪，(3)：39-40.

[91] 王敬军，李岩，吴同山，等，2013. 大花白猪、蓝塘猪保护与开发[C]. 全国畜牧总站、全国地方猪种保护与利用协作组、国家生猪产业技术体系. 中国地方猪种保护与利用第十届年会论文集. 北京：中国畜牧业协会.

[92] 王敬军，李岩，吴同山，等，2013. 大花白猪、蓝塘猪保护与开发[J]. 中国猪业，8(S1)：128-129.

[93] 王林云，2012. 对中国地方猪遗传资源的再认识[J]. 猪业科学，29(10)：120-122.

[94] 魏立民，刘圈炜，孙瑞萍，等，2019. 低蛋白质日粮添加蛋氨酸对海南猪生长性能和饲料养分消化率的影响[J]. 饲料研究，5：30-33.

[95] 魏立民，孙瑞萍，黄丽丽，等，2013. 五指山猪 3 个品系繁殖性能比较研究[J]. 养猪，(5)：55-56.

[96] 魏立民，王峰，郑心力，等，2010. 屯昌、大屯、长屯母猪的繁殖性状观察[J]. 猪业科学，(7)：88-89.

[97] 吴嫦丽，许继国，吴同山，等，2013. 长白和蓝塘猪印记基因 *IGF2* 和 *H19* 的时空表达研究[J]. 华南农业大学学报，34(3)：388-393.

[98] 吴科榜，贾志峰，2009. 海南猪体型外貌的变化和稳定性研究[J]. 广东农业科学，(2)：71-72.

[99] 吴科榜，李笑春，韩新畴，等，2010. 海南猪杂交效果及海南猪 *H-FABP* 基因和 *MyoG* 基因 5′上游区域的遗传变异研究[J]. 热带生物学报，(1)：67-71.

[100] 吴同山，李岩，王敬军，2003. 不同品种母猪有关繁殖性状的比较研究[C]. 北京国际养猪研讨会暨展览会论文集. 北京：中国畜牧兽医学会动物营养学分会.

[101] 吴同山，张豪，李岩，等，2006. 母猪胎盘效率遗传特点的研究[J]. 江西农业大学学报，(12)：890-892.

[102] 谢宝财，2017. 性别对关中黑猪生长性能、胴体性状及肉品质的影响[D]. 杨凌：西北农林科技大学.

[103] 谢炳坤，石笛，马青艳，等，2015. 杜洛克与陆川猪正反交对后代繁殖性能和屠宰性能的影响[J]. 湖北农业科学，54(13)：3190-3192.

[104] 谢婉，刘明君，何剑雄，等，2018. 陆川猪黑皮质激素受体 4 基因克隆及序列分析[J]. 中国畜牧兽医，45(2)：320-329.

[105] 许如苏，沈烨，蔡雄丹，等，2000. 粤东猪传染性胸膜肺炎调查[J]. 动物检疫，17(11)：25.

[106] 许瑶，刘畅，牛熙，等，2017. 香猪 *FSHR* 基因外显子 10 的多态性及其与产仔数间的关联分析[J]. 中国畜牧兽医，44(3)：799-806.

[107] 许钟峯，2016. 陆川猪皮肤组织转录组测序及毛色决定分子机制初步分析[D]. 南宁：广西大学.

[108] 薛慧良，徐来祥，2007. 山东部分地方猪种 *MyoG* 基因 5′端遗传多态性及遗传效应分析[J]. 细胞生物学杂志，(29)：623-626.

[109] 薛慧良，周中孝，Bo W，等，2007. 猪 *MyoG* 基因 3′端 PCR-SSCP 遗传多态性及其遗传效应（英文）[J]. 生态学杂志，26(4)：505-508.

[110] 荀文娟，侯冠彧，周汉林，等，2014. Kiss-1/GPR54 系统在不同发育阶段五指山猪下丘脑中的表达[J]. 家畜生态学报，35(2)：11-14.

[111] 荀文娟，施力光，周汉林，等，2013. 五指山猪与长白猪胴体性状和肉品质的比较研究[J]. 中国畜牧兽医，40(5)：93-96.

[112] 杨芳，龙开旭，方程，等，2016. 陆川猪与杜洛克猪正反交 F_1 代 *UCP3* 基因表达差异研究[J]. 中国

畜牧兽医，43(3)：798-804.
[113] 杨伟钧，王修启，杨舟，2012. 蓝塘猪和长白猪骨骼肌卫星细胞增殖分化差异的分子机制[J]. 畜牧与兽医，44(S1)：164-165.
[114] 杨昭远，林春生，俸祥仁，等，2016. 益生素对陆川猪仔猪生产性能和血液指标的影响[J]. 江西畜牧兽医杂志，(4)：13-15.
[115] 俞沛初，郭传甲，华修国，等，2006. 香猪生长激素基因不同基因型对生长性能的影响[J]. 上海交通大学学报(农业科学版)，24(4)：326-329.
[116] 俞沛初，华修国，徐建雄，等，2002. 香猪早期生长性能及生理生化指标测定研究[J]. 山西农业大学学报，2：102-105.
[117] 张冰，马青艳，覃倩，等，2013. 陆川猪和大白猪胰岛素样生长因子2基因对生长性状的效应分析[J]. 中国畜牧兽医，40(4)：173-176.
[118] 张冰，农素群，卢健琴，等，2013. 陆川猪和大白猪 *IGF*-Ⅰ基因对生长性状的效应分析[J]. 西南农业学报，26(3)：1255-1257.
[119] 张彩红，2016. IGF-1 基因启动子区 polyT 结构与猪生长性状关联分析[D]. 广州：华南农业大学.
[120] 张承露，曾德军，赵贵军，2014. 巴马香猪耐热性解析[J]. 湖北畜牧兽医，35(2)：74-75.
[121] 张桂香，曹红鹤，王立贤，等，2002. 9个猪种 *H-FABP* 基因 5′-上游区和第二内因子的遗传变异[J]. 畜牧兽医学报，33(4)：340-343.
[122] 张家富，2012. 陆川猪若干种质特性基础研究[D]. 南宁：广西大学，
[123] 张伟力，吴同山，王敬军，等，2015. 蓝塘猪肉切块品质点评[J]. 养猪，(2)：57-60.
[124] 张艳，郑心力，王峰，等，2009. 五指山小型猪生长激素释放激素受体基因的 cDNA 克隆及序列分析[J]. 安徽农业科学，10(4)：87-90.
[125] 张艺，2006. 香猪肉质的嫩度研究[D]. 贵阳：贵州大学.
[126] 张永智，李胜仁，1983. 贵州省地方猪种育肥试验报告[J]. 贵州畜牧兽医科技，(2)：11-15.
[127] 赵霞，宾石玉，韦朝阳，等，2007. 珠江香猪断奶仔猪血液生理生化指标的测定[J]. 湖南畜牧兽医，(2)：8-9.
[128] 赵元浪，2014. 屯昌猪部分种质特性及其杂交利用的初步研究[D]. 武汉：华中农业大学.
[129] 郑心力，孙瑞萍，魏立民，等，2013. 日粮蛋白质水平对海南猪生产性能和血液生化指标的影响[J]. 中国畜牧兽医，40(7)：93-96.
[130] 朱麒，谭家明，夏琴，等，2019. 陆川猪 *Myf*5 基因克隆及其在背最长肌中发育性变化表达研究[J]. 黑龙江畜牧兽医，(11)：6-10，16.

第 7 章 西南地区地方猪种质资源特性研究

7.1 荣昌猪

荣昌猪因原产于重庆市荣昌县而得名，属于肉脂兼用型，是我国最优良的地方猪种之一，主产于重庆市荣昌县和四川省隆昌县。荣昌猪具有耐粗饲、母性好、适应性强、配合力好、肉质细嫩、风味鲜美等优点，肉质和鬃质特性属世界一流，各项生产性能在地方猪种名列前茅，与其他猪种杂交表现出十分明显的杂种优势，杂种后代肉质仍十分优良。我国著名的瘦肉型猪湖北白猪和英国约克夏猪在育成过程中都引进了荣昌猪的血液（左应鸿，2001）。

荣昌猪 1957 年被载入《世界家畜品种及名种辞典》，1986 年 3 月被列入国家一级保护品种，为三大地方优良猪种（还有太湖猪、东北民猪）之一，1986 年 11 被收入《中国猪品种志》。2000 年 8 月，荣昌猪被农业部确定为 19 个国家级畜禽（猪）品种资源保护品种之一，2006 年 6 月被农业部列入《国家级畜禽遗传资源保护名录》。1987 年，荣昌县划定石河、安富、双河、清升、清江、直升、玉伍 7 个乡镇为荣昌猪保护区，2001 年农业部将重庆市种猪场定为国家级荣昌猪资源保种场，2008 年 7 月荣昌县畜禽品种改良站、双河镇和昌元镇被农业部确定为国家级荣昌猪保护区（王成，2013）。

7.1.1 生产性能

7.1.1.1 肉质研究

1. 肉色

荣昌猪猪肉的颜色主要由红色和白色两部分构成。白色部分主要是脂肪、骨头及猪皮，这些组织的差别不明显，不易直观反映猪肉的品质；而红色部分是猪肉的主要颜色，与猪肉的品质密切相关。荣昌猪猪肉的红色本质上是肉中的肌红蛋白和血红蛋白的颜色。肌红蛋白为肉自身的色素蛋白，肉色的深浅与其含量多少有关；血红蛋白存在于血液中，对肉颜色的影响要视放血情况而定。放血良好的肉，肌肉中肌红蛋白色素占 80%～90%，比血红蛋白丰富得多（伍平忠，2011）。性别、日龄、肌肉部位、生长环境都可以成为影响肉色的因素。目前，荣昌猪肉色评分 3.8，颜色粉红偏深，肉色稳定且较好（赵敏，2009）。

2. 肌肉系水力

系水力是指肌肉在受到外力作用时保持其所含水分的能力。系水力可影响肉的多汁性、营养成分、嫩度、色泽等（纪岭，2013）。通常用失水率或滴水损失来衡量系水力。目前广泛使用的是 48 h 滴水测定法和滤纸测定法。系水力高，肉质则好；系水力低，肉质则差。荣昌猪肌肉水分含量为（75.35±0.17）%，蛋白质含量为（17.38±0.16）%（薛梅，2011）。

3. 嫩度

剪切力是用来评价肌肉嫩度的一个重要指标，它反映的是牙齿咬断肌肉所需要力的大小；

肌肉在被咬断前口腔和面颊的舒适度则由肌肉硬度来体现。剪切值越小，肉质越细嫩，适口性就越好。剪切力的大小主要取决于肌纤维的粗细，与肌间脂肪也有一定的关系。荣昌猪猪肉肌纤维细致、密度大，肌纤维直径约为 73 μm，肌纤维密度约为 215 个/mm^2。其肉质硬度以横向肌纤维最大，切向肌纤维次之，纵向肌纤维最小（刘文宗，2012）。

4. pH

荣昌猪屠宰以后，机体组织因供氧不足，有氧呼吸能力迅速降低，无氧呼吸则相对旺盛，造成肌肉乳酸含量积累，使肌肉 pH 下降。猪肉的 pH 与肉色、系水力、嫩度等肉质性状高度相关。当猪肉 pH 接近 5 时，肌肉的系水力很低，会对猪肉的风味产生影响，造成猪肉品质下降。荣昌乳猪在宰后 24 h 内，肌肉 pH 下降范围很小，宰后 1 h 的 pH 为 6.45，宰后 24 h 的 pH 为 6.33（孟令军，2008）。

5. 猪肉风味

风味是食物刺激人的味觉或嗅觉受体而产生的综合生理反应，包括滋味和香味两方面。很多因素都可以影响荣昌猪肉的风味，其中最主要的是醛类化合物、醇类化合物、烃类化合物、酯类化合物、苯及其同系物、酮类化合物、含硫化合物、胺及含氮化合物、酸及酸酐类化合物、醚类化合物和呋喃及含氧杂环化合物（郭辽朴，2008）。

荣昌猪肌肉水分、粗蛋白质、鲜味氨基酸、粗脂肪、必需脂肪酸等重要营养物质含量均随日龄增长呈现一定规律性的变化。初生至 50 日龄是荣昌猪肌肉蛋白显著增长（$P<0.05$）的阶段，也是鲜味氨基酸维持较高水平的时期，同时也是荣昌猪乳猪粗脂肪和必需脂肪酸含量维持较高水平的一个重要时期；50～150 日龄阶段粗脂肪和必需脂肪酸含量处于较低水平；150～240 日龄是荣昌猪肌粗脂肪、必需脂肪酸增长的另一个重要阶段，是荣昌猪特征香味形成的关键时期（布丽君，2016）。

7.1.1.2 耐粗饲

1. 生长期荣昌猪可以饲喂生豌豆

生豌豆中含有抗胰蛋白酶等抗营养因子，具有降低其营养价值的作用。我国饲用豌豆普遍进行加热处理，以破坏抗营养因子的活性。但是生长育肥猪饲料中使用 20%～30%的生豌豆并不影响饲喂效果（魏敏，1988）。经研究证明，体重 23～55 kg 的生长期荣昌猪，饲粮中使用 0～16%的生豌豆不影响猪只的采食量、日增重和饲料利用率，经济效益较高。因此，饲粮中 16%以下的豌豆以生饲为宜，但饲用 24%的生豌豆则会降低饲料利用率，增加饲养成本。

2. 荣昌猪肠道乳酸菌类型

在荣昌猪大肠内含有干酪乳杆菌、鸟肠球菌同属菌株、约翰逊氏乳杆菌、唾液乳杆菌、植物乳杆菌，在荣昌猪的小肠内含有嗜酸乳杆菌、乳酸乳球菌、约翰逊氏乳杆菌、能动乳杆菌等不同种乳酸菌。这说明荣昌猪肠道含有丰富的乳酸菌群，其中乳杆菌是荣昌猪肠道内乳酸菌中的优势菌（张友华，2016）。

3. 荣昌猪盲肠消化粗纤维的能力

我国地方猪种可依赖高纤维饲料获得良好的生长，荣昌猪大多散养在农家，以粗饲料为主，有较强的耐粗饲能力。体外试验证明，荣昌猪盲肠微生物对稻草粉和稻草秆中的粗纤维有较强的消化能力，而且底物的物理状态（细度）影响微生物的消化（胥清富，1999）。

7.1.1.3 繁殖性能

1. 光照控制对荣昌猪泌乳能力的影响

经过对荣昌猪的光照控制发现，通过延长光照至 16 h，可以使第 3 胎产仔的荣昌猪泌乳量每天增加 550～650 g，干物质在产仔后第 1～10 天增加 3 个百分点左右，乳脂率在产仔后第 4～10天下降 1.62 个百分点，第 1～3 天、第 11～30 天均有所提高。乳糖的含量有明显的下降，乳蛋白增加明显，特别是乳清蛋白，在第 1～3 天的泌乳中平均增加 1 倍。光照对产仔后第 1～10 天的影响程度明显大于第 11～30 天的影响程度（表 7-1）（彭癸友和覃发芬，2002）。

表 7-1 光照控制对荣昌猪泌乳能力的影响

日龄/d	组别	泌乳量/[g/(d·头)]	成分/%							
			干物质	乳脂	蛋白质		乳糖	灰分	Ca	P
					酪蛋白	乳清蛋白				
1～3	对照	2 998.7	25.71	4.17	13.68	3.41	3.52	0.64	0.054	0.084
	试验	3 644.7	29.77	5.88	15.81	7.44	3.48	0.65	0.054	0.087
4～10	对照	4 107.8	19.89	8.06	4.70	1.09	4.81	0.93	0.252	0.167
	试验	4 658.6	22.04	6.44	4.94	1.89	4.63	1.21	0.255	0.170
11～30	对照	5 967.3	19.09	8.27	4.38	0.93	4.90	0.95	0.245	0.164
	试验	6 494.7	19.77	9.04	4.41	1.41	4.67	1.24	0.251	0.169

资料来源：彭癸友和覃发芬（2002）

2. 初乳和常乳主要成分及钙含量

荣昌猪初产母猪和经产母猪从初乳到常乳，乳蛋白含量显著下降，乳脂和钙含量显著升高。初产母猪初乳中乳蛋白含量显著高于常乳（$P<0.05$），常乳中乳脂和乳糖含量却显著高于初乳（$P<0.05$）。经产荣昌母猪初乳中蛋白含量显著高于常乳（$P<0.05$），常乳中乳脂、钙含量显著高于初乳（$P<0.05$）；常乳中乳糖含量高于初乳，但无统计学差异。初产荣昌母猪初乳乳蛋白含量显著高于经产母猪初乳（$P<0.05$），而经产母猪初乳乳糖含量显著高于初产母猪初乳（$P<0.05$）。经产母猪常乳各项指标较初产母猪都有下降，但无统计学差异（表 7-2）（周雪等，2015）。

表 7-2 初乳和常乳主要成分及钙含量

生理指标	初产母猪初乳	初产母猪常乳	经产母猪初乳	经产母猪常乳
乳蛋白/(g/100 g)	19.37±0.84	5.59±0.14	12.50±3.94	5.71±0.46
乳脂/(g/100 g)	2.43±2.03	6.42±0.25	2.13±1.79	6.19±0.77
乳糖/%	2.12±0.31	3.89±0.260	3.50±0.58	3.69±0.47
钙/mg	290±320.49	1 703.33±788.06	586.67±110.15	1 633.33±152.75

资料来源：周雪等（2015）

3. 荣昌猪泌乳力

荣昌猪母猪一昼夜自然哺乳次数为 27.8 次（常乳期）、35 次（初乳期），每次哺乳间隔时间为 52.4 min（常乳期）、41.3 min（初乳期），60 d 泌乳总量为 158～184.23 kg；日泌乳量缓慢下降，仔猪日增重在泌乳期第 3～4 周上升；猪乳的转化效能为 3.98；乳成分中总固形物及蛋白质比例都很低（肖永祚，1980）。

7.1.2 基础研究

7.1.2.1 荣昌猪血液生理生化指标

血液生理生化指标是研究人类和动物的重要基础指标，能充分反映人和动物的健康状态，对研究人和动物的生长、发育、营养、遗传、疾病等具有重要的指导作用。荣昌猪是我国优良的地方品种猪，为了充分利用其优良的遗传资源，有必要对其开展系统研究。

1. 荣昌猪血液生理指标

在性别间比较，4 月龄公猪白细胞数显著高于母猪（$P<0.05$），其余指标差异不显著（$P>0.05$）。在月龄间比较，随着月龄的增加，白细胞数呈增加的趋势；红细胞数在 3 月龄后趋于稳定；血细胞比容在 2 月龄后趋于稳定；红细胞平均体积在各月龄间差异不显著（$P>0.05$）；1 月龄红细胞分布宽度变异系数最高，2 月龄后趋于稳定；4 月龄母猪血红蛋白浓度极显著高于 1～3 月龄（$P<0.01$），公猪在各月龄差异不显著（$P>0.05$）；1 月龄平均红细胞血红蛋白浓度极显著低于 2～4 月龄（$P<0.01$），2 月龄后趋于稳定；1 月龄血小板数极显著高于 2～4 月龄（$P<0.01$），2 月龄后趋于稳定（表 7-3）（王孝友等，2013）。

表 7-3 荣昌猪血液生理指标测定结果

项目	性别	1 月龄	2 月龄	3 月龄	4 月龄	平均值
白细胞数/(10^9/L)	♂	17.6±5.25	24.6±6.65	21.33±2.58	27.5±4.91	21.62
	♀	15.34±4.94	19.96±7.41	21.58±4.05	20.71±2.76	18.92
红细胞数/(10^9/L)	♂	7.09±0.61	5.78±0.46	6.13±0.25	6.61±0.39	6.46
	♀	6.88±0.51	5.88±0.42	6.43±0.12	6.91±0.42	6.58
血红蛋白浓度/(g/L)	♂	110.9±10.16	102.75±12.36	109.25±6.65	118.33±14.98	108.92
	♀	112.44±9.3	107±8.02	113.5±3.7	133.6±12.36	117.29
血细胞比容/%	♂	39.12±4.3	31.33±3.54	34.03±1.97	34.83±5.39	35.3
	♀	39.01±3.03	32.74±2.28	35.55±1.07	39.95±3.68	37.23
红细胞平均体积/fL	♂	55.12±2.31	54.23±2.44	55.55±3.63	52.67±6.15	54.61
	♀	57.77±3.71	55.8±2.12	55.4±2.49	57.8±2.52	56.95
平均红细胞血红蛋白含量/pg	♂	15.66±0.63	17.63±1.05	17.8±1.02	17.83±1.58	16.89
	♀	16.37±1.05	18.16±0.63	17.58±0.79	19.24±0.8	17.81
平均血红蛋白浓度/(g/L)	♂	284±6.94	327.5±10.39	321±4.32	340±9.54	310.56
	♀	283.56±5.7	326.29±7.13	318.75±3.95	334.25±5.68	313.75
红细胞分布宽度变异系数/%	♂	22.65±2.53	17.64±1.37	19.4±1.45	19.37±1.37	20.32
	♀	22.12±2.91	17.54±1.79	19.18±0.67	17.74±1.05	19.3
血小板数/(10^9/L)	♂	665±177.95	250.5±94.15	326.5±149.12	322±59.81	437.04
	♀	626.6±167	355.86±148.02	413.75±139.08	299.1±91.23	434.93

资料来源：王孝友等（2013）

2. 荣昌猪血液有机质含量

在性别间比较，2、3、4 月龄公猪尿酸含量均显著高于母猪（$P<0.05$），其余指标差异不显著（$P>0.05$）。在月龄间比较，血糖含量，1 月龄显著或极显著高于 2～4 月龄（$P<0.05$ 或 $P<0.01$），2 月龄后趋于稳定；尿素含量，3 月龄显著高于 1、2、4 月龄（$P<0.05$），但 2 月龄后逐渐趋于稳定；尿酸含量，1 月龄极显著高于 2～4 月龄（$P<0.01$）；肌酐含量，在公猪 1～4 月龄间差异不显著（$P>0.05$），4 月龄母猪显著或极显著高于 1～3 月龄（$P<0.05$ 或 $P<0.01$）；总胆固醇含量，1 月龄显著或极显著高于 2～4 月龄（$P<0.05$ 或 $P<0.01$），2 月龄后趋于稳定（表 7-4）。

表 7-4 荣昌猪血液有机质含量测定结果

项目	性别	1 月龄	2 月龄	3 月龄	4 月龄	平均值
葡萄糖/(mmol/L)	♂	7.71±0.99	6.22±1.43	5.56±1.12	4.34±0.89	6.49
	♀	7±0.65	5.71±0.94	6.13±0.6	5.37±0.65	6.09
尿素/(mmol/L)	♂	3.54±4.56	3.72±0.72	5.3±1.33	4.72±0.66	3.78
	♀	3.97±0.9	4.2±0.45	4.99±0.64	4.21±0.99	4.24
肌酐/(μmol/L)	♂	46.33±6.99	40.49±7.01	50.05±14.11	50.6±5.03	45.57
	♀	43.26±8.3	40.17±2.86	41.78±2.95	51.41±9.82	44.6
尿酸/(μmol/L)	♂	34.52±16.48	7.19±10.82	6.4±9.3	8±3.85	18.09
	♀	31.24±18.72	3.89±2.25	1.9±1.42	3.83±1.94	12.38
总胆固醇/(mmol/L)	♂	2.78±0.85	1.78±0.25	1.92±0.25	1.81±0.14	2.21
	♀	2.64±0.54	1.81±0.28	2.23±0.19	1.91±0.21	2.17
总胆红素/(μmol/L)	♂	0.4±0.39	0.15±0.16	0.05±0.6	0.3±0.17	0.25
	♀	0.31±0.2	0.37±0.38	0.25±0.1	0.14±0.14	0.27

资料来源：王孝友等（2013）

3. 荣昌猪血液蛋白质和脂类含量

在性别间比较，2、3、4 月龄母猪三酰甘油含量均高于公猪，4 月龄达到极显著水平（$P<0.01$）；其余指标差异不显著（$P>0.05$）。在月龄间比较，三酰甘油含量，1 月龄极显著高于 2～4 月龄（$P<0.01$），2 月龄后趋于稳定；总蛋白含量，3、4 月龄极显著高于 1、2 月龄（$P<0.01$）；白蛋白含量差异不显著（$P>0.05$）；球蛋白含量随着月龄的增加逐渐升高，4 月龄显著或极显著高于 1～3 月龄（$P<0.05$ 或 $P<0.01$）（表 7-5）。

表 7-5 荣昌猪血液蛋白质和脂类含量测定结果

项目	性别	1 月龄	2 月龄	3 月龄	4 月龄	平均值
三酰甘油/(mmol/L)	♂	0.79±0.42	0.19±0.07	0.19±0.1	0.14±0.02	0.42
	♀	0.51±0.13	0.31±0.13	0.27±0.14	0.32±0.08	0.37
总蛋白/(g/L)	♂	51.14±5.08	55.2±2.91	72.68±7.45	82.73±15.44	59.68
	♀	49.53±2.51	55.44±8.26	70.4±10.33	70.64±6.63	60.02
白蛋白/(g/L)	♂	34.2±4.41	32.61±3.12	34.03±2.48	28.87±5.32	33.02
	♀	35.26±2.07	33.21±2.97	36.35±1.55	35.13±2.97	34.86
球蛋白/(g/L)	♂	16.94±4.15	22.59±2.88	38.65±8.28	53.87±20.4	26.65
	♀	14.28±2.15	22.23±8.49	34.05±8.87	35.51±8.55	25.16

续表 7-5

项目	性别	1 月龄	2 月龄	3 月龄	4 月龄	平均值
白球比	♂	2.16±0.61	1.48±0.3	0.93±0.26	0.63±0.35	1.56
	♀	2.52±0.47	1.64±0.49	1.13±0.24	1.05±0.3	1.68

资料来源：王孝友等(2013)

4. 荣昌猪血液酶活性

在性别间比较，2、3、4 月龄公猪乳酸脱氢酶含量均显著高于母猪($P<0.05$)，3 月龄公猪谷草转氨酶显著高于母猪($P<0.05$)，其余指标差异不显著($P>0.05$)。在月龄间比较，肌酸激酶含量，母猪在不同月龄间差异不显著($P>0.05$)，公猪 4 月龄显著低于 3 月龄($P<0.05$)；乳酸脱氢酶含量，1 月龄公猪显著低于 2～4 月龄($P<0.05$)，2 月龄后趋于稳定，母猪在不同月龄间差异不显著($P>0.05$)；谷丙转氨酶含量，3 月龄显著或极显著高于 2、4 月龄($P<0.05$ 或 $P<0.01$)；谷草转氨酶含量，1 月龄显著或极显著低于 2～4 月龄($P<0.05$ 或 $P<0.01$)，2 月龄后趋于稳定；碱性磷酸酶含量，1 月龄显著或极显著高于 2～4 月龄($P<0.05$ 或 $P<0.01$)，2 月龄后趋于稳定；淀粉酶含量，3 月龄显著高于 1、2、4 月龄($P<0.05$)；胆碱酯酶含量，3 月龄极显著高于 1、2、4 月龄($P<0.01$)(表 7-6)。

表 7-6 荣昌猪血液酶活性测定结果

项目	性别	1 月龄	2 月龄	3 月龄	4 月龄	平均值
肌酸激酶	♂	375.4±200.89	326.75±240.8	504±137.44	154±11.14	353.84
/(U/L)	♀	352.44±141.6	451.57±301.2	509.5±189.42	350.4±205.2	399.07
乳酸脱氢酶	♂	554.2±83.96	832.5±319.69	798.25±158.9	891±316.38	722.8
/(U/L)	♀	600.56±128.9	534±137.45	567±90.83	570±200.57	570.39
谷丙转氨酶	♂	36.5±12.77	31.5±6.87	48.5±22.78	28.67±12.1	35.88
/(U/L)	♀	41.44±9.37	30.57±9.663	54.5±16.05	46±15.15	41.89
谷草转氨酶	♂	66.3±15.17	108.88±34.25	123.5±28.94	115.3±44.66	94.96
/(U/L)	♀	65.22±13.45	85±16.23	74±20.99	82.38±16.87	76.32
谷丙：谷草	♂	1.92±0.42	3.54±1.04	3.1±1.69	5.23±4.43	3.02
	♀	1.81±0.71	2.96±0.82	1.4±0.27	1.89±0.39	2.06
碱性磷酸酶	♂	497.7±255.6	258.13±122.23	189.5±100.7	123.3±38.37	326.8
/(U/L)	♀	450.2±91.82	232.14±97.27	237.75±122.2	209.5±79.98	296.57
淀粉酶	♂	1 340.4±0.23	1 169.5±154.91	1 714±478.9	1 057.7±292	1 311.56
/(U/L)	♀	1 298.7±225.1	1 161.14±194.29	1 492.5±182.9	1 380±313.8	1 315.32
胆碱酯酶	♂	70.06±17.25	72.35±46.05	767.78±137	178.5±50.4	195.44
/(U/L)	♀	405.8±55.32	44.41±6.56	688.18±49.54	169.9±40.1	191.99

资料来源：王孝友等(2013)

荣昌猪血液大多数生理生化指标在性别间无显著差异，只有少数指标存在差异，如公猪的白细胞数、尿酸含量及乳酸脱氢酶、谷草转氨酶活性显著高于母猪，母猪的三酰甘油含量显著高于公猪。随着月龄的增加，有些指标发生变化，但多数在 2 月龄后逐渐趋于稳定。

5. 环境对荣昌猪生理生化指标的影响

运输是猪的主要应激原之一。据张林等(2009)报道的相关数据统计,运输后仔猪发病率高达25.3%,病死率在6.1%～14.29%不等,对养猪业造成了严重的经济损失。运输后30 min时肝脏主要生化指标尿素、肌酐、总胆固醇、甘油三酯、谷丙转氨酶、谷草转氨酶、谷氨酰氨基转移酶、碱性磷酸酶的指标升高明显,均显著大于正常范围值,运输后第3天下降,运输后第15天时逐渐恢复接近正常值;经过2 h运输的试验仔猪比位于圈舍的对照组仔猪更易腹泻,腹泻率达33.3%(文贤周,2015)。荣昌仔猪较易受运输应激的影响,运输应激后较易出现腹泻,荣昌猪对运输的抵抗能力较差,需要在运输前后做好抗应激措施(魏光河,2011)。

高海拔和环境因素也会对荣昌猪生理指标产生影响。引入昆明的荣昌猪的白细胞数、单核细胞百分数、嗜酸性白细胞数均高于引入青海地区的荣昌猪。荣昌本地的荣昌猪母猪的白细胞数、红细胞数均极显著高于引入昆明的荣昌猪空怀母猪。这可能与荣昌猪的品种特性、代谢情况、年龄、性别、体重、饲养管理、营养供给、环境、检测方法等方面有关(雷晓琴,2018)。

7.1.2.2 荣昌猪的分子水平研究

1. 基因克隆及序列分析

经过长期的研究,很多基因都在荣昌猪上得到发现和验证,如*Lipin*1基因。从荣昌猪BAC文库中筛选出一个含有*Lipin*1的克隆,对克隆进行测序,对*Lipin*1基因结构进行生物信息学分析(刘岭,2009)。还有大量基因的克隆及序列分析,如酪氨酸酶基因(*TYR*,tyrosinase)(王金勇,2004)、白细胞介素-6基因(*IL*-6)(吴华,2007)、白细胞介素-10基因(*IL*-10)(李晓琪,2007)、白细胞介素-2基因(*IL*-2)(张芳,2007)、白细胞介素-2受体γ链基因(*IL*-2*Rγ*)(廖晓丹,2009)、白细胞介素-15基因(*IL*-15)(骆爱芳,2007)、*miR*-182基因(龙熙,2015)等。

2. 基因表达及功能分析

荣昌猪是我国著名的优良地方品种猪,具有遗传性状稳定、肉质好、适应性强、耐粗饲、瘦肉率较高等特点,因此有很多优质基因值得挖掘。

肌肉生长抑制素(MSTN)基因是肌肉生长发育的负调控因子,抑制出生前肌肉发育和出生后肌肉的肥大生长。经过比较研究发现,荣昌猪和长荣猪的瘦肉率随体重的增加呈降低的趋势,背最长肌中*MSTN*基因的表达量呈上升的趋势;在相同体重条件下,荣昌猪的胴体瘦肉率显著($P<0.05$)或极显著($P<0.01$)地低于长荣猪,其背最长肌中*MSTN*基因表达均明显高于长荣猪,而日粮营养水平及品种×营养水平交互作用对猪胴体品质和*MSTN*基因的表达量没有明显影响($P>0.05$)(龙定彪,2011)。

荣昌猪的背最长肌和腰大肌中的*MyHC* Ⅰ mRNA表达量显著高于长白猪,*MyHC* Ⅱ mRNA表达量极显著低于长白猪。荣昌猪腰大肌的Ⅰ型纤维面积显著大于长白猪,Ⅱ型纤维则极显著低于长白猪。*MyHC* Ⅰ mRNA表达量与肉色、pH_1、pH_2、肌内脂肪含量正相关,与嫩度剪切值和贮存损失负相关(冉彪,2009)。

脂肪酸是人和动物所必需的能量物质和结构材料,脂肪酸的吸收、转运和代谢是机体能量平衡的重要决定因素。过去,人们普遍认为循环系统中的游离脂肪酸是通过自由扩散的方式经细胞膜进入细胞。近年来,由多种蛋白质介导的脂肪酸跨膜转运逐渐被发现和确认,这些转运蛋白能够促进游离脂肪酸被不同的细胞吸收和排出。脂肪酸转运蛋白1(fatty acid transport protein 1,FATP1,也称为SLC27A1)就是一种能够运输脂肪酸的跨膜蛋白,它是FATP蛋白家族6个成员中最先被发现也是最为重要的一员。*FATP*1基因及其编码的蛋白质在荣昌猪的各个组织均有表达，在肌肉和心脏中的表达水平最高，在脂肪和肝脏中的表达水平其次，而在小肠和肺脏中的表达水平最低。随着新生仔猪的生长，*FATP*1 基因在肌肉中的表达水平逐渐升高，分别在50日龄以后的背肌和90日龄以后的腿肌中维持一个较高的水平。数据分析显示，*FATP*1 基因的表达与猪肌内脂肪沉积呈显著正相关($P<0.05$)(齐仁立，2014)。

疾病给我国养猪生产造成重大损失，尤其是肺部继发感染。肺免疫防御相关基因的发掘和研究将从遗传本质上揭示猪免疫抗病差异的原因，为挑选抗病性强的个体、培育抗病品系提供基础。肺表面活性蛋白A(SP-A)是一种高度保守的糖蛋白，在维持正常的呼吸系统功能、降低肺部易感性和调节肺部炎症反应方面起着重要作用。荣昌猪SP-A全序列共5 211 bp(包括启动子区)，包含有4个外显子和3个内含子，与大白猪同源为99.43%。*SP-A* 基因在群体中表现为中度多态。此外，肺损伤程度与肺含水量呈正相关，与肺组织中SP-A mRNA表达量呈负相关(刘欣，2010)。

饲粮蛋白水平对育肥期荣昌猪屠宰性能、细胞大小、基因表达和线粒体DNA拷贝数存在影响。高蛋白组胴体重、脂肪率、背膘厚和脂肪细胞体积显著高于低蛋白组($P<0.05$)，高蛋白组脂质降解基因 *ADIPOR*1、*ADIPOR*2 和 *LPL* 的表达量显著降低($P<0.05$)，脂质生成基因 *FABP*5、*FTO* 和 *UCP*2 的表达量极显著升高($P<0.01$)，肌肉生长基因 *MYOG*、*MYOZ*1、*MYOD*1 和 *IGF*1 的表达量显著升高($P<0.05$)，与低蛋白组相比，高蛋白组脂肪细胞和肌纤维线粒体DNA拷贝数显著升高($P<0.05$)。结果提示，饲粮蛋白可从分子和表型水平来影响育肥期荣昌猪的生长发育，高蛋白饲粮可增强其脂肪沉积(章杰，2017)。

杀菌通透性增高蛋白(bactericidal/permeability-increasing protein, BPI)具有对革兰氏阴性菌广泛的杀菌活性及中和内毒素或脂多糖活性，在动物机体天然防御中发挥重要作用。研究证实，猪 *BPI* 基因外显子3和外显子4存在多态性，BPI杀菌活性和中和内毒素活性的区域位于外显子3区段，而猪 *BPI* 基因外显子4多态性和沙门氏菌的易感性有关。荣昌猪 *BPI* 不同基因型个体对抗病能力的影响：攻毒前后比较，*HH* 基因型个体的淋巴细胞数和淋巴细胞比率显著降低；*AA* 基因型个体的粒细胞数、淋巴细胞数和中间细胞比率显著降低，*BB* 基因型个体的淋巴细胞比率和中间细胞比率显著降低；*HHBB* 基因型个体的全部指标都极显著降低，*HHAA* 基因型个体的白细胞总数和淋巴细胞数显著降低；攻毒后，外显子3中 *HH* 基因型个体的白细胞总数变化和淋巴细胞数变化极显著高于 *GG* 基因型个体，其他指标差异不显著(雷培奎，2011)。

3. 全基因组分析

对荣昌猪基因组DNA甲基化的分析显示，5-甲基脱氧胞苷(5-mC)占总胞苷的百分含量在10 kg体重阶段显著高于80 kg体重阶段($P<0.05$)，极显著高于100 kg体重阶段($P<0.01$)；20、35、50 kg体重阶段显著高于100 kg体重阶段($P<0.05$)；其余体重阶段间差异不显著($P>0.05$)。这说明荣昌猪基因组DNA甲基化水平随体重的增加呈下降趋势，10～50 kg体重阶段下降幅度较小，51～100 kg体重阶段下降幅度较大(陈英，2009)。另有研究证明，仔公猪、仔母猪的DNA甲基化含量分别为4.296%和3.902%，在统计上无显著差异($P>0.05$)，证明性别不是影响荣昌猪仔猪DNA甲基化状态的主要因素(白小青，2010)。

对荣昌猪杂交群体基因组拷贝数变异的鉴定与分析显示了5个CNVRs，其中缺失CNVRs 3个，重复CNVRs 2个，分别位于1、7、8、13、14号染色体上。其中CNVR1和CNVR5为新发现的CNVRs，且其中基因主要富集在嗅觉受体活性、乙醇代谢、神经系统发育以及脂肪酸代谢通路中(龙熙，2014)。

7.1.3 杂交利用

荣昌猪遗传性能稳定，是宝贵的猪遗传基因库，利用其基因，可不断培育出优良的品种（品系），为我国养猪业发展提供种质基础。重庆市养猪科学研究院长期从事荣昌猪的品种特性、遗传规律、营养需要及疾病控制等方面研究，在荣昌猪保种同时，将保种与开发利用有机结合，在“七五”和“八五”期间与四川农业大学合作，历经 10 年系统选育，在荣昌猪的基础上成功地培育了第一个低外血含量的瘦肉型专门化母系——新荣昌猪Ⅰ系。该品系充分利用且保持了原荣昌猪繁殖能力高、配合力好、适应性强、肉质优良等遗传特性，又在瘦肉率、生长速度和饲料转化率等重要的经济性状上有较大幅度提高。新荣昌猪Ⅰ系猪经产仔数达 12.74 头，日增重 635 g，瘦肉率 56.43%，料肉比 3.25。该品系在地方猪本品种选育中导入少量外血（25%）获得成功，在我国尚属首次，为我国地方猪种的选育创造了新经验。该品系与外猪杂交生产的商品仔猪日增重达 680～740 g，料肉比为 2.99～3.17，瘦肉率为 59.5%～63.5%。1996 年该项成果获四川省人民政府科学技术进步一等奖，1997 年又荣获“97 中国新技术新产品交易博览会”金奖，被纳入重庆市生猪良种工程和农业部丰收计划（左应鸿，2001）。

（撰稿人：田明）

7.2 西藏藏猪

西藏藏猪起源于亚洲野猪，由西藏当地野猪驯化而来（田志华等，1999）。部分成年西藏藏猪公猪生有獠牙，与当地野猪酷似，头型、体型、体重也与当地野猪相似，是西藏牧民将当地野猪长期驯化形成的地方猪群体。西藏藏猪主要分布在青藏高原的农区和半农半牧区，是世界上分布于海拔最高地区的猪种，具有较强的抗逆性，适应高寒、低氧、强紫外线等环境条件。西藏林芝地区的西藏藏猪，躯干较短，背线平直，少数个体稍凹；腹圆，腹线较直；肩立，前驱深短；肷不小，肷窝不明显；尻斜而窄，尾下垂，长及后管。西藏藏猪全身被毛为浅黑色或黑灰色，少数个体为棕色；额、颊、颈、背、腹侧和四肢管部以上被毛较长，混生白色长毛；毛梢往往泛红，部分个体额部有白章；从两眼之间到颞颥部及顶部有密而长的倒生毛丛，与鬃毛相续；有束状尾帚，高及飞节。至 2007 年，西藏藏猪存 3 万余头，主要集中在西藏林芝、昌都及那曲以东的巴青县、索县、比如县等地，其中林芝地区的西藏藏猪存量较多，有 1 万多头（国家畜禽遗传资源委员会，2011）。

7.2.1 生产性能

7.2.1.1 繁殖性能

强巴央宗等（2001）的研究表明，西藏藏猪繁殖性能较低。藏猪在放牧条件下，初产母猪产仔数（据 32 头统计）窝平均为（4.66±1.64）头，第 2 胎（据 28 头统计）窝平均为（6.37±1.64）头，3 胎以上（据 20 头统计）窝平均为（7.05±1.83）头。公猪性成熟较早，2 月龄即出现爬跨现象，产区群众有对不满周岁的公猪进行去势肥育的习惯。王昆山等（2002）的研究表明，西藏藏猪不同程度近交，对母猪产活仔数、死胎率、初生窝体质量和双月龄断乳窝体质量有明显的影响，近交系数由 12.5%提高到 25% 时，每胎平均产活仔数减少 1 头左右，差异极显著（$P<0.01$）。死胎率高低亦随近交系数上升而提高，初生窝体质量和双月龄断乳窝体质量则随近交系数上升而降低。同时，随近交程度的提高，基因纯合度提高，不良性状出现率也增加（表 7-7）。

表 7-7 不同近交程度对西藏藏猪繁殖性能的影响

亲缘关系	近交系数	窝数	产仔数				初生体重			2 月龄断奶仔猪		
			活产仔数/头	死胎数/头	合计/头	死胎率/%	窝重/kg	个体重/kg	育成头数/头	窝重/kg	个体重/kg	哺育率/%
父女	0.250	4	6.25±0.38	1.25	7.50	16.67	3.63±0.27	0.58	5.0	19.5±1.05	3.9	80.0
全同胞	0.250	4	6.0±0.75	1.25	7.25	17.24	3.78±0.14	0.63	5.0	23.5±1.03	4.7	83.3
半同胞	0.125	7	7.0±0.23	0.43	7.43	5.79	5.041±0.38	0.72	6.1	30.5±1.45	5.0	87.8
全同胞二代	0.375	3	6.0±0.35	1.67	7.67	21.77	3.66±0.17	0.61	4.7	18.8±0.97	4.0	77.8
半同胞二代	0.219	4	6.5±0.37	1.50	7.70	19.48	4.36±0.36	0.67	5.5	23.7±1.23	4.3	84.6
全姑侄	0.153	3	6.7±0.25	1.00	7.70	12.99	4.36±0.37	0.65	5.3	23.9±1.25	4.5	80.0
半姑侄	0.073	7	7.1±0.17	0.75	7.85	9.55	5.11±0.47	0.72	6.6	33.0±1.37	5.0	92.0
无亲缘	0.000	4	7.8±0.14	0.25	8.05	3.11	5.85±0.60	0.75	7.3	37.2±1.75	5.1	93.5

资料来源：王昆山等(2002)

李瑜金等(2002)对农村放牧和舍饲条件下西藏藏猪的繁殖性能进行测定，发现西藏藏猪母猪发情周期、发情持续期、妊娠期与其他猪种相比均基本接近，而产仔表现有较大差异。舍饲与农村放牧相比，母猪发情周期、发情持续期、妊娠期也均表现接近($P>0.05$)；而窝产活仔数、平均初生个体重、窝均断乳个体数和断乳个体重分别提高了 6.3%、19.1%、31.3%和 35.1%，均存在明显差异($P<0.01$)；哺育率分别为 91.2%和 66.8%，提高 24.4%($P>0.01$)。这说明舍饲与放牧藏猪在产仔表现上存在明显差异(表 7-8)。

表 7-8　放牧与舍饲西藏藏猪母猪繁殖性能比较

饲养方式	测定窝数	发起周期/d	发情持续期/d	妊娠期/d	窝均产活仔数/头	初生个体重/kg	断乳个体数/头	断乳个体重/kg	哺育率/%
放牧	38	21.10±2.43	3.77±0.41	114.45±2.61	5.84±0.31	0.51±0.03	3.90±0.44	3.40±0.07	66.8
舍饲	30	20.93±2.67	3.81±0.52	114.03±2.17	6.23±0.47	0.63±0.07	5.68±51	5.24±0.11	91.2

资料来源：李瑜金等(2002)

强巴央宗等(2009)在西藏藏猪中心产区建立藏猪选育基础群，按照高繁殖力和快生长高瘦肉率 2 个方向进行选种。经过 3 个世代的选育，2 个品系藏猪外貌体型更典型；高繁殖力品系总产仔数、产活仔数、初生窝重、断奶仔数和断奶窝重分别达到了 7.65 头、7.16 头、5.42 kg、6.46 头和 31.05 kg(表 7-9)；快生长高瘦肉率品系初生重、断奶重、25 kg 日龄分别达到了 0.78 kg、7.87 kg、260.5 d(表 7-10)。

表 7-9　西藏藏猪高繁殖力各世代繁殖性能比较

项目	世代 1	世代 2	世代 3
断乳头数/头	10.3±1.12	10.7±1.23	11.02±1.28
初生重/kg	0.55±0.15	0.68±0.18	0.71±0.22
断奶重/kg	3.95±1.58	4.52±1.44	4.87±1.21
25 kg 日龄/d	282.5±30.1	272.4±28.2	270.1±29.3
25 kg 背膘厚/mm	10.32±2.43	9.36±2.11	9.19±1.87
总产仔数/头	6.42±1.87	7.34±2.05	7.65±2.11
产活仔数/头	6.01±1.90	6.82±1.76	7.16±2.08
初生窝重/kg	3.58±1.78	4.92±1.67	5.42±1.31
断奶仔数/头	5.86±1.54	6.35±1.93	6.46±1.77
断奶窝重/kg	23.17±8.43	28.72±8.06	31.05±9.39

资料来源：强巴央宗等(2009)

表 7-10　西藏藏猪快生长高瘦肉率各世代繁殖性能比较

项目	世代 1	世代 2	世代 3
断乳头数/头	10.10±1.33	10.20±1.47	10.37±1.89
初生重/kg	0.75±0.18	0.79±0.25	0.78±0.32
断奶重/kg	7.35±2.11	7.92±1.82	7.87±1.50

续表 7-10

项目	世代 1	世代 2	世代 3
25 kg 日龄/d	266.5±28.3	261.2±30.1	260.5±29.5
25 kg 背膘厚/mm	9.69±2.50	9.01±2.32	8.19±2.17

资料来源：强巴央宗等(2009)

张浩等(2009)利用西藏农牧学院教学实习牧场藏猪选育群体 2006—2008 年记录资料，178 窝数据进行统计分析，发现藏猪乳头数平均 10.85 个，总产仔数平均 7.51 头，产活仔数平均 7.06 头，初生窝重平均 4.21 kg，断奶仔数平均 6.39 头，断奶窝重平均 28.22 kg；采用非求导约束最大似然(MTDFREML)方法对西藏藏猪繁殖性状进行遗传分析，估算出其各项遗传力分别为 0.36、0.12、0.10、0.13、0.09 和 0.12，乳头数与断奶窝重、初生窝重和断奶仔数存在明显的遗传力相关。尼玛等(2018)通过添加生殖营养素和中草药复方制剂(商品名"喜满圈")，研究其对藏猪经产母猪繁殖性能的影响。发现添加"喜满圈"的经产母猪断奶后 21 d 内的发情率和受胎率分别提高 20 个百分点和 14.74 个百分点($P<0.01$)；仔猪初生重较对照组提高0.03 kg($P<0.05$)，放牧经产藏猪母猪窝产仔数提高 1.2 头($P<0.01$)，2 月龄仔猪断奶重较对照组提高 0.31 kg($P<0.01$)。

7.2.1.2 生产性能

李瑜金等(2002)对农村放牧和舍饲条件下西藏藏猪的生产性能进行测定，发现无论舍饲还是放牧，仔猪初生个体重和 60 日龄断乳个体重均较小，生长速度均较慢，与国内外优良猪种相差悬殊。哺乳仔猪 20 日龄、40 日龄和 60 日龄体重与初生相比，舍饲比放牧条件下增重分别提高了 57.3%、46.8%和 37.2%，均差异极显著($P<0.01$)，这表明在舍饲条件下哺乳仔猪生长速度明显增快(表 7-11)。

表 7-11 放牧与舍饲西藏藏仔猪生产发育比较

饲养方式	测定头数/头	初生个体重/kg	20 日龄		40 日龄		60 日龄	
			个体重/kg	日增重/kg	个体重/kg	日增重/kg	个体重/kg	日增重/kg
放牧	30	0.51 ±0.03	1.12 ±0.04	30.5	2.03 ±0.09	38.0	3.40 ±0.07	48.2
舍饲	25	0.63 ±0.07	2.06 ±0.08	71.5	3.59 ±0.10	74.0	5.24 ±0.11	76.8

资料来源：李瑜金等(2002)

强巴央宗等(2009)测定西藏藏猪平均出生重 0.699 1 kg，平均断奶重 4.819 2 kg，至 25 kg 体重平均日龄 258.6 d，25 kg 体重平均背膘厚 8.77 cm。张健等(2019)添加 20%发酵后的豆粕与菜籽饼饲喂藏猪，发现可显著提高生长期藏猪的平均末重，同时全期增重、平均日增重、平均日采食量显著增加($P<0.05$)，而料肉比显著降低($P<0.05$)。

7.2.1.3 育肥性能

李瑜金等(2002)对农村放牧和舍饲条件下西藏藏猪的肥育性能进行测定，发现无论舍饲还是放牧，都表现出较慢的增长速度、较长的肥育天数和较低的饲料报酬。舍饲比放牧平均日增重提高了 45.85%($P<0.01$)，肥育天数缩短了 140 d($P<0.01$)，但是舍饲所耗配合饲料明显多，达头均 153.5 kg，而放牧猪的精料补给基本上是有啥喂啥，料肉比分别为 6.43 和 2.11 (表 7-12)。

表 7-12　放牧与舍饲西藏藏猪肥育性能比较

饲养方式	测定头数/头	始重/kg	末重/kg	肥育天数/d	平均增重/kg	日增重/g	头均耗料/kg	料重比
放牧	30	7.53±1.38	30.51±3.46	320	22.98	71.8	48.5	2.11∶1
舍饲	25	7.24±1.19	31.11±2.76	180	23.87	132.6	153.5	6.43∶1

资料来源：李瑜金等(2002)

7.2.1.4　屠宰性能

李瑜金等(2002)对农村放牧和舍饲条件下西藏藏猪的屠宰性能进行测定，发现舍饲与放牧相比，除膘厚、花板油重差异明显，舍饲西藏藏猪分别提高了 15.36%($P<0.05$)和16.90%($P<0.01$)外，其余各性状间均差异不明显($P>0.05$)。舍饲胴体瘦肉率达 53%，接近国家规定的商品瘦肉型猪胴体瘦肉达 55%以上的标准(表 7-13)。

表 7-13　放牧与舍饲西藏藏猪屠宰性能比较

饲养方式	测定头数/头	活重/kg	胴体重/kg	屠宰率/%	6～7 胸椎		花板油重/kg	眼肌面积/cm²	瘦肉率/%	脂肪/%	骨/%	皮/%
					膘厚/cm	皮厚/cm						
放牧	4	42.5±6.43	29.73±5.16	69.95	2.26±0.19	0.24±0.05	3.54±0.12	20.36±2.73	54.02	28.62	11.32	5.07
舍饲	5	41.0±6.14	29.09±4.72	70.96	2.67±0.21	0.23±0.06	4.26±0.16	20.90±1.84	53.31	30.06	10.98	4.71

资料来源：李瑜金等(2002)

强巴央宗等(2008)屠宰测定了生活在西藏高海拔环境中的西藏藏猪产肉性能，发现 300 日龄的公猪(6 头)、母猪(6 头)屠宰率分别为 59.82%和 60.66%，瘦肉率分别为 60.28%和 57.12%，腿臀率分别为 28.28%和 30.71%，可见西藏藏猪公猪膘厚明显低于母猪($P<0.05$)(表 7-14)。

表 7-14　300 日龄西藏藏猪公猪、母猪屠宰性能

	胴体重/kg	胴体长/cm	屠宰率/%	膘厚/mm	皮厚/mm	腿臀率/%	瘦肉率/%	皮重率/%	肉骨比	眼肌面积/cm²
公猪	14.24±3.75	48.63±3.29	59.82±5.28	4.33±3.02	3.28±0.64	28.28±4.09	60.28±2.66	11.35±0.96	4.72±0.56	8.74±2.02
母猪	12.36±3.23	47.25±1.85	60.66±5.39	8.10±4.04*	3.03±0.32	30.71±4.38	57.12±4.37	10.62±1.28	4.94±1.15	8.32±0.45

注：* 表示差异显著 $P<0.05$。

资料来源：强巴央宗等(2008)

强巴央宗等(2009)在西藏藏猪中心产区建立藏猪选育基础群，按照高繁殖力和快生长高瘦肉率 2 个方向进行选种。经过 3 个世代的选育，快生长高瘦肉率品系屠宰率、腿臀率、瘦肉率和眼肌面积分别达到了 61.65%、31.44%、63.49%和 9.13 cm²，背膘厚减小至 8.19 mm(表

7-15）。

表 7-15　西藏藏猪快生长高瘦肉率各世代屠宰性能比较

项目	世代 1	世代 2	世代 3
屠宰率/%	60.08±3.07	59.76±3.58	61.65±2.53
腿臀率/%	29.69±4.11	30.12±4.32	31.44±4.67
瘦肉率/%	59.12±3.88	61.97±4.23	63.49±4.12
眼肌面积/cm^2	8.69±1.55	8.75±1.96	9.13±1.54

资料来源：强巴央宗等（2009）

7.2.1.5　肉质性能

李瑜金等（2002）对农村放牧和舍饲条件下西藏藏猪的肉质性能进行测定，发现无论放牧还是舍饲，藏猪各项指标间差异均不显著（$P>0.05$）。藏猪肌肉 pH 为正常值，肉色为正常鲜红，大理石状花纹明显，失水率和熟肉率平均为 28% 和 66%，未出现 PSE 肉和 DFD 肉，均在肉质评定的最佳值范围内，达到较好的肉质水平（表 7-16）。

表 7-16　放牧与舍饲西藏藏猪肉质比较

饲养方式	测定头数	pH	肉色评分	大理石纹评分	失水率/%	熟肉率/%
放牧	4	6.21±0.20	3.02±0.09	3.01±0.61	28.27±2.04	64.85±2.42
舍饲	5	6.19±0.18	3.10±0.12	3.05±0.82	27.86±2.97	66.87±2.83

资料来源：李瑜金等（2002）

强巴央宗等（2008）屠宰测定 300 日龄的西藏藏猪公猪（6 头）、母猪（6 头）肉质，肉色、大理石纹、滴水损失、熟肉率没有差别，仅公猪 pH_2 明显低于母猪（$P<0.05$）（表 7-17）。

表 7-17　300 日龄西藏藏猪公猪、母猪肉质测定

	pH_1	pH_2	肉色评分	大理石纹评分	滴水损失/%	熟肉率/%
公猪	6.11±0.45	5.69±0.11^a	4.45±0.33	2.92±0.30	1.42±0.28	70.59±4.37
母猪	6.02±0.18	6.10±0.23^b	4.30±0.24	3.05±0.42	1.37±0.30	70.34±3.63

注：同列数据肩标不同小写字母表示差异显著（$P<0.05$）。

资料来源：强巴央宗等（2008）

强巴央宗等（2009）在西藏藏猪中心产区建立藏猪选育基础群，按照高繁殖力和快生长高瘦肉率 2 个方向进行选种。经过 3 个世代的选育，快生长高瘦肉率品系肉质性状变化不大，保持了藏猪良好的特性（表 7-18）。

表 7-18　西藏藏猪快生长高瘦肉率各世代肉质比较

项目	世代 1	世代 2	世代 3
pH_1	6.10±0.38	6.14±0.41	6.15±0.33
pH_2	5.97±0.24	6.02±0.33	6.01±0.38
肉色评分	4.41±0.32	4.31±0.49	4.39±0.44
大理石纹评分	2.97±0.36	3.00±0.31	2.99±0.40

续表 7-18

项目	世代 1	世代 2	世代 3
滴水损失	1.42±0.27	1.38±0.29	1.51±0.39
熟肉率	70.50±4.39	71.21±7.09	70.23±7.33

资料来源：强巴央宗等(2009)

7.2.2 基础研究

7.2.2.1 繁殖性能

刘轩等(2010)测定 76 头藏猪的基因型，分析单基因和多基因合并对繁殖性状的影响效应，发现在藏猪群体中，促卵泡素 β 亚基基因(*FSHβ*)、雌激素受体基因(*ER*)和促乳素受体基因(*PRLR*)的不同基因型繁殖性状差异显著，优良基因型分别为 *BB*、*BB* 和 *AA*。藏猪视黄醛结合蛋白 4 基因(*RBP4*)只有 2 种基因型，对繁殖性状影响不显著。*FSHβ-ER-PRLR* 基因的合并优良基因型为 *BB-BB-AA*，多基因聚合效应高于单基因效应。

陈晓英等(2016)研究半胱氨酸对 4 ℃藏猪精液品质和抗氧化保护作用影响，发现半胱氨酸 0.06 g/L 添加组藏猪精子活力、精子畸形率、精子顶体完整率和质膜完整率均极显著好于其他试验组($P<0.01$)，0.06 g/L 半胱氨酸添加组的精浆超氧化物歧化酶活力含量均显著好于其他试验组($P<0.05$)，0.08 g/L 半胱氨酸添加组的精浆丙二醛含量均显著好于其他试验组($P<0.05$)；同时发现，0.08 g/L 半胱氨酸添加组精子超氧化物歧化酶活力最高，各组间差异不显著，精子丙二醛含量 0.06 g/L 半胱氨酸含量最高。总之，在改进的猪精液稀释液中添加 0.06 g/L 半胱氨酸后将藏猪种公猪精液进行 4 倍稀释，可明显改善 4 ℃环境保存藏猪精液品质和抗氧化保护作用。

任子利等(2017)采用 RT-PCR 及荧光定量 PCR 方法，检测并分析西藏藏猪与长白猪在卵泡期及黄体期下丘脑-垂体-卵巢轴中 *ghrelin* 基因 mRNA 的相对表达量。结果显示，在卵泡期，下丘脑、卵巢中 *ghrelin* 基因的 mRNA 表达量藏猪显著高于长白猪($P<0.05$)，而垂体中藏猪虽高于长白猪，但两者之间差异不显著($P>0.05$)；在黄体期，垂体、卵巢中 *ghrelin* 基因的 mRNA 表达量藏猪分别显著高于长白猪($P<0.05$)，而下丘脑中藏猪虽高于长白猪，但两者之间差异不显著($P<0.05$)；无论在卵泡期还是黄体期，也无论是藏猪还是长白猪，自身相比，其 *ghrelin* 基因在下丘脑-垂体-卵巢轴的 mRNA 表达都有一致的变化规律，即卵巢显著高于下丘脑($P<0.05$)，下丘脑显著高于垂体($P<0.05$)。此研究表明藏猪 *ghrelin* 基因在生殖轴中的 mRNA 表达量普遍高于长白猪。

7.2.2.2 疾病

贡嘎等(2013)应用间接血凝试验(IHA)、酶联免疫吸附试验(ELISA)法及弓形虫胶体金检测卡，对西藏部分地区藏猪血清进行了弓形虫抗体检测。结果表明，在检测的 195 份藏猪血清样品中，IHA 检出率为 3.1%，ELISA 检出率为 5.1%，胶体金检测卡检出率为 1%。这说明西藏部分地区藏猪群中存在不同程度的弓形虫感染。

张辉等(2016)通过 ELISA 法对西藏林芝地区部分县藏猪猪瘟进行血清学调查，发现西藏林芝地区猪瘟总血清阳性率为 51.60%，其中林芝县、米林县的血清阳性率分别为 53.25%、49.48%，免疫效果远低于国家法定的 70%的标准。

贡嘎等(2017)从西藏拉萨、林芝、日喀则、山南和昌都共采集 202 份藏猪血清样品,利用酶联免疫吸附试验(ELISA)检测血清样品中猪流感 H1、H3 2 个亚型血清抗体存在情况,并用 SPSS22 软件对不同地区的抗体阳性率进行统计分析。结果发现藏猪流感 H1 亚型血清抗体总阳性率为 50.99%(103/202),H3 亚型血清抗体总阳性率为 46.04%(93/202);从不同地区来看,藏猪源流感 H1、H3 2 个亚型血清抗体阳性率不存在显著差异($P>0.05$)。这说明猪流感病毒在西藏地区仍存在较高的流行率,在藏猪猪病防控中必须重视。

王刚等(2017)对西藏 6 个不同地市 200 株藏猪源大肠杆菌进行了肠产毒性大肠杆菌(ETEC)毒力基因的 PCR 检测。结果发现藏猪源肠产毒性大肠杆菌 22 对毒力基因中,只检出 *STp* 以及 *CS*8 基因,检出率为 8%。对检测到的 16 株藏猪源肠产毒性大肠杆菌进行克隆测序,经系统发育分析,发现藏猪源肠产毒性大肠杆菌菌株内同源性达到 99.9%左右,与 GenBank 中所录其他菌株的同源性达到 95%~100%。按照系统发育进化分型的方法,对 16 株大肠杆菌的检测结果显示有 3 株属于 D 群,其余均属于 A 群,P27、P28 和 P32 有可能是一种具有致病性的大肠杆菌。这说明藏猪源肠产毒性大肠杆菌基因确实存在,西藏地区要根据各地实际情况加强监测 ETEC 引起的腹泻,建立流行毒株预警机制,并合理用药。

胡剑武等(2019)采用双抗原夹心酶联免疫法对采集的林芝市巴宜区和米林县 364 份藏猪血清进行检测。结果发现藏猪的 PEDV 抗体平均阳性率为 39.56%,其中公猪血清抗体阳性率为 40.63%,母猪血清抗体阳性率为 38.37%。从性别上看,公猪和母猪的抗体阳性率无显著性差异($P>0.05$),但巴宜区(26.37%)和米林县(52.74%)PEDV 抗体阳性率存在显著性差异($P<0.05$)。说明林芝部分地区藏猪流行性腹泻感染普遍,应注意防止该病的发生。

7.2.2.3 血液

强巴央宗等(2011)采用全自动血液分析仪测定 6 月龄藏猪和同环境中长白猪的血液常规生理指标,比较品种和性别的影响。结果发现其中性别对 6 月龄猪血液生理指标影响均不显著($P>0.05$),藏猪比长白猪具有较高的 WBC、LY、Mid、PLT、PEW 和 PCT,但 RBC、HGB、HCT、MCH 明显较低($P<0.05$)。这说明藏猪血液生理指标具有高海拔低氧适应特征,抗病性能好。

徐跃进等(2019)通过对高海拔环境下饲养的藏猪和大约克猪血液生理生化指标的测定与比较,发现藏猪的红细胞数目(RBC)、血小板数目(PLT)和血小板压积(PCT)指标显著低于大约克猪($P<0.05$),白球比(A/G)极显著低于大约克猪($P<0.01$)。这说明藏猪由于长期的自然选择,已适应了高原低氧环境,生理生化指标未有明显变化;而大约克猪由低地迁入高原,机体对高原低氧环境做出了适应性应答,生理生化指标发生明显变化。这也充分体现了藏猪的抗高寒、耐缺氧、耐粗饲和抗病能力强等优良特性。

7.2.2.4 基因、分子水平的研究进展

颜瑛等(2007)采用 PCR-RFLP 技术,扩增了 5 个不同地理类群藏猪群体(工布江达藏猪、米林藏猪、理塘藏猪、迪庆藏猪、合作藏猪)生长激素基因(*GH*)-119~+486 bp 的区域,分别用内切酶 *Apa* Ⅰ及 *Hin*6 Ⅰ检测其多态性。结果发现从 *Apa* Ⅰ酶切产生的多态型来看,除理塘藏猪之外,*A* 等位基因在其他 4 个藏猪群体中频率高于 *B* 等位基因;从 *Hin*6 Ⅰ酶切产生的多态型来看,在 5 个藏猪群体中 *C*4 频率较高,*C*1 频率极低,而 *C*3 除在工布江达藏猪之外的其他猪种中的频率也很低,其基因型主要表现为 *C*4*C*4、*C*2*C*4、*C*2*C*2;利用 *Hin*6 Ⅰ对扩增出的

GH 基因片段进行酶切电泳，在工布江达藏猪、迪庆藏猪、合作藏猪中发现一种特异酶切带型，初步判定 *GH* 基因在这些个体中可能为多拷贝基因。

赵生国等(2017)对藏猪(合作藏猪、甘孜藏猪、迪庆藏猪、西藏藏猪)、八眉猪、烟台黑猪及长白猪、杜洛克猪、大白猪促红细胞生成素(erythropoietin, EPO)基因全序进行了测定分析。所得数据表明：9 个猪群体的 37 个核苷酸序列共得到 14 个单倍型，25 个变异位点包括 8 个转换，3 个颠换和 1 个连续 14 bp 的缺失，其中有义突变 3 个；引入猪种仅分布在 2 个单倍型 H1 和 H2 中，我国地方猪种则分布在 13 个单倍型中；分析发现藏猪“TTGGGAAGTCTCAT”的一个序列片段缺失，这一特征在低海拔群体中不存在。*EPO* 基因编码的 194 个氨基酸中发现 3 个突变位点，变异后的单倍型及氨基酸序列在藏猪中占优势。因此，在适应高寒低氧环境的生理学和分子学机制方面，藏猪 *EPO* 基因在长期进化过程中可能起着关键性遗传作用。

范一萍等(2019)发现巴马猪皮下脂肪组织 *UCP3* 基因表达量显著高于藏猪($P<0.05$)；在 *UCP3* 基因启动子区预测到 3 个 CpG 甲基化岛，分别是 CpG island1(－3 171～2 928 bp)、CpG island2(－154～－2 bp)和 CpG island3(＋648～＋806 bp)，其中 CpG island1 和 CpG island3 的甲基化水平在巴马猪和藏猪中差异较小，而藏猪 CpG island2 的甲基化水平(42.61%)高于巴马猪(24.49%)。巴马猪和藏猪皮下脂肪组织中 *UCP3* 基因 mRNA 水平的表达差异可能是由 CpG island2 的甲基化水平不同所导致，藏猪 DNA 甲基化水平在一定程度上阻碍了转录因子与启动子调控区域的结合，从而抑制了 *UCP3* 基因的表达。

7.2.3 杂交利用

郭礼荣等(2016)发现 30%～40%发酵甜叶菊废渣饲喂对藏猪与赣中南花猪杂交猪的增重、增重率、日增重、日增重率及料重比影响不显著，但能提高总增重率 3.74%。

(撰稿人：刘自广)

7.3 撒坝猪

撒坝猪为云南省主要土著猪之一，其分布面广、数量多，是云南中部地区杂交体系利用中的主要母体。1983 年 6 月，撒坝猪被录入《云南省畜禽品种志》；同年 10 月，原楚雄州禄劝县划归昆明市，但撒坝猪 8 个家系种猪依然完整地保留在楚雄州种猪种鸡场；1986 年，撒坝猪被录入《中国猪品种志》。2006 年，撒坝猪被列入《国家畜禽遗传资源保护名录》；2008 年，楚雄州种猪种鸡场被列入农业部国家级撒坝猪保种场；2011 年，撒坝猪被录入《中国畜禽遗传资源志 猪志》，同时被云南省农业厅评为“云南六大名猪”；2014 年，撒坝猪被载入“全国地域特色农产品普查备案”名录；2016 年，“楚雄撒坝猪”获得国家农产品地理标志认证(袁家松，2017)。撒坝猪现有国家级保种场 1 个，即楚雄彝族自治州种猪种鸡场，自然保护区 2 个，即禄丰高峰、双柏大麦地(王蕾，2017)。

7.3.1 生产性能

7.3.1.1 繁殖性状的研究

1.繁殖性状表型和遗传参数分析

连林生(2001)对 6 个世代共 231 头撒坝母猪的繁殖性能数据资料进行了分析，在建立混合线性模型的基础上，采用 HARVEY 程序估计了总产仔数、活产仔数、初生窝重、20 日龄窝重、60 日龄断奶仔数和断奶窝重等 6 个繁殖性状的表型和遗传参数。在不同世代的表型值及变化趋势方面，经 F 检验表明，不同世代母猪在初生窝重、20 日龄窝重、断奶仔数和断奶窝重等 4 个性状上存在着显著差异，其中初生窝重和 20 日龄窝重都以 5 世代为最高，4 世代的断奶仔数和断奶窝重最高，但其断奶仔数与 5 世代差异不显著；不同世代母猪的总产仔数和活产仔数虽有一定差异，但均未达到显著水平，从总体上看，撒坝猪繁殖性能在选育过程中均有缓慢的提高。在遗传力和遗传相关方面，总产仔数、活产仔数、初生窝重、20 日龄窝重、断奶仔数和断奶窝重的遗传力分别为 0.037、0.075、0.111、0.155、0.103 和 0.310，除断奶窝重的遗传力稍高外，其余均为低遗传力性状。在遗传相关方面，除初生窝重与总产仔数和活产仔数的遗传相关为负值外，其余性状间均为正的遗传相关，其中以活产仔数与断奶仔数的遗传相关最大；在性状间的表型相关和环境相关方面，各性状间表型相关系数的变化范围从 0.303（总产仔数与断奶窝重）到 0.946（总产仔数与活产仔数），环境相关系数介于 0.442～0.972，表明撒坝猪繁殖性状间的表型相关和环境相关均较高。

2. 专门化母系繁殖性状的相关与通径研究

鲁绍雄(2003)利用撒坝猪专门化母系 7 个世代共 576 头母猪的繁殖性能数据，对总产仔数、活产仔数、初生窝重、20 日龄窝重、断奶窝重、育成率和断奶仔数 7 个繁殖性状进行了相关和通径分析，并在此基础上建立了估计断奶仔数的最优回归方程。在不同世代的性状表型值及其变化趋势方面，除个别世代有所波动外，撒坝猪专门化母系主要繁殖性状在选育过程中总体上呈逐步提高的趋势。6 世代与 0 世代相比，总产仔数、活产仔数、初生窝重、20 日龄窝重、断奶窝重、仔猪育成率和断奶仔数分别提高了 2.03 头、1.93 头、3.53 kg、19.48 kg、16.91 kg、8.73%和 2.75 头，均有较大幅度的提高；在相关分析方面，撒坝猪专门化母系 7 个繁殖性状间均存在着不同程度的相关，以总产仔数与活产仔数间的相关程度最高，其次为 20 日龄窝重与断奶仔数，而以初生窝重与育成率间的相关程度最低。在所分析的 7 个繁殖性状中，除了总产仔数与育成率、活产仔数与育成率间为负相关外，其余性状间均呈正相关。在通径分析方面，以断奶仔数为依变量，其余 6 个性状为自变量进行通径分析，从相关系数的大小来看，对断奶仔数影响最大的性状是 20 日龄窝重，其次为断奶窝重，影响最小的性状为育成率。利用通径分析方法对相关系数进行剖析后的结果显示，对断奶仔数直接影响最大的性状是活产仔数，其次为育成率，影响最小的性状为仔猪初生窝重。各决定系数之和表明影响断奶仔数的主要因素已基本找出，同时根据各决定系数绝对值的大小，可以看出活产仔数、20 日龄窝重、断奶窝重和育成率对断奶仔数的影响较大，而总产仔数和初生窝重对断奶仔数的影响则较小。在多元回归方程的建立方面，通过分析逐步剔除对断奶仔数影响最小的 2 个性状（初生窝重和总产仔数），所剩 4 个性状活产仔数、20 日龄窝重、断奶窝重和育成率的通径系数分别为 $P_2=0.708\,5$、$P_4=0.168\,3$、$P_5=0.057\,3$、$P_6=0.551\,2$，结果都达到了极显著水平。在此基础上建立的估计断奶仔数的回归方程为：$y=-6.119\,0+0.698\,6x^2+0.033\,7x^4+0.004\,8x^5+0.071\,8x^6$，相关指数 $R^2=0.953\,1$，且每一偏回归系数都达到了极显著水平，表明影响断奶仔数的主要相关性状都已包含在方程中，且能够较为真实地反映这些性状对断奶仔数的影响。

7.3.1.2 生长性能研究

1. 生长发育性状相关分析

李明丽(2007)采用 SAS 统计分析系统对 577 头撒坝猪的 3 个体重性状和 5 个体尺性状

进行了典型相关分析。结果表明，体重与体尺性状的第1、第2典型相关系数达到了显著水平，分别为0.953 2和0.304 4，占总相关的99.97%。体重性状与体尺性状间的相关主要是由4月龄体重、6月龄体重与6月龄胸围、6月龄腿围的相关引起的，在达到显著水平的2对典型变量中，体重性状的2个典型变量对6月龄体长、胸围和腿围的预测能力较强，体尺性状的2个典型变量对4月龄体重和6月龄体重的预测能力较强。在实际育种中，选择体尺性状可同时达到提高体重性状之目的。在性状的表型均值方面，所有8项性状的表型均值及标准差分别为：2月龄体重(12.98±3.58)kg，4月龄体重(31.65±10.19)kg，6月龄体重(48.38±14.31)kg，6月龄体长(96.00±11.98)cm，6月龄体高(47.00±5.37)cm，6月龄胸围(84.45±11.31)cm，6月龄腿围(80.95±12.66)cm，6月龄管围(13.28±1.97)cm。在性状间的简单相关方面，在所分析的8个性状中，所有性状间均呈现显著的正相关；在体重性状与体尺性状的各相关系数中，以6月龄体重与6月龄胸围的相关系数最大，其次为4月龄体重与6月龄腿围，而以2月龄体重与6月龄管围间的相关系数最小；在体重性状与体尺性状间的典型相关方面，体重与体尺性状间的典型相关系数、特征值及其贡献率2组性状间的第1、第2两个典型相关系数都达到了极显著水平，其中第1个典型相关系数较高，所解释的相关信息(贡献率)达到了98.93%，第2个典型相关系数所解释的相关信息仅为1.04%；2个典型相关系数的累计贡献率达到了99.97%，说明反映猪生长发育状况的体重性状与体尺性状间具有较强的相关性。在典型变量对相对性状的预测能力方面，复相关系数的平方所反映的某一个典型变量对相对性状的预测能力，相关系数的平方越大，表明该典型变量对相对性状的预测能力越强，体重性状的2个典型变量U1和U2对6月龄体长、胸围和腿围的预测能力较强，而对6月龄胸围和管围的预测能力则要差一些；体尺性状的2个典型变量V1和V2对4月龄体重和6月龄体重的预测能力较强，而对2月龄体重的预测能力则较差。

2. 体尺性状的聚类

唐爱发(2000)应用聚类与主成分分析，对488头撒坝猪的6月龄体尺性状进行了研究。体尺性状分为体重、体型、特征3大类，体重与体长、体高、胸围、腹围、活膘等性状间呈显著相关，管围与体高、腿围与活膘呈强正相关。在相关矩阵方面，体重与体长、体高、胸围、腹围、腿围、活膘呈强的正相关，与管围呈弱的正相关，胸围与腹围、活膘呈强的正相关，腹围与活膘呈强的正相关，腿围与管围呈弱的正相关，管围与活膘呈弱的正相关。在聚类分析方面，用系统聚类法中的类平均法、最短距离法等对撒坝猪的体尺性状进行聚类，体高与管围、腿围与活膘密切相关，说明体型高、腿围小的猪管围、活膘会减少；腹围与体高、管围距离较近，说明腹围对体高、管围影响较大，5个性状关系较近，可聚为一类，反映的是体型特征；体长与胸围关系较近，说明体型长的猪胸围会下降，反映猪的围度特征；体重与其他性状关系较远，可单独列为一类。

7.3.1.3 胴体、肉质性能研究

1. 云南3个地方猪种猪肉的营养价值比较分析

翁亚烦(2018)选用高黎贡山猪、撒坝猪、滇南小耳猪3个云南地方猪种，测定其背最长肌的水分、粗蛋白质、灰分、粗脂肪、脂肪酸、胆固醇、氨基酸含量并进行比较分析。在背最长肌营养成分比较方面，撒坝猪水分含量极显著高于高黎贡山猪，显著高于滇南小耳猪；撒坝猪粗蛋白质含量极显著高于高黎贡山猪和滇南小耳猪，高黎贡山猪粗脂肪含量显著高于撒坝猪、滇南小耳猪，撒坝猪粗脂肪含量与滇南小耳猪比差异不显著，3个猪种间灰分含量差异不显著。在

背最长肌氨基酸含量比较方面，高黎贡山猪、撒坝猪和滇南小耳猪背最长肌总量氨基酸分别为12.17%、22.50%和23.20%，高黎贡山猪极显著低于撒坝猪、滇南小耳猪；3个猪种背最长肌的必需氨基酸（苏氨酸、缬氨酸、蛋氨酸、异亮氨酸、亮氨酸、苯丙氨酸、赖氨酸）含量从低到高为4.93%、8.61%和9.91%，高黎贡山猪极显著低于撒坝猪、滇南小耳猪；高黎贡山猪背最长肌鲜味氨基酸（天冬氨酸、丝氨酸、谷氨酸、甘氨酸、丙氨酸、异亮氨酸、脯氨酸）含量极显著低于撒坝猪，显著低于滇南小耳猪。在背最长肌胆固醇含量比较方面，高黎贡山猪胆固醇每100 g含量(48.05±16.02)mg，极显著高于撒坝猪(10.09±1.36)mg和滇南小耳猪(14.78±0.82)mg，撒坝猪与滇南小耳猪相比较差异不显著，撒坝猪胆固醇含量比高黎贡山猪和滇南小耳猪分别少37.10%和3.83%。在背最长肌脂肪酸含量比较方面，滇南小耳猪癸酸、十二酸含量显著高于高黎贡山猪与撒坝猪；撒坝猪十七酸、十八酸含量显著高于滇南小耳猪，高于高黎贡山猪；滇南小耳猪十九酸含量极显著高于高黎贡山猪与撒坝猪；滇南小耳猪油酸含量极显著高于撒坝猪，显著高于高黎贡山猪；高黎贡山猪亚油酸含量显著高于滇南小耳猪；高黎贡山猪亚麻酸含量极显著高于滇南小耳猪与撒坝猪；高黎贡山猪与撒坝猪二十碳一烯酸含量极显著高于滇南小耳猪；其余脂肪酸指标各猪种间差异不显著。

2.云南3个地方猪种肌肉脂肪酸组成分析

为了分析不同地方品种猪肌肉脂肪酸含量差异，杨洁鸿(2018)对云南3个地方猪种大河乌猪、撒坝猪和滇南小耳猪背最长肌脂肪酸含量进行了测定与分析。

在脂肪酸的组成方面，根据样品进行气相色谱分析得到的峰面积与标准样品的峰面积相比，3种猪肌肉样品均由10种饱和脂肪酸以及9种不饱和脂肪酸组成，包括4种单不饱和脂肪酸和5种多不饱和脂肪酸，饱和脂肪酸包括辛酸、癸酸、十二酸、十四酸、十五酸、十六酸、十七酸、十八酸、十九酸、二十酸，单不饱和脂肪酸包括十六碳一烯酸、十七碳一烯酸、油酸、二十碳一烯酸，多不饱和脂肪酸包括亚油酸、亚麻酸、二十碳二烯酸、二十碳三烯酸、二十碳四烯酸。

在饱和脂肪酸的含量比较方面，撒坝猪背最长肌的饱和脂肪酸含量极显著低于大河乌猪和滇南小耳猪的含量，大小依次为大河乌猪＞滇南小耳猪＞撒坝猪。在饱和脂肪酸中，十六酸的含量最高，其中大河乌猪和撒坝猪的含量极显著高于滇南小耳猪；其次是十八酸和十四酸，在十八酸中，3种猪之间均差异极显著，从大到小为滇南小耳猪＞大河乌猪＞撒坝猪，在十四酸中，滇南小耳猪差异极显著高于大河乌猪，且撒坝猪与大河乌猪、滇南小耳猪差异均不显著；剩余7种饱和脂肪酸含量很少。

在不饱和脂肪酸含量的比较方面，所有猪种饱和脂肪酸的含量均低于不饱和脂肪酸的含量，撒坝猪不饱和脂肪酸的含量均显著高于大河乌猪和滇南小耳猪，大小依次为撒坝猪＞滇南小耳猪＞大河乌猪。在单不饱和脂肪酸中，滇南小耳猪含量显著低于大河乌猪和撒坝猪，大小依次为撒坝猪＞大河乌猪＞滇南小耳猪；油酸的含量最高，同样是滇南小耳猪含量显著低于大河乌猪和撒坝猪。在多不饱和脂肪酸中，滇南小耳猪含量极显著高于撒坝猪和大河乌猪，大小依次为滇南小耳猪＞撒坝猪＞大河乌猪，其中含量最高的是亚油酸，其次为亚麻酸、二十碳二烯酸、二十碳四烯酸和二十碳三烯酸。亚油酸、亚麻酸、二十碳四烯酸是人体必需脂肪酸，其中滇南小耳猪的这3种含量均极显著高于大河乌猪和撒坝猪(杨洁鸿，2018)。

3.肉质综合评定的灰色关联分析

唐爱发(2000)应用灰色关联度分析，对撒坝猪及其7个杂种猪群的猪肉品质进行了分析。结果显示，肉质最好的是纯种撒坝猪，撒坝猪是云南省地方良种，肉质理应最优，所得结果与实际情况相符；其次是长撒、杜长撒和约长撒，这3个杂交组合在肉质方面有相对较好的配合力，结合其肥育性能，可望成为以撒坝猪作为母本的主要杂交模式；然后依次是杜约撒、约撒、杜撒、约汉撒。

7.3.2 基础研究

7.3.2.1 繁殖性能相关研究

李国治(2005)对促卵泡素β亚基基因在撒坝猪群体中的多态性分布及其不同基因型与头胎产仔性能的相关性进行了研究。在基因型频率与基因频率方面，促卵泡素β亚基基因3种基因型在撒坝猪群体中均能检测出，遗传多样性指数为0.256 4，基因型频率分别为*AA*型0.760 4，*BB*型0.062 5，*AB*型0.177 1，*AA*型为优势基因型，等位基因*A*为优势基因；在促卵泡素β亚基基因与头胎产仔性能的相关性方面，在乳头数性状上表现为*AA*型>*AB*型>*BB*型，在产仔数、产活仔数、初生窝重和45日龄窝重性状上表现为*AB*型>*AA*型>*BB*型，但在各项所分析性状上3种基因型间的差异均不显著。

鲁绍雄(2000)在撒坝猪血清蛋白基因型交配组合与繁殖性能的关系研究方面，采用聚丙烯酰胺凝胶电泳法对撒坝猪前白蛋白、转铁蛋白、酯酶、淀粉酶和碱性磷酸酶5个血清蛋白位点的多态性进行了检测，并根据最小二乘原理对不同蛋白基因型交配组合与繁殖性能的关系进行了分析。结果表明，所检测的5个血清蛋白位点均处于哈迪-温伯格平衡状态，除AKP位点外，*PA*、*TF*、*ES*和*AM*不同基因型交配组合在部分繁殖性状上均表现出显著差异，表明血清蛋白基因型交配组合与繁殖性能之间存在着一定的相关性。

鲁绍雄(1999)在撒坝猪血清淀粉酶与繁殖性能关系研究方面，采用垂直板聚丙烯酰胺凝胶电泳法对115头撒坝猪血清淀粉酶多态性进行了检测，并用二因素有互作的最小二乘模型对不同淀粉酶基因型与繁殖性能的关系进行了分析。结果表明，所检测到的血清淀粉酶*AA*、*AB*和*BB* 3种基因型的频率分别为0.173 9、0.426 1和0.400 0，2个等位基因*A*和*B*的频率分别为0.387 0和0.613 0，未发现*C*基因，该位点的遗传多样性指数为0.474 4；在3种基因型中，不同基因型公、母猪间的繁殖性能差异未达到显著水平，但公、母猪不同基因型交配组合间的繁殖性能则在仔猪断奶体重上存在着显著差异，说明血清淀粉酶多态性与某些繁殖性状之间存在着一定的相关性。

在对撒坝猪血清酯酶多态性与繁殖性能关系的研究方面，连林生(1999)采用垂直板聚丙烯酰胺凝胶电泳法，对115头撒坝猪的血清酯酶多态性进行了检测，计算了该位点的基因型频率、基因频率和位点多态杂合度，并用二因素有互作的最小二乘模型对血清酯酶多态性与繁殖性能的关系进行了分析。结果表明，撒坝猪血清酯酶3种基因型*AA*、*AB*和*BB*的频率分别为0.269 6、0.582 6和0.147 8，2个等位基因*A*和*B*的基因频率分别为0.560 9和0.439 1，该位点的杂合度为0.492 6；在3种基因型中，不同基因型母猪的繁殖性能在产仔数、仔猪初生窝重、20日龄窝重、断奶仔猪数和断奶窝重等性状上存在着显著差异，公、母猪不同基因型交配组合在产仔数、断奶仔猪数、仔猪断奶体重和断奶窝重等性状上亦有显著差异，显示出猪的血清酯酶多态性可望作为繁殖性能选种的遗传标记。

7.3.2.2 生长性能相关研究

在*FSH* β亚基基因对云南撒坝猪生长性状遗传效应的研究方面，李国治(2008)应用

PCR 技术检测了 192 头撒坝猪 *FSH β* 亚基基因的基因型，分析了不同基因型与部分生长性状的相关性。结果表明，初生重以 *AA* 型较高，45 日龄体重、0～45 日龄日增重以 *BB* 型较高，*AA* 型 6 月龄体重高于 *AB* 型，而在 45 日龄至 6 月龄阶段的日增重低于 *AB* 型，但各基因型间的差异均未达到显著水平。

在撒坝猪 *SLA-DQA* 基因多态性与生长性状的相关性分析方面，钱锦花(2014)应用 PCR-RFLP 方法检测撒坝猪 *SLA-DQA* 基因突变位点多态性，通过最小二乘分析进行基因型与生长性状表型值的相关分析。结果表明，*SLA-DQA* 基因 3 种基因型在所分析的几个阶段体重和 6 月龄体尺性状上差异均未达到显著水平，而在 0～45 日龄日增重和 70 日龄至 4 月龄日增重上 *AA* 基因型与 *AB* 基因型间的差异达到显著水平，且大多数生长性状都以 *BB* 型的较高。

在撒坝猪日增重生化遗传标记的筛选方面，连林生(2000)采用聚丙烯酰胺凝胶电泳法对撒坝猪的前白蛋白、转铁蛋白、酯酶、淀粉酶和碱性磷酸酶等 5 个血清蛋白(或酶)座位的多态性进行了检测，采用多座位广义线性模型对血清蛋白多态性与生长速度的关系进行了分析。结果表明，所检测的 5 个血清蛋白(或酶)多态座位的基因频率均处于哈迪-温伯格平衡状态，4 个座位对部分阶段日增重的基因型效应均达到了显著水平，一些基因型具有显著提高或降低某一阶段日增重的效应，显示了血清蛋白多态性用作猪生长速度的遗传标记以进行标记辅助选择的可能性。

在撒坝猪血清酯酶多态性及其与部分生长性状的关系方面，鲁绍雄(1998)采用垂直板聚丙烯酰胺凝胶电泳法检测了 115 头撒坝猪的血清酯酶多态性，计算了该位点的基因型频率、基因频率以及遗传多样性指数，并用普通方差分析和二因素(酯酶基因型、性别)有互作模型的最小二乘分析法，对撒坝猪血清酯酶 3 种基因型与几个阶段体重的关系进行了分析。结果表明，撒坝猪血清酯酶 3 种基因型 *AA*、*AB* 和 *BB* 的频率分别为 0.269 6、0.582 6 和 0.147 8，2 个等位基因 *A* 和 *B* 的基因频率分别为 0.560 9 和 0.439 1，该位点的遗传多样性指数为 0.492 6；在 3 种基因型中，*BB* 型个体的 6 月龄体重与 2～6 月龄日增重均显著地高于其他 2 种类型，酯酶基因型与性别之间的互作效应明显，显示了猪的血清酯酶多态性作为 6 月龄体重和 2～6 月龄日增重 2 个性状的遗传标记以进行标记辅助选择的可能性。

7.3.2.3 肉质性状相关研究

在撒坝猪及其配套系氟烷基因检测与遗传效应分析方面，连林生(2000)利用 PCR-RFLP 技术对云南省楚雄州种猪场 104 头种猪，包括撒坝纯种 71 头、加系大约克 10 头、丹系长白 8 头、美系杜洛克 9 头及三元杂大长撒 6 头进行了氟烷基因检测。结果发现杂合子猪 4 头(包括 2 头大约克、2 头大长撒)，未发现阳性猪，其余皆为阴性；对大长撒氟烷基因杂合子与同群阴性猪作生长和肉质性状比较，显示其杂合子在瘦肉率、日增重和料重比等方面有优势，而肉质性状无明显差异。

7.3.3 杂交利用

7.3.3.1 繁殖性能研究

在滇撒猪配套系 S_1 系繁殖性能选育效果分析方面，顾锡江(2014)利用滇撒猪配套系选育过程中 S_1 系以及父母代主要繁殖性状的性能测定数据，系统地分析了繁殖性能的选育进展，并对滇撒猪配套系的选育方法和技术进行了相应的探讨。结果表明，S_1系的繁殖性状在选育过程中得到了有效提高，遗传稳定，且已达到了较高的水平，也表明S_1系的选育方法合理有效。在S_1系选育取得初步成效及经杂交组合试验确定配套系杂交配套模式基础上，还开展了S_1系与母系父本L_2系的杂交配套选育，以L_2系为父本，S_1系为母本，产生的L_2S_1母猪即为父母代母猪(即滇撒母猪)。在猪的配套系杂交中，父母代的繁殖性能在很大程度上影响着配套系的整体性能和商品生产的效率和效益，产仔数、初生窝重、20日龄窝重均以2004年最高，分别为13.06头、12.58 kg、46.38 kg，但与其他各年度间差异不显著；仔猪35日龄窝重和育成率分别以2005年、2003年最高，但与其他各年度间差异也未达到显著水平。自1997年以来，父母代母猪平均产仔数均保持在12.3头以上，育成率均保持在90%以上，较好地保持了S_1系优良繁殖性能的遗传特性。

在外种猪与撒坝猪杂交繁殖性能的比较方面，刘以洪(2002)选择美系汉普夏、美系杜洛克、加系长白、撒坝系4世代公猪各3头，分别随机与10头撒坝系4世代母猪杂交。结果表明，其平均产仔数分别为10.69头、10.78头、11.10头、11.42头，平均产活仔数分别为10.36头、10.54头、10.76头、11.15头，28日龄断乳窝重分别为62.97 kg、64.96 kg、62.68 kg、54.54 kg，60日龄育成窝重分别为170.68 kg、175.85 kg、162.64 kg、138.27 kg；最佳杂交组合为DB1、HB1，其次为LB1。

7.3.3.2 生长性能研究

在撒坝猪配套系生长胴体性能杂种优势分析方面，李国治(2003)对以云南地方良种撒坝猪为母本的6个杂交组合的生长胴体性能的杂种优势进行分析。结果表明，杂种优势在各组合各性状间普遍存在，各性状间的超高亲优势存在显著性差异，各组合间的超高亲优势差异不显著，超中亲优势在各组合各性状间的差异显著。6个杂交组合中，值得推广应用的组合为杜撒和杜约撒。

在撒坝猪配合力测定试验的初步分析方面，唐爱发(2000)对11个撒坝猪杂交组合的达屠宰体重日龄、料重比、日增重、瘦肉率等4个重要经济性状的超中亲优势(H1)和超高亲优势(H2)进行了分析。结果表明，撒坝猪的杂种优势普遍存在；优势程度依组合、性状的不同存在差异，优势程度表现较好的组合是杜撒(1998)、杜长撒(1998)和约汉撒(1996)，表现较好的性状是达屠宰体重日龄和日增重。

在撒坝猪专门化母系及其杂种猪的生长胴体研究方面，选用撒坝猪专门化母系与外种猪杂交，其生长胴体性状较优的二元杂交组合有DS和YS，三元杂交组合有DYS和YLS。这些组合不仅生长快、饲料转化率高，而且瘦肉率较高。专门化母系与长白、大约克、汉普夏、杜洛克杂交的二元和三元杂的肉质性状与专门化母系比较，虽然有些杂交组合的某些指标有显著差异，但没有劣质(PSE和DFD)肉出现，二元杂以DS和YS、三元杂以DYS和YLS的肉质较优，DYS和YLS的肌内脂肪达5.02和3.51，远高于其父本的1～1.5，显示了撒坝猪专门化母系肉质性状的遗传优势和与杜洛克、大约克的良好配合力(连林生，2000)。

7.3.3.3 肉质性能研究

撒坝猪及其杂交组合肉质性能的研究方面，王鹤云(1997)测定了撒坝猪及以它为母本的2个杂交组合(长×撒二元杂、杜×长撒三元杂)肥育猪22头(舍10头、旱12头)的pH、肉色、大理石纹、熟肉率、失水率、贮存损失、嫩度、化学成分、组织学特性等9项13个指标。测定结果表明，撒坝猪肉质优良，是食用和肉品加工的上乘原料。与撒坝猪相比，2 个杂交组合的肉质在 pH、保水性、嫩度、化学成分等项指标上有不同程度下降，但未见 PSE 肉和 DFD 肉等劣质猪肉。

在对杂交改良对撒坝猪肌肉化学成分分析研究方面，贾俊静(2005)选用 24 kg 左右的去势撒坝猪及其约长撒三元杂交猪各 7 头，根据基因型分成 2 组，按活重变化分为 3 个试验期，在同一试验期内饲喂同样的日粮进行饲养试验；当活重达 90 kg 进行屠宰试验，研究杂交改良对云南省本地猪种撒坝猪肌肉化学成分的影响。结果表明，撒坝猪通过杂交改良后，生长速度和瘦肉率显著提高，但其肉品质均有不同程度的下降；杂交后代鲜肉的总氨基酸含量有降低的趋势，但统计学差异不显著；撒坝猪鲜肉的赖氨酸含量显著地比杂交猪的高，在干肉样中，二者的差异不显著；撒坝猪的组氨酸含量在鲜样和干样中都显著地比杂交猪的高。肌肉中脂肪酸的测定结果显示，撒坝猪肌肉中的油酸和亚麻酸的含量显著地比杂交猪的高；尽管统计学的差异不显著，撒坝猪肌肉中的豆蔻酸和棕榈油酸显示了比杂交猪高的趋势；杂交猪肌肉中亚油酸的含量显著地比撒坝猪中的高，2 个组的棕榈酸、硬脂酸和花生酸含量相同。

在杂交对撒坝猪肉质的影响研究方面，严达伟(2004)选用以撒坝猪为母本的 3 个杂交组合(杜撒、约撒、杜约撒)的肥育猪 18 头进行屠宰测定，分别对肉的 pH、大理石纹、肉色、失水率、贮存损失、熟肉率、嫩度、化学成分、组织学成分等进行测定，并与撒坝猪进行对比。结果表明，与撒坝猪相比，3 个杂交组合的日增重和瘦肉率显著高于撒坝猪，在肉质方面干物质含量下降，肌纤维直径变粗，失水率和嫩度变大，粗灰分、粗蛋白质、pH、肉色、大理石纹、贮存损失变化不明显，熟肉率有变高的趋向，但均属于优质肉的范围，未出现 PSE 肉和 DFD 肉。

（撰稿人：王文涛）

7.4 乌金猪

乌金猪是 1979—1985 年全国第一次畜禽品种资源调查中，对西南山地型猪种，特别是云、贵、川三省交界的乌蒙山及金沙江流域地区猪种的总称。乌金猪主要分布在云、贵、川三省接壤数十县的广大地区，具体包括贵州的毕节、六盘水，云南的保山、楚雄、昆明、昭通、曲靖，四川的乐山、凉山等地(黄卫平，2017)。乌金猪于 1986 年载入《中国猪种志》，2000 年被列入《国家级畜禽品种资源保护名录》。凉山黑猪是目前数量最大、原始生态条件保存最完好的乌金猪类群。我国 1961 年将乌金猪列入《国家猪种资源志》，确定为国家级猪种；1990 年后我国农业部对其进行了长达 12 年的繁育保种研究；2003 年我国农业部第 254 号文件公告乌金猪成为云南省第一个，全国第二个国家级珍贵保护品种；2006 年将其列入国家生物基因库保护名录；2007 年农业部《特色农产品区域布局规划》把乌金猪列入中国特色农产品名录，乌蒙山区牧场列为主产区，乌金猪也获得了中国地理标志的称号(杨春珂，1996)。乌金猪的主要特点是体质强健，抗逆性强，适应性强，耐粗饲，耐寒，胴体瘦肉率 37%～42%，且肌间脂肪多，肉质细嫩味美。用乌金猪或含乌金猪血缘的猪腿腌制的火腿——宣威火腿，是云南省畜产品中最有特色、最具潜力的地方名特产品。

7.4.1 生产性能

7.4.1.1 繁殖性能

1. 不同营养水平对母猪繁殖性能的影响

黄志秋等(2005)通过试验比较了低能量、低蛋白和高能量、高蛋白 2 种不同营养水平对乌金猪生产繁殖性能的影响，对 60 头乌金繁殖母猪进行了饲喂试验。结果表明，2 种营养水平对乌金猪繁殖性能的影响差异不显著($P>0.05$)。这说明适度的低能量、低蛋白能满足乌金猪繁殖的营养需要，并且能显著提高饲养繁殖母猪的经济效益。

2. 人工授精技术提高乌金猪繁殖性能

黄剑锋(2019)开展了人工授精技术提高乌金猪繁殖性能的试验。结果表明，初配母猪和经产母猪采用人工授精的情期受胎率分别为 83.3% 和 86.93%，采用本交的情期受胎率分别为 78.63% 和 78.67%，2 种方式分别相差 4.67 个百分点和 8.26 个百分点；人工授精组初配和经产母猪的窝均产活仔数分别为 7.01 头和 8.19 头，本交组初配和经产母猪的窝均产活仔数分别为 6.55 头和 7.81 头，2 组分别相差 0.46 头和 0.38 头。结果见表 7-19。

表 7-19 人工授精组与本交组的繁殖性能对比

组别	繁殖指标	人工授精组	本交组	差异值	差异显著性
初产母猪 10 头	情期受胎率/%	83.3	78.63	4.67	差异显著
	平均产活仔数/头	7.01±0.24	6.55±0.47	0.46	$P<0.05$ 显著
	断奶仔总数/头	162	151	11	$P>0.05$ 不显著
	成活率/%	93.4	93.37	0.03	$P>0.05$ 不显著
	初生重/kg	1.316±0.17	1.212±0.26	0.004	$P>0.05$ 不显著
	28 d 断奶重/kg	4.34±0.38	4.48±0.48	0.14	差异极显著
经产母猪 10 头	情期受胎率/%	86.93	78.67	8.26	$P<0.05$ 显著
	平均产活仔数/头	8.19±0.36	7.81±0.53	0.38	$P>0.05$ 不显著
	断奶仔总数/头	163	156	7	$P>0.05$ 不显著
	成活率/%	93.3	93.17	0.13	$P>0.05$ 不显著
	初生重/kg	1.366±0.16	1.358±0.21	0.008	差异极显著
	28 d 断奶重/kg	4.64±0.36	4.78±0.41	0.14	差异显著性
其他	使用公猪数	3+1	10+2	9	差异显著

资料来源：黄剑锋(2019)

7.4.1.2 生长育肥性能

葛长荣等(2008)研究表明，乌金猪各生长阶段采食量随日粮蛋白水平的降低而增加。在 15～30 kg 阶段，18% 高蛋白日粮乌金猪的日增重(427.62 g/d)显著高于 14% 低蛋白日粮(392.11 g/d)($P<0.05$)。在 30～60 kg 和 60～100 kg 阶段，日粮不同蛋白水平乌金猪的日增重差异极显著或显著($P<0.01$ 或 $P<0.05$)，日粮蛋白水平越低日增重越小。日粮不同蛋白水平乌金猪在各生长阶段料重比差异极显著或显著($P<0.01$ 或 $P<0.05$)，日粮蛋白水平越低料重比越高。日粮蛋白水平由高到低乌金猪平均体重达到 100 kg 时的试验日龄(由 15 kg 开始)分别为 163、168、173、179 和 185 d(表 7-20)。

表 7-20 日粮不同蛋白水平乌金猪的生长性能

生长阶段	组别	初始体重/kg	终末体重/kg	采食量/(kg/d)	日增重/(g/d)	料重比
15～30 kg	HHP	15.13±0.68	30.17±1.11	1.03±0.04	427.62±23.68[a]	2.42±0.13[Aa]
	HMP	15.10±0.43	30.20±1.22	1.05±0.03	408.11±23.12[ab]	2.58±0.18[ABab]
	MMP	15.18±0.70	30.35±1.17	1.07±0.06	409.91±29.69[ab]	2.63±0.17[ABCab]
	MLP	15.17±0.59	30.25±0.99	1.10±0.04	396.93±21.54[ab]	2.78±0.13[BCbc]
	LLP	15.25±0.41	30.15±1.29	1.12±0.01	392.11±25.02[b]	2.87±0.19[Cc]
30～60 kg	HHP	30.17±1.11	60.52±1.99	1.72±0.02	583.65±31.87[Aa]	2.95±0.19[Aa]
	HMP	30.20±1.22	60.33±0.61	1.75±0.04	568.55±30.39[ABab]	3.08±0.15[ABab]
	MMP	30.35±1.17	60.23±0.75	1.77±0.04	543.33±32.06[ABCbc]	3.26±0.21[ABCbc]
	MLP	30.25±0.99	60.17±1.14	1.79±0.05	524.85±20.56[BCcd]	3.41±0.21[BCcd]
	LLP	30.15±1.29	60.18±1.02	1.80±0.06	500.56±24.98[Cd]	3.60±0.30[Cd]
60～100 kg	HHP	60.52±1.99	100.17±1.59	2.14±0.02	521.71±29.14[Aa]	4.11±0.21[Aa]
	HMP	60.33±0.61	100.23±1.71	2.18±0.07	511.54±24.78[ABab]	4.26±0.20[ABa]
	MMP	60.23±0.75	100.03±2.27	2.22±0.05	491.36±21.81[ABCbc]	4.52±0.16[BCb]
	MLP	60.17±1.14	100.07±1.29	2.24±0.03	475.00±20.17[BCcd]	4.73±0.21[CDbc]
	LLP	60.18±1.02	100.33±1.73	2.27±0.08	461.49±22.52[Cd]	4.93±0.23[Dc]

注：表中同一阶段同列肩标大写字母不同者差异极显著($P<0.01$)，肩标小写字母不同者差异显著($P<0.05$)。

资料来源：葛长荣等(2008)

7.4.1.3 胴体性能

日粮不同蛋白水平乌金猪各生长阶段的胴体品质见表 7-21 至表 7-23。在 30 kg 体重阶段，随着日粮蛋白水平的降低，乌金猪瘦肉率和眼肌面积减小，脂肪率和背膘厚增加。在 60 kg 和 100 kg 体重阶段，随着日粮蛋白水平的降低，乌金猪瘦肉率和眼肌面积降低，脂肪率和背膘厚增加；日粮不同蛋白水平胴体瘦肉率、脂肪率、背膘厚和眼肌面积差异极显著或显著($P<0.01$ 或 $P<0.05$)。

表 7-21 30 kg 体重的胴体品质

指标	HHP	HMP	MMP	MLP	LLP
	18%	17%	16%	15%	14%
活重/kg	31.04±0.73	32.12±1.81	31.56±0.92	31.14±0.39	31.03±0.39
胴体重/kg	18.32±0.38	18.66±1.33	18.54±0.81	18.81±0.29	18.51±0.30
屠宰率/%	59.36±0.25	58.67±1.06	59.27±1.11	59.21±1.66	59.66±0.62
无脂瘦肉率/%	10.71±0.30	10.84±0.22	10.79±0.17	10.80±0.49	10.65±0.23
脂肪重/kg	3.29±0.24	3.49±0.52	3.45±0.49	3.39±0.13	3.71±0.39
瘦肉重/脂肪重	3.28±0.34	3.16±0.38	3.18±0.38	3.19±0.20	2.91±0.36
瘦肉率/%	48.65±1.02	48.20±2.67	48.12±1.59	47.60±1.44	47.73±1.01
脂肪率/%	18.68±1.41	19.39±1.72	19.69±1.67	19.19±0.74	20.82±1.68

续表 7-21

指标	HHP	HMP	MMP	MLP	LLP
	18%	17%	16%	15%	14%
板油重/kg	0.82±0.05	0.94±0.23	0.99±0.11	0.96±0.08	0.94±0.04
皮重/kg	2.94±0.11	3.03±0.27	2.93±0.30	2.86±0.11	2.86±0.11
骨重/kg	4.26±0.25	4.33±0.59	4.31±0.17	4.46±0.20	4.16±0.05
背膘厚/cm					
第1肋	2.42±0.20	2.34±0.34	2.37±0.36	2.49±0.52	2.39±0.24
第10肋	1.50±0.13	1.56±0.27	1.58±0.03	1.37±0.54	1.57±0.01
最后肋	1.84±0.16	1.90±0.24	1.8±0.04	2.09±0.40	1.96±0.09
最后腰椎	1.19±0.15	1.17±0.17	1.20±0.10	1.12±0.44	1.25±0.22
平均值	1.73±0.15	1.74±0.24	1.75±0.11	1.77±0.46	1.79±0.12
眼肌面积/cm^2	11.66±1.24	11.13±0.32	11.09±0.20	11.04±0.38	10.96±0.12

资料来源：葛长荣等(2008)

表 7-22　60 kg 体重的胴体品质

指标	HHP	HMP	MMP	MLP	LLP
	16%	15%	14%	13%	12%
活重/kg	62.16±0.51	61.68±1.17	61.32±0.64	60.80±1.22	62.08±2.58
胴体重/kg	38.47±1.31x	38.93±0.22	38.17±0.29	37.73±0.86	38.73±1.42
屠宰率/%	61.85±2.40	63.25±2.10	62.44±1.12	62.17±2.49	62.45±0.74
无脂瘦肉率/%	$21.08±0.54^{Aa}$	$20.85±0.33^{ABa}$	$20.00±0.46^{BCb}$	$19.53±0.76^{Cb}$	$19.83±0.58^{Cb}$
脂肪重/kg	$11.80±0.50^{Aa}$	$12.44±0.22^{ABb}$	$12.65±0.61^{ABb}$	$12.76±0.46^{Bbc}$	$13.30±0.65^{Bc}$
瘦肉重/脂肪重	$1.79±0.04^{Aa}$	$1.68±0.06^{ABb}$	$1.59±0.11^{BCbc}$	$1.53±0.10^{Cc}$	$1.49±0.06^{Cc}$
瘦肉率/%	$44.43±1.13^{Aa}$	$43.81±0.81^{ABab}$	$43.02±1.03^{ABCbc}$	$42.51±1.38^{BCbc}$	$41.75±0.77^{Cc}$
脂肪率/%	$31.53±1.66^{Aa}$	$31.75±1.40^{ABab}$	$32.55±1.30^{ABabc}$	$33.31±1.58^{ABac}$	$34.10±0.62^{Bc}$
板油重/kg	3.22±0.94	2.68±0.57	2.48±0.20	2.54±0.91	2.90±0.28
皮重/kg	5.84±0.71	5.98±0.13	5.84±0.21	5.67±0.39	5.91±0.73
骨重/kg	5.59±0.30	5.65±0.13	5.52±0.17	5.44±0.29	5.60±0.36
背膘厚/cm					
第1肋	$3.79±0.38^{a}$	$3.91±0.15^{a}$	$3.93±0.31^{ab}$	$4.06±0.31^{ab}$	$4.12±0.25^{b}$
第10肋	2.48±0.30	2.42±0.26	2.60±0.28	2.58±0.04	2.71±0.24
最后肋	3.03±0.20	3.00±0.56	3.17±0.22	3.12±0.47	3.39±0.26
最后腰椎	$2.08±0.16^{A}$	$2.20±0.08^{A}$	$2.21±0.19^{A}$	$2.16±0.18^{A}$	$2.49±0.12^{B}$
平均值	$2.81±0.26^{a}$	$2.88±0.18^{a}$	$2.98±0.22^{ab}$	$2.98±0.20^{ab}$	$3.18±0.20^{b}$
眼肌面积/cm^2	$20.02±1.59^{a}$	$19.15±1.40^{ab}$	$18.45±1.22^{ab}$	$18.44±1.94^{ab}$	$17.69±1.52^{b}$

注：表中同一阶段同列肩标大写字母不同者差异极显著($P<0.01$)，肩标小写字母不同者差异显著($P<0.05$)。

资料来源：葛长荣等(2008)

表 7-23　100 kg 体重的胴体品质

指标	HHP	HMP	MMP	MLP	LLP
	14%	13%	12%	11%	10%
活重/kg	103.76±2.59	103.28±1.36	101.48±2.89	102.04±2.38	101.44±1.90
胴体重/kg	66.33±1.08	66.27±0.33	66.07±0.78	66.40±1.23	65.87±0.57
屠宰率/%	64.46±0.87	64.39±1.12	64.54±1.08	65.27±0.31	64.85±1.63
无脂瘦肉率/%	33.25±0.77^{Aa}	33.66±1.14^{Aa}	32.25±1.45^{ABbc}	31.09±0.54^{Bcd}	30.57±1.35^{Bd}
脂肪重/kg	23.80±0.43^{Aa}	23.40±1.24^{Aa}	24.76±1.16^{ABb}	25.99±0.13^{BCc}	26.38±1.00^{Cc}
瘦肉重/脂肪重	1.40±0.05^{Aa}	1.44±0.13^{Aa}	1.31±0.12^{ABb}	1.20±0.02^{Bc}	1.16±0.10^{Bc}
瘦肉率	40.65±0.35^{A}	40.55±1.60^{A}	39.18±1.02^{AB}	38.12±0.23^{B}	37.90±2.13^{B}
脂肪率/%	36.00±1.08^{Aa}	36.52±1.48A^{Bab}	37.93±1.45^{ABCbc}	38.60±1.07^{BCc}	39.17±2.04^{Cc}
板油重/kg	5.63±0.04^{Aab}	6.93±0.49^{Bc}	6.43±0.78^{ABbc}	5.48±0.63^{Aa}	5.296±1.04^{Aa}
皮重/kg	9.83±0.77	9.84±0.47	9.78±0.64	9.67±0.36	9.60±0.64
骨重/kg	9.29±0.46	9.20±0.09	9.05±0.20	9.33±0.59	8.95±0.16
背膘厚/cm					
第 1 肋	5.67±0.34^{ab}	5.72±0.16^{a}	5.75±0.20^{a}	5.75±0.04^{a}	5.44±0.13^{b}
第 10 肋	4.34±0.31	4.35±0.14	4.36±0.15	4.21±0.18	4.42±0.17
最后肋	4.56±0.33^{Aa}	4.67±0.21^{Aa}	4.69±0.15^{Aab}	5.13±0.26^{Bc}	4.99±0.28^{Bbc}
最后腰椎	3.62±0.29^{Aa}	3.64±0.26^{ABa}	3.65±0.19^{Aba}	3.72±0.08^{ABa}	4.13±0.47^{Bb}
平均值	4.55±0.14^{a}	4.59±0.15^{ab}	4.61±0.14^{ab}	4.70±0.14^{ab}	4.75±0.16^{b}
眼肌面积/cm^2	23.76±1.22^{a}	23.18±1.53^{ab}	22.79±1.20^{ab}	23.14±1.33^{ab}	21.53±1.66^{b}

注：表中同一阶段同列肩标大写字母不同者差异极显著($P<0.01$)，肩标小写字母不同者差异显著($P<0.05$)。

资料来源：葛长荣等(2008)

7.4.1.4　肉质性能

有研究显示，日粮不同蛋白水平条件下，乌金猪各生长阶段的肉品质有所不同。30 kg 体重时，随日粮蛋白水平的降低(CP：18%～14%)，pH_{45min}降低，pH_{24h}升高，不同蛋白水平间差异显著或极显著($P<0.05$ 或 $P<0.01$)；肉色评分逐渐升高，L^*、a^* 和 b^* 值不同蛋白水平间无明显差异($P>0.05$)；系水力升高，剪切力、烹煮损失和滴水损失降低，18%与 14%蛋白水平间差异显著($P<0.05$)；大理石纹评分逐渐增加，14%蛋白水平显著高于 18%蛋白水平($P<0.05$)。60 kg 体重时，日粮蛋白水平对 pH、大理石纹评分和系水力的影响与 30 kg 体重时相似；肉色评分、剪切力、烹煮损失和滴水损失 16%和 15%蛋白水平与 12%蛋白水平间差异显著($P<0.05$)。100 kg 体重时，14%与 10%蛋白水平间系水力和滴水损失差异显著($P<0.05$)，不同蛋白水平间剪切力差异显著($P<0.05$)，烹煮损失 14%、13%与 10%蛋白水平间差异显著($P<0.05$)(葛长荣等，2008)。

7.4.1.5　抗逆性研究

周绍铭等(1984)以长白猪作为对照，对乌金猪抗寒耐粗性能开展了对比试验。乌金猪的平均日增重显著高于长白猪 $P<0.05$，显示出乌金猪抗寒耐粗性能，见表 7-24。

表 7-24 试验期乌金猪的增重测定表

	头数/头	入试重/kg	第1个月		第2个月		第3个月		第4个月		第5个月		全期平均日增重/g
			平均体重/kg	平均日增重/g	平均体重/kg	平均日增重/g	平均体重/kg	平均日增重/g	平均体重/kg	平均日增重/g	平均体重/kg	平均日增重/g	
乌金	10	21.653	27.265	187.07	33.115	195.00	39.575	215.33	46.145	219.00	53.535	246.33	212.55
长白	10	21.425	24.315	96.33	28.865	151.67	31.395	84.33	35.475	136.00	39.710	141.17	121.90

资料来源：周绍铭等(1984)

同时，乌金猪的采食量显著高于长白猪。试验 3 期采食量的测定，乌金猪和长白猪每日采食量分别为 3.13 kg 和 1.21 kg、1.68 kg 和 1.50 kg、4.67 kg 和 2.46 kg。乌金猪的红细胞数、血红素高于长白猪；长白猪的呼吸频率高于乌金猪，脉搏频率显著高于乌金猪。乌金猪与长白猪的绒毛数差异极显著($P<0.01$)。乌金猪、长白猪分别每头测定 100 根被毛，乌金猪鬃毛长度为 6.62 cm，长白猪为 3.07 cm，差异极显著($P<0.01$)。乌金猪与长白猪皮厚增加差异不显著($P>0.05$)。

7.4.2 基础研究

7.4.2.1 繁殖性能研究

钟金城等(1999)采用外周血淋巴细胞短期培养及 G-带、C-带和 Ag-NORs 显带技术，研究了滇陆新品系猪的染色体核型及带型；并参照其他作者的研究结果，对新品系猪与其亲本的染色体特征进行了对比分析。结果发现滇陆新品系与其亲本品种在染色体结构上有一些差异，形成了不同于亲本的部分遗传特征。

7.4.2.2 生长性能研究

张春勇等(2012)研究了抗氧化基因谷氧还蛋白 1(GRX1)、硫氧还蛋白 1(TRX1)在乌金猪脑垂体、下丘脑、甲状腺、胸腺、胰腺、生殖腺、肝脏、皮肤、十二指肠、空肠、回肠等 11 种组织中的差异表达，探讨 *L*-组氨酸对乌金猪氧化应激细胞中 *GRX1*、*TRX1* 基因表达的调节作用。结果表明：①*GRX1*、*TRX1* 基因在乌金猪被检测组织中均有表达，其中肝脏表达量最高，其次是皮肤、空肠，其他组织中的表达量相对较低；②乌金猪组织中 *TRX1* 基因表达量明显高于 *GRX1* 基因表达量；③细胞培养结果表明，受到 H_2O_2 刺激时，氧化应激细胞中 *GRX1*、*TRX1* 基因产生过表达，*L*-组氨酸对氧化应激细胞或非应激细胞中 *GRX1*、*TRX1* 基因表达具有调节作用，其适宜浓度约为 280 μg/mL。乌金猪 *GRX1*、*TRX1* 基因表达具有明显组织特异性，H_2O_2 可诱导氧化应激细胞中 *GRX1*、*TRX1* 基因产生过表达，添加适宜浓度的 *L*-组氨酸可以调节氧化应激细胞或非应激细胞中 *GRX1*、*TRX1* 基因表达。结果提示，通过营养途径可诱导乌金猪体内 *GRX1*、*TRX1* 基因的表达，这是缓解机体氧化应激损伤和增强抗氧化能力的一种有效方式。

商鹏(2017)本选取了具有慢生长、体型偏小的藏猪(TP)，慢生长、体型中等的乌金猪(WJ)，快生长、体型正常的大约克猪(LW)作为试验对象，初步筛选出 15 个可能与猪肌肉生长发育相关的基因。利用 iTRAQ 蛋白测序技术进行蛋白表达水平差异蛋白的筛选，筛选了 *SYNE2*、*TRMT10C*、*GTPBP*、*EDEM3*、*ATP8*、*PHF1*、*RIF1*、*APM1*、*PDLIM3*、*GPR84*、

NR0B1、*GPT2*、*TPTE2* 等 12 个基因可能与猪肌肉生长发育性状有关，这些基因主要参与细胞的增殖与分化、Ca^{2+} 代谢通路、肌纤维和肌原纤维的形成、氨基酸代谢、氧化磷酸化等通路。

7.4.2.3 肉质性状研究

1. 日粮对不同生长阶段乌金猪脂肪组织脂类合成代谢相关基因表达的影响

黄英等(2013)研究显示可以通过上调脂肪酸合成代谢相关基因的表达来促进脂肪组织脂肪酸的合成，通过下调甘油三酯合成基因的表达来减少脂肪组织甘油三酯的合成，这表明不同日粮调控不同体重猪脂类合成代谢相关基因表达存在着差异。

(1)*FAS* 基因的相对表达水平　由图 7-1 可知，乌金猪体重在 30 kg 时，饲喂乌金猪日粮组(处理 1 组)*FAS* 基因的相对表达量显著低于处理 2 组($P<0.05$)；60 kg 时，处理 1 组 *FAS* 基因的相对表达量显著高于饲喂 NRC 日粮组(处理 2 组)($P<0.05$)；100 kg 时，2 组差异不显著($P>0.05$)。

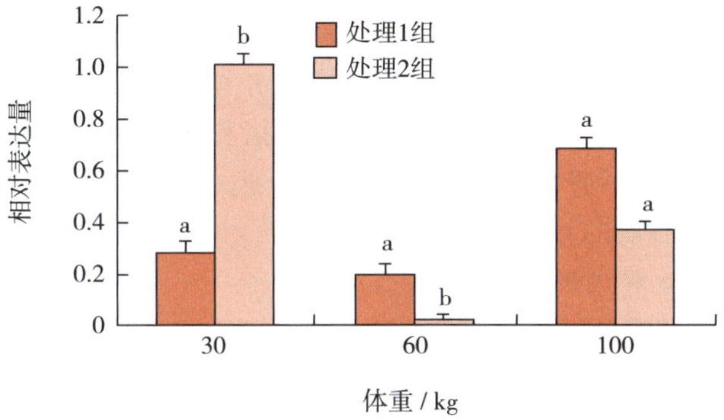

图 7-1　*FAS* 基因相对表达量

(2)*SREBP*-1*c* 基因的相对表达水平　由图 7-2 可知，乌金猪体重在 30 kg 和 60 kg 时，处理 1 组 *SREBP*-1*c* 基因的相对表达量显著高于处理 2 组($P<0.05$)；100 kg 时，2 组差异不显著($P>0.05$)。

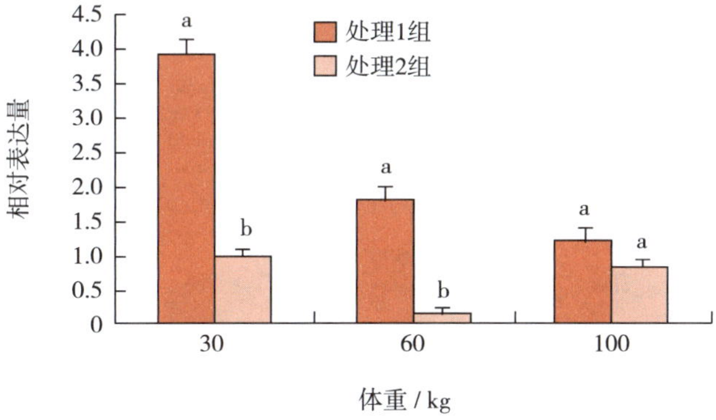

图 7-2　*SREBP*-1*c* 基因相对表达量

(3)*DGAT*-1 基因的相对表达水平　由图 7-3 可知，乌金猪体重在 30 kg 和 60 kg 时，处理 1 组 *DGAT*-1 基因的相对表达量与处理 2 组相比差异不显著($P>0.05$)；100 kg 时，处理 1 组显著低于处理 2 组($P<0.05$)。

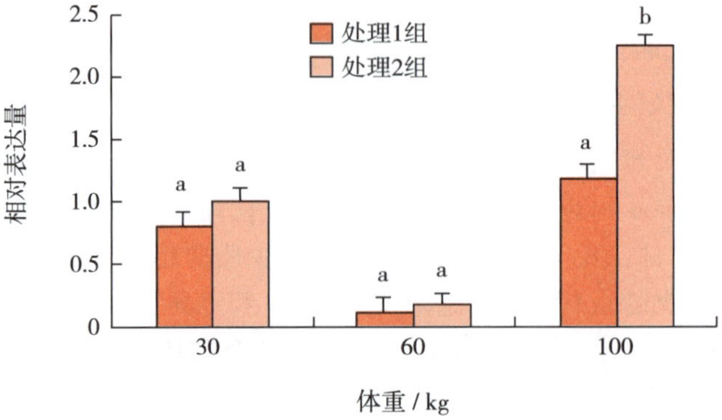

图 7-3 *DGAT-1* 基因相对表达量

2. *ADD*1 基因多态性与乌金猪肌内脂肪含量的关系

张永云等(2013)检测了 75 头乌金猪和 41 头长白猪脂肪细胞定向和分化因子 1(ADD1)基因第 2 外显子区的遗传变异,并用最小二乘法模型分析 *ADD*1 基因对乌金猪和长白猪肌内脂肪含量的遗传效应。研究表明,*ADD*1 基因在乌金猪和长白猪中存在遗传多态性,有 *AA* 和 *AB* 2 种基因型,且 *AB* 基因型肌内脂肪含量较高,可通过提高 *AB* 基因型的频率来增加肌内脂肪含量,达到改善猪肉品质的目的。

3. *SCD* 基因与猪脂肪酸代谢的关系

硬脂酰辅酶 A 去饱和酶(SCD)是催化 SFAs 形成 MUFAs 的限速酶(图 7-4),现已鉴别出 5 种 SCD 亚型,其中 SCD1 与 SCD5 在人(Zhang,1999)、猪(Lengi, 2008)、牛、鸡等大多数动物中均有发现,这 2 种亚型显示出相似的 δ9 去饱和酶活性(Wang, 2005)。

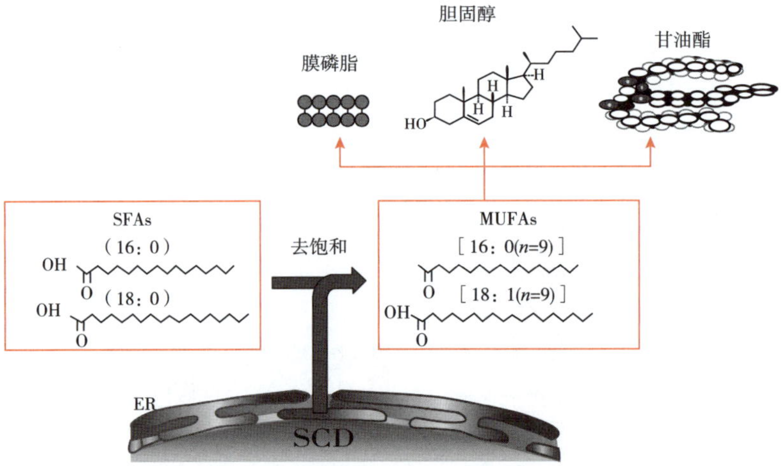

位于ER上的SCD催化SFAs在第9、第10位碳原子之间引入双键去饱和形成MUFAs。单不饱和脂肪酸是构成膜磷脂(membrane phospholipid)、胆固醇(cholesterol)及甘油酯(triglyceride)的基本元件

图 7-4 SCD 功能简易图示

(1)*SCD*1 基因　在个体水平,全基因敲除 *SCD*1 的小鼠(GKO)能量代谢加快,表现为脂质氧化增强、合成减弱,胰岛素敏感性增强,能够抵抗高碳水化合物和高脂饲粮诱导的肥胖和脂肪酸变性。Ntambi 等(2002)利用 Cre-lox 技术生产具有肝脏特异性敲除 *SCD*1 的小鼠

(LKO),其能够抵抗高碳水化合物饲粮带来的肥胖,但对其饲喂高脂饲粮后的体重比 GKO 明显高。细胞水平,*SCD*1 活性主要受外源性 UFAs 含量影响,当外源 UFAs 受到限制时,*SCD*1 被诱导产生内源性 UFAs。对 *SCD*1 抑制剂处理的细胞限制添加外源性 UFAs,细胞生长受到抑制,补充 SFAs 也无法改善这一状况,表明细胞生长受到抑制的原因是缺乏 UFAs,而不是累积过量的 SFAs(Roongta,2011)。

(2)*SCD*5 基因　在个体研究方面,Burhans 等(2015)在全基因敲除 *SCD*1 的小鼠肝脏中转入人源 *SCD*5 基因,得到 $SCD5^{+}SCD1^{-/-}$ 小鼠(GLS5),饲喂高蔗糖、低脂肪饲粮的 GLS5 小鼠表现出肥胖表型;相对于 GKO 小鼠,GLS5 小鼠恢复了肝脂肪变性并扩大了脂肪组织的质量;肝脏中产生的肝脏油酸盐增加,但是肝脏脂肪酸从头合成没有增强,表明脂质积累不是由增加的脂质合成驱动的。

在细胞水平上,SCD5 的研究主要在人上且集中在癌症和神经系统的研究中。Puglisi 等(2018)在原发性黑色素瘤细胞系中检测到 SCD5 显著表达,但在肿瘤晚期阶段几乎检测不到。通过在晚期黑色素瘤中恢复表达 SCD5 或添加 SCD5 酶促产物油酸,能减少黑色素瘤的分化。Roongta 等(2011)将正常肿瘤细胞和 RNA 干扰 SCD5 的肿瘤细胞接种到不同浓度的血清中培养,与 SCD1 不同,SCD5 均不会被诱导。在神经系统研究方面,Astarita 等(2011)在阿兹海默症患者(一种中枢神经系统变性病)的脑中检测到 SCD5 mRNA 上调。Sinner 等(2012)将表达人源 *SCD*5 基因的质粒转染小鼠 Neuro 2a 细胞(神经元生长和分化的细胞模型),与空载组相比,过表达组 MUFAs(*n*-7)水平显著提高,同时伴随 SFAs 的降低,细胞分裂速度加快,但诱导分化却受到抑制。这表明 SCD5 在调节神经元细胞分裂和分化的过程中起关键作用。

7.4.3 杂交利用

7.4.3.1 新品系选育

云南农业大学鲁绍雄团队以乌金猪发掘利用为基础进行了新品种的选育,至 2016 年已完成 7 个世代选育,暂定名为“宣和猪”。宣和猪的主要生产性能优良、遗传稳定,初产、经产母猪的总产仔数分别为 10.16 头和 11.18 头;30～100 kg 阶段日增重 764 g,料重比 2.91;体重达 100 kg 时屠宰,屠宰率、胴体瘦肉率和腿臀比例分别为 76.72%、60.24% 和 30.04%;猪肉肌内脂肪含量 3.58%,肉质优良。与乌金猪相比,宣和猪不仅在主要生产性能上有明显改进,且较好地保持了适应性强、耐粗饲、肉质优良的特性。以宣和猪鲜腿为原料腌制的宣威火腿品质突出,优质高效特征明显(鲁绍雄,2016)。

杨凤鸣团队选用苏钟猪(长白、太湖各半血)和 D-2 系(杜洛克 25%,长白、嘉兴黑猪各 37.5%)公猪作为基础群分别与约乌二元杂、新乌二元杂和本地乌金母猪交配,采用群体继代选育法,分别完成了 3 个新品系猪 0～5 世代的横交固定和继代选育,现已分别获 6 世代。3～5 世代初产分别为 11.8、10.54 和 9.81 头,经产分别为 12.54、12.21 和 12.89 头;5 世代达 90 kg 体重日龄分别为 184 d、194 d 和 195 d;日增重 640 g、612 g 和 590 g;料重比 3.25、3.26 和 3.19;胴体瘦肉率 51.25%、50.51% 和 48.21%。与大约克杂交,杂种优势显著,杂优猪达 90 kg 体重日龄 151 d、155 d 和 167 d;料重比 3.21、2.89 和 3.01;日增重 842 g、893 g 和 723 g;胴体瘦肉率 57.45%、55.06% 和 53.83%,且肉质优良。主选性状产仔数和瘦肉率遗传性基本稳定,已全面完成规定的各项主要技术经济指标,并分别于 1999 年 6 月和 2000 年 6 月通过了省内外专家组的鉴定(杨凤鸣,2001)。

7.4.3.2 繁殖性能研究

杨春坷等(1996)引入具太湖猪半血的 D-1 系 3 世代。3/4 血的新嘉系 3 世代公猪,分别和具乌金猪半血的约乌杂、新乌杂及乌金母猪杂交,3 个组合所获 0 世代初产仔数分别为 8.83 头、8.87 头与 7.44 头,低于双亲本均值(9.04 头、9.15 头与 8.35 头)的 2.32%、3.06%与 10.90%,但高于乌金猪(5.7 头)的 54.91%、55.61%与 35.79%。0 世代(F_1)公母猪横交,所获 1 世代(F_2)初产仔数分别为 9.05 头、9.28 头与 10.25 头,高于双亲本均值 0.11%、1.42%与 22.75%;较乌金猪高 58.77%、60.53%与 79.82%;2 世代(F_3),初产 8.75 头、10.39 头与 9.65 头,比双亲本均值低 3.21%、高 13.55%与 5.46%;滇陆 3 世代(F_4)初产 11.48 头,高于双亲本均值 26.99%,亦高于父本 11.12 头水平。由此看来,0 世代未显示杂种优势;1 世代上升,2、3 世代保持较高水平;太湖猪高产仔性状能稳定遗传,但世代间受母体环境负效应影响有所起伏;与产仔数相关的乳头数,亦呈稳定遗传趋势。

(撰稿人:何文娟)

7.5 保山猪

保山猪曾用名保山大耳猪,据考证起源于本地野猪,是在保山气候条件下,经过长期自然选择与人工家养驯化形成的地方品种,已载入《云南省畜禽品种志》,2011 年被评为云南省“六大名猪”之一(龚绍荣等,2013)。保山猪为肉脂兼用型的地方优良品种,2010 年载入《中国畜禽遗传资源志》(杨云艳等,2017)。保山猪主要分布于云南省保山市隆阳区、施甸、昌宁、腾冲、龙陵等地,在德宏州梁河、瑞丽、盈江、潞西等县(市)也有少量分布,是云南省西南地区影响较大、品系保存较完备的地方猪种(龚绍荣等,2013)。传统的保山猪分为大骨、细骨、二浪子 3 种类型,但现存纯种主要是大骨型。至 2006 年 12 月,纯种保山猪存栏仅 1 万余头,其中种公猪 30 头,能繁母猪仅 976 头(隆阳区 241 头、施甸县 108 头、腾冲县 139 头、龙陵县 156 头、昌宁县 332 头)。全市有含保山猪血缘 25%～50%的杂种猪约 17 万头,其中能繁母猪约 1.7 万头。

7.5.1 生产性能

保山猪成年公猪体重 82 kg,母猪体重 68 kg(大骨型);经产母猪窝产仔为 7～8 头,60 日龄断奶个体重 5.8 kg;肥育期日增重为 130～170 g,屠宰率为 68.2%～71%,瘦肉率为 42.6%。对保山猪不同胎次产仔性能及核心群母猪繁殖性能进行研究(表 7-25,表 7-26),发现保山猪产仔数以 4 胎、3 胎最高。

表 7-25 不同胎次的产仔性能

项目	第 1 胎	第 2 胎	第 3 胎	第 4 胎	第 5 胎	第 6 胎
统计数/头	86	80	75	68	45	18
产仔数/头	7.70±1.87	9.25±1.74	9.93±1.95	10.82±2.77	9.73±3.14	9.67±3.91
产活仔数/头	7.05±2.43	8.93±1.93	9.75±1.90	10.51±2.70	9.11±2.83	8.50±4.63

资料来源:杨荣昆(2004)

表 7-26　核心群母猪的繁殖性能

头数/头	产仔数/头	产活仔数/头	初生窝重/kg	42 日龄断奶		70 日龄保育结束	
				仔猪数/头	窝重/kg	仔猪数/头	窝重/kg
57	10.93±3.07	10.23±2.77	7.33±2.23	8.85±1.55	60.14±13.43	8.56±1.58	114.93±19.0

资料来源:杨荣昆等(2004)

7.5.2 基础研究

以保山猪为研究对象,丘开兴等(2003)测定了 19 个体线粒体 DNA D-loop 高变区 I 15 363～15 801 片段序列 438 bp。结果检测到 10 种单倍型,包括 8 个多态位点,其中 5 次 T/C 转换、1 次 G/A 转换、1 次 G/C 颠换和 1 次 A/T 颠换,其 A、T、G 和 C 碱基的平均含量分别为 35.4%、26.9%、13.2%和 24.5%,A+T 含量(62.3%)明显高于 G+C 含量(37.7%)。

李志勋等(2020)采集保山猪耳组织样品共计 180 头份,记录、统计 328 窝保山猪经产母猪的总产仔数和产活仔数,然后通过聚合酶链反应(PCR)、限制性片段长度多态性聚合酶链反应(PCR-RFLP)技术对保山猪的 3 个繁殖候选基因 *PRLR*、*NOCA1*、*HTRA3* 的多态性进行研究,分别计算各繁殖基因在保山猪群体中等位基因频率、基因型频率,以及多态信息含量、卡方值等遗传信息值,并将各繁殖基因多态性和合并基因型的多态性与保山猪产仔数进行关联分析。试验结果表明,3 个基因 *PRLR*、*NOCA1*、*HTRA3* 的各基因型之间产仔数差异不显著($P>0.05$),未发现可作为保山猪产仔数候选基因的证据。合并基因型后发现,保山猪繁殖性状 PRLR-NOCA1 最优分子标记组合为 *BBBB* 型,PRLR-HTRA3 最优分子标记组合为 *AAAA* 型,NOCA1-HTRA3 最优分子标记组合为 *BBAB* 型。

7.5.3 杂交利用

杨荣坤(2005)对 8 头杜洛克×保山(杜保)和 10 头大约克×保山(约保)二元杂种母猪的初产繁殖性能进行测定。结果显示,杜保二元母猪的总产仔数、产活仔数和仔猪(70 日龄)育成率分别为 9.13 头、8.75 头和 97.19%,较 2 世代保山纯种母猪(其相应指标为 8.33 头、8.25 头和 95.64%)高出 0.80 头、0.50 头和 1.55%;约保二元母猪上述 3 个性状分别为 10.10 头、9.90 头和 96.64%,较 2 世代保山纯种母猪高出 1.77 头、1.65 头和 1.0%。二元杂种母猪均表现出一定的杂种优势。就所测定的 2 个杂交组合,约保组合的繁殖性能总体上要优于杜保组合,但除了断奶(35 日龄)窝重存在显著差异外($P<0.05$),其余繁殖性状的差异均未达到显著水平($P>0.05$)。

以杜洛克和大约克为父本,保山猪为母本,其二元杂种肉猪杜保(杜洛克×保山)和约保(大约克×保山)的育肥期日增重分别为 758.46 g 和 755.60 g,分别较保山猪提高了 243.03 g($P<0.05$)和 240.17 g($P<0.05$);料重比分别为 3.20 和 3.21,达屠宰体重的日龄也明显少于保山猪。2 个三元杂交组合,杜约保(杜洛克×约保)和约杜保(大约克×杜保)的肥育期日增重分别为 814.63 g 和 828.82 g,分别较保山猪提高 299.2 g($P<0.05$)和 313.39 g($P<0.05$),较杜保组合提高 56.17 g 和 70.46 g,较约保组合提高 59.03 g 和 73.22 g;达屠宰体重的日龄明显少于保山猪及二元杂交组合(杨荣坤,2005)。

吴旭东等(2018)选取保山猪、杜×保猪、巴×保猪各 4 头进行屠宰测定、肉品质检测,并对试验结果进行统计分析。结果显示，杜×保猪的宰前活重为 123.25 kg，眼肌面积为 39.32 cm^2，蛋白质含量为 20.10%，与保山猪相比差异极显著（$P<0.01$）；杜×保猪的 pH_1 与巴×保猪相比，杜×保猪和巴×保猪的肌纤维直径与保山猪相比，均差异极显著（$P<0.01$）；杜×保猪的屠宰率、水分含量、皮率、二十酸含量、二十碳一烯酸含量、多种氨基酸含量与保山猪相比，差异显著（$P<0.05$）；瘦肉率、脂肪率、氨基酸总量和鲜味氨基酸含量杜×保猪与保山猪相比有相应的提高，但差异不显著（$P>0.05$）。巴×保猪屠宰性能、肉质性能与保山猪相比较亦有改善，但没有杜×保猪效果好。研究结果表明，杜×保猪的胴体性能、肉品质比巴×保猪和保山猪好，杜×保猪杂交优势优于巴×保猪。

（撰稿人：张海峰）

7.6 滇南小耳猪

滇南小耳猪是云南省优良的地方猪种，1993 年版纳微型猪（滇南小耳猪小型猪）被列为国家二类保护品种，2000 年滇南小耳猪被列入《国家畜禽品种保护名录》，2006 年被列入《国家畜禽遗传资源保护名录》。滇南小耳猪产于云南省的勐腊、潞西、干山等地，分布于德宏州、临沧地区、西双版纳州及思茅地区及红河州、文山州、玉溪地区的部分县镇。滇南小耳猪包括德宏小耳猪或景颇猪、傈匕猪、勐腊猪或爱尼猪、文山猪或阿尼猪（鲁绍雄等，2013）。

据调查，2012 年，景洪市的滇南小耳猪存栏数 3.5 万余头，能繁母猪存栏 30 头以上或生猪常年存栏 200 头以上的规模养猪场 22 户、养殖示范村 26 个，发展势头良好（鲁绍雄等，2013）。2019 年年末，西双版纳州滇南小耳猪存栏约 9 万头（孙利民等，2020）。

7.6.1 生产性能

滇南小耳猪性成熟较早，公猪 3 月龄、母猪 4 月龄即可配种受胎；初产仔 7.7 头，产活仔 7.3 头，经产仔 10 头左右；断奶后 1 年左右小型猪体重达 60 kg 左右，大型猪可达 100 kg 左右；肥育期日增重为 220 g，屠宰率 74%，胴体瘦肉率 31%，脂肪占 53%（鲁绍雄等，2013）。对 10 头 44.34 kg 滇南小耳猪测定结果显示，滇南小耳猪皮厚达 2.67 mm，肌内脂肪含量达 6.14%，失水率 5.36%，其肉色佳，大理石纹适中。滇南小耳猪背最长肌中胆固醇含量低（100 g 肉中含 50.65 mg），蛋白质含量高（100 g 肉中含 22.32 g）；背最长肌中脂肪酸、氨基酸含量丰富，每 100 g 背最长肌中含油酸 41.15 g、亚油酸 13.49 g、鲜味氨基酸 14.04 g、谷氨酸 3.10 g（李志刚等，2014）。

郑红等（2010）研究发现，直接冷冻方法中，在 3%甘油防冻剂的作用下，60 s 植冰时间和 1.5 mm/s 的冷冻降温参数对精子运动度保护良好，精子运动复苏率达到 61.7%；以 3%甘油、60 s 植冰、1.5 mm/s 冷冻速度直接冷冻的冻精解冻，移植到超数排卵的母猪子宫颈口实施人工授精，获得卵的受精和胚胎发育潜能尚可。李波等（2009）对初情期前云南滇南小耳猪超数排卵和原核期胚胎体外发育进行研究，结果显示，超数排卵的激素处理方法可成功诱导超生理数量的卵子发育、排卵及受精，最多可得到 31 枚受精卵，受精卵的囊胚率可达到 87.5%，这表明初情期云南滇南小耳猪可用于体内胚胎生产，其原核期胚胎体外发育具有比较高的发育潜能。以外，滇南小耳猪的繁殖性状相关分析和通径分析表明，各个繁殖性状在表型值上都存在不同程度的相关，其中总产仔数与产活仔数相关系数最大（0.894 02），而 35 日龄断奶个体重和 35 日龄断奶仔猪数对 35 日龄断奶窝重有极显著的影响($P<0.01$)(何爱华等,2015)。

7.6.2 基础研究

7.6.2.1 血液方面研究

李波等(2011)对滇南小耳猪的血液 18 项生理指标和 30 项生化指标进行测定,结果表明滇南小耳猪大多数血液生理生化指标与国内外其他小型猪接近;其中 3～6 月龄和 8～12 月龄滇南小耳猪分别有 5 项和 4 项处于人的正常值范围,有 14 项生化指标处于人的正常值范围。这进一步揭示了滇南小耳猪作为医学实验动物材料的种质特性。

胡文平等(1998)采用蛋白电泳技术对滇南小耳猪的 32 个蛋白座位的多态性进行了分析,共检测出了碱性磷酸酶(AKP)、过氧化氢酶(CAT)、酯酶(ES)、前白蛋白(PA)、6-磷酸葡萄糖酸脱氢酶(6PGD)和转铁蛋白(TF)6 个多态座位,平均杂合度(H)为 0.071 2,反映在蛋白质水平上的遗传多样性较为丰富,且与云南省内的撒坝猪、大河猪的遗传距离(D)较远。连林生等(2000)对版纳微型猪血清前白蛋白(PA)、酯酶(ES)、淀粉酶(AM)和碱性磷酸酶(AKP)多态性的检测结果发现,版纳微型猪 PA、ES 和 AKP 座位的基因频率及杂合度与滇南小耳猪有着明显的差异,并初步推断版纳微型猪可能是滇南小耳猪中一个相对独立的种群。

7.6.2.2 遗传多样性

功能基因或微卫星 DNA 等分子标记的研究结果显示,滇南小耳猪在 DNA 水平上的遗传多样性较为丰富。Yang 等(2003)采用 FAO 推荐的 26 个微卫星 DNA 标记研究了包括滇南小耳猪在内的 18 个中国地方猪种的遗传多样性,结果表明滇南小耳猪的群体平均杂合度(H)和有效等位基因数分别为 0.574 和 13.46。对滇南小耳猪 76 个微卫星标记的分析结果显示,滇南小耳猪群体的平均杂合度(H)和多态信息含量(PIC)分别为 0.691 7 和 0.638 8,这反映出滇南小耳猪群体遗传多样性较为丰富(霍金龙等,2008)。

7.6.2.3 相关基因研究

李华等(2006)利用 *Eco*RⅠ和 *Alu*Ⅰ内切酶对滇南小耳猪和巴马小型猪 *SLA-DQA* 基因内含子 1、内含子 2 部分区域及外显子 2 的多态性进行了 PCR-RFLP 分析。结果表明,2 猪种在 2 酶切位点上各分型已达哈迪-温伯格平衡,巴马小型猪和滇南小耳猪中分别存在 9 种和 7 种 PCR-RFLP 组合基因型,其中 *BBMN* 为优势组合基因型,*AAMN* 为劣势组合基因型,*AAMM* 组合基因型在 2 品种间差异显著($P<0.05$);遗传多态参数分析表明,*SLA-DQA* 基因外显子 2 的 2 酶切位点在 2 猪种间均表现为中度多态,*Alu*Ⅰ的基因多样性略高于 *Eco*RⅠ,巴马小型猪杂合性略高于滇南小耳猪,2 品种间遗传距离为 0.000 4。查明恒等(2012)采用 PCR-RFLP 方法对滇南小耳猪生长激素(GH)基因的 *Apa*Ⅰ酶切位点多态性进行分析,结果检测到 2 种基因型 *AA* 和 *AB*,且等位基因 *A* 的基因频率高于等位基因 *B*,表明 *AB* 型为优势基因型,等位基因 *A* 在群体中占优势;所检测滇南小耳猪群生长激素基因具有较丰富的多态性。

王伟等(2013)对滇南小耳猪肌细胞生成素(MyoG)基因的多态性进行检测,发现 12 个单核苷酸多态(SNP)位点,其中 3 个位于编码区,属于同义突变,有 7 个突变位点为优势突变。进一步的关联分析结果显示,T1655C、T1688C、T2041C、T2047C 位点对瘦肉率、背膘厚及背最长肌 pH_{24} 有显著或极显著影响($P<0.05$ 或 $P<0.01$),初步推测 *MyoG* 基因是影响滇南小耳猪肉质性状的主效基因或是与影响小耳猪胴体、肉质性状的 QTL 连锁的基因。

Liu(2010)对滇南小耳猪 *MAPKAPK*3 基因的表达进行了研究。结果显示，与小型个体相比，大型滇南小耳猪 *MAPKAPK*3 基因在各组织中的表达量普遍偏高，并据此推断该基因可能在滇南小耳猪的生长发育分化中起着重要的作用。江佳伟等(2013)探讨不同 *H-FABP* 基因型滇南小耳猪肌内脂肪细胞脂类代谢相关基因的表达及其与肌内脂肪细胞甘油三酯(TG)含量的相关性。结果显示，*HH* 基因型个体的脂类分解代谢相关基因肉碱脂酰转移酶 1(*CPT*-1)、脂蛋白脂酶(*LPL*)和过氧化物酶体增殖物激活受体 γ(*PPAR*γ)3 种基因 mRNA 表达水平均显著高于 *hh* 基因型个体($P<0.05$)；且 *CPT*-1、*LPL*、*PPAR*γ 基因 mRNA 的表达量与肌内脂肪细胞 TG 含量呈正相关。钟婷婷等(2013)对不同 *H-FABP* 基因型滇南小耳猪脂滴蛋白相关基因表达量与肌内脂肪细胞甘油三酯含量的关系进行研究，发现 *HH* 基因型 *FSP*27、*FTO*、*PLIN*1 和 *PLIN*2 基因表达量和肌内脂肪细胞甘油三酯含量均为高于 *Hh* 型和 *hh* 型，其中 *HH* 型显著高于 *hh* 型($P<0.05$)；相关性分析显示 *FSP*27 和 *PLIN*1 基因 mRNA 表达量与肌内脂肪细胞甘油三酯含量呈强度正相关，*FTO* 和 *PLIN*2 基因 mRNA 表达量与肌内脂肪细胞甘油三酯含量呈中度正相关。试验表明，*FTO* 基因、*FSP*27 基因、*PLIN*1 基因和 *PLIN*2 基因的表达量不同可能是不同 *H-FABP* 基因型滇南小耳猪肌内脂肪细胞甘油三酯含量存在差异的原因之一。

7.6.3 杂交利用

滇南小耳猪与长白猪开展正、反交，母猪平均产仔数可提高 0.12～0.42 头；三元杂交组合杜洛克×(长白×小耳猪)的产仔数可较滇南小耳猪提高 0.64 头。以滇南小耳猪为母本，长白、杜洛克、汉普夏、巴克夏为父本开展的杂交试验结果表明，最佳二元杂交组合长白×小耳猪达 80 kg 体重日龄为(226.34±15.12)d，较滇南小耳猪缩短 40.71 d；料重比 3.63，降低 0.82；日增重(461±28)g，增加 144 g；最佳三元杂交组合杜洛克×(长白×小耳猪)上述 3 个性状分别为(195.01±22.73)d、(559±63)g 和 3.44，较滇南小耳猪缩短 72.04 d、降低 1.01 和增加 242 g，杂种优势明显。长白×小耳猪二元杂交组合的背膘厚可降至(38.1±3.7)mm，胴体瘦肉率可提高至(45.75±1.76)%；杜洛克×(长白×小耳猪)三元杂交组合的背膘厚可进一步降至(34.2±6.1)mm，胴体瘦肉率可进一步提高至(52.71±3.25)%(鲁绍雄等，2013)。

(撰稿人：张海峰)

7.7 成华猪

成华猪属西南型猪种，主要分布在我国的四川省成都市金牛、双流、郫县、温江等地。2007 年，成华猪被列入《四川省畜禽品种资源保护名录》，由成都市种畜场承担成华猪品种资源的保护，2020 年被列入《国家畜禽遗传目录》。1976—1977 年由四川省农业科学院畜牧兽医研究所牵头，对分布在平原、盆地丘陵、盆地西部低山丘陵地区、盆周山地区、川西南中山山地区和川西高原区的 51 个县的猪种(或类群)进行了调查，并将其分为平原、丘陵、山地及高原 4 个型。成华猪属平原型，分布在成都平原地区。成华猪育肥期短，屠宰率高，肉质较好。受到自然因素、经济因素及人为因素等影响，成华猪的数量从 20 世纪 80 年代的 7 万头降至 21 世纪初的 4.6 万头，群体规模呈现减少趋势。同时，成华猪的体型体尺、繁殖性能、生产性能均有所变化(赵思思，2016)。

7.7.1 生产性能

7.7.1.1 生产性状研究

荣昌猪、内江猪、成华猪和雅南猪是四川省的主要地方猪种。成华猪经产母猪产仔数平均 10.7 头，出生仔猪平均窝重和个体重分别为 8.3 kg 和 0.85 kg。肥育性能较差，高饲养水平（精料不限量），7.5 月龄体重 93 kg，平均日增重 536 g；中饲养水平下，9.5 月龄体重 90 kg，平均日增重 375 g。具有积脂力强、瘦肉率低、适应性较强、肉质优良等特点（乔绍权，1994）。

7.7.1.2 胴体性能研究

为了解四川地方猪种质特性，试验测定了 6 个地方猪种成华猪、雅南猪、青峪猪、内江猪、丫杈猪和乌金猪 2 个体重梯度共 360 头商品猪的胴体性能。结果表明：在 75 kg 和 90 kg 2 个体重梯度中，丫杈猪的屠宰率、肋骨数和瘦肉率均为最高，皮最薄，青峪猪瘦肉率最低；丫杈猪的屠宰率随体重增加显著提高（$P<0.05$），雅南猪和丫杈猪 6～7 肋背膘厚随体重增加而显著或极显著提高（$P<0.05$ 或 $P<0.01$）；除乌金猪外，各猪种瘦肉率随体重增加而下降，但差异不显著（$P>0.05$）（陶璇，2019）。

7.7.1.3 其他研究

为研究蚯蚓提取物对成华猪生长性能、血清生化指标、抗氧化能力和免疫指标的影响，试验选用 150 日龄、体重（45±1）kg 成华公猪 80 头，随机分为 4 组，每组 5 个重复，每个重复 4 头猪。对照组饲喂基础日粮，试验组在基础日粮中分别添加 3、6、9 mL/kg 蚯蚓提取物。预试期 7 d，正试期 70 d。结果表明：①9 mL/kg 蚯蚓提取物组料重比较对照组降低 12.9%（$P<0.05$）；②3 mL/kg 和 6 mL/kg 蚯蚓提取物组血清总蛋白较对照组分别提高了 17.2%（$P<0.05$）和 23.2%（$P<0.05$）；③3、6、9 mL/kg 蚯蚓提取物组血清乳酸脱氢酶（LDH）的活性较对照组分别降低 54.6%（$P<0.05$）、77.6%（$P<0.05$）、80.0%（$P<0.05$）；④6 mL/kg 蚯蚓提取物组血清中抗炎因子 IL-2 的水平较对照组提高 38.7%（$P<0.05$），6 mL/kg 和 9 mL/kg 蚯蚓提取物组血清中促炎因子 IL-6 的水平较对照组分别降低 42.6%（$P<0.05$）和 46.8%（$P<0.05$）。综上，饲料中添加蚯蚓提取物可以降低成华猪的料重比，促进蛋白质合成及利用，同时还可以通过影响 LDH、IL-2 和 IL-6 的水平进而提高成华猪的抗氧化能力和免疫功能，建议适宜添加量为 9 mL/kg（徐麒麟，2019）。

7.7.2 基础研究

7.7.2.1 遗传性能研究

黄勇富（1997）使用 21 种随机引物，对四川省 4 个地方猪品种共 18 个个体进行了随机扩增多态 DNA（RAPD）分析。结果表明，RAPD 标记具有个体特异性，其多态总频率为 78.4%；品种内遗传变异的大小顺序依次为荣昌猪、内江猪、雅南猪和成华猪；内江猪、雅南猪和成华猪间的亲缘关系较近，而荣昌猪与这 3 个品种的亲缘关系却较远。研究结果与这 4 个品种的地理分布状况和品种形成历史间存在一致性。

李相运（2001）应用水平板淀粉凝胶电泳技术对八眉猪（22 头）、安康猪（30 头）、林芝藏猪（42 头）、合作猪（55 头）、成华猪（40 头）和迪庆藏猪（52 头）的血液淀粉酶多态性进行了分析。结果表明，在 6 个地方猪群体中共发现了 6 个等位基因，即 AmA、AmB、AmC、AmX、AmY 和

AmC′，其中 *AmA* 和 *AmC* 的频率表现出明显的地域差异，中国地方猪具有亚洲猪的典型特点。可以认为南亚地方猪群体在起源上大多属于条纹野猪，而东亚地方猪群体则大多起源于北方野猪。Am 座位是研究地方猪群体遗传结构最有价值的 2 个血液蛋白座位（Am 和 Tf）之一。

李明洲（2003）采用 PCR-RFLPs 方法，研究了中国成华猪、内江猪和太湖猪 3 个地方品种 *ER* 基因的多态性及其与产仔数间的关系。结果表明，成华猪、内江猪和太湖猪的 *B* 等位基因频率分别为 0.638 9、0.661 3 和 0.685 5。在 3 个猪品种中，除成华猪只检测到 *AB*、*BB* 2 种基因型外，在内江猪和太湖猪中都检测到了 *AA*、*AB* 和 *BB* 3 种基因型。对 3 个品种不同基因型个体间产仔数的比较研究表明，不同 *ER* 基因型的个体其产仔数存在一定的差异，各品种无论头胎还是经产，总体表现为 *BB* 基因型的产仔数高于 *AB* 型和 *AA* 型个体，而 *AB* 型又高于 *AA* 型个体。其中，太湖猪 *BB* 型个体头胎产活仔数（NBA）（11.13 头）显著高于 *AB* 型个体（9.42 头）（$P<0.05$）。此研究证明 *B* 基因是对提高产仔数有利的基因。

李桢（2004）利用微卫星技术对五指山猪、沂蒙黑猪、汉江黑猪、莱芜猪、北京黑猪、民猪、成华猪、内江猪、二花脸猪、巴马香猪和大白猪等 11 个猪种共 420 头猪的脂肪细胞脂肪酸结合蛋白基因内含子的微卫星序列的遗传变异进行了研究。研究表明：①中国猪种在 *A-FABP* 基因微卫星基因座上有极高的多态性，五指山猪的 PIC 最高（PIC＝0.790 4）并检测到 11 个等位基因，但北京黑猪仅检测到 2 个等位基因；②本试验中，只有北京黑猪、民猪、巴马香猪和大白猪 *A-FABP* 基因微卫星在群体中的分布达到平衡状态；③群体间的基因分化系数分析表明，中国猪种在该微卫星基因座上分化程度平均约为 40.83%。

车陇杰等（2015）为了揭示四川地方猪种遗传多样性及其分布规律，采用以线粒体 DNA-D 环（mtDNA D-loop）为标记的方法，分析了四川省 7 个地方猪群体（阿坝藏猪、甘孜藏猪、成华猪、内江猪、盆周猪、荣昌猪和雅南猪）D-loop 高变区长度为 436 bp 的核苷酸序列。结果表明，7 个地方猪群体的 392 个个体中共检测到 20 个变异位点，变异率为 5.10%，并由此界定了 28 个单倍型。四川地方猪种的整体单倍型多样度（Hd）、核苷酸多样度（Pi）、平均核苷酸差异数（k）分别为 0.784，0.003 03 和 1.316，各群体中内江猪 Hd（0.161）、Pi（0.000 38）和 k（0.166）均为最低，而阿坝藏猪 Hd（0.839）、Pi（0.003 59）和 k（1.563）均为最高。而遗传贡献率分析结果表明，甘孜藏猪对四川地方猪种的总体遗传贡献[RT(k)]最高（12.342 8），成华猪最低（0.509 5），且甘孜藏猪对四川地方猪种总体单倍型丰富度效应[CRT(k)]表现出最强的正效应（29.718 2），成华猪表现出最强的负效应（−12.543 6）。

7.7.2.2 脂肪相关研究

陶璇等（2019）为了研究 mRNA 表达量与猪胴体及肉质性状的相关性，采用荧光定量 PCR 技术（QRT-PCR）检测了引进猪种大约克夏猪和 6 个四川省地方猪种背部皮下脂肪中 *IGF*1 和 *PPARγ* 的差异表达情况。结果显示，大约克夏猪 *IGF*1 相对表达量显著或极显著高于所有地方猪种（$P<0.05$ 或 $P<0.01$），地方猪种中藏猪最高，显著高于丫杈猪、内江猪、青峪猪（$P<0.05$）；大约克夏猪 *PPARγ* 相对表达量极显著高于青峪猪、藏猪（$P<0.01$），显著高于雅南猪（$P<0.05$），地方猪种中成华猪、丫杈猪显著高于青峪猪和藏猪（$P<0.05$）。相关分析显示，*IGF*1、*PPARγ* 分别与体脂率呈极显著和显著负相关（$P<0.01$，$P<0.05$），与多不饱和脂肪酸含量呈极显著正相关（$P<0.01$）；此外，*IGF*1 与单不饱和脂肪酸含量呈极显著负相关（$P<0.01$），*PPARγ* 与肌内脂肪含量呈显著负相关（$P<0.05$）。

7.7.2.3 肉质相关研究

为了研究 miRNA 表达量与肉质风味表型指标的相关性，杨雪梅等(2019)采用荧光定量 PCR 技术(Q-PCR)检测了 4 个猪种背最长肌中 miR-27a 和 miR-378 的差异表达。结果表明，背最长肌组织中 2 种 miRNA 的表达水平在 4 个猪种中趋于一致。相关性分析显示，2 种 miRNA 在背最长肌中的表达水平与肌内脂肪含量和硫胺素含量呈正相关，与肌纤维直径、眼肌面积和瘦肉率呈负相关。这表明 miR-27a 和 miR-378 对猪肉品质具有正调控作用，而对猪胴体品质具有负调控作用。

为了研究肿瘤坏死因子-α(TNF-α)和脂肪酸合成酶(FAS)在血液中的含量与肉质风味表型指标的相关性，杨雪梅等(2019)采用酶联免疫吸附试验(ELISA)技术检测了 6 个地方猪种血液中 TNF-α 和 FAS 的含量。结果表明，血液中的 TNF-α 含量成华猪最高(183 pg/mL)，内江猪最低(138.97 pg/mL)；血液中的 FAS 含量丫杈猪最高(8.47 ng/mL)，雅南猪最低(6.43 ng/mL)。相关性分析显示，TNF-α 和 FAS 在血液中的含量与肌内脂肪含量和肌纤维直径呈负相关，与瘦肉率呈正相关。这表明 TNF-α 和 FAS 对猪肉品质具有负调控作用，而对猪胴体品质具有正调控作用。

7.7.3 杂交利用

为探索适合于川西平原成华猪产区饲养条件、杂种优势显著而稳定的杂交组合，四川省农业科学院畜牧兽医研究所曾于 1974 年采用长白、约克夏、巴克夏、苏约内、内江和荣昌猪等 6 个父本品种与成华母猪杂交，以其杂种 1 代仔猪进行肥育对比试验。试验结果初步看出，6 个杂交组合 1 代杂种的增重、饲料利用率等均不同程度地超过母本成华猪，而其中以长白×成华猪的杂交效果最好。

为了验证已获试验结果的可靠性，科研人员采用 6 个父本品种与成华母猪杂交，其中以长白、巴克夏猪等父本的杂交组合具有较高的配合力。杂种 1 代表现在增重速度、饲料利用率等经济性状方面的优势，以长白×成华猪为最好，其次为巴克夏×成华猪。约克夏×成华猪的日增重优势，本次试验低于母本和双亲平均值。内江和荣昌 2 个父本的杂种 1 代的优势表现仍不明显。另外，用杂种 1 代超过母本的数值之比和用杂种 1 代的平均值与纯种双亲的平均值相比 2 种度量杂种优势的方法，在实际应用中有较大的差异。如用杂种 1 代的日增重与母本成华猪的日增重相比，以长白×成华猪最高，巴克夏、成华猪等次之；若采用后一方法，则相反。

此外，杂种 1 代的主要屠宰指标，本品种特征(如屠宰率、眼肌面积、皮厚和膘厚等)较明显地表现出父本品种特征的影响。

为了研究四川地方猪种与巴克夏猪杂交效果，顾以韧(2019)采用四川省 6 个地方猪种(成华猪、雅南猪、青峪猪、内江猪、丫杈猪和乌金猪)分别与巴克夏猪杂交，测定了 360 头杂交猪的肥育性能和 180 头杂交猪的胴体性能、肉质常规理化性能、滋味物质和挥发性风味物质。结果表明，巴克夏猪×丫杈猪的料重比和瘦肉率均极显著优于巴克夏猪×成华猪和巴克夏猪×青峪猪($P<0.01$)，眼肌面积显著或极显著高于巴克夏猪×成华猪($P<0.05$)和巴克夏猪×青峪猪($P<0.01$)；巴克夏猪×雅南猪的肉色评分极显著低于巴克夏猪×丫杈猪、巴克夏猪×乌金猪和巴克夏猪×成华猪($P<0.01$)，硬脂酸含量显著高于巴克夏猪×丫杈猪和巴克夏猪×乌金猪($P<0.05$)。说明巴克夏猪×成华猪和巴克夏猪×青峪猪杂交的胴体性能较差，巴克夏猪×雅南猪杂交的肉质风味较差，巴克夏猪×丫杈猪杂交综合性能最好。

(撰稿人：何文娟)

7.8 内江猪

内江猪是我国著名的地方优良猪种之一，产于内江市、内江县等地，以内江市东兴镇一带为中心产区。内江猪历史悠久，据内江地区东汉墓出土殉葬品陶猪的考证，距今 1 800 年以前当地养猪已很普及，劳动人民在生产实践中积累了丰富的饲养管理及选种经验，经长期选育，逐渐形成了这一适应性较强的优良猪种。

7.8.1 生产性能

7.8.1.1 繁殖性能研究

内江母猪（经产 1 头）分娩后 3 日 1 昼夜哺乳 41 次，以后渐少，第 8 周为 18 次，常乳期平均每昼夜哺乳 25.8 次；内江母猪（经产 1 头）产仔后 3 d 哺乳间隔时间为 36 min，常乳期第 1 周为 15.97 min，第 8 周为 62.19 min，平均每次哺乳间隔时间为 55.4 min；内江母猪 60 d 泌乳期总产量在品种间差异不大，而品种内胎次间有明显差异，总趋势是产量随胎次而增加。内江猪的平均日泌乳量从第 1 周起缓慢上升，第 3 周形成高峰，以后逐渐下降，日泌乳量达高峰期的时间范围与国内外资料一致。内江猪生后 1 周起增重曲线亦属下降趋势，直到第 4 周才起伏上升（肖永祚，1980）。

7.8.1.2 生长性能研究

1. 内江猪的类型与生产性能的研究

为探索内江猪不同类型与生产性能的关系，四川省农业科学院畜牧兽医研究所育种繁殖研究室进行了内江猪不同类型之间肥育性能的典型测定和调查研究，发现试验全期各个类型的净增重、日增重和饲料利用率相差不大，组间无显著差异，不同类型间每增重 1 kg 的饲料消耗差异不大。

2. 内江猪生长发育的研究

邓庭惠等（1989）对内江猪的生长发育特点进行了系统的研究，供试品种为内江猪和长白猪，结果发现内江猪、长白猪各体重阶段，日增重随肥育期的增加而递增，饲料利用效率则相应降低。内江猪 40 kg 和 60 kg 体重阶段，日增重分别比长白猪高 9.6 g 和 32.3 g；70 kg 和 80 kg 体重阶段，内江猪分别低于长白猪 47.2 g 和 27.1 g，仅 70 kg 体重阶段品种间差异显著；当体重达 10 kg 以上时，日增重呈下降趋势，饲料利用率亦相应降低。

7.8.1.3 胴体、肉质性能研究

邓庭惠等（1987）对内江猪的胴体、肉质性能进行了研究，结果发现系水力方面内江猪极显著高于长白猪；肉色方面，内江猪肉色全为 3～4 分，而长白猪的肉色为 1 分占 12.5%、2 分占 37.5%、3 分占 50%，说明内江猪肉色显著优于长白猪；内江猪肌肉中最理想的大理石纹评为 4 分的占 20%，而长白猪无 4 分出现，表明内江猪肌肉中脂肪分布的均匀度优于长白猪，而脂肪在肌肉中分布的均匀度与肌肉的多汁性和柔嫩度有关，故内江猪具有肉质细嫩的优点；熟肉率方面，内江猪最长肌熟肉率明显高于长白猪，差异极显著，腰大肌熟肉率内江猪也高于长白猪；肌肉中干物质、粗蛋白质、粗脂肪的含量内江猪均高于长白猪，差异极显著，说明内江猪肌间脂肪含量比长白猪丰富，肌肉中的主要营养成分含量均高于长白猪。在 500 倍视野中，内江

猪的肌纤维数为 28.5 条，比长白猪多 8.5 条，肌纤维间距和肌纤维直径分别比长白猪小 17.04 μm 和 15.7 μm，内江猪肌大束间距比长白猪大 59.67 μm，上述各项 2 个品种间均呈显著或极显著差异，肌大束间距的大小与沉积脂肪多少有关，肌肉中脂肪含量适当可增加风味，故内江猪又具有肉质风味好的特点。

7.8.1.4 抗逆性能研究

1. 内江猪抗逆性研究

龙天厚等(1986)选择极端不良的环境和饲养条件，采用人工模拟、品种对比等试验方法，对内江猪的抗逆性进行了测定。结果表明，在高海拔地区的内江猪红细胞有增多的趋势，同当地藏猪接近，而长白猪比低海拔地区的测定值明显降低；血红蛋白含量内江猪、长白猪均呈增长趋势，内江猪与藏猪极相近。内江猪在高海拔地区的测定值显著高于低海拔地区，而长白猪增加不明显；在高海拔下，内江猪、藏猪的红细胞和血红蛋白均比长白猪高，以藏猪最高，内江猪为适应高海拔低氧环境，血液中红细胞和血红蛋白明显增加，表明在高原上其血液生成的生理代偿作用较强。在高海拔下，内江猪血清中 γ-球蛋白含量恢复较快，极显著高于长白猪，同时白细胞亦增加，高于低海拔的测定值，而长白猪则低于低海拔的白细胞测定值。据在高海拔条件下，经 3 周饲养期的观察，长白猪不适应高海拔环境，有 3 头发病、2 头死亡；而内江猪、藏猪无死亡，由此表明，内江猪、藏猪机体的防御能力较强。

为了测定不同品种在高原地区抗紫外光的能力，将内江猪、长白猪和藏猪分为舍饲和放牧 2 组，发现长白放牧组每头猪的两耳背面的皮肤均呈现潮红色的溃烂面，而内江猪、藏猪没有发现。这可能是由于黑色猪种的皮肤具黑色素，因而对高原强紫外线有较强的耐受能力。

内江猪的呼吸数在高温下较长白猪高 8.3 次/min，心跳频率以长白猪较高。高温下除血糖外，其他主要血液生理生化指标的测定值，内江和长白 2 品种间均差异不大。在高温下，内江猪的日增重和饲料利用率均略高于长白猪，日增重分别为 289 g 和 280 g，饲料利用率分别为 3.49 和 3.57，表明内江猪在高温下的体温调节能力较强。

2. 灵芝多糖对内江猪免疫功能的影响

易霞等(2017)通过对内江猪接种 PRRSV 弱毒苗建立免疫模型，探讨了灵芝多糖对内江猪免疫功能的影响，从而寻求一种绿色的饲料添加剂，使食品更安全。试验选择了 80 头生长育肥内江猪(分为 2 组，每组 40 头)为研究对象，按照 2×2 的因子设计，因子 1 设接种 PRRSV 弱毒苗和不接种 2 种处理；因子 2 为灵芝多糖添加水平，设 0 和 50 mg/kg 2 个水平。在第 1 天和第 29 天接种弱毒苗，在第 7、14、21、28、35 和 42 天收集 2 个组的血清，测定其免疫指标。结果表明接种疫苗组特异性抗体显著上升，GLP 组在第 7 天和第 14 天血清特异性抗体的浓度显著升高，血清中 IL-1β 浓度显著降低，且血清 IFN-γ 的浓度升高。这表明饲粮中添加灵芝多糖能增强机体免疫力，能抑制炎症因子 IL-1β 来缓解免疫应激造成的生长抑制。

7.8.2 基础研究

7.8.2.1 内江猪生长激素基因序列多态性分析

帅素容等(2004)应用 PCR 方法，体外扩增了内江猪 9 个个体的 *GH* 基因 64～2 021 位之间 153 bp 的片段(包含完整的 5 个外显子和 4 个内含子)，并进行了序列测定。结合网上下载的人及其他动物 *GH* 基因同源区段序列进行比较分析发现，内江猪 *GH* 基因 42 个核苷酸突变位点，其中 4 个位于外显子 2 中，1 个位于外显子 3 中，导致 4 个氨基酸变异；单核苷酸突变转换大于颠换，*GH* 基因的核苷酸组成具有种属特异性，全序列中 4 种核苷酸含量在猪中为 G>C，A 与 T 含量相近，G+C 含量在 61.3%～61.4%；外显子序列 4 种核苷酸含量为 C>G，A 略高于 T，G+C 含量为 62.2%～62.5%；内含子序列 4 种核苷酸含量为 G>C>T>A，G+C 含量为 6.23%～6.27%，外显子和内含子区 G、C 含量比全序列 G、C 含量约高 1 个百分点。这说明 *GH* 基因富含 G、C，4 种核苷酸在不同功能区的含量各不相同，5′端和 3′端非编码区序列 G、C 含量明显低于外显子和内含子区，这可能与 *GH* 基因的空间结构和功能有关。

7.8.2.2　内江猪 γ 干扰素基因的克隆、序列分析及真核表达载体的构建

黄亚平等(2007)将内江猪的外周血淋巴细胞在刀豆素(ConA)的刺激下培养 24 h 后，提取总 RNA，应用一步法 RT-PCR 扩增 γ 干扰素(IFN-γ)cDNA，克隆到 PMD18-T 载体，命名为 pMD-N-IFN-γ。测序结果证明，克隆的 cDNA 全长 603 bp，其 ORF 为 501 bp，编码 166 个氨基酸，与 GenBank 公布的 IFN-γ 比对，核苷酸同源性在 99.4%以上，从而证实成功地克隆了内江猪 IFN-γ 基因。以 pMD-N-IFN-γ 质粒为模板亚克隆完整 ORF 区，连接到真核表达质粒 pcDNA3.1(+)的 *Eco*RⅠ、*Xho*IⅡ位点之间，经单双酶切鉴定，成功地构建了 IFN-γ 真核表达载体 pcDNA3.1(+)-N-IFN-γs。

7.8.2.3　内江猪白细胞介素 2 基因的克隆和原核表达

孙辉等(2006)为克隆内江猪的白细胞介素 2(IL-2)，测定其 DNA 序列，对内江猪 IL-2 进行原核表达，测定原核表达蛋白的生物活性，最终获得一株新构建的能表达 IL-2 的大肠杆菌，从而为 IL-2 的大量生产和内江猪的开发利用提供技术保障。在试验过程中，参照 GenBank 中猪 *IL*-2 的 mRNA 序列(X58428)设计合成了一对引物，以从内江猪外周血淋巴细胞提取的总 RNA 为模板，用 2 步 PCR 法扩增出了长度为 538 bp 的内江猪 *IIr*2 片段，并将该基因克隆到 PMD18-T Vecto 载体上，经酶切鉴定及 DNA 序列测定确定该基因片段为内江猪 *IIr*2 基因。该基因包括内江猪 *IL*-2 基因的全部开放阅读框(ORF)，编码 155 个氨基酸组成的蛋白质。与 GenBank 公布的猪 *IL*-2 基因相比，在 ORF 的 245 位发生 A-T、257 位发生 T-A 的置换，并引起相应氨基酸序列发生变化；同源性分析表明，二者同源性为 99.6%。再分别利用在引物上所加的和 PET 32a(+)质粒本身所带的 *Eco*RⅠ和 *Hind*Ⅲ2 个酶切位点，将 PCR 扩增得到的内江猪 *IL*-2 片段插入 PET 32a(+)质粒中，构建表达载体 PET 32a(+)－IL-2，进而转化进入大肠杆菌 BL_{21}。经酶切和菌落 PCR 鉴定重组子，证实了表达载体构建正确。以 IPTG 诱导重组菌表达融合蛋白，经 SDS-PAGE 电泳分析，重组菌表达了分子量约 37 kD 的融合蛋白；证实了 PET 32a(+)－IL-2 能够实现 *IL*-2 的原核表达。再用 ConA 刺激、活化后的淋巴细胞作为应答细胞，以所表达的内江猪 IL-2 融合蛋白作为待检测对象，用 MTT 法检测所表达的融合蛋白的生物活性，结果显示所表达的融合蛋白具有生物活性；进而对淋巴细胞活化时间、MTT 用量、MTT 作用时间等试验参数进行研究，得出了 MTT 法检测该蛋白活性的最佳条件。

7.8.2.4　内江猪白细胞介素 18 基因克隆及原核表达研究

张丽等(2007)根据猪白细胞介素 18 基因序列，设计并合成了特异性引物，以内江猪和荣昌猪外周血单核淋巴细胞总 RNA 为模板，分别扩增出白细胞介素 18 基因，将 2 基因分别克隆到载体上并测序。测序结果表明，其开放阅读框有 579 个碱基，编码 193 个氨基酸。对内江

猪、荣昌猪核苷酸序列及推导氨基酸序列与其他国内外相关数据进行同源性比较以及变异分析，结果显示内江猪和荣昌猪白细胞介素18基因序列核苷酸同源性为99%，氨基酸同源性为97.9%，内江猪、荣昌猪与其他猪白细胞介素18基因相比，核苷酸序列同源性在98.6%～99.5%，氨基酸序列同源性均在97.4%以上，内江猪的氨基酸序列变异有2处，荣昌猪有3处，内江猪和荣昌猪白细胞介素18蛋白的理化特性相似密码子偏向性不大。

7.8.3 杂交利用

7.8.3.1 长白猪、巴克夏猪与内江猪杂交利用效果

利用长白猪♂×内江猪♀(长×内)、巴克夏♂×内江猪♀巴×内为杂交模式，分2群同时进行，第1群由3月龄(91日龄)开始至10月龄(300日龄)时结束，第2群由3月龄(91日龄)开始至(1年半)(589日龄)结束，分别观察在不同月龄、不同结束体重情况下的生长速度、饲料消耗率、屠宰品质等。结果显示，长×内组合增重速度最快，第1群在10月龄结束时，长×白、巴×内组合的总增重分别比内×内组合提高14.15%、9.55%；第2群在一年半结束时，长×内、巴×内组合分别比内×内提高29.64%、15.81%。第1群全期平均日增重，长×内、巴×内分别比内×内提高17.05%、12.25%；第2群分别提高33.10%、17.6%，以上2群组间差异经系统分析均为显著。饲料利用率2群结果同样均以长×内组合最好，巴×内次之，对照组内×内最低，每增重1 kg活重所用饲料，第1群长×内、巴×内、内×内组合分别为2.62、2.78、3.11 kg，第2群分别为2.84、3.21、3.78 kg。屠宰率方面，第1群试验在10月龄结束体重80～90 kg时，长×内、巴×内、内×内的屠宰率分别为69.60%、70.46%、70.01%，差异不显著；第2群试验在一年半结束时，体重在200 kg左右时，屠宰率分别为78.89%、79.02%、77.67%，长×内、巴×内组合分别比内江猪提高1.57%、1.47%，差异不显著。后腿比例方面，第1群试验长×内、巴×内、内×内3个组全后腿占胴体比例分别为27.62%、26.11%、25.96%，第2群试验分别为23.60%、23.30%、22.59%，2群结束均以长×内组合后腿比例最大，巴×内次之，内江猪最差，但差异均不显著。眼肌面积方面，在胴体最后肋骨处测量眼肌面积，第1群测定结果，长×内、巴×内、内×内3个组合分别为25.75、26.11、12.41 cm^2，第2群测定结果分别为54.99、34.67、16.73 cm^2，2次测定组间差异均为极显著。

7.8.3.2 约克夏猪、北京黑猪、长白猪、苏白猪、巴克夏猪与内江猪杂交利用效果

选择体尺、体重大致相同的经产内江母猪6头，按相似原则编为3组，每组2头，分别利用约克夏、北京黑猪和内江公猪进行配种，待母猪产仔、断奶后，利用长白、苏白和内江公猪予以配种，2次试验除了季节性差异外，其他条件基本相同。杂交组合实施方案为约克夏×内江、北京黑×内江、长白×内江、苏白×内江、巴克夏×内江。在所有杂交组合的繁殖性能方面，除约克夏×内江组合的平均窝产仔数低于内江猪纯繁外，其他性状方面的指标(如平均初生个体重、双月断奶个体重等)均有明显提高，其中以苏白×内江和约克夏×内江组合为优；肥育性能方面，整个试验期的平均日增重以苏白×内江最高(409.2 g)，其次为约克夏×内江(366.7 g)，每1 kg增重消耗混合精料以苏白×内江最少(3.06 kg)，其次为约克夏×内江(3.41 kg)。利用不同品种的公猪与内江猪杂交，其后代一般表现生长较快，节省饲料，但各组间杂交效果的高低却有很大差异。就平均日增重指标而言，苏白×内江较内江纯种提高35.9%，约克夏×内江、北京黑×内江和长白×内江分别提高21.8%、6.5%和10.2%；就每1 kg增重消耗的混

合精料而言，苏白×内江较内江纯种降低 26.3%，约克夏×内江、北京黑×内江和长白×内江分别降低 17.8%、6.0% 和 9.2%，巴克夏×内江较内江纯种平均日增重提高 17.2%，每 1 kg 增重消耗混合精料降低 10.8%（邓学法，1980）。

（撰稿人：王文涛）

参考文献

[1] 白小青，王金勇，陈英，等，2010. 荣昌猪仔猪性别间 DNA 甲基化水平的差异研究[J]. 遗传育种，46(13)：12-13，80.

[2] 布丽君，解华东，钟正泽，等，2016. 荣昌猪不同生长阶段肌肉营养品质的变化规律[J]. 食品工业科技，37(7)：75-79.

[3] 查明恒，角建林，刘汝文，等，2012. 滇南小耳猪 *GH* 基因 *Apa* Ⅰ 酶切位点多态性分析[J]. 中国畜牧杂志，48(21)：26-27.

[4] 车陇杰，任越，汪文强，等，2015. 四川地方猪种遗传多样性分布规律研究[J]. 遗传育种与繁殖，(10)：88-92.

[5] 陈晓英，马金英，宋天增，等，2016. 半胱胺对 4 ℃保存藏猪精液指标的影响[J]. 养猪，(6)：22-24.

[6] 陈英，白小青，李军峰，等，2009. 不同体重阶段荣昌猪基因组 DNA 甲基化水平检测[J]. 畜牧科学，(5)：34-36.

[7] 邓庭惠，龙天厚，1989. 内江猪生长发育的研究[J]. 畜牧兽医学报，(S1)：20-27.

[8] 邓庭惠，胥丹，何志高，1987. 内江猪胴体肉质的测定[J]. 四川畜牧兽医，(1)：2-5.

[9] 邓学法，赵希安，1980. 内江猪杂交组合试验初报[J]. 河南畜牧兽医(综合版)：12-16.

[10] 范一萍，王彦芳，陶聪，2019. *UCP3* 基因在巴马猪和藏猪脂肪组织中的表达和甲基化分析[J]. 中国畜牧兽医，46(12)：3627-3634.

[11] 葛长荣，赵素梅，张曦，等，2008. 不同日粮蛋白水平对乌金猪生长性能和胴体品质的影响[J]. 畜牧兽医学报，39(11)：1499-1509.

[12] 葛长荣，赵素梅，张曦，等，2008. 不同日粮蛋白质水平对乌金猪肉品质的影响[J]. 畜牧兽医学报，39(12)：1692-1700.

[13] 龚绍荣，苏仁乔，2013. 保山猪保种与开发利用[J]. 云南畜牧兽医，(1)：9-10.

[14] 贡嘎，普琼，落桑阿旺，等，2013. 西藏部分地区藏猪弓形虫血清学调查研究[J]. 中国畜牧兽医文摘，29(2)：126，158.

[15] 贡嘎，王一飞，程少龙，等，2017. 西藏猪源流感 H1、H3 亚型病毒血清流行病学调查[J]. 高原农业，1(2)：139-142.

[16] 顾锡江，向必祥，陈志平，2014. 滇撒猪配套系 S1 系繁殖性能选育效果分析[J]. 现代农业科技，(8)：240-241.

[17] 顾以韧，2019. 四川 6 个地方猪种与巴克夏猪杂交效果研究[C]. 第三届中国猪业科技大会暨中国畜牧兽医学会 2019 年学术年会.

[18] 郭礼荣，陆文清，孔智伟，等，2016. 发酵甜叶菊废渣对土杂肉猪生产性能的影响[J]. 当代畜牧，(15)：16-17.

[19] 郭辽朴，2008. 荣昌乳猪与 PIC 乳猪不同部位肌肉理化特性及主体风味物质研究[D]. 重庆：西南大学.

[20] 国家畜禽遗传资源委员会，2011. 中国畜禽遗传资源志　猪志[M]. 北京：中国农业出版社.

[21] 何爱华，李志刚，张字文，等，2015. 滇南小耳猪繁殖性状的相关及通径分析[J]. 现代畜牧兽医，(7)：

21-26.
[22] 胡剑武,周海娟,泽仁群西,2019.林芝市两区县藏猪流行性腹泻血清学调查[J].湖北畜牧兽医,40(5):31-32.
[23] 胡文平,连林生,宿兵,等,1998.滇南小耳猪遗传多样性的血液蛋白电泳研究[J].生物多样性,6(1):22-26.
[24] 黄剑锋,2019.人工授精技术提高乌金猪繁殖性能的试验报告[J].四川畜牧兽医,10(351):34-36.
[25] 黄石声,2005."湖广填四川"与荣昌"四宝"荣昌文史资料选辑(第7辑)[M].中国人民政治协商会议荣昌县委员会:126-139.
[26] 黄卫平,王强,黄剑锋,等,2017.乌金猪品种资源及开发现状[J].四川畜牧兽医,3(319):42-43.
[27] 黄亚平,郭万柱,李晓琪,2007.内江猪 γ 干扰素基因的克隆、序列分析及真核表达载体的构建[J].中国畜牧兽医,(5):60-63.
[28] 黄英,李永能,杨明华,等,2013.2种日粮对不同生长阶段乌金猪脂肪组织脂类合成代谢相关基因表达的影响[J].中国畜牧兽医,40(10):21-25.
[29] 黄勇富,张亚平,曾凡同,等,1997.四川省四大地方品种猪的随机扩增多态DNA分析[J].四川农业大学学报,15(1):95-98.
[30] 黄志秋,王文聪,2005.不同营养水平对乌金母猪繁殖性能的影响[J].畜牧与兽医,37(12):29-30.
[31] 霍金龙,霍海龙,苗永旺,等,2008.利用76个微卫星标记分析滇南小耳猪的遗传多样性[J].云南农业大学学报,23(5):638-643.
[32] 纪岭,代博,2013.猪肉品质性状研究进展[J].现代农业科技,(22):32-36.
[33] 贾俊静,刘勇,陈克嶙,等,2005.杂交改良对撒坝猪肌肉品质的影响——肌肉化学成分分析[J].云南农业大学学报,(4):558-561.
[34] 江佳伟,黄英,杨明华,等,2013. *H-FABP* 不同基因型对滇南小耳猪脂肪分解代谢相关基因表达的影响[J].畜牧兽医学报,44(6):837-842.
[35] 雷培奎,2011.荣昌猪BPI基因型对其免疫指标及抗病能力的影响[D].重庆:西南大学.
[36] 雷晓琴,曾维咏,2018.引入昆明的荣昌猪生理常值及品种特性探究[J].上海畜牧兽医通讯,(3):46-47.
[37] 李波,郑红,朱月春,等,2009.初情期前云南滇南小耳猪超数排卵和原核期胚胎体外发育的研究[J].昆明医学院学报,(2):17-21.
[38] 李波,郑红力,何保丽,等,2011.滇南小耳猪血液生理生化部分指标测定[J].昆明医学院学报,32(8):13-18.
[39] 李国治,连林生,鲁绍雄,等,2003.撒坝猪配套系生长胴体性能杂种优势分析[J].云南畜牧兽医,(4):5-6.
[40] 李国治,连林生,鲁绍雄,等,2005.撒坝猪促卵泡素 β 亚基基因多态性及其与头胎产仔性能相关性研究[J].养猪,(2):22-23.
[41] 李国治,连林生,鲁绍雄,等,2008. *FSHβ* 亚基基因对云南撒坝猪生长性状遗传效应的研究[J].现代农业科技,(13):264-265.
[42] 李华,于辉,蒋岸岸,等,2006.滇南小耳猪与巴马小型猪 *SLA-DQA* 基因多态分析[J].畜牧兽医学报,37(5):430-435.
[43] 李明丽,连林生,鲁绍雄,等,2007.撒坝猪部分生长发育性状的典型相关分析[J].家畜生态学报,(3):20-22,52.
[44] 李明洲,2003.中国地方猪种 *ESR* 基因 *Pvu* Ⅱ 多态性及其与产仔数关系的研究[J].四川农业大学学报,21(3):258-262.
[45] 李相运,黄汉军,张水欧,等,2001.我国及周边国家地方猪群体的淀粉酶多态性[J].西北农林科技

大学学报,29(5):19-22.
[46] 李晓琪,郭万柱,黄亚萍,等,2007.荣昌猪白细胞介素-10(IL-10)基因的克隆及原核表达[J].安徽农业科学,35(15):4446-4447,4459.
[47] 李瑜金,刘锁柱,王宏辉,2002.高原不同饲养管理条件下西藏猪生产性能及效益分析[J].当代畜牧,(1):7-8,10.
[48] 李桢,2004.中外11个猪种 *A-FABP* 基因微卫星遗传变异的研究[J].遗传,26(4):473-477.
[49] 李志刚,何爱华,张宇,等,2014.滇南小耳猪胴体品质及肉质的研究[C].第十二届中国猪业发展大会论文集:99-102.
[50] 李志勋,富国文,信吉阁,等,2020.保山猪 *PRLR*、*NOCA*1 和 *HTRA*3 基因多态性与其产仔数的关联分析[J].畜牧与兽医,52(4):19-23.
[51] 连林生,鲁绍雄,2000.版纳微型猪血清蛋白多态性研究[J].畜牧与动物医学,(1):19-21.
[52] 连林生,鲁绍雄,1999.撒坝猪血清酯酶多态性与繁殖性能关系的研究[J].遗传,(4):3-5.
[53] 连林生,鲁绍雄,2000.撒坝猪日增重生化遗传标记的筛选[J].云南畜牧兽医,(2):1-4.
[54] 连林生,鲁绍雄,2001.撒坝猪繁殖性状的表型和遗传参数分析[J].畜牧与兽医,(2):6-8.
[55] 连林生,唐爱发,赵中保,等,2000.撒坝猪及其配套系氟烷基因检测与遗传效应分析[J].养猪,(2):19-20.
[56] 连林生,王鹤云,严达伟,等,2000.撒坝猪专门化母系及其杂种猪的生长胴体和肉质特性的研究[J].养猪,(4):29-31.
[57] 廖晓丹,郭万柱,吴翼,等,2009.荣昌猪白细胞介素-2受体γ链基因克隆、表达与鉴定[J].中国兽医学报,29(12):1547-1551.
[58] 刘岭,张津校,李伟,2009.荣昌猪 *Lipin*1 基因的结构分析[C].第四届中国畜牧科技论坛论文集:动物遗传资源保护、繁殖与育种:235-237.
[59] 刘文宗,周勤飞,2012.荣昌猪肉质硬度分析[J].肉类研究,26(8):26-28.
[60] 刘欣,2010.荣昌猪肺表面活性蛋白A分子生物学研究[D].北京:中国农业科学院.
[61] 刘轩,强巴央宗,王强,等,2010.藏猪繁殖性状多基因效应分析[J].遗传,32(5):480-485.
[62] 刘以洪,2002.外种猪与撒坝猪杂交繁殖性能的比较[J].中国畜牧杂志,(1):38.
[63] 龙定彪,杨飞云,刘作华,等,2011.荣昌猪和长荣猪肌肉生长抑制素基因表达规律的研究[J].黑龙江畜牧兽医,(9):10-12.
[64] 龙世发,黄谷诚,魏以忠,等,1991.荣昌猪肥育及屠体性状遗传参数研究[J].畜牧与兽医,(5):219-221.
[65] 龙天厚,周学万,刘君锡,等,1986.内江猪的抗逆性研究[J].农业科学导报,(4):35-39.
[66] 龙熙,敖冯虎,邱进杰,等,2015.荣昌猪 miR-182 基因序列多态性分析[J].中国畜牧杂志,51(21):15-19.
[67] 龙熙,邱小田,陈磊,等,2014.荣昌猪杂交群体基因组拷贝数变异鉴定与分析[J].畜牧兽医学报,45(4):524-532.
[68] 鲁绍雄,连林生,李庆科,等,2016.基于乌金猪深度发掘的优质高效新品种选育[J].猪业科学,33(12):120-122.
[69] 鲁绍雄,连林生,严达伟,等,2003.撒坝猪专门化母系繁殖性状的相关与通径分析[J].畜牧与兽医,(11):1-3.
[70] 鲁绍雄,连林生,2013.滇南小耳猪种质资源研究进展与开发利用[C].中国地方猪种保护与利用第十届年会论文集:165-167.
[71] 鲁绍雄,连林生,1998.撒坝猪血清酯酶多态性及其与部分生长性状的关系[J].云南农业大学学报,(3):3-5.

[72] 鲁绍雄，连林生，1999. 撒坝猪血清淀粉酶与繁殖性能关系的研究[J]. 畜牧与兽医，(2)：3-5.
[73] 鲁绍雄，连林生，2000. 撒坝猪血清蛋白基因型交配组合与繁殖性能的关系[J]. 中国畜牧杂志，(1)：19-21.
[74] 骆爱芳，郭万柱，韩国全，等，2007. 荣昌猪白细胞介素 15 成熟肽基因的克隆、表达及其表达产物活性检测[J]. 畜牧兽医学报，38(12)：1351-1356.
[75] 孟令军，2008. 荣昌乳猪理化特性及主体风味物质的研究[D]. 重庆：西南大学.
[76] 四川省农科院畜牧兽医研究所育种繁殖研究室，1979. 内江猪的类型与性能相关性的探讨[J]. 中国畜牧杂志，(3)：33-37.
[77] 四川省农科院畜牧所，内江地区农科所，1978. 内江猪经济条交肥育试验报告[J]. 四川畜牧兽医，(2)：1-5.
[78] 尼玛，晋美多吉，赖可，等，2018. "喜满圈"对放牧经产藏猪母猪繁殖性能的影响[J]. 养猪，(2)：57-58.
[79] 彭癸友，覃发芬，2002. 光照控制对荣昌猪泌乳能力的影响[J]. 当代畜牧，(11)：1-2.
[80] 齐仁立，陈英，彭涵，等，2014. 脂肪酸转运蛋白 1 在荣昌猪不同组织中的表达规律及其与肌内脂肪沉积的关系[J]. 动物营养学报，26(9)：2730-2735.
[81] 钱锦花，连林生，2014. 撒坝猪 *SLA-DQA* 基因多态性与生长性状的相关性分析[J]. 畜牧与兽医，46(5)：59-61.
[82] 强巴央宗，杨涛，凌遥，等，2009. 藏猪生长发育性状遗传力的初步估计[J]. 畜禽业，(7)：41.
[83] 强巴央宗，张浩，白玛央宗，等，2011. 原环境中藏猪血液生理指标测定与比较[J]. 西南农业学报，24(6)：2382-2384.
[84] 强巴央宗，张浩，纪素玲，等，2008. 藏猪屠宰性能和肉质测定与分析[J]. 中国畜牧杂志，(21)：10-11，48.
[85] 强巴央宗，张浩，商鹏，等，2009. 藏猪新品系的选育初报[J]. 家畜生态学报，30(4)：18-20.
[86] 乔绍权，1994. 四川省地方猪种的生产性能及利用前景初探[J]. 四川畜牧兽医，(2)：2-4.
[87] 丘开兴，连林生，聂龙，等，2003. 云南保山猪线粒体 DNA D-loop 区序列初步分析[J]. 遗传，25(5)：526-528.
[88] 冉彪，2009. 荣昌猪和长白猪 *MyHC* 基因的表达模式及其与肉质性状的相关性研究[D]. 成都：四川农业大学.
[89] 任子利，高卓然，李瑜鑫，等，2017. *Ghrelin* 基因在藏猪胃底组织中的 mRNA 表达[J]. 江苏农业科学，45(15)：46-48.
[90] 帅素容，李学伟，李辉，等，2004. 内江猪生长激素基因序列多态性分析[C]. 全国首届动物生物技术学术研讨会论文集：7.
[91] 孙辉，2006. 内江猪白细胞介素 2 的克隆和原核表达[D]. 成都：成都理工大学.
[92] 孙利民，邓俊，许文坤，等，2020. 云南省地方猪遗传资源介绍[J]. 云南农业，(8)：81-82.
[93] 唐爱发，连林生，李爱云，2000. 撒坝猪体尺性状的聚类与主成分分析[J]. 辽宁畜牧兽医，(3)：1-2.
[94] 唐爱发，连林生，李爱云，等，2000. 撒坝猪配合力测定试验的初步分析[J]. 云南畜牧兽医，(2)：4-5.
[95] 唐爱发，连林生，田允波，2000. 撒坝猪肉质综合评定的灰色关联分析[J]. 养猪，(1)：29-30.
[96] 陶璇，2019. 四川省 6 个地方猪种胴体性能研究[J]. 养猪，(5)：49-50.
[97] 陶璇，顾以韧，梁艳，等，2019. IGF-1 和 PPARγ 在不同猪种皮下脂肪中的差异表达研究[J]. 养猪，(5)：65-68.
[98] 田学诗，1986. 国家列为一级保护的荣昌白猪，荣昌文史资料选辑(第 2 辑)[M]. 中国人民政治协商会议荣昌县委员会文史资料研究组：21-26.
[99] 田志华，张成忠，钟金城，等，1999. 藏猪起源和品种遗传独特性的研究[J]. 西南民族学院学报(自然

科学版),(4):406-412.
[100] 王成,李群,张法瑞,等,2013.中国荣昌猪选育史[J].猪业科学,(11):132-133.
[101] 王刚,索朗斯珠,强巴央宗,2017.西藏藏猪源大肠杆菌毒力基因检测与分型[J].甘肃畜牧兽医,47(6):75-78.
[102] 王鹤云,严达伟,鲁绍雄,等,1997.撒坝猪及其杂交组合的肉质研究[J].养猪,(3):29-31.
[103] 王金勇,白小青,范首君,等,2004.荣昌猪 *TYP* 基因克隆及其序列分析[J].西南农业大学学报,26(3):245-248.
[104] 王昆山,王建洲,屯旺,2002.不同程度近交对藏猪繁殖性能的影响[J].畜牧兽医杂志,(4):8-10.
[105] 王蕾,杨培昌,邢志先,2017.楚雄州撒坝猪遗传资源保护与利用调查报告[J].当代畜牧,(9):24-25.
[106] 王凭青,杨国才,刘年,等,1992.荣昌猪单个性状的选育分析[J].西南农业大学学报,14(5):397-400.
[107] 王凭青,杨国才,刘年,等,1992.荣昌猪多个性状的选育分析[J].西南农业大学学报,14(5):401-405.
[108] 王伟,魏雪锋,赵雪,等,2013.滇南小耳猪细胞生成素(MyoG)基因多态性的研究[J].云南农业大学学报,28(4):482-487.
[109] 王孝友,徐登峰,谷山林,等,2013.荣昌猪血液生理生化指标的测定[J].黑龙江畜牧兽医,(3):53-56.
[110] 魏光河,张培晏,2011.运输对荣昌猪生理生化指标的影响[J].动物医学进展,32(10):123-127.
[111] 魏敏,童晓莉,1988.不同比例生、熟豌豆生长期荣昌猪对比试验[J].四川畜牧兽医,(2):19-22.
[112] 文贤周,张培晏,魏光河,2015.运输应激对荣昌猪肝脏生化指标及腹泻的影响[J].中国动物保健,17(7):78-81.
[113] 翁亚烦,富国文,吴旭东,等,2018.云南 3 个地方猪种猪肉的营养价值比较分析[J].畜牧与兽医,50(11):45-48.
[114] 吴华,郭万柱,张芳,等,2007.荣昌猪白细胞介素-6 基因的克隆与序列分析[J].黑龙江畜牧兽医,(5):18-20.
[115] 吴旭东,赵加鼎,龚绍荣,等,2018.保山猪、杜×保猪、巴×保猪的性能比较研究[J].云南农业大学学报(自然科学),33(2):249-254.
[116] 伍平忠,杨育华,黄小燕,等,2011.颜色在猪肉品质评价中的应用[J].农村经济与科技,22(4):28.
[117] 肖永祚,濮家鹏,罗安治,等,1980.荣昌猪、内江猪、雅南(南河)猪泌乳力测定[J].四川农业科技,(1):38-43.
[118] 胥清富,孙镇平,杨建生,等,1999.荣昌猪盲肠微生物消化粗纤维的体外试验研究[J].扬州大学学报,2(3):31-34.
[119] 徐麒麟,2019.蚯蚓提取物对成华猪生长性能、血清生化指标、抗氧化能力及免疫功能的影响[J].中国饲料,(13):42-45.
[120] 徐跃进,巩兴龙,段梦琪,等,2019.高原环境下藏猪与大约克猪血液生理生化指标测定与比较[J].高原农业,3(4):421-423,449.
[121] 薛梅,李大军,黄微,2011.荣昌猪肉质风味性状浅析[J].畜禽业,(7):36-37.
[122] 严达伟,连林生,王鹤云,等,2004.杂交对撒坝猪肉质的影响[J].四川畜牧兽医,(5):22-23,25.
[123] 颜瑛,任军,丁能水,等,2007.*GH* 基因在 5 个藏猪群体中的遗传多态性分析[J].江西畜牧兽医杂志,(6):14-16.
[124] 杨春珂,杨凤鸣,周晓智,等,1996.乌金猪产区导入太湖猪高产仔性状研究[J].云南畜牧兽医,(3):9-12.

[125] 杨春珂，杨国民，顾平生，1996. 乌金猪产区建立母本核心群的研究[J]. 云南畜牧兽医，(3)：20-22.

[126] 杨春坷，杨风鸣，周晓智，等，1996. 乌金猪产区导人太湖猪高产仔性状研究[J]. 云南畜牧兽医，(3)：9-12.

[127] 杨凤鸣，顾平生，杨国明，等，2001. 商品瘦肉猪杂交配套系选育及杂种优势利用研究报告[J]. 云南畜牧兽医，(2)：3-7.

[128] 杨洁鸿，李星润，胡伟，等，2018. 云南三个地方猪种肌肉脂肪酸组成分析[J]. 家畜生态学报，39(1)：45-49.

[129] 杨荣坤，2005. 保山猪种质特性及选育效果的初步研究[D]. 兰州：甘肃农业大学.

[130] 杨荣昆，连林生，字攀安，等，2004. 保山猪阶段选育研究初报[J]. 云南畜牧兽医，(2)：3-4.

[131] 杨雪梅，顾以韧，梁艳，等，2019. miR-27a 和 miR-378 在中外猪种背最长肌中的差异表达研究[J]. 养猪，(1)：68-70.

[132] 杨雪梅，顾以韧，梁艳，等，2019. TNF -α 和 FAS 在 6 个地方猪种血液中的含量与肉质性状的关系研究[J]. 养猪，(5)：69-72.

[133] 杨云艳，杨永巧，杨恩富，等，2017. 保山畜禽遗传资源保护与利用情况分析[J]. 当代畜牧，(4 下)：26-27.

[134] 佚名，1975. 成华猪杂交组合肥育试验[J]. 四川畜牧兽医，(4)：37-45.

[135] 佚名，1978. 四川省地方猪种资源的分布、选育和利用[J]. 四川畜牧兽医，(4)：1-8.

[136] 佚名，1978. 内江猪[J]. 四川畜牧兽医，(4)：17-24.

[137] 易霞，杨沁洁，李清亮，2017. 灵芝多糖对内江猪免疫功能的影响[J]. 中国畜牧兽医文摘，33(10)：217-218.

[138] 袁家松，2017. 撒坝猪与楚雄彝族文化的交融及其影响[J]. 农村实用技术，(7)：30-31.

[139] 云南省畜牧兽医科学研究所，1972. 云南省优良地方猪种介绍[J]. 云南畜牧兽医，(1)：4-12，39-40.

[140] 张春勇，陈克嶙，黄金昌，等，2012. 谷氧还蛋白 1 硫氧还蛋白 1 基因在云南乌金猪不同组织中的表达特点及 *L*-组氨酸对其在氧化应激细胞中表达的影响[J]. 动物营养学报，24(12)：2415-2423.

[141] 张芳，郭万柱，吴华，2007. 荣昌猪白细胞介素-2 基因的原核表达[J]. 中国预防兽医学报，29(5)：355-358.

[142] 张浩，强巴央宗，凌遥，等. 2009. 藏猪繁殖性状遗传参数分析[J]. 中国畜牧兽医，36(11)：97-99.

[143] 张辉，罗厚强，李坤，等，2016. 林芝部分地区藏猪猪瘟的血清学调查[J]. 畜牧与兽医，48(6)：155.

[144] 张健，谭占坤，李盼盼，等，2019. 发酵饲料在生长期藏猪上的应用研究[J]. 高原农业，3(6)：689-693.

[145] 张丽，2007. 内江猪、荣昌猪白细胞介素-18 基因克隆及原核表达研究[D]. 成都：四川农业大学.

[146] 张林，张海军，2009. 运输应激对畜禽的影响及其应对措施[J]. 家畜生态学报，30(2)：106-109.

[147] 张永云，黄英，杨明华，等，2013. *ADD*1 基因多态性与乌金猪肌内脂肪含量的关系[J]. 云南农业大学学报，28(2)：196-200.

[148] 张友华，胡怀容，鲜欣言，等，2016. 荣昌猪肠道乳酸菌筛选及鉴定[J]. 西南大学学报，38(9)：6-11.

[149] 章杰，刘一辉，何航，等，2017. 饲粮蛋白水平对荣昌猪脂肪细胞和肌纤维发育及相关基因表达的影响[J]. 畜牧兽医学报，48(11)：2115-2124.

[150] 赵敏，张庭科，郝静，等，2009. 荣昌猪的品种特性与发展现状[J]. 中国牧业通讯，(22)：32-34.

[151] 赵生国，贺希文，郭永博，等，2017. 不同海拔猪种 *EPO* 基因核苷酸多态性研究[J]. 基因组学与应用生物学，36(3)：854-858.

[152] 赵思思，贾青，胡慧艳，等，2016. 西南型地方猪品种资源的变化[J]. 贵州农业科学，44(10)：91-94.

[153] 郑红，李波，杨世华，等，2010. 滇南小耳猪精液的直接冷冻保存[J]. 中国比较医学杂志，20(6)，61-65.

[154] 钟金城，郭春华，陈智华，等，1999. 滇陆新品系猪染色体核型及带型的研究[J]. 云南畜牧兽医，(4)：4-6.

[155] 钟婷婷，高士争，黄英，等，2013. 不同 *H-FABP* 基因型滇南小耳猪脂滴蛋白相关基因表达差异研究[J]. 畜牧与兽医，45(10)：26-30.

[156] 周绍铭，王顺德，1984. 乌金猪、长白猪在高寒地区适应性观测[J]. 中国畜牧杂志，(2)：35-37.

[157] 周雪，付利芝，杨柳，等，2015. 荣昌猪初乳和常乳主要成分及钙含量分析[J]. 动物生产，51(23)：76-78.

[158] 左应鸿，刘莉，郭萍，2001. 保护荣昌猪遗传资源，利用基因深层次开发[J]. 四川畜牧兽医，28(1)：31.

[159] Astarita G, Jung K M, Vasilevko V A, et al, 2011. Elevated stearoyl-CoA desaturase in brains of patients with Alzheimer's disease [J]. PLOS ONE, 6(10): e24777.

[160] Burhans M S, Flowers M T, Harrington K R, et al, 2015. Hepatic oleate regulates adipose tissue lipogenesis and fatty acid oxidation [J]. Journal of Lipid Research, 56(2): 304-318.

[161] Lengi A J, Corl B, 2008. A comparison of pig, sheep and chicken SCD5 homologs: evidence for an early gene duplication event [J]. Comparative Biochemistry and Physiology (Part B Biochemistry &Molecular Biology), 150(4): 440-446.

[162] Ntambi J M, Miyazaki M, Stoehr J P, et al, 2002. Loss of stearoyl-CoA desaturase-1 function protects mice against adiposity [J]. Proceedings of the National Academy of Sciences of the United States of America, 99(17): 11482-11486.

[163] Puglisi R, Bellenghi M, Pontecorvi G, et al, 2018. SCD5 restored expression favors differentiation and epithelial-mesenchymal reversion in advanced melanoma [J]. Oncotarget, 9(7): 7567-7581.

[164] Roongta U V, Lawrence R M, Wong T W, et al, 2011. Cancer cell dependence on unsaturated fatty acids implicates stearoyl-CoA desaturase as a target for cancer therapy [J]. Cancer Research, 71(18): 1551-1561.

[165] Sinner D I, Kim G J, Henderson G C, 2012. Stearoyl CoA desaturase-5: anovel regulator of neuronal cell proliferation and differentiation [J]. PLOS ONE, 7(6): e39787.

[166] Wang J, Yu L, Schmidt R E, et al, 2005. Characterization of HSCD5, anovel human stearoyl -CoA desaturase unique to primates [J]. Biochemical and Biophysical Research Communications, 332(3): 735-742.

[167] Zhang L, Ge L, Parimoo S, et al, 1999. Human stearoyl-CoA desaturase: alternative transcripts generated from a single gene by usage of tandem polyadenylation sites [J]. The Biochemical Journal, 340(1): 255-264.

第 8 章 西北地区地方猪种质资源特性研究

8.1 八眉猪

八眉猪属华北型猪种，主要分布在我国的陕西、甘肃、青海、宁夏等地，该品种 2000 年被列入《国家级畜禽遗传资源保护名录》(刘榜，2007)。20 世纪 70 年代前，八眉猪在陕西遍布于秦岭以北号称八百里秦川的关中平原和整个陕北地区，但之后，八眉猪数量逐渐减少，分布地区逐步萎缩(张明海等，2009)。据甘肃省农牧厅、甘肃省畜牧总站 2002 年 10 月调查结果显示，纯种八眉猪存栏只有 230 头(种公猪 26 头，母猪 204 头)，分布在灵台县 4 个乡镇。至 2008 年，仅灵台县保种场存栏八眉猪 97 头。目前八眉猪存栏公母猪数量很少，现存的只有二八眉这一种类型，大八眉和小火猪已经灭绝(郑炳辉等，2009)。

8.1.1 生产性能

8.1.1.1 繁殖性能研究

刘永福和吴国芳等分别开展了日粮营养浓度、益母生化散和背膘厚度对繁殖性能的影响研究，为深入挖掘八眉猪更大的生产潜能提供了基础数据。

1. 营养浓度对繁殖性能的影响

刘永福和张生芳(2010)以 208 头能繁八眉母猪作为试验对象，研究低营养浓度(低能量、低蛋白)和高营养浓度(高能量、高蛋白)2 种营养水平对八眉猪繁殖性能的影响。结果显示，试验组八眉母猪的初产、经产和所有胎次的窝产总数、窝产活仔数均高于对照组(表 8-1)，其中初产母猪的窝产总数、窝产活仔数较对照组分别提高了 23.99%、28.71%；经产母猪的窝产总数、窝产活仔数较对照组分别提高了 6.14%、11.21%；母猪所有胎次的窝产总数、窝产活仔数较对照组分别提高了 11.00%、15.63%，经 t 检验与对照组差异显著($P<0.05$)。不论是对照组还是试验组，其初产母猪的窝产总数、窝产活仔数均低于经产母猪，分别低 33.78%、32.42%和 33.45%、34.47%，经 t 检验初产母猪与经产母猪差异显著($P<0.05$)，表明适度的低营养水平能有效提高繁殖性能。

表 8-1 不同营养浓度下八眉母猪的繁殖性能

项目		母猪数/头	窝产总数/头	窝产活仔数/头	初生重/kg
初产母猪	对照组	108	6.17	5.33	0.713
	试验组	126	7.65	6.86	0.651
经产母猪	对照组	126	10.76	9.81	0.754
	试验组	134	11.42	10.91	0.662
所有胎次	对照组	234	8.64	7.74	0.732
	试验组	260	9.59	8.95	0.657

资料来源：刘永福和张生芳(2010)

2. 背膘厚度与繁殖性能的关系研究

吴国芳等(2019)为研究八眉母猪背膘厚度与繁殖性能的关系，对妊娠 30 d、60 d 和 90 d 3 个阶段八眉母猪的背膘厚及产仔性能进行 Pearson 关联性分析，并对不同妊娠期和不同背膘厚度下的母猪总产仔数、产活仔数、断奶仔猪数、平均断奶窝重情况进行统计比较分析。研究结果表明，妊娠 30 d，背膘厚与产活仔数和断奶仔猪数显著正相关($P<0.05$)；妊娠 60 d 和 90 d，背膘厚度与繁殖性能相关性不大(表 8-2)。妊娠 30 d，高背膘厚组(13.9～14.8 mm)，总产仔数、断奶仔猪数及产活仔数显著高于低背膘厚组(11.9～12.8 mm)($P<0.05$)；妊娠 60 d，低背膘厚组的总产仔数显著高于中等及高背膘厚组($P<0.05$)，平均断奶窝重显著高于高背膘厚组($P<0.05$)；妊娠 90 d，中等背膘厚组(12.9～13.8 mm)断奶仔猪数显著低于低背膘厚组($P<0.05$)(表 8-3)。综上所述，八眉猪妊娠前期 30 d 适宜背膘厚度为 13.9～14.8 mm；60 d 和 90 d 的适宜背膘厚度分别为 11.9～12.8 mm 和 12.9～13.8 mm，能够获得较好的产仔性能。

表 8-2 八眉猪不同妊娠期背膘厚与繁殖性能的相关性分析

妊娠时间/d	产仔数		产活仔数		断奶仔猪数		仔猪断奶重	
	R	***P***	***R***	***P***	***R***	***P***	***R***	***P***
30	0.129	0.674	0.732*	0.025	0.737*	0.024	0.036	0.899
60	−0.187	0.431	0.303	0.292	0.056	0.850	−0.004	0.989
90	−0.450	0.07	−0.419	0.229	0.163	0.675	−0.465	0.109

注：* 表示在 0.05 水平达到差异显著。

资料来源：吴国芳等(2019)

表 8-3 八眉猪背膘厚对母猪繁殖性能的影响

妊娠时间/d	背膘厚/mm	总产仔数/头	产活仔数/头	断奶仔猪数/头	平均断奶窝重/kg
30	Ⅰ	(9.57±2.16)^{b}	(8.57±2.38)^{b}	(7.23±1.57)^{b}	(13.33±1.95)^{a}
	Ⅱ	(10.20±1.64)^{ab}	(9.28±0.84)^{ab}	(8.19±1.73)^{b}	(13.67±2.93)^{a}
	Ⅲ	(12.31±1.82)^{a}	(10.75±0.97)^{a}	(10.33±2.08)^{a}	(13.97±2.56)^{a}
60	Ⅰ	(12.25±2.87)^{a}	(10.50±1.24)^{a}	(8.01±1.73)^{a}	(14.16±1.22)^{a}
	Ⅱ	(10.38±2.07)^{b}	(10.10±2.28)^{a}	(8.43±1.62)^{a}	(12.98±2.84)^{b}
	Ⅲ	(10.33±1.58)^{b}	(10.23±1.57)^{a}	(8.50±1.70)^{a}	(12.71±1.66)^{b}
90	Ⅰ	(12.33±3.13)^{a}	(11.33±3.50)^{ab}	(11.17±1.73)^{a}	(12.97±1.15)^{b}
	Ⅱ	(12.67±2.58)^{a}	(12.33±2.66)^{a}	(9.67±1.62)^{b}	(14.72±1.93)^{a}
	Ⅲ	(9.67±2.89)^{b}	(9.33±2.31)^{b}	(8.33±1.70)^{b}	(14.65±1.95)^{a}

注：Ⅰ为低背膘厚组，Ⅱ为中背膘厚组，Ⅲ为高背膘厚组。同列不同字母表示差异显著($P<0.05$)。

资料来源：吴国芳等(2019)

8.1.1.2 生长性能研究

杨葆春和祁玉秀等都研究了八眉猪的生产性能，对不同品种进行比较，开展了洋芋粉渣饲喂、甘露寡糖和复合酸化剂组合使用效果的相关研究。

1. 不同品种的比较研究

杨葆春和刘永福(2009)对青海八眉猪、杜洛克、荣昌猪、民猪、藏猪、香猪等不同品种猪的育肥性能进行了比较。试验结果表明，青海八眉猪生长较慢，肥育期日增重 409.86 g，低于杜洛克、荣昌猪和民猪，直接育肥效果不理想；但其日增重高于藏猪、香猪和太湖猪等品种（表 8-4）。青海八眉猪的屠宰率 70.19%，与国内外大部分品种相当；胴体长与二花脸猪、内江猪和民猪相当，但低于杜洛克猪；瘦肉率和眼肌面积高于二花脸猪和内江猪，略低于民猪，明显低于杜洛克猪；平均膘厚 3.38 cm，较二花脸猪和民猪薄，较内江猪和杜洛克猪厚；后腿比例小于内江猪、民猪和杜洛克猪，产肉率较低（表 8-5）。

表 8-4　八眉猪与其他猪种的肥育性能比较

项目	八眉猪	藏猪	香猪	太湖猪	民猪	荣昌猪	杜洛克猪
日增重/g	409.86±81.36	173.0*	233.2*	385.0*	458.0*	488.0*	760.0*
料肉比	4.09	—	—	4.26	3.24	3.28	2.55

注：表中带 * 数据来源于赵书广（2000）。

资料来源：杨葆春和刘永福（2009）

表 8-5　八眉猪与其他猪种的胴体性能比较

项目	八眉猪	二花脸猪*	内江猪*	民猪*	杜洛克猪*
屠宰率/%	70.19±1.50	68.2	73.0	72.5	72.4
瘦肉率/%	46.25±1.70	41.03	42.09	47.63	61.48
胴体长/cm	78.12±3.55	74.80	75.25	79.00	85.86
平均膘厚/cm	3.38±0.44	4.34	3.07	3.40	2.67
眼肌面积/cm^2	22.72±2.42	20.10	18.81	23.92	39.63
后腿比例/%	25.18±2.80	24.16	29.53	29.60	31.79

注：表中带 * 数据来源于张周平等（1997）。

资料来源：杨葆春和刘永福（2009）

2. 洋芋粉渣饲喂试验

祁玉秀（2012）用分组对比法，对洋芋粉渣饲喂八眉杂交育肥猪的育肥效果进行了研究。结果显示，试验组猪平均每头每日少采食玉米粉 0.27 kg，麸皮 0.612 kg，而多采食鲜洋芋粉渣 3.44 kg，除去水分，相当于 0.59 kg 干粉渣。这说明每千克干粉渣可代替 0.455 kg 玉米粉＋1.03 kg 麸皮的猪饲料（表 8-6、表 8-7）。试验组与对照组在育肥效果上差异不显著（$P>0.05$），说明用洋芋粉渣代替部分精料是可行的，可以达到比较理想的效果。

表 8-6　供试猪的采食情况　kg

时间	试验 A			对照组			A－B	
	玉米粉	麸皮	洋芋渣	玉米粉	麸皮	玉米粉	麸皮	洋芋渣
6 月 1 日—30 日	107.0	512.2	912.5	141.9	788.6	－34.9	－276.4	912.5
7 月 1 日—31 日	295.0	291.5	697.2	365.7	377.5	－70.7	－86.0	697.2
8 月 1 日—31 日	262.6	262.6	855.9	348.9	339.9	－86.3	－77.7	855.9
全期	664.6	1 066.3	2 465.6	856.5	1 506.0	－191.9	－439.7	2 465.6

资料来源：祁玉秀（2012）

表 8-7 供试猪的体重动态采食情况

测定时间	*n*	试验组 A	试验组 B	A—B
5 月 26 日	10	51.5±3.2	49.8±2.9	1.7
6 月 1 日	8	49.8±2.6	48.5±2.4	1.3
7 月 1 日	8	74.9±3.7	73.2±3.4	1.7
8 月 1 日	8	87.8±4.8	86.6±5.4	1.2
8 月 29 日	8	114.4±6.2	114.1±9.4	0.3

资料来源：祁玉秀(2012)

8.1.1.3 肉质研究

杨葆春和刘永福(2009)对屠宰后的八眉猪肉质性能进行测定，并与其他多个品种进行比较分析。研究结果表明，青海八眉猪的肉色评分为 3～4 分(1～5 分制)；肌肉大理石纹评分 3.25 分(1～5 分制)，略低于民猪和内江猪；失水率 18.86%，低于杜洛克猪和民猪；熟肉率 66.12%，低于内江猪，高于民猪、二花脸猪和杜洛克猪；肌内脂肪含量 7.16%，高于二花脸猪、内江猪和民猪，是杜洛克猪的 3 倍多。肌肉大理石纹和肌内脂肪含量是猪肌肉多汁性和嫩度的重要指标，青海八眉猪的这 2 项指标均高于国内地方品种，且远高于杜洛克猪(表 8-8)，说明其肌内脂肪含量较高，肌肉细嫩、多汁、可口，具备地方猪种的优良肉质特性。

表 8-8 不同品种猪的肉质性能比较

项目	pH	肉色/分	大理石纹/分	失水率/%	瘦肉率/%	肌内脂肪/%
八眉猪	6.43	3～4	3.25	18.86±3.36	66.12±1.12	7.16±1.32
民猪*	6.64	—	3.28	20.42±1.61	60.63±0.40	5.22±0.40
二花脸猪*	6.55	—	3.01	17.04±1.85	61.98±1.05	4.48±0.08
内江猪*	6.69	—	3.31	14.11±0.75	73.75±0.70	5.42±1.20
杜洛克猪*	5.69	—	2.76	22.04±7.30	62.80±1.51	2.68±0.69

注：表中带 * 数据来源于张周平等(1997)。

资料来源：杨葆春和刘永福(2009)

席斌等(2019)选取 300～350 日龄、体重 65～75 kg 的二元八眉猪公猪为试验对象，采用国标法对其背最长肌肉质性状、营养组分、氨基酸和脂肪酸组成等进行系统分析。结果表明，八眉猪肉中蛋白质含量 18.41 g/100 g，肌内脂肪 16.71 g/100 g；含有癸酸、月桂酸、肉豆蔻酸、棕榈酸等 17 种氨基酸，特别是影响肉质风味的谷氨酸(2.72 g/100 g)、天冬氨酸(1.52 g/100 g)、精氨酸(1.02 g/100 g)、丙氨酸(0.96 g/100 g)、组氨酸(0.79 g/100 g)等鲜味氨基酸含量高；EAA/TAA 之比为 40，与 FAO 氨基酸模式相比，八眉猪氨基酸评分较高，蛋白质的“生物效价”较高；共测出 14 种脂肪酸，亚油酸含量高达 5.77%，油酸高达 34.23%，棕榈酸高达 21.06%，硬脂酸达 24.60%。综上，八眉猪肉中蛋白质含量高、肌内脂肪沉积多、氨基酸种类齐全，影响肉风味的氨基酸含量丰富，说明八眉猪肉质优良，风味好。

8.1.1.4 抗性研究

李永兰等(2010)以八眉猪母猪为试验组，长白、约克夏、杜洛克母猪为对照组，进行八眉猪猪瘟、蓝耳病免疫抗体消长情况的统计观察，对抗病性进行研究。结果表明，八眉猪对猪瘟、蓝耳病 2 种疫苗免疫应答很强，注射后抗体水平（血凝效价或 OD 值）的消长形势明显好于对照组的长白、约克夏、杜洛克 3 个品种，且抗体消退慢，高水平维持时间明显长于对照组（表 8-9，表 8-10）。

表 8-9　猪瘟免疫抗体水平（血凝效价）消长情况

品种	注射天数/d						
	0	15	30	60	90	120	150
八眉猪	32±1.4	256±8.7	256±8.8	256±8.3	256±8.9	256±8.2	256±8.3
长白猪	32±1.5	256±9.6	256±9.4	128±8.5	128±8.7	64±8.4	64±6.4
约克夏	32±1.3	256±9.3	256±9.5	128±7.8	128±8.5	128±8.3	64±3.8
杜洛克	32±1.5	256±8.8	256±8.9	256±8.7	128±8.2	128±8.4	128±6.3

资料来源：李永兰等（2010）

表 8-10　猪蓝耳病免疫抗体水平（OD 值）消长情况

品种	注射天数/d						
	0	15	30	60	90	120	150
八眉猪	0.05±0.021	0.9±0.04	1.1±0.039	1.1±0.040	1.1±0.048	1.0±0.046	0.9±0.036
长白猪	0.06±0.028	0.8±0.031	0.9±0.041	0.9±0.036	0.9±0.031	0.8±0.035	0.7±0.025
约克夏	0.06±0.032	0.8±0.035	0.9±0.037	0.9±0.034	0.8±0.041	0.8±0.032	0.7±0.028
杜洛克	0.05±0.026	0.9±0.042	1.0±0.033	1.0±0.043	0.9±0.034	0.9±0.039	0.8±0.027

资料来源：李永兰等（2010）

8.1.2 基础研究

8.1.2.1 繁殖性能研究

李碧春（1993）用回归分析原理分析了八眉猪转氨酶、铜蓝蛋白酶、碱性磷酸酶 3 种血清酶活力与产仔数的关系。结果表明，产仔数与谷草转氨酶、铜蓝蛋白酶的遗传相关分别为 0.32、0.27，显著相关（$P<0.05$）。用父系半同胞方法估计 3 种血清成分的遗传参数，结果显示碱性磷酸酶、转氨酶、铜蓝蛋白酶的遗传力分别为 0.498、0.360、0.254，均高于产仔的遗传力（0.109）。这 3 种血液成分容易测量，易提高选择强度，具有作为遗传力低的产仔数这一性状间接选择的基础。由遗传参数作间接选择效率评定，得出转氨酶、铜蓝蛋白酶对产仔数的间接选择效率分别为 105.7%、102.9%。用表型相关作通径分析，得出转氨酶、铜蓝蛋白酶对产仔数的通径系数分别为 0.309、0.293，达显著水平（$P<0.05$），表明产仔数与转氨酶、铜蓝蛋白酶之间有密切的相关性。生化指标作为猪早期选种的间接选择性状快速而准确。血清成分虽然在整个猪群中变动幅度很大，但在个体水平上变化有一定的范围，转氨酶和铜蓝蛋白酶与产仔数之间存在着显著的正相关，可以根据种猪转氨酶和铜蓝蛋白酶的高低间接选择猪的产仔数。

8.1.2.2 肉质研究

PPAR-γ（过氧化物酶体增殖物激活受体-γ）是调控脂肪沉积的重要基因之一，有 *PPAR-*

γ1 和 *PPAR*-γ2 两个亚型。王博等(2008)以八眉猪为试验材料，提取其内脏脂肪、皮下脂肪、肌肉、肾脏、肝脏、心脏、肺脏和脾脏总 RNA 和总蛋白质，以猪 *β-actin* 基因为内参，用半定量 RT-PCR 检测 *PPAR*-γ1 和 *PPAR*-γ2 mRNA 在不同组织中的表达；用免疫印迹技术检测各组织中 *PPAR*-γ1 和 *PPAR*-γ2 蛋白的表达。结果显示，*PPAR*-γ1 mRNA 及蛋白在以上各组织均表达，在内脏脂肪和皮下脂肪组织中表达水平显著高于其他组织，在肺脏中表达水平最低；*PPAR*-γ2 mRNA 和蛋白高表达于内脏脂肪、皮下脂肪、脾脏和心脏，而在肺脏、肾脏、肝脏、肌肉中表达水平很低。结果提示，*PPAR*-γ 在不同组织的表达差异，可能与其在不同组织中的功能有关。

脂肪酸结合蛋白(FABPs)属细胞内脂质结合蛋白超家族，其家族所有成员都具有管理游离脂肪酸吸收和细胞内转运的最基本功能。为了探究 *FABPs* 主要家族基因在八眉猪体内脂肪沉积代谢过程中的调控机制，张丽等(2019)以八眉猪为试验对象构建 DNA 混合池，采用分段扩增和直接测序法对八眉猪 *FABP*1、*FABP*2、*FABP*3、*FABP*4 基因进行单核苷酸多态性快速筛查和生物信息学分析。结果表明，在八眉猪 *FABPs* 主要家族基因中共检测出 15 个 SNPs，其中编码区有 3 个同义突变和 2 个错义突变(C2 033A-Exon2-FABP1、G3 751A-Exon3-FABP1)。对其进行生物信息学分析表明，核苷酸突变前后 mRNA 二级结构和自由能的改变导致其结构稳定性发生改变；突变前后的等位基因频率估算、mRNA 二级结构预测以及蛋白质二、三级结构预测分析均有差异。这说明八眉猪 *FABPs* 主要家族基因具有较高的突变性，为研究八眉猪肌内脂肪含量的遗传效应提供了分子理论依据。

8.1.2.3 抗性研究

对八眉猪开展的抗性研究，主要有红细胞系统特性研究和 *SLA* 相关基因研究。猪白细胞抗原基因(*SLA*)作为针对动物抗病力遗传标记的一类基因，在辅助选择抗病性猪种方面具有重要意义。其根据结构与功能上存在的差别，主要分为Ⅰ类、Ⅱ类和Ⅲ类基因。*SLA* Ⅱ类基因包含 α 链和 β 链的 *DQ*、*DR*、*DO* 和 *DM* 基因，其中 *DQ* 和 *DR* 基因位于抗原提呈细胞表面，主要作用是将抗原肽呈递给 $CD4^+$ T 细胞，从而影响机体的免疫应答和调控。*DQB* 和 *DRB* 基因存在显著的多态性，*DQA* 基因属于中度多态基因，*DRA* 基因属于低度多态基因，与猪的生产性能和疾病存在相关性(刘丽霞等，2015)。

1. 仔猪红细胞系统特性研究

卢光花等(2011)测定了八眉猪仔猪 17 项生理生化指标，对红细胞系统特性进行研究。结果表明，红细胞和血红蛋白指标 30 日龄最低，且均与 60、90 和 120 日龄的差异极显著($P<0.01$)，60、90、120 日龄之间的差异均不显著($P>0.05$)，性别之间无显著差异($P>0.05$)；白细胞 120 日龄极显著高于 30、60 和 90 日龄($P<0.01$)，30、60 和 90 日龄之间差异不显著($P>0.05$)，性别之间差异不显著($P>0.05$)。具体数据见表 8-11。

研究结果显示，八眉猪仔猪各项指标均在卢宗藩等(1983)报道的健康猪的范围内，但血红蛋白要显著高出 30～60 日龄健康猪血红蛋白含量(110～120 g/L 的范围)，这可能与猪品种间的特异性、海拔高度和年龄的不同等对血液参数的影响有关。此结果与师德成等(2009)的研究结果相一致，表明八眉猪仔猪能够形成具有较强携氧能力的红细胞系统，也阐明了八眉猪适应高原低氧环境生存的生理基础。

表 8-11 血液生理指标测定值

测定指标	性别	30 日龄	60 日龄	90 日龄	120 日龄
红细胞/(10^9/L)	♀	5.75±0.13B	6.88±0.19A	7.36±0.12A	7.69±0.25A
	♂	5.39±0.24B	6.74±0.37A	7.63±0.28A	7.75±0.19A
血红蛋白/(g/L)	♀	55.8±2.32B	145.8±12.4A	154.7±14.4A	135.4±12.2A
	♂	58.3±1.73B	143.6±10.2A	152.5±15.5A	137.7±13.4A
白细胞/(10^9/L)	♀	17.6±3.12B	15.69±0.49B	16.8±0.56B	30.7±1.28A
	♂	14.35±0.57B	16.77±0.78B	15.8±0.32B	28.4±1.14A

注:同一列中,带有不同的大写字母为差异极显著($P<0.01$),相同字母为在该水平差异不显著($P>0.05$)。

资料来源:卢光花等(2010)

2. *SLA* 相关基因研究

(1)*DQB* 基因与仔猪腹泻的相关性研究　王国梅等(2014)以青海互助种猪场的 222 头八眉猪为试验动物,采用 PCR-RFLP 方法对八眉猪 *SLA-DQB* 基因外显子 2 的多态性及其与仔猪腹泻的相关性进行研究。结果表明,八眉猪 *SLA-DQB* 基因外显子 2 多态性并不丰富,仅检测出 3 个等位基因和 5 种基因型,其多态信息含量为 0.23,遗传杂合度仅为 0.24。*DQB* 基因外显子 2 变异程度比较低,该群体偏离了哈迪-温伯格平衡($P<0.01$)。仔猪腹泻与性别不相关($P>0.05$),与 *DQB* 基因外显子 2 的基因型之间呈现极显著相关($P<0.01$),*AA* 和 *AB* 基因型腹泻评分均极显著高于 *AC*、*BB* 和 *CC* 基因型($P<0.01$)。不同性别 *DQB* 外显子 2 的基因型对仔猪腹泻的影响不同。在公猪中,*AB* 基因型个体的腹泻评分高于 *AA*、*AC*、*BB* 和 *CC* 个体($P<0.05$);而在母猪中,*AA* 和 *AB* 腹泻评分极显著高于 *AC*、*BB* 和 *CC*($P<0.01$),可见性别影响了 *DQB* 外显子 2 基因型与腹泻之间的关系。研究说明八眉猪 *DQB* 基因外显子 2 多态性较低,其基因型对仔猪腹泻有影响,可作为猪抗病育种的选择标记。

(2)*DRA* 基因第 2 外显子及第 4 外显子的多态性分析　谭小音等(2015)采用 PCR-SSCP 和克隆测序的方法对八眉猪 *SLA-DRA* 基因第 4 外显子进行多态性检测。结果显示,八眉猪 *SLA-DRA* 基因第 4 外显子共有 3 种等位基因(*A*、*B*、*C*),形成 3 种基因型(*AA*、*BB*、*BC*),其中 *B* 为优势等位基因,*BC* 为优势基因型。序列对比结果表明,八眉猪 *SLA-DRA* 基因第 4 外显子共有 3 个核苷酸突变位点(c.4167A>G、c.4246A>G 和 c.4282C>T),其中 4 167 bp 的突变导致谷氨酰胺(Q)突变为精氨酸(R),导致氨基酸由中性变为碱性,这可能会影响蛋白质的理化特性和稳定性,从而改变其免疫分子的功能。群体遗传学分析表明,八眉猪 *SLA-DRA* 基因第 4 外显子的多态信息含量为 0.395 3,属于中度多态,杂合度为 0.724 1,且八眉猪在 *SLA-DRA* 基因第 4 外显子上偏离了哈迪-温伯格平衡($P<0.01$),表明八眉猪遗传性状较为稳定,具有更高的环境适应能力。

(3)*DQA* 基因第 2 外显子的多态性分析　寸海霞等(2016)采用 PCR-SSCP 和克隆测序的方法研究了八眉猪 *SLA-DQA* 基因外显子 2 功能区的分子遗传特征。结果显示,八眉猪 *SLA-DQA* 基因外显子 2 共有 7 种等位基因(*A*、*B*、*C*、*D*、*E*、*F*、*G*)和 7 种基因型(分别是 *AA*、*AB*、*AC*、*AE*、*AE*、*BB*、*DG*),其中 *A* 等位基因和 *AA* 基因型占优势,*DG* 基因型为劣势基因型。对不同等位基因进行克隆测序,结果共发现 15 个氨基酸发生了改变,19 个抗原结合位点上共有 5 个氨基酸发生改变,与张冬杰等(2007)在东北民猪中发现 *DQA* 外显子 2 是整个基因的高突变区相符。χ^2 检验结果表明,该基因偏离了哈迪-温伯格平衡($P<0.01$)。遗传多态性分析结

果表明，八眉猪 *SLA-DQA* 基因外显子 2 属于中度多态(0.25<PIC<0.5)。

8.1.2.4 其他研究

1. Ag-NORs 的多态性研究

吴彦虎等(1994)以血清蛋白质和酶多态位点作为遗传标记，通过检测八眉猪 4 大产区 6 个亚群(长武亚群、灵台亚群、定边亚群、互助亚群、湟中亚群和固原亚群)的遗传组成，对八眉猪群体内的遗传变异进行了分析和探讨。结果表明，八眉猪亚群间在个别位点上有较大分化，主要是 Po 和 Hp 位点；八眉猪亚群间遗传变异占其总群体的 4.15%，八眉猪群体内的遗传变异占我国部分地方猪种(或群体)总和的 10.84%；亚群间的亲缘关系以 L 和 Ch 亚群最近，与 HD 亚群最远。亚群间的分化具有一定的层次，即主要是中心产区与一般产区的分化。

2. 蛋白质多态位点上的遗传分化

周继平等(2003)对约克夏、八眉猪及其杂种后代 Ag-NORs 的多态性进行研究。结果表明，猪 Ag-NORs 的多态性不仅表现在品种间，而且表现在同一品种的不同个体间、同一个体的不同细胞间和同一细胞的不同染色体间。约克夏的 Ag-NORs 众数为 2，八眉猪的 Ag-NORs 众数为 3，其杂交一代的众数与八眉猪相同。纯种猪的 Ag-NORs 相对比较稳定，而杂种猪则变化较大，提示猪 Ag-NORs 的多态性不仅可以作为某一品种的特征标记，还可以作为衡量品种纯度的遗传标记。

8.1.3 杂交利用

8.1.3.1 育肥性能研究

许多研究者都对八眉杂交猪的肥育性能进行了研究。董和等(2016)设了 3 个试验组，分别为试验Ⅰ组(长白♂×八眉♀)、试验Ⅱ组(大约克♂×八眉♀)、试验Ⅲ组(杜洛克♂×八眉♀)，研究不同父本对八眉猪育肥性能的影响。研究结果显示，不同试验组 1～7 月龄，随月龄增加日增质量和料肉比都在上升。其中 4～7 月龄生长速度最快，日增质量可达 533 g 以上；2～3 月龄和 6～7 月龄 2 个阶段试验Ⅲ组日增质量极显著高于试验Ⅱ组($P<0.01$)，试验全期日增质量、料肉比 3 组没有显著差异($P<0.05$)。这与刘永福等(2012)报道的一致，但长白和大约克杂交八眉猪育肥期(3～7 月龄)日增质量均低于巩永成等(2011)的报道结果，可能是饲喂的日粮营养水平不同造成的。

田海宁等(2017)对 6 个杂交组合的八眉三元商品猪开展了肥育性能研究。试验设了 6 个杂交组合，分别是 1 组为杜×长×八，2 组为杜×约×八，3 组为长×杜×八，4 组为长×约×八，5 组为约×杜×八，6 组为约×长×八。研究结果显示，八眉猪 6 个杂交组合三元商品猪育肥全期平均日增重达到 0.6 kg 及以上，6 月龄体重为 85.89～96.69 kg，料重比为 2.85～3.11。这在以国内地方品种为基础母本的杂交组合中属于中上水平，但日增重速度与外三元杂交组合相比尚存在一定差距，产生这种情况的原因可能与遗传组成、日粮营养水平、育肥期环境和管理等因素有关(表 8-12)。

表 8-12 八眉三元商品猪全期增重和饲料报酬情况

组别	2 月龄重/kg	6 月龄重/kg	总增重/kg	总耗料/kg	日增重/kg	料重比
1	14.46 ± 1.72^{Aa}	96.69 ± 13.506^{Bb}	82.23 ± 12.94^{Bb}	234.66	0.68 ± 0.11^{Ab}	2.85
2	14.58 ± 1.69^{Aa}	92.14 ± 10.61^{Aa}	76.56 ± 9.87^{Aa}	228.52	0.64 ± 0.08^{Aa}	2.98

续表 8-12

组别	2 月龄重/kg	6 月龄重/kg	总增重/kg	总耗料/kg	日增重/kg	料重比
3	13.98±2.06^{Aa}	88.62±6.53^{Aa}	74.64±5.56^{Aa}	222.09	0.64±0.05^{Aa}	2.98
4	13.86±2.39^{Aa}	87.51±13.91^{Aa}	74.35±12.53^{Aa}	219.30	0.62±0.10^{Aa}	2.95
5	14.33±1.83^{Aa}	85.89±3.36^{Aa}	71.56±2.57^{Aa}	222.58	0.60±0.07^{Aa}	3.11
6	13.86±1.91^{Aa}	93.31±2.58^{Ba}	79.45±2.60^{Bc}	245.13	0.66±0.06^{Ab}	3.09

注:同列数据中小写字母完全不同表示差异显著($P<0.05$),大写字母完全不同表示差异极显著($P<0.01$),含相同字母表示差异不显著($P>0.05$),无字母的为平均值。

资料来源:田海宁等(2017)

8.1.3.2 生长性能研究

长白猪、杜洛克和大约克夏常作为父本对八眉猪进行杂交改良,用以研究改良效果。郭远玉等(2012)引入白色杜洛克、大约克夏和长白猪为父本杂交青海互助八眉猪,研究杂交父本对八眉母猪繁殖性能的影响。研究结果表明,3 种杂交改良,杂种猪的生长速度、胴体瘦肉率、母猪泌乳量均有较大提高,以白色杜洛克(♂)×青海互助八眉猪(♀)或长白猪(♂)×青海互助八眉猪(♀)的杂交效果较好,能有效提高青海互助八眉猪的繁殖性能。

董和等(2016)的研究结果显示,长白猪(♂)×八眉猪(♀)试验组总产仔数 11.14 头,显著高于杜洛克猪(♂)×八眉猪(♀)试验组($P<0.05$);大约克猪(♂)×八眉猪(♀)试验组产活仔数 9.43 头,显著高于杜洛克猪(♂)×八眉猪(♀)试验组($P<0.05$);杜洛克猪(♂)×八眉猪(♀)试验组的成活率最高,达 97.92%,极显著高于长白猪和大约克猪试验组($P<0.01$)。大约克试验组哺乳期日增重最大,达 122.89 g,显著高于长白猪试验组($P<0.05$);出生质量、出生窝质量、断奶质量和断奶窝质量各试验组差异均不显著($P>0.05$)(表 8-13)。该研究结果与胡明德(2005)报道一致,但与郭远玉等(2012)的报道不太一致,可能是由不同品系杜洛克的繁殖性能、试验仔猪日龄差异等原因造成的。

表 8-13 不同父本对八眉猪繁殖性能的影响

指标	试验Ⅰ组	试验Ⅱ组	试验Ⅲ组
窝数	33	37	28
总产仔数/(头/窝)	11.14±1.07^{Aa}	10.71±0.76^{Aab}	9.67±1.03^{Ab}
产活仔数/(头/窝)	9.00±0.90^{Aab}	9.43±0.79^{Aa}	8.33±0.82^{Ab}
初生质量/(kg/头)	1.04±0.15	0.95±0.09	0.99±0.12
初生窝质量/(kg/窝)	9.34±1.41	8.99±1.15	8.26±1.32
30 日龄断奶质量/(kg/头)	4.39±0.41	5.03±0.91	4.89±0.32
30 日龄断奶窝质量/(kg/窝)	33.79±4.72	39.73±9.63	40.03±6.19
断奶仔猪数/(头/窝)	7.71±0.95	8.28±0.49	8.17±0.98
成活率/%	85.59±5.76^{Bb}	88.25±6.84^{Bb}	97.92±5.10^{Aa}
日增质量/[g/(d·头)]	100.9±12.84^{Ab}	122.89±26.77^{Aa}	118.16±7.72^{Aab}

注:试验Ⅰ组为白色长白猪(♂)×八眉猪(♀),试验Ⅱ组为大约克夏(♂)×八眉猪(♀),试验Ⅲ组为杜洛克(♂)×八眉猪(♀)。同行数值没有字母为差异不显著($P>0.05$),带有不同小写字母的表示差异显著($P<0.05$),不同大写字母表示差异极显著($P<0.01$)

资料来源:董和等(2016)

(撰稿人:张海峰)

8.2 汉江黑猪

汉江黑猪原名黑河猪，俗名西山猪，1982 年陕西省畜禽品种鉴定委员会进行普查时，曾定名为汉中黑猪，包括黑河猪、铁炉猪、安康猪等，后于 1983 年统一命名为汉江黑猪。汉江黑猪主产于汉中西部略阳县和勉县的黑河流域，以略阳大黄院、观音寺，勉县小砭河、茶店、张家河等地出产较多，在汉中市 11 个县(区)(即汉江流域)都有不同程度的分布。汉江黑猪具有适应性强，耐粗饲，抗病力强，不易患皮肤病，肉质佳，熟肉率高，积脂能力强等特性。

2006 年存栏汉江黑猪 1 007 头，其中基础母猪 715 头，种公猪 27 头。在存栏基础母猪中，勉县存栏 465 头，略阳存栏 120 头，其余 9 个县(区)存栏 130 余头。现有汉江黑猪保种场 2 个，即勉县汉江黑猪场和略阳汉江黑猪场，各存栏基础母猪和种公猪 90 头和 10 头、54 头和 6 头，分别占种公、母猪存栏总量的 59.3%和 20.1%。汉江黑猪 1981 年总存栏 2.0 万头，其中基础母猪 0.5 万头、种公猪 120 头；1990 年总存栏减少为 1.5 万头，其中基础母猪 0.4 万头、种公猪 60 头；2000 年总存栏 1.1 万头，其中基础母猪 0.35 万头、种公猪 50 头。由于经济的发展，加之汉江黑猪生长速度慢、脂肪含量高，造成汉江黑猪存栏量的逐年下降。

针对汉江黑猪的研究资料较少，主要集中在对其肉质相关的基础研究方面。

肌内脂肪(IMF)含量是猪肉品质的一个主要的决定因子，其与肉的嫩度和风味等食用品质密切相关(Wood，1988)。中国地方猪的 IMF 含量一般处于中等到丰富的水平之间(3%～7%)，明显高于国外猪种(陈效华，1990)。因此对猪的肌内脂肪含量相关基因研究一直受到人们的关注。

李桢等(2003)对心脏脂肪酸结合蛋白(H-FABP)基因与汉江黑猪肌内脂肪含量的相关性进行了研究。结果表明，在 5′-端上游区的 HinfⅠ-RFLP 位点上有变异；在第 2 内含子内的 HinfⅠ-RFLP 位点上有变异；在第 2 内含子内的 HaeⅢ-RFLP 位点上表现为 *DD* 型。

庞卫军等(2004)对 *H-FABP* 基因研究表明，在 HinfⅠ-RFLP 位点上，汉江黑猪存在多态性，等位基因 *H* 的频率为 0.690 9，表现为低度多态(PIC＜0.25)，而在 HaeⅢ-RFLP 和 MspⅠ-RFLP 位点上表现为单态。HinfⅠ-RFLP 位点上 *HH* 和 *Hh* 的理论基因型频率与实际相差较大，可能是 *H* 基因在向 *h* 突变。从群体遗传多态性角度分析，野猪在 3 种 RFLP 中的 PIC 均表现为低度多态。我国的地方品种猪脂肪沉积能力较强，但肉质较好，适应性强，这为猪肉品质的改良提供了良好的遗传资源。研究结果表明，高肌肉脂肪的基因型组合为“*aa-dd-HH*”纯合单倍型，而我国地方品种猪在这些位点的 PIC 要么为零，要么低度多态，其原因还有待于进行 IMF 含量相关性分析后再加以讨论。

张保军等(2005)对 *LPL* 基因的多态性进行研究发现，在第 6 内含子的 SmaⅠ-RFLP 位点上，汉江黑猪存在多态性，以 *AB* 和 *BB* 基因型为主；在 PvuⅡ-RFLP 位点上存在变异；在第 8 内含子的 HindⅢ-RFLP 位点上，汉江黑猪表现为 *FF* 纯合子，在 EcoRⅠ-RFLP 位点上主要以 *GH* 杂合子为主。研究结果表明，中国地方猪种和野猪蕴藏着丰富的多态性，随着目前地方猪种种群规模的不断衰减，加之长期以来遗传漂变和环境因素的影响，中国地方猪种的某些位点丢失，有必要加大力度保护我国丰富的家畜遗传资源，为今后遗传改良奠定基础。

(撰稿人：田明)

参考文献

[1] 陈效华,1990. 猪育种的理论与实践[M]. 北京:农业出版社.

[2] 寸海霞,谢德琼,王龙,等,2016. 八眉猪 *SLA-DQA* 基因外显子 2 多态性分析[J]. 中国兽医杂志,(3):10-13.

[3] 董和,滚双宝,马艳萍,等,2016. 不同父本对八眉猪年生产能力的影响[J]. 甘肃农业大学学报,51(5):20-25.

[4] 巩永成,2011. 八眉猪杂交育肥试验初报[J]. 甘肃农业科技,(1)42-43.

[5] 郭远玉,侯生珍,杨葆春,等,2012. 3 个品种的杂交父本对青海互助八眉猪繁殖性能的影响[J]. 安徽农业科学,40(23):11697-11698,11701.

[6] 李碧春,路兴中,1993. 八眉猪生化指标与产仔数关系的研究[J]. 西北农业学报,(3):91-93.

[7] 李永兰,田生花,夏玉芬,2010. 八眉猪猪瘟、蓝耳病免疫抗体消长观察[J]. 黑龙江畜牧兽医,(9下):84.

[8] 李桢,曹红鹤,储明星,等,2003. 中外 11 个猪鬃 *H-FABP* 基因 PCR-RFLP 的研究[J]. 畜牧兽医学报,34(4):313-317.

[9] 刘榜,2007. 家畜育种学[M]. 北京:中国农业出版社.

[10] 刘丽霞,张丽,赵生国,等,2015. 八眉猪 *DRA* 基因编码区多态性及生物信息学分析[J]. 华北农学报,30(4):66-71.

[11] 刘永福,张生芳,王文福,等,2012. 高原八眉猪品种资源现状与繁育体系建设研究[J]. 安徽农业科学,40(26):12949-12951.

[12] 刘永福,张生芳,2010. 营养浓度对八眉猪繁殖性能的影响[J]. 中国猪业,(3):26-27.

[13] 卢光花,田得红,岳炳辉,2011. 青海互助八眉猪血液生理生化指标的测定[J]. 甘肃畜牧兽医,5:17-20.

[14] 卢宗潘,吴维芬,王宗元,等,1983. 家畜及试验动物生化参数[M]. 北京:中国农业出版社.

[15] 庞卫军,杨公社,党如意,等,2004. 脂肪型和瘦肉型猪 *H-FABP* 基因分子标记研究[J]. Animal Biotechnology Bulletin,9(1):159-165.

[16] 祁玉秀,2012. 利用洋芋粉渣育肥八眉猪试验效果. 青海畜牧兽医杂志[J],42(5):22-23.

[17] 师德成,赵全邦,2009. 互助八眉猪仔猪红细胞系统特性的研究[J]. 青海畜牧兽医杂志,39(3):1-2.

[18] 谭小音,金丽,谢德琼,等,2015. 八眉猪 *SLA-DRA* 基因第 4 外显子多态性分析[J]. 生物技术,25(5):463-467.

[19] 田海宁,杨葆春,梁玉库,2017. 青海八眉猪不同杂交组合商品猪肥育性能研究[J]. 黑龙江畜牧兽医,(5下):77-78.

[20] 王博,吴江维,杨公社,2008. PPAR-γ 在八眉猪不同组织中的表达差异[J]. 畜牧兽医学报,39(3):273-277.

[21] 王国梅,母童,金丽,等,2016. 八眉猪 *DQB* 基因多态性及其与仔猪腹泻的相关性研究[J]. 黑龙江畜牧兽医,(8上):36-40.

[22] 吴国芳,王磊,周继平,等,2019. 青海八眉母猪不同背膘厚与繁殖性能的关系研究[J]. 青海大学学报,37(6):47-50.

[23] 吴彦虎,路兴中,1994. 八眉猪蛋白质多态位点上的遗传分化[J]. 西北农业大学学报,(3):24-27.

[24] 席斌,郭天芬,杨晓玲,等,2019. 青海八眉猪肉品质特性研究[J]. 饲料研究,(5):34-37.

[25] 许振英,1989. 中国地方猪种种质特性[M]. 杭州:浙江科学技术出版社.

[26] 杨葆春,刘永福,2009. 八眉猪肥育和胴体性能及与部分品种的比较分析[J]. 安徽农业科学,37(30):14713-14714.

[27] 张保军,杨公社,孙超,等,2005. 猪 *LPL* 基因 PCR-RFLP 遗传变异的研究[J]. 西北农林科技大学学报(自然科学版),33(3):5-10.

[28] 张冬杰,杨国伟,汪晓鸿,等,2007. 东北民猪 *SLA-DQA* 基因的 PCR-RFLP 多态性分析[J]. 吉林农业大学学报,29(4):421-424.

[29] 张丽,农伟伦,卢建雄,2019. 八眉猪 FABPs 主要家族基因单核苷酸多态性筛查及生物信息学分析[J]. 浙江大学学报(农业与生命科学版),45(1):109-118.

[30] 张周平,周继平,1997. 互助猪胴体性状和肉脂品质的测定及其分析[J]. 青海畜牧兽医杂志,27(5):9-12.

[31] 赵书广,2000. 中国养猪大成[M]. 北京:中国农业出版社.

[32] 周继平,张周平,胡勇,2003. 约克夏、八眉猪及其杂种后代 Ag-NORs 的多态性研究[J]. 家畜生态,24(1):16-18.

[33] Wood J D, 1988. Effects of carcass fatness and sex on the composition and quality of pig meat[C]. The 34th International Congress of Meat Science and Technology. Brisbane, Australia:562-564.

第 9 章　港澳台地区地方猪种质资源特性研究

9.1　兰屿小耳猪

兰屿小耳猪是我国台湾地区的地方猪种，这种小耳猪的数量已大大减少，至 2011 年 4 月存栏约 60 头，主要用作实验动物(国家畜禽遗传资源委员会，2011)。

2011 出版的《中国畜禽遗传资源志　猪志》与 1986 年出版的《中国猪品种志》比较，增加了几个在 2004 年我国政府向 FAO 提交的《中国畜禽遗传资源状况》(也称《国别报告》)》中未列入的猪品种，如兰屿小耳猪、高黎贡山猪等。这些猪品种并不是新发现的，而是曾在各省(区)的《畜禽品种志》中列入过的。兰屿小耳猪也是我国台湾省畜产试验所在 1990 年出版的《畜产种原保存及利用手册》中记载的(王云林，2012)。

9.1.1　生产性能

中国的微型猪如香猪、藏猪、五指山猪、版纳猪、台湾的兰屿小耳猪等个体小，生理结构与人体器官相似，可对其独特的矮小基因或微型基因加以利用，将其作为医学实验动物，用于器官移植试验(王留，2011)。

9.1.2　基础研究

根据猪全序列 mtDNA，杨剑波(2019)研究构建了包括 4 个国外猪品种在内的 36 个品种系统发育树，从分支结构看我国地方猪品种资源较为丰富。系统发育树中地方猪与巴克夏、杜洛克、汉普夏国外猪品种距离较远，相关结果也在一定程度上印证了家猪的起源可能由亚洲、欧洲 2 个区域独立发展起来。而台湾的兰屿小耳猪亲缘分支与大陆地方猪和桃园猪相距较远。

9.1.3　杂交利用

1975—1980 年台湾大学畜牧学系与畜产试验所开始进行实验动物猪的育种及保种计划。1983—1985 年，台湾大学畜牧学系李登元与宋永义 2 位教授将兰屿猪与兰德瑞斯猪杂交选育出具白色毛皮的李宋猪(75%兰屿猪、25%蓝瑞斯，也属迷你猪)，主要用于人用医疗。

(撰稿人：高圣玥)

9.2　桃园猪

台湾养猪历史悠久，至 2011 年 4 月有纯种桃园猪母猪 100 余头。为了保存这一地方猪种，台湾省“农委会”畜产试验所在台南县新化镇建立了桃园猪保种场，同时进行一些研究。台湾省“农委会”畜产试验所自 1988 年经多年选育，已育成“畜试黑猪一号”品种，并依据相关规定，经台湾省“农委会”种畜禽及种源登记审查委员会审查通过，完成新品种登记。

2011 出版的《中国畜禽遗传资源志　猪志》与 1986 年出版的《中国猪品种志》比较，台湾猪原包括 3 个类群，因目前只留存桃园猪，故把名称改为“桃园猪”（王林云，2012）。

9.2.1　生产性能

9.2.1.1　繁殖性能研究

台湾省生猪育种起步较早。早在 1898 年，台湾就从岛外引进了 7 头盘克夏种公猪，与本岛桃园猪进行杂交繁育。1959 年之后，台湾省陆续引进杜洛克等品种进行本地猪种改良（周向阳等，2015）。

9.2.1.2　生长性能研究

桃园猪系从广东引进，其体型小，生长缓慢，经济性能低下主要生产性能指数见表 9-1。由于极度近亲繁殖，桃园猪品种逐渐退化。鉴于此，台湾日据时期便开始引进日本盘克夏等优良猪品种，对本地猪进行改良，并取得了一定的效果。盘克夏与桃园猪的杂交 1 代曾经成为台湾的家猪品种，占饲养数量的 93％以上（刘荣章，1993）。

表 9-1　猪品种改良过程生产性能比较

生产性能	桃园猪	外桃二元	外桃三元	外三元（20 世纪 70 年代初）
平均每胎出生头数/头	8.93	9.60	9.60	9.25
平均仔猪出生体重/kg	0.63	0.73	0.90	1.01
平均离乳头数/头	6.3	7.7	8.4	8.57
平均离乳体重/kg	7.81	8.35	10.31	16.59
育成率/％	69.85	66.70	86.45	92.64
生长期每日增重/kg	0.36	0.39	0.50	0.81
饲料效率	5.03	4.18	3.96	3.83

资料来源：刘荣章（1993）

9.2.1.3　抗逆性研究

桃园猪最显著的特点之一就是耐粗饲，在日粮中蛋白质含量很低的情况下仍有生长的能力，即使速度比较慢。因为当地的主要饲料是碳水化合物饲料（甘薯），仅补充很少量的豆饼或花生饼，在这样低的蛋白质水平下桃园猪仍能慢慢增加体重，这是其他品种猪无法比拟的。这些地方品种能被保存下来是自然选择和人工选择的结果，因此它们具有适应当地热带潮湿气候、粗放的管理和不良的卫生条件的能力，抗病力和抗寄生虫侵袭的能力都较强。毫无疑问，这些品质对一个品种来说是很重要的特性（苏振杰和杨茂成，1980）。

9.2.2　基础研究

9.2.2.1　生长性能相关的研究

王晔和古泉严（1989）分析肌肉成分的结果表明，桃园猪比约克夏猪脂质含量多，蛋白质和无机物含量少(表 9-2)。这种肌肉成分的构成情况不仅在桃园猪中是这样,而且关浓猪等地方品种与兰德瑞斯、约克夏猪相比,也是这样的结果。水分含量因桃园猪、关浓猪、约克夏、兰德瑞斯等品种不同和组织部位不同而有差异,地方品种在水分含量上没有特殊之处。

表 9-2 不同品种猪肌肉中化学成分含量(平均数±标准差)

品种	部位	水分/%	粗脂肪/%	粗蛋白质/%	灰分/%
约克夏	腿肉	71.06±2.05	2.78±2.23	23.88±1.08	1.88±0.56
	腰肌	72.71±1.41	2.00±1.14	21.79±1.61	1.36±0.34
桃园猪	腿肉	71.92±1.84	3.90±2.27	21.00±2.71	1.02±0.16
	腰肌	71.94±2.42	6.41±3.14	17.50±3.15	0.89±0.20

资料来源:王晔和古泉严(1989)

9.2.2.2 肉质性能相关的研究

约克夏猪肌肉脂肪中的脂肪酸由肉豆蔻酸、棕榈酸、棕榈油酸、硬脂酸、油酸、亚油酸和 12 碳以下的低级脂肪酸构成。桃园猪的脂肪酸组成与此类似,但组成比率有所不同。桃园猪饱和脂肪酸占 45.6%,约克夏占 51.4%;不饱和脂肪酸,桃园猪为 53.5%,约克夏为 44.8%。与外国猪相比,地方品种猪脂质中不饱和脂肪酸含量较多,而饱和脂肪酸较少。

棕榈酸、棕榈油酸含量在约克夏猪中为 36.8%,在桃园猪中为 32.1%,桃园猪稍低。在桃园猪和约克夏猪中,油酸都是肌肉脂肪中含量最多的脂肪酸。约克夏猪的硬脂酸含量稍高,桃园猪肌肉中油酸含量高。

约克夏猪的亚油酸含量为 2.00%,桃园猪为 5.70%,桃园猪约为约克夏猪的 3 倍。桃园猪中花生四烯酸含量为 1.60%,约克夏猪为 0.80%。桃园猪肌肉中脂肪酸含量与家兔相类似,但高级不饱和脂肪酸含量高于家兔。

约克夏的肉豆蔻酸含量为 3.30%,桃园猪为 2.80%。棕榈酸、棕榈油酸、硬脂酸、油酸占脂肪酸总量在约克夏中为 90.1%,在桃园猪中为 89.05%;若加上低级脂肪酸,则约克夏猪的这几种脂肪酸含量占总脂肪酸含量的 93.4%,桃园猪占 91.85%。在约克夏猪中亚油酸以上的高级不饱和脂肪酸为 2.8%,桃园猪为 7.30%,虽然含量不高,但从比例上看,桃园猪的含量为约克夏猪的 2.5 倍,作为肉食这一点意义很大。

桃园猪比约克夏猪脂肪含量高,蛋白质含量低。但桃园猪肉味甚佳,其原因就在于脂肪酸的组成。肉豆蔻酸以下的低级脂肪酸,约克夏含量较高,桃园猪含量较低。低级脂肪酸含量高,则肉的腥味大。桃园猪的棕榈酸含量为 26.70%,约克夏为 31.70%;与此相反,油酸含量桃园猪为 40.85%,约克夏为 36.90%。含碳原子数少的脂肪称作“油”,含碳原子数多的脂肪称作“脂”,“油”多则肉质松软且多水分,“脂”多则高级脂肪酸含量高,肉质好且风味可口。综上所述,桃园猪肉味好,作为保健食品值得推荐。虽说桃园猪的产肉性能差,但作为地方品种应加以保存(王晔和古泉严,1989)。

9.2.3 杂交利用

1. 培育新品种

“畜试黑猪一号”新品种猪,血统组成为 25%桃园猪、75%杜洛克猪,属中等体型,每胎平均分娩总数为 9.8 头，平均 3 周龄存活 6.6 头，3 周龄育成率 90.3%，平均去除内脏屠体重为 87 kg。这一品种猪的育成提高了台湾省养猪产业在国际上的竞争力(佚名，2001)。

2. 三元杂交的研究

台湾猪多采用三元杂交生产商品猪，如长白×(巴克夏×桃园)、杜洛克×(巴克夏×桃园)、长白×(约克夏×桃园)、杜洛克×(约克夏×桃园)等，三元杂交品种生产性状均表现良好。

(撰稿人：高圣玥)

参考文献

[1] 国家畜禽遗传资源委员会，2011. 中国畜禽遗传资源志　猪志[M]. 北京：中国农业出版社.

[2] 刘荣章，1993. 台湾的猪品种改良与推广[J]. 台湾农业情况，(1)：24.

[3] 苏振杰，杨茂成，1980. 台湾省猪的地方品种[J]. 畜牧与兽医，(7)：11，26-28.

[4] 王林云，2012. 我国猪遗传资源现状和优质猪肉的开发[J]. 现代畜牧兽医，(9)：10-11.

[5] 王留，2011. 地方猪种在现代养猪生产中的利用[J]. China Swine Industry，(8)：15.

[6] 王晔，古泉严，1989. 约克夏与桃园猪肌肉中脂肪酸的比较[J]. 国外畜牧学，(5)：33-34.

[7] 杨剑波，2019. 梅山猪线粒体基因组全序列测定与分析[J]. 畜牧与兽医，(12)：14.

[8] 周向阳，沈辰，丁丽娜，2015. 两岸生猪产业发展比较及合作潜力分析[J]. 中国畜牧杂志，(14)：9.

[9] 佚名，2001. 台湾省“农委会”畜产试验所育成“畜试黑猪一号”[J]. 台湾农业探索，(1)：18.